Petersen/Zwirner/Künkele · Bilanzanalyse und Bilanzpolitik
nach BilMoG

Aktivieren Sie dieses Buch kostenlos in der NWB Datenbank!

Nutzen Sie die Inhalte dieses Buches auch online.
Und profitieren Sie von den praktischen Recherchefunktionen,
die Ihnen die Suche erleichtern.

▶ **Ihr Freischaltcode: BAGDCCSENGGPSMBRCG**

Petersen/Z./K.,Bilanzanalyse u.Bilanzpolitik nach BilMoG

So einfach aktivieren Sie die Inhalte:

Rufen Sie **www.nwb.de/go/online-buch** auf.

Geben Sie Ihren Freischaltcode ein und
folgen Sie dem Anmeldedialog. Fertig!

**Die NWB Datenbank – alle digitalen Inhalte aus
unserem Verlagsprogramm in einem System!**

Bilanzanalyse und Bilanzpolitik nach BilMoG

Einzelabschluss, Konzernabschluss und Steuerbilanz

Von

WP/StB Dipl.-Kfm. Karl Petersen
StB Dipl.-Kfm. Dr. Christian Zwirner
WP/StB Dipl.-Kfm. Kai Peter Künkele

Unter Mitarbeit von

Dipl.-Kffr. Dr. Corinna Boecker
Dipl.-Kffr. Dr. Julia Busch

2., vollständig überarbeitete und erweiterte Auflage

kleeberg

nwb BRENNPUNKT

ISBN 978-3-482-**61492**-7 (online)
ISBN 978-3-482-**59922**-4 (print) – 2., vollständig überarbeitete und erweiterte Auflage 2010

© Verlag Neue Wirtschafts-Briefe GmbH & Co. KG, Herne 2009
www.nwb.de

Druck: Stückle Druck und Verlag, Ettenheim

Vorwort zur 2. Auflage

Mit dem Übergang auf das neue deutsche Bilanzrecht beschreiten deutsche Unternehmen, insbesondere mittelständische Bilanzierer, Neuland. Zwar führen die Neuerungen des Bilanzrechtsmodernisierungsgesetzes (BilMoG) in zahlreichen Fällen zu einer Reduktion gesetzlicher Wahlrechte im handelsrechtlichen Jahresabschluss. Damit geht allerdings an vielen Stellen die Ausweitung faktischer Ermessensspielräume einher.

Aus der Anwendung der ab dem Jahr 2010 gültigen Neuregelungen ergeben sich für den Bilanzierenden zwei wesentliche bilanzpolitische Fragestellungen. Zum einen muss er sich mit den veränderten Möglichkeiten der Bilanzpolitik auseinandersetzen und diese hinsichtlich ihrer Anwendbarkeit mit Blick auf die von ihm verfolgte Bilanzierungsstrategie würdigen. Zum anderen muss er die bilanzpolitischen Möglichkeiten, die sich ihm im Zeitpunkt der Umstellung und erstmaligen Anwendung der neuen Regelungen bieten, genau prüfen. Bereits im Vorfeld zu den vielfältigen Möglichkeiten des Bilanzierenden ab dem Jahr 2010 hat eine genaue und detaillierte Analyse der einzelnen Umstellungseffekte zu erfolgen.

Zahlreiche Folgewirkungen müssen zudem beachtet werden. Erwähnt seien an dieser Stelle Fragen der Ausschüttungs- und Abführungsbemessung, Schnittstellen zur steuerlichen Gewinnermittlung sowie Fragestellungen der Finanzierung. Mit der Aufwertung der Anhangberichterstattung können zudem neue Risiken drohen. Auch einzelne Vertragsgestaltungen sowie Auswirkungen auf die Finanzierung müssen überprüft werden.

Die Bilanzpolitik wird durch den Übergang auf das neue deutsche Bilanzrecht schwieriger. Die Bilanzanalyse wird nicht zuletzt aufgrund der zunehmenden Komplexität der Bilanzierungsnormen und der Abkehr von tradierten Grundsätzen aufwändiger. Das Werk berücksichtigt zudem bereits die Empfehlungen nach IDW RS HFA 28.

Das vorliegende Buch gibt einen Überblick über die einzelnen bilanzpolitisch relevanten Neuerungen des BilMoG und skizziert, wie sich der Bilanzierende, der Bilanzanalyst und der Berater frühzeitig auf die veränderten Rahmenbedingungen einstellen können. Im Mittelpunkt stehen hierbei die steuerlichen Fragestellungen gleich in zweifacher Hinsicht. Zum einen geht es bilanzpolitisch um eine bewusste Annäherung oder Entfremdung von der steuerlichen Bilanzierung. Damit einhergehend gewinnt zum anderen die Abgrenzung latenter Steuern für den Bilanzierenden an Bedeutung. Nicht zuletzt dieser Neuregelung ist der wesentliche Mehraufwand, der für den Bilanzierenden mit dem BilMoG im Einzelfall einhergeht, geschuldet. Zudem gewinnt die Eigenständigkeit der Steuerbilanzpolitik an Bedeutung.

Nachdem bereits ein halbes Jahr nach dem Erscheinen der ersten Auflage im Herbst 2009 eine neue, zweite Auflage notwendig geworden ist, haben wir diese Gelegenheit genutzt, um das erfolgreiche Konzept der Vorauflage fortzusetzen und zugleich die Inhalte zu erweitern. Zusätzlich finden sich in der zweiten Auflage die Aspekte der Konzernbilanzpolitik in einem gesonderten Kapitel. Zudem haben wir – unter Bezugnahme auf die aktuelle Diskussion – der eigenständigen Steuerbilanzpolitik ein separates Kapitel gewidmet.

Die folgenden Ausführungen verbinden theoretische Möglichkeiten mit praktischen Empfehlungen. Sie fokussieren den Einzelabschluss ebenso wie den Konzernabschluss, das Handelsrecht ebenso wie das Steuerrecht. Im Zusammenhang mit den einzelnen Neuregelungen werden deren Wirkungsweisen aufgezeigt und hinsichtlich ihrer bilanzpolitischen sowie bilanzanalytischen Auswirkungen gewürdigt. Zudem werden zahlreiche Praxisempfehlungen gegeben, die nicht zuletzt auch den konkreten rechtlichen Handlungsbedarf aufzeigen.

Wir danken vielen unserer Kollegen, deren intensive Diskussionen um das BilMoG uns zum Verfassen eines solchen Werkes und seiner Folgeauflage ermutigt haben. Ebenso ist unseren Mandanten Dank geschuldet, da ihr Informations- und Beratungsbedarf im Mittelpunkt unserer täglichen Arbeit steht. Erst die Berücksichtigung der Probleme in der Praxis und der Stolpersteine im Zusammenhang mit den künftigen bilanzpolitischen Zielsetzungen runden ein solches Werk ab. Wir hoffen, dass unser Werk mit seinen 125 Beispielen, 130 Abbildungen und Beispielen zur Anhangberichterstattung dazu beiträgt, den Umgang mit dem BilMoG in der Praxis zu erleichtern.

Im Besonderen danken wir Frau Dr. Corinna Boecker und Frau Dr. Julia Busch für ihre Unterstützung bei der Erstellung dieser wesentlich überarbeiteten Neuauflage. Frau Dr. Corinna Boecker ist zudem unser Dank für die Koordination des gesamten Projekts geschuldet. Ebenso danken wir Herrn Matthias Froschhammer für seine wertvollen Hinweise. Dem NWB Verlag, namentlich Frau Pia Niemeyer, Herrn Dr. Frank Stüllenberg und Herrn Patrick Zugehör, danken wir für die vielfältige Unterstützung dieser Publikation. Die erneut problemlose und vertrauensvolle Zusammenarbeit wissen wir sehr zu schätzen. Unser gemeinsames Verständnis von Aktualität und Pragmatik hat eine derart schnelle und dennoch ausgereifte zweite Auflage ermöglicht.

Neben dem Gesetzestext des zum 29. Mai 2009 in Kraft getretenen BilMoG wurden im Herbst 2009 erfolgte Korrekturen des Gesetzestextes in dieser Auflage ebenfalls berücksichtigt. Für Anregungen und Kritik sind wir jederzeit dankbar. Gerne nehmen wir Ihr Feedback unter bilmog@kleeberg.de entgegen.

München, im März 2010   Karl Petersen
                                                       Dr. Christian Zwirner
                                                        Kai Peter Künkele

Vorwort zur 1. Auflage

Mit dem Übergang auf das neue deutsche Bilanzrecht beschreiten deutsche Unternehmen, insbesondere mittelständische Bilanzierer, Neuland. Zwar führen die Neuerungen des Bilanzrechtsmodernisierungsgesetzes (BilMoG) in zahlreichen Fällen zu einer Reduktion gesetzlicher Wahlrechte im handelsrechtlichen Jahresabschluss. Damit geht allerdings an vielen Stellen die Ausweitung faktischer Ermessensspielräume einher. Darüber hinaus werden in Einzelfällen neue Wahlrechte eingeführt.

Aus der Anwendung der ab dem Jahr 2010 gültigen Neuregelungen ergeben sich für den Bilanzierenden zwei wesentliche bilanzpolitische Fragestellungen. Zum einen muss er sich mit den veränderten Möglichkeiten der Bilanzpolitik auseinandersetzen und diese hinsichtlich ihrer Anwendbarkeit mit Blick auf die von ihm verfolgte Bilanzierungsstrategie würdigen. Zum anderen muss er die bilanzpolitischen Möglichkeiten, die sich ihm im Zeitpunkt der Umstellung und erstmaligen Anwendung der neuen Regelungen bieten, genau prüfen. Bereits im Vorfeld zu den vielfältigen Möglichkeiten des Bilanzierenden ab dem Jahr 2010 hat eine genaue und detaillierte Analyse der einzelnen Umstellungseffekte zu erfolgen.

Die Bilanzpolitik wird durch den Übergang auf das neue deutsche Bilanzrecht schwieriger. Die Bilanzanalyse wird nicht zuletzt aufgrund der zunehmenden Komplexität der Bilanzierungsnormen, der Abkehr von tradierten Grundsätzen und der Langzeiteffekte der BilMoG-Umstellung aufwändiger.

Das vorliegende Buch gibt einen Überblick über die einzelnen bilanzpolitisch relevanten Neuerungen des BilMoG und skizziert, wie sich der Bilanzierende, der Bilanzanalyst oder der Berater frühzeitig auf die veränderten Rahmenbedingungen einstellen kann. Steuerliche Fragestellungen werden dabei gleich in zweifacher Hinsicht thematisiert. Zum einen geht es bilanzpolitisch um eine bewusste Annäherung oder Entfremdung von der steuerlichen Bilanzierung. Zum zweiten gewinnt die Abgrenzung latenter Steuern für den Bilanzierenden an Bedeutung. Nicht zuletzt deren Neukonzeption ist der wesentliche Mehraufwand, der für den Bilanzierenden mit dem BilMoG im Einzelfall einhergeht, geschuldet.

Die vorliegenden Ausführungen verbinden theoretische Möglichkeiten mit praktischen Empfehlungen und Implikationen. Für die einzelnen Neuregelungen werden ihre Wirkungsweisen aufgezeigt und hinsichtlich ihrer bilanzpolitischen sowie bilanzanalytischen Auswirkungen gewürdigt.

Das Buch verdeutlicht die einzelnen BilMoG-Neuerungen und bilanzpolitischen sowie bilanzanalytischen Auswirkungen anhand von 40 Beispielen und 89 Abbildungen. Zahlreiche Praxis- und Anwendungstipps erleichtern dem Leser das Verständnis der komplexen Materie. Zudem gewährleistet der modulare Aufbau des Werks, dass neben der Würdigung der einzelnen Regelungsänderungen durch das BilMoG auch zeitliche Aspekte des Übergangs auf das neue Bilanzrecht herausgegriffen werden. Daher werden die Herausforderungen im Jahr 2009, die zum Umstellungszeitpunkt zu berücksichtigenden Effekte sowie die im Folgenden zu beachtenden Möglichkeiten getrennt voneinander dargestellt. Eingeordnet in das grundsätzliche Spannungsverhältnis von Bilanzpolitik und Bilanzanalyse werden die einzelnen bilanzpolitischen Möglichkeiten und bilanzanalytischen Maßnahmen in den Kontext weiterer Schnittstellen und unternehmenspolitischer Zielsetzungen gestellt.

Wir danken vielen unserer Kollegen, deren intensive Diskussionen um das BilMoG uns zum Verfassen eines solchen Buchs ermutigt haben. Ebenso ist unseren Mandanten Dank geschuldet, da ihr Informations- und Beratungsbedarf im Mittelpunkt unserer täglichen Arbeit stehen. Erst die Berücksichtigung der Probleme und Stolpersteine der Praxis im Zusammenhang mit den künftigen bilanzpolitischen Zielsetzungen runden ein solches Werk ab.

Im Besonderen danken wir Frau Dr. Corinna Boecker für ihre Unterstützung bei der Erstellung dieses Buchs und der Koordination des gesamten Projekts. Ebenso danken wir Herrn Matthias Froschhammer für seine wertvollen Hinweise. Dem NWB Verlag, namentlich Frau Pia Niemeyer, Herrn Dr. Frank Stüllenberg und Herrn Patrick Zugehör, danken wir für die vielfältige Unterstützung dieser Publikation. Die erneut problemlose und vertrauensvolle Zusammenarbeit wissen wir sehr zu schätzen.

Für Anregungen und Kritik sind wir jederzeit dankbar. Gerne nehmen wir Ihr Feedback unter bilmog@kleeberg.de entgegen.

München, im September 2009   Karl Petersen
                                                            Dr. Christian Zwirner
                                                              Kai Peter Künkele

Inhaltsverzeichnis

Abbildungsverzeichnis

1. Bilanzpolitik und Bilanzanalyse im Zusammenhang mit dem BilMoG

1.1 BilMoG: Gesetzesentstehung und Zielsetzung des Gesetzgebers

Die Veränderung des deutschen Handelsrechts durch das **Gesetz zur Modernisierung des Bilanzrechts (BilMoG)** stellt die tief greifendste Reform der deutschen Rechnungslegung seit den achtziger Jahren dar. Vielfach wird auch vom Paradigmenwechsel in der Rechnungslegung gesprochen. Der Gesetzgebungsprozess geht bis auf das Jahr 2003 zurück. Damals erfolgte die Ankündigung eines Maßnahmenkatalogs zur Stärkung der Unternehmensintegrität und des Anlegerschutzes im Rahmen eines Zehn-Punkte-Programms, der u. a. die Fortentwicklung der Bilanzregeln und deren Anpassung an internationale Rechnungslegungsgrundsätze enthielt. Mit der Vorlage des Referentenentwurfs zum BilMoG am 08.11.2007 wurden schließlich erstmals konkrete Änderungen und Neuerungen vorgestellt. Die Kritik an diesem Referentenentwurf wurde vom Gesetzgeber im Regierungsentwurf des BilMoG vom 21.05.2008 zum Teil berücksichtigt. Auf die Vorlage des Regierungsentwurfs folgten die Stellungnahme des Bundesrates im Juli 2008 sowie die Beschlussempfehlungen des Rechtsausschusses im März 2009. Mit der Beschlussfassung des Bundesrates hat das BilMoG am 03.04.2009 alle rechtlichen Hürden genommen und wurde mit Datum vom 25.05.2009 im Bundesgesetzblatt (BGBl 2009 Teil I Nr. 27, S. 1102 ff.) vom 28.05.2009 veröffentlicht. Das BilMoG ist am 29.05.2009 in Kraft getreten. Im Nachgang hierzu erfolgten im Herbst 2009 kleinere Korrekturen des Gesetzestextes. Das neue Bilanzrecht hat unmittelbar Auswirkungen auf Fragen der Bilanzanalyse und Bilanzpolitik.

Der Gesetzgeber hat erkannt, dass die Unternehmen in Deutschland eine **moderne Rechnungslegungsgrundlage** benötigen. Seine mit dem BilMoG verfolgte Zielsetzung ist in der Schaffung eines HGB zu sehen, das dauerhaft und vollwertig in den Wettbewerb mit den IFRS treten kann und auch soll. Es geht um eine im Vergleich zu den IFRS kostengünstigere einfache Alternative, bei der das HGB sowohl Grundlage der Ausschüttungsbemessung als auch der steuerlichen Gewinnermittlung bleibt. Grundgedanken des Vorsichtsprinzips und Gläubigerschutzes sollen – wenn auch vereinzelt aufgeweicht – erhalten bleiben. Sowohl steuerliche Bezüge als auch Annäherung an die IFRS zeichnen das neue Bilanzrecht aus und liefern damit Anhaltspunkte für bilanzpolitische Zielsetzungen.

Weder das bewährte System der GoB noch die grundsätzliche Möglichkeit zur Erstellung einer **Einheitsbilanz** werden aufgegeben. Der Grundsatz der umgekehrten Maßgeblichkeit wird allerdings abgeschafft; die einfache Maßgeblichkeit wird an vielen

Stellen durchbrochen. Die Möglichkeit zur Erstellung einer Einheitsbilanz muss zukünftig in der Praxis damit regelmäßig bezweifelt werden. Bei Inanspruchnahme einzelner (im HGB verbleibender) Wahlrechte ist die Erstellung einer Einheitsbilanz nahezu ausgeschlossen. Bei Verzicht auf die Anwendung handelsrechtlicher Wahlrechte ist sie allein in wenigen seltenen Fällen noch denkbar. Eine bilanzpolitisch motivierte Annäherung an die steuerlichen Normen ist jedoch weiterhin möglich.

International tätige Unternehmen müssen sich zunehmend internationaler Rechnungslegungsnormen bedienen, unabhängig davon, ob sie kapitalmarktorientiert sind oder nicht. Allerdings ist die **Anwendung der IFRS** mit erheblichen Kosten und Informationspflichten verbunden. Gerade diese stehen im Mittelstand vielfach in keinem angemessenen Verhältnis zu dem zusätzlichen Nutzen einer informationsorientierten Rechnungslegung. Deutlich lassen sich die internationalen Tendenzen im Bereich der einzelnen Ansatz- und Bewertungsänderungen des HGB erkennen – es erfolgt eine Annäherung an die IFRS sowie eine deutliche Ausweitung und Differenzierung der deutschen Unternehmenspublizität außerhalb des Kapitalmarkts. Hierbei bieten die neuen Regelungen eine Vielzahl neuer bilanzpolitischer Möglichkeiten. Gleichzeitig müssen die bilanzanalytischen Instrumentarien überdacht und angepasst werden. Das neue HGB sieht verschiedene Möglichkeiten, sich bewusst – im Rahmen der verfolgten bilanzpolitischen Zielsetzungen – den internationalen Normen anzunähern.

Merke:

Die neuen Regelungen durch das BilMoG verändern Bilanzanalyse und Bilanzpolitik grundlegend. Neue bilanzpolitische Zielsetzungen und Möglichkeiten erfordern eine intensive Auseinandersetzung mit ihrer Wirkungsweise im Rahmen der Bilanzanalyse.

1.2 Bilanzpolitik

Als **Bilanzpolitik** wird die bewusste und zweckorientierte Einflussnahme auf einen Jahresabschluss sowohl in formaler als auch in inhaltlicher Hinsicht innerhalb der gesetzlich zulässigen Möglichkeiten verstanden. Bilanzpolitik gelangt zur Anwendung mit dem Ziel, sowohl die an den Abschluss anknüpfenden Rechtsfolgen als auch das Verhalten der Abschlussadressaten i. S. des Bilanzierenden zu gestalten. Bilanzpolitik lässt sich als Mittel zur Steuerung der mit einem Jahresabschluss in Zusammenhang stehenden (finanziellen) Konsequenzen und als Instrument der Informationspolitik zur Lenkung des Verhaltens aktueller und potenzieller Unternehmenskoalitionäre definieren. **Gegenstand der Bilanzpolitik** sind Form, Inhalt und Berichterstattung im Jahresabschluss und Lagebericht. Anders als der Begriff es zunächst vermuten lässt, bezieht sich Bilanzpolitik auf wesentlich mehr als nur die Bilanz eines Unternehmens; vielmehr muss sie im Zusammenhang mit weiteren geltenden unternehmenspolitischen Zielsetzungen wie etwa steuerlichen Folgen, Finanzierungs- oder Ausschüttungsaspekten gesehen werden. Auch im Konzernabschluss bestehen Möglichkeiten zur Bilanzpolitik. Für Zwecke der konsolidierten Rechnungslegung dürfen Wahlrechte zudem anders als im Einzelabschluss ausgeübt werden (zweigleisige Strategie bzw. duale Bilanzpolitik).

Die **bilanzpolitischen Entscheidungsträger** können grundsätzlich als heterogene Gruppe betrachtet werden. Zunächst kommen alle an der Erarbeitung und Gestaltung von zu publizierenden Unternehmensdaten beteiligten Personen in Frage. Die Hauptverantwortung trägt die Unternehmensleitung, da ihr per Gesetz die Aufgabe der Aufstellung des Abschlusses obliegt. Zudem üben bspw. Anteilseigner durch ihre Gewinnverwendungskompetenz Einfluss auf die Vermögens- und Finanzlage und damit auf den Jahresabschluss aus. Ebenso ist die Beeinflussung der Gläubiger im Einzelfall zu beachten. Des Weiteren ist nicht auszuschließen, dass Mitarbeiter unterer Ebenen, welche Kollegen auf übergeordneten Hierarchiestufen oder der Unternehmensleitung zuarbeiten, Bilanzpolitik zur Verfolgung persönlicher Ziele betreiben.

Es bestehen grundsätzliche Unterschiede zwischen Objekten und Trägern von Bilanzpolitik und deren verbundenen **Zielsetzungen**. Dabei ist zunächst festzuhalten, dass Bilanzpolitik keinen Selbstzweck darstellt, sondern sich regelmäßig aus dem Kontext der übergeordneten Unternehmensziele ableitet.

Hieraus lässt sich nur ein zieleinheitliches Verhalten aller **Unternehmenskoalitionäre** erreichen, wenn die stark divergierenden Erwartungen und Anforderungen bezüglich der Performance eines Unternehmens erfüllt werden. Aufgrund der Heterogenität dieser Adressatengruppen, die zur Verfolgung mehrerer Ziele führt, entstehen oftmals Zielkonflikte in der Ausführung.

Bilanzpolitische Ziele können sowohl monetärer als auch nicht-monetärer Natur sein. Die **monetären Ziele**, auch quantitative Ziele, sollen durch eine direkte Einwirkung auf den Periodenerfolg den finanziellen Bereich sowie durch Verhaltensbeeinflussung ebenfalls den finanziellen und darüber hinaus den leistungswirtschaftlichen Bereich beeinflussen. Im Vordergrund steht dabei meist der Wunsch nach einer Steuerung der erfolgsabhängigen Zahlungen – z. B. Dividenden oder Tantieme – oder nach einer Verminderung der Steuerbelastung. Im Zentrum der quantitativen Ziele finden sich regelmäßig unmittelbare bilanzpolitische Maßnahmen, die Ansatz- oder Bewertungsfolgen und damit einen messbaren Einfluss auf bestimmte Bilanz- und/oder Ergebniszahlen haben.

Bei **nicht-monetären Zielen**, auch qualitative Ziele genannt, handelt es sich entweder um unternehmensfremde Ziele oder sie wirken sich aus nicht-finanziellen Gründen auf das Meinungsbild verschiedener Abschlussadressaten aus. In erster Linie dienen sie dem Erhalt bzw. der Verbesserung der unternehmerischen Erfolgsfaktoren wie bspw. der Reputation, der Geschäftsbeziehungen oder der Mitarbeitermoral. Im Zentrum der qualitativen Ziele stehen vor allem Ausweisfragen sowie Art und Umfang der gesetzlichen und freiwilligen Berichterstattung oder der Annäherung von Rechnungslegungsdaten an entsprechende Benchmarks.

Bilanzpolitische Zielsetzungen können mittels verschiedener **Formen der Bilanzpolitik** erreicht werden. Generell lässt sich das bilanzpolitische Instrumentarium in zwei Kategorien unterteilen: entweder wird primär Einfluss auf den Ausweis der Vermögens- und Kapitalstruktur (formelle Bilanzpolitik) oder auf das Periodenergebnis (materielle Bilanzpolitik) genommen. Dabei befasst sich die **formelle Bilanzpolitik** mit Struktur, Gliederung sowie Erläuterungen im Abschluss und Lagebericht. Dies ermöglicht eine den Zielen des Unternehmens bzw. Konzerns und den Vorstellungen des Abschlussadressaten entsprechende Gestaltung. Der Fokus der **materiellen Bilanzpolitik** liegt auf der Steuerung der Höhe ausgewiesener Posten des Abschlusses allgemein sowie des Ergebnisses im Besonderen.

Eine gängige **Systematisierung** der verschiedenen Formen der Bilanzpolitik mittels der Unterscheidung zwischen Sachverhaltsgestaltungen und -abbildungen zeigt nachfolgende Abbildung 1 (vgl. *Küting*, in: Küting (Hrsg.), Saarbrücker Handbuch der Betriebswirtschaftlichen Beratung, 4. Auflage, Herne 2008, Rn. 2130).

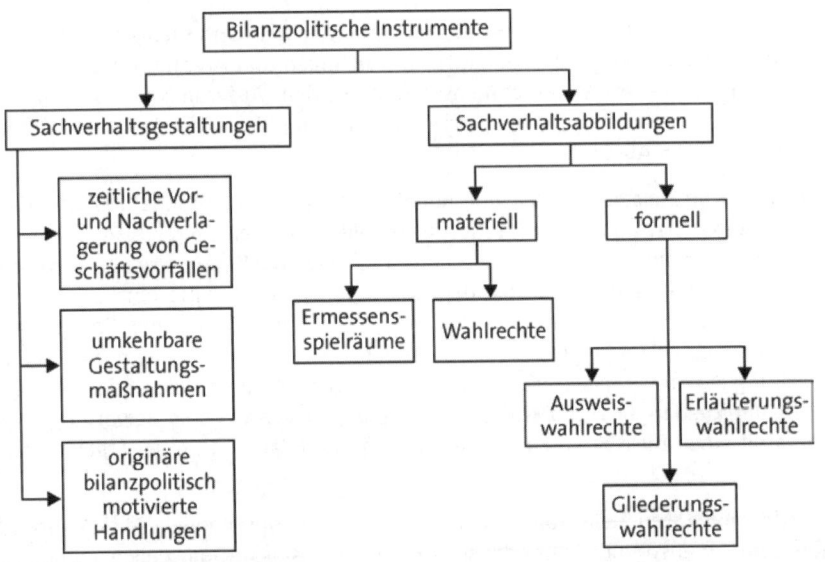

ABB. 1: Systematisierung der bilanzpolitischen Instrumente

Zur Gruppe der materiellen Sachverhaltsabbildungen zählen die Ermessensspielräume und Wahlrechte. Diese lassen sich wie in Abbildung 2 dargestellt weiter unterteilen in explizite und faktische Wahlrechte einerseits sowie Ermessensspielräume andererseits (vgl. ebenfalls *Küting*, in: Küting (Hrsg.), Saarbrücker Handbuch der Betriebswirtschaftlichen Beratung, 4. Auflage, Herne/Berlin 2008, Rn. 2130).

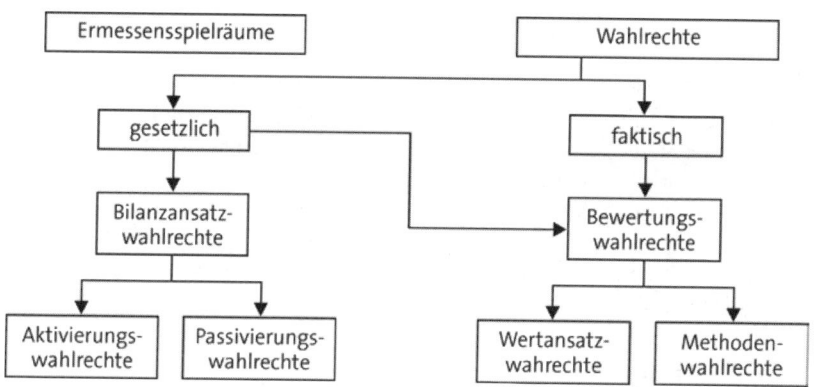

ABB. 2: Systematisierung der Wahlrechte

Die Existenz von Wahlrechten und Ermessensspielräumen stellt häufig einen Kritikpunkt an Rechnungslegungsnormensystemen dar. **Explizite** bzw. **gesetzliche Wahlrechte** bestehen, wenn mindestens zwei sich gegenseitig ausschließende, aber eindeutig bestimmte Rechtsfolgen an einen gegebenen Tatbestand anknüpfen.

Faktische Wahlrechte zeichnen sich im Gegensatz dazu dadurch aus, dass sie gerade nicht von einer gesetzlichen Vorschrift oder einem Standard explizit vorgegeben werden. **Ermessensspielräume** entstehen, wenn Bilanzierungsnormen generell Ansatz und Bewertung eines Abschlusspostens regeln, sie jedoch keine konkreten Vorgaben oder Methoden zu seiner Bestimmung enthalten, so dass das subjektive Ermessen des Bilanzierenden maßgeblich ist und das subjektive Moment jeder Bilanz bilden. Sie eröffnen dem Bilanzierenden eine teilweise erhebliche Bandbreite akzeptabler Wertansätze, deren Grenzen objektiv nicht eindeutig festzulegen sind. Somit gibt es bspw. bei der Bewertung einer Rückstellung in der Regel nicht einen einzigen, objektiv richtigen Wert, sondern der nach vernünftiger kaufmännischer Beurteilung zu ermittelnde Erfüllungsbetrag der Rückstellung hängt maßgeblich von der subjektiven Einschätzung des Bilanzierenden ab.

Auch wenn der Gesetzgeber mit dem BilMoG das Ziel hatte, die Zahl der gesetzlichen Wahlrechte im HGB zu verringern, darf nicht vergessen werden, dass nicht alle Wahlrechte durch Festlegung auf eine einzige Gestaltungsalternative aus dem Gesetz entfernt werden können. Insbesondere faktische Wahlrechte gründen darauf, dass nicht für alle zu treffenden bilanziellen Entscheidungen eine einzige, allgemeingültige Bilanzierungsregel formuliert werden kann, bei der es keiner weiteren Auslegung im Einzelfall bedarf. Nichts anderes gilt auch für Ermessensspielräume, die als Ergebnis des Facettenreichtums des Wirtschaftslebens sowie aufgrund unvollkommener und unsicherer Informationen nie abschließend geregelt werden können.

Merke:

Vor allem bei den Ermessensspielräumen bestehen im neuen Recht mehr bilanzpolitische Möglichkeiten als zuvor. Gleichzeitig sind quantitative und qualitative Zielsetzungen der Bilanzpolitik gemeinsam zu betrachten. Art und Umfang der unternehmensseitig verfolgten Bilanzpolitik bestimmen sich aus dem Ausnutzen und dem Zusammenspiel von gesetzlichen und faktischen Wahlrechten sowie Ermessensspielräumen. Dieses seitens des Bilanzierenden bewusst herbeigeführte Zusammenwirken zu erkennen ist Zielsetzung der Bilanzanalyse.

1.3 Bilanzanalyse

Unter dem Begriff Bilanzanalyse sind die **Aufbereitung** sowie die **Auswertung erkenntnisorientierter Unternehmensinformationen** zu verstehen. Als wesentliches Hilfsmittel dient der (Konzern-) Abschluss, der im Zusammenspiel von Bilanz, Gewinn- und Verlustrechnung sowie Anhang ein den tatsächlichen Verhältnissen entsprechendes Bild der Vermögens-, Finanz- und Ertragslage eines Unternehmens bzw. Konzerns darstellen soll.

Der **Adressatenkreis der Bilanzanalyse** setzt sich sowohl aus unternehmensinternen als auch -externen Adressaten zusammen. Daraus resultiert, dass die Informationsvorstellungen der Adressaten sich – teilweise erheblich – voneinander unterscheiden können. Aus diesem Grund kann es keine einheitliche Bilanzanalyse geben, sondern nur ein auf die jeweiligen Vorstellungen einzelner Adressaten zugeschnittenes Auswertungssystem. Als interne Adressaten gelten bspw. die Unternehmensleitung oder sonstige Führungsebenen. Zum externen Adressatenkreis zählen Gläubiger, aktuelle und potenzielle Anteilseigner, Konkurrenzunternehmen oder auch Kontrollinstanzen.

Traditionell werden unter Bilanzanalyse überwiegend die Bildung sowie der Vergleich von **Kennzahlen** verstanden. Diese ermöglichen die Verdichtung der Informationsflut aus den vorliegenden Daten des Unternehmens und sollen komplizierte Strukturen in einfache, aber aussagekräftige Sachverhalte konvertieren. Des Weiteren ist der **Kennzahlenvergleich** von großer Bedeutung, da der Betrachtung einer einzelnen Kennzahl nur wenig Aussagekraft zuzuschreiben ist. Kennzahlen berichten über die Struktur des

Unternehmens oder Teile der wirtschaftlichen Prozesse in numerischer Form mit dem Ziel, einen Überblick der Geschäftslage zu verschaffen. Insbesondere die Führungsebene eines Unternehmens profitiert von Kennzahlen als Mittel der Unterstützung ihrer Kontroll- und Steuerungsfunktion.

Die im Rahmen der Bilanzanalyse durchgeführten **Auswertungen** können nach **verschiedenen Methoden** erfolgen. Bei der auch als Einzelanalyse bezeichneten statischen Analyse werden nur die in einer Periode anfallenden Größen betrachtet. Somit ergibt sich eine Bestandsaufnahme des wirtschaftlichen Geschehens, bei der der Zeitablauf unberücksichtigt bleibt. Sie dient lediglich zu Erkennung von Auffälligkeiten. Bei der vergleichenden Analyse handelt es sich um einen Vergleich mehrerer Größen aus verschiedenen Perioden. Dabei ist zu beachten, dass die Zusammensetzung der Größen in allen Perioden gleich sein und die Bewertung nach gleichen Grundsätzen durchgeführt werden sollte, damit die Gegenüberstellung realistisch ist und nicht durch divergierende Grundgesamtheiten in den einzelnen Vergleichszeiträumen verfälscht wird. Ein Zeitvergleich stellt Größen einander gegenüber, die in unterschiedlichen Zeitperioden erfasst wurden, um daraus ersichtliche Entwicklungstendenzen zu verdeutlichen. Als Nachteil hierbei ist zu konstatieren, dass nur die Veränderungen an sich aufgezeigt werden, nicht aber die dahinterstehenden Ursachen. Mittels eines Soll-Ist-Vergleichs wird ein Normvergleich der Ist-Periode mit Richt- oder Planwerten durchgeführt. Bei einem zwischenbetrieblichen Vergleich werden Unternehmen verschiedener oder gleicher Branchen betrachtet. Primäres Ziel ist die Feststellung der Unterschiede und Gemeinsamkeiten, um so mögliche Schwachstellen ausfindig machen und gegebenenfalls beseitigen zu können. Alle genannten Vergleichsmethoden müssen nicht einzeln angewendet, sondern können miteinander kombiniert werden. So kann z. B. ein Unternehmensvergleich in Form eines Soll-Ist-Vergleichs erfolgen.

Im Zusammenhang mit einer Bilanzanalyse darf nie vergessen werden, dass insbesondere der externe Analyst aufgrund der **begrenzten Verfügbarkeit** der benötigten **unternehmensinternen Informationen** deutlich eingeschränkt ist. Zwar soll der Abschluss grundsätzlich ein den tatsächlichen Verhältnissen entsprechendes Bild der Vermögens-, Finanz- und Ertragslage vermitteln. Dennoch besteht die Möglichkeit von Fehlinterpretationen, die daraus resultieren können, dass der Analyst nur die Daten zur Verfügung hat, die ihm das Unternehmen bereitstellt. Dieser Grenze müssen sich sowohl der Bilanzanalyst als auch der Adressat der Bilanzanalyse stets bewusst sein.

Neben den Kennzahlen steht im Mittelpunkt der Bilanzanalyse auch der **Erkenntnisgewinn** hinsichtlich der grundlegend vom Bilanzierenden verfolgten bilanzpolitischen Zielsetzung. Eine Unterscheidung zwischen einer konservativen sowie einer progressiven Bilanzpolitik setzt hierbei exemplarisch an Ergebnis- und Eigenkapitalgrößen an. Neben absoluten, unmittelbar aus der Rechnungslegung ableitbaren Größen gewinnt die Berichterstattung im Anhang weiter an Bedeutung für die Bilanzanalyse.

Das neue Recht liefert **zahlreiche neue Ansatzpunkte** für eine moderne, umfassende Bilanzanalyse, in deren Zentrum zunehmend die Auswertung qualitativer Angaben stehen muss, um die mittel- bis langfristige unternehmenspolitische Zielsetzung richtig interpretieren zu können.

Merke:

Grundsätzlich behalten die bilanzanalytischen Methoden auch nach dem BilMoG ihre Gültigkeit. Der Bilanzanalyst muss sich jedoch der Änderungen bewusst sein und seine Auswertungen zukünftig am neuen Recht ausrichten. Insbesondere im Übergangszeitraum wird die Bilanzanalyse durch die im EGHGB enthaltenen Wahlrechte erschwert.

1.4 Spannungsverhältnis zwischen Bilanzpolitik und Bilanzanalyse

Bilanzpolitik und Bilanzanalyse stehen keinesfalls unabhängig nebeneinander, sondern zwischen beiden Bereichen bestehen erhebliche **Interdependenzen.** So verfolgt der Bilanzpolitiker das Ziel, die gestaltenden Maßnahmen in einer Weise auszuüben, die bei dem Bilanzanalysten zu einer Beurteilung des Abschlusses i. S. des Unternehmens führt. Nur so kann der Zweck der Bilanzpolitik, nämlich die Beeinflussung des Verhaltens der Abschlussadressaten, tatsächlich auch erfüllt werden. Wird die angewendete Bilanzpolitik im Rahmen einer Analyse aufgedeckt, besteht aus Sicht des Bilanzierenden die Gefahr, dass der Informationsempfänger – z. B. ein potenzieller Investor – seine Handlungsweise oder seine Entscheidung verändert und der unternehmensseitig gewünschte Effekt nicht eintritt. Folglich muss der Bilanzpolitiker auch die bilanzanalytischen Instrumente bei der Auswahl seiner bilanzpolitischen Maßnahmen berücksichtigen. Zentrale Aufgabe von Bilanzpolitik muss es also sein, die spezifischen Erwartungen der Unternehmenskoalitionäre zu erfüllen, um bestimmte Verhaltensweisen erreichen zu können.

Voraussetzung dafür, dass bilanzpolitische Maßnahmen ihren Zweck erfüllen, ist also, dass sie vom Adressaten nicht entschlüsselt werden (können). Dabei spielt der Grad der Erfahrung bzw. das vorhandene Fachwissen beim Informationsadressaten eine große Rolle. Somit determinieren die Auswahl ebenso wie die **Qualität des bilanzanalytischen Instrumentariums** letztlich den Erfolg der eingesetzten Bilanzpolitik. Je mehr es einem Analysten gelingt, die durch Bilanzpolitik hervorgerufene 'Färbung' der Unternehmenslage zu erkennen und zu eliminieren, desto besser wird in der Regel das Ergebnis seiner Analyse sein. Allerdings ist es auch möglich, dass im Zuge der Bilanzanalyse Fehlinterpretationen dergestalt vorgenommen werden, dass es zur Neutralisation von Effekten kommt, die gerade nicht auf Bilanzpolitik zurückzuführen sind. Trotz dieser Unsicherheiten kommt der Analyse von Abschlussinformationen eine große Bedeutung zu.

Merke:

Je weniger Bilanzpolitik vom Bilanzanalysten erkannt wird, desto besser ist die Bilanzpolitik und desto schlechter die Bilanzanalyse. Je mehr Bilanzpolitik vom Bilanzanalysten erkannt wird, desto schlechter ist die Bilanzpolitik und desto besser die Bilanzanalyse. Beide Bereiche stehen in einem unmittelbaren Spannungsverhältnis zueinander.

1.5 Bilanzpolitik und Bilanzanalyse im neuen Recht

Das BilMoG schafft gesetzliche Wahlrechte ab und führt gleichzeitig neue gesetzliche Wahlrechte ein, z. B. hinsichtlich der Aktivierung selbst erstellter immaterieller Werte des Anlagevermögens oder bezüglich des Ansatzes aktiver latenter Steuern. Neben die gesetzlichen Wahlrechte treten faktische Ermessens- und Beurteilungsspielräume. Künftig muss der Bilanzierende eine Vielzahl neuer Annahmen treffen. Der **Zukunftsbezug der Rechnungslegung** sowie die Zukunftserwartungen mit Blick auf einzelne Wertansätze erhalten im BilMoG eine umfassende Aufwertung. Stellvertretend seien die betriebliche Nutzungsdauer eines entgeltlich erworbenen Geschäfts- oder Firmenwerts oder Einschätzungen künftiger Preis- und Kostensteigerungen im Zusammenhang mit der Rückstellungsbewertung genannt. Ebenso sind der Nutzung steuerlicher Verlustvorträge im Zusammenhang mit der Abgrenzung latenter Steuern hohe Freiheitsgrade und nur eingeschränkt objektivierbare Bewertungsentscheidungen zuzurechnen.

In vielen Bereichen erfolgt eine Verschiebung der bilanzpolitischen Möglichkeiten weg von einer an gesetzlichen Vorgaben orientierten Bilanzierungsentscheidung hin zu einer weniger greifbaren **Ermessensentscheidung.** Dies bietet dem Bilanzierenden ungleich mehr Möglichkeiten, seine bilanzpolitischen Ziele weniger offen verfolgen zu können. Gleichzeitig stellt es den Bilanzanalysten vor die Fragestellung, wie er künftig die bilanzpolitischen Entscheidungen nachvollziehen kann. Im Mittelpunkt wird hierbei eine intensive Auseinandersetzung mit der Anhangberichterstattung stehen.

Das BilMoG prägt das **Bilanzbild deutscher Unternehmen.** Es verändert die Darstellung der Vermögens- und Ertragslage in Abhängigkeit der unternehmensindividuellen Sachverhalte sowie der jeweils verfolgten bilanzpolitischen Zielsetzung erheblich. Mit der Umstellung der Bilanzierung auf das neue Bilanzrecht geht eine **Vielzahl von Beibehaltungs- und Fortführungswahlrechten** einher, die mehrere Jahre lang Einfluss auf die handelsrechtliche Rechnungslegung haben wird. Es ist allerdings eine zu enge Betrachtung, allein die bilanzpolitischen Möglichkeiten im Zusammenhang mit den einzelnen Neuregelungen zu betrachten und etwaige bilanzanalytische Instrumentarien zu definieren. Vielmehr müssen der gesamte Übergangsprozess auf das BilMoG und die damit verbundenen Möglichkeiten im Vorfeld, zum Zeitpunkt der Umstellung und in der Folge analysiert werden. Mit dem Jahresabschluss 2010 wird es aus Sicht der Bilanzanalyse wichtig sein, zwischen einmaligen Umstellungseffekten, laufenden Effekten aus den Neuregelungen sowie einzelnen Folgewirkungen unterscheiden zu können. Nur wenn der Bilanzanalyst die einzelnen bilanzpolitischen Strategien und Maßnahmen erkennen und identifizieren kann, ist eine sachgerechte Bilanz- bzw. Unternehmensanalyse möglich. Auch im Vorfeld zur Umstellung auf das neue Bilanzrecht und im Besonderen im Zeitpunkt der BilMoG-Eröffnungsbilanz (üblicherweise) zum 01.01.2010 ist eine Fülle bilanzpolitischer Möglichkeiten zu beachten

Im Zusammenhang mit der Behandlung des BilMoG im Kontext zwischen Bilanzanalyse und Bilanzpolitik sind neben der sachlichen Dimension, die sich aus den grundsätzlichen Neuregelungen sowie den speziellen Übergangsvorschriften ergibt, zeitliche Elemente zu berücksichtigen (→ vgl. Abbildung 3). Hierbei geht es um die Frage, zu welchem Zeitpunkt welche bilanzpolitischen Maßnahmen ergriffen werden bzw. mit welchen bilanzanalytischen Maßnahmen reagiert wird. Im Ergebnis ist das gesamte Spannungsverhältnis zwischen Bilanzanalyse und Bilanzpolitik im Zusammenhang mit dem BilMoG in eine Vielzahl **weiterer Aspekte** und **Schnittstellen** – bspw. steuerliche Zielsetzungen, Finanzierungsentscheidungen, Internationalisierungsbestrebungen, Ausschüttungspolitik sowie die grundsätzliche Unternehmenspolitik – einzuordnen. Allein auf Grundlage dieser ganzheitlichen Betrachtung lassen sich individuelle Empfehlungen ableiten.

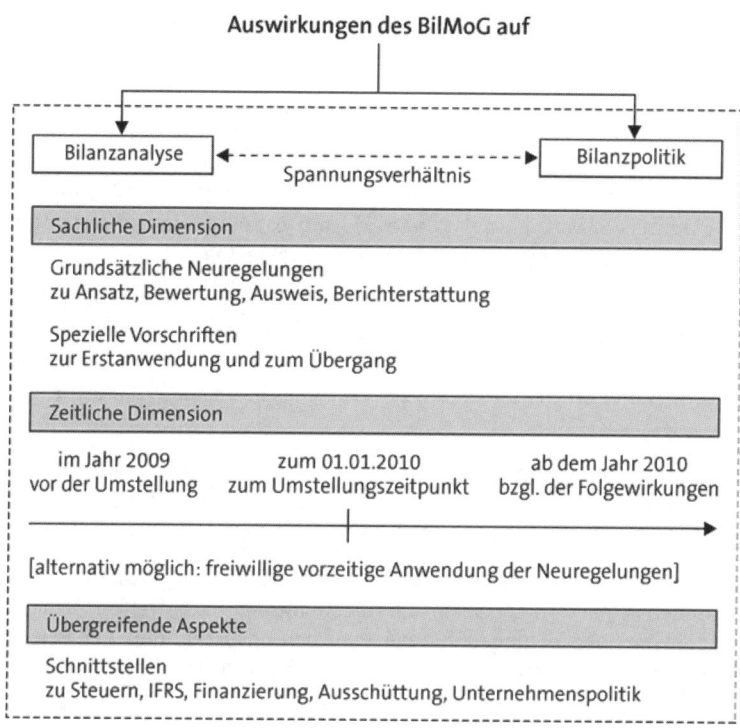

ABB. 3: Grafische Verdeutlichung der im Einzelnen zu beachtenden Aspekte

Die folgenden Ausführungen tragen der **Vielschichtigkeit des bilanzpolitischen und bilanzanalytischen Problemfeldes** BilMoG Rechnung. Zunächst werden die grundsätzlichen einzelgesellschaftlichen Änderungen, die das BilMoG mit Blick auf den bilanziellen Ansatz und Ausweis, die bilanzielle Wertfindung sowie die Berichterstattung mit sich bringt, dargestellt und analysiert (→ vgl. Kapitel 2).

Neben die einzelgesellschaftliche Sichtweise tritt der handelsrechtliche Konzernabschluss. Die Summe der einzelgesellschaftlichen Änderungen, die unmittelbar Eingang in den Konzernabschluss finden, wird durch weitere konzernspezifische Besonderheiten ergänzt. Zwar schafft das BilMoG zahlreiche Wahlrechte im Bereich der konsolidierten Rechnungslegung ab, allerdings verbleibt ein im Einzelfall enormer konzernbilanzpolitischer Spielraum. Die Neuregelungen des BilMoG in der Konzernrechnungslegung werden vor diesem Hintergrund gesondert betrachtet und hinsichtlich ihrer Auswirkungen auf die Bilanzierungspraxis gewürdigt (→ vgl. Kapitel 3).

Im Anschluss an die Erläuterung der im Einzelabschluss und Konzernabschluss neu zu beachtenden Normen erfolgt die dezidierte Darstellung der aus den umfangreichen Übergangsregelungen des EGHGB resultierenden Vorschriften und der damit verbundenen Effekte (→ vgl. Kapitel 4).

Mit Blick auf die neuen bilanzpolitischen Möglichkeiten, die sich dem Bilanzierenden künftig stellen, unterscheiden die Ausführungen hinsichtlich der zeitlichen Einordnung der einzelnen Sachverhalte. Daher werden sowohl die möglichen Maßnahmen vor der Umstellung auf das BilMoG (→ vgl. Kapitel 5), zum Zeitpunkt der Umstellung (→ vgl. Kapitel 6) als auch in der Folgezeit (→ vgl. Kapitel 7) dargestellt.

Neben die handelsrechtliche Sichtweise in Einzel- und Konzernabschluss tritt – nicht zuletzt aufgrund des Wegfalls der umgekehrten Maßgeblichkeit ab dem Veranlagungszeitraum 2009 – eine eigenständige Steuerbilanzpolitik. Im Fokus dieser Betrachtung steht die vom Handelsrecht unabhängige Ausübung einzelner Wahlrechte (→ Kapitel 8).

Einer besonderen Würdigung wird die Frage nach der Möglichkeit einer freiwilligen vorzeitigen Anwendung der Neuregelungen unterzogen, die bereits vor dem Jahr 2010 für den Bilanzierenden sinnvoll sein kann (→ vgl. Kapitel 9).

Da die Umstellung des BilMoG und die damit verbundenen bilanzpolitischen und bilanzanalytischen Aspekte nicht allein die Rechnungslegung betreffen, schließen die Ausführungen mit Empfehlungen für die Bilanzierungspraxis und der Beleuchtung verschiedener Schnittstellenproblematiken (→ vgl. Kapitel 10).

Merke:

Die Neuerungen des BilMoG beeinflussen Bilanzanalyse und Bilanzpolitik in verschiedener Hinsicht. Neben sachlichen Unterschieden sind zeitliche Aspekte ebenso zu behandeln wie weitergehende Schnittstellen. Erst eine Synthese aller Dimensionen ermöglicht einerseits eine zielgerichtete Bilanzpolitik und andererseits eine sachgerechte Bilanzanalyse.

2. Änderungen durch das BilMoG vor dem Hintergrund bilanzpolitischer Aspekte: Einzelabschluss

2.1 Grundsätzliche bilanzpolitische Strategien

Das BilMoG ändert eine Vielzahl von Ansatz-, Ausweis- und Bewertungswahlrechten. Zur Beurteilung der bilanzpolitischen Möglichkeiten ist zu unterscheiden zwischen den verbleibenden gesetzlichen Wahlrechten und den sich aus den Neuregelungen ergebenden Ermessensspielräumen.

Die bilanzpolitischen Strategien können mit Blick auf die Neuregelungen durch das BilMoG in zwei Bereiche aufgeteilt werden: die qualitative und die quantitative Bilanzpolitik (→ vgl. auch Kapitel 1.2).

Die **qualitative Bilanzpolitik** orientiert sich an nicht-monetären Vergleichsmaßstäben. Es geht vielmehr um eine Ausrichtung der handelsrechtlichen Vorschriften an anderen Rechnungslegungsnormen (z. B. des Steuerrechts). Im Wesentlichen sind für den Bilanzierenden in diesem Zusammenhang drei Strategien denkbar:

(1) Ausrichtung der Rechnungslegung an den steuerlichen Normen, um die steuerliche Überleitungsrechnung möglichst einfach zu halten und die Annäherung an eine Einheitsbilanz – mit Ausnahme der obligatorischen Abweichungen – zu erhalten.

(2) Ausrichtung der Rechnungslegung nach dem BilMoG an den zuvor gültigen handelsrechtlichen Normen, um die Umstellung auf das neue Bilanzrecht möglichst effektfrei zu gestalten.

(3) Annäherung der handelsrechtlichen Rechnungslegung an die IFRS, um vergleichsweise wenig verbleibende Abweichungen zu den internationalen Normen zu erhalten.

Hinter den vorgenannten drei Strategien können verschiedene mögliche Gründe stehen, von denen nachstehende Abbildung jeweils drei aufführt:

Annäherung an die steuerliche Rechnungslegung	Möglichst geringe Abweichungen zum alten Recht	Annäherung an die IFRS
▶ Steuerung des Unternehmens auf Grundlage einheitlicher Daten aus dem Steuer- und Handelsrecht ▶ Möglichst wenig Überleitungsaufwand ▶ Wenig Aufwand bei der Abgrenzung latenter Steuern	▶ Beibehaltung bestehender Bilanzierungshandbücher ▶ Fortführung früherer bilanzpolitischer Zielsetzungen ▶ Geringer Umstellungseffekt beim Übergang auf das neue Bilanzrecht	▶ Reduktion möglicher künftiger Umstellungseffekte beim Wechsel auf die IFRS ▶ Reduktion möglicher Überleitungen auf Reporting-Packages nach IFRS ▶ Schrittweiser Übergang auf die IFRS

ABB. 4: Gründe zur Verfolgung einer qualitativen Bilanzstrategie nach neuem Recht

Neben die qualitativen Überlegungen tritt eine **quantitative Bilanzpolitik**. Diese orientiert sich an bestimmten Bilanzkennzahlen und/oder absoluten (monetären) Größen. Im Wesentlichen dürften hier – unabhängig von der Ausübung einzelner Wahlrechte im Zeitpunkt der Umstellung auf das neue Bilanzrecht – zwei Zielfunktionen zu berücksichtigen sein:

(1) Der Ausweis möglichst hoher Ergebnisse und eines möglichst hohen Eigenkapitals (progressive Bilanzpolitik).

(2) Der Ausweis möglichst geringer Ergebnisse und eines möglichst geringen Eigenkapitals (konservative Bilanzpolitik).

Insbesondere mit Blick auf die Kommunikation der Rechnungslegungsdaten gegenüber Unternehmenskoalitionären und im Besonderen gegenüber Banken bieten die neuen bilanzrechtlichen Regelungen verschiedene Möglichkeiten, eine eher progressiv oder eher konservativ ausgerichtete Bilanzpolitik zu betreiben. Nachstehende Abbildung führt mögliche Gründe auf:

Ausweis eines möglichst hohen Eigenkapitals/ eines möglichst hohen Ergebnisses	Ausweis eines möglichst geringen Eigenkapitals/ eines möglichst geringen Ergebnisses
► Darstellung einer soliden Eigenkapitalquote	► Legung stiller Reserven
► Ausweis hoher Gewinne	► Bessere Möglichkeiten der Ergebnisbeeinflussung
► Tendenziell Schaffung eines höheren Ausschüttungspotenzials	► Zurückhalten von Ausschüttungspotenzial im Unternehmen
► Beeinflussung von Investoren	► Geringere Steuerbelastung

ABB. 5: Gründe zur Verfolgung einer quantitativen Bilanzstrategie nach neuem Recht

Im Ergebnis können die quantitativen und qualitativen **Bilanzstrategien** nicht unabhängig voneinander gesehen werden. In vielen Bereichen ergeben sich Überschneidungen und sich einander bestimmende Effekte. Allerdings bestehen in allen Fällen – wenngleich im Einzelnen eingeschränkt – weitere bilanzpolitische Möglichkeiten, die verfolgten Bilanzierungsstrategien miteinander zu verbinden. Insgesamt lassen sich also – auf Grundlage der hier dargestellten quantitativen und qualitativen Ziele – sechs verschiedene bilanzpolitische Zielfunktionen unterscheiden, bei denen neben der Hauptzielsetzung (qualitativ oder quantitativ) eine Nebenzielsetzung (quantitativ oder qualitativ) verfolgt wird. Gleichwohl ergeben sich im Einzelfall Widersprüche zwischen den verschiedenen Zielsetzungen, so dass nicht alle sechs **Kombinationsmöglichkeiten** in der Praxis Anwendung finden dürften.

Quantitative Strategie \ Qualitative Strategie	Annäherung an die steuerliche Rechnungslegung	Möglichst geringe Abweichungen zum alten Recht	Annäherung an die IFRS
Ausweis eines möglichst hohen Eigenkapitals/eines möglichst hohen Ergebnisses	**Kaum vereinbar** Es verbleiben wenig steuerliche Wahlrechte, so dass die quantitative Zielsetzung deutlich in den Hintergrund treten dürfte. Ein möglichst hohes Ergebnis wird regelmäßig nicht eine steuerliche Zielsetzung sein (außer ggf. bei der geplanten Nutzung von Verlustvorträgen).	**Unwahrscheinliche Kombination** Diese Kombination schränkt die Ausübung der neuen Wahlrechte sehr ein und stellt gegensätzliche Zielfunktionen dar.	**Sinnvolle Kombination** Da die neuen Rechnungslegungsnormen eine enge Anlehnung an die IFRS beinhalten, kann die Ausübung der meisten Ansatzwahlrechte zugunsten eines möglichst hohen Eigenkapitals bzw. Ergebnisses zielkonform erfolgen.
Ausweis eines möglichst geringen Eigenkapitals/eines möglichst geringen Ergebnisses	**Sinnvolle Kombination** Es verbleiben wenig steuerliche Wahlrechte, so dass die quantitative Zielsetzung deutlich in den Hintergrund treten dürfte. Ein möglichst geringes Ergebnis dürfte sich regelmäßig mit der Minimierung der Steuerbelastung vereinen lassen.	**Sinnvolle Kombination** Bei Nicht-Ausübung verschiedener Wahlrechte kann die Abweichung zum früheren Recht minimiert werden. Ein vergleichsweise geringes Eigenkapital ergibt sich regelmäßig aus obligatorischen Anpassungseffekten.	**Unwahrscheinliche Kombination** Da eine Annäherung an die IFRS im Wesentlichen durch Ausübung der Wahlrechte, die zu einem höheren Eigenkapital bzw. Ergebnis führen, erreicht werden kann, ist diese Kombination nicht sinnvoll.

ABB. 6: Verschiedene Möglichkeiten kombinierter Bilanzstrategien nach neuem Recht

Aus einer ersten Wertung der dargelegten **Kombinationsmöglichkeiten** lassen sich folgende Erkenntnisse ziehen:

(1) Sofern eine enge Annäherung an die Steuerbilanz gewünscht ist, treten quantitative Zielsetzungen deutlich in den Hintergrund.

(2) Der Ausweis eines möglichst geringen Eigenkapitals ist vorrangig unter Beibehaltung der früheren Bilanzpolitik und unter Verzicht auf die Anwendung bestehender Ansatzwahlrechte zu erreichen.

(3) Mit einer freiwilligen Annäherung an die IFRS gehen unter Ausübung der entsprechenden Wahlrechte zwangsläufig ein höheres Eigenkapital und Ergebnis einher.

Merke:

Das BilMoG bietet verschiedene bilanzpolitische Möglichkeiten. Im Zentrum stehen neben quantitativen Zielgrößen (bspw. der Ausweis eines möglichst hohen oder möglichst geringen Ergebnisses/Eigenkapitals) zahlreiche qualitative Ansätze wie bspw. eine weitere Nähe zu den steuerlichen Werten oder eine bewusste Annäherung an die IFRS.

2.2 Grundsätzliche bilanzanalytische Möglichkeiten

Die Bilanzanalyse (→ vgl. Kapitel 1.3) wird durch die verschiedenen Möglichkeiten der bilanzpolitischen Zielsetzungen ungleich komplexer. Die Anwendung einzelner Wahlrechte geht mit einer umfassenden Anhangberichterstattung einher, weswegen der Anhang künftig eine stärkere Bedeutung für die Bilanzanalyse als bisher erfährt.

Der Bilanzanalyst muss mit Blick auf das neue Bilanzrecht **zwei wesentliche Aspekte** beachten:

(1) Wie erfolgte die Umstellung auf das neue Recht und welche Effekte haben sich hieraus zum 01.01.2010 ergeben (→ vgl. Kapitel 2.4 und 2.5)? Zudem ist auf die Auswirkungen der BilMoG-Umstellung in den Folgejahren, also die Nachlaufeffekte aus der Umstellung, die sich über einen langen Zeitraum hinziehen können (z. B. Anpassung der Pensionsrückstellungen über bis zu 15 Jahre; Beibehaltung eines steuerlichen Sonderpostens über die entsprechende Nutzungsdauer), hinzuweisen.

(2) Welche Strategie (qualitativ oder quantitativ) verfolgt der Bilanzierende und welche Auswirkungen auf die Vermögens-, Finanz- und Ertragslage ergeben sich hieraus (→ vgl. Kapitel 2.1)?

Im Wesentlichen dient die Bilanzanalyse dazu, die vom Bilanzierenden gewählte Bilanzpolitik grundsätzlich zu würdigen. Für eine erste analytische Sichtweise bietet sich die Unterscheidung in eine eher an hohen Ergebnissen und einem hohen Eigenkapital-ausweis orientierte Bilanzpolitik im Gegensatz zu einer Bilanzpolitik, die den Ausweis geringer Ergebnisse und eines geringen Eigenkapitals zur Folge hat, an.

Die einzelnen **bilanzpolitischen Entscheidungen** lassen sich der quantitativen Sichtwei-se folgend – und ohne eine weitere Würdigung der qualitativen Vergleichsmaßstäbe – wie folgt unterteilen:

	Progressive Bilanzpolitik	Konservative Bilanzpolitik
Aktives Ansatzwahlrecht	Wird ausgeübt	Wird nicht ausgeübt
Passives Ansatzwahlrecht	Wird nicht ausgeübt	Wird ausgeübt
Bewertungswahlrecht führt zu höheren Wertansätzen bei den Aktiva	Wird ausgeübt	Wird nicht ausgeübt
Bewertungswahlrecht führt zu niedrigeren Wertansätzen bei den Aktiva	Wird nicht ausgeübt	Wird ausgeübt
Bewertungswahlrecht führt zu höheren Wertansätzen bei den Passiva	Wird nicht ausgeübt	Wird ausgeübt
Bewertungswahlrecht führt zu niedrigeren Wertansätzen bei den Passiva	Wird ausgeübt	Wird nicht ausgeübt
Saldierung bestimmter Bilanzposten	Wird vorgenommen	Wird nicht vorgenommen

ABB. 7: Anhaltspunkte einer bilanzanalytischen Beurteilung

Anhand der vorstehenden Aspekte kann der Bilanzanalyst die grobe bilanzpolitische Richtung, die der Bilanzierende verfolgt, einschätzen. Im Zentrum seiner bilanzanalyti-schen Vorgehensweise wird hierbei zunehmend die Auswertung der Anhangberichter-stattung stehen. Die deutliche **Ausweitung der Anhangberichterstattung** und die Ver-lagerung von wesentlichen Informationen aus der Bilanz in den Anhang macht diesen künftig noch mehr zu einer unverzichtbaren Informationsquelle für den externen Jah-resabschlussadressaten.

Neben der Anhangberichterstattung tritt die **Abgrenzung latenter Steuern** in den Fo-kus. Nicht zuletzt die Angabe der auf die einzelnen temporären Differenzen sowie den Betrag der steuerlichen Verlustvorträge entfallenden latenten Steuern (§ 285 Nr. 29 HGB) verdeutlicht den Umfang der vom Steuerrecht abweichenden Wertansätze. Be-wusste bilanzpolitische Bilanzierungsweisen lassen sich dadurch vergleichsweise ein-fach erkennen. Bspw. führt die Aktivierung selbst erstellter immaterieller Vermögens-gegenstände des Anlagevermögens zur verpflichtenden Abgrenzung passiver latenter

Steuern. Ebenso ist über den Umfang der aktiven latenten Steuern auf steuerliche Verlustvorträge zu berichten (→ vgl. Kapitel 2.7).

An Bedeutung gewinnen auch erfolgsneutrale Vorgänge, weswegen eine Auswertung des Eigenkapitalspiegels künftig neben die Analyse der Rechenwerke Bilanz und Gewinn- und Verlustrechnung tritt. Die Komplexität des BilMoG erfordert es jedoch, die grundsätzlich identifizierte Bilanzpolitik in einen weitergehenden Rahmen und damit in die gesamte unternehmenspolitische Zielsetzung einzuordnen..

Merke:

Die Analyse der Anwendung einzelner Normen und eine intensive Auswertung der Anhangberichterstattung ergänzen die Auswertung der Rechenwerke des Bilanzierenden. Hierbei lassen sich bilanzpolitische Strategien im Einzelfall klar erkennen. Diese müssen allerdings in den Gesamtzusammenhang der verfolgten unternehmenspolitischen Ziele eingeordnet werden. Die Analyse der Abgrenzung latenter Steuern liefert wertvolle Hinweise zur Einschätzung der unternehmensseitigen Bilanzpolitik.

2.3 Darstellung der einzelnen Änderungen

Im Folgenden werden die einzelnen bilanziellen Änderungen dargestellt. Hierbei werden zunächst im **Bereich der Aktiva** die neuen Ansatz- und Bewertungsvorschriften betrachtet, die dazu führen, dass im Einzelfall künftig die Vermögensdarstellung anders zu erfolgen hat als in der Vergangenheit (→ vgl. dazu Kapitel 2.4).

Mit Blick auf die **Passivseite** werden die einzelnen Änderungen, die unmittelbar Einfluss auf den Ausweis des (Eigen-) Kapitals sowie die Bewertung bestimmter Schuldpositionen nehmen, dargestellt (→ vgl. dazu Kapitel 2.5).

Das BilMoG führt neben einzelnen Änderungen, die die Aktiv- oder Passivseite betreffen, verschiedene **übergreifende Neuerungen** ein, die gesondert zu betrachten sind. Daher werden die Bereiche Währungsumrechnung sowie die Thematik der Bewertungseinheiten gesondert erläutert. Beide Themenbereiche nehmen unmittelbar Einfluss auf Ansatz und Bewertung bestimmter Vermögensgegenstände und Schulden (→ vgl. dazu Kapitel 2.6). Daneben wird in diesem Kapitel die redaktionelle Neufassung der wirtschaftlichen Zurechnung einzelner Vermögensgegenstände thematisiert.

Neben der Darstellung der jeweiligen Neuregelungen werden zudem etwaige **Folgewirkungen**, die sich auf die Ausschüttungssperre sowie die Abgrenzung latenter Steuern ergeben können, dargestellt. Die einzelnen **Übergangsvorschriften** sowie Regelungen zur Erstanwendung der neuen Regelungen werden jeweils kurz skizziert. Eine ausführliche Erläuterung dieser Normen ist dem Kapitel 4 vorbehalten.

Einen zentralen Punkt der Bilanzrechtsreform stellt die neue Konzeption zur **Abgrenzung latenter Steuern** dar. Diese Thematik betrifft neben der Aktiv- bzw. Passivseite der Bilanz unmittelbar die Erfolgsrechnung sowie die Darstellung im Eigenkapital. Da die latente Steuerabgrenzung vielfach ein Reflex bestimmter bilanzpolitischer Strategien ist und im Besonderen dem Bilanzanalysten eine wertvolle Hilfestellung bei der Analyse der Jahresabschlussdaten leistet, wird diesem Themengebiet ein eigenständiges Kapitel gewidmet (→ vgl. dazu Kapitel 2.7).

Die Neuregelungen des BilMoG nehmen unmittelbar Einfluss auf das handelsrechtliche Ergebnis und damit die Gewinnverwendung. Der Gesetzgeber hat indes erkannt, dass einzelne Bilanzierungs- und Bewertungsentscheidungen weniger „sicher" sind als andere und hat daher bestimmte Bilanzposten mit einer **Ausschüttungssperre** versehen. Die Ermittlung des zutreffend abzuführenden Betrags stellt sich im Einzelfall als sehr komplex dar (→ vgl. dazu Kapitel 2.8).

Die Änderungen durch das BilMoG betreffen neben der bilanziellen Wertfindung unmittelbar auch die weiteren Rechenwerke sowie die berichtenden **Jahresabschlussbestandteile**. Aus diesem Grund werden die Auswirkungen des BilMoG auf die Erfolgsrechnung, den Anhang und Lagebericht sowie den Eigenkapitalspiegel gesondert betrachtet (→ vgl. dazu Kapitel 2.9 bis 2.12).

Der Vollständigkeit halber werden zudem die **weiteren Rechenwerke** des Jahresabschlusses, die Kapitalflussrechnung sowie die Segmentberichterstattung, beleuchtet (→ vgl. dazu Kapitel 2.13 und 2.14).

Bei der Darstellung der einzelnen durch das BilMoG bedingten Neuerungen wird in der Behandlung der jeweiligen Bereiche immer zwischen der bilanzpolitischen und der bilanzanalytischen Sichtweise unterschieden. Auch wenn beide Bereiche – nicht zuletzt bedingt durch das ihnen immanente Spannungsverhältnis (→ vgl. Kapitel 1.4) – nur gemeinsam betrachtet werden können, liefern die einzelnen tabellarischen Übersichten jeweils erste Anwendungshilfen für den jeweiligen Teilaspekt.

Merke:

Die einzelnen Änderungen, die das BilMoG mit sich bringt, betreffen neben der Aktiv- und Passivseite auch übergreifende Regelungen. Im Mittelpunkt stehen hierbei die latenten Steuern. Mit Blick auf die Ausschüttungsbemessungsgrundlage existieren komplexe eigenständige Regelungen. Zudem sind weitere Auswirkungen auf die einzelnen Rechenwerke und die Berichterstattung zu beachten.

2.4 Aktiva

2.4.1 Vorbemerkungen: Auswirkungen auf die Vermögensdarstellung

Mit Blick auf die bilanzielle Behandlung der Aktiva stellen sich dem Bilanzierenden im Zusammenhang mit dem BilMoG verschiedene neue Fragestellungen, die sowohl bilanzpolitische als auch bilanzanalytische Implikationen aufweisen.

Erste Fragestellungen im Zusammenhang mit den neuen Regelungen verdeutlichen deren bilanzpolitische Möglichkeiten und die damit zusammenhängenden bilanzanalytischen Notwendigkeiten:

▶ Dürfen weiterhin **Aufwendungen für Ingangsetzung und Erweiterung des Geschäftsbetriebs** aktiviert werden (→ vgl. Kapitel 2.4.2)?

▶ Wie ist der entgeltlich erworbene **Geschäfts- oder Firmenwert** zu behandeln? Was ist die richtige betriebliche Nutzungsdauer, über die er planmäßig abzuschreiben ist? Ist eine außerplanmäßige Abschreibung notwendig (→ vgl. Kapitel 2.4.3)?

▶ Unter welchen Voraussetzungen können **selbst erstellte immaterielle Werte des Anlagevermögens** aktiviert werden? Wie erfolgt die Wertfindung zum Zugangszeitpunkt und in der Folge (→ vgl. Kapitel 2.4.4)?

▶ Wie sind **Sachanlagen** zu bewerten? Unter welchen Voraussetzungen sind außerplanmäßige Abschreibungen weiterhin zulässig und wann sind Zuschreibungen geboten (→ vgl. Kapitel 2.4.5)?

▶ Welche Besonderheiten der Bewertung sind im Zusammenhang mit **Finanzanlagen** zu beachten? Wann dürfen diese abgeschrieben werden (→ vgl. Kapitel 2.4.6)?

▶ Wie sind die **Herstellungskosten** zu ermitteln? Welche Aufwendungen müssen, welche können in den Bilanzwert einbezogen werden (→ vgl. Kapitel 2.4.7)?

▶ Wie erfolgt die **Bewertung von Vorräten**? Inwieweit sind bestimmte Abschreibungen noch möglich und welche Verbrauchsfolgen sind weiterhin zulässig (→ vgl. Kapitel 2.4.8)?

▶ Wann besteht weiterhin noch die Möglichkeit, **aktive Rechnungsabgrenzungsposten** anzusetzen (→ vgl. Kapitel 2.4.9)?

▶ Wie ermittelt sich der **Unterschiedsbetrag aus der Vermögensverrechnung** und welche Folgewirkungen sind zu beachten (→ vgl. Kapitel 2.4.10)?

Merke:

Die Auswirkungen auf das BilMoG für die Aktivseite sind vielschichtig. Zum einen schafft der Gesetzgeber neue Bilanzpositionen; zum anderen sind teilweise weitgehende neue Bewertungs- und Ausweisregeln zu beachten.

2.4.2 Ingangsetzungs- und Erweiterungsaufwendungen

Die Vorschrift des § 269 HGB a. F., die ein Wahlrecht zur Aktivierung von Aufwendungen für die Ingangsetzung und Erweiterung des Geschäftsbetriebs vorsah, wird durch das BilMoG gestrichen. Mit der **Abschaffung des bisherigen Wahlrechts** schränkt der Gesetzgeber den bilanzpolitischen Spielraum weiter ein und versucht, eine Annäherung an die Regelungen der IFRS sowie das Steuerrecht zu erreichen, die eine derartige Bilanzierungshilfe nicht kennen. Damit einhergehend erfolgt die Aufhebung des § 282 HGB a. F., wonach die aktivierten Beträge in jedem folgenden Geschäftsjahr zu mindestens einem Viertel durch Abschreibungen zu vermindern waren.

Letztmals erlaubt das HGB für das Geschäftsjahr 2009 den Ansatz von Ingangsetzungs- und Erweiterungsaufwendungen. Sofern der Bilanzierende das Ansatzwahlrecht ausübt, ergeben sich für ihn zwei rechtliche Schlussfolgerungen. Zum einen unterliegt der aktivierte Betrag der Ausschüttungssperre nach § 269 HGB a. F. Zum anderen sind auf den aktivierten Betrag passive latente Steuern abzugrenzen, da der steuerliche Gesetzgeber den Ansatz solcher Aufwendungen als Bilanzierungshilfe nicht erlaubt.

Die §§ 269, 282 HGB a. F. sind letztmals auf das vor dem 01.01.2010 beginnende Geschäftsjahr anzuwenden (Art. 66 Abs. 5 EGHGB). In der Vergangenheit im Jahresabschluss angesetzte Bilanzierungshilfen für Aufwendungen für die Ingangsetzung und Erweiterung des Geschäftsbetriebs nach § 269 HGB a. F. dürfen aber weiterhin unter Anwendung der für sie geltenden Vorschriften des HGB a. F. fortgeführt werden (Fortführungswahlrecht), d. h., sie sind weiterhin in jedem auf die vergangene Aktivierung folgenden Geschäftsjahr zu mindestens einem Viertel durch Abschreibungen zu vermindern (Art. 67 Abs. 5 EGHGB). Sofern von dem Fortführungswahlrecht kein Gebrauch gemacht wird, ist der Aktivposten vollständig aufwandswirksam aufzulösen. Der Ausweis der sofortigen Aufwandserfassung zum 01.01.2010 hat im außerordentlichen Ergebnis (Art. 67 Abs. 7 EGHGB) zu erfolgen.

Die Aktivierung von Aufwendungen für die Ingangsetzung und Erweiterung des Geschäftsbetriebs verteilt den Aufwand über mehrere Jahre und entlastet folglich das Ergebnis im Jahr des Anfalls der Aufwendungen. Da das Gesetz in § 282 HGB a. F. den Abschreibungszeitraum auf maximal vier Jahre nach dem Jahr der Aktivierung beschränkt, ergeben sich – unabhängig von der Zugangsbewertung – alleine in diesem Zeitfenster bilanzpolitische Alternativen für den Bilanzierenden.

Nachstehende Übersicht ordnet die Neuregelung in die einzelnen Bilanzstrategien ein.

Ausweis eines möglichst hohen Eigenkapitals/eines möglichst hohen Ergebnisses	Ausweis eines möglichst geringen Eigenkapitals/eines möglichst geringen Ergebnisses	Annäherung an die steuerliche Rechnungslegung	Möglichst geringe Abweichungen zum alten Recht	Annäherung an die IFRS
Aktivierung der Aufwendungen und Abschreibungen über maximalen Zeitraum von vier Jahren	Direkte Aufwandsverrechnung	Direkte Aufwandsverrechnung	Abhängig von der bislang verfolgten Bilanzpolitik; künftig ist für neue Aufwendungen ab 2010 kein Ansatz mehr möglich	Direkte Aufwandsverrechnung

ABB. 8: Einzelne bilanzpolitische Strategien (Ingangsetzung und Erweiterung)

Aus einer Kombination der einzelnen Strategien ergeben sich folgende Möglichkeiten für die verfolgte Bilanzpolitik.

Qualitative Strategie / Quantitative Strategie	Annäherung an die steuerliche Rechnungslegung	Möglichst geringe Abweichungen zum alten Recht	Annäherung an die IFRS
Ausweis eines möglichst hohen Eigenkapitals/eines möglichst hohen Ergebnisses	**Nicht vereinbar** Da das Steuerrecht den Ansatz dieser Bilanzierungshilfe nicht kennt, ist keine Übereinstimmung möglich.	**Mögliche Kombination** Für den Übergangszeitraum kann unter Anwendung des Fortführungswahlrechts ein Gleichklang erreicht werden.	**Nicht vereinbar** Die IFRS kennen den Ansatz dieser Bilanzierungshilfe nicht.
Ausweis eines möglichst geringen Eigenkapitals/eines möglichst geringen Ergebnisses	**Mögliche Kombination** Da das Steuerrecht den Ansatz dieser Bilanzierungshilfe nicht kennt, kann bei einer handelsrechtlichen Aufwandsverrechnung ein entsprechender Gleichklang erreicht werden.	**Mögliche Kombination** Es entfällt die Möglichkeit zur neuen Bildung einer solchen Bilanzierungshilfe, so dass eine Kombination der beiden Zielsetzungen möglich ist.	**Mögliche Kombination** Die IFRS kennen den Ansatz dieser Bilanzierungshilfe nicht. Eine direkte Aufwandsverrechnung führt damit zum Gleichklang zwischen HGB und IFRS.

ABB. 9: Kombinierte bilanzpolitische Strategien (Ingangsetzung und Erweiterung)

Die Behandlung von aktivierten Ingangsetzungs- und Erweiterungsaufwendungen im handelsrechtlichen Einzelabschluss lässt sich unmittelbar der Bilanz entnehmen, da die entsprechenden Werte gesondert in der Bilanz vor dem Anlagevermögen auszuweisen sind. Freiheitsgrade, die der Bilanzierende hinsichtlich des Abschreibungszeitraums in Anspruch nimmt, sind dem Anhang oder der bilanziellen Wertentwicklung zu entnehmen. Der Ansatz der Bilanzierungshilfe lässt sich zudem durch die Angaben zur Steuerabgrenzung nachvollziehen.

Die Einordnung der vom Bilanzierenden verfolgten Bilanzpolitik kann anhand nachstehender Übersicht erfolgen.

	Progressive Bilanzpolitik	Konservative Bilanzpolitik
Ingangsetzungs- und Erweiterungsaufwendungen...	... wurden (letztmals für 2009) aktiviert und über die vier darauf folgenden Jahre abgeschrieben.	... wurden unmittelbar als Aufwand erfasst.

ABB. 10: Bilanzanalytische Möglichkeiten (Ingangsetzung und Erweiterung)

Beispiel 1: Behandlung von Ingangsetzungs- und Erweiterungsaufwendungen

Im Vorfeld einer geplanten wesentlichen Kapazitätsausweitung ihrer Produktpalette für Hochgebirgsausrüstungen ließ die Mountain AG während des Geschäftsjahrs 2009 Marktforschungsaktivitäten durchführen. Hieraus resultieren Kosten i. H. v. 66.000 €. Da die Mountain AG nicht nur mit ihren Produkten, sondern auch mit ihrem Ergebnis und Eigenkapital hoch hinaus möchte, verfolgt sie eine progressive Bilanzpolitik und aktiviert die entsprechenden Aufwendungen.

In der Bilanz zum 31.12.2009 wird ein Betrag i. H. v. 66.000 € als Aufwendungen für die Ingangsetzung und Erweiterung des Geschäftsbetriebs vor dem Anlagevermögen aktiviert. Gleichzeitig entfallen bei einem Steuersatz von 30 % passive latente Steuern i. H. v. 19.800 € auf den Sachverhalt.

In den Jahren 2010 bis 2013 erfolgt die planmäßige Abschreibung des Bilanzpostens mit jährlich 16.500 €. Zugleich sind die passiven latenten Steuern ertragswirksam mit 4.950 € pro Jahr aufzulösen.

Beispiel 2: Ingangsetzungs- und Erweiterungsaufwendungen bei der BilMoG-Umstellung

Die Surf & Turf GmbH hat im Zuge ihrer Erweiterung des Geschäftsbetriebs um ein neues Betätigungsfeld in der ökobasierten Fleischherstellung und Eiergewinnung von freilaufenden Hennen (der neue Unternehmensbereich soll „Ham & Egg" heißen) im Jahr 2009 Ingangsetzungs- und Erweiterungsaufwendungen i. H. v. 400.000 € aktiviert. Bis auf diesen Sachverhalt hat die Surf & Turf GmbH eine Einheitsbilanz erstellt, so dass aus der bestehenden Abweichung zum 31.12.2009 passive latente Steuern von 120.000 € (bei einem Steuersatz von 30 %) anzusetzen waren.

Zum 01.01.2010 beschließt die Surf & Turf GmbH im Zuge der Umstellung auf das BilMoG ihre Bilanzpolitik zu ändern und möchte nunmehr eine möglichst IFRS-nahe Bilanzierung erreichen. Daher verrechnet sie die aktivierten Beträge zum 01.01.2010 vollständig.

Die Gesellschaft weist aus der Umstellung einen Aufwand aus der unmittelbaren Verrechnung der zuvor aktivierten Beträge von 400.000 € aus (a. o. Aufwand). Zudem ist ein Ertrag aus der Auflösung der passiven latenten Steuern i. H. v. 120.000 € zu berücksichtigen.

Merke:

Die Aktivierung von Ingangsetzungs- und Erweiterungsaufwendungen entlastet das Ergebnis im Jahr der Entstehung der Aufwendungen. Anstatt einer unmittelbaren Aufwandserfassung ist bis einschließlich 2009 die Aktivierung und planmäßige Abschreibung dieser Aufwendungen über bis zu vier Jahre möglich. Im Zuge des BilMoG können in der Vergangenheit aktivierte Werte fortgeführt werden.

2.4.3 Geschäfts- oder Firmenwert

Ab 2010 ist nach § 246 HGB der entgeltlich erworbene Geschäfts- oder Firmenwert als zeitlich begrenzt nutzbarer Vermögensgegenstand anzusehen. In der Vergangenheit war die Interpretation dieses Werts als Bilanzierungshilfe oder als eigenständiger **Vermögensgegenstand** strittig. Diese Diskussion ist nun beendet. Zeitgleich mit der Einordnung des Geschäfts- oder Firmenwerts als Vermögensgegenstand entfällt das Aktivierungswahlrecht des § 255 Abs. 4 HGB a. F. Danach ist der entgeltlich erworbene Geschäfts- oder Firmenwert zwingend anzusetzen und planmäßig – bzw. bei Vorliegen entsprechender Hinweise auch außerplanmäßig – abzuschreiben. Nach § 253 Abs. 5 HGB ist eine vorgenommene außerplanmäßige Abschreibung beizubehalten. Eine spätere Wertaufholung ist explizit ausgeschlossen (Wertaufholungsverbot). Zudem sind nach § 285 Nr. 13 HGB die Gründe, welche die Annahme einer betrieblichen Nutzungsdauer eines entgeltlich erworbenen Geschäfts- oder Firmenwerts von mehr als fünf Jahren rechtfertigen, gesondert zu erläutern. In diesem Zusammenhang ist der Verweis auf die vom Steuergesetzgeber angenommene Nutzungsdauer von 15 Jahren alleine nicht ausreichend.

Nicht zufriedenstellend ist die vom Gesetzgeber in der Handels- und Steuerbilanz abweichend vorgenommene **Einschätzung der planmäßigen Nutzung** eines erworbenen Geschäfts- oder Firmenwerts. Während die steuerlichen Regelungen in § 7 Abs. 1 EStG eine Nutzungsdauer von 15 Jahren vorsehen, geht der handelsrechtliche Gesetzgeber von einer planmäßigen Nutzung über fünf Jahre aus. Nicht zuletzt aufgrund der neuen Abgrenzungskonzeption der latenten Steuern nach § 274 HGB ergibt sich für die Position des derivativen Geschäfts- oder Firmenwerts (aus einem *asset deal*) damit wohl zwangsläufig die Berücksichtigung latenter Steuern wegen eines Auseinanderfallens der Abschreibungs- bzw. Nutzungsdauern in der Handels- und Steuerbilanz.

Die Nutzungsdauer eines entgeltlich erworbenen Geschäfts- oder Firmenwerts ist künftig gesondert abzuschätzen. Die Einschätzung dieses Zeitraums unterliegt unmittelbaren bilanzpolitisch motivierten **Ermessensspielräumen**. Alleine bestimmte Anhaltspunkte können unternehmensintern sowie unternehmensextern dazu dienen, eine sachgerechte Nutzungsdauer zu bestimmen. Hierbei ist auf die erwartete Dauer der Unternehmensfortführung, Auswirkungen auf neu erschlossene Beschaffungs- oder Absatzmärkte, Lebenszyklen erworbener Produkte sowie sonstige unternehmensindividuelle und synergiebeeinflusste Faktoren Bezug zu nehmen.

Die skizzierten Änderungen sind erstmals auf Abschlüsse der Geschäftsjahre, die nach dem 31.12.2009 beginnen, anzuwenden (Art. 66 Abs. 3 EGHGB). Demnach sind erst Akquisitionen des Geschäftsjahrs 2010 von dieser Regelung betroffen, so dass sich an der Behandlung der in der Vergangenheit noch abweichend fortgeschriebenen Geschäfts- oder Firmenwerte nichts ändert. Demnach sind die in der Vergangenheit gewählten Abschreibungsdauern beizubehalten und fortzuführen. Zudem bleiben in der Vergangenheit verrechnete Geschäfts- oder Firmenwerte verrechnet.

Sofern in der Vergangenheit aktivierte Geschäfts- oder Firmenwerte mit einer Abschreibungsdauer von mehr als fünf Jahren fortgeführt werden, unterliegen auch diese Geschäfts- oder Firmenwerte der Angabepflicht nach § 285 Nr. 13 HGB. Abweichend von den geänderten Ansatz- und Bewertungsregelungen, die prospektiv anzuwenden sind, gelten die Angabepflichten im Anhang für alle bilanzierten Geschäfts- oder Firmenwerte mit einer Abschreibungsdauer von mehr als fünf Jahren.

Der Abgrenzung des Geschäfts- oder Firmenwerts von anderen immateriellen Werten kommt **bilanzpolitische Bedeutung** zu. Unmittelbar wird die Höhe des Geschäfts- oder Firmenwerts von den vorhandenen stillen Reserven und weiteren aktivierungsfähigen Vermögensgegenständen bestimmt.

Auch mit Blick auf die Folgebewertung sind der Bilanzposition Ermessensspielräume zuzurechnen. So unterliegen sowohl die regelmäßig vorzunehmende Überprüfung der bilanziellen Wertansätze als auch die Einschätzung der betrieblichen Nutzungsdauer einem gewissen Freiheitsgrad hinsichtlich der zu treffenden Annahmen.

Nachstehende Übersicht ordnet die Neuregelung in die einzelnen Bilanzstrategien ein.

Ausweis eines möglichst hohen Eigenkapitals/eines möglichst hohen Ergebnisses	Ausweis eines möglichst geringen Eigenkapitals/eines möglichst geringen Ergebnisses	Annäherung an die steuerliche Rechnungslegung	Möglichst geringe Abweichungen zum alten Recht	Annäherung an die IFRS
Abschreibung über einen möglichst langen Zeitraum	Abschreibung über einen möglichst kurzen Zeitraum	Abschreibung über einen Zeitraum von 15 Jahren	Wenn zuvor bereits eine planmäßige Abschreibung erfolgte, kann die Vorgehensweise unter Umständen beibehalten werden	Bedingt durch eine Abschreibung über einen möglichst langen Zeitraum möglich

ABB. 11: Einzelne bilanzpolitische Strategien (Geschäfts- oder Firmenwert)

Aus einer Kombination der einzelnen Strategien ergeben sich folgende Möglichkeiten für die verfolgte Bilanzpolitik.

Quantitative Strategie \ Qualitative Strategie	Annäherung an die steuerliche Rechnungslegung	Möglichst geringe Abweichungen zum alten Recht	Annäherung an die IFRS
Ausweis eines möglichst hohen Eigenkapitals/ eines möglichst hohen Ergebnisses	**Mögliche Kombination** Bei Begründbarkeit einer Nutzungsdauer von 15 Jahren lässt sich ein entsprechender Gleichklang erreichen.	**Mögliche Kombination** Bereits nach den alten Regelungen durfte der Bilanzierende den Geschäfts- oder Firmenwert ansetzen und abschreiben. In diesem Zusammenhang führt die Abschreibung über einen vergleichsweise langen Zeitraum zu einem zunächst höheren Eigenkapital- und Ergebnisausweis.	**Bedingt vereinbar** Die IFRS sehen keine planmäßige Abschreibung der aktivierten Geschäfts- oder Firmenwerte vor (*impairment only approach*). Allerdings kann durch einen vergleichsweise langen Zeitraum der Abschreibungsdauer eine Annäherung erreicht werden.

Qualitative Strategie Quantitative Strategie	Annäherung an die steuerliche Rechnungslegung	Möglichst geringe Abweichungen zum alten Recht	Annäherung an die IFRS
Ausweis eines möglichst geringen Eigenkapitals/ eines möglichst geringen Ergebnisses	Nicht vereinbar Da das Steuerrecht eine Nutzungsdauer von 15 Jahren vorgibt, ist der Bilanzierende an diese gebunden. Eine schnellere Aufwandserfassung im Handelsrecht führt zu einer Abweichung von der Steuerbilanz.	Mögliche Kombination Sofern sich dem Geschäfts- oder Firmenwert keine lange Nutzungsdauer zurechnen lässt, kann eine schnelle aufwandswirksame Abschreibung vorgenommen werden.	Nicht vereinbar Eine schnelle Aufwandserfassung steht – bei gegebener Werthaltigkeit – im Widerspruch zur Vorgehensweise nach IFRS.

ABB. 12: Kombinierte bilanzpolitische Strategien (Geschäfts- oder Firmenwert)

Aufgrund der Einordnung des Geschäfts- oder Firmenwerts als Vermögensgegenstand ist dieser im Bruttoanlagespiegel auszuweisen. Dies gilt auch dann, wenn er gleich im ersten Jahr – wegen fehlender Werthaltigkeit – aufwandswirksam abgeschrieben wird. Im Anhang finden sich nach § 285 Nr. 14 HGB Angabepflichten zu einer den Zeitraum von fünf Jahren übersteigenden Nutzungsdauer. Eine abweichende Behandlung des Geschäfts- oder Firmenwerts in Handels- und Steuerbilanz lässt sich durch die Angaben zur Steuerabgrenzung nachvollziehen.

Die Einordnung der vom Bilanzierenden verfolgten Bilanzpolitik kann anhand nachstehender Übersicht erfolgen.

	Progressive Bilanzpolitik	Konservative Bilanzpolitik
Abschreibung wird vorgenommen über...	... einen langen Zeitraum.	.. einen kurzen Zeitraum.

ABB. 13: Bilanzanalytische Möglichkeiten (Geschäfts- oder Firmenwert)

Beispiel 3: Geschäfts- oder Firmenwert

Ein Unternehmen erwirbt für einen Kaufpreis von 500.000 € ein anderes Unternehmen. Die Vermögenswerte weisen einen Wert von 400.000 € (bewertet zu aktuellen Zeitwerten) und die Verpflichtungen von 50.000 € auf. Die Differenz zwischen dem erworbenen Reinvermögen von 350.000 € und dem Kaufpreis von 500.000 € beträgt 150.000 €. Dieser Wert ist als Geschäfts- oder Firmenwert zu aktivieren und planmäßig über seine Nutzungsdauer abzuschreiben.

Der Geschäfts- oder Firmenwert ist steuerlich planmäßig mit 10.000 € p. a. abzuschreiben. Weist die betriebliche Nutzungsdauer (im Sinne des § 285 Nr. 13 HGB) einen Zeitraum von fünf Jahren auf, so hat die handelsrechtliche Abschreibung mit 30.000 € p. a. zu erfolgen.

Wird in der Folgezeit die Abschreibung in der Steuerbilanz über 15 Jahre, in der Handelsbilanz hingegen über fünf Jahre vorgenommen, sind bei einem Steuersatz von 30 % in den Jahren 1 bis 5 jeweils aktive latente Steuern (unter Berücksichtigung des Aktivierungswahlrechts des § 274 HGB) i. H. v. 6.000 € (= 30 % von 20.000 €) anzusetzen. Dieser Betrag entspricht der mit dem Steuersatz bewerteten Differenz zwischen der in der Steuerbilanz im Vergleich zur Handelsbilanz vorgenommenen Abschreibung. Es wird ein entsprechender Ertrag aus der Steuerabgrenzung in den Jahren 1 bis 5 ausgewiesen.

Der am Ende des Jahres 5 aktivierte Betrag von 30.000 € aktiven latenten Steuern ist in den Jahren 6 bis 15 mit jeweils 3.000 € aufwandswirksam zu erfassen. Die 3.000 € entsprechen dem auf die steuerliche Abschreibung i. H. v. 10.000 € p. a. entfallenden Steuereffekt, da handelsrechtlich keine Abschreibung mehr zu berücksichtigen ist.

Beispiel 4: Geschäfts- oder Firmenwert (Wertaufholungsverbot)

Die Zeus AG hat im Jahr 2010 die Apollo AG erworben. Ausweislich der Unternehmensbewertung nach IDW S1 wurde der Unternehmenswert der Apollo AG zum Erwerbszeitpunkt auf 1 Mio. € taxiert. Nach der Allokation des Unternehmenswertes auf die einzelnen Vermögensgegenstände und Schulden wurde ein Geschäfts- oder Firmenwert (als derivativer Geschäfts- oder Firmenwert) i. H. v. 500.000 € aktiviert.

Die Apollo AG verfügte zum Erwerbszeitpunkt über ein marktbeherrschendes Patent, dessen Verwertung über einen Zeitraum von fünf Jahren angenommen wurde. Auf Grundlage dieser Einschätzung erfolgte eine lineare Abschreibung des aktivierten Geschäfts- oder Firmenwerts i. H. v. 100.000 € p. a.

Zum 31.12.2010 konnte der Wert des aktivierten Geschäfts- oder Firmenwerts durch eine entsprechende Unternehmensbewertung nachgewiesen werden. Aufgrund eingetretener Produktionsprobleme im Jahr 2011 verlor die Zeus AG weite Teile des Marktpotenzials, das sie durch den Erwerb der Apollo AG erworben hatte. Zum 31.12.2011 wurde der verbleibende Restwert des aktivierten Geschäfts- oder Firmenwerts auf nur noch 150.000 € geschätzt.

Nach Vornahme der planmäßigen Abschreibung von 100.000 € im Jahr 2011 musste eine außerplanmäßige Abschreibung i. H. v. 150.000 € vorgenommen werden. Die verbleibende Restnutzungsdauer von drei Jahren wurde zum 31.12.2011 als weiterhin sachgerecht eingeschätzt.

Im Jahr 2012 konnte die Zeus AG erneut Marktanteile und Umsatzpotenziale aufgrund der durch den Erwerb der Apollo AG nutzbaren Werte gewinnen. Eine Bewertung des Geschäfts- oder Firmenwerts führte zu einem Wert von 300.000 €. Nach § 253 Abs. 5 Satz 2 HGB besteht ein Wertaufholungsverbot. Demnach darf die Zeus AG die im Vorjahr vorgenommene außerplanmäßige Abschreibung nicht durch eine Zuschreibung korrigieren. Vielmehr sind entsprechend der Restnutzungsdauer zum 31.12.2011 von drei Jahren im Jahr 2012 50.000 € als Abschreibung zu erfassen.

Merke:

Der entgeltlich erworbene Geschäfts- oder Firmenwert ist zwingend zu aktivieren und über seine betriebliche Nutzungsdauer abzuschreiben. Bei abweichenden Nutzungsdauern zwischen Handels- und Steuerrecht ergibt sich die Abgrenzung latenter Steuern. Hinsichtlich der Einschätzung der betrieblichen Nutzungsdauer eröffnet sich dem Bilanzierenden ein im Einzelfall nicht unerheblicher Ermessensspielraum, den er zur Verfolgung der von ihm verfolgten bilanzpolitischen Strategie nutzen kann. Darüber hinaus eröffnet die Ermittlung eines niedrigeren beizulegenden Werts erhebliche bilanzpolitische Spielräume.

2.4.4   Immaterielle Vermögensgegenstände

Die Vorschrift des § 248 Abs. 2 HGB a. F., die bislang einen Ansatz selbst erstellter immaterieller Vermögensgegenstände des Anlagevermögens untersagt hat, wird gestrichen; § 248 HGB wird insgesamt neu gegliedert. Das bislang geltende grundsätzliche Aktivierungsverbot selbst erstellter immaterieller Vermögensgegenstände des Anlagevermögens wird faktisch aufgehoben und durch ein entsprechendes **Aktivierungswahlrecht** ersetzt. Allerdings erfolgt diese Aufhebung nicht vollumfänglich. Ab 2010 besteht ein Wahlrecht zum Ansatz der auf die Entwicklungsphase immaterieller Werte des Anlagevermögens entfallenden Herstellungskosten. Mit dieser Regelung wird eine zu den IFRS korrespondierende Vorschrift geschaffen, wenngleich das HGB ein Aktivierungswahlrecht, die IFRS hingegen ein Aktivierungsgebot vorsehen. Eine Aktivierung anfallender Kosten kommt indes nur dann in Frage, wenn von einem hinreichend konkretisierten Vermögensgegenstand ausgegangen werden kann. Die Vermögensgegenstandseigenschaft setzt hierbei eine eigenständige Bewertbarkeit und Verwertbarkeit der aktivierten Aufwendungen voraus. Hiermit geht die Vermögensgegenstandsdefinition über die Vermögenswertdefinition nach IFRS hinaus.

Explizit hebt § 248 Abs. 2 HGB allerdings hervor, dass ein Aktivierungsverbot weiterhin gilt für

► nicht entgeltlich erworbene Marken,

► Drucktitel,

► Verlagsrechte,

► Kundenlisten oder

► vergleichbare immaterielle Vermögensgegenstände des Anlagevermögens.

Ebenso unterliegt der originäre Geschäfts- oder Firmenwert weiterhin einem Aktivierungsverbot. Darüber hinaus bestehen die Aktivierungsverbote nach § 248 Abs. 1 HGB für die Aufwendungen für die Gründung eines Unternehmens, die Aufwendungen für die Beschaffung des Eigenkapitals sowie für den Abschluss von Versicherungsverträgen fort.

Die Neuregelungen nach dem BilMoG erlauben grundsätzlich den Ansatz von selbst erstellten immateriellen Vermögensgegenständen – unter Berücksichtigung der vorgenannten Einschränkungen. Betroffen von dem Aktivierungswahlrecht sind die Forschungs- und Entwicklungsaufwendungen, die allerdings getrennt voneinander zu betrachten sind. Der Ansatz der Aufwendungen, die auf die Forschungsphase entfallen, ist nach § 255 Abs. 2 HGB untersagt, da diese explizit nicht in die Herstellungskosten mit einzubeziehen sind. Einen definitorischen Versuch der Abgrenzung zwischen Forschung und Entwicklung sehen § 255 Abs. 2a Satz 2 und Satz 3 HGB vor. Mit der Aktivierung der Entwicklungskosten und dem Verbot des Ansatzes von Forschungsaufwendungen soll versucht werden, die Vermögensgegenstandseigenschaft des aktivierten selbst geschaffenen immateriellen Vermögensgegenstands hinreichend sicherzustellen. Erst wenn diese bejaht werden kann, darf eine Aktivierung in der Bilanz erfolgen.

Im Ergebnis sind damit die drei Phasen der Forschung und/oder Entwicklung voneinander zu unterscheiden:

► Forschungsphase: Der Ansatz von Aufwendungen ist verboten.

► Forschungs-/Entwicklungsphase: Solange die beiden Stufen nicht verlässlich voneinander abgegrenzt werden können, bleibt ein Ansatz der Aufwendungen untersagt.

► Entwicklungsphase: Für den Fall, dass die Entwicklungsaufwendungen im Fall ihrer Aktivierung die Kriterien des handelsrechtlichen Vermögensgegenstands erfüllen, dürfen sie nach § 248 Abs. 2 HGB angesetzt werden.

Die handelsrechtliche Neuerung soll das HGB einer grundsätzlichen **Gleichbehandlung** der materiellen und immateriellen Vermögensgegenstände annähern, sofern deren selbstständige Verwertbarkeit gegeben ist. Einzelne konkrete Ansatzkriterien definiert der Gesetzgeber nicht.

Der **Ausweis** der selbst erstellten Werte hat in einer gesonderten Bilanzposition zu erfolgen; § 266 HGB sieht hierfür einen eigenständigen Posten vor. In der Gewinn- und Verlustrechnung erfolgt die Berücksichtigung des Ansatzes selbst erstellter immaterieller Vermögensgegenstände zugunsten der anderen aktivierten Eigenleistungen.

Mit dem Ansatz der selbst geschaffenen immateriellen Werte gehen eine **Ausschüttungssperre** nach § 268 Abs. 8 HGB sowie erweiterte Angabepflichten nach § 285 Nr. 22

HGB einher (kleine Kapitalgesellschaften sind von diesen nach § 288 Abs. 1 HGB befreit).

Die Änderung im Bereich der selbst erstellten immateriellen Werte betrifft allerdings alleine die handelsrechtliche Rechnungslegung. § 5 Abs. 2 EStG sieht weiterhin die direkte Aufwandsverrechnung vor. Hieraus resultiert zwangsläufig, dass der Ansatz selbst erstellter immaterieller Vermögensgegenstände zur **Abgrenzung passiver latenter Steuern** nach § 274 HGB führt.

Die neuen Regelungen greifen ab dem Geschäftsjahr 2010. Art. 66 Abs. 7 EGHGB sieht hierbei konkretisierend vor, dass die Aktivierung der Aufwendungen für selbst geschaffene immaterielle Vermögensgegenstände nur dann erfolgen darf, wenn mit der Entwicklung nach dem 31.12.2009 begonnen wurde.

Der Ansatz selbst erstellter immaterieller Vermögenswerte führt im Jahr ihrer Aktivierung zu einer Entlastung der handelsrechtlichen Erfolgsrechnung. In den Folgejahren mindern die planmäßigen und außerplanmäßigen Abschreibungen das handelsrechtliche Ergebnis. Die Höhe der planmäßig vorzunehmenden Abschreibung hängt von der zugrunde gelegten Nutzungsdauer ab. Regelmäßig wird sich diese nicht aus standardisierten Angaben ableiten lassen. Vielmehr kann sich der Bilanzierende an einer voraussichtlichen Nutzungsdauer des Vermögensgegenstands, an relevanten Produktlebenszyklen, an einer technischen bzw. technologischen Veralterung sowie weiteren unternehmens- und vermögensgegenstandsspezifischen Kriterien orientieren. Das bilanzpolitische Ermessen im Zusammenhang mit der Beurteilung der entsprechenden Nutzungsdauer kann im Einzelfall enorm sein.

Nachstehende Übersicht ordnet das Aktivierungswahlrecht in die einzelnen Bilanzstrategien ein.

Ausweis eines möglichst hohen Eigenkapitals/eines möglichst hohen Ergebnisses	Ausweis eines möglichst geringen Eigenkapitals/eines möglichst geringen Ergebnisses	Annäherung an die steuerliche Rechnungslegung	Möglichst geringe Abweichungen zum alten Recht	Annäherung an die IFRS
Aktivierung vornehmen	Keine Inanspruchnahme des Wahlrechts	Keine Inanspruchnahme des Wahlrechts	Keine Inanspruchnahme des Wahlrechts	Aktivierung vornehmen

ABB. 14: Einzelne bilanzpolitische Strategien (Immaterielle Vermögensgegenstände)

Aus einer Kombination der einzelnen Strategien ergeben sich folgende Möglichkeiten für die verfolgte Bilanzpolitik.

Quantitative Strategie	Qualitative Strategie	Annäherung an die steuerliche Rechnungslegung	Möglichst geringe Abweichungen zum alten Recht	Annäherung an die IFRS
Ausweis eines möglichst hohen Eigenkapitals/ eines möglichst hohen Ergebnisses		**Nicht vereinbar** Da steuerlich ein Ansatzverbot besteht (§ 5 Abs. 2 EStG), führt ein Ansatz zu einer Abweichung vom Steuerrecht.	**Nicht vereinbar** Während § 248 Abs. 2 HGB a. F. ein Aktivierungsverbot vorsah, sieht § 248 Abs. 2 HGB nun ein Aktivierungswahlrecht vor.	**Mögliche Kombination** Die Aktivierung führt zu einem Ansatz des Vermögensgegenstandes und damit zu einer Annäherung an die IFRS und einem höheren Eigenkapital.
Ausweis eines möglichst geringen Eigenkapitals/ eines möglichst geringen Ergebnisses		**Mögliche Kombination** Wenn das Ansatzwahlrecht nicht ausgeübt wird, erfolgt ein Gleichklang mit dem Steuerrecht bei einem ceteris paribus geringeren Ergebnis/ Eigenkapital.	**Mögliche Kombination** Die Nicht-Ausübung des Ansatzwahlrechts führt dazu, dass der Sachverhalt behandelt wird wie nach altem Recht.	**Nicht vereinbar** Die IFRS sehen den Ansatz selbst erstellter immaterieller Vermögenswerte vor.

**ABB. 15: Kombinierte bilanzpolitische Strategien
(Immaterielle Vermögensgegenstände)**

Die Aktivierung selbst erstellter immaterieller Vermögensgegenstände führt zu einer Entlastung des Ergebnisses sowie des Eigenkapitals im Jahr der Aktivierung. Die jeweils aktivierten Beträge lassen sich der Gewinn- und Verlustrechnung sowie dem Anhang entnehmen (§ 285 Nr. 22 HGB). Ein weiteres Indiz ist die Abgrenzung latenter Steuern, da auf die zum Bilanzstichtag aktivierten Beträge passive latente Steuern angesetzt werden müssen. Sofern im Geschäftsjahr eine außerplanmäßige Abschreibung auf die aktivierten Beträge vorgenommen worden ist, sind alle aktivierten Beträge hinsichtlich ihrer Werthaltigkeit zu untersuchen. Hierbei sind die vom Unternehmen angenommenen Bewertungsannahmen zu plausibilisieren. Aufgrund der vollständig im Jahresabschluss enthaltenen Informationen ist eine bilanzanalytische Korrektur der Ausübung des Ansatzwahlrechtes regelmäßig problemlos möglich.

Die Einordnung der vom Bilanzierenden verfolgten Bilanzpolitik kann anhand nachstehender Übersicht erfolgen.

	Progressive Bilanzpolitik	Konservative Bilanzpolitik
Ansatzwahlrecht zur Aktivierung selbst erstellter immaterieller Vermögensgegenstände...	... wird ausgeübt.	... wird nicht ausgeübt.

ABB. 16: Bilanzanalytische Möglichkeiten (Immaterielle Vermögensgegenstände)

Beispiel 5: Selbst erstellte immaterielle Vermögensgegenstände

Die Know-How AG ist im Bereich der Wissensforschung tätig. Im Jahr 2010 fallen Forschungskosten von 100.000 € an. Nach den erfolgreichen Tests des Prototyps der neuen Lernsoftware "Know better" fallen für die Entwicklung des Produkts weitere Entwicklungsaufwendungen bis zum Bilanzstichtag in folgender Höhe an:

► Gehälter der Entwickler (Einzel- und Gemeinkosten): 150.000 €

► Materialien für die Entwicklung (Einzel- und Gemeinkosten): 250.000 €

► Kosten der Patentanmeldung für die Software: 60.000 €

► anteilige, produktionsbezogene Abschreibungen: 40.000 €

Die Entwicklungsaufwendungen belaufen sich insgesamt auf 500.000 €. Die voraussichtliche Nutzungsdauer beträgt 5 Jahre, der Steuersatz beträgt 30%. Aus Vereinfachungsgründen ist für das Jahr 2010 keine planmäßige Abschreibung vorzunehmen. Zum 31.12.2010 ist die Werthaltigkeit der angesetzten Beträge durch entsprechende Marktstudien nachgewiesen, so dass kein Wertberichtigungsbedarf gegeben ist.

Im Jahr 2010 sind – unter der bilanzpolitischen Zielfunktion, ein möglichst hohes Ergebnis beziehungsweise Eigenkapital auszuweisen – 500.000 € zu aktivieren. Gleichzeitig sind passive latente Steuern i. H. v. 150.000 € (30% von 500.000 €) anzusetzen. Für das Jahr 2010 unterliegt ein Betrag von 350.000 € der Ausschüttungssperre (500.000 € abzüglich der hierauf gebildeten passiven latenten Steuern i. H. v. 150.000 €).

Im Jahr 2011 sind die aktivierten Entwicklungsaufwendungen abzuschreiben (zeitanteilig planmäßig um 100.000 €). Gleichzeitig sind die passiven latenten Steuern anteilig (i. H. v. 30.000 €) aufzulösen.

Merke:

Das Aktivierungswahlrecht zum Ansatz selbst erstellter immaterieller Vermögensgegenstände des Anlagevermögens kann – unter Beachtung des Grundsatzes der Ansatzstetigkeit – zu Zwecken einer progressiven Bilanzpolitik ausgeübt werden. Einen deutlichen Ermessensspielraum eröffnet die Abgrenzungsnotwendigkeit von Forschungs- und Entwicklungsaufwendungen. Ebenso unterliegt die Einschätzung der planmäßigen Abschreibungsdauer weitreichenden subjektiven Annahmen des Bilanzierenden. Aufgrund der diesbezüglichen Anhangangaben sowie unter Beachtung der Folgewirkungen im Zusammenhang mit der Ausschüttungssperre sowie zur Abgrenzung latenter Steuern lässt sich die Bilanzpolitik des Bilanzierenden nachvollziehen.

2.4.5 Sachanlagen

Hinsichtlich der Bewertung von Sachanlagen ändert das BilMoG die Regelungen zur Vornahme von außerplanmäßigen Abschreibungen sowie von Zuschreibungen. Beides erfolgt **rechtsformneutral**. Bislang bestehende Unterschiede zwischen Personen- und Kapitalgesellschaften werden damit abgeschafft. Ab 2010 sind außerplanmäßige Abschreibungen auf das Anlagevermögen rechtsformunabhängig nach § 253 Abs. 3 HGB nur noch einheitlich dann vorzunehmen, wenn es sich um eine voraussichtlich dauernde Wertminderung handelt. Mit der Neufassung des § 253 Abs. 3 HGB wird das bisher alleine auf Kapitalgesellschaften sowie bestimmte Personenhandelsgesellschaften (im Sinne des § 264a HGB) grundsätzlich beschränkte Verbot zur Vornahme außerplanmäßiger Abschreibungen von Vermögensgegenständen des Anlagevermögens bei voraussichtlich nur vorübergehender Wertminderung auf alle Unternehmen ausgedehnt.

Die Neufassung von § 253 Abs. 5 Satz 1 HGB regelt ab 2010 ein umfassendes, **rechtsformunabhängiges Wertaufholungsgebot** hinsichtlich aller Formen außerplanmäßiger Abschreibungen im Handelsrecht. Künftig sind niedrigere Wertsätze auf Grundlage außerplanmäßiger Abschreibungen nicht mehr beizubehalten. Vielmehr gilt nach § 253 Abs. 5 HGB eine Zuschreibungspflicht, wenn die Gründe, die zur Vornahme einer außerplanmäßigen Abschreibung geführt haben, nicht mehr bestehen. Das frühere Wertaufholungswahlrecht, das von Personenhandelsgesellschaften und Einzelkaufleuten in Anspruch genommen werden konnte, entfällt. Der Gesetzgeber schafft hiermit für alle Bilanzierenden eine einheitliche Regelung. Alleine beim Geschäfts- oder Firmenwert ist ein niedrigerer Wertansatz aufgrund einer außerplanmäßigen Abschreibung beizubehalten (§ 253 Abs. 5 Satz 2 HGB). Gemäß § 277 Abs. 3 Satz 1 HGB sind außerplanmäßige Abschreibungen nach § 253 Abs. 3 Satz 3 und 4 HGB gesondert auszuweisen oder im Anhang anzugeben.

Folgewirkungen aus der Neuregelung ergeben sich regelmäßig keine. Alleine wenn eine Abschreibung in der Handelsbilanz steuerlich nicht nachvollzogen wird oder eine abweichende Zuschreibung erfolgt ist, resultieren hieraus Auswirkungen auf die Abgrenzung latenter Steuern. Eine Abweichung zwischen dem steuerlichen Teilwert und dem handelsrechtlichen beizulegenden Wert führt zwingend zur Abgrenzung latenter Steuern.

Die **Neuregelungen** gelten ab dem Geschäftsjahr 2010 (Art. 66 Abs. 3 EGHGB). In der Vergangenheit begründete niedrigere Wertansätze von Vermögensgegenständen (wegen unterlassener Zuschreibung) können fortgeführt werden. Alternativ kann nach Art. 67 Abs. 4 EGHGB eine Zuschreibung zugunsten der Gewinnrücklagen erfolgen. Ausgenommen von dem Fortführungswahlrecht sind die Abschreibungen, die im letzten vor dem 01.01.2010 beginnenden Geschäftsjahr vorgenommen worden sind. Diese müssen bei Nichtausübung des Fortführungswahlrechts erfolgswirksam korrigiert werden.

Mit den genannten Änderungen wird der bisherige bilanzpolitische Gestaltungsspielraum verringert; die Vergleichbarkeit des handelsrechtlichen Jahresabschlusses soll steigen. Gleichzeitig führt die Vorschrift zu einer Annäherung an die steuerlichen Bewertungsvorschriften, da nach § 6 Abs. 1 Nr. 1 EStG Teilwertabschreibungen auch nur dann zu berücksichtigen sind, wenn sie auf einer voraussichtlich dauernden Wertminderung basieren. Dem Bilanzierenden werden wesentliche bilanzpolitische Möglichkeiten genommen, da er zum einen weniger Möglichkeiten zur Vornahme von Abschreibungen hat. Zum anderen führt das zwingende Wertaufholungsgebot zu einer deutlichen Einschränkung der Legung bzw. Beibehaltung stiller Reserven.

Nachstehende Übersicht ordnet die Neuregelung in die einzelnen Bilanzstrategien ein.

Ausweis eines möglichst hohen Eigenkapitals/ eines möglichst hohen Ergebnisses	Ausweis eines möglichst geringen Eigenkapitals/eines möglichst geringen Ergebnisses	Annäherung an die steuerliche Rechnungslegung	Möglichst geringe Abweichungen zum alten Recht	Annäherung an die IFRS
Möglichst wenig außerplanmäßige Abschreibungen und zeitnahe Zuschreibungen vornehmen (unter Anwendung der gesetzlichen Normen)	Möglichst viele außerplanmäßige Abschreibungen vornehmen und die Notwendigkeit von Zuschreibungen möglichst vermeiden (unter Anwendung der gesetzlichen Normen)	Erfolgt implizit durch einen Gleichklang der bestehenden Bewertungsvorschriften	Abhängig von Anwendung der früheren Beibehaltungswahlrechte	Erfolgt implizit, da die Bewertungsnormen grundsätzlich vergleichbar sind

ABB. 17: Einzelne bilanzpolitische Strategien (Sachanlagen)

Aus einer Kombination der einzelnen Strategien ergeben sich folgende Möglichkeiten für die verfolgte Bilanzpolitik.

Quantitative Strategie / Qualitative Strategie	Annäherung an die steuerliche Rechnungslegung	Möglichst geringe Abweichungen zum alten Recht	Annäherung an die IFRS
Ausweis eines möglichst hohen Eigenkapitals/eines möglichst hohen Ergebnisses	**Mögliche Kombination** Die Ausnutzung faktischer Ermessensspielräume kann zur Vermeidung außerplanmäßiger Abschreibungen sowie zur zeitnahen Vornahme von Zuschreibungen führen. Sofern der Teilwert und der beizulegende Wert nicht voneinander abweichen, ergeben sich kaum Unterschiede zwischen Handels- und Steuerbilanz.	**Mögliche Kombination** Sofern in der Vergangenheit eine progressive Bilanzpolitik betrieben wurde, kann diese beibehalten werden. Änderungen ergeben sich dann nicht.	**Mögliche Kombination** Die Ausübung der faktischen Ermessensspielräume erlaubt es, die handelsrechtlichen Wertansätze an die IFRS-Werte anzunähern.
Ausweis eines möglichst geringen Eigenkapitals/eines möglichst geringen Ergebnisses	**Mögliche Kombination** Die Ausnutzung faktischer Ermessensspielräume kann zur Vornahme außerplanmäßiger Abschreibungen sowie zur Verhinderung von Zuschreibungen führen. Sofern der Teilwert und der beizulegende Wert nicht voneinander abweichen, ergeben sich kaum Unterschiede zwischen Handels- und Steuerbilanz.	**Nur eingeschränkt möglich** Sofern in der Vergangenheit eine konservative Bilanzpolitik betrieben wurde, ist diese nur noch eingeschränkt möglich, da die entsprechenden Wahlrechte deutlich eingeschränkt wurden.	**Mögliche Kombination** Sofern der Nachweis geringerer beizulegender Werte für Vermögensgegenstände des Anlagevermögens gelingt, sind diese handelsrechtlich sowie nach IFRS zu berücksichtigen.

ABB. 18: Kombinierte bilanzpolitische Strategien (Sachanlagen)

In der Vornahme hoher außerplanmäßiger Abschreibungen kann ein Indiz für eine konservative Bilanzpolitik gesehen werden. Die Höhe der außerplanmäßigen Abschreibungen ist der entsprechenden Anhangangabe oder der Erläuterung der in der Gewinn- und Verlustrechnung ausgewiesenen Abschreibungen zu entnehmen. Zuschreibungen werden unter den sonstigen betrieblichen Erträgen erfasst, so dass eine genaue Analyse dieses Postens Rückschlüsse auf den Umfang der vorgenommenen Zuschreibungen erlaubt.

Die Einordnung der vom Bilanzierenden verfolgten Bilanzpolitik kann anhand nachstehender Übersicht erfolgen.

	Progressive Bilanzpolitik	Konservative Bilanzpolitik
Außerplanmäßige Abschreibungen werden...	... nur vereinzelt vorgenommen.	... in erhöhtem Umfang vorgenommen.
Zuschreibungen werden...	... häufig vorgenommen.	... unterbleiben in vielen Fällen.

ABB. 19: Bilanzanalytische Möglichkeiten (Sachanlagen)

Neben der Vornahme der außerplanmäßigen Abschreibungen sowie der Zuschreibungen lassen sich auch über die unterstellte Nutzungs- bzw. Abschreibungsdauer Rückschlüsse auf die verfolgte bilanzpolitische Zielsetzung schließen. Während lange Abschreibungsdauern für eine progressive Bilanzpolitik sprechen, wird ein konservativer Bilanzierer vergleichsweise kurze Abschreibungsdauern ansetzen.

Beispiel 6: Abschreibungen und Zuschreibungen

Die Pluto KG hat in der Vergangenheit (in den Jahren 2007 und 2008) Abschreibungen nach § 254 HGB a. F. sowie § 253 Abs. 2 HGB a. F. im Anlagevermögen vorgenommen. Obwohl die Gründe, die zur Vornahme der jeweiligen Abschreibung geführt haben, zwischenzeitlich (im Jahr 2009) weggefallen sind, hat die Pluto KG von dem Beibehaltungswahlrecht nach § 253 Abs. 5 HGB a. F. Gebrauch gemacht. Der Wert der in der Vergangenheit vorgenommenen Abschreibungen bis zum Jahresende 2009 beträgt 100.000 €. Das Geschäftsjahr entspricht dem Kalenderjahr.

Im Jahr 2010 ist der Wert einer in 2010 neu erworbenen Maschine aufgrund einer voraussichtlich dauernden Wertminderung gesunken. Die entsprechende außerplanmäßige Abschreibung betrug 50.000 €. Im Jahr 2011 stellt sich heraus, dass der Wertansatz aufgrund einer deutlichen Markterholung wieder richtigerweise zu den ursprünglichen, fortgeführten Anschaffungskosten zu erfolgen hat.

Zum 01.01.2010 kann die Pluto KG an den alten Wertansätzen festhalten (konservative Bilanzpolitik). Alternativ kann sie das Wahlrecht zur Zuschreibung der niedrigeren Wertansätze ausüben und eine entsprechende Zuschreibung zugunsten der Gewinnrücklagen vornehmen. Sofern auf die zwischen Handels- und Steuerbilanz zum 31.12.2009 bestehenden Differenzen latente Steuern abgegrenzt worden sind, sind diese im Zusammenhang mit der Zuschreibung zum 01.01.2010 erfolgsneutral zu korrigieren.

Im Jahr 2010 muss die Pluto AG nach § 253 Abs. 3 HGB eine außerplanmäßige Abschreibung auf den voraussichtlich dauerhaft niedrigeren Wert vornehmen. Diese Abschreibung ist im Jahr 2011 nach Wegfall der Gründe zu korrigieren. Die entsprechende Zuschreibung muss erfolgswirksam erfolgen. Aufgrund des wahrscheinlichen Gleichklangs der handelsrechtlichen Werte mit den steuerrechtlichen Werten entfällt die Notwendigkeit zur Abgrenzung latenter Steuern.

Merke:

Mit Blick auf die Vornahme außerplanmäßiger Abschreibungen besteht weiterhin Argumentationsspielraum hinsichtlich der Beurteilung der Dauerhaftigkeit einer Wertminderung. Hierbei kann eine entsprechende Argumentation sowohl die Vornahme von außerplanmäßigen Abschreibungen bewirken und gleichzeitig die Vornahme von Zuschreibungen verhindern. Der entsprechende Ermessensspielraum lässt sich aus externer Sicht kaum nachvollziehen.

2.4.6 Finanzanlagen und Wertpapiere

Während im Regierungsentwurf des BilMoG vorgesehen war, dass zu Handelszwecken erworbene Finanzinstrumente mit ihrem beizulegenden Zeitwert zu bewerten sind (§ 253 Abs. 1 Satz 3 i. d. F. des RegE-BilMoG), gilt nach dem endgültigen Gesetz weiterhin die Bewertung zu fortgeführten Anschaffungskosten (§ 253 Abs. 1 Satz 1 HGB). Die Regelungen hinsichtlich der außerplanmäßigen Abschreibung im Umlaufvermögen bei Vorliegen einer dauerhaften oder vorübergehenden Wertminderung erfuhren keine Veränderung. Es gilt weiterhin das strenge Niederstwertprinzip (§ 253 Abs. 4 HGB).

Grundsätzlich gelten die Regelungen zur Zugangs- und Folgebewertung nach § 253 HGB auch für Finanzanlagen des Anlagevermögens. Demnach sind Finanzanlagen mit ihren Anschaffungskosten zu bewerten. Da Finanzanlagen üblicherweise keiner zeitlich begrenzten Nutzungsdauer unterliegen, entfällt die Vornahme einer planmäßigen Abschreibung. Abweichend von den übrigen Vermögensgegenständen des Anlagevermögens erlaubt § 253 Abs. 3 HGB die **Vornahme von Abschreibungen** auch bei einer voraussichtlich vorübergehenden Wertminderung für den Bereich der Finanzanlagen. Diese Abschreibungsmöglichkeit steht rechtsformunabhängig allen Bilanzierenden zur Verfügung. Während bei einer voraussichtlich dauernden Wertminderung die Abschreibung zwingend vorzunehmen ist, bietet sich dem Bilanzierenden das Abschreibungswahlrecht auf den niedrigeren beizulegenden Wert dann, wenn die Wertminderung zum Bilanzstichtag zwar vorliegt, aber von keiner dauerhaften Wertminderung auszugehen ist.

Die Vorschrift nach § 285 Nr. 18 HGB sieht eine umfassende **Berichterstattung** im Zusammenhang mit der Bewertung von Finanzanlagen vor. Für die Finanzanlagen, die über ihrem beizulegenden Zeitwert ausgewiesen werden, da eine Abschreibung nach

§ 253 Abs. 3 Satz 4 HGB unterblieben ist, sind der Buchwert sowie der Zeitwert der einzelnen Finanzanlagen oder zumindest angemessener Gruppen sowie die Gründe für das Unterlassen der Vornahme einer Abschreibung anzugeben. In diesem Zusammenhang ist zu erläutern, weswegen zum Bilanzstichtag von keiner dauerhaften Wertminderung auszugehen ist.

Grundsätzlich können sich Auswirkungen auf die **Abgrenzung latenter Steuern** dann ergeben, wenn handelsrechtlich eine Abschreibung bei Vorliegen einer voraussichtlich vorübergehenden Wertminderung vorgenommen wird, diese steuerrechtlich aber nicht nachvollzogen wird. Nach § 6 Abs. 1 Nr. 2 EStG ist eine außerplanmäßige Abschreibung auf den niedrigeren Teilwert nur zulässig, wenn dieser voraussichtlich dauerhaft niedriger ist. Für den Fall des Vorliegens einer nur vorübergehenden Wertminderung hat (ungeachtet steuerlicher Sonderregelungen, z. B. § 8b KStG) die Abgrenzung latenter Steuern dann zu erfolgen, wenn handelsrechtlich die Abschreibung vorgenommen wird, diese steuerlich aber nicht nachvollzogen wird. Spezielle Vorschriften im Zusammenhang mit der erstmaligen Erstellung eines BilMoG-Abschlusses existieren nicht.

Bei der Vornahme einer außerplanmäßigen Abschreibung in der Handelsbilanz und gleichzeitigem Verzicht auf eine Teilwertabschreibung fallen die Wertansätze der Anteile in der Handelsbilanz sowie in der Steuerbilanz auseinander. Auf Differenzen zwischen den handelsrechtlichen Wertansätzen und den steuerlichen Wertansätzen sind nach dem Übergang auf die bilanzorientierte Steuerabgrenzungskonzeption des BilMoG latente Steuern abzugrenzen, sofern es sich nicht um permanente Differenzen handelt. Bei einer Differenz zwischen Handels- und Steuerbilanzwert im Zusammenhang mit der Abschreibung auf Anteile an Kapitalgesellschaften (§ 8b KStG) erfolgt keine Umkehrung im Zeitablauf. Es handelt sich um eine permanente Differenz, auf die auch nach dem Übergang auf das Temporary-Konzept keine latenten Steuern abzugrenzen sind. Aufgrund der Tatsache, dass bei Wertpapieren des Umlaufvermögens das strenge **Niederstwertprinzip** gilt, ergeben sich bilanzpolitische Überlegungen alleine im Bereich der Finanzanlagen. Hinsichtlich der Vornahme von Abschreibungen auf Finanzanlagen stellen sich dem Bilanzierenden nur dann bilanzpolitische Freiheitsgrade, wenn es sich um eine voraussichtlich nur vorübergehende Wertminderung handelt. Allerdings ergeben sich bereits bei der Beurteilung, ob die Wertminderung voraussichtlich dauerhaft ist oder nicht, faktische Ermessensspielräume.

Nachstehende Übersicht ordnet die Neuregelung in die einzelnen Bilanzstrategien ein.

Ausweis eines möglichst hohen Eigenkapitals/eines möglichst hohen Ergebnisses	Ausweis eines möglichst geringen Eigenkapitals/eines möglichst geringen Ergebnisses	Annäherung an die steuerliche Rechnungslegung	Möglichst geringe Abweichungen zum alten Recht	Annäherung an die IFRS
Abschreibung wird nicht vorgenommen	Abschreibung wird vorgenommen	Abschreibung wird nicht vorgenommen	Abhängig von der zuvor verfolgten Bilanzpolitik	Möglich, aber abhängig von der Folgebewertung der betrachteten Finanzanlagen nach IAS 39

ABB. 20: Einzelne bilanzpolitische Strategien (Finanzanlagen)

Aus einer Kombination der einzelnen Strategien ergeben sich folgende Möglichkeiten für die verfolgte Bilanzpolitik.

Qualitative Strategie / Quantitative Strategie	Annäherung an die steuerliche Rechnungslegung	Möglichst geringe Abweichungen zum alten Recht	Annäherung an die IFRS
Ausweis eines möglichst hohen Eigenkapitals/ eines möglichst hohen Ergebnisses	**Mögliche Kombination** Mit dem Verzicht der Vornahme der Abschreibung im handelsrechtlichen Jahresabschluss kann ein Gleichklang zwischen Handels- und Steuerrecht erreicht werden.	**Mögliche Kombination** Sofern in der Vergangenheit eine progressive Bilanzpolitik betrieben wurde, kann diese beibehalten werden. Änderungen ergeben sich dann nicht.	**Mögliche Kombination** Die Ausübung der faktischen Ermessensspielräume erlaubt es, die handelsrechtlichen Wertansätze an die IFRS-Werte anzunähern.

Quantitative Strategie / Qualitative Strategie	Annäherung an die steuerliche Rechnungslegung	Möglichst geringe Abweichungen zum alten Recht	Annäherung an die IFRS
Ausweis eines möglichst geringen Eigenkapitals/ eines möglichst geringen Ergebnisses	Nicht mögliche Kombination Da steuerlich eine Abschreibung nur bei einer voraussichtlich dauernden Wertminderung zulässig ist, führt die Vornahme der Abschreibung im handelsrechtlichen Abschluss zu einer Abweichung zwischen Handels- und Steuerbilanz.	Mögliche Kombination Sofern in der Vergangenheit eine konservative Bilanzpolitik betrieben wurde, ist diese weiterhin möglich, da nach wie vor ein Abschreibungswahlrecht existiert.	Mögliche Kombination Sofern der Nachweis geringerer beizulegender Werte für die Finanzanlagen gelingt, sind diese Werte handelsrechtlich sowie nach IFRS zu berücksichtigen.

ABB. 21: Kombinierte bilanzpolitische Strategien (Finanzanlagen)

In der Vornahme hoher außerplanmäßiger Abschreibungen auf Finanzanlagen kann ein Indiz für eine konservative Bilanzpolitik gesehen werden. Die Höhe der außerplanmäßigen Abschreibungen ist der entsprechenden Anhangangabe oder der Erläuterung der in der GuV ausgewiesenen Abschreibungen zu entnehmen. Insbesondere die Angaben nach § 285 Nr. 18 HGB verdeutlichen sowohl die Unterschiede zwischen Buch- und Zeitwert zum Bilanzstichtag als auch die vom Bilanzierenden angebrachte Argumentation, falls keine Abschreibung auf den niedrigeren Zeitwert zum Bilanzstichtag erfolgt ist.

Die Einordnung der vom Bilanzierenden verfolgten Bilanzpolitik kann anhand nachstehender Übersicht erfolgen.

	Progressive Bilanzpolitik	Konservative Bilanzpolitik
Außerplanmäßige Abschreibungen werden bei voraussichtlich nur vorübergehender Wertminderung...	... nicht vorgenommen.	... vorgenommen.

ABB. 22: Bilanzanalytische Möglichkeiten (Finanzanlagen)

Sofern der Bilanzierende eine progressive Bilanzpolitik betreibt und demzufolge keine Abschreibungen auf die zum Bilanzstichtag eingetretene Wertminderung vornimmt, kommt der Auswertung der Anhangberichterstattung nach § 285 Nr. 18 HGB eine besondere Bedeutung zu. Umfang und Informationsgrad der Angaben erlauben es dem Bilanzanalysten, die Bewertungsentscheidungen des Bilanzierenden nachzuvollziehen und etwaige Risiken durch die unterbliebene Abschreibung abschätzen zu können.

Beispiel 7: Außerplanmäßige Abschreibungen bei nur vorübergehender Wertminderung

Die Asset AG hatte seit längerem den wirtschaftlichen Expansionskurs der Financial AG interessiert verfolgt. Um an dem Erfolg der Financial AG langfristig zu partizipieren, erwarb sie am 22.04.2009 Wertpapiere der börsennotierten Financial AG zu einem Anschaffungspreis von insgesamt 118.000 €. Der Wert der Aktien zum 31.12.2009 beträgt 122.400 €. Zum 31.12.2010 fällt der Wert der Aktien, da die Financial AG in einen Bilanzskandal – aufgrund angeblich zahlreicher Fair Value-Fehlbuchungen in den Büchern und der unterlassenen Konsolidierung von Zweckgesellschaften – verwickelt wird, auf 40.000 €. Im Jahr 2011 stellt sich allerdings frühzeitig heraus, dass die Anschuldigungen falsch waren. Aufgrund enormer Schadensersatzleistungen, die der Financial AG gegenüber dem Kapitalmarktmagazin „False Fair Value Accountancy" zustehen, erholt sich der Kurs der Aktie schnell wieder und liegt zum Zeitpunkt der Bilanzerstellung der Asset AG deutlich über den ursprünglichen Anschaffungskosten.

Die Aktien der Financial AG wurden im April 2009 zu Anschaffungskosten (118.000 €) bewertet (§ 253 Abs. 1 Satz 1 HGB). Diese bilden die Wertobergrenze (Anschaffungskostenrestriktion). Daher darf zum Bilanzstichtag 31.12.2009 keine Zuschreibung auf den höheren Kurswert (122.400 €) erfolgen.

Zum 31.12.2010 ist der Wert der Aktien der Financial AG aufgrund des Bilanzskandals extrem gesunken. Da der Wert der Aktien bereits im Jahr 2011 frühzeitig wieder angestiegen ist, ist von keiner dauernden Wertminderung auszugehen. Die Asset AG kann somit bei Verfolgung einer progressiven Bilanzpolitik auf eine Abschreibung zum 31.12.2010 verzichten oder diese unter Anwendung einer konservativen Bilanzpolitik vornehmen.

Im Fall des Verzichts auf die Vornahme der Abschreibung sind die entsprechenden Anhangangaben nach § 285 Nr. 18 HGB zu beachten. Demnach muss die Asset AG darlegen, dass die Aktien an der Financial AG mit einem Buchwert von 118.000 € und einem Zeitwert von 40.000 € nur vorübergehend wertgemindert sind. Der Grund für die alleine vorübergehende Wertminderung ist zudem anzugeben.

Erfolgt eine Abschreibung der Aktien auf den Wert von 40.000 €, liegt zwischen Handels- und Steuerbilanz eine Abweichung vor, die grundsätzlich der latenten Steuerabgrenzung unterliegt. Da aufgrund der Wertentwicklung im Jahr 2011 von keiner dauerhaften Wertminderung auszugehen ist, darf die außerplanmäßige Abschreibung in der Steuerbilanz nicht nachvollzogen werden (§ 6 Abs. 1 Nr. 2 Satz 2 EStG). Damit liegt eine Differenz zwischen dem steuerlichen und dem handelsrechtlichen Ansatz der Wertpapiere i. H. v. 78.000 € vor, die allerdings nach § 8b KStG permanent ist und auf die somit keine Steuerabgrenzung vorzunehmen ist.

Sofern – abweichend vom Beispielsachverhalt – keine steuerlichen Besonderheiten im Zusammenhang mit der Berücksichtigung von Abschreibungen auf Anteile existieren, kommt eine Abgrenzung latenter Steuern beim Auseinanderfallen der handels- und steuerrechtlichen Wertansätze grundsätzlich in Betracht.

Merke:

Hinsichtlich der Bewertung von Finanzanlagen verbleibt dem Bilanzierenden zum einen ein Wahlrecht zur Vornahme von Abschreibungen auf den niedrigeren Wert zum Bilanzstichtag, auch wenn dieser nicht von Dauer ist. Zum anderen bestehen im Einzelfall erhebliche Ermessensspielräume, die Dauerhaftigkeit einer Wertminderung zu bejahen oder zu verneinen. Im Bereich der Wertpapiere des Umlaufvermögens versagt das strenge Niederstwertprinzip im Wesentlichen die Möglichkeiten der Bilanzpolitik.

2.4.7 Herstellungskosten

Die in § 255 HGB geregelte Herstellungskostenuntergrenze wird an die steuerrechtlichen Regelungen angepasst. Im Hintergrund steht zudem eine Annäherung an die **produktionsbezogene Vollkostenabgrenzung** nach IFRS. Nach § 255 Abs. 2 HGB zählen zu den aktivierungspflichtigen Herstellungskosten die Materialkosten, die Fertigungskosten und die Sonderkosten der Fertigung sowie angemessene Teile der Materialgemeinkosten, der Fertigungsgemeinkosten und des Werteverzehrs des Anlagevermögens, soweit dieser durch die Fertigung veranlasst ist. Die Wertuntergrenze der Herstellungskosten wird durch das BilMoG damit deutlich erhöht.

Es verbleibt dem Bilanzierenden ein **Wahlrecht**, über die vorgenannte Herstellungskostenuntergrenze hinaus angemessene Teile der Kosten der allgemeinen Verwaltung sowie angemessene Aufwendungen für soziale Einrichtungen des Betriebs, für freiwillige soziale Leistungen und für die betriebliche Altersversorgung anzusetzen, soweit diese auf den Zeitraum der Herstellung entfallen. Das unter bestimmten Voraussetzungen zulässige Wahlrecht zur Aktivierung von Fremdkapitalkosten nach § 255 Abs. 3 HGB bleibt bestehen. Weiterhin sind Vertriebskosten nicht zu aktivieren. Die auf die Forschungsphase entfallenden Kosten sind ebenso nicht aktivierungsfähig. Diese Konkretisierung resultiert aus der Änderung des § 248 Abs. 2 HGB. Sofern bestimmte Aufwendungen, die auf die Entwicklung selbst erstellter immaterieller Vermögensgegenstände des Anlagevermögens entfallen, aktiviert werden, sind die Berichtspflichten nach § 285 Nr. 22 HGB zu beachten.

Mit der Annäherung des **Herstellungskostenbegriffs** im Handelsrecht an die steuerlichen Normen (R 6.3 Herstellungskosten EStR) wird regelmäßig die Abgrenzung latenter Steuern unterbleiben. Sofern der Bilanzierende von dem Wahlrecht Gebrauch macht, über die Wertuntergrenze hinaus angemessene Teile der Verwaltungskosten sowie angemessene Aufwendungen für soziale Einrichtungen des Betriebs, für freiwillige soziale Leistungen und die betriebliche Altersvorsorge einzubeziehen (soweit diese Aufwendungen auf den Herstellungsprozess entfallen), ist dieser Wertansatz auch steuerlich maßgeblich, so dass es zu keinen Unterschieden zwischen dem handelsrechtlichen und dem steuerrechtlichen Wertansatz kommt. Relevant wird die neue Herstellungskostenuntergrenze nach § 255 Abs. 2 HGB für die Geschäftsjahre respektive die Herstellungsvorgänge, die nach dem 31.12.2009 beginnen (Art. 66 Abs. 3 Satz 3 EGHGB).

Dem Bilanzierenden verbleibt ein Wahlrecht, folgende Kostenarten in die bilanziellen Wertansätze zum Bilanzstichtag einzubeziehen:

▶ angemessene Teile der Kosten der allgemeinen Verwaltung,

▶ angemessene Aufwendungen für soziale Einrichtungen des Betriebs,

▶ angemessene Aufwendungen für freiwillige soziale Leistungen,

▶ angemessene Aufwendungen für die betriebliche Altersversorgung,

soweit diese Aufwendungen auf den Zeitraum der Herstellung entfallen.

Im Jahr der Herstellung führt ein möglichst hoher Ansatz der Herstellungskosten ceteris paribus zu einem höheren Ergebnisausweis. Dieser Effekt dreht sich allerdings in den Folgejahren der Verarbeitung bzw. des Verkaufs um.

Da über den Grundsatz der Maßgeblichkeit die handelsrechtlichen Werte auch auf die Steuerbilanz durchschlagen, ergeben sich keine abweichenden bilanzpolitischen Überlegungen in beiden Rechenwerken.

Nachstehende Übersicht ordnet die Neuregelung in die einzelnen Bilanzstrategien ein.

Ausweis eines möglichst hohen Eigenkapitals/eines möglichst hohen Ergebnisses	Ausweis eines möglichst geringen Eigenkapitals/eines möglichst geringen Ergebnisses	Annäherung an die steuerliche Rechnungslegung	Möglichst geringe Abweichungen zum alten Recht	Annäherung an die IFRS
Möglichst hoher Ansatz der Herstellungskosten	Keine Einbeziehung der Wahlrechtsbestandteile in die Herstellungskosten	Implizit gegeben, wegen Maßgeblichkeit	Abhängig von der zuvor verfolgten Bilanzpolitik	Möglichst hoher Ansatz der (produktionsbezogenen) Herstellungskosten

ABB. 23: Einzelne bilanzpolitische Strategien (Herstellungskosten)

Aus einer Kombination der einzelnen Strategien ergeben sich folgende Möglichkeiten für die verfolgte Bilanzpolitik.

Quantitative Strategie / Qualitative Strategie	Annäherung an die steuerliche Rechnungslegung	Möglichst geringe Abweichungen zum alten Recht	Annäherung an die IFRS
Ausweis eines möglichst hohen Eigenkapitals/ eines möglichst hohen Ergebnisses	**Mögliche Kombination** Der produktionsbezogene Vollkostenansatz ist möglich und wird steuerlich entsprechend behandelt.	**Mögliche Kombination** Sofern in der Vergangenheit eine progressive Bilanzpolitik betrieben wurde, kann diese beibehalten werden (Ansatz zur Wertobergrenze).	**Mögliche Kombination** Der produktionsbezogene Vollkostenansatz ist möglich und entspricht regelmäßig dem Wertansatz nach IFRS.
Ausweis eines möglichst geringen Eigenkapitals/ eines möglichst geringen Ergebnisses	**Mögliche Kombination** Der Ansatz der Herstellungskosten zur Wertuntergrenze ist möglich und wird steuerlich entsprechend behandelt.	**Mögliche Kombination** Sofern in der Vergangenheit eine konservative Bilanzpolitik betrieben wurde, ist diese unter Einbezug der neuen Pflichtbestandteile weiterhin möglich (Ansatz zur Wertuntergrenze).	**Nicht vereinbar** Die IFRS sehen den Ansatz zu produktionsbezogenen Vollkosten vor; ein Ansatz zur Wertuntergrenze liegt regelmäßig unter dem entsprechenden IFRS-Ansatz.

ABB. 24: Kombinierte bilanzpolitische Strategien (Herstellungskosten)

Ermessensspielräume für den Bilanzierenden ergeben sich im Zusammenhang mit der Bestimmung der angemessenen bzw. auf die Herstellung entfallenden Aufwendungen. In diesem Zusammenhang kommt der Qualität des internen Rechnungswesens eine besondere Bedeutung zu. Alleine eine sachgerechte Kostenstellen- und Kostenträgerrechnung kann eine genaue, verursachungsgerechte Aufwandszuordnung sicherstellen. Da dies in der Praxis regelmäßig nicht immer detailliert möglich ist, ergeben sich im Einzelfall Ermessensspielräume hinsichtlich der Zuordnung einzelner Aufwendungen.

Alleine aus der Anhangberichterstattung ist eine Analyse der angesetzten Herstellungskosten möglich, da sich auch durch die Auswertung der latenten Steuerabgrenzung aufgrund des Gleichklangs von handels- und steuerrechtlichen Werten keine Erkenntnisse gewinnen lassen. Im Rahmen der Angaben zu den einzelnen Bilanzierungs- und Bewertungsmethoden nach § 284 Abs. 2 HGB finden sich Angaben zum Umfang der angesetzten Herstellungskosten.

Die Einordnung der vom Bilanzierenden verfolgten Bilanzpolitik kann anhand nachstehender Übersicht erfolgen.

	Progressive Bilanzpolitik	Konservative Bilanzpolitik
Die Herstellungskosten werden angesetzt...	... zur Wertobergrenze.	... zur Wertuntergrenze.

ABB. 25: Bilanzanalytische Möglichkeiten (Herstellungskosten)

Beispiel 8: Herstellungskosten

Aus der Kalkulation der Omega AG ergibt sich, dass im Jahr 2010 Fertigerzeugnisse produziert wurden, für die folgende Kosten aufgewendet wurden:

▶ Materialeinzelkosten: 5.100 €

▶ Fertigungseinzelkosten: 10.000 €

▶ Materialgemeinkosten: 6.500 €

– davon angemessen/produktionsbezogen: 4.500 €

▶ Fertigungsgemeinkosten: 6.400 €

– davon angemessen/produktionsbezogen: 4.400 €

▶ Abschreibungen: 7.400 €

– davon produktionsbezogen: 4.000 €

▶ Allgemeine Verwaltungskosten: 3.600 €

– davon angemessen/produktionsbezogen: 1.600 €

▶ Aufwendungen für soziale Einrichtungen des Betriebs: 2.800 €

– davon angemessen/produktionsbezogen: 200 €

▶ Aufwendungen für freiwillige soziale Leistungen: 800 €

– davon angemessen/produktionsbezogen: 50 €

▶ Aufwendungen für die betriebliche Altersversorgung: 1.800 €

– davon angemessen/produktionsbezogen: 150 €

▶ Forschungskosten: 5.400 €

– davon produktionsbezogen: 3.200 €

▶ Vertriebskosten: 200 €.

Insgesamt sind Kosten i. H. v. 50.000 € angefallen.

Die Omega AG hat das Wahlrecht, die Herstellungskosten zur Wertuntergrenze oder zur Wertobergrenze anzusetzen (oder zu einem vertretbaren, nicht willkürlichen Zwischenwert).

Die Wertuntergrenze der Herstellungskosten ermittelt sich wie folgt:

- ► Materialeinzelkosten   5.100 €
- ► Fertigungseinzelkosten   10.000 €
- ► angemessene/produktionsbezogene Materialgemeinkosten   4.500 €
- ► angemessene/produktionsbezogene Fertigungsgemeinkosten   4.400 €
- ► produktionsbezogene Abschreibungen   4.000 €
- ► **Wertuntergrenze**   **28.000 €**

Darüber hinaus sind folgende Aufwendungen in die Herstellungskosten einbeziehungsfähig:

- ► angemessene/produktionsbezogene
  allgemeine Verwaltungskosten   1.600 €
- ► angemessene/produktionsbezogene Aufwendungen
  für soziale Einrichtungen des Betriebs   200 €
- ► angemessene/produktionsbezogene Aufwendungen
  für freiwillige soziale Leistungen   50 €
- ► angemessene/produktionsbezogene Aufwendungen
  für die betriebliche Altersversorgung   150 €
- ► **Wertobergrenze**   **30.000 €**

Die nicht auf den Produktionsprozess entfallenden oder nicht angemessenen Kostenbestandteile aus den Bereichen Material (2.000 €), Fertigung (2.000 €) und Abschreibungen (3.400 €) sind ebenso nicht ansatzfähig wie die nicht angemessenen bzw. nicht auf die Produktion entfallenden Aufwendungen für die allgemeine Verwaltung (2.000 €), soziale Einrichtungen des Betriebs (2.600 €), freiwillige soziale Leistungen (750 €) und die betriebliche Altersvorsorge (1.650 €). Für die Forschungs- und Vertriebskosten i. H. v. gemeinsam 5.600 € besteht darüber hinaus ein gesetzliches Ansatzverbot.

Merke:

Die Neuerungen des BilMoG schränken das gesetzliche Wahlrecht im Zusammenhang mit der Bestimmung der Herstellungskosten ein. Es verbleibt über den Ansatz angemessener Teile der Gemeinkosten für Material und Fertigung sowie produktionsbedingter Abschreibungen ein Wahlrecht zur Einbeziehung weiterer Aufwendungen in die bilanziellen Herstellungskosten. Hierbei unterliegen die genaue Zurechnung einzelner Aufwendungen zu den Einzel- und Gemeinkosten und die Beurteilung Letzterer hinsichtlich ihrer Angemessenheit Ermessensspielräumen des Bilanzierenden.

2.4.8 Vorratsvermögen: Verbrauchsfolgen und Abschreibungen

In der Vergangenheit konnten Einzelkaufleute und Personenhandelsgesellschaften sowohl bei Vermögensgegenständen des Anlage- als auch des Umlaufvermögens alleine handelsrechtlich Abschreibungen im Rahmen der vernünftigen kaufmännischen Beurteilung vornehmen, um stille Reserven zu legen. Mit der Abschaffung dieses Wahlrechts wird die handelsrechtliche Vorgehensweise an die steuerrechtliche angelehnt. Zudem erfolgt mit der Abschaffung des Wahlrechts eine Annäherung an die IFRS.

Das bisher in § 253 Abs. 3 Satz 3 HGB a. F. kodifizierte **Abschreibungswahlrecht** für Vermögensgegenstände des Umlaufvermögens auf Grundlage von erwarteten Wertschwankungen entfällt ab 2010 (Art. 66 Abs. 3 EGHGB). Neu regelt § 253 Abs. 4 HGB die Vornahme der Abschreibungen auf einen niedrigeren Wert am Abschlussstichtag. Neben dem Wegfall der so genannten Wertschwankungsabschreibungen nach § 253 Abs. 3 Satz 3 HGB a. F. entfällt die Regelung nach § 253 Abs. 4 HGB a. F. ersatzlos. Ab 2010 (Art. 66 Abs. 3 EGHGB) sind keine Abschreibungen im Rahmen vernünftiger kaufmännischer Beurteilung mehr zulässig.

Steuerlich können Abschreibungen nur dann vorgenommen werden, wenn der steuerliche Teilwert voraussichtlich dauerhaft zum Bilanzstichtag unter den angesetzten (fortgeführten) Anschaffungs- oder Herstellungskosten liegt (§ 6 Abs. 1 Nr. 2 EStG). Eine Abschreibung nach kaufmännischer Beurteilung ist steuerlich nicht zulässig.

Neben der Abschaffung bestimmter Abschreibungsmöglichkeiten wird auch die Anwendung bestimmter Verbrauchsfolgeverfahren geändert. Vor dem BilMoG sah § 256 HGB a. F. vor, dass für gleichartige Vermögensgegenstände des Vorratsvermögens eine **Verbrauchsfolge** nach dem LIFO- (last in first out) oder FIFO- (first in first out) Verfahren zu Zwecken der Bewertung unterstellt werden darf. Alternativ erlaubte das HGB bislang auch eine sonstige bestimmte Verbrauchsfolge (z. B. HIFO oder LOFO).

Der letztgenannte Zusatz entfällt nunmehr. Nach § 256 HGB kann damit ab 2010 (Art. 66 Abs. 3 EGHGB) eine Bewertung ausschließlich nach der **LIFO- oder FIFO-Methode** oder zu **Durchschnittswerten** (es gilt unverändert § 240 Abs. 4 HGB) erfolgen. Die steuerliche Zulässigkeit bleibt auf die LIFO-Bewertung und die Durchschnittsbewertung beschränkt. Nach IFRS sind alleine die FIFO-Bewertung sowie die Durchschnittsbewertung grundsätzlich zulässig. Sofern der Bilanzierende ein nach § 256 HGB a. F. noch zulässiges, nun aber nicht mehr zulässiges Bewertungsverfahren anwendet, müssen die entsprechenden Auswirkungen auf die Datenermittlung zusätzlich berücksichtigt werden.

Aus dem Wegfall der Vornahme bestimmter Abschreibungen in der Handelsbilanz ergeben sich keine Folgewirkungen für die Steuerbilanz. Da diese Abschreibungen steuerlich ohnehin nicht anerkannt waren, erfolgt in diesem Bereich keine Anpassung der steuerlichen Wertansätze. Zur Abgrenzung latenter Steuern kommt es regelmäßig dann, wenn handelsrechtlich ein anderes Verbrauchsfolgeverfahren Anwendung findet als steuerlich.

Die Vorschriften des § 253 Abs. 3 Satz 3 sowie Abs. 4 HGB a. F. sind letztmals auf das vor dem 01.01.2010 beginnende Geschäftsjahr anzuwenden. Art. 67 Abs. 4 EGHGB erlaubt den Unternehmen, niedrigere Wertansätze von Vermögensgegenständen, die auf Abschreibungen nach § 253 Abs. 3 Satz 3 und Abs. 4 HGB beruhen und in Geschäftsjahren, die vor dem 01.01.2010 beginnen, vorgenommen wurden, unter Anwendung der für sie geltenden Vorschriften des HGB a. F. fortzuführen. Alternativ ist es auch möglich, die aus einer Zuschreibung resultierenden Beträge unmittelbar in die Gewinnrücklagen einzustellen; letzteres gilt allerdings nicht für solche Abschreibungen, die im letzten vor dem 01.01.2010 beginnenden Geschäftsjahr vorgenommen wurden. Sofern der niedrigere Wertansatz in diesen Fällen nicht fortgeführt wird, hat die Zuschreibung erfolgswirksam zu erfolgen. Ab 2010 ist neben der FIFO- oder LIFO-Methode mit Ausnahme der Durchschnittsbewertung keine andere Verbrauchsfolge anwendbar. Gesonderte Übergangseffekte ergeben sich nicht. Bestehende Wertansätze können zunächst beibehalten werden und sind im Rahmen der Anwendung einer ab 2010 zulässigen Bewertungsmethode entsprechend fortzuschreiben bzw. anzupassen.

Hinsichtlich der Vornahme bestimmter Abschreibungen, die zuvor nach § 253 Abs. 3 und Abs. 4 HGB a. F. möglich waren, werden dem Bilanzierenden bilanzpolitische Möglichkeiten genommen. Im Zuge der Umstellung seiner Rechnungslegung auf die Neuerungen des BilMoG kann er die in der Vergangenheit gebildeten Wertansätze fortführen. Dies wird er in Abhängigkeit der von ihm verfolgten bilanzpolitischen Zielsetzung tun. Hinsichtlich der Vornahme von Abschreibungen auf den niedrigeren Wert zum Bilanzstichtag sieht § 253 Abs. 4 HGB das strenge Niederstwertprinzip vor. Alleine hinsichtlich der Bestimmung des zum Abschlussstichtag niedrigeren Werts ergeben sich bilanzpolitische Ermessensspielräume. Gleichzeitig ist er hinsichtlich der Anwendung einer nach § 256 HGB erlaubten Verbrauchsfolge an den Grundsatz der Bewertungsstetigkeit (§ 252 Abs. 1 Nr. 6 HGB) gebunden.

Die Entscheidung für die Anwendung eines der erlaubten Bewertungsvereinfachungsverfahren wird der Bilanzierende in Abhängigkeit der von ihm verfolgten Bilanzpolitik treffen. Grundsätzlich gilt:

▶ Die Anwendung der LIFO-Methode führt bei steigenden Preisen zur Bildung stiller Reserven.

▶ Bei sinkenden Preisen stellt das Niederstwertprinzip bei Anwendung der LIFO-Methode sicher, dass keine Überbewertung des Vorratsvermögens erfolgt.

► Die FIFO-Methode führt bei steigenden Preisen tendenziell zum Ausweis höherer Ergebnisbeiträge, da der Abgang der Vermögensgegenstände mit den niedrigeren Werten bewertet wird.

► Bei sinkenden Preisen führt die FIFO-Methode regelmäßig dazu, dass ein durch Abschreibungen zu berücksichtigender Wertminderungsbedarf im Zusammenhang mit dem strengen Niederstwertprinzip geringer ausfällt.

► Die Durchschnittsbewertung führt bei steigenden Preisen zur Bildung stiller Reserven, allerdings in geringerem Umfang als bei der LIFO-Methode.

► Bei sinkenden Preisen stellt das Niederstwertprinzip sicher, dass keine Überbewertung erfolgt.

Die Anwendung der Methoden ist nur dann alternativ möglich, wenn die Darstellung eines den tatsächlichen Verhältnissen entsprechenden Bildes der Vermögens- und Ertragslage sichergestellt ist. Durch die Anwendung der LIFO-Methode kann – ebenso wie bei Anwendung der Durchschnittsmethode – eine Legung stiller Reserven erfolgen. Hinsichtlich der FIFO-Methode sind stille Reserven kaum in größerem Umfang zu bilden, da die zuerst angeschafften Vermögensgegenstände verbraucht werden und bei sinkenden Preisen ohnehin das Niederstwertprinzip eine Überbewertung verhindert.

Nachstehende Übersicht ordnet die Neuregelung in die einzelnen Bilanzstrategien ein.

Ausweis eines möglichst hohen Eigenkapitals/eines möglichst hohen Ergebnisses	Ausweis eines möglichst geringen Eigenkapitals/eines möglichst geringen Ergebnisses	Annäherung an die steuerliche Rechnungslegung	Möglichst geringe Abweichungen zum alten Recht	Annäherung an die IFRS
Möglichst Vermeidung von Abschreibungen und tendenzielle Anwendung des FIFO-Verfahrens	Vornahme von Abschreibungen, wenn diese vertretbar sind, und Anwendung der LIFO-Methode	Vornahme von Abschreibungen möglichst nur bei voraussichtlich dauernder Wertminderung und Anwendung der LIFO-Methode oder Durchschnittsbewertung	Abhängig von der zuvor verfolgten Bilanzpolitik	Vornahme von Abschreibungen auf den niedrigeren Wert bei entsprechenden geringen Marktwerten und Anwendung der FIFO-Methode oder Durchschnittsbewertung

ABB. 26: Einzelne bilanzpolitische Strategien (Vorratsbewertung)

Aus einer Kombination der einzelnen Strategien ergeben sich folgende Möglichkeiten
für die verfolgte Bilanzpolitik.

Quantitative Strategie	Qualitative Strategie: Annäherung an die steuerliche Rechnungslegung	Möglichst geringe Abweichungen zum alten Recht	Annäherung an die IFRS
Ausweis eines möglichst hohen Eigenkapitals/ eines möglichst hohen Ergebnisses	**Mögliche Kombination** Bei Anwendung der Durchschnittsmethode und einer progressiven Abschreibungspolitik ist eine Annäherung der Werte möglich.	**Mögliche Kombination** Sofern in der Vergangenheit eine progressive Bilanzpolitik betrieben wurde, kann diese beibehalten werden.	**Mögliche Kombination** Die Anwendung der Durchschnittsmethode bei einer progressiven Abschreibungspolitik führt zu einer entsprechenden Kombination der beiden Zielsetzungen.
Ausweis eines möglichst geringen Eigenkapitals/ eines möglichst geringen Ergebnisses	**Nicht vereinbar** Die Anwendung der FIFO-Methode ist steuerlich nicht zulässig; zudem sind Abschreibungen steuerlich nur bei einer voraussichtlich dauernden Wertminderung zulässig.	**Mögliche Kombination** Sofern in der Vergangenheit eine konservative Bilanzpolitik betrieben wurde, ist diese weiterhin möglich.	**Mögliche Kombination** Die Anwendung der FIFO-Methode sowie die vergleichsweise schnelle Vornahme von Abschreibungen kann eine entsprechende Kombination der beiden Zielsetzungen ermöglichen.

ABB. 27: **Kombinierte bilanzpolitische Strategien (Vorratsbewertung)**

Im Rahmen der gesetzlichen Möglichkeiten sowie der Ermessensspielräume zur Bestimmung des zum Abschlussstichtag beizulegenden Werts stellt sich dem Bilanzierenden nahezu jede Möglichkeit, die einzelnen bilanzpolitischen Teilziele miteinander zu kombinieren. Die Anwendung der jeweiligen Bewertungsmethode ist der Anhangberichterstattung zu entnehmen. Abschreibungen auf das Vorratsvermögen erfolgen als außerplanmäßige Abschreibungen und sind gesondert im Anhang anzugeben (§ 277 Abs. 3 HGB).

Die Einordnung der vom Bilanzierenden verfolgten Bilanzpolitik kann anhand nachstehender Übersicht erfolgen.

	Progressive Bilanzpolitik	Konservative Bilanzpolitik
Außerplanmäßige Abschreibungen auf das Vorratsvermögen werden...	... nur in nicht vermeidbaren Fällen vorgenommen.	... umfangreich vorgenommen.
Die Bewertung des Vorratsvermögens mittels des angewandten Bewertungsverfahrens führt zu...	... der Verhinderung der Bildung stiller Reserven.	... einer Bildung von stillen Reserven.
Bestehende niedrigere Wertansätze aus Vorjahren werden im Umstellungszeitpunkt...	... zugeschrieben.	... beibehalten.

ABB. 28: Bilanzanalytische Möglichkeiten (Vorratsbewertung)

Beispiel 9: Bewertung im Vorratsvermögen

Um in folgenden Jahren erwartete Wertschwankungen vorwegzunehmen, hat die Handels AG zum 31.12.2008 eine außerplanmäßige Abschreibung aus Gründen der Verlustantizipation i. H. v. 20.000 € vorgenommen. Da die Prognosen hinsichtlich heftiger Preisschwankungen in den kommenden Jahren auch im Jahr 2009 Bestand hatten, wurde die Abwertung beibehalten. Zusätzlich ergab sich in 2009 ein weiterer Abschreibungsbedarf i. H. v. 10.000 €. Steuerlich wurde die Abschreibung nicht anerkannt.

Im Jahr 2010 wurden Vorratsgegenstände eines Teilerzeugnisses wie folgt erworben (zum 01.01.2010 lagen keine Vermögensgegenstände auf Lager):

15.01.2010	Erwerb	1.000 Stück	à 1,20 €
31.03.2010	Verbrauch	- 500 Stück	
22.04.2010	Erwerb	800 Stück	à 1,50 €
14.05.2010	Verbrauch	- 600 Stück	
13.08.2010	Erwerb	300 Stück	à 1,10 €
13.09.2010	Verbrauch	- 100 Stück	
18.12.2010	Erwerb	700 Stück	à 1,25 €
30.12.2010	Verbrauch	- 600 Stück	

Zum 31.12.2010 liegen 1.000 Stück des Produktes auf Lager. Der Marktpreis (Einkaufspreis) beträgt 1,25 € je Stück.

Anwendung Durchschnittsbewertung:

► Einkauf von 2.800 Stück für zusammen 3.605 €; daraus ergibt sich ein durchschnittlicher Anschaffungspreis von 1,2875 € je Stück.

► Zum 31.12.2010 liegt der Marktpreis des Produktes bei 1,25 € je Stück. Da dieser Wert unter dem durchschnittlichen Einkaufspreis liegt, ist dieser anzusetzen.

► Die Bewertung zum 31.12.2010 erfolgt mit 1.250 €.

► Der Jahresverbrauch ist zu bewerten mit 2.355 €.

Anwendung FIFO-Methode:

► Der Bestand zum 31.12.2010 setzt sich zusammen aus folgenden Mengen:

► 300 Stück à 1,10 €

► 700 Stück à 1,25 €

► Der Bestand ist zu bewerten mit 1.205 €; da der Wert je Stück am 31.12.2010 bei rund 1,25 € liegt, muss keine Abschreibung auf den niedrigeren Wert erfolgen.

► Die Bewertung zum 31.12.2010 erfolgt mit 1.205 €.

► Der Jahresverbrauch ist zu bewerten mit 2.400 €.

Anwendung LIFO-Methode:

► Der Bestand zum 31.12.2010 setzt sich zusammen aus folgenden Mengen:

► Stück à 1,20 €

► Der Bestand ist zu bewerten mit 1.200 €; da der Wert je Stück am 31.12.2010 bei rund 1,25 EUR liegt, muss keine Abschreibung auf den niedrigeren Wert erfolgen.

► Die Bewertung zum 31.12.2010 erfolgt mit 1.200 €.

► Der Jahresverbrauch ist zu bewerten mit 2.405 €.

Wenn die Handels AG eine progressive Bilanzpolitik verfolgt, wird sie die in Vorjahren vorgenommenen Abschreibungen zurückdrehen und gleichzeitig die Durchschnittsbewertung anwenden, da der Jahresverbrauch bei dieser Methode am geringsten ausfällt.

Im Zuge der Umstellung löst sie die Abschreibungen i. H. v. 30.000 € auf. Ein Betrag i. H. v. 20.000 € (aus dem Geschäftsjahr 2008) wird unmittelbar in die Gewinnrücklagen eingestellt und berührt nicht die GuV. Der im Geschäftsjahr 2009 zugeführte Betrag wird hingegen erfolgswirksam aufgelöst und erhöht den Jahresüberschuss. Da die Vornahme von außerplanmäßigen Abschreibungen i. S. d. § 253 Abs. 3 Satz 3 HGB a. F. im Steuerrecht nicht erlaubt war und ein Unterschied zwischen Handels- und Steuerrecht bestand, der auf einem zeitlichen Ergebnisunterschied beruhte, bestand das Wahlrecht zum Ansatz aktiver latenter Steuern nach § 274 Abs. 2 HGB a. F. Sofern diese in der Vergangenheit angesetzt worden waren, sind sie nunmehr aufzulösen.

Merke:

Hinsichtlich der Anwendung der Bewertungsvereinfachungsverfahren bleibt dem Bilanzierenden ein bilanzpolitischer Spielraum erhalten. Bei einem Wechsel des Bewertungsvereinfachungsverfahrens sind die entsprechenden Voraussetzungen und Auswirkungen auf die externe Rechnungslegung frühzeitig zu analysieren. Eine Einschränkung der Bilanzpolitik erfolgte im Rahmen des BilMoG durch die Abschaffung der Wertschwankungsabschreibungen sowie der Abschreibungen im Rahmen vernünftiger kaufmännischer Beurteilung. Hinsichtlich der Beurteilung der zum Abschlussstichtag anzusetzenden Marktpreise ergeben sich im Einzelfall bilanzpolitische Ermessensspielräume, die eine außerplanmäßige Abschreibung bedingen oder verhindern können.

2.4.9 Aktive Rechnungsabgrenzungsposten

Nach § 250 Abs. 1 Satz 2 HGB a. F. durften unter den Rechnungsabgrenzungsposten als Aufwand berücksichtigte Zölle und Verbrauchsteuern, soweit sie auf am Abschlussstichtag auszuweisende Vermögensgegenstände des Vorratsvermögens entfallen (Nr. 1), sowie die als Aufwand berücksichtigte Umsatzsteuer auf am Abschlussstichtag auszuweisende oder von den Vorräten abgesetzte Anzahlungen (Nr. 2) ausgewiesen werden. Ab dem Geschäftsjahr 2010 **entfällt** diese Regelung. Nach Ansicht des Gesetzgebers steht die bestehende Vorschrift einem modernen, den IFRS gleichwertigen Bilanzrecht entgegen. Mit der bisherigen Regelung wird die aufwandswirksame Erfassung der Zölle und Verbrauchsteuern auf den Zeitpunkt der Veräußerung der mit den Zöllen und Verbrauchsteuern belegten Vermögensgegenstände verschoben. Diese Vorschrift wie auch die Regelung zum Abgrenzungswahlrecht der Umsatzsteuer nach § 250 Abs. 1 Satz 2 Nr. 2 HGB sind steuerlich motiviert und verzerren den handelsrechtlich geforderten Einblick in die Vermögens-, Finanz- und Ertragslage des Bilanzierenden.

Nach dem BilMoG sind gemäß § 250 HGB Rechnungsabgrenzungsposten dann zu berücksichtigen, wenn bereits vor dem Abschlussstichtag eine Ausgabe vorliegt, die Aufwandsverursachung aber erst künftig erfolgt. Gesondert regelt § 250 Abs. 3 HGB das Ansatzwahlrecht für ein Disagio. Hieran ändert das BilMoG nichts.

Nach § 5 Abs. 5 EStG sind auf der Aktivseite weiterhin Rechnungsabgrenzungsposten für als Aufwand berücksichtigte Zölle und Verbrauchsteuern, soweit sie auf am Abschlussstichtag auszuweisende Wirtschaftsgüter des Vorratsvermögens entfallen, und für als Aufwand berücksichtigte Umsatzsteuer auf am Abschlussstichtag auszuweisende Anzahlungen auszuweisen. Steuerlich ist das Disagio als aktiver Rechnungsabgrenzungsposten weiterhin ansatzpflichtig. Aus der zwingend unterschiedlichen Behandlung der in Rede stehenden Zölle und Verbrauchsteuern erfolgt die Notwendigkeit zur Abgrenzung latenter Steuern. Da es handelsrechtlich zu keinem Wertansatz kommt, aber steuerrechtlich, ergibt sich die Notwendigkeit zur Abgrenzung aktiver latenter Steuern (vorbehaltlich der Inanspruchnahme des Aktivierungswahlrechts) in der Handelsbilanz. Sofern ein Unternehmen von dem handelsrechtlichen Aktivierungswahlrecht für den Ansatz eines Disagios keinen Gebrauch macht, ergibt sich auch hieraus die grundsätzliche Abgrenzung aktiver latenter Steuern.

Die Behandlung von Zöllen und Verbrauchsteuern als Aufwand wurde bereits in der Vergangenheit diskutiert. Mit dem Wegfall des Aktivierungswahlrechts wird nunmehr die Aktivierung der Verbrauchsteuern als **Bestandteil der Herstellungskosten** als sachgerecht erachtet. Eine unmittelbare Aufwandsverrechnung scheidet mit der Begründung aus, dass die angefallenen Zölle und Verbrauchsteuern (z. B. Biersteuer, Sektsteuer, Mineralölsteuer) als Sonderkosten der Fertigung anzusehen sind und somit in die Herstellungskosten einzubeziehen sind. Es handelt sich nach IDW ERS HFA 31 hierbei um Aufwendungen, die der Herstellung der Verkehrsfähigkeit des betroffenen Vermögensgegenstands dienen.

Der Ansatz in der Vergangenheit derart gebildeter Rechnungsabgrenzungsposten kann beibehalten werden (Beibehaltungswahlrecht) oder alternativ zugunsten der Gewinnrücklagen erfolgsneutral aufgelöst werden (Art. 67 Abs. 3 EGHGB). Die Altregelungen gelten für Geschäftsjahre bis zum 31.12.2009 (Art. 66 Abs. 5 EGHGB). Da das HGB nun den Ansatz der hier genannten Rechnungsabgrenzungsposten einschränkt, verbleiben wenig bilanzpolitische Möglichkeiten. Weiterhin ist der Ansatz eines aktiven Rechnungsabgrenzungspostens für ein Disagio Ausfluss einer progressiven Bilanzpolitik. Mit Blick auf den Umstellungszeitpunkt kommt zudem der Frage der Beibehaltung der in der Vergangenheit angesetzten Rechnungsabgrenzungsposten bilanzpolitische Bedeutung zu.

Nachstehende Übersicht ordnet die Neuregelung in die einzelnen Bilanzstrategien ein.

Ausweis eines möglichst hohen Eigenkapitals/eines möglichst hohen Ergebnisses	Ausweis eines möglichst geringen Eigenkapitals/eines möglichst geringen Ergebnisses	Annäherung an die steuerliche Rechnungslegung	Möglichst geringe Abweichungen zum alten Recht	Annäherung an die IFRS
Ansatz von aktiven Rechnungsabgrenzungsposten und Beibehaltung von in der Vergangenheit angesetzten Beträgen	Kein Ansatz von aktiven Rechnungsabgrenzungsposten und Auflösung von in der Vergangenheit angesetzten Beträgen	Ansatz von aktiven Rechnungsabgrenzungsposten und Beibehaltung von in der Vergangenheit angesetzten Beträgen	Abhängig von der zuvor verfolgten Bilanzpolitik	Kein Ansatz von aktiven Rechnungsabgrenzungsposten und Auflösung von in der Vergangenheit angesetzten Beträgen

ABB. 29: Einzelne bilanzpolitische Strategien (Rechnungsabgrenzungsposten)

Aus einer Kombination der einzelnen Strategien ergeben sich folgende Möglichkeiten für die verfolgte Bilanzpolitik.

Quantitative Strategie \ Qualitative Strategie	Annäherung an die steuerliche Rechnungslegung	Möglichst geringe Abweichungen zum alten Recht	Annäherung an die IFRS
Ausweis eines möglichst hohen Eigenkapitals/ eines möglichst hohen Ergebnisses	Mögliche Kombination Aktive Rechnungsabgrenzungsposten werden angesetzt bzw. beibehalten.	Mögliche Kombination Sofern in der Vergangenheit eine progressive Bilanzpolitik betrieben wurde, kann diese beibehalten werden.	Nicht vereinbar Die Berücksichtigung von aktiven Rechnungsabgrenzungsposten ist den IFRS fremd.
Ausweis eines möglichst geringen Eigenkapitals/ eines möglichst geringen Ergebnisses	Nicht vereinbar Aufgrund der steuerlichen Ansatzpflicht kann kein Gleichklang erreicht werden.	Mögliche Kombination Sofern in der Vergangenheit eine konservative Bilanzpolitik betrieben wurde, ist diese weiterhin möglich.	Mögliche Kombination Der Nichtansatz von aktiven Rechnungsabgrenzungsposten entspricht grundsätzlich der Vorgehensweise nach IFRS.

ABB. 30: Kombinierte bilanzpolitische Strategien (Rechnungsabgrenzungsposten)

Neben der Frage der einmaligen Umstellungseffekte verbleibt dem Bilanzierenden im Wesentlichen alleine das mit dem Ansatz aktiver Rechnungsabgrenzungsposten einhergehende Wahlrecht zur Behandlung eines Disagios. Sofern der Bilanzierende von dem Ansatzwahlrecht nach § 250 Abs. 3 HGB Gebrauch macht, ist dies im Anhang zu erläutern. Ebenso sind die aus der Umstellung resultierenden Effekte aus der Bilanz bzw. dem Eigenkapitalspiegel ersichtlich.

Die Einordnung der vom Bilanzierenden verfolgten Bilanzpolitik kann anhand nachstehender Übersicht erfolgen.

	Progressive Bilanzpolitik	Konservative Bilanzpolitik
Ein Disagio wird...	... als Rechnungsabgrenzungsposten aktiviert.	... als sofortiger Aufwand erfasst.
In der Vergangenheit gebildete Rechnungsabgrenzungsposten...	... werden beibehalten.	... werden aufgelöst.

ABB. 31: Bilanzanalytische Möglichkeiten (Rechnungsabgrenzungsposten)

Beispiel 10: Rechnungsabgrenzungsposten (Erhaltene Anzahlung)

Die Alpha AG hat von einem Großkunden im September 2009 für einen laufenden Auftrag zur Lieferung von 5.000 kg phosphoreszierender Metallen (aktiviert unter den unfertigen Erzeugnissen zu Vollkosten i. H. v. 2.400.000 €) eine Anzahlung i. H. v. 416.500 € (inklusive 19 % Umsatzsteuer) erhalten. Die Bilanzierung der Anzahlung erfolgte anhand der Bruttomethode. Die Lieferung der Metalle mit Gefahrenübergang erfolgt erst im ersten Quartal 2011. Zum 31.12.2009 wurden 66.500 € unter den aktiven Rechnungsabgrenzungsposten ausgewiesen. Die Alpha AG betreibt grundsätzlich eine progressive Bilanzpolitik.

Im Abschluss zum 31.12.2009 wurde ein aktiver Rechnungsabgrenzungsposten i. H. d. abzuführenden Umsatzsteuer von 66.500 € (= 416.500 − (416.500/1,19)) gebildet. Aufgrund der bilanzpolitischen Zielsetzung, ein möglichst hohes Eigenkapital zu generieren, wird die Alpha AG von dem Beibehaltungswahlrecht Gebrauch machen und den aktiven Rechnungsabgrenzungsposten nicht gegen die Gewinnrücklagen aufrechnen. Damit ergibt sich keine Auswirkung zum 01.01.2010. In der Steuerbilanz besteht nach § 5 Abs. 5 Satz 2 EStG weiterhin die Pflicht zur Bildung eines aktiven Rechnungsabgrenzungspostens. Insofern besteht zum 01.01.2010 kein Unterschied zur Handelsbilanz.

Beispiel 11: Rechnungsabgrenzungsposten (Verbrauchsteuer)

Die Hopfen GmbH produziert bayerisches Bier. Im Zuge des Herstellungsprozesses im Jahr 2010 fällt Biersteuer an. Diese Aufwendungen sind in die Herstellungskosten einzubeziehen, da sie der Herstellung der Verkehrsfähigkeit des Bieres dienen. Sie sind in der Handelsbilanz somit zum Bilanzstichtag im Wertansatz der Vermögensgegenstände zu berücksichtigen. Steuerlich kommt – basierend auf dem Grundsatz der Maßgeblichkeit, entweder ebenso eine Berücksichtigung im Wertansatz des Vorratsvermögens in Frage oder alternativ die Abgrenzung als aktiver Rechnungsabgrenzungsposten.

Beispiel 12: Rechnungsabgrenzungsposten (Disagio)

Die Zeus AG nimmt ein Darlehen auf und erhält nur 96% des Nominalbetrags ausgezahlt. Das Disagio i. H. v. 4 % muss steuerlich aktiviert werden und über die Laufzeit des Darlehens abgegrenzt werden. Handelsrechtlich besteht nach § 250 Abs. 3 HGB ein Ansatzwahlrecht. Nimmt die Zeus AG handelsrechtlich eine unmittelbare Aufwandsverrechnung vor, sind aktive latente Steuern auf den bilanziellen Unterschied von Handels- und Steuerbilanz zu berücksichtigen.

Merke:

Die Möglichkeiten zur Bildung aktiver Rechnungsabgrenzungsposten werden durch das BilMoG eingeschränkt. Künftig führt dies zu einer anderen bilanziellen Darstellung der in der Vergangenheit als aktiver Rechnungsabgrenzungsposten erfassten Beträge. Das wesentliche Ansatzwahlrecht bleibt im Bereich des Disagios bestehen.

2.4.10 Aktiver Unterschiedsbetrag aus der Vermögensverrechnung

Mit den Neuerungen des § 246 Abs. 2 HGB durchbricht der Gesetzgeber das grundsätzlich geltende Bruttoprinzip bei der Darstellung von Vermögensgegenständen und Schulden und sieht in bestimmten Fällen ein **Saldierungsgebot** vor. So sind Vermögensgegenstände, die dem Zugriff aller übrigen Gläubiger entzogen und unbelastet sind sowie ausschließlich zur Erfüllung von Schulden aus Altersversorgungsverpflichtungen oder vergleichbaren langfristig fälligen Verpflichtungen dienen, nicht mehr auf der Aktivseite zu zeigen, sondern unmittelbar mit den korrespondierenden Schulden zu verrechnen. Gleiches gilt für die aus diesen Vermögensgegenständen und Schulden erwachsenden Aufwendungen und Erträge; diese sind innerhalb des Finanzergebnisses zu verrechnen.

Es ist davon auszugehen, dass die Voraussetzungen zur Saldierung nach § 246 Abs. 2 Satz 2 HGB dann erfüllt sind, wenn allein die Gläubiger der Altersversorgungsverpflichtungen und Pensionsansprüche Zugriff auf das zur Deckung dieser Ansprüche vorgesehene Vermögen haben.

Mit dieser Neuregelung erfolgt eine Annäherung an die Sichtweise der IFRS, denn dort findet sich die Verrechnung von Planvermögen mit den entsprechenden Pensionsrückstellungen. Aus Informationsgesichtspunkten ist die Verrechnung von Vermögensgegenständen und Schulden nach Ansicht des Gesetzgebers zu begrüßen, da hierdurch die Vermögens-, Finanz- und Ertragslage des Unternehmens richtiger dargestellt wird. Die verrechneten Beträge (sowohl in der Bilanz als auch in der Gewinn- und Verlustrechnung) sind nach § 285 Nr. 25 HGB im Anhang anzugeben. Nach § 253 Abs. 1 Satz 4 HGB sind die genannten Vermögensgegenstände verpflichtend mit ihrem beizulegenden Zeitwert zu bewerten. Diese Zeitwertbewertung wird (entgegen einer zunächst angedachten Beschränkung) der Höhe nach nicht durch den Erfüllungsbetrag der betreffenden Schulden begrenzt. Vielmehr ist der die verrechneten Schulden übersteigende Betrag in einem gesonderten Posten zu aktivieren.

Allerdings werden die Neuerungen gemäß § 5 Abs. 1a EStG steuerlich nicht nachvollzogen. Vielmehr sieht der Gesetzgeber in der Steuerbilanz weiter das Prinzip der Bruttodarstellung vor. Zudem erfolgt die Bewertung der einzelnen Posten in der Steuerbilanz unverändert zu fortgeführten Anschaffungskosten. Da die **Zeitwertbewertung** steuerlich nicht nachvollzogen wird, sind auf den entsprechenden Betrag der Höherbewertung passive latente Steuern abzugrenzen.

Bei diesem neu im Bilanzgliederungsschema nach § 266 HGB erfassten Posten handelt es sich um keinen Vermögensgegenstand im handelsrechtlichen Sinn, sondern um einen Verrechnungsposten, der nach § 268 Abs. 8 HGB ausschüttungsgesperrt ist. Diese **Ausschüttungssperre** trägt dem Gläubigerschutzprinzip Rechnung.

Die Anwendung dieser Vorschrift ist erstmals für Geschäftsjahre, die nach dem 31.12.2009 beginnen, vorgesehen (Art. 66 Abs. 3 EGHGB). Zum 01.01.2010 sind damit bestehende Vermögensgegenstände zum Zeitwert zu bewerten und die entsprechenden Effekte ergebniswirksam zu erfassen.

Die Neuregelungen des § 246 Abs. 2 HGB sehen eine Saldierung bestimmter Vermögensgegenstände und Schulden sowie Aufwendungen und Erträge vor. Da es sich hier um eine gesetzliche Folge handelt, bestehen hinsichtlich der Darstellung im Jahresabschluss vergleichbar wenig gesetzliche Wahlrechte. Ermessens- bzw. Gestaltungsspielräume ergeben sich allerdings hinsichtlich der Schaffung der zur Verrechnung **notwendigen Voraussetzungen** bei den in Rede stehenden Vermögensgegenständen. Die Bewertungsfolgen des § 246 Abs. 2 HGB setzen voraus, dass es sich um Vermögensgegenstände handelt, die

► dem Zugriff aller übrigen Gläubiger entzogen sind (damit insolvenzsicher sind) und

► ausschließlich der Erfüllung von Schulden aus Altersversorgungsverpflichtungen oder vergleichbaren langfristig fälligen Verpflichtungen dienen (damit zweckgebunden sind).

Sofern der Bilanzierende die zivilrechtlichen Voraussetzungen sicherstellen kann, die die Anwendung des § 246 Abs. 2 HGB bedingen, ergeben sich die entsprechenden positiven Auswirkungen auf die Ergebnis- und Eigenkapitalsituation: Die Zeitwertbewertung führt zu dem Ausweis von Ergebnissen bzw. mindert die entsprechenden Zinsaufwendungen für die Pensionen; die Saldierung führt zudem zu einem Absinken des

Eigenkapitals und einer Erhöhung der Eigenkapitalquote. Neben der Saldierung in der Bilanz erfolgt auch die Saldierung der entsprechenden Erträge aus der Zeitwertbewertung mit den Aufwendungen in der Erfolgsrechnung.

Nachstehende Übersicht ordnet die Neuregelung in die einzelnen Bilanzstrategien ein.

Ausweis eines möglichst hohen Eigenkapitals/eines möglichst hohen Ergebnisses	Ausweis eines möglichst geringen Eigenkapitals/eines möglichst geringen Ergebnisses	Annäherung an die steuerliche Rechnungslegung	Möglichst geringe Abweichungen zum alten Recht	Annäherung an die IFRS
Anwendung des § 246 Abs. 2 HGB wird gefördert	Anwendung des § 246 Abs. 2 HGB wird vermieden	Anwendung des § 246 Abs. 2 HGB wird vermieden	Anwendung des § 246 Abs. 2 HGB wird vermieden	Anwendung des § 246 Abs. 2 HGB wird gefördert

ABB: 32: Einzelne bilanzpolitische Strategien (Vermögensverrechnung)

Aus einer Kombination der einzelnen Strategien ergeben sich folgende Möglichkeiten für die verfolgte Bilanzpolitik.

Qualitative Strategie Quantitative Strategie	Annäherung an die steuerliche Rechnungslegung	Möglichst geringe Abweichungen zum alten Recht	Annäherung an die IFRS
Ausweis eines möglichst hohen Eigenkapitals/ eines möglichst hohen Ergebnisses	Nicht vereinbar Weder die Saldierung noch die Zeitwertbewertung werden steuerlich nachvollzogen.	Mögliche Kombination Sofern die Voraussetzungen nach § 246 Abs. 2 HGB vermieden werden können.	Mögliche Kombination Saldierung und Zeitwertbewertung entsprechen konzeptionell den internationalen Normen.
Ausweis eines möglichst geringen Eigenkapitals/ eines möglichst geringen Ergebnisses	Mögliche Kombination Die Anwendung von § 246 Abs. 2 HGB wird vermieden.	Mögliche Kombination Die Anwendung von § 246 Abs. 2 HGB wird vermieden.	Nicht vereinbar Die IFRS sehen konzeptionell eine mit § 246 Abs. 2 HGB vergleichbare Regelung vor, die ceteris paribus zu höheren Ergebnissen führt.

ABB. 33: Kombinierte bilanzpolitische Strategien (Vermögensverrechnung)

Im Zentrum der bilanzpolitischen Maßnahmen steht die Frage, inwieweit die Anwendung oder Nicht-Anwendung des § 246 Abs. 2 HGB durch entsprechende (zivilrechtliche) Gestaltungen beeinflusst werden kann. Grundsätzlich sieht § 246 Abs. 2 HGB kein Anwendungswahlrecht vor. Da sich alleine die Schaffung der entsprechenden Anwendungsvoraussetzungen beeinflussen lässt, kann in diesem Bereich die Bilanzanalyse nur Anhaltspunkte für derartige Gestaltungen liefern.

Die Einordnung der vom Bilanzierenden verfolgten Bilanzpolitik kann anhand nachstehender Übersicht erfolgen.

	Progressive Bilanzpolitik	Konservative Bilanzpolitik
Saldierung und Zeitwertbewertung...	... werden vorgenommen.	... werden nicht vorgenommen.
Der Zeitwertansatz wird ermittelt durch...	... andere (anerkannte) Bewertungsverfahren.	... zweifelsfreie Marktwerte.

ABB. 34: Bilanzanalytische Möglichkeiten (Vermögensverrechnung)

Erst eine detaillierte Auswertung der Anhangangaben nach § 285 Nr. 25 HGB erlaubt eine genaue Analyse der in der Bilanz sowie der Erfolgsrechnung miteinander saldierten Beträge sowie der aus der Zeitwertbewertung erfassten Gewinne.

Beispiel 13: Vermögensverrechnung

Ein Unternehmen verfügt über Pensionsverpflichtungen mit einem Buchwert von 300.000 €. Das insolvenzsicher angelegte Vermögen, das ausschließlich zur Bedienung dieser Verpflichtungen besteht, weist einen Buchwert von 200.000 € und einen Zeitwert von 500.000 € auf. Der Steuersatz beträgt 30 %.

Das Unternehmen hat in der Bilanz den zum Zeitwert bewerteten Betrag nach Saldierung als „Aktiven Unterschiedsbetrag aus der Vermögensverrechnung" i. H. v. 200.000 € auf der Aktivseite auszuweisen. Zudem sind passive latente Steuern i. H. v. 90.000 € (30 % auf 300.000 €) anzusetzen. Der ausschüttungsgesperrte Betrag beläuft sich demnach auf 210.000 € (300.000 € abzüglich der hierauf gebildeten passiven latenten Steuern i. H. v. 90.000 €).

In den Folgeperioden hat jeweils die Bewertung der Vermögensgegenstände erfolgswirksam zu erfolgen. Die entsprechenden Gewinne sind im Zinsergebnis auszuweisen und mit den Zinsaufwendungen aus der Aufzinsung der entsprechenden Pensionsverpflichtungen zu saldieren.

Beispiel 14: Saldierungsgebot und Zeitwertbewertung bei Versorgungsverpflichtungen

Die Prometheus GmbH ist im Bereich der modernen Energiegewinnung mittels Feuer tätig. Sie hat mit langjährigen Mitarbeitern Altersversorgungsvereinbarungen getroffen. Zur Erfüllung dieser Vereinbarungen unterhält die Prometheus GmbH ein Treuhandkonto, das insolvenzsicher und vor dem Zugriff anderer Gläubiger geschützt angelegt worden ist und allein zur Absicherung der Altersversorgungsverpflichtungen dient. Zudem wurde den beiden Geschäftsführern der Prometheus GmbH eine Pensionszusage erteilt. Diese Pensionsverpflichtungen gegenüber den Geschäftsführern wurden durch Einlage eines Betrags von 200.000 € in einen langfristigen Investmentfonds sowie durch Abschluss einer Rückdeckungsversicherung, die insolvenzsicher angelegt wurde und allein den Pensionsberechtigten zusteht und dem Zugriff anderer Gläubiger entzogen wurde, gesichert.

Zum 31.12.2010 weisen die einzelnen Positionen folgende Werte auf, die die Prometheus GmbH durch Erstellung versicherungsmathematischer Gutachten unter Berücksichtigung der einschlägigen Regelungen sowie aufgrund der Bestätigungen ihrer Bank und ihrer Versicherung erhalten hat:

▶ Verpflichtung der Altersversorgungsvereinbarungen lt. Gutachten 2,24 Mio. €,

▶ Pensionsverpflichtungen Geschäftsführer lt. Gutachten 535.000 €,

▶ beizulegender Zeitwert des Treuhandvermögens 1,64 Mio. €,

▶ beizulegender Zeitwert des Investmentfonds 280.000 €,

▶ beizulegender Zeitwert der Rückdeckungsversicherung 115.000 €.

Zum 31.12.2010 sind die Altersversorgungsvereinbarungen mit dem entsprechenden Treuhandvermögen zu saldieren. Das Treuhandvermögen erfüllt die Voraussetzungen zur Saldierung nach § 246 Abs. 2 Satz 2 HGB. Hinsichtlich der Pensionsverpflichtungen dürfen diese allein mit der Rückdeckungsversicherung saldiert werden. Diese erfüllt die Voraussetzungen nach § 246 Abs. 2 Satz 2 HGB. Neben der Saldierungspflicht ergibt sich die Verpflichtung, die zu saldierenden Vermögenswerte mit ihrem beizulegenden Zeitwert anzusetzen.

Da das im Investmentfonds angelegt Geld nicht dem Zugriff anderer Gläubiger (bspw. im Insolvenzfall) entzogen ist, dürfen keine Saldierung und keine Zeitbewertung erfolgen.

In der Bilanz zum 31.12.2010 werden damit folgende Werte ausgewiesen:

Aktiva			Passiva
Investmentfonds	200.000	Altersversorgungsverpflichtung	600.000
		Pensionsverpflichtung	420.000

Merke:

Die Neuregelungen nach § 246 Abs. 2 HGB erfordern den Ansatz bestimmter Vermögensgegenstände zu Zeitwerten. Hinsichtlich der Bestimmung der Zeitwerte ergeben sich im Einzelfall Beurteilungs- bzw. Bewertungsspielräume. Gleichzeitig sind die Folgewirkungen auf die Steuerabgrenzung und die Ausschüttungssperre zu beachten. Erst eine detaillierte Auswertung der Anhangberichterstattung ermöglicht eine genaue Analyse der im Einzelnen erfassten Effekte und deren Auswirkungen auf die Darstellung der Vermögens- und Ertragslage.

2.5 Passiva

2.5.1 Vorbemerkungen: Auswirkungen auf die Kapitaldarstellung

Mit Blick auf die bilanzielle Behandlung einzelner Schulden sowie des Eigenkapitalausweises stellen sich dem Bilanzierenden im Zusammenhang mit dem BilMoG verschiedene neue Fragestellungen, die sowohl bilanzpolitische als auch bilanzanalytische Implikationen aufweisen.

Erste Fragestellungen im Zusammenhang mit den neuen Regelungen verdeutlichen deren bilanzpolitische Möglichkeiten und die damit zusammenhängenden bilanzanalytischen Notwendigkeiten:

▶ Wie erfolgt der **Ausweis eigener Anteile**? Ergeben sich hieraus Bewertungsfolgen (→ vgl. Kapitel 2.5.2)?

▶ Wie erfolgt der Ausweis des Eigenkapitals mit Blick auf **ausstehende Einlagen** (→ vgl. Kapitel 2.5.3)?

▶ Welche Änderungen sind hinsichtlich des Ansatzes und Ausweises sog. **Rückbeteiligungen** zu beachten (→ vgl. Kapitel 2.5.4)?

▶ Wie sind **steuerliche Sonderposten** in der Handelsbilanz zu erfassen? Dürfen diese beibehalten werden (→ vgl. Kapitel 2.5.5)?

▶ Unter welchen Voraussetzungen kann der Ansatz von **Aufwandsrückstellungen** erfolgen (→ vgl. Kapitel 2.5.6)?

▶ Welche Besonderheiten ergeben sich bei der **Bewertung von Rückstellungen** nach dem BilMoG (→ vgl. Kapitel 2.5.7)?

▶ In welchem Umfang sind **Pensionsverpflichtungen** von den Neuerungen des BilMoG betroffen? Gibt es Übergangsregelungen (→ vgl. Kapitel 2.5.8)?

▶ Wie sind **Verbindlichkeiten** zu bewerten (→ vgl. Kapitel 2.5.9)?

Merke:

Die Passivseite der Bilanz wird durch die Neuregelungen deutlich beeinflusst. Neben Ansatz und Bewertung von Schulden erfolgt in vielfacher Hinsicht ein veränderter Eigenkapitalausweis.

2.5.2 Ausweis eigener Anteile

Ab dem Jahr 2010 entfällt die Aktivierung eigener Anteile und es muss verpflichtend ein Ausweis auf der Passivseite erfolgen. Diese Form der Abbildung stellt nach Ansicht des Gesetzgebers die tatsächlichen wirtschaftlichen Verhältnisse des Bilanzierenden dar und trägt zudem zu einer Annäherung an die IFRS, nach denen die Abbildung solcher Sachverhalte grundsätzlich erfolgsneutral im Eigenkapital zu erfolgen hat, bei.

Durch das BilMoG wurde mit § 272 Abs. 1a HGB eine rechtsformunabhängige Vorschrift zur handelsbilanziellen Erfassung eigener Anteile geschaffen. Die Differenzierung zwischen eigenen Aktien und eigenen Anteilen wird aufgegeben. Der Nennbetrag bzw. der rechnerische Wert von erworbenen eigenen Anteilen ist in der Vorspalte offen vom Posten „Gezeichnetes Kapital" abzusetzen. Der Unterschiedsbetrag zwischen dem Nennbetrag bzw. dem rechnerischen Wert der Anteile und den Anschaffungskosten der eigenen Anteile ist mit den frei verfügbaren Rücklagen zu verrechnen. Unter den frei verfügbaren Rücklagen sind die anderen Gewinnrücklagen zuzüglich der bestehenden frei verwendbaren Kapitalrücklagen zu verstehen. Anschaffungsnebenkosten sind als Aufwand des Geschäftsjahrs auszuweisen. Damit entfällt die Aktivierung eigener Anteile und es muss verpflichtend ein Ausweis auf der Passivseite erfolgen. § 272 Abs. 1b HGB regelt die Veräußerung eigener Anteile, dabei wird der wirtschaftliche Gehalt eines solchen Geschäfts berücksichtigt. In diesem Fall ist der Vorspaltenausweis nach § 272 Abs. 1a Satz 1 HGB rückgängig zu machen. Ein den Nennbetrag bzw. den rechnerischen Wert übersteigender Veräußerungserlös ist bis zur Höhe des mit den frei verfügbaren Rücklagen verrechneten Betrags in die frei verfügbaren Rücklagen einzustellen. Ein darüber hinausgehender Veräußerungserlös muss in die Kapitalrücklage eingestellt werden. Bei der Veräußerung anfallende Nebenkosten sind Aufwand des Geschäftsjahrs.

Die **steuerbilanzielle Darstellung** folgt der handelsrechtlichen Vorgehensweise. Hinsichtlich der Behandlung möglicher Veräußerungsgewinne oder Veräußerungsverluste liegt eine Abweichung vor, da entsprechende Ergebnisse steuerlich erfolgswirksam zu behandeln sind. Die zu Informationszwecken vorgenommene Erfassung im Eigenkapital im handelsrechtlichen Jahresabschluss trägt dem wirtschaftlichen Gehalt der Transaktionen mit eigenen Anteilen Rechnung. Bereits aus dem Grundsatz der Steuerneutralität der handelsrechtlichen Reform folgt, dass diese handelsbilanzielle Erfassung nicht auf die steuerliche Gewinnermittlung durchschlägt. Im Einzelfall kann sich hieraus die Abgrenzung latenter Steuern (unter Beachtung der entsprechenden Regelungen, z. B. § 8b KStG) ergeben.

Die Verrechnung der eigenen Anteile mit dem Eigenkapital führt zwangsläufig zu einer faktischen **Ausschüttungssperre**, da die Rücklagen um die entsprechenden Beträge gekürzt werden. Die Neuregelungen gelten erstmals für Jahresabschlüsse für das nach dem 31.12.2009 beginnende Geschäftsjahr (Art. 66 Abs. 3 EGHGB). Daneben existieren keine weiteren Übergangsvorschriften.

In der Vergangenheit waren eigene Anteile inklusive ihrer Anschaffungsnebenkosten zu aktivieren. Aufgrund der Neuregelung des § 272 HGB hat eine aufwandswirksame Erfassung dieser Beträge bei der Anschaffung zu erfolgen. Zudem hat die Kürzung der Beträge im Kapital allein um die Anschaffungskosten der eigenen Anteile und nicht die darauf entfallenden Anschaffungsnebenkosten zu erfolgen. Im Hinblick auf die regelmäßig unwesentlichen Anschaffungsnebenkosten scheint es vertretbar, die nach altem Recht aktivierten Anschaffungsnebenkosten beim Übergang auf das BilMoG erfolgsneutral gegen die frei verfügbaren Rücklagen auszubuchen (vgl. IDW RS HFA 28, Tz. 51). Demnach muss keine weitergehende Differenzierung zwischen den in der Vergangenheit aufgewandten Anschaffungskosten und den zusätzlich aktivierten Anschaffungsnebenkosten erfolgen.

Die Neuregelung durch das BilMoG führt zu keinen materiellen bilanzpolitischen Spielräumen. Der Ausweis eigener Anteile wird durch das BilMoG klargestellt, so dass früher bestehende Ausweiswahlrechte wegfallen. Die Auswirkungen auf das Eigenkapital werden alleine von dem Betrag, der für die eigenen Anteile aufgewandt wird, bestimmt. Allenfalls der Erwerb eigener Anteile kann aufgrund der bilanziellen Folgen bilanzpolitischen Überlegungen unterzogen werden. Zivilrechtliche Konstruktionen, bei denen der Erwerb nicht unmittelbar durch den Bilanzierenden erfolgt, dennoch zu seinen Gunsten, könnten dazu führen, den bilanziellen, eigenkapitalmindernden Ausweis zu vermeiden und dennoch die Möglichkeiten im Zusammenhang mit eigenen Anteilen nutzen zu können.

Nachstehende Übersicht ordnet die Neuregelung in die einzelnen Bilanzstrategien ein.

Ausweis eines möglichst hohen Eigenkapitals/eines möglichst hohen Ergebnisses	Ausweis eines möglichst geringen Eigenkapitals/eines möglichst geringen Ergebnisses	Annäherung an die steuerliche Rechnungslegung	Möglichst geringe Abweichungen zum alten Recht	Annäherung an die IFRS
Ausweis eigener Anteile wird vermieden	Eigene Anteile werden erworben	Implizit, da die steuerliche Darstellung der handelsrechtlichen Darstellung folgt	Möglich für den Fall, dass keine eigenen Anteile vorliegen	Die neuen Ausweisregelungen entsprechen den Vorgaben der IFRS

ABB. 35: Einzelne bilanzpolitische Strategien (Eigene Anteile)

Eine Einordnung der einzelnen bilanzpolitischen Möglichkeiten in die Auswahl der Kombination einer qualitativen und quantitativen Bilanzpolitik kann an dieser Stelle unterbleiben.

Im Zentrum der bilanzpolitischen Maßnahmen steht die Gestaltungsfrage, inwieweit eigene Anteile erworben bzw. genutzt werden können, ohne den damit verbundenen negativen (wegen der Saldierung) Ausweiseffekt zu erhalten.

Für Zwecke der Bilanzanalyse muss eine genaue Analyse des Eigenkapitals und der in diesem verrechneten eigenen Anteile erfolgen. Die Zugangsbewertung eigener Anteile erfolgt mit deren Anschaffungskosten; sofern der Wert der eigenen Anteile steigt, bauen sich in dem die Anschaffungskosten übersteigenden Umfang stille Reserven auf. Die vorgenommenen Verrechnungen sind dem Eigenkapitalspiegel zu entnehmen.

Die Abschätzung vorhandener stiller Reserven kann mittels des Vergleichs zwischen Buchwert und Zeitwert der eigenen Anteile erfolgen. Während konservative Bilanzierer tendenziell im Rahmen ihrer rechtlichen und wirtschaftlichen Möglichkeiten eigene Anteile erwerben werden, um stille Reserven zu nutzen, dürfte für den Ausweis eines möglichst hohen Eigenkapitals der Erwerb regelmäßig unterbleiben. Alternativ kann über Gestaltungen nachgedacht werden, die im Zusammenhang mit Wertsteigerungen aus eigenen Anteilen einen entsprechenden Ergebniseffekt erzielen.

	Progressive Bilanzpolitik	Konservative Bilanzpolitik
Eigene Anteile...	... werden nicht erworben bzw. bei Wertsteigerungen nicht langfristig in der eigenen Bilanz ausgewiesen.	... werden erworben und auch bei Wertsteigerungen langfristig in der eigenen Bilanz ausgewiesen.

ABB. 36: Bilanzanalytische Möglichkeiten (Eigene Anteile)

Beispiel 15: Eigene Anteile

Die Beta AG hat im November 2009 zum Zweck der Ausgabe an die Belegschaft 10.000 eigene Aktien mit einem Nennwert von je 5 € zu je 20 € erworben. Die Ausgabe an die Mitarbeiter erfolgt erst ab dem Jahr 2013. Die aktienrechtlichen Voraussetzungen für den Erwerb eigener Aktien sind gegeben. Die Berücksichtigung von Anschaffungsnebenkosten wird vernachlässigt.

Da die erworbenen Aktien zur Ausgabe an Mitarbeiter vorgesehen sind (§ 71 Abs. 1 Nr. 2 AktG), wurden die eigenen Anteile zu Anschaffungskosten i. H. v. 200.000 (= 10.000 x 20 €) auf der Aktivseite der Bilanz zum 31.12.2009 aktiviert. In gleicher Höhe wurde nach § 272 Abs. 4 Satz 1 HGB a. F. eine Rücklage für eigene Anteile gebildet. Nach der neuen Vorschrift des § 272 Abs. 1a HGB ist dies nicht mehr zulässig. Daher ist der Ausweis der im Übergangszeitpunkt gehaltenen eigenen Anteile beim Übergang auf das BilMoG anzupassen. Hierzu wird die Rücklage für eigene Anteile (200.000 €) aufgelöst und der Betrag in die frei verfügbaren Rücklagen (andere Gewinnrücklagen und frei verfügbare Kapitalrücklage) eingestellt. Außerdem ist das gezeichnete Kapital um den Nennbetrag (5 €) der Aktien zu kürzen (50.000 €), der darüber hinaus gehende Betrag mit den frei verfügbaren Rücklagen zu verrechnen (150.000 €) und damit einhergehend sind die aktivierten eigenen Anteile auszubuchen.

Im Ergebnis mindert sich das Eigenkapital der Beta AG durch den Ausweis der eigenen Anteile um 200.000 € zum 01.01.2010.

Beispiel 16: Veräußerung eigener Anteile

Die Beta AG hat im November 2010 zum Zweck der Ausgabe an die Belegschaft 10.000 eigene Aktien mit einem Nennwert von je 5 € zu je 20 € erworben. Die aktienrechtlichen Voraussetzungen für den Erwerb eigener Aktien sind gegeben. Die Berücksichtigung von Anschaffungsnebenkosten wird vernachlässigt.

Im Verlauf des Jahres 2011 entwickelt sich der Kurs der Aktie sehr gut. Die Beta AG gibt die ursprüngliche Verwendungsfiktion in 2011 auf und veräußert 5.000 Aktien zum Kurs von 50 €.

Die Kürzung des gezeichneten Kapitals entfällt i. H. v. 25.000 € (= 5.000 x 5 €). Damit erhöht sich das gezeichnete Kapital um 25.000 €. Aus dem Anschaffungsvorgang wurden im November 2010 150.000 € mit den frei verfügbaren Rücklagen verrechnet. Die Verrechnung ist nun in 2011 zu revidieren. Ein Betrag i. H. v. 150.000 € ist in die frei verfügbaren Rücklagen einzustellen. Der verbleibende Differenzbetrag aus der Veräußerung i. H. v. 75.000 € (5.000 x 50 € – 25.000 € – 150.000 €) ist in die Kapitalrücklage nach § 272 Abs. 2 Nr. 1 HGB einzustellen.

Merke:

Die Behandlung eigener Anteile verändert das Bilanzbild deutscher Unternehmen. Transaktionen mit eigenen Anteilen werden als Kapitalmaßnahme dargestellt. Der Ausweis des bilanziellen Eigenkapitals fällt damit geringer aus. Erfolgswirkungen aus dem Handel mit eigenen Anteilen werden – mit Ausnahme von anfallenden Nebenkosten – nicht handelsrechtlich erfasst.

2.5.3   Ausweis ausstehender Einlagen

§ 272 Abs. 1 HGB regelt den Ausweis ausstehender Einlagen auf das gezeichnete Kapital. Mit der Neufassung der Regelung wird das den Unternehmen in der Vergangenheit zugestandene Ausweiswahlrecht, die ausstehenden Einlagen im Wege des Brutto- oder des **Nettoausweises** in der Handelsbilanz zu zeigen, beseitigt. Damit ist der Nettoausweis verbindlich vorgeschrieben. Der nach der Saldierung des gezeichneten Kapitals mit den nicht eingeforderten ausstehenden Einlagen verbleibende Betrag ist unter dem Posten „Eingefordertes Kapital" in der Hauptspalte auf der Passivseite auszuweisen. Der eingeforderte, aber noch nicht eingezahlte Betrag ist nach § 272 Abs. 1 HGB unter den Forderungen gesondert auszuweisen und entsprechend zu bezeichnen. Mit dem Nettoausweis erfolgt eine Vereinheitlichung und Vereinfachung des bilanziellen Eigenkapitalausweises und gleichzeitig eine Annäherung an die Darstellungsweise nach IFRS. Da es sich alleine um einen anderen Ausweis handelt, ergeben sich keine weiteren Folgewirkungen.

Die Neuregelungen gelten ab dem Geschäftsjahr 2010 (Art. 66 Abs. 3 EGHGB).

Daneben existieren keine weiteren Übergangsvorschriften. Die Neuregelung durch das BilMoG führt zu keinen materiellen bilanzpolitischen Spielräumen. Der Ausweis ausstehender Einlagen wird durch das BilMoG klargestellt, so dass früher bestehende Ausweiswahlrechte wegfallen. Künftig hängt der Eigenkapitalausweis davon ab, ob und in welcher Höhe die ausstehenden Einlagen bereits eingefordert sind. Demnach kann mit Blick auf die Einforderung der ausstehenden Einlagen eine bilanzpolitische Implikation gesehen werden.

Nachstehende Übersicht ordnet die Neuregelung in die einzelnen Bilanzstrategien ein.

Ausweis eines möglichst hohen Eigenkapitals/eines möglichst hohen Ergebnisses	Ausweis eines möglichst geringen Eigenkapitals/eines möglichst geringen Ergebnisses	Annäherung an die steuerliche Rechnungslegung	Möglichst geringe Abweichungen zum alten Recht	Annäherung an die IFRS
Ausstehende Einlagen werden eingefordert	Ausstehende Einlagen werden nicht eingefordert	Implizit, da die steuerliche Darstellung der handelsrechtlichen Darstellung folgt	Hängt von dem zuvor gewählten Ausweis ab	Die neuen Ausweisregelungen entsprechen den Vorgaben der IFRS

ABB. 37: Einzelne bilanzpolitische Strategien (Ausstehende Einlagen)

Eine Einordnung der einzelnen bilanzpolitischen Möglichkeiten in die Auswahl der Kombination einer qualitativen und quantitativen Bilanzpolitik kann an dieser Stelle unterbleiben.

Im Zentrum der bilanzpolitischen Maßnahmen steht die Gestaltungsfrage, inwieweit durch eine Einforderung der ausstehenden Einlagen ein mit diesen verbundener, negativer (wegen der Saldierung) Ausweiseffekt vermieden werden kann. Für Zwecke der Bilanzanalyse sind die alleine auf den Ausweis zurückzuführenden Effekte auf den Eigenkapitalausweis zu korrigieren. Die vorgenommenen Verrechnungen sind der Bilanz (§ 272 Abs. 1 HGB) zu entnehmen. Ein progressiver Bilanzierer wird, wenn er die Möglichkeit hierzu hat, tendenziell die ausstehenden Einlagen voll einfordern, um das Eigenkapital entsprechend höher ausweisen zu können.

	Progressive Bilanzpolitik	Konservative Bilanzpolitik
Ausstehende Einlagen sind...	... voll eingefordert.	... noch nicht eingefordert.

ABB. 38: Bilanzanalytische Möglichkeiten (Ausstehende Einlagen)

Beispiel 17: Ausstehende Einlagen

Die Neptun AG verfügt über ein gezeichnetes Kapital i. H. v. 500.000 €. Von diesem stehen 100.000 € aus, von denen wiederum 25.000 € bereits eingefordert worden sind. In der Vergangenheit hat die Neptun AG den Bruttoausweis gewählt. Die Bilanzsumme der Gesellschaft beläuft sich auf 2.000.000 € (bei Anwendung des Bruttoausweises).

Bruttoausweis (früher)

Ausstehende Einlagen auf das		Gezeichnetes Kapital	500.000
gezeichnetes Kapital	100.000		
davon eingefordert	25.000		

Unter Anwendung des Bruttoausweises hat die Gesellschaft eine Eigenkapitalquote von 25% (500 TEUR / 2.000 TEUR) ausgewiesen.

Nettoausweis (neu)

...		Gezeichnetes Kapital	500.000
		Ausstehende, nicht	
Forderungen		eingeforderte Einlagen	75.000
Eingeforderte, aber noch nicht		Eingefordertes Kapital	425.000
einbezahlte ausstehende Einlagen	25.000		

Nach den Neuregelungen des BilMoG weist die Gesellschaft eine Eigenkapitalquote von rund 22 % aus (425.000 € / 1.925.000 €).

Merke:

Die neuen Regelungen zum verpflichtenden Nettoausweis noch nicht eingeforderter ausstehender Einlagen führen zu einem Absinken der Eigenkapitalquote im Vergleich zum zuvor möglichen Bruttoausweis. Gleichzeitig ist eine genaue Analyse des Eigenkapitals mit Blick auf die entsprechenden Saldierungen geboten.

2.5.4 Ausweis von Rückbeteiligungen

Nach dem Wegfall der Regelungen zur Bildung einer Rücklage für eigene Anteile nach § 272 Abs. 4 HGB a. F. sieht der Gesetzgeber in § 272 Abs. 4 HGB eine dem alten Recht vergleichbare Regelung nun explizit für Anteile an einem herrschenden oder mit Mehrheit beteiligten Unternehmen vor (sog. Rückbeteiligungen).

Mit der gesetzlichen Konkretisierung legt der Gesetzgeber dar, dass es nicht auf das zivilrechtliche Eigentum bestimmter Anteile, sondern vielmehr auf die (dahinter stehenden) **wirtschaftlichen Zielsetzungen** ankommt. Um den eigenkapitalkürzenden Ausweis eigener Anteile zu vermeiden, könnte ein herrschendes Unternehmen ein beherrschtes Unternehmen anweisen, Anteile an ihm – dem herrschenden Unternehmen – zu erwerben. Um auch in diesen Fällen eine entsprechende Schutzfunktion sicherstellen zu können und eine implizite Umgehung des Ausweises eigener Anteile durch zivilrechtliche Gestaltungen zu verhindern, beinhaltet die Neuregelung des § 272 Abs. 4 HGB eine den Kapitalerhaltungsschutz widerspiegelnde Ausweisregel.

Anteile, die ein beherrschtes oder im Mehrheitsbesitz stehendes Unternehmen an einem herrschenden oder mit Mehrheit beteiligten Unternehmen hält, sind auf der Aktivseite mit den Anschaffungskosten zu bilanzieren. Dies kommt nur dann in Frage, wenn das wirtschaftliche Eigentum an den Anteilen dem beherrschten Unternehmen zuzurechnen ist. Sind die Voraussetzungen des § 271 Abs. 2 HGB erfüllt, erfolgt ein Ausweis unter § 266 Abs. 2 B. III. 1. HGB „Anteile an verbundenen Unternehmen", ansonsten unter § 266 Abs. 2 B. III. 2. HGB „sonstige Wertpapiere"" jeweils im Umlaufvermögen, wenn die Anteile nicht dauernd dem Geschäftsbetrieb dienen sollen. Das beherrschte oder im Mehrheitsbesitz stehende Unternehmen hat für die erworbenen Anteile eines herrschenden oder mit Mehrheit beteiligten Unternehmens eine Rücklage unter dem Posten "Anteile an einem herrschenden oder mehrheitlich beteiligten Unternehmen" zu bilden. Diese **Rücklage** darf gem. § 272 Abs. 4 Satz 3 HGB aus frei verfügbaren Rücklagen gebildet werden und nicht wie bisher nur aus den Gewinnrücklagen. Daneben kann die Rücklage auch aus dem Bilanzergebnis gebildet werden.

Die Änderung des § 272 Abs. 4 HGB hat lediglich klarstellenden Charakter. Dadurch wird die Bilanzierung von Anteilen an einem herrschenden oder mit Mehrheit beteiligten Unternehmen nicht geändert. Schon nach altem Recht waren die Anteile unter Bildung einer Rücklage zu aktivieren. Allerdings darf die Rücklage nach neuem Recht aus den frei verfügbaren Rücklagen gebildet werden. Nach altem Recht war nur eine Bildung aus den Gewinnrücklagen zulässig.

Im Ergebnis unterliegt die für Rückbeteiligungen gebildete Rücklage der Ausschüttungssperre.

Die Neuregelungen gelten erstmals für Jahresabschlüsse für das nach dem 31.12.2009 beginnende Geschäftsjahr (Art. 66 Abs. 3 EGHGB). Daneben existieren keine weiteren Übergangsvorschriften. Die Neuregelung durch das BilMoG führt zu keinen materiellen bilanzpolitischen Spielräumen. Der Ausweis von Rückbeteiligungen wird durch das BilMoG klargestellt.

Als reine Ausweisvorschrift entfalten die Änderungen des § 272 Abs. 4 HGB keine materiellen steuerlichen Konsequenzen. Die Darstellung in der Steuerbilanz wird sich an die Bilanzierung in der Handelsbilanz über das Prinzip der Maßgeblichkeit anlehnen. Aufgrund des lediglich klarstellenden Charakters der Änderungen ergeben sich durch die Neufassung keine materiellen Auswirkungen auf die Rechnungslegung. Es ist allerdings darauf hinzuweisen, dass die Rücklage „Anteile an einem herrschenden oder mehrheitlich beteiligten Unternehmen" wie auch schon nach altem Recht ausschüttungsgesperrt ist.

Nachstehende Übersicht ordnet die Neuregelung in die einzelnen Bilanzstrategien ein.

Ausweis eines möglichst hohen Eigenkapitals/eines möglichst hohen Ergebnisses	Ausweis eines möglichst geringen Eigenkapitals/eines möglichst geringen Ergebnisses	Annäherung an die steuerliche Rechnungslegung	Möglichst geringe Abweichungen zum alten Recht	Annäherung an die IFRS
Keine Auswirkungen, da allein ausschüttungsgesperrte Rücklage zu bilden ist	Keine Auswirkungen, da allein ausschüttungsgesperrte Rücklage zu bilden ist	Implizit, da die steuerliche Darstellung der handelsrechtlichen Darstellung folgt	Keine Abweichung vorhanden	Die neuen Ausweisregelungen entsprechen den Vorgaben der IFRS

ABB. 39: Einzelne bilanzpolitische Strategien (Rückbeteiligungen)

Eine Einordnung der einzelnen bilanzpolitischen Möglichkeiten in die Auswahl der Kombination einer qualitativen und quantitativen Bilanzpolitik kann an dieser Stelle unterbleiben.

Im Zentrum der bilanzpolitischen Maßnahmen steht die Gestaltungsfrage, inwieweit bestehende Anteile an herrschenden Unternehmen als Rückbeteiligungen zu qualifizieren sind. Mit dem Ausweis von Rückbeteiligungen geht eine Ausschüttungssperre einher, die im Einzelfall vermieden werden soll.

Ein progressiver Bilanzierer wird, wenn er die Möglichkeit hierzu hat, tendenziell den Ausweis einer Rücklage für Rückbeteiligungen vermeiden, um das zur Ausschüttung zur Verfügung stehende freie Eigenkapital entsprechend höher ausweisen zu können. Zudem verdeutlicht das Vorliegen einer Rücklage für Rückbeteiligungen das Bestehen eines entsprechenden Beteiligungsverhältnisses. Dies ist im Einzelfall ggf. nicht gewünscht. Insofern kann auch hier ein Anreiz bestehen, den Ausweis einer solchen Rücklage zu vermeiden.

	Progressive Bilanzpolitik	Konservative Bilanzpolitik
Rücklage für Rückbeteiligungen...	... ist nicht gebildet.	... ist gebildet.

ABB. 40: Bilanzanalytische Möglichkeiten (Rückbeteiligungen)

Beispiel 18: Rückbeteiligungen

Die Circe AG ist mit 100 % an der Odysseus AG beteiligt. Die Circe AG ist damit ein mit Mehrheit an der Odysseus AG beteiligtes Unternehmen. Die Odysseus AG erwirbt in 2010 10.000 Aktien (Nennwert: 10 €) an der Circe AG zum Preis von 30 € je Aktie. Die Anteile sollen von der Odysseus AG nur vorübergehend gehalten werden. Zum 31.12.2010 ist der Kurs der Aktien der Circe AG auf 20 € gesunken.

Die Odysseus AG hat die Aktien unter den Anteilen an verbundenen Unternehmen im Umlaufvermögen zu aktivieren. Die Voraussetzungen des § 271 Abs. 2 HGB seien erfüllt. Im Zeitpunkt des Erwerbs sind die Anteile mit Anschaffungskosten i. H. v. 300.000 € (10.000 x 30 €) anzusetzen. In gleicher Höhe hat die Odysseus AG eine Rücklage "Anteile an einem herrschenden oder mehrheitlich beteiligten Unternehmen" zu bilden. Die Odysseus AG bildet die Rücklage aus den frei verfügbaren Rücklagen, dies führt zu einer Umbuchung auf der Passivseite. Diese Rücklage ist ausschüttungsgesperrt.

Das Absinken des Werts der Aktien der Circe AG führt bei der Odysseus AG zum 31.12.2010 zu einer Abschreibung im Umlaufvermögen. Die Abschreibung beträgt 100.000 € (10.000 x (30 € − 20 €)). Die Abschreibung ist erfolgsneutral, da nach § 272 Abs. 4 Satz 4 HGB die Rücklage entsprechend aufzulösen ist.

Merke:

Die neuen Regelungen zur Bildung einer Rücklage für sog. Rückbeteiligungen konkretisieren die bisherige Bilanzierungspraxis. In der Bilanz ausgewiesene Rücklagen für Rückbeteiligungen legen bestehende Beteiligungsverhältnisse offen und weisen auf entsprechende Unternehmensverbindungen hin. Bilanzanalytisch liefert der Ausweis einer solchen Rücklage Hinweise auf ggf. bewusste Gestaltungen der Vermögens-, Finanz- und Ertragslage zwischen den verbundenen Unternehmen.

2.5.5   Steuerlicher Sonderposten

Die Abschaffung der umgekehrten Maßgeblichkeit und damit der in der Vergangenheit immer wieder kritisierten Verzerrung der handelsrechtlichen Wertansätze durch steuerliche Einflüsse führt zur Abschaffung der bislang in §§ 247 Abs. 3, 273 HGB a. F. geregelten steuerlichen Sonderposten.

Steuerlich sind die Sonderposten weiterhin anzusetzen und bis zu ihrer Auflösung oder Übertragung in der Steuerbilanz beizubehalten. Sofern es zu einem Ansatz steuerlicher Sonderposten in der Steuerbilanz kommt, nicht aber in der Handelsbilanz, sind entsprechend der Höhe des steuerlich passivierten Postens in der Handelsbilanz passive latente Steuern abzugrenzen.

Der Ansatz von steuerlichen Sonderposten in der Vergangenheit kann beibehalten werden (**Beibehaltungswahlrecht**). Sofern eine Auflösung erfolgt, ist diese zugunsten der Gewinnrücklagen (Art. 67 Abs. 3 EGHGB) vorzunehmen. Die Vorschriften der §§ 247 Abs. 3, 273 HGB a. F. sind letztmals für Geschäftsjahre, die vor dem 01.01.2010 beginnen, anzuwenden (Art. 66 Abs. 5 EGHGB). Künftig entfällt die Möglichkeit, steuerliche Sonderposten in der Handelsbilanz anzusetzen. Alleine mit Blick auf die in der Vergangenheit angesetzten Posten verbleibt dem Bilanzierenden ein bilanzpolitisches Wahlrecht. Dieses bezieht sich alleine auf die zum Umstellungszeitpunkt bereits bestehenden Sonderposten.

Unberührt von den handelsrechtlichen Änderungen bleiben die Regelungen der §§ 6b und 7g EStG. § 5 Abs. 1 Satz 1 und 2 EStG sieht weiterhin zwar die grundsätzliche Bezugnahme auf die handelsrechtlichen Vorschriften vor, führt allerdings aus, dass im Rahmen der Ausübung steuerlicher Wahlrechte gesondert laufende Verzeichnisse zu führen sind. Hieraus ergibt sich für den Steuerpflichtigen die Notwendigkeit, ein gesondertes steuerliches Anlagenverzeichnis für die Wirtschaftsgüter zu führen, die in der Steuerbilanz nicht mit den handelsrechtlichen Werten angesetzt werden. Im Einzelfall führt dies zu einem erheblichen Mehraufwand beim Steuerpflichtigen und erhöhten Nachweis- und Dokumentationspflichten.

Nachstehende Übersicht ordnet die Neuregelung in die einzelnen Bilanzstrategien ein.

Ausweis eines möglichst hohen Eigenkapitals/eines möglichst hohen Ergebnisses	Ausweis eines möglichst geringen Eigenkapitals/eines möglichst geringen Ergebnisses	Annäherung an die steuerliche Rechnungslegung	Möglichst geringe Abweichungen zum alten Recht	Annäherung an die IFRS
bestehende Sonderposten werden aufgelöst	bestehende Sonderposten werden beibehalten	bestehende Sonderposten werden beibehalten	bestehende Sonderposten werden beibehalten	bestehende Sonderposten werden aufgelöst

ABB. 41: Einzelne bilanzpolitische Strategien (Steuerliche Sonderposten)

Aus einer Kombination der einzelnen Strategien ergeben sich folgende Möglichkeiten für die verfolgte Bilanzpolitik.

Qualitative Strategie / Quantitative Strategie	Annäherung an die steuerliche Rechnungslegung	Möglichst geringe Abweichungen zum alten Recht	Annäherung an die IFRS
Ausweis eines möglichst hohen Eigenkapitals/ eines möglichst hohen Ergebnisses	Nicht vereinbar Dem steuerlichen Ansatz steht die Auflösung in der HGB-Bilanz gegenüber.	Nicht vereinbar Während Sonderposten in der Vergangenheit anzusetzen waren, führt ihre Auflösung zur Erhöhung des Eigenkapitals.	Mögliche Kombination Eine Auflösung steuerlicher Sonderposten entspricht der Darstellung nach IFRS.
Ausweis eines möglichst geringen Eigenkapitals/ eines möglichst geringen Ergebnisses	Mögliche Kombination Die Beibehaltung der steuerlichen Sonderposten entspricht dem steuerlichen Ansatz.	Mögliche Kombination Die Beibehaltung der steuerlichen Sonderposten entspricht dem bislang gültigen Recht.	Nicht vereinbar Die IFRS kennen keine steuerlichen Sonderposten in der Bilanz.

ABB. 42: Kombinierte bilanzpolitische Strategien (Steuerliche Sonderposten)

Im Zentrum der bilanzpolitischen Maßnahmen steht die Frage, wie mit in der Vergangenheit gebildeten Sonderposten umzugehen ist. Für künftige Sonderposten stellt sich diese Frage nicht mehr. Die Bilanzanalyse kann sich alleine auf den Umfang der in der Handelsbilanz berücksichtigten bzw. gerade nicht berücksichtigten steuerlichen Sonderposten beziehen. Aufgrund der Steuerabgrenzung sind die entsprechenden steuerlichen Sonderposten, die ihren Niederschlag nicht in der handelsrechtlichen Bilanz gefunden haben, ermittelbar.

Die Einordnung der vom Bilanzierenden verfolgten Bilanzpolitik kann anhand nachstehender Übersicht erfolgen.

	Progressive Bilanzpolitik	Konservative Bilanzpolitik
Bei der Umstellung werden bestehende Sonderposten...	... aufgelöst.	... beibehalten.

ABB. 43: Bilanzanalytische Möglichkeiten (Steuerliche Sonderposten)

Der Umfang der künftig steuerlich gebildeten Sonderposten lässt sich den Angaben nach § 285 Nr. 29 HGB entnehmen, da auf die steuerlichen Posten, die keinen Niederschlag im HGB-Abschluss finden, passive latente Steuern abzugrenzen sind.

Beispiel 19: Steuerlicher Sonderposten

Die Neptun AG weist aus einem früheren Grundstücksverkauf im steuerrechtlichen Abschluss noch eine steuerliche Rücklage nach § 6b EStG i. H. v. 2.000.000 € aus. In gleicher Höhe ist im handelsrechtlichen Abschluss ein Sonderposten mit Rücklageanteil nach § 273 HGB a. F. angesetzt.

Zum Umstellungszeitpunkt verfolgt die Neptun AG eine progressive Bilanzpolitik und will ihre bilanzielle Darstellung an die IFRS anpassen. Sie löst den Sonderposten daher auf.

In der Handelsbilanz wird der bislang angesetzte Sonderposten aufgelöst. Das Eigenkapital steigt um 2.000.000 €. In der Steuerbilanz bleibt die Rücklage nach § 6b EStG passiviert. Durch die Auflösung entsteht eine nicht permanente Wertansatzdifferenz zwischen Handels- und Steuerbilanz, auf die passive latente Steuern i. H. v. 600.000 € (= 2.000.000 x 0,3) abgegrenzt werden müssen (§ 274 Abs. 1 Satz 1 HGB). Die Bildung der passiven latenten Steuern geschieht ebenfalls erfolgsneutral (Art. 67 Abs. 6 Satz 2 EGHGB), da die Auflösung des Sonderpostens erfolgsneutral vorgenommen wurde. Im Ergebnis hat sich das Eigenkapital zum Zeitpunkt der Umstellung damit um 1.400.000 € erhöht.

Merke:

Künftig sind steuerliche Sonderposten nicht mehr in der Handelsbilanz zu zeigen. Hieraus ergibt sich steuerlich die Notwendigkeit des Führens eigenständiger Verzeichnisse. Für bereits in der Vergangenheit gebildete Sonderposten bestehen Übergangsregelungen. Im Ergebnis wird das Eigenkapital in Zukunft höher ausgewiesen; in der Steuerbilanz angesetzte steuerliche Sonderposten sind im Rahmen der Steuerabgrenzung zu berücksichtigen.

2.5.6 Aufwandsrückstellungen

Durch das BilMoG wird das Wahlrecht zur Bildung von Rückstellungen nach § 249 Abs. 2 HGB a. F. für ihrer Eigenart nach genau umschriebene, dem Geschäftsjahr oder einem früheren Geschäftsjahr zuzuordnende Aufwendungen, die am Abschlussstichtag wahrscheinlich oder sicher, aber hinsichtlich ihrer Höhe oder des Zeitpunkts des Eintritts unbestimmt sind, aufgehoben (ein analoges Verbot besteht für Aufwandsrückstellungen i. S. d. § 249 Abs. 1 Satz 3 HGB a. F.). Bisher konnte auf dieser Rechtsgrundlage die Bildung von Rückstellungen für regelmäßige und in größeren zeitlichen Abständen anfallende Generalüberholungen, Instandhaltungen oder Großreparaturen erfolgen.

Im Ergebnis erfolgt durch die Neuregelung des § 249 HGB, der für andere als die in § 249 Abs. 1 HGB genannten Zwecke keine Rückstellungen mehr erlaubt, eine Anlehnung an die steuerlichen Normen sowie die IFRS.

Rückstellungen sind nur noch zu bilden für:

► ungewisse Verbindlichkeiten,

► drohende Verluste aus schwebenden Geschäften,

► unterlassene Instandhaltungsaufwendungen der Monate 1-3 des Folgejahres,

► Gewährleistungen ohne rechtliche Verpflichtung.

Unterschiede zum Steuerrecht bestehen noch hinsichtlich der nach HGB und IFRS anzusetzenden Drohverlustrückstellungen.

Für Unternehmen, die regelmäßig mit größeren Aufwendungen, die nach den alten Regelungen rückstellungsfähig im Sinne des § 249 Abs. 2 HGB a. F. waren, konfrontiert werden, bedeuten die Neuregelungen einen wesentlich **volatileren Ergebnisausweis.**

Aufgrund des – bis auf den Ansatz von Drohverlustrückstellungen – gleichlautenden Ansatzes von Aufwandsrückstellungen ergeben sich dem Grunde nach keine Abweichungen zwischen Handels- und Steuerrecht. Werden Aufwandsrückstellungen beibehalten oder gebildet, die steuerlich nicht anerkannt sind, ergibt sich die Notwendigkeit zur Abgrenzung latenter Steuern.

Die früheren Regelungen sind letztmals für Geschäftsjahre vor dem 01.01.2010 anzuwenden (Art. 66 Abs. 5 EGHGB). Hinsichtlich der Aufwandsrückstellungen, die bereits in Jahresabschlüssen für das vor dem 01.01.2010 beginnende Geschäftsjahr enthalten waren, besteht das Wahlrecht, diese zum Übergangszeitpunkt unter Anwendung der für sie geltenden Vorschriften beizubehalten (Beibehaltungswahlrecht) oder unmittelbar erfolgsneutral in die Gewinnrücklagen einzustellen. Der Bilanzierende kann von dem Beibehaltungswahlrecht auch teilweise Gebrauch machen. Eine Ausnahme vom

Beibehaltungswahlrecht gilt jedoch für die Beträge, die den Aufwandsrückstellungen im letzten vor dem 01.01.2010 beginnenden Geschäftsjahr zugeführt wurden. Gemäß Art. 67 Abs. 3 Satz 2 EGHGB sind sie von der unmittelbaren Verrechnung mit den Gewinnrücklagen ausgeschlossen; möglich bleibt aber weiterhin eine erfolgswirksame Auflösung.

Eine Zielsetzung des BilMoG war die Annäherung an die IFRS. Die IFRS kennen für Sachanlagen den sog. **Komponentenansatz.** Danach darf jeder Teil einer Sachanlage (Komponente), dessen Anschaffungswert bedeutsam ist und dessen Nutzungsdauer von der Nutzungsdauer des "gesamten" Vermögenswerts abweicht, getrennt abgeschrieben werden. Im Umkehrschluss sind Aufwendungen für Großreparaturen und -überholungen als nachträgliche Anschaffungskosten zu aktivieren. Dies führt zu einer Periodisierung dieser Aufwendungen. Ein vergleichbarer Effekt konnte bislang in der handelsrechtlichen Rechnungslegung über die Ansammlung oben genannter Aufwandsrückstellungen erreicht werden. Im Geschäftsjahr der stattfindenden Reparaturmaßnahme wurde diese Rückstellung dann in Anspruch genommen. Auf die Abschaffung dieser Rückstellungsmöglichkeit durch das BilMoG hat das IDW reagiert.

IDW RH HFA 1.016 hält den Komponentenansatz auch handelsrechtlich für zulässig, sofern physisch separierbare Komponenten ausgetauscht werden und die betroffene Komponente in Relation zum gesamten Vermögensgegenstand wesentlich ist. Als Beispiel wird eine separate Abschreibung von Dach und restlichem Gebäude angeführt. Auch handelsrechtlich führt die Ausgabe für den Ersatz der Komponente dann nicht zu Erhaltungsaufwand, sondern zu nachträglichen Anschaffungskosten. Die vom IDW vorgeschlagene Alternative hilft dem Bilanzierenden, größere unregelmäßig anfallende Aufwendungen zu periodisieren. Der Komponentenansatz ist allerdings an die Voraussetzung geknüpft, dass einzelne Gebäudeteile sich bewertbar separieren lassen. Beispiele für Gebäudeaufteilungen sind Mauerwerk, Fassade, Innenausbau, Fenster, Elektroanlage, Klimatisierung, Heizung, Fahrstuhl, Be- und Entlüftung, Schwimmbad, Rolltreppe, Sanitärinstallationen, Außenanlagen und das Dach.

Neben Gebäuden kommen allerdings auch weitere Anwendungsbereiche des Komponentenansatzes in Betracht. Bei industriellen Großanlagen können bspw. das Maschinenhaus, einzelne Bestandteile einer Fertigungsstraße, Kesselanlagen, Turbinen, Entwässerungsanlagen oder großflächige Rotoren als einzelne Komponenten angesehen werden. Neben industriellen Großanlagen kann sich eine komponentenweise Betrachtung auch bei LKW (Karosserie, Fahrerhaus, Maschine), Flugzeugen (Sitze, Turbinen, Bordküche) oder Zügen (Zugmaschine, Bistrowagen) ergeben.

Grundsätzlich wird die Anwendung des Komponentenansatzes dazu führen, dass entgegen einer einheitlichen Abschreibung einzelne Komponenten über ihre betriebsgewöhnliche, individuelle Nutzungsdauer schneller abgeschrieben werden. Ceteris paribus wird in der Praxis damit die Anwendung des Komponentenansatzes einen höheren Abschreibungsbetrag bedingen als die einheitliche Abschreibung aller Komponenten.

Da Großreparaturen einzelner Vermögensgegenstände allerdings gerade nicht zum Austausch wesentlicher physisch separierbarer Komponenten führen, ist hier die komponentenweise Abschreibung nicht möglich. Bei diesem Hauptanwendungsgebiet wird sich also in Zukunft die handelsrechtliche Bilanzierung hinsichtlich der Periodisierung der entsprechenden Aufwendungen deutlich von der internationalen Rechnungslegung unterscheiden. Nach dem neuen deutschen Bilanzrecht werden Großreparaturen und -überholungen im Geschäftsjahr der Durchführung der Maßnahme in voller Höhe als Aufwand zu erfassen sein. Der Komponentenansatz des IDW hilft dem Bilanzierenden hier nicht weiter.

Der Ansatz von Aufwandsrückstellungen wird stark eingeschränkt. Nach wie vor besteht allerdings hinsichtlich des Ansatzes von Aufwandsrückstellungen für die noch möglichen Zwecke ein bilanzpolitischer Ermessensspielraum. Zusätzlich sind die bilanzpolitischen Aspekte im Zusammenhang mit dem Übergang auf die neuen Regelungen und damit die Behandlung der zuvor gebildeten Rückstellungen zu berücksichtigen.

Nachstehende Übersicht ordnet die Neuregelung in die einzelnen Bilanzstrategien ein.

Ausweis eines möglichst hohen Eigenkapitals/eines möglichst hohen Ergebnisses	Ausweis eines möglichst geringen Eigenkapitals/eines möglichst geringen Ergebnisses	Annäherung an die steuerliche Rechnungslegung	Möglichst geringe Abweichungen zum alten Recht	Annäherung an die IFRS
Möglichst geringer Ansatz von Aufwandsrückstellungen und Auflösung zuvor angesetzter Rückstellungen	Möglichst hoher Ansatz von Aufwandsrückstellungen und Beibehaltung zuvor angesetzter Rückstellungen	Möglichst geringer Ansatz von Aufwandsrückstellungen und Auflösung zuvor angesetzter Rückstellungen	Abhängig von der zuvor verfolgten Bilanzpolitik	Möglichst geringer Ansatz von Aufwandsrückstellungen und Auflösung zuvor angesetzter Rückstellungen
Keine Anwendung des Komponentenansatzes	Anwendung des Komponentenansatzes	Anwendung des Komponentenansatzes in einem steuerlich vertretbaren Umfang		Anwendung des Komponentenansatzes

ABB. 44: Einzelne bilanzpolitische Strategien (Aufwandsrückstellungen)

Aus einer Kombination der einzelnen Strategien ergeben sich folgende Möglichkeiten
für die verfolgte Bilanzpolitik.

Quantitative Strategie	Qualitative Strategie	Annäherung an die steuerliche Rechnungslegung	Möglichst geringe Abweichungen zum alten Recht	Annäherung an die IFRS
Ausweis eines möglichst hohen Eigenkapitals/ eines möglichst hohen Ergebnisses		Mögliche Kombination\n\nEin restriktiver Ansatz von Aufwandsrückstellungen, keine Anwendung des Komponentenansatzes und die Auflösung zuvor steuerlich nicht anerkannter Rückstellungen ermöglicht diese Kombination.	Mögliche Kombination\n\nAbhängig von der zuvor verfolgten bilanzpolitischen Zielsetzung.	Mögliche Kombination\n\nEin restriktiver Ansatz von Aufwandsrückstellungen, die Anwendung des Komponentenansatzes und die Auflösung zuvor nach IFRS nicht anerkannter Rückstellungen ermöglicht diese Kombination.
Ausweis eines möglichst geringen Eigenkapitals/ eines möglichst geringen Ergebnisses		Nicht vereinbar\n\nMöglichst hohe Bildung von Aufwandsrückstellungen, eine weitgehende Anwendung des Komponentenansatzes und die Beibehaltung früherer Rückstellungen sind mit dem Steuerrecht nicht vereinbar.	Mögliche Kombination\n\nDie Beibehaltung der zuvor gebildeten Aufwandsrückstellungen entspricht dem bislang gültigen Recht.	Nicht vereinbar\n\nDie IFRS kennen grundsätzlich keine und damit weniger Aufwandsrückstellungen als das HGB a. F. und sehen die Anwendung des Komponentenansatzes regelmäßig vor.

ABB. 45: Kombinierte bilanzpolitische Strategien (Aufwandsrückstellungen)

Im Zentrum der bilanzpolitischen Maßnahmen steht die Frage, in welchem Umfang
Aufwandsrückstellungen angesetzt werden und wie mit den bilanzpolitischen Möglichkeiten zum Umstellungszeitpunkt umgegangen wird. Ein hoher bilanzieller Ansatz
von Aufwandsrückstellungen – sei es durch Neubildung oder durch Beibehaltung von
in der Vergangenheit gebildeten Rückstellungen – ist ein Signal für eine konservative
Bilanzpolitik.

Die Einordnung der vom Bilanzierenden verfolgten Bilanzpolitik kann anhand nachstehender Übersicht erfolgen.

	Progressive Bilanzpolitik	Konservative Bilanzpolitik
Aufwandsrückstellungen werden...	... weder beibehalten noch in großem Umfang neu gebildet.	... beibehalten und in vergleichsweise großem Umfang neu gebildet.
Der Komponentenansatz wird...	... nicht angewandt.	... angewandt.

ABB. 46: Bilanzanalytische Möglichkeiten (Aufwandsrückstellungen)

Die Angaben nach § 285 Nr. 29 HGB liefern Hinweise auf den Umfang handelsrechtlich angesetzter Aufwandsrückstellungen, die steuerlich nicht anerkannt sind.

Beispiel 20: Aufwandsrückstellungen

Für Zwecke der Generalüberholung einer im Produktionsprozess eingesetzten Maschine mit erwarteten Kosten i. H. v. 800.000 € zum 31.12.2012 hat die Neptun AG eine Rückstellung gebildet. Die Generalüberholung ist alle fünf Jahre vorgesehen und erfolgte letztmals im Geschäftsjahr 2007. Zum 31.12.2009 beträgt die Rückstellung 320.000 €.

Zum Zeitpunkt der Umstellung auf die neuen Regelungen kann die Gesellschaft die Rückstellungen beibehalten oder erfolgswirksam (Zuführungsbetrag aus 2009) sowie erfolgsneutral (Zuführungsbetrag aus 2008) auflösen.

Künftig ist keine weitere Bildung der Rückstellung möglich. Für den Fall, dass die Gesellschaft die gebildeten Rückstellungen beibehält, sind diese im Jahr 2012 in Anspruch zu nehmen. Der verbleibende, nicht zurückgestellte Aufwand i. H. v. 480.000 € belastet dann vollständig das Jahresergebnis 2012. Entgegen der wirtschaftlichen Verursachung wird damit das Geschäftsjahr 2012 überdurchschnittlich hoch belastet.

Bei Beibehaltung der in den Vorjahren gebildeten Rückstellungen, hat die Gesellschaft i. H. v. 96.000 € bei einem unterstellten Steuersatz von 30 % aktive latente Steuern (unter Beachtung des Aktivierungswahlrechts nach § 274 Abs. 1 HGB) abzugrenzen.

Beispiel 21: Komponentenansatz

Die Poseidon GmbH erwirbt am 01.07.2010 ein neues Gebäude. Die Anschaffungskosten für das Gebäude (ohne Grund und Boden) belaufen sich auf 300.000 €. Dem Dach können 50.000 € der Anschaffungskosten zugeordnet werden. 250.000 € der Anschaffungskosten entfallen auf das restliche Gebäude. Die Nutzungsdauer des Daches ist mit 20 Jahren zu beziffern. Für das restliche Gebäude ist eine Nutzungsdauer von 40 Jahren zu unterstellen.

Für das Geschäftsjahr 2010 ergeben sich folgende Abschreibungen:

Dach: 1.250 €   (= 50.000 € / 20 Jahre / 2)

restliches Gebäude: 3.125 €   (= 250.000 € / 40 Jahre / 2)

Der (zusammengefasste) Vermögensgegenstand "Gebäude" hat damit zum 31.12.2010 einen Buchwert i. H. v. 295.625 €.

Merke:

Die Abschaffung der Möglichkeit zur Bildung bestimmter Aufwandsrückstellungen führt zu einer Annäherung der handelsrechtlichen Rechnungslegung an die Normen der IFRS bzw. des Steuerrechts. Gleichzeitig führt die Neuregelung zu einem im Einzelfall deutlich volatileren Ergebnisausweis. In Einzelfällen führt die Anwendung des Komponentenansatzes zu einer zutreffenden Aufwandsperiodisierung.

2.5.7 Bewertung von Rückstellungen

Analog zu den Änderungen im Bereich der Bewertung von Verbindlichkeiten sieht § 253 Abs. 1 HGB ab dem Jahr 2010 vor, dass Rückstellungen künftig in Höhe des nach vernünftiger kaufmännischer Beurteilung notwendigen **Erfüllungsbetrags** anzusetzen sind. Hiermit stellt der Gesetzgeber klar, dass – unter Wahrung des Stichtagsprinzips – künftige **Preis- und Kostensteigerungen** bei der Rückstellungsbewertung zu berücksichtigen sind. Die Rückstellungsbewertung soll somit einer zukunftsgerichteten Bewertung Rechnung tragen. Zudem soll die Problematik einer Über- und Unterdotierung der Rückstellungen eingeschränkt werden. Mit dem Begriff des Erfüllungsbetrags und der Berücksichtigung künftiger Preis- und Kostensteigerungen möchte der Gesetzgeber der ohnehin schon vielfach gängigen Praxis der Rückstellungsbewertung Rechnung tragen.

Nach § 253 Abs. 2 HGB sind Rückstellungen mit einer Restlaufzeit von mehr als einem Jahr mit dem ihrer Restlaufzeit entsprechenden durchschnittlichen Marktzinssatz der vergangenen sieben Geschäftsjahre abzuzinsen (**Abzinsungsgebot**). Im Umkehrschluss gilt damit, dass Rückstellungen mit einer Restlaufzeit von weniger als einem Jahr nicht abzuzinsen sind.

Die Abzinsung der einzelnen Rückstellungen hat unter Berücksichtigung der Restlaufzeit der jeweiligen Rückstellung zum Bilanzstichtag zu erfolgen. Demnach ist der anzuwendende **Marktzinssatz** der jeweiligen Zinsstrukturkurve zu entnehmen, die die jeweils aktuellen durchschnittlichen Marktzinssätze für den Zeitraum zwischen einem und fünfzig Jahren abbildet. Mit der Neuregelung wird insoweit die Kopplung an die Verzinslichkeit der zugrunde liegenden Verpflichtung aufgegeben. Die anzuwendenden Abzinsungssätze werden von der Deutschen Bundesbank nach Maßgabe einer Rechtsverordnung ermittelt und monatlich bekannt gegeben. Da es sich um Marktzinssätze handelt, findet das unternehmensindividuelle Bonitätsrisiko keine Berücksichtigung bei der Abzinsung.

Die Abzinsung von Rückstellungen für Verpflichtungen, die in fremder Währung zu erfüllen sind, hat grundsätzlich ebenso mit dem von der Deutschen Bundesbank für den Euro-Raum angegebenen Zinssatz zu erfolgen. Aus Vereinfachungsgründen erfolgt demnach keine Differenzierung zwischen verschiedenen Zinssätzen. Etwas anderes gilt dann, wenn die Anwendung des durch die Deutsche Bundesbank ermittelten Zinssatzes zu einem falschen Bild der Vermögens-, Finanz- und Ertragslage des Unternehmens führen würde. Erträge aus der Abzinsung der Rückstellungen sowie Aufwendungen aus der späteren Aufzinsung sind in der Gewinn- und Verlustrechnung unter den Sonstigen Zinsen und ähnlichen Erträgen respektive den Zinsen und ähnlichen Aufwendungen zu erfassen (§ 277 Abs. 5 HGB). Im Rückstellungsspiegel sollten die Zinseffekte in einer gesonderten Spalte dargestellt werden.

Hinsichtlich der erstmaligen Erfassung von Rückstellungen gilt, dass diese in nomineller Höhe als Aufwand – unter Berücksichtigung der Preis- und Kostensteigerungen – zu erfassen sind. Die Abzinsungseffekte sind gesondert als Zinsertrag im Jahr der Bildung zu erfassen. Nur so kann sichergestellt werden, dass sich im Zeitablauf die Effekte aus der Abzinsung der Rückstellung und der in den folgenden Jahren vorzunehmenden Aufzinsung ausgleichen (**Bruttomethode**).

Allerdings ist auch die Erfassung des abgezinsten Betrags als Aufwand möglich (**Nettomethode**). Dann stehen der geringeren Aufwandserfassung in den Folgejahren die Aufzinsungseffekte gegenüber. Im Ergebnis führen beide Methoden zu demselben **Jahresergebnis**, aber unterschiedlichen EBIT-Größen. Aufgrund der abgezinsten Aufwandserfassung bei Anwendung der Nettomethode ist hier das EBIT höher. Die beiden Methoden unterscheiden sich nur bei der Zugangsbewertung. In den Folgeperioden bestehen keine Unterschiede.

Die **steuerlichen Regelungen** zur Rückstellungsbewertung nach §§ 6 Abs. 1 Nr. 3a und 6a EStG gelten weiterhin unverändert. Das Steuerrecht sieht eigene Abzinsungssätze vor. Nach § 6 Nr. 3a Buchst. e EStG sind Rückstellungen mit einer Laufzeit von mehr als 12 Monaten mit 5,5% abzuzinsen. § 6 Nr. 3a Buchst. f EStG regelt, dass zum Bilanzstichtag künftige Preis- und Kostensteigerungen bei der Bewertung nicht berücksichtigt werden dürfen. Im Vergleich zu den steuerrechtlichen Regelungen sowie den Vorschriften nach IFRS erfolgt für Zwecke der handelsrechtlichen Rückstellungsbewertung damit eine im Einzelfall abweichende Bewertung. Hierdurch kommt es zur Notwendigkeit der Abgrenzung latenter Steuern nach § 274 HGB.

Die Neuregelungen sind erstmals ab dem Jahr 2010 anzuwenden. Hierbei sind die zum 01.01.2010 sich aus der Neubewertung ergebenden Effekte grundsätzlich erfolgswirksam zu erfassen. Für den Fall, dass es zum 01.01.2010 zu einem niedrigeren Wertansatz kommt als zuvor, kann dieser unter bestimmten Voraussetzungen (Art. 67 Abs. 1 EGHGB) beibehalten werden (Beibehaltungswahlrecht).

Sofern der Bilanzierende bei der Umstellung Aufwandsrückstellungen beibehält, gelten für deren Bewertung die "alten" Regelungen. Eine Abzinsung ist hierbei ebenso wenig zu berücksichtigen wie Preis- und Kostensteigerungen (vgl. IDW RS HFA 28, Tz. 17). Der bilanzpolitische Spielraum bei der Bewertung von Rückstellungen wird durch das Bil-MoG nur vordergründig eingeschränkt. Weitreichende Möglichkeiten zu bilanzpolitischer Einflussnahme können sich insbesondere aus dem Einbezug von künftigen Preis- und Kostensteigerungen in die Rückstellungsbewertung sowie der daraus resultierenden Abschätzung des Rückstellungsbetrags ergeben. Zudem ist eine generelle Unsicherheit bei der Bestimmung der Rückstellungslaufzeit festzustellen. Sofern der Rückstellungsbetrag nicht zu einem bestimmten Zahlungszeitpunkt fällig ist, ergeben sich die bewertungsrelevanten Abzinsungssätze für die entsprechenden Rückstellungsbeträge aufgrund eines eigens hierfür zu erstellenden Zahlungsplans.

Nachstehende Übersicht ordnet die Neuregelung in die einzelnen Bilanzstrategien ein.

Ausweis eines möglichst hohen Eigenkapitals/eines möglichst hohen Ergebnisses	Ausweis eines möglichst geringen Eigenkapitals/eines möglichst geringen Ergebnisses	Annäherung an die steuerliche Rechnungslegung	Möglichst geringe Abweichungen zum alten Recht	Annäherung an die IFRS
Möglichst geringer Ansatz von Preis- und Kostensteigerungen und lange Laufzeit	Möglichst hoher Ansatz von Preis- und Kostensteigerungen und kurze Laufzeit	Möglichst geringer Ansatz von Preis- und Kostensteigerungen und Abzinsung mit steuerlichen Werten	Ansatz von Preis- und Kostensteigerungen in Höhe des Abzinsungssatzes	Ansatz von Preis- und Kostensteigerungen sowie Abzinsungssätzen vergleichbar den IFRS-Annahmen

ABB. 47: Einzelne bilanzpolitische Strategien (Rückstellungsbewertung)

Aus einer Kombination der einzelnen Strategien ergeben sich folgende Möglichkeiten
für die verfolgte Bilanzpolitik.

Qualitative Strategie / Quantitative Strategie	Annäherung an die steuerliche Rechnungslegung	Möglichst geringe Abweichungen zum alten Recht	Annäherung an die IFRS
Ausweis eines möglichst hohen Eigenkapitals/ eines möglichst hohen Ergebnisses	Bedingt möglich Möglichst keine Berücksichtigung von Preis- und Kostensteigerungen und Abzinsung mit steuerlichen Sätzen über eine lange Laufzeit.	Bedingt möglich Ansatz von Preis- und Kostensteigerungen möglichst gering und Abzinsung möglichst hoch bei langen Laufzeiten	Mögliche Kombination Ansatz von Preis- und Kostensteigerungen möglichst gering und Abzinsung mit bonitätsindividuellem Zinssatz bei langen Laufzeiten
Ausweis eines möglichst geringen Eigenkapitals/ eines möglichst geringen Ergebnisses	Nicht vereinbar Möglichst hoher Ansatz von Preis- und Kostensteigerungen bei kurzen Laufzeiten.	Bedingt möglich Möglichst geringe Abzinsung und Berücksichtigung von Preis- und Kostensteigerungen in früherem Umfang.	Bedingt möglich Möglichst geringe Abzinsung und Berücksichtigung von Preis- und Kostensteigerungen in den IFRS entsprechendem Umfang.

ABB. 48: Kombinierte bilanzpolitische Strategien (Rückstellungsbewertung)

Im Zentrum der bilanzpolitischen Maßnahmen steht die Frage, wie die künftigen Preis-
und Kostensteigerungen bei Wahrung des Stichtagsprinzips objektiv ermittelt werden
können und ob von den grundsätzlich gesetzlich vorgeschriebenen Abzinsungssätzen
abgewichen werden kann. Ein hoher bilanzieller Ansatz von Rückstellungen ist ein
Signal für eine konservative Bilanzpolitik.

Die Einordnung der vom Bilanzierenden verfolgten Bilanzpolitik kann anhand nachstehender Übersicht erfolgen.

	Progressive Bilanzpolitik	Konservative Bilanzpolitik
Rückstellungen werden...	... mit geringen Preis- und Kostensteigerungen über einen langen Zeitraum mit möglichst hohen Abzinsungssätzen bewertet.	... mit hohen Preis- und Kostensteigerungen über einen kurzen Zeitraum mit möglichst niedrigen Abzinsungssätzen bewertet.

	Progressive Bilanzpolitik	Konservative Bilanzpolitik
	... bei der Zugangsbewertung nach der Nettomethode erfasst.	... bei der Zugangsbewertung nach der Bruttomethode erfasst.

ABB. 49: Bilanzanalytische Möglichkeiten (Rückstellungsbewertung)

Die entsprechenden Bewertungsannahmen sind nach § 284 Abs. 2 HGB angabepflichtig. Ein Vergleich der entsprechenden Angaben mit branchenüblichen Werten sowie dem gesetzlichen Zinssatz ermöglicht es, in Ansätzen die verfolgte Bilanzpolitik zu identifizieren.

Beispiel 22: Bewertung von Rückstellungen

Aufgrund des hohen Wettbewerbsdrucks in der U-Boot-Industrie sowie der enormen Kapazitätsauslastung werden die für Oktober 2010 geplanten Instandhaltungsmaßnahmen der Maschinen nicht durchgeführt, sondern auf spätestens März 2011 verschoben. Zum 31.12.2010 schätzt die Neptun AG die Kosten hierfür auf 300.000 €. Wegen der angespannten Wirtschaftssituation wird bis dahin mit Kostensteigerungen i. H. v. 3,5 % gerechnet.

Im Dezember 2009 wird eine Rückstellung aufgrund eines Prozesses für eine Rechtsstreitigkeit gebildet. Die Prozessdauer wird auf drei Jahre, die anfallenden Kosten auf 250.000 € geschätzt. Der laufzeitadäquate durchschnittliche Marktzinssatz beträgt annahmegemäß 4,3%.

Der Abschluss der Neptun AG zum 31.12.2009 enthält eine Prozesskostenrückstellung, die mit einem Wert von 250.000 € passiviert wurde. Im Umstellungsabschluss der Apollo AG zum 01.01.2010 muss diese Rückstellung an die neuen Regelungen zur Rückstellungsbewertung angepasst werden. Die Rückstellung für die voraussichtlich anfallenden Prozesskosten hat eine wahrscheinliche Laufzeit von mehr als einem Jahr und ist deshalb mit einem fristenkongruenten Diskontierungszinssatz abzuzinsen. Damit beträgt der Barwert des Erfüllungsbetrags 220.337 € (= 250.000/1,043³). In Abhängigkeit der verfolgten bilanzpolitischen Zielsetzung kann die Neptun AG den Ertrag aus der Abzinsung der Rückstellung ergebniswirksam erfassen oder die Rückstellung zum früheren Wert stehen lassen (Art. 67 Abs. 1 EGHGB). Steuerrechtlich ist gemäß § 6 Abs. 1 Nr. 3a Buchst. e EStG zur Abzinsung von Rückstellungen für Verpflichtungen ein Zinssatz von 5,5 % zu verwenden. Damit ist ein Betrag i. H. v. 212.903 € (= 250.000/1,055³) anzusetzen. Daraus ergibt sich eine Differenz zwischen Handels- und Steuerrecht – sei es bei Ansatz der Rückstellung im handelsrechtlichen Abschluss zum diskontierten Wert oder zum undiskontierten Wert. Auf die Differenz sind aktive latente Steuern (vorbehaltlich des Wahlrechts des § 274 Abs. 1 Satz 2 HGB bei anschließender Gesamtdifferenzenbetrachtung) abzugrenzen.

Hinsichtlich der nicht wie geplant im Oktober 2010 durchgeführten Instandhaltungsmaßnahmen ist eine Rückstellung nach § 249 Abs. 1 Satz 2 Nr. 1 HGB zu bilden, da die Instandhaltung im folgenden Geschäftsjahr innerhalb der ersten drei Monate erfolgt. Die geschätzten

Kostensteigerungen von 3,5 % sind objektiv nachvollziehbar und daher bei der Bewertung der Rückstellung einzubeziehen. Die Rückstellung ist daher mit einem Wert von 310.500 € anzusetzen.

Im steuerrechtlichen Abschluss hingegen dürfen künftige Preis- und Kostensteigerungen nach § 6 Abs. 1 Nr. 3a Buchst. f EStG nicht berücksichtigt werden. Maßgebend für die Bewertung sind die Verhältnisse am Bilanzstichtag. Damit ist zum 31.12.2010 in der Steuerbilanz eine Bewertung zu 300.000 € vorzunehmen. Daraus ergibt sich eine Differenz zwischen Handels- und Steuerrecht i. H. v. 10.500 €, auf die aktive latente Steuern i. H. v. 3.150 € (= 10.500 € x 0,3) (vorbehaltlich des Wahlrechts des § 274 Abs. 1 Satz 2 HGB bei anschließender Gesamtdifferenzenbetrachtung) abzugrenzen sind.

In der Folgezeit ist die Rückstellung im handelsrechtlichen Abschluss sowie in der Steuerbilanz mit den einschlägigen Zinssätzen aufzuzinsen. Weitere Preis- und Kostensteigerungen sind handelsbilanziell zudem zu berücksichtigen.

Beispiel 23: Einbuchung und Zugangsbewertung von Rückstellungen

Die Hera KG schätzt die ungewisse Verbindlichkeit zur Beseitigung produktionsbedingter Kontaminationsschäden auf 200.000 € zum 31.12.2010. Die Produktion an dem betroffenen Standort wurde zwischenzeitlich eingestellt. Die Gesellschaft rechnet damit, dass die ungewisse Verbindlichkeit in vier Jahren – zum 31.12.2014 – fällig wird. Zum 31.12.2010 beträgt der anzuwendende Marktzinssatz bei einer vierjährigen Laufzeit 3,3 %. Kosten- und Preissteigerungen sind nach Ansicht der Hera KG nicht zu berücksichtigen.

Hieraus ergibt sich ein Abzinsungseffekt zum 31.12.2010 i. H. v. 24.358 €.

Die Rückstellung ist zum 31.12.2010 wie folgt einzubuchen und zu bewerten:

(1) Bruttomethode

Sonstiger betrieblicher Aufwand 200.000 €   an   Rückstellungen 200.000 €

Rückstellungen 24.358 €   an   Zinsertrag 24.358 €

(2) Nettomethode

Sonstiger betrieblicher Aufwand 175.642 €   an   Rückstellungen 175.642 €

Beispiel 24: Bewertung von Rückstellungen (Variante)

Die Prometheus AG ist verpflichtet, den durch ihre Geschäftstätigkeit kontaminierten Grund und Boden bei Einstellung des Geschäftsbetriebs zu rekultivieren. Es wird davon ausgegangen, dass der Aufwand in fünf Jahren anfällt, da dann der Geschäftsbetrieb eingestellt werden soll. Auf Grundlage aktueller Schätzungen sind dafür 100 Bagger-Stunden notwendig. Zum Bilanzstichtag kostet eine Bagger-Stunde 100 €. Für die Zukunft wird von 120 € je Stunde ausgegangen. Der Zinssatz beträgt bei einer fünfjährigen Laufzeit annahmegemäß 4,5 %.

Zum Bilanzstichtag ist die Rückstellung mit 100 Stunden à 120 € anzusetzen und abzuzinsen. Der Rückstellungsbetrag errechnet sich damit wie folgt: 100 Stunden à 120 € x $1,045^{-5}$ = 9.629 €.

Beispiel 25: Bewertung beibehaltener Aufwandsrückstellungen (Übergang)

Die Dionysos GmbH hat in den Jahren 2008 und 2009 Aufwandrückstellungen für die routinemäßige Wartung ihrer Maschinen i. H. v. jeweils 100.000 € gebildet. Zum Umstellungszeitpunkt (01.01.2010) behält sie die angesetzten Rückstellungen bei. Aus der Beibehaltung der Rückstellungen folgt, dass die Bewertung weiterhin nach § 253 Abs. 1 Satz 2 HGB a. F. zu erfolgen hat. Daher kommt weder eine Abzinsung der Rückstellungen noch eine Berücksichtigung von künftigen Preis- und Kostensteigerungen in Betracht.

Merke:

Mit Blick auf die Bewertung von Rückstellungen schreibt der Gesetzgeber zwar grundsätzlich verbindliche Zinssätze vor. Von diesen kann der Bilanzierende bei Begründung eines ansonsten falschen Vermögens- und Ertragsausweises abweichen. Hinsichtlich der Beurteilung von Preis- und Kostensteigerungen sowie der Annahme von Laufzeiten stellen sich dem Bilanzierenden im Einzelfall erhebliche Ermessensspielräume bei der Rückstellungsbewertung. Aufgrund sich jährlich ändernder Zinssätze wird der durch die Auf- und Abzinsung beeinflusste Ergebnisausweis volatiler.

2.5.8 Pensionsrückstellungen

Abweichend von der grundsätzlichen Abzinsung der Rückstellungen nach § 253 Abs. 2 Satz 1 HGB, wonach Rückstellungen mit einer Restlaufzeit von mehr als einem Jahr mit dem ihrer Restlaufzeit entsprechenden durchschnittlichen Marktzinssatz der vergangenen sieben Geschäftsjahre abzuzinsen sind, dürfen Rückstellungen für laufende Pensionen oder Anwartschaften auf Pensionen pauschal mit dem bei einer angenommenen Laufzeit von 15 Jahren geltenden durchschnittlichen Marktzinssatz abgezinst werden (§ 253 Abs. 2 Satz 2 HGB). Die Anwendung dieser Vereinfachungsvorschrift steht allerdings unter dem Vorbehalt, dass der Jahresabschluss ein den tatsächlichen Verhältnissen entsprechendes Bild der Vermögens-, Finanz- und Ertragslage vermitteln muss. In der Vergangenheit erfolgte in der Bilanzierungspraxis häufig eine Abzinsung mit einem an den steuerlichen Regelungen des § 6a EStG orientierten Zinssatz von 6,0%. Der gegenwärtige Marktzinssatz, wie er von der Deutschen Bundesbank bekannt gegeben wird, ist geringer.

Hinsichtlich der Bewertung von Pensionsrückstellungen sind das angewandte versicherungsmathematische Berechnungsverfahren und die grundlegenden Berechnungsprämissen (Zinssatz, Lohn- und Gehaltssteigerungen, Sterbetafeln) anzugeben. Bereits in der Vergangenheit hatte eine Angabe der angewandten Bilanzierungs- und Bewertungsmethoden zu erfolgen. Mit § 285 Nr. 24 HGB schafft der Gesetzgeber erstmals eine eigenständige Angabepflicht für den Bereich der Pensionsrückstellungen. Zum 31.12.2009 hat die Deutsche Bundesbank einen Zinssatz bei 15-jähriger Laufzeit von 5,25 % ermittelt, was im Einzelfall ein deutliches Ansteigen der Pensionsverpflichtungen gegenüber dem bisherigen Wert darstellen kann.

Die zu erwartende Ergebnis- bzw. Eigenkapitalbelastung in den kommenden Jahren (oder bei entsprechender einmaliger Anpassung an die neuen Bewertungsregeln zum Zeitpunkt der Umstellung) dürfte für die deutschen Unternehmen im Einzelfall erheblich sein. Die damit regelmäßig einhergehende Verpflichtung zur Abgrenzung latenter Steuern (→ vgl. Kapitel 2.7) mildern diesen Effekt nur ab. In Abhängigkeit der künftigen Belastung des Eigenkapitals müssen die entsprechenden Auswirkungen frühzeitig analysiert, identifiziert und kommuniziert werden. Erwähnt seien an dieser Stelle bspw. etwaige Auswirkungen auf financial covenants im Zusammenhang mit Kreditverträgen (→ vgl. Kapitel 8.4).

Die Bewertung der Pensionsrückstellungen für steuerliche Zwecke ist weiterhin in § 6a EStG geregelt. Zudem sieht § 6 Abs. 1 EStG weiterhin als Wertobergrenze für die Bewertung von Wirtschaftsgütern die fortgeführten Anschaffungskosten vor. Damit kommt es im Zusammenhang mit der Neubewertung der Pensionsverpflichtungen regelmäßig zum Ausweis aktiver latenter Steuern.

Die **Anwendung** der geänderten Vorschriften ist erstmals für Geschäftsjahre, die nach dem 31.12.2009 beginnen, verpflichtend (Art. 66 Abs. 3 EGHGB). In diesem Zusammenhang sehen die Regelungen des EGHGB verschiedene Möglichkeiten der Zuführung des Anpassungsbetrags vor. Dieser kann zum Umstellungszeitpunkt einmalig erfolgswirksam zugeführt werden oder in Raten über bis zu 15 Jahren erfasst werden. Auch eine etwaige Überdotierung kann beibehalten werden, wenn mit einer Zuführung des Betrags in den kommenden 15 Jahren zu rechnen ist. Die entsprechenden Beträge einer bestehenden Unter- bzw. Überdotierung sind zum jeweiligen Bilanzstichtag im Anhang anzugeben.

Im Zusammenhang mit den neuen Bewertungsvorschriften für Pensionsrückstellungen stehen die Regelungen zur Verrechnung der Pensionsverpflichtungen mit den zu ihrer Bedienung zur Verfügung stehenden Vermögensgegenständen nach § 246 Abs. 2 HGB (→ vgl. dazu Kapitel 2.4.10).

Hinsichtlich der Berücksichtigung biometrischer Daten sowie der Anwendung des Abzinsungssatzes bestehen bilanzpolitische Ermessensspielräume. So kann der Bilanzierende im Einzelfall unter Angabe von Gründen von dem grundsätzlich gesetzlich vorgeschriebenen Zinssatz abweichen. Zudem beeinflussen die einzelnen Annahmen zu den biometrischen Daten sowie zu weiteren künftigen Entwicklungen unmittelbar die Bewertung.

Aus der Anwendung der geänderten Vorschriften hinsichtlich der Bilanzierung von Pensionsrückstellungen sowie dem zugehörigen Planvermögen resultieren zum Umstellungszeitpunkt sowie den darauf folgenden Jahren bis spätestens zum 31.12.2024 bilanzpolitische Möglichkeiten, die vor dem Hintergrund der vom Unternehmen verfolgten Bilanzpolitik analysiert werden sollten. Entsprechend der verfolgten Strategie sollte eine gezielte Nutzung der Übergangsregelungen erfolgen. Insbesondere durch die bestehenden Wahlfreiheiten hinsichtlich der Festlegung des Verteilungszeitraums und der Höhe der jeweiligen Zuführungen zum Unterschiedsbetrag ergeben sich bilanzpolitische Spielräume.

Nachstehende Übersicht ordnet die Neuregelung in die einzelnen Bilanzstrategien ein.

Ausweis eines möglichst hohen Eigenkapitals/eines möglichst hohen Ergebnisses	Ausweis eines möglichst geringen Eigenkapitals/eines möglichst geringen Ergebnisses	Annäherung an die steuerliche Rechnungslegung	Möglichst geringe Abweichungen zum alten Recht	Annäherung an die IFRS
Anwendung eines möglichst hohen Abzinsungssatzes und möglichst geringe Berücksichtigung künftiger Kostensteigerungen Zudem: Zuführung des Unterschiedsbetrags über 15 Jahre bzw. Auflösung einer bestehenden Überdotierung	Anwendung eines möglichst geringen Abzinsungssatzes und hohe Berücksichtigung künftiger Kostensteigerungen Zudem: Zuführung des Unterschiedsbetrags einmalig zum Zeitpunkt der Umstellung bzw. Beibehaltung einer Überdotierung	Anwendung eines Zinssatzes möglichst nahe an 6,0 % und keine weitere Berücksichtigung von Kostensteigerungen	Kompensation der Abweichungen zwischen dem alten und neuen Diskontierungszinssatz durch entsprechende Zukunftsannahmen	Ansatz von Preis- und Kostensteigerungen sowie Abzinsungssätze vergleichbar den IFRS-Annahmen

ABB. 50: Einzelne bilanzpolitische Strategien (Pensionsrückstellungen)

Der Umfang der Einflussnahme auf den Abzinsungssatz wird in der Praxis jeweils vom Einzelfall abhängen. Sofern es dem Bilanzierenden gelingt, zu begründen, weswegen eine Abweichung von den gesetzlichen Vorgaben geboten ist, bietet sich ihm ein bilanzpolitischer Ermessensspielraum, der unmittelbar Einfluss auf die bilanzielle Bewertung nimmt.

Aus einer Kombination der einzelnen Strategien ergeben sich folgende Möglichkeiten für die verfolgte Bilanzpolitik.

Quantitative Strategie	Qualitative Strategie	Annäherung an die steuerliche Rechnungslegung	Möglichst geringe Abweichungen zum alten Recht	Annäherung an die IFRS
Ausweis eines möglichst hohen Eigenkapitals/ eines möglichst hohen Ergebnisses	Mögliche Kombination	Möglichst keine Berücksichtigung von Kostensteigerungen und Abzinsung mit steuerlichen Sätzen.	Bedingt möglich	Bedingt möglich
			Ansatz von Kostensteigerungen wie früher und Abzinsung möglichst zu dem zuvor verwendeten Zinssatz	Orientierung an den Bewertungsannahmen nach IAS 19.
Ausweis eines möglichst geringen Eigenkapitals/ eines möglichst geringen Ergebnisses	Nicht vereinbar	Möglichst hoher Ansatz von Kostensteigerungen und hohe Abzinsungssätze.	Bedingt möglich	Bedingt möglich
			Möglichst geringe Abzinsung und Berücksichtigung von Kostensteigerungen in früherem Umfang.	Orientierung an den Bewertungsannahmen nach IAS 19

ABB. 51: Kombinierte bilanzpolitische Strategien (Pensionsrückstellungen)

Im Zentrum der bilanzpolitischen Maßnahmen steht die Frage, wie die künftigen Preis- und Kostensteigerungen bei Wahrung des Stichtagsprinzips objektiv ermittelt werden können und ob von den grundsätzlich gesetzlich vorgeschriebenen Abzinsungssätzen abgewichen werden kann. Eine wesentliche bilanzpolitische Bedeutung kommt der Beeinflussung des Ausschüttungspotenzials zu. Die Bewertung der Pensionsrückstellungen sowie die Zuführung der entsprechenden Anpassungsbeträge nimmt unmittelbar Einfluss auf das handelsrechtliche Ergebnis und das zur Verfügung stehende Ausschüttungsvolumen.

Hinsichtlich des Ansatzes und der Bewertung von Pensionsrückstellungen sind neben den jährlich neu festzulegenden Bewertungsparametern die einmaligen Umstellungseffekte zu beachten.

Die Einordnung der vom Bilanzierenden verfolgten Bilanzpolitik kann anhand nachstehender Übersicht erfolgen.

	Progressive Bilanzpolitik	Konservative Bilanzpolitik
Rückstellungen werden...	... mit geringen Kostensteigerungen und mit möglichst hohen Abzinsungssätzen bewertet.	... mit hohen Kostensteigerungen und mit möglichst niedrigen Abzinsungssätzen bewertet.
Aus der Umstellung wird eine Unterdotierung...	... über 15 Jahre verteilt.	... unmittelbar berücksichtigt.
Aus der Umstellung wird eine Überdotierung...	... eigenkapitalerhöhend berücksichtigt.	... beibehalten.

ABB. 52: Bilanzanalytische Möglichkeiten (Pensionsrückstellungen)

Die Angaben nach § 285 Nr. 24 HGB zu den angewandten versicherungsmathematischen Verfahren, angewandten Zinssätzen sowie grundlegenden Annahmen über biometrische Daten sowie erwartete Kostensteigerungen ermöglichen einen Vergleich des bilanzierenden Unternehmens mit anderen Unternehmen. Die Analyse der Angaben liefert Anhaltspunkte darüber, welche bilanzpolitischen Zielsetzungen das Unternehmen verfolgt. Darüber hinaus liefern die Anhangangaben zu dem noch nicht in der Bilanz erfassten Betrag der Unterdotierung bzw. dem beibehaltenen Betrag zur Überdotierung umfassende Hinweise auf die aus der Behandlung der Unterschiedsbeträge resultierenden Effekte. Neben der Beeinflussung des laufenden Ergebnisses werden die Effekte für die kommenden Geschäftsjahre abschätzbar.

Beispiel 26: Pensionsrückstellungen

Die Neptun AG weist zum 31.12.2009 Pensionsrückstellungen i. H. v. 3,0 Mio. € aus. Aus der Neubewertung nach den Regelungen des BilMoG entsteht eine Anpassung der Rückstellung (Erhöhung) um 50 %. Dieser Betrag wurde zum 01.01.2010 ermittelt. Das Unternehmen hat nunmehr folgende Möglichkeiten:

► Zuführung des gesamten Betrags von 1,5 Mio. € über die Gewinn- und Verlustrechnung im Jahr 2010 (konservative Bilanzpolitik).

► Erfolgswirksame Zuführung von 0,1 Mio. € p. a. in den Jahren 2010 bis 2024 (progressive Bilanzpolitik).

► Erfolgswirksame Zuführung höherer Beträge als 0,1 Mio. € pro Jahr ab dem Jahr 2010 (in nicht zwingend jeweils gleicher Höhe).

Zusätzlich ergibt sich für das Jahr 2010 ein planmäßiger Zuführungsbetrag, der sich unter Anwendung des gesetzlich vorgegebenen Zinssatzes sowie unter Berücksichtigung der weiteren bewertungsrelevanten Annahmen errechnet, i. H. v. 0,2 Mio. €. Von dem genannten Zuführungsbetrag entfallen 0,138 Mio. € auf den Zinsanteil.

Das Unternehmen entscheidet sich, den Anpassungsbetrag gleichmäßig über die nächsten 15 Jahre zuzuführen. In der Erfolgsrechnung ergibt sich für 2010 damit folgender Ausweis:

- ► Pensionsaufwand   62.000 €

- ► Zinsaufwand   138.000 € (§ 277 Abs. 5 HGB)

- ► außerordentlicher Aufwand   100.000 € (Art. 67 Abs. 7 EGHGB)

Aus der Bewertung der Pensionsrückstellungen weist die Neptun AG für das Jahr 2010 einen Aufwand von 300.000 € aus. Gleichzeitig erfolgt der Bilanzansatz der Pensionsrückstellungen zum 31.12.2010 (ohne Berücksichtigung eventueller Pensionszahlungen) zu 3,3 Mio. €.

Merke:

Die veränderte Bewertung der Pensionsrückstellungen führt zu deutlich höheren Wertansätzen in der handelsrechtlichen Bilanz. Das Ergebnis wird durch die Anpassung an die höheren Werte in den Jahren ab 2010 regelmäßig deutlich belastet werden. Künftig werden für steuerliche Zwecke und handelsrechtliche Zwecke eigenständige Bewertungsgutachten notwendig sein. Aufgrund der Abweichungen zwischen den Wertansätzen werden sich regelmäßig aktive latente Steuern ergeben. Die bilanzpolitischen Möglichkeiten werden die Darstellung der Vermögens- und Ertragslage über mehrere Jahre beeinflussen und eine zwischenbetriebliche Vergleichbarkeit erschweren. Die bilanzpolitische Strategie lässt sich durch eine intensive Auswertung der einzelnen Anhangangaben abschätzen.

2.5.9 Verbindlichkeiten

Während nach § 253 Abs. 1 HGB Verbindlichkeiten in der Vergangenheit zu ihrem Rückzahlungsbetrag anzusetzen waren, sehen die Neuregelungen den Ansatz zum **Erfüllungsbetrag** vor. Hierbei hat die Gesetzesänderung nach Ansicht des Gesetzgebers alleine klarstellende Bedeutung, da unter dem bisher verwandten Begriff Rückzahlungsbetrag fälschlicherweise alleine die aus einem Geldzufluss entstandene Verbindlichkeit verstanden werden könnte. Eine solche Auslegung ist allerdings zu eng, da bspw. auch Sachleistungsverpflichtungen – bewertet zum voraussichtlich aufzubringenden Geldbetrag – anzusetzen sind. Die Neuformulierung bedeutet auch steuerlich lediglich eine Klarstellung. Weiterhin gilt das Höchstwertprinzip für die Verbindlichkeitenbewertung nach § 252 Abs. 1 Nr. 4 HGB im Zusammenspiel mit der Zugangsbewertung nach § 253 Abs. 1 HGB.

Verbindlichkeiten, die auf **Rentenverpflichtungen** beruhen, sind abzuzinsen, sofern keine Gegenleistung mehr zu erwarten ist (§ 253 Abs. 2 HGB). Der Abzinsung ist nach § 253 Abs. 2 Satz 3 HGB der durchschnittliche Marktzinssatz, der sich bei einer angenommenen Restlaufzeit von 15 Jahren ergibt, zugrunde zu legen, soweit sich dadurch kein falsches Bild der Vermögens- und Ertragslage ergibt. Aus der Abzinsung resultierende Erträge und Aufwendungen sind künftig in der Gewinn- und Verlustrechnung gesondert im Finanzergebnis ('Sonstige Zinsen und ähnliche Erträge' bzw. 'Zinsen und ähnliche Aufwendungen'; § 277 Abs. 5 HGB) auszuweisen. Die anzuwendenden Zinssätze werden von der Deutschen Bundesbank nach Maßgabe einer Rechtsverordnung ermittelt und monatlich bekannt gemacht. Es bleibt damit beim Barwertansatz solcher Verbindlichkeiten; allerdings folgt eine gesetzliche Normierung hinsichtlich der anzuwendenden Zinssätze. Ein Abweichen von den gesetzlichen Zinssätzen ist in den Fällen erlaubt, in denen die Anwendung des vorgegebenen Zinssatzes zu einem nicht den tatsächlichen Verhältnissen entsprechenden Bild der Vermögens- und Ertragslage führen würde.

Künftig können sich aus der Anwendung unterschiedlicher **Abzinsungssätze** Wertansatzunterschiede ergeben, die zur Abgrenzung latenter Steuern führen. Weitere Folgewirkungen ergeben sich nicht. Erstmals für das nach dem 31.12.2009 beginnende Geschäftsjahr sind die neuen Regelungen anzuwenden (Art. 66 Abs. 3 EGHGB).

Bilanzpolitische Möglichkeiten ergeben sich hinsichtlich einer möglichen Abweichung vom gesetzlichen Zinssatz unter Angabe der entsprechenden Gründe sowie hinsichtlich der Beurteilung der Restlaufzeit der entsprechenden Verbindlichkeit, da diese einen unmittelbaren Einfluss auf den anzuwenden Zinssatz und die Höhe der Abzinsung hat.

Nachstehende Übersicht ordnet die Neuregelung in die einzelnen Bilanzstrategien ein.

Ausweis eines möglichst hohen Eigenkapitals/eines möglichst hohen Ergebnisses	Ausweis eines möglichst geringen Eigenkapitals/eines möglichst geringen Ergebnisses	Annäherung an die steuerliche Rechnungslegung	Möglichst geringe Abweichungen zum alten Recht	Annäherung an die IFRS
Möglichst hohe Abzinsung	Möglichst geringe Abzinsung	Abzinsung wenn möglich mit steuer-lichen Zinssätzen	Abhängig von der zuvor verfolgten Bilanzpolitik	Gleichlautende Anwendung des Zinssatzes für HGB und IFRS

ABB. 53: Einzelne bilanzpolitische Strategien (Verbindlichkeiten)

Der Umfang der Einflussnahme auf den Abzinsungssatz wird in der Praxis jeweils vom Einzelfall abhängen. Sofern es dem Bilanzierenden gelingt, zu begründen, weswegen eine Abweichung von den gesetzlichen Vorgaben geboten ist, bietet sich ihm ein bilanzpolitischer Ermessensspielraum, der unmittelbar Einfluss auf die bilanzielle Bewertung nimmt.

Aus einer Kombination der einzelnen Strategien ergeben sich folgende Möglichkeiten für die verfolgte Bilanzpolitik.

Quantitative Strategie	Qualitative Strategie — Annäherung an die steuerliche Rechnungslegung	Möglichst geringe Abweichungen zum alten Recht	Annäherung an die IFRS
Ausweis eines möglichst hohen Eigenkapitals/ eines möglichst hohen Ergebnisses	Bedingt möglich Abzinsung mit steuerlichen Sätzen	Bedingt möglich Verwendung eines möglichst hohen Zinssatzes, abhängig von der zuvor verfolgten Bilanzpolitik	Bedingt möglich Verwendung eines nach IFRS zulässigen, möglichst hohen Zinssatzes
Ausweis eines möglichst geringen Eigenkapitals/ eines möglichst geringen Ergebnisses	Bedingt möglich Abzinsung mit steuerlichen Sätzen	Bedingt möglich Verwendung eines möglichst niedrigen Zinssatzes, abhängig von der zuvor verfolgten Bilanzpolitik	Bedingt möglich Verwendung eines nach IFRS zulässigen, möglichst niedrigen Zinssatzes

ABB. 54: Kombinierte bilanzpolitische Strategien (Verbindlichkeiten)

Im Zentrum der bilanzpolitischen Möglichkeiten steht regelmäßig alleine die Abzinsungsfrage. Hinsichtlich des Übergangs vom Rückzahlungsbetrag zum Erfüllungsbetrag sind keine bilanzpolitischen Möglichkeiten zu erwarten. Die bilanzpolitische Strategie mit Blick auf die Bewertung der Verbindlichkeiten lässt sich im Wesentlichen auf den Bereich der Abzinsung reduzieren.

Die Einordnung der vom Bilanzierenden verfolgten Bilanzpolitik kann anhand nachstehender Übersicht erfolgen.

	Progressive Bilanzpolitik	Konservative Bilanzpolitik
Verbindlichkeiten werden...	... hoch abgezinst.	... niedrig abgezinst.

ABB. 55: Bilanzanalytische Möglichkeiten (Verbindlichkeiten)

Die einzelnen bewertungsrelevanten Angaben finden sich im Anhang nach § 284 Abs. 2 Nr. 1 HGB. Sie erlauben einen Rückschluss auf die im Jahresabschluss angewandten Bewertungsannahmen.

Beispiel 27: Verbindlichkeiten

Ein Unternehmen erwirbt zum 01.01.2010 ein Grundstück gegen Zahlung einer lebenslangen Rente an den Veräußerer. Die erste Zahlung wird am 02.01.2010 geleistet. Die Bewertung dieser Verpflichtung hat unter Annahme der entsprechenden Lebenserwartung zum Barwert zu erfolgen. Zum 01.01.2010 wird eine verbleibende Lebenserwartung des Veräußerers von 10 Jahren unterstellt – abgeleitet aus den amtlichen Sterbetafeln. Der jährliche Rentenbetrag wird in Form eines vorschüssigen Jahresbetrags i. H. v. 10.000 € gezahlt. Die letzte Zahlung wird für den 01.01.2020 erwartet. Der anzuwendende Abzinsungssatz nach § 253 Abs. 1 Satz 2 HGB betrage annahmegemäß 5,8 %.

Der Erfüllungsbetrag der Verbindlichkeit beträgt zum 01.01.2010 84.303,33 €. Nach Begleichung der ersten Rate am 02.01.2010 hat die Aufzinsung der Restschuld i. H. v. 4.309,59 € zu erfolgen. Zum 31.12.2010 beläuft sich der Bilanzwert auf 78.612,92 EUR. Ingesamt verteilen sich die nominellen Zahlungen i. H. v. 11 Raten à 10.000 € auf einen Barwert zum 01.01.2010 i. H. v. 84.303,33 € sowie Zinsanteile i. H. v. 25.696,67 €.

Für das Jahr 2010 hat die Gesellschaft in der Gewinn- und Verlustrechnung unter den Zinsaufwendungen (§ 277 Abs. 5 HGB) einen Zinsaufwand aus der Aufzinsung von 4.309,59 € zu erfassen.

Merke:

Hinsichtlich der Bewertung von Verbindlichkeiten ändert das BilMoG mit dem Übergang des Wertmaßstabs vom Rückzahlungsbetrag zum Erfüllungsbetrag materiell nichts. Die Abzinsung von Rentenverpflichtungen wird grundsätzlich bezogen auf den anzusetzenden Zinssatz normiert.

2.6 Übergreifende Aspekte

2.6.1 Vorbemerkungen: Übergreifende Aspekte betreffen die Aktiv- und die Passivseite

Neben den einzelnen für die Aktiv- sowie Passivposten dargestellten Änderungen betreffen zwei Neuregelungen sowohl die Aktiv- als auch die Passivseite der Bilanz.

Erstmals regelt § 256a HGB, wie die Umrechnung von auf fremde Währung lautenden Vermögensgegenständen und Schulden zu erfolgen hat (Währungsumrechnung). Zudem sieht § 254 HGB künftig die Bildung von Bewertungseinheiten bei Vorliegen der entsprechenden Voraussetzungen vor. Die Regelungen nach § 246 Abs. 1 HGB konkretisieren die wirtschaftliche Zurechnung von einzelnen Vermögensgegenständen hinsichtlich ihrer Bilanzierung beim rechtlichen respektive wirtschaftlichen Eigentümer.

Erste Fragestellungen im Zusammenhang mit den neuen Regelungen verdeutlichen deren bilanzpolitischen Möglichkeiten und die damit zusammenhängenden bilanzanalytischen Notwendigkeiten:

▶ Mit welchen Umrechnungskursen erfolgt die **Währungsumrechnung**? Ergeben sich Erfolgswirkungen aus der neuen Regelung (→ vgl. Kapitel 2.6.2)?

▶ Unter welchen Voraussetzungen sind **Bewertungseinheiten** zu bilden und welche Auswirkungen hat dies auf die Anwendung der allgemeinen Bewertungsgrundsätze (→ vgl. Kapitel 2.6.3)?

▶ Wie ist die **wirtschaftliche Zurechnung** bestimmter Vermögensgegenstände bilanziell abzubilden und welche Änderungen ergeben sich (→ vgl. Kapitel 2.6.4)?

Merke:

Die handelsrechtlichen Neuregelungen zur Währungsumrechnung sowie zur Bildung von Bewertungseinheiten tangieren sowohl die Aktiv- als auch die Passivseite der Bilanz.

2.6.2 Währungsumrechnung

Bislang kannten die handelsrechtlichen Vorschriften keine eigenständigen Regelungen zur Währungsumrechnung. § 256a HGB regelt, dass ab 2010 auf fremde Währung lautende Vermögensgegenstände und Verbindlichkeiten mit einer Restlaufzeit von mehr als einem Jahr – vorbehaltlich der §§ 253 Abs. 1 Satz 3 und 254 HGB – am Abschlussstichtag mit dem **Devisenkassamittelkurs** umzurechnen sind. Hierbei sind das Realisations- und das Imparitätsprinzip (§ 252 Abs. 1 Nr. 4 HGB) sowie das Anschaffungskostenprinzip (§ 253 Abs. 1 Satz 1 HGB) grundsätzlich zu beachten.

Die Zugangsbewertung ändert sich durch das BilMoG nicht. Fremdwährungsforderungen sind weiterhin mit dem Briefkurs und Fremdwährungsverbindlichkeiten mit dem Geldkurs zum Zugangszeitpunkt umzurechnen. Grundsätzlich ist die Einbuchung von Fremdwährungsgeschäften erfolgsneutral vorzunehmen. Die Regelungen nach § 256a HGB stellen alleine Normen im Zusammenhang mit der **Folgebewertung** dar.

Weisen die Vermögensgegenstände und Schulden eine Restlaufzeit von weniger als einem Jahr auf, hat die Umrechnung ohne die genannten vorsichtigen und imparitätischen Einschränkungen mit dem Devisenkassamittelkurs zu erfolgen. Explizit nimmt § 256a HGB die auf fremde Währung lautenden Vermögensgegenstände und Verbindlichkeiten mit einer Restlaufzeit von weniger als einem Jahr von der Anwendung der

Regelungen nach § 253 Abs. 1 Satz 1 HGB und § 252 Abs. 1 Nr. 4 Halbsatz 2 HGB aus. Diese Regelungen gelten dann nicht, wenn das Unternehmen ein entsprechendes Sicherungsgeschäft abgeschlossen hat, da § 254 HGB die Anwendung von § 256a HGB explizit ausschließt (→ vgl. zu Bewertungseinheiten Kapitel 2.6.3). Die Umrechnung von Rechnungsabgrenzungsposten, latenten Steuern sowie Aufwendungen und Erträgen wurde nicht gesondert geregelt. Diese Posten sind zum Zeitpunkt ihrer buchhalterischen Erfassung mit dem dann geltenden Kurs umzurechnen.

Die sich aus der Währungsumrechnung ergebenden **Differenzen** im handelsrechtlichen Einzelabschluss sind erfolgswirksam in der Gewinn- und Verlustrechnung unter den „sonstigen betrieblichen Erträgen" und „sonstigen betrieblichen Aufwendungen" zu erfassen (§ 277 Abs. 5 HGB).

Nach § 6 Abs. 1 EStG bilden die (fortgeführten) Anschaffungs- und Herstellungskosten weiterhin die steuerlich relevante Wertobergrenze. Demzufolge sind unrealisierte Erträge aus der Währungsumrechnung steuerlich nicht zu berücksichtigen. Damit führt die Berücksichtigung unrealisierter Gewinne im handelsrechtlichen Einzelabschluss zwingend zur Abgrenzung passiver latenter Steuern.

Die Neuregelungen sind auf Abschlüsse für das nach dem 31.12.2009 beginnende Geschäftsjahr anzuwenden (Art. 66 Abs. 3 EGHGB). Besondere Vorschriften zur erstmaligen Anwendung bestehen nicht. Die Umrechnung aller zum 01.01.2010 vorliegenden Bilanzposten in fremder Währung hat einheitlich zum Devisenkassamittelkurs zu erfolgen. Die entsprechenden Ergebnisse sind – wegen der erstmaligen Anwendung – im außerordentlichen Ergebnis zu erfassen.

Die Währungsumrechnung von kurzfristigen Positionen mit einer Restlaufzeit von weniger als einem Jahr kann zum Ausweis unrealisierter Gewinne führen; die Höhe dieser Gewinne hängt vom angewandten Umrechnungskurs ab, weswegen der entsprechenden Bestimmung des Devisenkassamittelkurses bilanzpolitische Bedeutung zukommen kann. Nachstehende Übersicht ordnet die Neuregelung in die einzelnen Bilanzstrategien ein.

Ausweis eines möglichst hohen Eigenkapitals/eines möglichst hohen Ergebnisses	Ausweis eines möglichst geringen Eigenkapitals/eines möglichst geringen Ergebnisses	Annäherung an die steuerliche Rechnungslegung	Möglichst geringe Abweichungen zum alten Recht	Annäherung an die IFRS
Möglichst hoher Ausweis unrealisierter Währungsgewinne	Möglichst Vermeidung des Ausweises von unrealisierten Währungsgewinnen	Möglichst Vermeidung des Ausweises von unrealisierten Währungsgewinnen	Möglichst Vermeidung des Ausweises von unrealisierten Währungsgewinnen	Möglichst hoher Ausweis unrealisierter Währungsgewinne

ABB. 56: Einzelne bilanzpolitische Strategien (Währungsumrechnung)

Der Umfang der Einflussnahme auf die Währungsumrechnung wird in der Praxis jeweils vom Einzelfall abhängen. Sofern es dem Bilanzierenden gelingt, zu begründen, weswegen eine Abweichung von den gesetzlichen Vorgaben geboten ist, bietet sich ihm ein bilanzpolitischer Ermessensspielraum, der unmittelbar Einfluss auf die bilanzielle Bewertung nimmt.

Aus einer Kombination der einzelnen Strategien ergeben sich folgende Möglichkeiten für die verfolgte Bilanzpolitik.

Quantitative Strategie \ Qualitative Strategie	Annäherung an die steuerliche Rechnungslegung	Möglichst geringe Abweichungen zum alten Recht	Annäherung an die IFRS
Ausweis eines möglichst hohen Eigenkapitals/ eines möglichst hohen Ergebnisses	**Nicht möglich** Unrealisierte Währungsgewinne sind steuerlich nicht auszuweisen.	**Nicht möglich** Nach altem Recht war der Ausweis unrealisierter Gewinne nicht möglich.	**Mögliche Kombination** Es erfolgt ein Ausweis unrealisierter Währungsgewinne.
Ausweis eines möglichst geringen Eigenkapitals/ eines möglichst geringen Ergebnisses	**Mögliche Kombination** Der Ausweis unrealisierter Währungsgewinne wird vermieden.	**Bedingt möglich** Der Ausweis unrealisierter Währungsgewinne wird vermieden.	**Bedingt möglich** Der Ausweis unrealisierter Währungsgewinne wird vermieden.

ABB. 57: Kombinierte bilanzpolitische Strategien (Währungsumrechnung)

Im Zentrum der bilanzpolitischen Möglichkeiten steht neben der Bestimmung des anzuwendenden Umrechnungskurses die Frage, inwieweit Gestaltungen dazu dienen können, den Ausweis unrealisierter Währungsgewinne zeigen oder vermeiden zu können. Sofern der Bilanzierende als vorsichtiger Kaufmann den Großteil seiner Fremdwährungsgeschäfte absichert, kommt es regelmäßig nicht zum Ausweis von Gewinnen aus der Währungsumrechnung. Zwar kann alleine aus dem Abschluss von Sicherungsgeschäften nicht isoliert ein Rückschluss auf die verfolgte Bilanzpolitik erfolgen, eine Indikation der ausgewiesenen Währungsgewinne für die Risikobehaftung der dargestellten Vermögens- und Ertragslage ist allerdings gegeben. Zudem muss berücksichtigt werden, dass es sich bei dem Ausweis von Gewinnen aus der Währungsumrechnung um unrealisierte Gewinne handelt, die bis zu ihrer tatsächlichen Realisation in Abhängigkeit der Entwicklung des Umrechnungskurses zu sehen sind. Mit Blick auf eine im Rahmen der Bilanzanalyse anzustellende Risikobeurteilung rückt insbesondere die Frage nach dem Ausweis unrealisierter Gewinne in den Mittelpunkt des Interesses.

Die Einordnung der vom Bilanzierenden verfolgten Bilanzpolitik kann anhand nachstehender Übersicht erfolgen.

	Progressive Bilanzpolitik	Konservative Bilanzpolitik
Gewinne aus der Währungsumrechnung werden...	... in großem Umfang ausgewiesen.	... nur in geringem Umfang ausgewiesen.

ABB. 58: Bilanzanalytische Möglichkeiten (Währungsumrechnung)

Die Angaben zu den berücksichtigten Währungseffekten in der Erfolgsrechnung lassen sich alleine einer weiteren Aufgliederung der sonstigen betrieblichen Erträge bzw. Aufwendungen entnehmen. Unter diesen Positionen sind nach § 277 Abs. 5 Satz 2 HGB die entsprechenden Effekte zu erfassen.

Beispiel 28: Währungsumrechnung

Die Neptun AG erwirbt am 30.06.2010 eine neue Maschine für die Produktion von neuen U-Boot-Fenstern bei dem US-amerikanischen Unternehmen Dive Inc. Der Kaufpreis beträgt 1.500.000 US-$. Zahlungsziel ist der 31.03.2011. Der zum 30.06.2010 relevante Kurs beträgt 1,30 US-$/€. Am 31.12.2010 liegt der Devisenkassamittelkurs bei 1,50 US-$/€. Die voraussichtliche Nutzungsdauer der Maschine beträgt 4 Jahre. Bezogen auf den Geschäftsvorfall wurden keine Sicherungsgeschäfte abgeschlossen; eine Bewertungseinheit nach § 254 HGB liegt nicht vor.

Zugleich realisiert die Neptun AG aus einem Verkaufsgeschäft eine Forderung i. H. v. 60.000 CHF zum 22.04.2010. Die Forderung ist am 30.04.2011 fällig. Der Kurs beträgt zum 22.04.2010 1,50 CHF/€. Zum 31.12.2010 beträgt der Kurs 1,40 CHF/€.

Die Neptun AG muss zum 30.06.2010 eine Verbindlichkeit i. H. v. 1.153.846 € (= 1.500.000 US-$/1,3 US-$/€) einbuchen. Am 31.12.2010 ist sie mit einem Wert von 1.000.000 € zu bewerten, da der US-$ abgewertet hat. Der Stichtagswert ist ohne Beachtung von Realisations- und Imparitätsprinzip bzw. des Anschaffungskostenprinzips zu ermitteln, da die Restlaufzeit der Verbindlichkeit ein Jahr unterschreitet (Fälligkeit am 31.03.2011). Somit ist die Verbindlichkeit im Anschluss zum 31.12.2010 mit 1.000.000 € zu bewerten und damit ein unrealisierter Währungsgewinn i. H. v. 153.846 € als sonstiger betrieblicher Ertrag zu erfassen.

Die Forderung ist zum 22.04.2010 mit 40.000 € (60.000 CHF/1,50 CHF/€) einzubuchen. Der Stichtagswert zum 31.12.2010 beträgt: 42.857 € (60.000 CHF/1,40 CHF/€), da eine entsprechende Veränderung des Wechselkurses erfolgt ist. Der Stichtagswert ist ohne Beachtung von Realisations- und Imparitätsprinzip bzw. des Anschaffungskostenprinzips zu ermitteln, da die Restlaufzeit der Forderung ein Jahr unterschreitet (Fälligkeit am 30.04.2011). Daher ist ein Kursgewinn erfolgswirksam i. H. v. 2.857 € zu erfassen.

Hinsichtlich der Abgrenzung latenter Steuern ist der Grundsatz der Maßgeblichkeit der Handelsbilanz für die Steuerbilanz (§ 5 Abs. 1 Satz 1 EStG) zu beachten. Damit folgt zunächst die steuerlich heranzuziehende Währungsumrechnung der neu eingeführten handelsrechtlichen Vorgehensweise, wobei jedoch das Anschaffungskosten- bzw. Höchstwertprinzip in der Steuerbilanz nicht durchbrochen werden darf (§ 6 Abs. 1 EStG). Damit führt die oben beschriebene handelsrechtliche Durchbrechung dieser Prinzipien bei den vorliegenden Verbindlichkeiten mit einer Laufzeit von weniger als einem Jahr zu einem Auseinanderfallen der steuerrechtlichen und der handelsrechtlichen Bilanzierung.

Auf die Differenz i. H. v. 153.846 € bei der Umrechnung der Fremdwährungsverbindlichkeit sowie i. H. v. 2.857 € bei der Umrechnung der Fremdwährungsforderungen sind bei einem angenommenen Steuersatz von 30% passive latente Steuern i. H. v. 47.011 € (= 156.703 € x 0,3) abzugrenzen.

Beispiel 29: Währungsumrechnung bei Währungskursverlusten

Die Apollo AG verkauft am 18.12.2010 ein Maschinenteil für eine Rakete für 180.000 GBP nach London an die Rocket Ltd. Das Zahlungsziel beträgt 45 Tage. Zum 18.12.2010 beträgt der Umrechnungskurs 1 EUR zu 0,88 GBP. Die Apollo AG aktiviert die Forderung mit 204.545 €. Zum 31.12.2010 beträgt der Kurs 1 € zu 0,92 GBP. Die Forderung ist mit 195.652 € zu bewerten. Der entsprechende Aufwand auf der Währungsumrechnung ist als sonstiger betrieblicher Aufwand (§ 277 Abs. 5 Satz 2 HGB) auszuweisen.

Merke:

Mit den Neuregelungen zur Währungsumrechnung erfolgt der Ausweis unrealisierter Gewinne im handelsrechtlichen Jahresabschluss. Dies bietet bilanzpolitische Möglichkeiten, den Ausweis solcher Effekte zu verstärken oder zu verhindern. Gleichzeitig müssen seitens der Bilanzanalyse die Beurteilung solcher Effekte nachvollzogen und etwaige Risiken aus dem Ausweis unrealisierter Gewinne eingeschätzt werden.

2.6.3 Bewertungseinheiten

Zur Bildung von Bewertungseinheiten sieht das HGB mit § 254 HGB einen eigenen Paragraphen vor. Demnach sind das Grundgeschäft und das Sicherungsgeschäft gemeinsam zu bewerten. Die Bewertung von Bewertungseinheiten nach § 254 HGB schränkt die Anwendung des Imparitätsprinzips sowie des Einzelbewertungsgrundsatzes ein. Bei einem effektiven Ausgleich einzelner gegenläufiger Entwicklungen aus vergleichbaren Risiken sind die allgemeinen Bewertungsnormen der §§ 249, 252 und 253 HGB sowie die Regelungen nach § 256a HGB nicht anzuwenden. Konkret schreibt das Gesetz die Nichtanwendung der vorgenannten Normen in dem Umfang und für den Zeitraum vor, in dem die gegenläufigen Wertänderungen oder Zahlungsströme sich (tatsächlich) ausgleichen.

Die entsprechende Regelung erfordert, dass der Bilanzierende zu jedem Bilanzstichtag analysiert, ob und in welchem Umfang sich die gegenläufigen Zahlungsströme und/oder Wertentwicklungen, die in der Bewertungseinheit zusammengefasst werden, voraussichtlich tatsächlich ausgleichen werden. Hierbei bleibt offen, mit welchen Methoden die **Wirksamkeit** der gebildeten Bewertungseinheiten nachzuweisen ist. Als absicherungsfähige Grundgeschäfte kommen Vermögensgegenstände, Schulden, schwebende Geschäfte oder mit hoher Wahrscheinlichkeit erwartete Transaktionen in Frage. Diese sollen vor Zins-, Währungs-, Preis-, Ausfall-/Bonitätsrisiken oder gleichartigen Risiken mit Finanzinstrumenten gesichert werden. Als Finanzinstrument gelten nach § 254 HGB auch Termingeschäfte über den Erwerb oder die Veräußerung von Waren. Es erfolgt keine Beschränkung der absicherungsfähigen Grundgeschäfte auf Finanzinstrumente.

Damit gibt der Gesetzgeber bewusst keine Vorgaben hinsichtlich des Umfangs einzelner Bewertungseinheiten und lässt die Frage der Zulässigkeit der Zusammenfassung bestimmter Sachverhalte – mit der Einschränkung durch die notwendigen Dokumentationspflichten – offen. Zwar sind die einzelnen mit der Bildung von Bewertungseinheiten verbundenen **Dokumentationspflichten** kein Tatbestandsmerkmal für die Zulässigkeit der Bildung einer Bewertungseinheit. Allerdings ergibt sich die Notwendigkeit einer umfassenden und sachgerechten Dokumentation nicht zuletzt aus den mit der Bildung einhergehenden Nachweispflichten bezüglich der Wirksamkeit der gebildeten Bewertungseinheit sowie den nach § 285 Nr. 23 HGB geforderten Anhangangaben.

Zusammen mit dem Grundgeschäft ist das zur Absicherung gedachte Finanzinstrument zu bewerten. Formen von Bewertungseinheiten sind das micro-hedging (ein Grundgeschäft steht im Zusammenhang mit einem Sicherungsgeschäft), das portfolio-hedging (mehrere gleichartige Grundgeschäfte werden gemeinsam mit einem oder mehreren Sicherungsgeschäften betrachtet) sowie das macro-hedging (eine Gruppe von Grundgeschäften wird gemeinsam betrachtet und eine sich ergebende Netto-Risikoposition wird durch ein oder mehrere Sicherungsgeschäfte abgesichert).

In dem Umfang und für den Zeitraum, in dem die gegenläufigen Wertänderungen oder Zahlungsströme sich ausgleichen, sind die §§ 249 Abs. 1, 252 Abs. 1 Nr. 3 und 4, 253 Abs. 1 Satz 1 und 256a HGB nicht anzuwenden. Dies bedeutet, dass für die Zulässigkeit einer von den grundsätzlichen Bewertungsnormen abweichenden Behandlung die Wirksamkeit der gebildeten Bewertungseinheiten zu überwachen ist. Zudem sind nach § 285 Nr. 23 HGB umfangreiche Angaben im Anhang vorgeschrieben, die eine entsprechende unternehmensseitige Dokumentation voraussetzen.

Eine (im Einzelfall missbräuchliche) nachträgliche Umwidmung einzelner Sachverhalte ist grundsätzlich nicht möglich. Die Bildung einer Bewertungseinheit ist im Regelfall bis zur Erreichung des mit ihr verfolgten Zwecks beizubehalten. Alleine in Ausnahmefällen ist eine vorzeitige, begründete Beendigung der Bewertungseinheit möglich. In solchen Fällen folgt die Bewertung der zuvor in der Bewertungseinheit zusammengefassten Sachverhalte den allgemeinen Vorschriften. An die Dokumentation zur Begründung der bevorzugten Beendigung der Bewertungseinheit sind nicht zuletzt aus dem Zweck der Bewertungseinheit zur Risikoabsicherung – und nicht zur Steuerung des Jahresergebnisses – heraus erhöhte Anforderungen zu stellen.

Mit den Neuregelungen erfolgt eine starke Anlehnung an die Normen der IFRS. Abweichend von den IFRS sollen allerdings Bewertungseinheiten – wie auch bisher – im Grundsatz gerade keine bilanzielle Abbildung erfahren. Vielmehr erfolgt die Verrechnung der gegenläufigen Entwicklungen außerhalb der Bilanz. Alleine für den die gegenläufigen, sich kompensierenden Entwicklungen übersteigenden Betrag sind die allgemeinen Bilanzierungs- und Bewertungsvorschriften des HGB anzuwenden.

Fehlt es dem Grund- und dem Sicherungsgeschäft an vergleichbaren Risiken, greift § 254 HGB nicht und auf die beiden Sachverhalte sind eigenständig die allgemeinen Bilanzierungs- und Bewertungsregeln anzuwenden.

Nach § 5 Abs. 1a EStG sind die Ergebnisse der handelsrechtlich gebildeten Bewertungseinheiten auch für die steuerliche Gewinnermittlung maßgebend, soweit es sich um die Absicherung finanzwirtschaftlicher Risiken handelt. Da dies der Regelfall sein sollte, kommt es im Zusammenhang mit der Berücksichtigung von Bewertungseinheiten nicht zur Abgrenzung latenter Steuern. § 254 HGB ist erstmals für das nach dem 31.12.2009 beginnende Geschäftsjahr anzuwenden (Art. 66 Abs. 3 EGHGB). Aus der erstmaligen Anwendung der Vorschrift ergeben sich keine Besonderheiten, weshalb Art. 67 EGHGB keine speziellen Übergangsvorschriften vorsieht.

Aus dem Abschluss von Sicherungsgeschäften ergeben sich bilanzielle Konsequenzen, da die Anwendung der grundsätzlichen Bilanzierungsregeln nach § 249 Abs. 1 HGB (Rückstellungen) und § 252 Abs. 1 Nr. 3 und 4 HGB (Einzelbewertungsgrundsatz und Vorsichtsprinzip), § 253 Abs. 1 Satz 1 HGB (Anschaffungskostenprinzip) und § 256a (Währungsumrechnung) keine Anwendung finden. Demnach kann der Abschluss von Sicherungsgeschäften, die als Bewertungseinheiten abzubilden sind, durchaus auch bilanzpolitische Gründe haben.

Da die sog. „kompensatorische Bewertung" durch Bildung von Bewertungseinheiten für die Handelsbilanz auch vor Verabschiedung des BilMoG als GoB anerkannt und es daher das Ziel des § 254 HGB war, lediglich die bisherige Bilanzierungspraxis gesetzlich zu verankern, ergeben sich aus § 254 HGB keine konkreten neuen bilanzpolitischen Möglichkeiten. Die Unternehmen können jedoch, unter Beachtung von Stetigkeitsgesichtspunkten, hinsichtlich der Methodik zur bilanziellen Abbildung der Bewertungseinheiten wählen.

Als Abbildungsmethode kommen sowohl die Einfrierungs- als auch die Durchbuchungsmethode in Frage.

► Vorgehensweise bei Anwendung der Einfrierungsmethode:

Bei Anwendung der **Einfrierungsmethode** werden Wertänderungen bzw. Zahlungsstromänderungen von Grundgeschäft und Sicherungsinstrument weder in der Bilanz noch in der GuV berücksichtigt, soweit sie auf den effektiven Teil der Sicherungsbeziehung entfallen, sich mithin also ausgleichen. Ineffektive Teile der Sicherungsbeziehung werden entsprechend der grundsätzlichen Bilanzierungs- und Bewertungsmethoden behandelt. Der effektive Teil der Bewertungseinheit findet daher weder in Bilanz noch GuV Eingang. Der ineffektive Teil findet eine erfolgswirksame Berücksichtigung, sofern es sich um einen unrealisierten Verlust handelt. Unrealisierte Gewinne werden nicht ausgewiesen.

► Vorgehensweise bei Anwendung der Durchbuchungsmethode:

Nach der **Durchbuchungsmethode** werden sämtliche gegenläufigen Wertschwankungen von Grundgeschäft und Sicherungsinstrument erfolgswirksam erfasst. Damit ergibt sich insgesamt betrachtet hinsichtlich des effektiven Teils der Sicherungsbeziehung kein Erfolgseffekt. Analog zur Vorgehensweise bei der Einfrierungsmethode müssen der abgesicherte, aber ineffektive Teil der Sicherungsbeziehung und die aus nicht abgesicherten Risiken resultierende Wertänderung erfasst werden. Im Gegensatz zur Einfrierungsmethode ändern sich nun jedoch auch die Wertansätze in der Bilanz.

Die Auswirkungen auf den Jahresüberschuss und das Eigenkapital sind bei beiden Methoden identisch. Die Durchbuchungsmethode bewirkt regelmäßig jedoch eine

Bilanzverlängerung. Bei der Zielsetzung des Ausweises einer möglichst hohen Eigenkapitalquote – bei Vorliegen eines positiven Eigenkapitals – wird regelmäßig im Zusammenhang mit der Abbildung von Bewertungseinheiten die Einfrierungsmethode zur Anwendung gelangen.

Nachstehende Übersicht ordnet die Neuregelung in die einzelnen Bilanzstrategien ein.

Ausweis einer möglichst hohen Eigenkapitalquote	Ausweis einer möglichst geringen Eigenkapitalquote	Annäherung an die steuerliche Rechnungslegung	Möglichst geringe Abweichungen zum alten Recht	Annäherung an die IFRS
Anwendung der Einfrierungsmethode bei positivem Eigenkapital	Anwendung der Durchbuchungsmethode bei positivem Eigenkapital	Durch Maßgeblichkeit gleiche Darstellung in Handels- und Steuerbilanz	Abhängig von der zuvor angewandten Methodik	Nur bedingt möglich, da Abbildung in IFRS eigenständig geregelt

ABB. 59: Einzelne bilanzpolitische Strategien (Bewertungseinheiten)

Eine Einordnung der einzelnen bilanzpolitischen Möglichkeiten in die Möglichkeiten der Kombination einer qualitativen und quantitativen Bilanzpolitik kann an dieser Stelle unterbleiben.

Im Zentrum der bilanzpolitischen Maßnahmen steht die Gestaltungsfrage, inwieweit durch die Anwendung der einen oder anderen Methode ein mit diesen verbundener, negativer Darstellungseffekt vermieden werden kann. Umfassende Angaben zur Anwendung und Bildung von Bewertungseinheiten erhält der Bilanzanalyst durch die eigens in § 285 Nr. 23 geforderten Anhangangaben. Aus den Angaben wird ersichtlich, in welchem Umfang der Bilanzierende seine Grundgeschäfte mit entsprechenden Sicherungsgeschäften abgesichert hat. Da neben der Methode der Absicherung auch die sich gegenläufig ausgleichenden Chancen und Risiken anzugeben sind, ist ein Einblick in die Effektivität der gebildeten Bewertungseinheiten möglich. Sofern Verluste aus der Bewertungseinheit ausgewiesen werden, kann tendenziell eine progressive Bilanzpolitik und Absicherungspolitik unterstellt werden. Demnach bietet sich die entsprechende Analyse der Bewertungseinheiten an, die möglicherweise damit verbundenen Risiken besser abschätzen zu können – wenngleich es sich nicht um originäre bilanzpolitische Strategien handelt.

Die Einordnung der vom Bilanzierenden verfolgten Bilanzpolitik kann anhand nachstehender Übersicht erfolgen.

	Progressive Bilanzpolitik	Konservative Bilanzpolitik
Aus der Bewertungseinheit werden...	... in großem Umfang Verluste ausgewiesen.	... nur in geringem Umfang Verluste ausgewiesen.

ABB. 60: Bilanzanalytische Möglichkeiten (Bewertungseinheiten)

Aus der Erfolgsrechnung lassen sich die einzelnen Effekte aus der Bildung von Bewertungseinheiten nur schwer ablesen. Regelmäßig werden die einzelnen Effekte im Zinsergebnis zu erfassen sein. Aufgrund der umfassenden Anhangberichterstattung kann allerdings diese weitere Aufschlüsse geben.

Beispiel 30: Bildung von Bewertungseinheiten

Um die aus Zinsänderungen resultierenden Wertschwankungen von 1.000 erworbenen Festzinsanleihen mit einem Wert von jeweils 100 (100.000 €) abzusichern, bildet die Neptun AG zum 01.04.2010 eine Bewertungseinheit aus eben diesen gehaltenen Festzinsanleihen als Grundgeschäft und einer entsprechenden Anzahl an Zinsswaps als Sicherungsinstrument. Für den Zinsswap fallen keine zum 01.04.2010 zu berücksichtigenden Anschaffungskosten an.

Folgende Daten sind hierzu bekannt:

▶ Beizulegender Wert einer Anleihe bei Bildung der Bewertungseinheit: 100 €

▶ Beizulegender Wert eines Swap bei Bildung der Bewertungseinheit: 0 €

▶ Beizulegender Wert einer Anleihe am 31.12.2010: 90 € (davon aus Zinsänderungen resultierende Wertänderung: -9 € und aus Währungsrisiken resultierende Wertänderung: -1 €)

▶ Beizulegender Wert eines Swap am 31.12.2010: 7 € (davon aus Zinsänderungen resultierende Wertänderung: +7 €)

Wählt die Neptun AG die Einfrierungsmethode zur bilanziellen Abbildung der Bewertungseinheit, ergibt sich grundsätzlich keine Erfassung der Bewertungseinheit in der Bilanz sowie der Erfolgsrechnung. Der abgesicherte, aber ineffektive Teil der Sicherungsbeziehung (-9.000 € + 7.000 € = -2.000 €) und die aus nicht abgesicherten Risiken (hier die Währungsrisiken) resultierende Wertänderung (-1.000 €) müssen jedoch gemäß dem Imparitätsprinzip erfolgswirksam erfasst werden. Daher ist eine Abschreibung des Grundgeschäfts (Anleihen) auf den Wert 97.000 € vorzunehmen. Der unrealisierte Verlust i. H. v 3.000 € ist erfolgswirksam zu berücksichtigen. Zum 31.12.2010 ist die Anleihe in der Bilanz mit 97.000 € anzusetzen. In der Erfolgsrechnung erfolgt der Ausweis der Wertminderung unter den Abschreibungen auf Finanzanlagen.

Zum Vergleich: Bei Anwendung der Durchbuchungsmethode wären zusätzlich sowohl die Erhöhung des Marktwerts der Swaps um 7.000 € zu erfassen und in gleicher Höhe der Wert der Anleihen zu mindern gewesen. Aufgrund der darüber hinaus zu erfolgenden Aufwandserfassung des ineffektiven Teils der Bewertungseinheit bzw. der aus nicht abgesicherten Risiken resultierenden Wertänderungen wird im Ergebnis ein Aufwand von 3.000 € ergebnismindernd erfasst. Zusätzlich zur Einfrierungsmethode würden 7.000 € sonstiger betrieblicher Aufwand sowie in gleicher Höhe sonstiger betrieblicher Ertrag erfasst. Der Wertansatz der Swaps unter den sonstigen Vermögensgegenständen würde mit 7.000 € erfolgen. Der Wertansatz der Finanzanlagen würde mit 90.000 € zum 31.12.2010 erfolgen.

Beispiel 31: Bildung von Bewertungseinheiten (Warentermingeschäfte)

Die Poseidon GmbH benötigt zur Produktion größere Mengen Gold. Um sich gegen unerwartete Preisschwankungen abzusichern, hat sie sich bei der Aurum-Bank mit Gold-Futures abgesichert. Zum 31.12.2010 hält die Poseidon GmbH Gold-Terminkontrakte über 100 Einheiten für den Zeitraum von 90 Tagen und erwartet aufgrund bestehender Produktionsverpflichtungen den Erwerb von 80 Einheiten Gold. Hinsichtlich des Erwerbs des Goldes unterhält die Poseidon GmbH langfristige Beziehungen zur Aurelia AG, die sich auf den Handel mit Edelmetallen spezialisiert hat. Zwischen den beiden Unternehmen bestehen Rahmenvereinbarungen, die die Belieferung der Poseidon GmbH mit ausreichend Gold zum jeweils aktuellen Tageskurs sicherstellen.

Aufgrund der Tatsache, dass der Erwerb von 80 Einheiten Gold mit hoher Wahrscheinlichkeit zu erwarten ist, kann eine Bewertungseinheit aus folgenden Geschäften gebildet werden:

▶ Grundgeschäft ist der mit hoher Wahrscheinlichkeit zu erwartende Einkauf von 80 Einheiten Gold, da die Poseidon GmbH das Gold zur Produktion benötigt und ein langfristiger Rahmenvertrag besteht.

▶ Sicherungsgeschäft sind die 100 abgeschlossenen Gold-Kontrakte.

Eine Zusammenfassung der beiden Geschäfte ist nur in dem Umfang möglich, in dem sich die gegenläufigen Wertänderungen ausgleichen. Da die Poseidon GmbH zum Bilanzstichtag 100 Kontrakte hält, allerdings nur den Erwerb von 80 Einheiten Gold erwartet, sind die 20 restlichen Gold-Kontrakte gesondert (als Spekulationsgeschäft) zu erfassen.

Beispiel 32: Bewertungseinheiten bei Devisensicherungsgeschäften

Die Apollo AG verkauft am 01.12.2010 Waren im Wert von 3 Mio. USD in die USA. Aufgrund der guten Lieferbeziehungen zwischen der Apollo AG und ihrem Kunden in den USA, der Rocket Inc., räumt sie diesem Kunden ein Zahlungsziel von 60 Tagen ein. Die Forderung ist zum 01.02.2011 zu begleichen. Zur Absicherung des aus dem USD resultierenden Währungsrisikos hat die Apollo AG im Dezember 2010 auf Termin zum 01.02.2011 3 Mio. USD bei einem Terminkurs von 1,41 USD je Euro verkauft. Zum 01.02.2011 begleicht die Rocket Inc. die Forderung und zahlt 3 Mio. USD. Zum 01.12.2010 beträgt der Briefkurs, mit dem die Forderung bei der Zugangsbewertung anzusetzen ist, 1,40 USD je Euro. Zum 31.12.2010 beträgt der Devisenkassamittelkurs, der der Folgebewertung der Forderung grundsätzlich zugrunde zu legen ist, 1,42 USD je Euro.

Die Forderung ist zum 01.12.2010 mit 2.142.857 € anzusetzen (3 Mio. USD / 1,40 USD/€). Ohne Berücksichtigung des Sicherungsgeschäfts wäre die Forderung zum 31.12.2010 mit 2.112.676 € anzusetzen (3 Mio. USD / 1,42 USD/€) und somit ergebniswirksam um 30.181 EUR abzuschreiben. Aufgrund des abgeschlossenen Sicherungsgeschäfts wird die Apollo AG zum 01.02.2011 einen Zahlungszufluss i. H. v. 2.127.660 € erhalten. Ein darüber hinausgehender Verlust wird durch das Sicherungsgeschäft kompensiert. Im Ergebnis beschränkt das abgeschlossene Sicherungsgeschäft den wirtschaftlichen Verlust auf 15.197 €. Die Tatsache, dass der Verlust eingetreten ist, obwohl ein Sicherungsgeschäft abgeschlossen worden war, liegt daran, dass der Terminkurs bei 1,41 USD/€ liegt und die Forderung zum 01.12.2010 mit einem Kurs von 1,40 USD/€ anzusetzen war.

Bei der Einfrierungsmethode wird die Forderung gleich mit dem Terminkurs i. H. v. 2.127.600 € (3 Mio. USD / 1,41 USD/€) eingebucht. Eine eigenständige Bewertung der Forderung zum Zugangszeitpunkt bzw. zum Stichtag ist nicht erforderlich. Das abgeschlossene Devisentermingeschäft wird nicht abgebildet.

Bei der Durchbuchungsmethode wird die Verbindlichkeit zunächst mit ihrem Zugangswert eingebucht und zum 31.12.2010 mit 2.112.676 € angesetzt; der entsprechende Aufwand i. H. v. 30.181 € ist zu berücksichtigen. Zudem ist aus dem Sicherungsgeschäft ein Gewinn i. H. v. 14.984 € auszuweisen (2.127.660 ./. 2.112.676 €). Der entsprechende Anspruch ist zu aktivieren. Im Ergebnis wird ein "Nettoaufwand" von 15.197 € ausgewiesen.

Merke:

Mit den Vorschriften zur Bildung von Bewertungseinheiten schreibt der Gesetzgeber vor, dass auf sich gegenläufig ausgleichende Wertänderungen die allgemeinen Bewertungsregelungen des HGB nicht anzuwenden sind. Gleichzeitig stellen sich dem Bilanzierenden aufgrund der Freiheiten im Zusammenhang mit der bilanziellen Berücksichtigung bilanzpolitische Möglichkeiten, die Vermögens- und Ertragslage zu beeinflussen. Einhergehend mit den Neuregelungen ist eine umfassende Anhangberichterstattung zu beachten, die wichtige Hinweise für die Bilanzanalyse enthält.

2.6.4 Wirtschaftliche Zurechnung

Mit der Änderung des § 246 Abs. 1 Satz 2 HGB wird der Grundsatz der wirtschaftlichen Zurechnung im HGB verankert. Dieser Grundsatz ist immer dann von Bedeutung, wenn das rechtliche und das **wirtschaftliche Eigentum** auseinanderfallen. Die Zurechnung bestimmter Sachverhalte zum wirtschaftlichen Eigentümer, der diese in seinem Jahresabschluss abzubilden hat, erfolgt nach der Beurteilung der wirtschaftlichen Chancen und Risiken. Zwar ist für den Bilanzansatz grundsätzlich zunächst das rechtliche Eigentum maßgebend; ist ein Vermögensgegenstand allerdings nicht dem Eigentümer, sondern einem anderen wirtschaftlich zuzurechnen, hat dieser ihn in seiner Bilanz auszuweisen. Das Unternehmen, dem die wesentlichen Chancen und Risiken zuzurechnen sind, ist wirtschaftlicher Eigentümer des Vermögensgegenstands. Die Zurechnung einzelner Schulden für Zwecke der Bilanzierung ist hierbei abweichend geregelt – Schulden sind weiterhin in die Bilanz des (rechtlichen) Schuldners aufzunehmen.

Künftig bildet die rechtliche Zuordnung den Ausgangspunkt der Bilanzierungsentscheidung. Eine abweichende wirtschaftliche Zurechnung verdrängt hierbei die rechtlichen Eigentumsverhältnisse für Zwecke der handelsrechtlichen Rechnungslegung, gleichwohl gilt zunächst die **grundsätzliche Vermutung der Übereinstimmung** von wirtschaftlichem und rechtlichem Eigentum. Eine vom rechtlichen Eigentum abweichende Einschätzung setzt die Überprüfung der aus einem Vermögensgegenstand resultierenden Chancen und Risiken zwischen den Vertragsparteien und eine sich daran anschließende vom rechtlichen Eigentum abweichende Zurechnung des Großteils der Chancen und Risiken voraus.

Typische Anwendungsfälle für das Auseinanderfallen von rechtlichem und wirtschaftlichem Eigentum sind Treuhandverhältnisse, dingliche Sicherungsrechte, Kommissionsgeschäfte, Pensionsgeschäfte, ABS-Transaktionen, Leasing.

Im Zentrum der Vorschrift steht das Ziel, das **Schuldendeckungspotenzial** des Unternehmens richtig auszuweisen. Mit dieser Änderung soll eine Annäherung der handelsrechtlichen Rechnungslegung an die wirtschaftliche Betrachtungsweise der IFRS (substance over form) erreicht werden. Allerdings ist diese Betrachtung nicht alleine auf Vermögensgegenstände anzuwenden, sondern auch auf Rechnungsabgrenzungsposten sowie Aufwendungen und Erträge.

Problematisch erscheint in diesem Zusammenhang die Tatsache, dass die wirtschaftliche Zurechnung einzelner Vermögensgegenstände von der steuerrechtlichen Zurechnung im Einzelfall abweichen kann, da derzeit keine zwingend gleichlautende Erfassung und Beurteilung einzelner Sachverhalte in den beiden Bilanzierungskreisen sichergestellt ist, auch wenn der Gesetzgeber bei der Neufassung des § 246 Abs. 1 HGB einen Gleichklang mit § 39 AO ins Auge gefasst hatte. Für einen wesentlichen Bereich, bei dem wirtschaftliches und rechtliches Eigentum regelmäßig auseinanderfallen können, die Leasingverhältnisse, führt der Gesetzgeber aus, dass die steuerlichen Leasingerlasse auch fortan ihre Gültigkeit behalten. Weiterhin bleiben die steuerrechtlichen Regelungen des § 39 AO maßgebend für die steuerliche Gewinnermittlung. Demnach ergeben sich keine Auswirkungen aus dem BilMoG für die steuerliche Gewinnermittlung.

Die Zielsetzung des Gesetzgebers hinsichtlich der vorgenommenen Änderung liegt in der Klarstellung der bislang gesetzlich verankerten wirtschaftlichen Zurechnung einzelner Vermögensgegenstände zum Vermögen des Kaufmanns. Explizit ist mit der Neufassung von § 246 Abs. 1 HGB keine Änderung des bisherigen Rechtszustands verbunden. Vielmehr sollen die geänderten Formulierungen eine Übereinstimmung mit der Auslegung des § 39 AO sicherstellen.

Erstmals gelten diese Regelungen für die Abschlüsse der Geschäftsjahre, die nach dem 31.12.2009 beginnen (Art. 66 Abs. 3 EGHGB). Dem Willen des Gesetzgebers folgend sind keine Auswirkungen auf die BilMoG-Eröffnungsbilanz zum 01.01.2010 zu erwarten. Daher bedarf es keiner gesonderten Übergangsregelungen.

Die Aufnahme bestimmter Vermögensgegenstände in die Bilanz führt zu einer veränderten Darstellung des bilanziellen Vermögens und damit des Gesamtkapitals sowie der Eigenkapitalquote. Regelmäßig wird – wie bspw. bei Leasingverträgen – die Aktivierung bestimmter Vermögensgegenstände in der Bilanz mit der Passivierung bestimmter Verpflichtungen einhergehen, so dass keine unmittelbaren Eigenkapitaleffekte zu vermuten sind. Da es Ziel der Regelung ist, wirtschaftliche Chancen und Risiken zutreffend abzubilden, kann es im Interesse des Bilanzierenden sein, den Vermögensansatz zu verhindern.

Nachstehende Übersicht ordnet die Neuregelung in die einzelnen Bilanzstrategien ein.

Ausweis einer möglichst hohen Eigenkapitalquote	Ausweis einer möglichst geringen Eigenkapitalquote	Annäherung an die steuerliche Rechnungslegung	Möglichst geringe Abweichungen zum alten Recht	Annäherung an die IFRS
Möglichst Vermeidung der wirtschaftlichen Zurechnung	Möglichst umfassende Aktivierung von Vermögenswerten	Gleichlautende Anwendung nach § 39 AO	Abhängig von der zuvor angewandten Methodik	Möglich, da auch die IFRS die wirtschaftliche Sichtweise vorsehen

ABB. 61: Einzelne bilanzpolitische Strategien (Wirtschaftliche Zurechnung)

Eine Einordnung der einzelnen bilanzpolitischen Möglichkeiten in die Auswahl der Kombination einer qualitativen und quantitativen Bilanzpolitik kann an dieser Stelle unterbleiben.

Im Zentrum der bilanzpolitischen Maßnahmen steht die Gestaltungsfrage, inwieweit die wirtschaftliche Zurechnung gefördert bzw. vermieden werden kann, da sich aus der bilanziellen Abbildung unmittelbare Konsequenzen für die Höhe einzelner Kennzahlen (z. B. Eigenkapitalquote) ergeben. Regelmäßig dürfte der progressive Bilanzierer den Ausweis von möglichst geringem Vermögen anstreben.

Die Einordnung der vom Bilanzierenden verfolgten Bilanzpolitik kann anhand nachstehender Übersicht erfolgen.

	Progressive Bilanzpolitik	Konservative Bilanzpolitik
Wirtschaftliche Zurechnung führt...	... in geringem Umfang zur Aktivierung von Vermögensgegenständen.	... in hohem Umfang zur Aktivierung von Vermögensgegenständen.

ABB. 62: Bilanzanalytische Möglichkeiten (Wirtschaftliche Zurechnung)

Aus der Anhangberichterstattung lässt sich im Einzelfall ein Rückschluss auf die verfolgte Bilanzpolitik gewinnen. Bspw. kann die umfassende Berichterstattung über Leasingverträge, die nicht zur Aktivierung in der Bilanz des Leasingnehmers geführt haben, ein Indiz für eine progressive Bilanzpolitik sein.

Beispiel 33: Wirtschaftliches Eigentum (Eigentumsvorbehalt)

Die Apollo GmbH erwirbt von der Zeus GmbH unter Eigentumsvorbehalt nach § 449 BGB zwei Maschinen. Auch wenn die Apollo AG bis zur vollständigen Zahlung nicht der zivilrechtliche Eigentümer ist, kann sie dennoch durch fristgerechte und vollumfängliche Kaufpreisentrichtung aufgrund des damit verbundenen (zivilrechtlichen) Eigentumsübergangs die Zeus GmbH dauerhaft von der Einwirkung auf das Wirtschaftsgut ausschließen. Folglich ist das Wirtschaftsgut auch bereits vor der vollumfänglichen Zahlung in die Bilanz der Apollo GmbH aufzunehmen.

Beispiel 34: Wirtschaftliches Eigentum (Leasing ohne wirtschaftliches Eigentum)

Die Neptun AG schließt mit der Poseidon GmbH einen Leasingvertrag über eine Maschine mit einer betriebsgewöhnlichen Nutzungsdauer von fünf Jahren ab. Die Neptun AG (Leasingnehmer) kann nach Ablauf von drei Jahren entweder den Leasingvertrag zwei Jahre verlängern oder die Maschine an die Poseidon GmbH zurückgeben. Die Chancen und Risiken liegen damit regelmäßig beim Leasinggeber, der die Maschine zu bilanzieren hat.

Beispiel 35: Wirtschaftliches Eigentum (Leasing mit wirtschaftlichem Eigentum)

Der Daphne GmbH als Leasingnehmer sind Vermögensgegenstände aus einem Leasingvertrag wirtschaftlich zuzurechnen, obwohl das rechtliche Eigentum beim Leasinggeber verbleibt. Der Bilanzansatz erfolgt während des Leasingzeitraums beim Leasingnehmer, der den Vermögensgegenstand aktivieren und abschreiben muss. Die Leasingraten sind in einen Tilgungs- und einen Zinsanteil aufzuteilen und mindern die Leasingverbindlichkeit.

Merke:

Hinsichtlich der Beurteilung des wirtschaftlichen Eigentums verfügt der Bilanzierende über Ermessensspielräume dieses zu bejahen oder zu verneinen. Mittels der zivilrechtlichen Ausgestaltung einzelner Verträge kann hierbei bewusst das Vorliegen oder Nicht-

Vorliegen des wirtschaftlichen Eigentums verhindert werden. Die Regelung soll weder die gängige Bilanzierungspraxis verändern noch eine vom Steuerrecht abweichende Beurteilung im Handelsrecht bedingen.

2.7 Abgrenzung latenter Steuern: Deutlicher Bedeutungsgewinn

2.7.1 Zentrale Fragestellungen und erstmalige Anwendung

Die Abgrenzung latenter Steuern wird konzeptionell vollkommen neu geregelt. Mit der Neuregelung ergeben sich verschiedene Fragestellungen, die im Kontext des HGB in der Vergangenheit keine Relevanz aufwiesen.

▶ Unter welchen Voraussetzungen ergibt sich die Abgrenzung aktiver latenter Steuern? Wie sind latente Steuern zu ermitteln? Welche Ansatzpflichten bestehen? Mit welchem Steuersatz sind die latenten Steuern zu bewerten? Muss stets ein saldierter Ausweis erfolgen? (→ vgl. Kapitel 2.7.2)

▶ Welche Berichterstattungspflichten sind zu beachten? Sind Veränderungen der latenten Steuern stets erfolgswirksam zu erfassen? (→ vgl. Kapitel 2.7.3)

▶ Woraus ergeben sich die verschiedenen Ausstrahlungswirkungen auf die Abgrenzung latenter Steuern nach den Neuregelungen? (→ vgl. Kapitel 2.7.4)

▶ Wie erfolgt die Abgrenzung latenter Steuern bei Organschaftsverhältnissen und welche Rechtsfolgen sind zu beachten? (→ vgl. Kapitel 2.7.5)

▶ In welchem Umfang müssen steuerliche Verlustvorträge Eingang in die Bewertung finden? Welche Bedeutung kommt dem Bereich der Steuerabgrenzung auf Verlustvorträge zu? Lassen sich die entsprechenden Annahmen ausreichend objektivieren? (→ vgl. Kapitel 2.7.6)

▶ Welche bilanzpolitischen Möglichkeiten sind zu beachten? (→ vgl. Kapitel 2.7.7)

▶ Inwieweit dienen latente Steuern als Instrument zur Analyse weiterer bilanzpolitischer Gestaltungen? (→ vgl. Kapitel 2.7.8)

Nach Art. 67 Abs. 6 EGHGB sind Aufwendungen und Erträge, die aus Zuführungen zu und Auflösungen von latenten Steuern im Rahmen der erstmaligen Anwendung des § 274 HGB zum 01.01.2010 entstehen, unmittelbar mit den Gewinnrücklagen zu verrechnen, mithin also erfolgsneutral zu behandeln. Dies gilt auch für Verlustvorträge, für die unter Ausnutzung des Wahlrechts des § 274 HGB erstmals aktive latente Steuern angesetzt werden. Ab dem Jahr 2010 folgt die Abgrenzung latenter Steuern – unabhängig von den einzelnen Umstellungseffekten (→ vgl. dazu auch Kapitel 6) – einer neuen Steuerabgrenzungskonzeption, die wesentliche Auswirkungen auf das Bilanzbild deutscher Unternehmen haben wird.

2.7.2 Ermittlung, Bewertung und Ansatz latenter Steuern

Eine der wesentlichsten und mit einem deutlich erhöhten Bilanzierungsaufwand verbundenen Neuregelungen des BilMoG stellt die Neufassung des § 274 HGB zur Abgrenzung latenter Steuern in der handelsrechtlichen Rechnungslegung dar. Ab 2010 folgt diese nicht mehr dem GuV-orientierten Timing-Konzept, sondern dem international üblichen bilanzorientierten **Temporary-Konzept**, wodurch derzeit bestehende Unterschiede in der Steuerabgrenzung zwischen HGB und IFRS zum Teil deutlich reduziert werden. Nach dem Temporary-Konzept sind sämtliche Ansatz- und Bewertungsdifferenzen zwischen Handelsbilanz und Steuerbilanz, die keine permanenten Differenzen sind, bei der Steuerabgrenzung zu berücksichtigen. Beim Temporary-Konzept werden handelsbilanzielle Wertansätze der Vermögensgegenstände und Schulden (reporting base) mit den korrespondierenden Steuerbilanzwerten (tax base) verglichen, um einen richtigen Ausweis des (Rein-) Vermögens zu erreichen. Dennoch können alle möglichen Unterschiede zwischen steuerlichen und handelsrechtlichen Größen aufgrund der permanenten Differenzen nie vollständig erfasst werden.

Neben der **Ausdehnung der Abgrenzungskonzeption** latenter Steuern durch die neuen Vorschriften ergibt sich außerdem durch weitere Neuregelungen des BilMoG, die eine abweichende Behandlung einzelner Sachverhalte nach Handelsrecht und nach Steuerrecht dem Grunde und/oder der Höhe nach zur Folge haben, eine Aufwertung dieser Thematik. Soweit Unterschiede zwischen den handelsrechtlichen Wertansätzen einzelner Vermögensgegenstände, Schulden und Rechnungsabgrenzungsposten und ihren korrespondierenden steuerlichen Wertansätzen bestehen, sind für diese Differenzen – sofern es sich nicht um permanente Differenzen handelt – latente Steuern abzugrenzen. Die Betrachtungsweise schließt auch eine erfolgsneutrale Abgrenzung latenter Steuern auf die bestehenden Unterschiede ein. Zudem sind Verlustvorträge – sowie mit diesen in der Wirkungsweise vergleichbare Steuergutschriften und Zinsvorträge – unter Erfüllung bestimmter Voraussetzungen Gegenstand der Steuerabgrenzung.

Während passive latente Steuern für eine sich insgesamt ergebende Steuerbelastung anzusetzen sind, besteht für eine sich insgesamt ergebende Steuerentlastung ein Ansatzwahlrecht. Entscheidet sich der Bilanzierende für die Aktivierung latenter Steuern, so unterliegt der Betrag, um den die aktiven die passiven latenten Steuern übersteigen, einer **Ausschüttungssperre** gemäß § 268 Abs. 8 HGB. Damit soll dem Vorsichtsprinzip sowie dem Gläubigerschutz im Zusammenhang mit der Aktivierung latenter Steuern Rechnung getragen werden. Bei der Anwendung des Ansatzwahlrechts sind die Grundsätze der Ansatzstetigkeit (§ 246 Abs. 3 HGB) zu beachten.

Gemäß § 274 Abs. 1 Satz 4 HGB sind bei der Berechnung aktiver latenter Steuern explizit auch steuerliche Verlustvorträge zu berücksichtigen. Eine Einschränkung erfolgt in der Weise, dass dies nur für steuerliche Verlustvorträge in der Höhe gilt, in der innerhalb der nächsten fünf Jahre eine Verlustverrechnung zu erwarten ist.

Die in § 285 Nr. 29 HGB verankerte **Berichtspflicht** bezogen auf die Abgrenzung latenter Steuern hat zur Folge, dass – zumindest bei großen Kapitalgesellschaften und diesen gleichgestellten Personenhandelsgesellschaften im Sinne des § 264a HGB – zu jedem Bilanzstichtag eine **vollständige Inventur** der der Steuerabgrenzung zugrunde liegenden Sachverhalte erforderlich ist. Mittelgroße Kapitalgesellschaften sind im Rahmen der für diese bestehenden Erleichterungen von den Angabepflichten zu latenten Steuern befreit. Demnach müssen mittelgroße Gesellschaften keine Informationen bereitstellen, auf welchen Differenzen oder steuerlichen Verlustvorträgen die abgegrenzten latenten Steuern beruhen und welche Steuersätze der Bewertung zugrunde gelegt wurden. Im Ergebnis ist die Erleichterung durch die Befreiung von den Angabepflichten allerdings nur dann wirksam, wenn das Unternehmen auf den Ansatz latenter Steuern verzichtet. Setzt die Gesellschaft latente Steuern an, muss sie nicht zuletzt aus Gründen der Dokumentation und Prüfbarkeit die entsprechenden Ermittlungs- und Bewertungsschritte nachvollziehbar vornehmen.

Besteht bei dem **Bilanzvergleich** ein Überhang an aktiven latenten Steuern, kann entweder auf das Ansatzwahlrecht verzichtet werden oder der Bilanzierende übt das Ansatzwahlrecht aus. Bei Verzicht auf das Ansatzwahlrecht sind lediglich entsprechende Anhangangaben erforderlich. Bei Ausübung des Ansatzwahlrechts müssen hingegen im ersten Schritt zusätzlich die Verlustvorträge analysiert werden. Daraufhin werden die gesamten aktiven und passiven latenten Steuern bestimmt, die saldiert werden können (Wahlrecht). Anhangangaben sind ebenfalls erforderlich. Ergibt sich bei dem Bilanzvergleich ein Überhang an passiven latenten Steuern, sind zunächst ebenfalls die Verlustvorträge zu analysieren. Wird hierbei insgesamt ein Überhang an aktiven latenten Steuern festgestellt, kann das Ansatzwahlrecht ausgeübt werden. Zudem müssen im Anhang die entsprechenden Angaben gemacht werden. Wird jedoch ein Überhang an passiven latenten Steuern festgestellt, besteht für die latenten Steuern in jedem Fall eine Passivierungspflicht.

Die **Bewertung** der zu bildenden latenten Steuern erfolgt nach § 274 Abs. 2 HGB mit dem unternehmensindividuellen Steuersatz im Zeitpunkt der Umkehrung der Differenz – also dem zukünftigen Steuersatz. Daher muss der Bilanzierende bei der Ermittlung der latenten Steuern nicht nur die voraussichtliche Umkehrung der entsprechenden Differenz prüfen, sondern auch deren Zeitpunkt, damit eine sachgerechte Entscheidung hinsichtlich des Steuersatzes getroffen werden kann. Von Bedeutung ist diese Regelung dann, wenn sich – aufgrund in der Diskussion befindlicher oder abgeschlossener Gesetzgebungsverfahren – Veränderungen der anzuwendenden Ertragsteuersätze abzeichnen. Um zukünftige Steuersätze als Grundlage der Steuerabgrenzung heranziehen zu können, bedarf es jedoch auch regelmäßig deren Verabschiedung, um ausreichende Gewissheit über die Höhe des zukünftigen Steuersatzes sowie auch seinen Anwendungszeitpunkt zu erlangen.

Weiterhin unterliegen latente Steuern gemäß § 274 Abs. 2 Satz 1 HGB einem expliziten **Abzinsungsverbot**. Die bilanzierten Steuerposten werden mit dem Eintritt der antizipierten Steuerwirkung realisiert. Eine Auflösung muss außerdem dann erfolgen, wenn mit dem Eintritt der antizipierten Steuerwirkung nicht mehr zu rechnen ist. Dies ist bspw. dann der Fall, wenn sich die der Abgrenzung zugrunde liegende Differenz – z. B. durch die Veräußerung des entsprechenden Vermögensgegenstands – umkehrt oder wenn bspw. von der Nutzung von Verlustvorträgen aufgrund einer negativen Unternehmensentwicklung nicht mehr mit ausreichender Wahrscheinlichkeit auszugehen ist.

Die Ermittlung sowie die Fortführung der latenten Steuerpositionen erhöhen den **Rechnungslegungsaufwand** für die betroffenen Unternehmen erheblich. Auch im Zusammenhang mit dem Verzicht der Ausübung des Ansatzwahlrechtes muss zunächst die Ermittlung der Steuerabgrenzungsbeträge für den jeweiligen Bilanzposten erfolgen.

2.7.3 Ausweis und Berichterstattung von latenten Steuern

Für den Ausweis passiver latenter Steuern beinhaltet das überarbeitete Bilanzgliederungsschema des § 266 HGB nunmehr eine eigenständige Position "Passive latente Steuern" (vgl. § 266 Abs. 3 E. HGB). Auch auf der Aktivseite der Bilanz ist mit Gliederungsposten D. eine eigene Position für den Ausweis aktiver latenter Steuern vorhanden.

Hinsichtlich des **saldierten Ausweises** der latenten Steuern räumt § 274 Abs. 1 Satz 3 HGB dem Bilanzierenden ein Wahlrecht ein. Er kann entweder die sich insgesamt ergebende Steuerbelastung oder die sich insgesamt ergebende Steuerentlastung ausweisen; alternativ dürfen die sich ergebende Steuerbe- und -entlastung jedoch auch unverrechnet angesetzt werden.

In der GuV sind die aus der Veränderung bilanzierter latenter Steuern im Geschäftsjahr resultierenden Aufwendungen bzw. Erträge innerhalb der GuV-Position ‚Steuern vom Einkommen und vom Ertrag' gesondert auszuweisen. Der gesonderte Ausweis umfasst folglich Erträge und Aufwendungen aus der Aktivierung bzw. Passivierung von latenten Steuern aufgrund von in der laufenden Periode eingetretenen Geschäftsvorfällen sowie die Anpassung aus der Veränderung der bereits in Vorjahren angesetzten latenten Steuern.

§ 285 Nr. 29 HGB fordert die Angabe, auf welchen Differenzen – oder steuerlichen Verlustvorträgen – die abgegrenzten latenten Steuern beruhen und welche Steuersätze zu ihrer Bewertung herangezogen wurden. Diese Angabepflicht ist unabhängig von der sich ergebenden Steuerbe- oder -entlastung: Auch wenn der Bilanzierende auf die Aktivierung eines Überhangs aktiver latenter Steuern verzichtet, muss er im Anhang die **entsprechenden Angaben** zu den bestehenden Differenzen und Verlustvorträgen vornehmen. Demnach ist der Anhang um eine entsprechende bilanzorientierte Übersicht zu den bewerteten aktiven und passiven latenten Steuern zu ergänzen.

Insbesondere an die Aktivierung latenter Steuern auf Verlustvorträge (→ vgl. Kapitel 2.7.6) sind hohe Anforderungen zu stellen, vor allem dann, wenn das Unternehmen in der Vergangenheit nicht über ausreichend nachhaltige Gewinne verfügte. Neben einer angemessenen Berichterstattung zu den der Steuerabgrenzung zugrunde gelegten Prämissen und Bewertungsannahmen empfiehlt sich im Anhang die Darstellung einer Überleitungsrechnung des ausgewiesenen Steueraufwands/-ertrags auf den erwarteten Steueraufwand/-ertrag. Hinsichtlich der Anhangberichterstattung zu latenten Steuern können die sehr detaillierten Angabepflichten des DRS 10 als Orientierung für eine sachgerechte Erläuterung herangezogen werden.

2.7.4 Rückwirkung anderer Änderungen

Das HGB bleibt auch nach den Änderungen des BilMoG in weiten Teilen maßgeblich für die steuerliche Gewinnermittlung. Allerdings wird das Maßgeblichkeitsprinzip künftig an einigen weiteren Stellen durchbrochen. Gleichzeitig entfällt das Prinzip der umgekehrten Maßgeblichkeit. Rein steuerlich bedingte Wertansätze entfalten demnach keine Geltung mehr für die handelsrechtliche Rechnungslegung. Da solche Sachverhalte dann ausschließlich in der Steuerbilanz abgebildet werden (dürfen), wird die Erstellung einer Einheitsbilanz in diesen Fällen unmöglich (→ vgl. dazu auch Kapitel 10.2). Im Folgenden werden exemplarisch einige wesentliche Neuregelungen des BilMoG, die zu einer Verringerung bzw. Ausdehnung des Anwendungsbereichs respektive der Bedeutung latenter Steuern führen, aufgegriffen.

In einigen Fällen führen die Neuregelungen des BilMoG zu einer Verringerung des Anwendungsbereichs der Abgrenzung latenter Steuern, da bestehende Differenzen zwischen Handelsbilanz und Steuerbilanz beseitigt oder zumindest vermindert werden. Dies gilt bspw. für:

► die Einschränkung der Möglichkeiten zur Vornahme außerplanmäßiger Abschreibungen im Anlagevermögen nach § 253 Abs. 3 HGB a. F., die Abschaffung der Abschreibungen nach vernünftiger kaufmännischer Beurteilung gemäß § 253 Abs. 4 HGB a. F. sowie das Zuschreibungsgebot in § 253 Abs. 5 HGB;

► die Erweiterung der handelsrechtlich aktivierungspflichtigen Herstellungskosten-untergrenze in § 255 Abs. 2 HGB um die variablen Gemeinkosten;

► die Einschränkung der handelsrechtlichen Möglichkeiten zur Bildung von – steuer-lich nicht anerkannten – Rückstellungen in § 249 HGB;

► die Aufgabe des Aktivierungswahlrechts bei Aufwendungen für die Ingangsetzung und Erweiterung des Geschäftsbetriebs in § 269 HGB.

An einigen Stellen führt die zunehmende Durchbrechung der Maßgeblichkeit der han-delsbilanziellen für die steuerbilanziellen Wertansätze durch das BilMoG zu einer **Aus-weitung** der Abgrenzung latenter Steuern. Dies gilt bspw. für:

► die teilweise Abschaffung des § 248 Abs. 2 HGB, der bislang einen Ansatz selbst erstellter immaterieller Vermögensgegenstände des Anlagevermögens vollständig untersagte. Dem Aktivierungswahlrecht nach § 248 Abs. 2 HGB steht das Aktivie-rungsverbot nach § 5 Abs. 2 EStG gegenüber.

► Vermögensgegenstände im Sinne des § 246 Abs. 2 HGB. Diese sind handelsrechtlich gemäß § 253 Abs. 1 Satz 4 HGB verpflichtend mit ihrem beizulegenden Zeitwert zu bewerten, während steuerlich die Bewertung unverändert zu fortgeführten An-schaffungskosten erfolgt.

► die unterschiedlichen Abzinsungsregeln für Verbindlichkeiten und Rückstellungen in Steuer- und Handelsbilanz. Während handelsbilanziell in Zukunft eine Abzinsung generell mit einem Marktzinssatz zu erfolgen hat, schreiben die steuerlichen Rege-lungen als Abzinsungszinssatz 5,5 % – bei Pensionsrückstellungen 6 % – vor. In aller Regel wird der handelsrechtlich maßgebliche Marktzinssatz von den steuerlich rele-vanten Zinssätzen abweichen, sodass aus den unterschiedlichen Barwerten der Verbindlichkeiten bzw. Rückstellungen in Handels- und Steuerbilanz aufgrund ab-weichender Zinssätze die Notwendigkeit zur Bildung latenter Steuern resultiert. Abweichungen werden sich bei der Bewertung der sonstigen Rückstellungen auch aus der Tatsache ergeben, dass handelsrechtlich künftig Preis- und Kostensteige-rungen berücksichtigt werden müssen; nach den steuerlichen Vorschriften sind diese allerdings nicht zu erfassen.

► rein steuerrechtlich zulässige Wertansätze in der Steuerbilanz, sodass es bei abwei-chenden handelsrechtlichen Ansatz- oder Bewertungsnormen ebenfalls zu einer Ausdehnung des Anwendungsbereichs latenter Steuern kommt, da handelsbilan-zielle und steuerbilanzielle Wertansätze sich nicht entsprechen.

Die zunehmende Durchbrechung des Maßgeblichkeitsprinzips sowie die Abschaffung der umgekehrten Maßgeblichkeit führen zu einem stärkeren Auseinanderfallen der steuerlichen sowie der handelsrechtlichen Rechnungslegung in einzelnen Bereichen.

Die im Gegenzug erfolgten Annäherungen der handelsrechtlichen Rechnungslegung an die steuerlichen Normen können diesen Effekt nicht kompensieren, sodass die Unterschiede zwischen den beiden Rechenwerken insgesamt zunehmen werden.

2.7.5 Abbildung latenter Steuern bei Organschaften

Stehen zwei Unternehmen in einem Organschaftsverhältnis zueinander, sind die latenten Steuern auf Ebene des Organträgers zu bilden. Ein Ansatz latenter Steuerverpflichtungen sowie latenter Steueransprüche in den Jahresabschlüssen der Organgesellschaften scheidet somit aus. Die Bilanzierung latenter Steuern folgt demnach der rechtlichen Sichtweise, nach der einzig der Organträger als Steuersubjekt anzusehen ist.

Der Ansatz der latenten Steuern im **Jahresabschluss des Organträgers** kann nur für die steuerlichen Effekte erfolgen, die während der (erwarteten) Laufzeit des Organschaftsverhältnisses eintreten. Etwaige Steuerbe- oder -entlastungen in nachfolgenden Perioden sind hingegen bei der Organgesellschaft zu berücksichtigen.

Die Abbildung latenter Steuern auf Ebene des Organträgers erfordert genaue Kenntnisse über die einzelnen Differenzen auf Ebene der einzelnen Organgesellschaften. Hinsichtlich der Ermittlung des ausschüttungsfähigen Gewinns (→ vgl. Kapitel 2.8) sowie des im Rahmen des Ergebnisabführungsvertrags zu ermittelnden Abführungsbetrags nach § 301 AktG müssen die auf Ebene des Organträgers abgegrenzten latenten Steuern auf Ebene der Organgesellschaft berücksichtigt werden. Es wird damit deutlich, dass die Abgrenzung latenter Steuern im Organschaftsverhältnis zum einen detaillierte Kenntnisse über mehrere Unternehmensebenen hinweg erfordert. Zum anderen knüpfen unmittelbare rechtliche Folgen an eine zutreffende bzw. fehlerhafte Ermittlung latenter Steuern respektive eines sich daraus ergebenden Abführungsbetrags.

Die entsprechende Ermittlungsproblematik des abzuführenden Betrags im Rahmen des **Ergebnisabführungsvertrags** kann dadurch abgemildert werden, dass – bei Vorliegen entsprechender Steuerumlageverträge – die latenten Steuern bei der Organgesellschaft bilanziert werden. Die Erfassung der latenten Steuern auf Ebene der Organgesellschaft bei Steuerumlageverträgen, die die gesamte steuerliche Belastung auf die Organgesellschaft umlegen, ist in solchen Fällen möglich. Sofern die Steuerumlageverträge bei der Organgesellschaft berücksichtigt werden, gestaltet sich die zutreffende Ermittlung der Ausschüttungs- bzw. Abführungssperre einfacher, da auf Ebene der betrachteten Organgesellschaft alle notwendigen Informationen hinsichtlich der zu berücksichtigenden Steuerabgrenzung bekannt sind.

2.7.6   Latente Steuern auf steuerliche Verlustvorträge

Die Neuregelungen nach § 274 HGB zwingen den Bilanzierenden, Annahmen über die Werthaltigkeit und Nutzbarkeit von steuerlichen Verlustvorträgen zu treffen. Diese haben eine unmittelbare Auswirkung auf die bilanzielle Darstellung der latenten Steuern. Hierbei sind die steuerlichen Verlustvorträge zu berücksichtigen, deren Verrechnung innerhalb der nächsten fünf Jahre voraussichtlich zu erwarten ist. Die **Werthaltigkeit** der bewertungsrelevant berücksichtigten Beträge resultiert in diesem Zusammenhang alleine aus dem Potenzial des Unternehmens, in Zukunft voraussichtlich (mit hinreichender Sicherheit) Gewinne in ausreichender Höhe zu erzielen. Hinsichtlich der Interpretation des Begriffs "voraussichtlich" verfügt der Bilanzierende über einen Ermessensspielraum: Ist dies eine mehr als 50 % wahrscheinliche Verlustverrechnung? Muss die **Wahrscheinlichkeit** 80% betragen? Aufgrund unklarer Definition der Ansatzvoraussetzungen lässt sich damit im Extremfall eine gewisse bilanzpolitische Willkür hinter der Norm verstecken, die weder durch den Grundsatz der Stetigkeit noch durch eine entsprechende Anhangberichterstattung abschließend identifizierbar wird. Zwar führt der Gesetzgeber aus, dass die Frage des voraussichtlichen Ausgleichs anhand von Wahrscheinlichkeitsüberlegungen zu klären ist. In diesem Zusammenhang ist weiterhin das handelsrechtliche Vorsichtsprinzip zu beachten. Allerdings vermag weder der Hinweis auf die handelsrechtliche Vorsicht noch eine Begrenzung auf fünf Jahre die angestellten Wahrscheinlichkeitsüberlegungen und unternehmensseitig getroffenen Annahmen hinreichend genug objektivieren.

In der Praxis wird eine "voraussichtliche" Nutzung regelmäßig dann zu bejahen sein, wenn mehr Gründe für eine entsprechende Nutzung sprechen als dagegen. Allerdings verschiebt sich das hiermit auf den ersten Blick quantifizierbare Schätzproblem auf die Ebene der Ableitung dieser Wahrscheinlichkeitserwartungen und somit auf die steuerlichen Planungsrechnungen.

Im Zusammenhang mit den **bilanzpolitischen Möglichkeiten**, die sich dem Bilanzierenden mit Blick auf die Bewertung aktiver latenter Steuern im Besonderen mit steuerlichen Verlustvorträgen ergeben, sollte stets kritisch analysiert werden, ob die aktivierten Beträge und damit auch das bilanzielle Eigenkapital in voller Höhe werthaltig sind. Der Zusammenhang zwischen den vorhandenen Verlusten, die – mit dem in Zukunft geltenden Steuersatz multipliziert – als Bilanzwert in der Verlustperiode erfolgserhöhend aktiviert werden, und in Zukunft wider den ursprünglichen Erwartungen eintretenden Verlusten erweist sich als paradox: Die aus der mangelnden Werthaltigkeit resultierenden Abschreibungen der zuvor ertrags- und eigenkapitalerhöhend aktivierten Beträge lassen die ohnehin vorhandenen Verluste dann noch weiter ansteigen und werden somit im Extremfall zur Existenzbedrohung für das betroffene Unternehmen: „In der Krise werden aktive latente Steuern so zum Mühlstein am Halse, der das bedrohte Unternehmen endgültig in den Abgrund reißt" (*Schildbach*, WPg 1998, S. 945).

Die **subjektive Einschätzung** des Jahresabschlusserstellers beeinflusst die Bilanzierung und Bewertung latenter Steuern ebenso wie Ermessensentscheidungen, die aus der notwendigen Auslegung unbestimmter Rechtsbegriffe resultieren. Das hiermit verbundene bilanzpolitische Potenzial ist für externe Adressaten so gut wie nicht nachvollziehbar. Zu beachten ist, dass die aktivierten Beträge grundsätzlich bei kleineren Unternehmen oder Unternehmen, die auf eine verhältnismäßig kurze Historie zurückblicken und damit zwangsläufig über weniger Erfahrungswerte verfügen, mit größerer Unsicherheit behaftet sein dürften als bei großen, diversifizierten Konzernen.

Besonders zu berücksichtigen ist auch die Entwicklung der auf Verlustvorträge aktivierten latenten Steuern: Ein Anstieg dieser Bilanzposition spiegelt zunehmende Verlustvorträge im Unternehmen wider und ist somit je nach den Umständen des Einzelfalls als ein möglicher **Indikator** für eine drohende Unternehmensschieflage zu werten. Zusätzlich sind hohe Verlustvorträge, die nicht in die Abgrenzung aktiver latenter Steuern einbezogen wurden, ein Anzeichen dafür, dass das Unternehmen selbst nicht mit der hinreichenden Sicherheit damit rechnet, dass in der Zukunft ausreichende Gewinne erzielt werden, um die vorhandenen Verlustvorträge nutzen zu können.

2.7.7 Bilanzpolitische Bedeutung: Aktivierung führt zu mehr Eigenkapital

Der Behandlung latenter Steuern kommt eine zentrale bilanzpolitische Bedeutung zu. Nicht zuletzt die Aktivierung von latenten Steuern auf Verlustvorträge unterliegt erheblichen bilanzpolitischen Ermessensspielräumen (→ vgl. Kapitel 2.7.5). Der Beurteilung der steuerlichen Verlustnutzungspotenziale über einen längeren Zeitraum kommt in diesem Zusammenhang eine große Bedeutung zu.

Übt der Bilanzierende das Ansatzwahlrecht – unter Berücksichtigung des Gebots der Ansatzstetigkeit – aus, so erfolgt eine Eigenkapitalerhöhung und im Jahr der Bildung eine Ergebniserhöhung im Vergleich zum Nichtansatz der latenten Steuern. Da der Ansatz passiver latenter Steuern verpflichtend ist, kommt im Besonderen dem Ansatz darüber hinaus gehender aktiver latenter Steuern eine bilanzpolitische Bedeutung zu. Neben dem Ansatz kommt dem Ausweis latenter Steuern in der Bilanz eine bilanzpolitische Bedeutung zu. Grundsätzlich führt ein saldierter Ausweis zu einem geringeren Gesamtkapital und damit im Ergebnis zu einer höheren Eigenkapitalquote. Dieser Effekt kehrt sich in Folgejahren um.

Nachstehende Übersicht ordnet die Neuregelung in die einzelnen Bilanzstrategien ein.

Ausweis eines möglichst hohen Eigenkapitals/eines möglichst hohen Ergebnisses	Ausweis eines möglichst geringen Eigenkapitals/eines möglichst geringen Ergebnisses	Annäherung an die steuerliche Rechnungslegung	Möglichst geringe Abweichungen zum alten Recht	Annäherung an die IFRS
Ansatz aktiver latenter Steuern	Kein Ansatz aktiver latenter Steuern	Kein Ansatz aktiver latenter Steuern	Abhängig von zuvor verfolgter Bilanzpolitik	Ansatz aktiver latenter Steuern

ABB. 63: Einzelne bilanzpolitische Strategien (Latente Steuern)

Aus einer Kombination der einzelnen Strategien ergeben sich folgende Möglichkeiten für die verfolgte Bilanzpolitik.

Quantitative Strategie \ Qualitative Strategie	Annäherung an die steuerliche Rechnungslegung	Möglichst geringe Abweichungen zum alten Recht	Annäherung an die IFRS
Ausweis eines möglichst hohen Eigenkapitals/ eines möglichst hohen Ergebnisses	**Nicht möglich** Steuerlich erfolgt keine Berücksichtigung latenter Steuern.	**Nicht möglich** Die neue Abgrenzungskonzeption führt zu einem deutlich veränderten Ansatz.	**Mögliche Kombination** Ausübung des Ansatzwahlrechts.
Ausweis eines möglichst geringen Eigenkapitals/ eines möglichst geringen Ergebnisses	**Bedingt möglich** Kein Ausweis eines aktiven Überhangs.	**Bedingt möglich** Möglich, wenn auch zuvor kein Ansatz aktiver latenter Steuern erfolgte.	**Nicht vereinbar** Ansatz latenter Steuern nach IAS 12 geboten.

ABB. 64: Kombinierte bilanzpolitische Strategien (Latente Steuern)

Im Zentrum der Bilanzpolitik werden regelmäßig die Berücksichtigung von steuerlichen Verlustvorträgen bei der Abgrenzung latenter Steuern und die damit verbundenen Ermessensentscheidungen stehen (→ vgl. Kapitel 2.7.5). Grundsätzlich müssen steuerliche Verlustvorträge bei der Ermittlung einer sich insgesamt ergebenden Steuerbe- oder -entlastung berücksichtigt werden. Demnach ergibt sich mit Blick auf die in den kommenden fünf Jahren nutzbaren steuerlichen Verlustvorträge kein unmittelbares gesetzliches Wahlrecht. Gleichwohl kommt der Bestimmung der künftigen Nutzbarkeit steuerlicher Verlustvorträge ein im Einzelfall erheblicher Ermessensspielraum zu, da bestimmte Planungsannahmen vielfach keiner abschließend objektivierbaren Prüfbarkeit, allenfalls systemischen Plausibilitätsüberlegungen, unterzogen werden können. Insbesondere bei Vorliegen hoher Verlustvorträge und bei Ausübung des Aktivierungswahlrechts führt der Ansatz aktiver latenter Steuern in der Bilanz zu einem höheren Eigenkapital. Die Ausübung des entsprechenden Ansatzwahlrechts unterliegt allerdings dem Stetigkeitsgebot nach § 246 Abs. 3 HGB.

2.7.8 Bilanzanalytische Möglichkeiten: Latente Steuern als Spiegelbild der Bilanzpolitik

Hinsichtlich der Bilanzpolitik ist zwischen dem Ansatz aktiver latenter Steuern und dem saldierten Ausweis zu unterscheiden. Für den Fall, dass das Unternehmen ein positives Eigenkapital aufweist, führt der saldierte Ansatz zu einer höheren Eigenkapitalquote.

Mit Blick auf die bilanzanalytische Bedeutung latenter Steuern sind zwei Aspekte zu unterscheiden:

(1) Dem Ansatz und Ausweis latenter Steuern kommt eine unmittelbare bilanzpolitische Bedeutung mit Blick auf den Vermögens- und Ertragsausweis zu.

(2) Die Abgrenzung latenter Steuern stellt ein Spiegelbild der an anderen Stellen erfolgten Bilanzpolitik dar. In den Fällen, in denen handelsrechtlich Vermögensgegenstände höher oder Schulden niedriger angesetzt worden sind, sind passive latente Steuern auf die Differenzen (sofern diese nicht permanent sind) anzusetzen. In den Fällen, in denen Vermögensgegenstände niedriger und Schulden höher in der Handelsbilanz angesetzt worden sind als in der Steuerbilanz, hat der Ausweis aktiver latenter Steuern zu erfolgen. Damit ist die Steuerabgrenzung ein eindeutiges Indiz für die an anderer Stelle verfolgte Bilanzpolitik.

Die Einordnung der vom Bilanzierenden verfolgten Bilanzpolitik kann anhand nachstehender Übersicht erfolgen.

	Progressive Bilanzpolitik	Konservative Bilanzpolitik
Der Ansatz aktiver latenter Steuern...	... erfolgt.	... erfolgt nicht.
Die Saldierung der aktiven latenten Steuern mit den passiven latenten Steuern wird...	... vorgenommen.	... wird nicht vorgenommen.
Im Ergebnis werden aufgrund anderer bilanzpolitischer Maßnahmen tendenziell...	... passive latente Steuern auf einzelne Bilanzposten ausgewiesen.	... aktive latente Steuern auf einzelne Bilanzposten ausgewiesen.

ABB. 65: Bilanzanalytische Möglichkeiten (Latente Steuern)

Die Bilanzanalyse wird im Wesentlichen Bezug nehmen auf die umfassenden Erläuterungen nach § 285 Nr. 29 HGB. Diese erlauben sowohl eine Einschätzung der bestehenden Abweichungen zwischen den handelsrechtlichen Wertansätzen und den steuerlichen Werten als auch hinsichtlich der vorhandenen bzw. berücksichtigten steuerlichen Verlustvorträge.

Aus der Berichterstattung zur Steuerabgrenzung können neben steuerlichen Gestaltungen ebenso Rückschlüsse auf die künftigen steuerlichen Ergebnisse gewonnen werden.

Die Abgrenzung latenter Steuern stellt in Summe ein wichtiges bilanzanalytisches Instrumentarium dar, mit dessen Hilfe die ansonsten verfolgten bilanzpolitischen Zielsetzungen näher analysiert werden können.

2.7.9 Anwendungsbeispiele zur Abgrenzung latenter Steuern

Hinsichtlich der Steuerabgrenzung werden im Folgenden verschiedene Sachverhalte dargestellt. Zum ersten wird die allgemeine Vorgehensweise zur Abgrenzung und Darstellung latenter Steuern betrachtet. Im Anschluss erfolgt die Berücksichtigung latenter Steuern auf steuerliche Verlustvorträge im Speziellen. Zudem wird auf die Besonderheit der Steuerabgrenzung bei Organschaften gesondert Bezug genommen.

Beispiel 36: Abgrenzung latenter Steuern (Fallstudie)

Die Neptun AG weist zum 31.12.2010 die in der folgenden Tabelle dargestellten Werte in der Steuerbilanz bzw. der Handelsbilanz vor der Berücksichtigung latenter Steuern aus.

[in €]	Steuerbilanz	Handelsbilanz
Immaterielles Vermögen	10.000	30.000
Sachanlagen	50.000	60.000
Finanzanlagen	20.000	20.000
Vorräte	110.000	130.000
Forderungen	70.000	70.000
Kasse/Bank	40.000	40.000
Rückstellungen	40.000	50.000
Verbindlichkeiten	100.000	100.000

Zum 01.01.2010 überstiegen die Aktiva der Neptun AG in der Handelsbilanz die in der Steuerbilanz angesetzten Werte um 20.000 €; Differenzen in den Passiva bestanden keine. Die im Jahr 2010 hinzugekommen Differenzen sind erfolgswirksam aus der Aktivierung von Entwicklungskosten, unterschiedlichen Abschreibungsmethoden in der Handelsbilanz und der Steuerbilanz sowie der Bewertung der Pensionsrückstellungen entstanden.

In der Steuerbilanz beträgt das gezeichnete Kapital der Neptun AG 20.000 €, die Kapitalrücklage 30.000 €, die Gewinnrücklagen 50.000 € und der Jahresüberschuss für das Geschäftsjahr 2010 60.000 €. Darin enthalten sind steuerfreie Erträge i. H. v. 5.000 €. Aus Vorjahren bestehen steuerliche Verlustvorträge i. H. v. insgesamt 155.000 €; auf diese wurden in der Vergangenheit keine latenten Steuern aktiviert. Zum 31.12.2010 entscheidet die Gesellschaft aufgrund geänderter Prognosen, auf den zu diesem Zeitpunkt verbleibenden Verlustvortrag aktive latente Steuern zu bilden.

Für die Neptun AG ist zur Vereinfachung für effektive und latente Steuern ein einheitlicher Steuersatz von 30 % anzuwenden. Aktive und passive latente Steuern sollen saldiert werden.

Unabhängig davon, ob die zum 01.01.2010 bestehenden Differenzen zwischen den Aktiva in der Steuerbilanz und in der Handelsbilanz erfolgswirksam oder erfolgsneutral entstanden sind, sind die Steuerwirkungen dieser Differenzen in der Folgeperiode (hier zum 31.12.2010) erfolgsneutral abzubilden, da die Abgrenzung latenter Steuern bereits zum 01.01.2010 erfolgt ist. Aus diesem Grund erhöhen sich die Gewinnrücklagen in der Handelsbilanz vor Berücksichtigung der latenten Steuern gegenüber der Steuerbilanz um 20.000 €. Aufgrund der Prämisse, dass die in 2010 entstandenen Differenzen erfolgswirksam entstanden sind, führen die – über die aktivische Differenz von 20.000 € zum 31.12.2010 hinaus – bestehenden Unterschiede zu einer Erhöhung des Jahresüberschusses von weiteren 20.000 € (+ 30.000 € Höherbewertung Aktiva – 10.000 € Höherbewertung Passiva) in der Handelsbilanz vor Steuern.

Die in den einzelnen Positionen bestehenden Differenzen sind in der nachfolgenden Tabelle in einer gesonderten Spalte dargestellt. Auf diese Differenzen sind jeweils latente Steuern i. H. v. 30 % abzugrenzen – bei in der Handelsbilanz mit einem höheren Wert angesetzten Aktiva passive latente Steuern, bei in der Handelsbilanz mit einem höheren Wert angesetzten Passiva aktive latente Steuern.

In Summe ergeben sich aus den Differenzen in den Bilanzpositionen zum 31.12.2010 aktive latente Steuern i. H. v. 3.000 € sowie passive latente Steuern i. H. v. 15.000 €.

Zusätzlich sollen auf die zum 31.12.2010 noch vorhandenen Verlustvorträge nunmehr aktive latente Steuern abgegrenzt werden. Vor Berücksichtigung des Jahresergebnisses 2010 belaufen sich diese auf 155.000 €. Der Jahresüberschuss in der Steuerbilanz beträgt 60.000 €, darin sind gemäß der Aufgabenstellung steuerfreie Erträge i. H. v. 5.000 € enthalten. Zum 31.12.2010 verbleiben damit für die Aktivierung latenter Steuern Verlustvorträge i. H. v. 155.000 € – (60.000 € – 5.000 €) = 100.000 €, so dass sich bei einem Steuersatz von 30 % zusätzlich aktive latente Steuern i. H. v. 30.000 € ergeben.

In der folgenden Tabelle sind die aus den temporären Differenzen bzw. Verlustvorträgen resultierenden latenten Steuern zusammengefasst.

[in €]	Aktive latente Steuern	Passive latente Steuern
Immaterielles Vermögen	–	6.000
Sachanlagen	–	3.000
Vorräte	–	6.000
Rückstellungen	3.000	–
Verlustvorträge	30.000	–
Summe vor Saldierung	33.000	15.000
Saldierung	./. 15.000	./. 15.000
Latente Steuern nach Saldierung	18.000	–

Gemäß den Informationen zum Sachverhalt sind aktive und passive latente Steuern bei der Neptun AG zu saldieren. Nach der Saldierung (in Höhe des Betrags der passiven latenten Steuern von 15.000 €) verbleiben in der Bilanz auszuweisende aktive latente Steuern i. H. v. 18.000 €.

Zum 01.01.2010 überstiegen die Aktiva in der Handelsbilanz die in der Steuerbilanz angesetzten Werte um 20.000 €. Zu diesem Zeitpunkt waren folglich passive latente Steuern i. H. v. 6.000 € zu bilden und in der Bilanz auszuweisen. Dies mindert die Gewinnrücklagen in der Handelsbilanz nach latenten Steuern um 6.000 €.

In der Periode 2010 erhöhen sich die passiven latenten Steuern von 6.000 € auf 15.000 €, so dass zusätzliche latente Steuern i. H. v. 9.000 € erfolgswirksam zu buchen sind:

Steueraufwand   9.000   an   Passive latente Steuern   9.000

Aktive latente Steuern entstehen in der Periode 2010 i. H. v. 33.000 €; diese sind ebenfalls erfolgswirksam zu bilden:

Aktive latente Steuern   33.000   an   Steuerertrag   33.000

Insgesamt resultiert damit in der Periode 2010 ein Ertrag aus der Bildung latenter Steuern i. H. v. 24.000 €. Im Vorjahr bestanden passive latente Steuern i. H. v. 6.000 €, zum Ende der Periode 2010 ergeben sich saldiert aktive latente Steuern i. H. v. 18.000 € – die Differenz entspricht dem in der GuV erfassten Steuerertrag von 24.000 €.

Die folgende Tabelle fasst die Erläuterungen zusammen und stellt in der rechten Spalte die Handelsbilanz der Neptun AG mit latenten Steuern dar. Die in der Spalte Steuerabgrenzung angegebenen Beträge entsprechen den nach § 285 Nr. 29 HGB geforderten Angaben zu den einzelnen Differenzen, die Grundlage der Steuerabgrenzung sind (p. l. S./a. l. S. = passive/aktive latente Steuern).

Bilanzpositionen [in €]	Steuerbilanz	Handelsbilanz vor lat. Steuern	Differenz	Steuer- abgrenzung	Handelsbilanz mit lat. Steuern
Immaterielles Vermögen	10.000	30.000	20.000	6.000 p. l. S.	30.000
Sachanlagen	50.000	60.000	10.000	3.000 p. l. S.	60.000
Finanzanlagen	20.000	20.000	–		20.000
Vorräte	110.000	130.000	20.000	6.000 p. l. S.	130.000
Forderungen	70.000	70.000	–		70.000
Kasse/Bank	40.000	40.000	–		40.000
Aktive latente Steuern	–	–	–		18.000
Summe Aktiva	300.000	350.000	50.000		368.000

Bilanzpositionen [in €]	Steuerbilanz	Handelsbilanz vor lat. Steuern	Differenz	Steuer- abgrenzung	Handelsbilanz mit lat. Steuern
Gezeichnetes Kapital	20.000	20.000	–		20.000
Kapitalrücklage	30.000	30.000	–		30.000
Gewinnrücklagen	50.000	70.000	20.000	(./. 6 .000 St.- aufw. aus 2009)	64.000
Jahresüberschuss	60.000	80.000	20.000	(+ 24.000 St.ertr. aus 2010)	104.000
Rückstellungen	40.000	50.000	10.000	3 a. l. S.	50.000
Verbindlichkeiten	100.000	100.000	–		100.000
Summe Passiva	300.000	350.000	50.000		368.000

Zusätzlich zu den auf die einzelnen Differenzen entfallenden latenten Steuern muss die Neptun AG in ihrem Anhang Angaben zu den berücksichtigten steuerlichen Verlustvorträgen (§ 285 Nr. 29 HGB) vornehmen.

Zum 31.12.2010 ergibt sich aus dem Sachverhalt folgende steuerliche Überleitungsrechnung, die regelmäßig Gegenstand der Anhangberichterstattung sein kann:

	[in €]	Rechnerische Herleitung
Ergebnis vor Steuern (Handelsbilanz)	80.000	
Erwarteter Steueraufwand	24.000	= 80.000 x 30 %
Nutzung nicht aktivierter steuerlicher Verlustvorträge	./. 16.500	= 55.000 x 30 %
Steuerfreie Erträge	./. 1.500	= 5.000 x 30 %
Aktivierung steuerlicher Verlustvorträge	./. 30.000	= 100.000 x 30 %
Gebuchter Steueraufwand (Steuerertrag)	./. 24.000	

Durch die Überleitungsrechnung wird der aufgrund des Ergebnisses im HGB-Abschluss erwartete Steueraufwand unter Berücksichtigung der Korrekturpositionen in den in der GuV erfassten Steuerertrag transformiert. Die Erstellung einer Überleitungsrechnung wird – auf Einzelabschlussebene – nicht explizit vom Gesetzgeber gefordert, sondern bleibt fakultativ. Gemäß dem Sinn der Steuerabgrenzung sowie im Rahmen einer umfassenden, transparenten Berichterstattung zur Abgrenzung latenter Steuern sollte dieses Informationsinstrument jedoch genutzt werden. Dies gilt umso mehr, als dass die jeweiligen Steuersätze, mit denen die vorhandenen Differenzen bewertet wurden, ohnehin im Anhang angabepflichtig sind.

Beispiel 37: Latente Steuern auf steuerliche Verlustvorträge

Die Apollo AG verfügt zum 31.12.2009 aus Vorjahren über steuerliche Verlustvorträge i. H. v. 8.000.000 €. Diese werden aufgrund des im Jahr 2009 eingeläuteten Turn Arounds voraussichtlich (und unter entsprechendem Nachweis der steuerlichen Planungsrechnung) die nächsten 4 Jahre mit je 2.000.000 € pro Jahr nutzbar sein – bereits unter Berücksichtigung der relevanten Mindestbesteuerung. Die Apollo AG rechnet für die Jahre 2010 bis 2013 mit einem zu versteuernden Einkommen von 2.666.667 €. Ein Auseinanderfallen der gewerbesteuerlichen sowie körperschaftsteuerlichen Bemessungsgrundlage ist zu vernachlässigen.

Sowohl zum 01.01.2010 als auch zum 31.12.2010 sind alle angesetzten bzw. berücksichtigten latenten Steuern als werthaltig anzusehen. Für das Jahr 2010 konnte ein steuerlicher Verlustvortrag von 2.000.000 € tatsächlich genutzt werden. Es gilt ein einheitlicher Steuersatz von 30 %.

Da die Apollo AG die Zielsetzung eines möglichst hohen Eigenkapitalausweises verfolgt, wird sie unter Anwendung des Aktivierungswahlrechts aktive latente Steuern in die Berechnung und den Ansatz eines sich insgesamt ergebenden aktivischen Überhangs einbeziehen. Zum 31.12.2009 liegen 8.000.000 € steuerliche Verlustvorträge vor, die in den kommenden vier Jahren voraussichtlich genutzt werden. Auf Basis des Steuersatzes von 30 % hat damit die Berücksichtigung von 2.400.000 € als Betrag an aktiven latenten Steuern zu erfolgen. Da der Ansatz der aktiven latenten Steuern erstmals aufgrund der neuen Regelungen des § 274 HGB in der Bilanz erfolgt, ist der entsprechende Betrag zum 01.01.2010 gegen die Gewinnrücklagen einzubuchen.

Aktive latente Steuern	2.400.000	an	andere Gewinnrücklagen	2.400.000

Im Jahr 2010 nutzt die Apollo AG erwartungsgemäß 2.000.000 € der steuerlichen Verlustvorträge. Die zum 01.01.2010 gebildeten aktiven latenten Steuern sind demzufolge anteilig aufzulösen. Ein entsprechender Steueraufwand ist erfolgswirksam zu erfassen.

latenter Steueraufwand	600.000	an	Aktive latente Steuern	600.000

Beispiel 38: Zeitlich begrenzter Ansatz latenter Steuern auf Verlustvorträge

Die Neptun AG ist im Bereich der Forschung und Entwicklung von U-Booten tätig. Aufgrund umfassender Forschungstätigkeiten hat die Neptun AG bis zum 31.12.2010 einen steuerlichen Verlustvortrag von 20 Mio. EUR erwirtschaftet. Für die kommenden Jahre rechnet die Neptun AG mit stetig steigenden Gewinnen in folgender Höhe:

Jahr	2011	2012	2013	2014	2015	2016	2017
Jahresüber-schuss vor Steuern	1,0 Mio. €	1,5 Mio. €	2,0 Mio. €	2,5 Mio. €	2,8 Mio. €	3,2 Mio. €	3,6 Mio. €

Der Steuersatz beträgt 30 %. Steuerliche Hinzurechnungen und/oder Kürzungen sind ebenso nicht zu berücksichtigen wie die Mindestbesteuerung. Zu versteuernde passive Differenzen liegen nicht vor. Es wird unterstellt, dass die körperschaftsteuerlichen sowie gewerbesteuerlichen Verlustvorträge in gleicher Höhe bestehen.

Zum 31.12.2010 dürfen nur aktive latente Steuern auf die steuerlichen Verlustvorträge angesetzt werden, die in den kommenden fünf Jahren voraussichtlich genutzt werden können. Dies sind für die Jahre 2011 bis 2015 insgesamt 9,8 Mio. €. Daher hat die Neptun AG das Wahlrecht, 2,94 Mio. € aktive latente Steuern anzusetzen. Der zum 31.12.2015 verbleibende steuerliche Verlustvortrag von 10,2 Mio. € darf nicht berücksichtigt werden, da dessen Nutzung erst in den folgenden, den Zeitraum von fünf Jahren übersteigenden Jahren erfolgt.

Beispiel 39: Ansatzwahlrecht latenter Steuern

Zum Ende des Geschäftsjahrs 2010 ermittelt die Osiris AG durch einen Bilanzvergleich zwischen Handelsbilanz und Steuerbilanz zum 31.12.2010 Ansatz- und Bewertungsunterschiede zwischen beiden Rechenwerken, aufgrund derer sich aktive latente Steuern i. H. v. 200.000 € sowie passive latente Steuern i. H. v. 300.000 € ergeben. Zusätzlich bestehen bei der Osiris AG steuerliche Verlustvorträge. Aufgrund der günstigen Erfolgsprognosen der Gesellschaft für die nächsten Geschäftsjahre ist davon auszugehen, dass innerhalb der nächsten fünf Jahre aufgrund dieser Verlustvorträge eine Verringerung der Steuerlast i. H. v. 200.000 € realisierbar ist.

Auf Basis dieser Ausgangssituation hat die Osiris AG hinsichtlich des Bilanzansatzes verschiedene Alternativen zum Umgang mit den latenten Steuern:

►   Bruttoausweis sowohl der aktiven als auch der passiven latenten Steuern,

►   Nettoausweis des aktivischen Überhangs latenter Steuern nach Saldierung,

►   Verzicht auf den Ansatz latenter Steuern aufgrund des aktivischen Überhangs.

Im ersten Fall werden 400.000 € aktive latente Steuern und 300.000 € passive latente Steuern ausgewiesen. Entscheidet sich die Osiris AG für die Saldierung der latenten Steuerpositionen, weist die Bilanz ausschließlich eine Aktivposition für latente Steuern i. H. v. 100.000 € aus; die sich ergebende Bilanzverlängerung ist deutlich geringer als im ersten Fall. In beiden Fällen resultiert aus dem Ansatz der latenten Steuern für das Geschäftsjahr 2010 eine Erhöhung des Jahresergebnisses um 100.000 €. Aufgrund des aktivischen Überhangs kann die Osiris AG jedoch auch auf den Ansatz der latenten Steuern verzichten – korrespondierend entfällt der Ergebniseffekt aus der Steuerabgrenzung. Davon unberührt bleiben jedoch die Berichterstattungspflichten im Rahmen der Anhangangaben.

Die Auswirkungen auf die Eigenkapitalquote bei Ansatz eines saldierten bzw. nicht saldierten Betrags sowie unter Nicht-Ausübung des Aktivierungswahlrechts ergeben sich bei einem Eigenkapital (nach Berücksichtigung eines Erfolgseffekts von 100.000 €) i. H. v. 1.000.000 € und unter Zugrundelegung einer Bilanzsumme von 2.500.000 € wie folgt:

(1)   Bruttoausweis aktiver und passiver latenter Steuern: Eigenkapitalquote = Eigenkapital / Bilanzsumme = 1.000.000 € / 2.800.000 € = 35,7 %

(2)   saldierter Ansatz eines aktiven Überhangs: Eigenkapitalquote = Eigenkapital / Bilanzsumme = 1.000.000 € / 2.500.000 € = 40,0 %

(3)   kein Ansatz eines aktiven Überhangs: Eigenkapitalquote = Eigenkapital / Bilanzsumme = 900.000 € / 2.400.000 € = 37,5 %

Beispiel 40: Passivierungspflicht latenter Steuern

Die Circe GmbH ist in der Pharmabranche tätig und hat in 2010 mit der Entwicklung eines neuartigen Medikaments begonnen. Der Beginn der Entwicklungsphase fällt in das Geschäftsjahr 2010. Auch die übrigen Voraussetzungen des § 248 Abs. 2 HGB seien erfüllt. Die Circe GmbH entscheidet sich, das Aktivierungswahlrecht für selbst erstellte immaterielle Vermögensgegenstände des Anlagevermögens in ihrer Handelsbilanz auszuüben. Die aktivierungsfähigen Entwicklungskosten belaufen sich im Geschäftsjahr 2010 auf 2.000.000 €. Es ist ein Ertragsteuersatz von 30 % zu unterstellen.

Dem handelsrechtlichen Aktivierungswahlrecht nach § 248 Abs. 2 HGB steht das steuerrechtliche Aktivierungsverbot des § 5 Abs. 2 EStG gegenüber. Es handelt sich um eine temporäre Differenz zwischen einem handelsrechtlichen und steuerrechtlichen Wertansatz.

Auf diese Differenz sind passive latente Steuern abzugrenzen. Die passiven latenten Steuern belaufen sich auf 600.000 € (0,3 x 2.000.000 €).

Beispiel 41: Latente Steuern bei Organschaftsverhältnissen

Zwischen der Mars AG (Organträger) und der Ares GmbH (Organgesellschaft) besteht eine steuerliche Organschaft. Die Ares GmbH erwirtschaftet im Geschäftsjahr 2010 einen Jahresüberschuss von 500.000 €. Darin enthalten sind selbst geschaffene immaterielle Vermögensgegenstände des Anlagevermögens i. H. v. 200.000 €. Aufgrund der Aktivierung dieser Vermögensgegenstände – die nur in der Handels-, nicht aber in der Steuerbilanz erfolgen darf – sind bei einem Steuersatz von 30 % latente Steuern i. H. v. 60.000 € zu passivieren. Deren Passivierung erfolgt auf Ebene des Organträgers, also bei der Mars AG.

Die Aktivierung selbst geschaffener immaterieller Vermögensgegenstände des Anlagevermögens geht unter Gläubigerschutzaspekten mit einer Ausschüttungssperre gemäß § 268 Abs. 8 HGB einher. Demnach darf der aktivierte Betrag abzüglich der darauf abgegrenzten passiven latenten Steuern von der jeweiligen Gesellschaft nicht an die Anteilseigner ausgeschüttet werden.

Ohne das Vorliegen eines Organschaftsverhältnisses bestünde bei der Ares GmbH eine Ausschüttungssperre in Höhe der aktivierten selbst geschaffenen immateriellen Vermögensgegenstände (200.000 €) abzüglich der darauf – aufgrund der fehlenden Organschaft bei der Ares GmbH selbst – abzugrenzenden latenten Steuern (60.000 €), d. h. i. H. v. 140.000 €. An die Anteilseigner der Ares GmbH – also die Mars AG – dürften folglich 300.000 € ausgeschüttet werden (500.000 € – 60.000 € Steueraufwand – 140.000 € Ausschüttungssperre). Nach Abzug von effektiven Steuern i. H. v. 90.000 € (300.000 € x 30 %) stünden zur Ausschüttung an die Anteilseigner der Mars AG 210.000 € zur Verfügung.

Aufgrund des Organschaftsverhältnisses zwischen der Mars AG und der Ares GmbH erfolgt die Passivierung der latenten Steuern auf der Ebene des Organträgers. Bei einer formalen Betrachtung ('Bruttomethode') werden daher bei der Ares GmbH keine latenten Steuern abgegrenzt, die bei der Ermittlung des ausschüttungsgesperrten Betrags den aktivierten selbst erstellten immateriellen Vermögensgegenständen gegenüberstehen. Bei einer Ausschüttungssperre i. H. v. 200.000 € stehen bei der Ares GmbH nur noch 300.000 € zur Abführung an die Mars AG zur Verfügung. Auf die 300.000 € fallen bei der Mars AG effektive Steuern i. H. v. 90.000 € (300.000 € x 30 %) an, zusätzlich sind latente Steuern i. H. v. 60.000 € abzugrenzen. Der zur Ausschüttung an die Anteilseigner der Mars AG zur Verfügung stehende Betrag reduziert sich folglich auf 150.000 €.

Bezieht man die beim Organträger gebildeten passiven latenten Steuern in die Ermittlung der ausschüttungsgesperrten Beträge auf Ebene der Ares GmbH ein ('Nettomethode'), ergibt sich bei der Ares GmbH ein ausschüttungsgesperrter Anteil des Jahresergebnisses von 140.000 € (200.000 € – 60.000 €). Folglich können 360.000 € an die Mars AG abgeführt werden. Auf Ebene der Mars AG fallen 90.000 € effektive Steuern an, zusätzlich sind 60.000 € passive latente Steuern zu bilden, so dass für die Abführung an die Anteilseigner der Mars AG 210.000 € zur Verfügung stehen.

Unter wirtschaftlichen Gesichtspunkten führt die Nettomethode – wie der Vergleich mit der Fallkonstellation ohne Vorliegen einer Organschaft zeigt – zu sinnvollen Ergebnissen. Dem steht jedoch die formale Betrachtungsweise, die die Bilanzierung der latenten Steuern ausschließlich beim Organträger fordert, insofern entgegen, dass auf Ebene der Organgesellschaft die beim Organträger für den entsprechenden Sachverhalt gebildeten latenten Steuern bekannt sein müssen.

Merke:

Die Abgrenzungskonzeption latenter Steuern ist die zentrale Änderung im Rahmen der Bilanzrechtsreform durch das BilMoG. Insbesondere die Berücksichtigung von steuerlichen Verlustvorträgen bei der Bemessung aktiver latenter Steuern wird das Bilanzbild deutscher Unternehmen nachhaltig beeinflussen. Mit dem Ansatz und Ausweis latenter Steuern sind neben gesetzlichen Wahlrechten zahlreiche faktische Ermessensspielräume verbunden, die durch das Gebot der Ansatzstetigkeit eine Einschränkung erfahren. Gleichzeitig stellen die latenten Steuern ein Spiegelbild der vom Bilanzierenden verfolgten Bilanzpolitik dar und liefern damit wesentliche bilanzanalytische Hinweise. Sowohl die Abgrenzung latenter Steuern in Organschaftsverhältnissen als auch Angaben zur Abgrenzung latenter Steuern auf steuerliche Verlustvorträge verdeutlichen steuerliche Gestaltungen und Gegebenheiten beim betrachteten Unternehmen.

2.8 Ausschüttungssperre

Mit § 268 Abs. 8 HGB besteht eine Ausschüttungssperre für bestimmte Beträge, die sich aus der Anwendung der Neuregelungen durch das BilMoG ergeben. Eine Ausschüttung von Gewinnen ist dann nur möglich, wenn die nach der Ausschüttung verbleibenden frei verfügbaren Rücklagen abzüglich eines Verlustvortrags oder zuzüglich eines Gewinnvortrags den insgesamt angesetzten Beträgen mindestens entsprechen. Unter den so genannten frei verfügbaren Rücklagen sind die Gewinnrücklagen zuzüglich der bestehenden frei verwendbaren Kapitalrücklagen zu verstehen.

Künftig gilt die **Ausschüttungssperre** beim Ansatz selbst geschaffener immaterieller Vermögensgegenstände des Anlagevermögens (§ 248 Abs. 2 HGB) sowie bei Erträgen aus der Bewertung von Vermögensgegenständen zum beizulegenden Zeitwert (§ 246 Abs. 2 HGB) – jeweils abzüglich der hierfür gebildeten passiven latenten Steuern. Der Abzug der passiven latenten Steuern hat zu erfolgen, um eine Doppelberücksichtigung zu vermeiden, da weder die Aktivierung bestimmter selbst erstellter immaterieller Werte des Anlagevermögens noch die Bewertung zum beizulegenden Zeitwert steuerlich nachvollzogen werden.

Zusätzlich gilt eine Ausschüttungssperre für die in der Bilanz aktivierten latenten Steuern, soweit diese die passiven latenten Steuern übersteigen. Die Ausschüttungssperre für den Aktivüberhang an latenten Steuern gilt unabhängig davon, ob ein Bruttoausweis erfolgt oder nach der Saldierung mit den passiven latenten Steuern alleine der aktive Betrag in der Bilanz angesetzt wird.

Die neu eingefügte Ausschüttungssperre steht in Zusammenhang mit der Aufhebung des § 248 Abs. 2 HGB a. F., der Neufassung des § 274 HGB sowie der verpflichtenden

Bewertung von Vermögensgegenständen im Sinne von § 246 Abs. 2 HGB zum beizulegenden Zeitwert.

Der Anwendungsbereich der Ausschüttungssperre wird auf Kapitalgesellschaften beschränkt, da einer Ausschüttungssperre bei Personenhandelsgesellschaften sowie Einzelkaufleuten aufgrund deren unbeschränkter Haftung ohnehin keine praktische Bedeutung beizumessen wäre. Offen bleibt die Anwendung der Ausschüttungssperrenregelung bei Gesellschaften nach § 264a HGB; grundsätzlich fallen diese unter den Anwendungsbereich des § 268 Abs. 8 HGB, allerdings hat der Gesetzgeber keinen bilanziellen "Sonderposten" für die Berücksichtigung der Ausschüttungssperre vorgesehen.

Mit dem Wegfall der Regelungen nach § 269 HGB a. F. entfällt die korrespondierende Ausschüttungssperre für die zuvor aktivierten Beträge für Aufwendungen für die Ingangsetzung und Erweiterung des Geschäftsbetriebs. Für den Übergangszeitraum bleibt die Ausschüttungssperre für diese Beträge entsprechend Art. 67 Abs. 5 EGHGB bestehen.

Die Ergänzung des § 268 HGB um einen neuen achten Absatz steht im Zusammenhang mit den durch das BilMoG geänderten Ansatz- und Bewertungsvorschriften des HGB. Um weiterhin den Gläubigerschutz und die Kapitalerhaltung sicherstellen zu können, werden die Erträge aus der Ausschüttungsgrundlage herausgenommen, die auf noch nicht durch den Markt realisierten Vorgängen basieren. Im Einzelnen sind dies:

▶ aktivierte Beträge nach § 248 Abs. 2 HGB,

▶ Zeitwertbewertung nach § 246 Abs. 2 HGB i. V. m. § 255 Abs. 4 HGB,

▶ aktive latente Steuern nach § 274 HGB.

Die Neuregelungen gelten ab dem Geschäftsjahr 2010 (Art. 66 Abs. 3 EGHGB). Somit sind erstmals für das Geschäftsjahr 2010 die ausschüttungsgesperrten Beträge zu ermitteln. Gesonderte Übergangsvorschriften sind nicht erforderlich.

Die Ausschüttungssperrenregelung des § 268 Abs. 8 HGB ist eine rein handelsrechtliche Regelung. Steuerlich findet diese keine Beachtung. Hinsichtlich der steuerlichen Anerkennung von **Organschaften** im Zusammenhang mit der Durchführung von Ergebnisabführungsverträgen ist auf eine dem Vertrag entsprechende Durchführung zu achten. Im Einzelfall sind die bestehenden Ergebnisabführungsverträge auf ihre Übereinstimmung mit dem geänderten § 301 AktG hin zu überprüfen (→ vgl. Kapitel 2.7.5).

Nach § 285 Nr. 28 HGB ist im Anhang der nach den einzelnen Bestandteilen aufgegliederte Gesamtbetrag der Beträge im Sinne des § 268 Abs. 8 HGB anzugeben (→ vgl. Kapitel 2.10). Dies erleichtert den Abschlussadressaten, die Beachtung und Berechnung der Ausschüttungssperre nachzuvollziehen.

Beispiel 42: Ausschüttungssperre

Die Merkur GmbH hat im Jahr 2010 einen Jahresüberschuss i. H. v. 1.200.000 € erwirtschaftet. Sie ist im Hermes Konzern eingebunden und zwischen der Hermes AG und der Merkur GmbH besteht ein Ergebnisabführungsvertrag.

Im Jahr 2010 sind folgende Sachverhalte zu berücksichtigen, die sich auf das Ergebnis i. H. v. 1.200.000 € bereits ausgewirkt haben:

► Im Jahr 2010 wurden selbst geschaffene immaterielle Vermögensgegenstände i. H. v. 200.000 € aktiviert und stehen mit diesem Wert zum 31.12.2010 in der Bilanz. Auf den Bewertungsunterschied wurden passive latente Steuern von 60.000 € abgegrenzt.

► Aus der Zeitwertbewertung des Pensionsvermögens der Merkur GmbH ergab sich in 2010 der Ausweis eines über die Anschaffungskosten hinausgehenden Gewinns von 100.000 €. Auf diesen Betrag wurden 30.000 € passive latente Steuern abgegrenzt.

► Weitere passive latente Steuern wurden i. H. v. 25.000 € berücksichtigt.

► Aus weiteren Sachverhalten wurden 80.000 € aktive latente Steuern abgegrenzt, die insbesondere auf den Ansatz einer Drohverlustrückstellung sowie eine Höherbewertung der Pensionsrückstellungen zurückzuführen sind.

► Aus der Berücksichtigung steuerlicher Verlustvorträge i. H. v. 250.000 €, die in den kommenden fünf Jahren voraussichtlich verrechnet werden können, resultiert der Ansatz aktiver latenter Steuern i. H. v. 75.000 €.

Die Ausschüttungssperre zum 31.12.2010 nach § 268 Abs. 8 HGB ermittelt sich wie folgt:

Aktivierte Beträge nach § 248 Abs. 2 HGB	200.000 €	
./. darauf abgegrenzte passive latente Steuern	./. 60.000 €	140.000 €
Zeitwertbewertung nach § 246 Abs. 2 HGB	100.000 €	
./. darauf abgegrenzte passive latente Steuern	./. 30.000 €	70.000 €
Angesetzte aktive latente Steuern	155.000 €	
./. weitere passive latente Steuern	./. 25.000 €	130.000 €
Ausschüttungssperre		340.000 €

Entscheidend bei der Berechnung der Ausschüttungssperre ist die zutreffende Berücksichtigung des Überschusses der aktiven latenten Steuern über die sonstigen passiven latenten Steuern. In diesem Zusammenhang ist die Gesetzesformulierung ungenau. Insofern muss bei der Berechnung darauf geachtet werden, dass die passiven latenten Steuern nicht doppelt erfasst werden, da die Ausschüttungssperre dann falsch berechnet wird.

Merke:

Mit den Neuerungen des BilMoG nimmt die Bedeutung der Ausschüttungssperre deutlich zu. Zum einen sieht der Gesetzgeber für mehrere Sachverhalte eine Ausschüttungssperre (und durch den Verweis des § 301 AktG eine Abführungssperre) vor. Zum anderen lassen sich die ausschüttungsgesperrten Beträge nicht auf einen Blick der Bilanz entnehmen. Die Aufwertung der Ausschüttungssperre zur Abführungssperre i. S. d. AktG führt zu einer weit reichenden Berücksichtigung der neuen Norm. Die Wirkungsweise des § 268 Abs. 8 HGB tangiert neben dem Aktienrecht damit auch steuerliche Sachverhalte im Zusammenhang mit der Anerkennung steuerlicher Organschaften.

2.9 Gewinn- und Verlustrechnung

2.9.1 Vorbemerkungen: Auswirkungen auf die Darstellung der Ertragslage

Im Fokus der Bilanzpolitik steht neben dem Ausweis und der Bewertung bestimmter Sachverhalte in der Bilanz auch die Darstellung der Ertragslage in der Gewinn- und Verlustrechnung. Zwar schlagen sich aufgrund der Technik der doppelten Buchführung regelmäßig die bilanziellen Bewertungen in der Erfolgsrechnung wieder, aber das BilMoG bringt verschiedene Neuerungen, die zu beachten sind. Zum einen erfolgt nicht jede bilanzielle Bewertung erfolgswirksam. Einzelne Effekte finden sich daher nicht in der Erfolgsrechnung, sondern lassen sich nur dem Eigenkapitalspiegel entnehmen. Darüber hinaus sind künftig bestimmte Effekte saldiert zu betrachten. Eine entsprechende Analyse setzt hierbei eine intensive Auseinandersetzung mit der Anhangberichterstattung voraus.

Eine besondere **Aufwertung** erhält der Ausweis außerordentlicher Effekte im Zusammenhang mit dem Übergang auf das neue deutsche Bilanzrecht, da nach Art. 67 Abs. 7 EGHGB die erfolgswirksamen Effekte aus den Regelungen des EGHGB gesondert unter den Posten außerordentliche Aufwendungen bzw. außerordentliche Erträge auszuweisen sind.

Im Ergebnis sind vom Übergang auf das HGB in der Fassung des BilMoG nahezu alle Positionen der Gewinn- und Verlustrechnung von den Neuregelungen betroffen. Hierbei ist zwischen zwei unterschiedlichen Aspekten zu unterscheiden:

▶ Die geänderten bilanziellen Ansatz- und Bewertungsvorschriften führen zu einer korrespondierenden Erfassung bestimmter Aufwendungen und Erträge in der Gewinn- und Verlustrechnung. Ebenso werden die Vorschriften von § 277 HGB angepasst und um Absatz 5 ergänzt, der den Ausweis bestimmter Sachverhalte in der Gewinn- und Verlustrechnung regelt (→ vgl. Kapitel 2.8.2).

▶ Die Übergangsvorschriften des EGHGB sehen die Erfassung bestimmter Aufwendungen und Erträge, die sich unmittelbar aus der Anwendung der neuen Regelungen ergeben, im außerordentlichen Ergebnis vor (→ vgl. Kapitel 2.8.3).

Im Ergebnis sind nahezu alle Posten der handelsrechtlichen Gewinn- und Verlustrechnung vom BilMoG betroffen, weswegen eine Auseinandersetzung mit den einzelnen Posten der Gewinn- und Verlustrechnung erforderlich ist (→ vgl. Kapitel 2.8.4).

2.9.2 Veränderte und neue Angabepflichten

Aus den einzelnen neuen Regelungen, die durch das BilMoG in das deutsche Handelsrecht eingeführt werden und die die bilanzielle Bewertung betreffen, ergeben sich Auswirkungen auf den Ausweis bestimmter Aufwendungen und Erträge in der Erfolgsrechnung.

Nachstehende Punkte verdeutlichen die Auswirkungen des BilMoG auf die handelsrechtliche Erfolgsrechnung:

▶ Die Anhebung der **Herstellungskostenuntergrenze** nach § 255 Abs. 2 HGB führt dazu, dass künftig selbst erstellte Vermögensgegenstände mit den produktionsbezogenen Vollkosten zu bewerten sind. Dies hat Auswirkungen auf die Bestandsveränderungen sowie die anderen aktivierten Eigenleistungen. Die beiden vorgenannten Positionen werden künftig höher und damit das Jahresergebnis in der Periode der Herstellung ebenso höher ausfallen als zuvor. Da die Neuregelungen erst für in der Zukunft stattfindende Herstellungsvorgänge gelten, ergeben sich zum 01.01.2010 keine unmittelbaren Umstellungseffekte. Vielmehr werden die laufenden Buchungen des Jahres 2010 tangiert.

▶ Durch die Änderung des § 248 Abs. 2 HGB hat der Bilanzierende künftig ein Wahlrecht zum **Ansatz selbst erstellter immaterieller Vermögensgegenstände des Anlagevermögens**. Werden solche Aufwendungen aktiviert, sind die Regelungen des § 255 Abs. 2a HGB zur Abgrenzung von Forschungs- und Entwicklungskosten zu beachten. Alleine die Entwicklungskosten dürfen aktiviert werden. Diese sind dann zu Herstellungskosten nach § 255 Abs. 2 HGB zu bewerten. Der Ansatz der Entwicklungskosten kann erst für Vorgänge erfolgen, mit deren Entwicklung nach dem 31.12.2009 begonnen wurde. Daher kommt es zu keiner Erfassung von einmaligen Übergangseffekten. Eine Analyse des auf die Forschungs- und Entwicklungskosten entfallenden Betrags ermöglicht die Angabepflicht nach § 285 Nr. 22 HGB, nach der im Fall der Aktivierung nach § 248 Abs. 2 HGB der Gesamtbetrag der Forschungs- und Entwicklungskosten des Geschäftsjahrs sowie der davon auf die selbst erstellten immateriellen Vermögensgegenstände des Anlagevermögens entfallende Betrag anzugeben sind.

► Wegen der eingeschränkten Regelungen zur **Abschreibung** wird der Ausweis von Abschreibungen in der Gewinn- und Verlustrechnung in Zukunft tendenziell abnehmen. Mit der Ausnahme bei den Finanzanlagen erfolgt grundsätzlich eine außerplanmäßige Abschreibung im Anlagevermögen nur noch bei einer voraussichtlich dauernden Wertminderung. Die Bewertung im Umlaufvermögen richtet sich weiterhin nach dem strengen Niederstwertprinzip. Erhöht werden die Abschreibungen dann, wenn selbst erstellte immaterielle Vermögensgegenstände des Anlagevermögens nach § 248 Abs. 2 HGB aktiviert werden, die im Folgenden planmäßig (und ggf. außerplanmäßig) abzuschreiben sind. Auch die planmäßige Abschreibung des als Vermögensgegenstand zu aktivierenden Geschäfts- oder Firmenwerts führt zu einer Erhöhung der Abschreibungen in der Gewinn- und Verlustrechnung.

► Das rechtsformneutrale **Zuschreibungsgebot** führt dazu, dass die sonstigen betrieblichen Erträge künftig eher ansteigen werden. Beim Wegfall der Gründe für eine früher vorgenommene außerplanmäßige Abschreibung hat – mit Ausnahme beim Geschäfts- oder Firmenwert – künftig eine Zuschreibung zwingend zu erfolgen.

► Die Bewertung bestimmter **Vermögensgegenstände zum Zeitwert** (nach § 246 Abs. 2 HGB), wenn diese mit den ihnen gegenüber stehenden Pensionsverpflichtungen saldiert werden, hat saldiert mit den entsprechenden Aufwendungen zu erfolgen. Die Aufwendungen und Erträge aus der Ab- bzw. Aufzinsung der Pensionsrückstellungen sind mit den Erfolgen aus dem Planvermögen (z. B. Zinserträge, Dividenden) zu verrechnen. Insbesondere die Saldierung erschwert eine unmittelbare Analyse dieser Beträge. Alleine der Blick in die nach § 285 Nr. 25 HGB geforderte Angabe der miteinander verrechneten Aufwendungen und Erträge aus der Anwendung des § 246 Abs. 2 HGB ermöglicht eine weitergehende Analyse.

► Die sich aus der Anwendung der neuen **Steuerabgrenzungskonzeption** nach § 274 HGB ergebenden Effekte sind unter den Steuern vom Einkommen und vom Ertrag auszuweisen. Dies betrifft sowohl den erfolgswirksamen Ansatz als auch die planmäßige Auflösung der gebildeten latenten Steuern, sofern die Beträge in der Gewinn- und Verlustrechnung zu erfassen sind. Auch die Neueinschätzung von angesetzten Steuerpositionen ist in der Erfolgsrechnung unter den Steueraufwendungen, und nicht etwa im außerordentlichen Ergebnis, auszuweisen. Die erstmalige Anwendung der Neuregelungen ist erfolgsneutral vorzunehmen, so dass zum 01.01.2010 die Erfolgsrechnung hiervon nicht tangiert wird (Art. 67 Abs. 6 EGHGB).

Nach § 285 Nr. 29 HGB ist anzugeben, auf welchen Differenzen die Abgrenzung latenter Steuern basiert und in welcher Höhe steuerliche Verlustvorträge berücksichtigt worden sind. Hierdurch lassen sich die in der Erfolgsrechnung ausgewiesenen Beträge weiter analysieren.

Im Zusammenhang mit den Neuregelungen zur Vornahme **außerplanmäßiger Abschreibungen** sowie mit Blick auf die Vorschriften zur Währungsumrechnung werden die Angabepflichten nach § 277 HGB modifiziert.

▶ Nach § 277 Abs. 3 HGB sind außerplanmäßige Abschreibungen nach § 253 Abs. 3 Satz 3 und 4 HGB gesondert in der Gewinn- und Verlustrechnung auszuweisen oder im Anhang anzugeben.

▶ § 277 Abs. 4 HGB stellt klar, dass die Angabepflichten im Anhang für periodenfremde Aufwendungen und Erträge gelten. Demnach sind diese Posten hinsichtlich ihres Betrags sowie ihrer Art dann im Anhang zu erläutern, wenn die entsprechenden Beträge für die Beurteilung der Ertragslage nicht von untergeordneter Bedeutung sind.

▶ Die Regelungen des § 277 HGB werden um einen neuen fünften Absatz ergänzt. § 277 Abs. 5 HGB regelt, dass:

– die Erträge aus der Abzinsung sowie die Aufwendungen aus der Aufzinsung langfristiger Rückstellungen und Verbindlichkeiten nach § 253 Abs. 2 HGB unter der Position "Sonstige Zinsen und ähnliche Erträge" bzw. "Zinsen und ähnliche Aufwendungen" auszuweisen sind und

– die Erträge aus der Währungsumrechnung unter dem Posten "Sonstige betriebliche Erträge" und die Aufwendungen aus der Währungsumrechnung unter der Position "Sonstige betriebliche Aufwendungen" auszuweisen sind.

Aus § 274 Abs. 2 Satz 3 HGB folgt zudem, dass der Aufwand oder Ertrag aus der Veränderung oder dem erstmaligen Ansatz **latenter Steuern** in der GuV gesondert unter dem Posten "Steuern vom Einkommen und vom Ertrag" auszuweisen ist.

Die Effekte aus der **Neubewertung von Pensionsverpflichtungen** sowie des zu deren Deckung vorgesehenen **Pensionsvermögens** nach § 246 Abs. 2 Satz 2 HGB sind im Finanzergebnis zu verrechnen.

2.9.3 Erfassung von Übergangseffekten

Sofern es im Zusammenhang mit der erstmaligen Anwendung der Vorschriften des BilMoG zu einer Erfassung einzelner Aufwendungen und Erträge in der Gewinn- und Verlustrechnung kommt, regelt Art. 67 Abs. 7 EGHGB, dass die Aufwendungen und Erträge aus der erstmaligen Anwendung der Neuregelungen des BilMoG nach den

Art. 66 und Art. 67 Abs. 1 bis 5 unter den Posten "außerordentliche Aufwendungen" bzw. "außerordentliche Erträge" auszuweisen sind.

Hiervon sind betroffen:

► Die **Neubewertung von Rückstellungen** nach § 253 Abs. 1, Abs. 2 HGB: Zinseffekte bei langfristigen Rückstellungen sowie Preis- und Kostensteigerungen sind im Zusammenhang mit der erstmaligen Berücksichtigung der neuen Regelungen (regelmäßig zum 01.01.2010) im außerordentlichen Ergebnis zu zeigen.

► Die **Pensionsrückstellungen** sind zum 01.01.2010 neu zu bewerten. Nach Art. 67 Abs. 1 EGHGB ist der Anpassungsbetrag bei einer Überdotierung erfolgswirksam über bis zu 15 Jahre zu erfassen. Der Ausweis der in dem jeweiligen Jahr erfolgswirksam zu erfassenden Beträge hat unter den außerordentlichen Aufwendungen zu erfolgen. Damit sind über bis zu 15 Jahre hier die Anpassungsbeträge für die Pensionsrückstellungen zu erfassen.

► Wurden im Jahr 2009 noch **Aufwandsrückstellungen** gebildet, die zum 01.01.2010 nicht beibehalten werden sollen, sind diese nach Art. 67 Abs. 3 erfolgswirksam unter den außerordentlichen Erträgen aufzulösen.

► Sofern in der Vergangenheit vorgenommene **Abschreibungen**, die mit dem BilMoG nicht mehr möglich sind, im Jahr 2009 noch vorgenommen wurden und nicht beibehalten werden sollen, hat die Korrektur dieser Abschreibungen als außerordentlicher Ertrag zu erfolgen.

► Die Abschreibung einer in der Vergangenheit aktivierten **Bilanzierungshilfe** für Aufwendungen für die Ingangsetzung und Erweiterung des Geschäftsbetriebs ist – wenn nicht vom Fortführungswahlrecht des Art. 67 Abs. 5 EGHGB Gebrauch gemacht wird – in einem Betrag aufwandswirksam zu Lasten der außerordentlichen Aufwendungen abzuschreiben.

IDW RS HFA 28 führt darüber hinaus an, dass auch bei Ausübung der Beibehaltungs- und Fortführungswahlrechte zum 01.01.2010 eine spätere Auflösung oder Zuschreibung im außerordentlichen Ergebnis zu zeigen ist (vgl. IDW RS HFA 28, Tz. 8 ff.). Dies gilt auch für eine etwaige spätere Auflösung der Sonderposten sowie der aktiven Rechnungsabgrenzungsposten.

Gesondert sind die im Zusammenhang mit latenten Steuern zu berücksichtigenden Beträge nach § 274 Abs. 2 Satz 3 HGB unter den "Steuern vom Einkommen und vom Ertrag" auszuweisen.

2.9.4 Schematische Auswirkungen des BilMoG auf die Erfolgsrechnung

Am Beispiel der Gewinn- und Verlustrechnung nach dem Gesamtkostenverfahren (§ 275 Abs. 2 HGB) lassen sich die typischen Auswirkungen auf die handelsrechtliche Erfolgsrechnung durch das BilMoG wie folgt skizzieren:

1.	Umsatzerlöse	
2.	Erhöhung oder Verminderung des Bestands an fertigen und unfertigen Erzeugnissen	► Anhebung der Wertuntergrenze der Herstellungskosten nach § 255 Abs. 2 HGB
3.	andere aktivierte Eigenleistungen	► Anhebung der Wertuntergrenze der Herstellungskosten nach § 255 Abs. 2 HGB
		► Ausübung des Aktivierungswahlrechts nach § 248 Abs. 2 HGB (i. V. m. § 255 Abs. 2a HGB)
4.	sonstige betriebliche Erträge	► Ausweis von Erträgen aus der Währungsumrechnung nach § 256a HGB (§ 277 Abs. 5 Satz 2 HGB); Erfassung von Zuschreibungen/Wertaufholungsgebot (§ 253 Abs. 5 HGB)
5.	Materialaufwand:	► Anhebung der Wertuntergrenze der Herstellungskosten nach § 255 Abs. 2 HGB
	a) Aufwendungen für Roh-, Hilfs- und Betriebsstoffe und für bezogene Waren	
	b) Aufwendungen für bezogene Leistungen	
6.	Personalaufwand:	
	a) Löhne und Gehälter	► Zuführung von Beträgen zu den laufenden Pensionsrückstellungen (§ 253 Abs. 2 HGB)
	b) soziale Abgaben und Aufwendungen für Altersversorgung und für Unterstützung, davon für Altersversorgung	
7.	Abschreibungen:	► Verbot der Vornahme außerplanmäßiger Abschreibungen im Rahmen vernünftiger kaufmännischer Beurteilung (§ 253 Abs. 4 HGB a. F.) sowie von Wertschwankungsabschreibungen (§ 253 Abs. 3 Satz 3 HGB a. F.); Verbot der Vornahme von nur steuerrechtlich zulässigen Abschreibungen (§ 254, 279 Abs. 2, 280 Abs. 1, § 281 HGB a. F.)
	a) auf immaterielle Vermögensgegenstände des Anlagevermögens und Sachanlagen ~~sowie auf aktivierte Aufwendungen für die Ingangsetzung und Erweiterung des Geschäftsbetriebs~~	► planmäßige Abschreibung selbst erstellter immaterieller Vermögensgegenstände nach § 248 Abs. 2 HGB sowie des Geschäfts- oder Firmenwerts nach § 246 Abs. 1 HGB
		► Wegfall der planmäßigen Abschreibungen auf in der Vergangenheit aktivierte Beträge nach § 269 HGB a. F.
	b) auf Vermögensgegenstände des Umlaufvermögens, soweit diese die in der Kapitalgesellschaft üblichen Abschreibungen überschreiten	

8.	sonstige betriebliche Aufwendungen	▶	Ausweis von Aufwendungen aus der Währungs- umrechnung nach § 256a HGB (§ 277 Abs. 5 Satz 2 HGB)
9.	Erträge aus Beteiligungen, davon aus verbundenen Unternehmen		
10.	Erträge aus anderen Wertpapieren und Ausleihungen des Finanzanlagevermö- gens, davon aus verbundenen Unterneh- men		
11.	sonstige Zinsen und ähnliche Erträge, davon aus verbundenen Unternehmen	▶	Ausweis von Erträgen aus der Abzinsung von Pensionsrückstellungen oder sonstigen Rückstel- lungen (§ 277 Abs. 5 Satz 1 HGB); Verrechnung von Erträgen aus der Abzinsung mit Aufwendun- gen aus dem nach § 246 Abs. 2 Satz 2 1. Halbsatz HGB zu verrechnenden Vermögen (§ 246 Abs. 2 Satz 2 HGB)
12.	Abschreibungen auf Finanzanlagen und auf Wertpapiere des Umlaufvermögens		
13.	Zinsen und ähnliche Aufwendungen, davon an verbundene Unternehmen	▶	Ausweis von Aufwendungen aus der Aufzinsung von Pensionsrückstellungen oder sonstigen Rück- stellungen (§ 277 Abs. 5 Satz 1 HGB); Verrech- nung von Aufwendungen aus der Aufzinsung mit Erträgen aus dem nach § 246 Abs. 2 Satz 2 1. Halbsatz HGB zu verrechnenden Vermögen (§ 246 Abs. 2 Satz 2 HGB)
14.	Ergebnis der gewöhnlichen Geschäfts- tätigkeit		
15.	außerordentliche Erträge	▶	Ausweis von Erträgen aus der Anwendung der Übergangsvorschriften der Art. 66, 67 Abs. 1-5 EGHGB (Art. 67 Abs. 7 EGHGB)
		▶	Korrektur von Abschreibungen und Rückstellun- gen, die im Jahr 2009 noch vorgenom- men/gebildet worden sind
16.	außerordentliche Aufwendungen	▶	Aufwendungen aus der Anwendung der Über- gangsvorschriften der Art. 66, 67 Abs. 1-5 EGHGB (Art. 67 Abs. 7 EGHGB)
		▶	unmittelbare Abschreibung von in der Vergan- genheit aktivierten Ingangsetzungs- und Erweite- rungsaufwendungen
		▶	lfd. Zuführungen zu den Pensionsrückstellungen aus dem Unterschiedsbetrag
17.	außerordentliches Ergebnis		
18.	Steuern vom Einkommen und vom Ertrag	▶	gesonderter Ausweis von Aufwendungen und Erträgen aus dem Ansatz und der Veränderung bi- lanzierter latenter Steuern (§ 274 Abs. 2 Satz 3 HGB)
19.	sonstige Steuern		
20.	Jahresüberschuss/Jahresfehlbetrag		

ABB. 66: Auswirkungen des BilMoG auf die Erfolgsrechnung

Aus den einzelnen Auswirkungen des BilMoG auf die Erfolgsrechnung ergeben sich weitergehende bilanzpolitische Aspekte.

2.9.5 Bilanzpolitische und bilanzanalytische Aspekte

Die bilanzpolitischen und bilanzanalytischen Möglichkeiten im Zusammenhang mit dem BilMoG sind mit Blick auf die Erfolgsrechnung begrenzt. Die Vorschriften regeln mit Blick auf die Erfolgsrechnung die Abbildung der neuen Bilanzierungsvorgaben, ohne dabei Spielräume zu lassen. Aus § 277 Abs. 5 HGB folgt nun klarstellend, dass Erträge aus der Abzinsung und Aufwendungen aus der Aufzinsung von Rückstellungen im Zinsergebnis auszuweisen sind. Damit entfällt die vielfach in der Praxis anzutreffende Buchungsweise, nach der der gesamte Zuführungsbetrag zu den Pensionsrückstellungen im Personalaufwand gezeigt wurde. Diesbezüglich muss der Zuführungsbetrag künftig zwingend gesondert im Zinsergebnis ausgewiesen werden. Diese Neuerung führt dazu, dass das EBIT höher ausfällt als bei einem unveränderten Ausweis des gesamten Zuführungsbetrags im Personalaufwand.

Im Besonderen das außerordentliche Ergebnis wird durch das BilMoG an Bedeutung gewinnen. Hier sind sowohl die erfolgswirksamen Effekte aus der erstmaligen Anwendung der neuen Regelungen als auch die entsprechenden, sich teilweise über mehrere Jahre erstreckenden Folgeeffekte zu erfassen. In diesem Zusammenhang kann der Bilanzierende versuchen, bestimmte nicht dem BilMoG zuzurechnende Effekte ebenso im außerordentlichen Ergebnis auszuweisen. Aufgrund der Vielzahl der einzelnen Sachverhalte, die im außerordentlichen Ergebnis Berücksichtigung finden können, kann alleine eine entsprechende Anhangberichterstattung hierüber Aufschluss geben.

2.9.6 Anwendungsbeispiele zum GuV-Ausweis

Im Folgenden werden die vier Neuregelungen bzw. Klarstellungen, die das BilMoG in § 277 HGB verankert, anhand von einzelnen Beispielen verdeutlicht. Zudem wird der Ausweis der latenten Steuern in der GuV exemplarisch aufgezeigt. Im außerordentlichen Ergebnis sind die sich aus der Umstellung auf das BilMoG ergebenden Effekte gesondert auszuweisen.

Beispiel 43: Außerplanmäßige Abschreibungen

Außerplanmäßige Abschreibungen können sich im Anlage- sowie Umlaufvermögen ergeben. Hierbei wurde die Bewertungskonzeption des § 253 HGB mit dem BilMoG rechtsformneutral geregelt.

Im Jahr 2010 ist der Wert einer in 2010 neu erworbenen Maschine der Pluto KG aufgrund einer voraussichtlich dauernden Wertminderung gesunken. Die entsprechende außerplanmäßige Abschreibung beträgt 50.000 €.

Der Betrag von 50.000 € ist entweder in der GuV gesondert auszuweisen oder im Anhang anzugeben (§ 277 Abs. 3 Satz 1 HGB).

Beispiel 44: Periodenfremde Sachverhalte

Typische Beispiele für periodenfremde Sachverhalte sind:

► Gewinne und Verluste aus dem Abgang von Vermögensgegenständen des Sach- und Finanzanlagevermögens,

► Erträge aus der Auflösung von Rückstellungen,

► Nachzahlungen für Vorjahre, insbesondere Steuernachzahlungen,

► Erstattungen aus Vorjahren, insbesondere Steuererstattungen,

► Erträge aus bereits voll wertberichtigten Forderungen,

► Nachholung von Wertberichtigungen und Abschreibungen,

► Übergangseffekte aus dem BilMoG, die über einen längeren Zeitraum erfasst werden, wie bspw. die ratierliche Zuführung zu den Pensionsrückstellungen.

Die Neptun AG weist zum 31.12.2009 Pensionsrückstellungen i. H. v. 3,0 Mio. € aus. Aus der Neubewertung nach den Regelungen des BilMoG entsteht eine Anpassung der Rückstellung (Erhöhung) um 50 %. Dieser Betrag wurde zum 01.01.2010 ermittelt. Das Unternehmen entscheidet sich für eine ratierliche Zuführung des Anpassungsbetrags von 1,5 Mio. € über 15 Jahre.

Der Betrag von 0,1 Mio. € ist in den Jahren 2010 bis 2024 jeweils als außerordentlicher Ertrag zu erfassen (Art. 67 Abs. 7 EGHGB) und als periodenfremder Effekt (§ 277 Abs. 4 Satz 3 HGB) zu erläutern.

Beispiel 45: Effekte aus der Auf- und Abzinsung von Verpflichtungen

Die Diana GmbH hat ihr Bürogebäude gemietet. Zur Einrichtung ihrer Arbeitsplätze hat die Diana GmbH zahlreiche Mietereinbauten vorgenommen. Der Mietvertrag sieht vor, dass diese Einbauten bei Auszug zu entfernen sind. Der Mietvertrag beginnt am 01.01.2010 und sieht eine Laufzeit von 5 Jahren vor. Die Kosten des Rückbaus werden auf 100.000 € geschätzt. Für die Abzinsung der Rückstellung für Rückbauverpflichtungen wird ein konstanter Zinssatz von 5 % unterstellt.

Der Rückstellungsgesamtbetrag wird über jedes Geschäftsjahr mit 20.000 € angesammelt. Dieser nominelle Zuführungsbetrag ist jedes Jahr als sonstiger betrieblicher Aufwand zu erfassen. Der Zinseffekt als Korrekturbetrag zum sonstigen betrieblichen Aufwand ist als Zinsertrag bzw. Zinsaufwand zu verbuchen. Der Rückstellungsbestand, die Rückstellungszuführung und die betroffenen Posten der Gewinn- und Verlustrechnung entwickeln sich über die Laufzeit des Mietvertrags wie folgt:

Bilanzstichtag	Rückstellung zum Bilanzstichtag (Barwert) (in €)	Rückstellungs-zuführung (in €)	Sonstiger betrieb-licher Aufwand (in €)	Zinsauf-wand (in €)	Zinsertrag (in €)
31.12.2010	16.454,05	16.454,05	20.000,00	0,00	3.545,95
31.12.2011	34.553,50	18.099,45	20.000,00	0,00	1.900,55
31.12.2012	54.421,77	19.868,27	20.000,00	0,00	131,73
31.12.2013	76.190,48	21.768,71	20.000,00	1.768,71	0,00
31.12.2014	100.000,00	23.809,52	20.000,00	3.809,52	0,00

Die Zinseffekte aus der Auf- und Abzinsung sind gesondert nach § 277 Abs. 5 HGB im Zinsergebnis auszuweisen.

Beispiel 46: Ausweis von Erträgen und Aufwendungen im Zusammenhang mit Pensionsvermögen

Die Prometheus GmbH ist im Bereich der modernen Energiegewinnung mittels Feuer tätig. Sie hat mit langjährigen Mitarbeitern Altersversorgungsvereinbarungen getroffen. Zur Erfüllung dieser Vereinbarungen unterhält die Prometheus GmbH ein Treuhandkonto, das insolvenzsicher und vor dem Zugriff anderer Gläubiger geschützt angelegt worden ist und allein zur Absicherung der Altersversorgungsverpflichtungen dient.

Zum 31.12.2011 (31.12.2010) weisen die einzelnen Positionen folgende Werte auf, die die Prometheus GmbH durch Erstellung versicherungsmathematischer Gutachten unter Berücksichtigung der einschlägigen Regelungen sowie aufgrund der Bestätigungen ihrer Bank erhalten hat:

► Verpflichtung der Altersversorgungsvereinbarungen lt. Gutachten 2,24 Mio. € (1,86 Mio. €)

► beizulegender Zeitwert des Treuhandvermögens 1,64 Mio. € (1,55 Mio. €)

Von der Veränderung der Pensionsrückstellungen entfällt ein Anteil von 0,10 Mio. € auf den Zinseffekt.

In der GuV des Jahres 2011 sind der Zinsaufwand aus der Aufzinsung der Pensionsverpflichtungen (0,10 Mio. €) sowie der Zinsertrag aus dem Treuhandvermögen (0,09 Mio. €) zu saldieren. Im Ergebnis wird ein Zinsaufwand von 0,01 Mio. € ausgewiesen.

Beispiel 47: Effekte aus der Währungsumrechnung

Die Zeus GmbH verkauft am 22.04.2010 eine Maschine an ein schweizerisches Unternehmen für 60.000 CHF. Das Zahlungsziel beträgt ein Jahr. Der Kurs zum 22.04.2010 beträgt 1,50 CHF/€. Der Stichtagskurs beträgt 1,40 CHF/€. Die Forderung ist zum 22.04.2010 mit 40.000 € (60.000 CHF/1,50 CHF/€) einzubuchen. Der Stichtagswert zum 31.12.2010 beträgt: 42.857 € (60.000 CHF/1,40 CHF/€), da eine entsprechende Veränderung des Wechselkurses erfolgt ist. Der Stichtagswert ist ohne Beachtung von Realisations- und Imparitätsprinzip bzw. des Anschaffungskostenprinzips zu ermitteln, da die Restlaufzeit der Forderung ein Jahr unterschreitet (Fälligkeit am 30.04.2011). Daher ist ein Kursgewinn erfolgswirksam i. H. v. 2.857 € als sonstiger betrieblicher Ertrag (§ 277 Abs. 5 Satz 2 HGB) zu erfassen.

Die Zeus GmbH verkauft am 20.12.2010 ein Maschinenteil für 180.000 GBP nach London an die Rocket Ltd. Das Zahlungsziel beträgt 45 Tage. Zum 20.12.2010 beträgt der Umrechnungskurs 1 € zu 0,88 GBP. Die Zeus GmbH aktiviert die Forderung mit 204.545 €. Zum 31.12.2010 beträgt der Kurs 1 € zu 0,92 GBP. Die Forderung ist mit 195.652 € zu bewerten. Der entsprechende Aufwand auf der Währungsumrechnung ist als sonstiger betrieblicher Aufwand (§ 277 Abs. 5 Satz 2 HGB) auszuweisen.

Beispiel 48: Ausweis latenter Steuern

Die Mars AG weist zum 31.12.2010 einen Überhang aktiver latenter Steuern von 12 Mio. € aus. Dieser wurde mit einem Steuersatz von 30% bewertet. Der Steuersatz ist auch zum 31.12.2011 angemessen. Grundsätzlich bestehen die latenten Steuern zum 31.12.2011 in unveränderter Höhe mit Ausnahme der nachfolgend beschriebenen Sachverhalte des Geschäftsjahrs 2011.

Im Geschäftsjahr 2011 nutzt die Mars AG steuerliche Verlustvorträge, auf die zuvor aktive latente Steuern abgegrenzt worden waren, i. H. v. 2 Mio. €. Zudem setzt die Mars AG in ihrem handelsrechtlichen Jahresabschluss Drohverlustrückstellungen i. H. v. 800.000 € an. Aus einem erfolgreichen Entwicklungsprojekt resultiert der Ansatz von Entwicklungsaufwendungen nach § 248 Abs. 2 HGB in der Bilanz von 500.000 €.

Zum 31.12.2011 sind folgende Effekte aus der Abgrenzung latenter Steuern in der GuV zu berücksichtigen:

► latenter Steueraufwand i. H. v. 600.000 € (2,0 Mio. € x 30 %) aufgrund der Nutzung der steuerlichen Verlustvorträge,

► latenter Steuerertrag aus dem Ansatz aktiver latenter Steuern auf die handelsrechtlich gebildeten Drohverlustrückstellungen i. H. v. 240.000 € (800.000 € x 30 %),

► latenter Steueraufwand aus dem Ansatz passiver latenter Steuern auf die angesetzten selbst erstellten immateriellen Vermögensgegenstände des Anlagevermögens i. H. v. 150.000 € (500.000 € x 30 %).

Im Ergebnis hat die Mars AG für das Geschäftsjahr 2011 einen Steueraufwand von 510.000 € zu erfassen. In der Gewinn- und Verlustrechnung fordert § 274 Abs. 2 Satz 3 HGB einen gesonderten Ausweis unter dem Posten "Steuern vom Einkommen und vom Ertrag". Dieser gesonderte Ausweis kann entweder durch Einfügung einer gesonderten Zeile für die latenten Steuern, eine Vorspalte oder einen Davon-Vermerk erfolgen. Es ist hingegen nicht ausreichend, nur im Anhang auf den auf die latenten Steuern entfallenden Betrag der "Steuern vom Einkommen und vom Ertrag" hinzuweisen.

Beispiel 49: Umstellungseffekte im außerordentlichen Ergebnis

Die Bill Mock KG ist im Bereich der rechnungslegungsnahen Beratung tätig und stellt ihre Rechnungslegung zum 01.01.2010 auf die neuen handelsrechtlichen Regelungen um. Die entsprechenden Effekte sind nach Art. 67 Abs. 7 EGHGB im "außerordentlichen Ergebnis" zu erfassen. Folgerichtig erfasst die Bill Mock KG dort folgende Sachverhalte:

► Effekte aus der Neubewertung von Rückstellungen aufgrund der Abzinsung i. H. v. 300.000 € (a. o. Ertrag),

► Neubewertung der Rückstellungen aufgrund künftiger Preis- und Kostensteigerungen i. H. v. 100.000 € (a. o. Aufwand),

► Neubewertung der Pensionsrückstellungen i. H. v. 1,2 Mio. € (a. o. Aufwand),

► Auflösung von Aufwandsrückstellungen, die im Jahr 2009 gebildet worden sind, i. H. v. 420.000 € (a. o. Ertrag),

► Zuschreibung auf im Jahr 2009 vorgenommene Abschreibungen aufgrund vernünftiger kaufmännischer Beurteilung i. H. v. 120.000 € (a. o. Ertrag),

► unmittelbare Aufwandsverrechnung des zum 31.12.2009 verbleibenden Restbetrags der im Jahr 2007 aktivierten Ingangsetzungs- und Erweiterungsaufwendungen i. H. v. 330.000 € (a. o. Aufwand).

Nicht im außerordentlichen Ergebnis zu erfassen sind die auf die vorgenannten Effekte erfolgswirksam zu bildenden oder aufzulösenden latenten Steuern. Diese sind unter den "Steuern vom Einkommen und vom Ertrag" zu zeigen.

Merke:

Die Darstellung in der Erfolgsrechnung ist alleine unter Auswertung der Anhangangaben zutreffend zu analysieren. Hinsichtlich des Übergangs auf das neue Bilanzrecht
besteht die Gefahr, dass neben den Effekten aus der erstmaligen Anwendung der Neuregelungen gleichzeitig weitere Sachverhalte bereinigt werden und eine sachgerechte
Erfolgs(quellen)analyse damit nicht möglich ist. Langfristig wird die Umstellung auf die
Neuregelungen den Ausweis in der Erfolgsrechnung tangieren. Zugleich kann die Überleitung der Veränderung bilanzieller Wertansätze aufgrund der Zunahme erfolgsneut-
raler Buchungen nicht mehr alleine unter Zugrundelegung der Erfolgsrechnung erfolgen. Im Einzelfall kann die Anpassung bestehender Verträge an den veränderten Ergebnisausweis (bspw. bei Verträgen, die auf GuV-Größen wie das EBIT Bezug nehmen)
geboten sein.

2.10 Anhang

Die Anhangberichterstattung nimmt nach den Neuerungen des BilMoG deutlich zu –
sowohl hinsichtlich des Umfangs als auch des **Detaillierungsgrads**. In weiten Teilen
erfolgt eine Verlagerung bilanzieller Informationen in den Anhang. Die Angabepflichten nach § 285 HGB erfahren mit dem BilMoG damit eine deutliche Aufwertung. Im
Zuge der einzelnen Änderungen des HGB werden die Angabepflichten nach § 285 HGB
um eine Vielzahl von Informationen erweitert, die zum Teil bereits ab dem Jahr 2009
(Art. 66 Abs. 2 EGHGB) und zum Teil erstmals ab dem nach dem 31.12.2009 beginnenden Geschäftsjahr (Art. 66 Abs. 3 EGHGB) zu beachten sind; bereits bestehende Angabepflichten werden darüber hinaus teilweise modifiziert. Hierbei werden die bisherigen
Nr. 2, 9, 13 und Nr. 16 geändert, die Nr. 3, Nr. 3a sowie die Nr. 17 bis 29 ersetzt bzw. neu
eingeführt und die Nr. 5 aufgehoben.

Im Ergebnis wird die Anhangberichterstattung deutlich ausgeweitet. Im Einzelfall handelt es sich hierbei um unternehmensinterne und sensible Daten. So ist bspw. im Besonderen den Angaben zur Steuerabgrenzung sowie zu den nicht marktüblichen Geschäften eine besondere Bedeutung beizumessen, da durch die entsprechenden Angaben bestimmte unternehmensinterne Daten einer externen Analysemöglichkeit zugeführt werden.

Die wesentlichen Änderungen, die das BilMoG mit Blick auf die Anhangberichterstattung zur Folge hat, werden nachfolgend kurz erläutert:

▶ Angaben zu nicht **bilanzierten Geschäften** (§ 285 Nr. 3 HGB): Mit der Neuregelung werden die Unternehmen verpflichtet, die nicht in der Bilanz enthaltenen Geschäfte im Anhang anzugeben. Hierbei sind Angaben zu Art, Zweck, Risiken und Vorteilen der einzelnen Geschäfte vorzunehmen, soweit dies für die Beurteilung der Finanzlage notwendig ist. Darüber hinaus sind die Auswirkungen auf die Liquidität der Gesellschaft zum Abschlussstichtag sowie die zukünftigen Finanzmittelzu- und -abflüsse zu berichten. Für diese betragsmäßigen Angaben empfiehlt sich eine Unterteilung nach Fristigkeiten. In diesem Zusammenhang ist der Begriff "Geschäft" in einem weiten, funktionalen Sinne zu verstehen; typische Sachverhalte, die unter die Berichtspflicht fallen, sind Pensionsgeschäfte, Konsignationslagervereinbarungen, Factoringvereinbarungen, Leasingverträge oder dergleichen. Im Mittelpunkt der Berichtspflicht steht die Forderung, die finanzielle Situation des Unternehmens besser einschätzen zu können. Kleine Kapitalgesellschaften brauchen die Regelungen nicht anwenden; bei mittelgroßen Kapitalgesellschaften bestehen bestimmte Erleichterungen: auf die Darstellung der Risiken und Vorteile darf verzichtet werden. Die Neuregelung steht im engen Zusammenhang mit den Angaben zum **Gesamtbetrag der sonstigen finanziellen Verpflichtungen** (§ 285 Nr. 3a HGB), wonach der Gesamtbetrag der sonstigen finanziellen Verpflichtungen, die nicht in der Bilanz enthalten und nicht nach § 251 HGB (Haftungsverhältnisse) sowie § 285 Nr. 3 HGB berichtspflichtig sind, anzugeben ist, sofern die Angabe für die Beurteilung der Finanzlage von Bedeutung ist. Gesondert sind hierbei Verpflichtungen gegenüber verbundenen Unternehmen darzustellen. Die Berichterstattung nach § 285 Nr. 3 HGB erfordert eine entsprechende Dokumentation seitens des Bilanzierenden über die relevanten Geschäfte auch außerhalb der Anhangberichterstattung.

Beispiel für die Berichterstattung:

Die Neptun AG berichtet in ihrem Anhang über eine bestehende Sale and Lease Back-Vereinbarung: "Zur Entlastung unserer Bilanz und zur Beschaffung liquider Mittel haben wir fünf Grundstücke verkauft und diese auf 20 Jahre vom Käufer zurück gemietet (Sale and Lease back-Geschäft). Aus dem Verkauf sind uns im abgelaufenen Geschäftsjahr liquide Mittel i. H. v. 35,0 Mio. € zugeflossen. Die über die nächsten 20 Jahre zu leistenden Leasingraten belaufen sich auf 1,2 Mio. € p. a. und damit insgesamt auf 24 Mio. €. Hiervon sind 1,2 Mio. € im kommenden Geschäftsjahr fällig, 6,0 Mio. € innerhalb der nächsten fünf Jahre sowie 18,0 Mio. € in den Jahren 6 bis 20 der Vertragslaufzeit. Der Mietvertrag enthält zudem eine Verlängerungsoption um weitere 20 Jahre."

Merke:

Die Informationen über nicht in der Bilanz enthaltene Geschäfte, die für die Beurteilung der Finanzlage von Bedeutung sind, erhöhen den Informationsgehalt des Jahres-
bzw. Konzernabschlusses deutlich. Eine Analyse der entsprechenden Angaben liefert
einen Aufschluss darüber, welche Risiken möglicherweise außerhalb der Bilanz zu berücksichtigen sind. Mit Blick auf potenzielle Verpflichtungen ist bei der Angabe auf
etwaige Interpretationsfolgen zu achten. Bspw. könnte der Hinweis auf einen möglicherweise negativen Ausgang eines Rechtsstreits bereits als Eingeständnis der unterle-
genen Rechtsposition gewertet werden (Gefahr einer 'Self Fulfilling Prophecy'). Hinsichtlich des Detaillierungsgrades der Angaben muss die Grenze zwischen gesetzlich
geforderten Angaben und der Veröffentlichung sensibler Geschäftsrisiken sowie Ge-
schäftschancen beachtet werden. Im Einzelfall erlaubt die Analyse der Anhangangaben
eine weitergehende Einschätzung der Risikosituation des Unternehmens und damit
dessen Vermögens-, Finanz- und Ertragslage.

▶ Angaben zur **Abschreibungsdauer eines Geschäfts- oder Firmenwerts** (§ 285 Nr. 13
  HGB): Künftig sind die Gründe, die die Annahme einer betrieblichen Nutzungsdauer
  eines entgeltlich erworbenen Geschäfts- oder Firmenwerts von mehr als fünf Jahren rechtfertigen, gesondert zu erläutern. Hierbei ist ein Hinweis auf eine steuerrechtliche Abschreibungsdauer mit Verweis auf § 7 Abs. 1 EStG nicht ausreichend.
  Vielmehr muss die eigenständige, vom Steuerrecht unabhängige, Beurteilung
  nachvollziehbar dargelegt werden. Zwar sind bei einer angenommenen Nutzungsdauer von weniger als fünf Jahren keine Anhangangaben erforderlich, für Zwecke
  der Abschlussprüfung muss der Bilanzierende aber dennoch eine entsprechende
  Dokumentation vorhalten.

  Die Berichtspflicht umfasst unternehmensinterne und -externe Sachverhalte, die
  einer sachgerechten Nutzungsdauerbestimmung dienen. Faktoren mit einem Einfluss auf die Nutzungsdauer sind bspw. die erwartete Dauer der Unternehmensfortführung, Stabilität und Bestandsdauer der Branche des erworbenen Unternehmens, Auswirkungen auf neu erschlossene Beschaffungs- oder Absatzmärkte, voraussichtliche Tätigkeitsdauer wichtiger Mitarbeiter oder Personengruppen sowie
  der Lebenszyklus eines erworbenen Produkts. Die Berichterstattung nach § 285
  Nr. 13 HGB erfordert eine entsprechende Dokumentation seitens des Bilanzierenden über die Gründe, welche die angenommene betriebliche Nutzungsdauer des
  Geschäfts- oder Firmenwerts rechtfertigen, auch außerhalb der Anhangberichterstattung. Zudem müssen entsprechende Nachweise zu den die Nutzungsdauer de-
  terminierenden Faktoren erstellt und aufbewahrt werden.

Beispiel für die Berichterstattung:

Die Alpha AG hat die Omega GmbH, einen Hersteller von Automobilen der gehobenen Mittelklasse, im abgelaufenen Geschäftsjahr erworben. Die Omega GmbH hat gerade ein neues Modell auf den Markt gebracht. Aus Erfahrung weiß die Alpha AG, dass die einzelnen Automobilmodelle einen Lebenszyklus von sechs Jahren aufweisen. Anschließend verlangt der Käufermarkt nach einem neuen Modell. Vor diesem Hintergrund schreibt die Alpha AG den bei der Akquisition der Omega GmbH entstandenen Geschäfts- oder Firmenwert i. H. v. 180.000 € über einen Zeitraum von sechs Jahren planmäßig ab. In ihrem Anhang begründet das Unternehmen diese Nutzungsdauerannahme mit dem Produktlebenszyklus von sechs Jahren. Die Gründe für diese Vorgehensweise sind damit plausibel dargelegt.

Merke:

Die Einschätzung der Nutzungsdauer des Geschäfts- oder Firmenwerts unterliegt bilanzpolitischen Ermessensentscheidungen. Gleichwohl ist darauf zu achten, dass die Nutzungsdauer nicht willkürlich festgelegt, sondern anhand konkreter Anhaltspunkte wie bspw. eines Produktlebenszyklus bestimmt wird. Die Tatsache, dass die Berichtspflicht im Anhang ab einer geschätzten betrieblichen Nutzungsdauer von mehr als fünf Jahren greift, deutet darauf hin, dass der Gesetzgeber einen solchen Zeitraum als angemessen ansehen könnte. Das Ansetzen einer Nutzungsdauer von maximal fünf Jahren führt damit zu einer Vermeidung der Berichtspflicht. Sofern der Bilanzierende eine längere Nutzungsdauer annimmt, lassen die entsprechenden Angaben und Gründe im Einzelfall eine weitergehende Analyse der verfolgten Geschäftspolitik sowie der Markteinschätzung zu.

► § 285 Nr. 17 HGB regelt die Vornahme von Angaben zu den **Honoraren des gesetzlichen Abschlussprüfers**. Diese Vorschrift ist nicht neu, sondern wurde durch das BilMoG lediglich verändert. Fortan ist das vom Abschlussprüfer für das Geschäftsjahr berechnete Gesamthonorar Gegenstand der Berichtspflicht. Damit ist im Anhang sowohl das dem Abschlussprüfer im abgelaufenen Geschäftsjahr bereits zugeflossene als auch das noch zufließende Honorar, welches er für im Berichtszeitraum erbrachte Leistungen berechnet hat, zu berichten. Dieser Periodisierung wird Rechnung getragen, indem das im Geschäftsjahr in der Gewinn- und Verlustrechnung erfasste Gesamthonorar angegeben wird. Sollte sich eine gebildete Rückstellung im Nachhinein als zu hoch oder zu gering herausstellen, ist der entsprechende Betrag (unter Angabe eines Davon-Vermerks im Anhang bei wesentlichen Beträgen) im Abschluss des Folgejahrs zu berücksichtigen. Die Berichtspflicht betrifft nur solche Honorare, die an den gesetzlichen Abschlussprüfer gezahlt werden. Die anzugebenden Honorare sind in vier unterschiedliche Kategorien einzuordnen, deren Bezeichnungen – und damit teilweise auch ihr Inhalt – durch das BilMoG ebenfalls angepasst wurden: Abschlussprüfungsleistungen, andere Bestätigungsleistungen,

Steuerberatungsleistungen sowie als Sammelkategorie die sonstigen Leistungen. Die Berichtspflicht greift nur, sofern das Unternehmen nicht in einen Konzernabschluss einbezogen wird und die Angaben in diesem enthalten sind. Kleine Kapitalgesellschaften müssen die Regelung nicht anwenden (vgl. § 288 Abs. 1 HGB). Mittelgroße Kapitalgesellschaften, die die Angaben nach § 285 Nr. 17 HGB nicht in ihren Anhang aufnehmen, müssen die entsprechenden Informationen der Wirtschaftsprüferkammer auf deren schriftliche Anforderung hin übermitteln (vgl. § 288 Abs. 2 Satz 3 HGB).

Beispiel für die Berichterstattung:

Die Ariane GmbH hat ihrem Abschlussprüfer im abgelaufenen Geschäftsjahr 27.000 € gezahlt und berichtet in ihrem Anhang folgende Honorare für Abschlussprüferleistungen:

► Abschlussprüfungsleistungen: 24.000 € (davon 5.000 € das Vorjahr betreffend),

► andere Bestätigungsleistungen: 2.000 €,

► Steuerberatungsleistungen: 0 €,

► Sonstige Leistungen: 1.000 €.

Weiterhin berichtet die Ariane GmbH: "Die Gesamtsumme der im abgelaufenen Geschäftsjahr an den gesetzlichen Abschlussprüfer von der Ariane GmbH gezahlten Honorare beläuft sich demnach auf 27.000 €. Da sich die im Vorjahr angesetzte Rückstellung als zu niedrig erwies, wurde im abgelaufenen Geschäftsjahr ein zusätzlicher Betrag i. H. v. 5.000 € bei den Abschlussprüfungsleistungen berücksichtigt."

Merke:

Mit der Angabepflicht wird dem Abschlussadressaten transparent gemacht, in welcher Höhe für das betrachtete Geschäftsjahr Honorare von dem gesetzlichen Abschlussprüfer berechnet wurden. Aus dem Verhältnis zwischen der ersten Kategorie (Abschlussprüfungsleistungen) und den drei anderen Kategorien lässt sich ableiten, welche Bedeutung der Prüfungsauftrag für den Abschlussprüfer innerhalb des gesamten Mandatsverhältnisses zwischen dem Prüfer und dem bilanzierenden Unternehmen einnimmt. Damit ermöglicht § 285 Nr. 17 HGB eine Einschätzung hinsichtlich der Unabhängigkeit des Abschlussprüfers.

► In § 285 Nr. 18 bis 20 HGB werden umfassende Angaben zur **Zeitwertbewertung** gefordert. In diesem Zusammenhang erfolgt die Verlagerung der Fair Value-Bewertung aus der Bilanz in den Anhang. Zwar erfahren Zeitwerte vielfach keinen bilanziellen Ansatz (mit Ausnahme der Spezialregelung für Kreditinstitute und Finanzdienstleister), zumindest aber eine umfassende Anhangberichterstattung. Hierbei sind die nachstehenden drei Fälle zu unterscheiden:

- Angaben zu nicht zum niedrigeren Zeitwert bewerteten Finanzinstrumenten (§ 285 Nr. 18 HGB): Sofern für bestimmte Finanzinstrumente, die den Finanzanlagen des Anlagevermögens zuzurechnen sind, eine außerplanmäßige Abschreibung nach § 253 Abs. 3 Satz 4 HGB unterblieben ist, müssen der Buchwert sowie der beizulegende Zeitwert der Vermögensgegenstände und die Gründe für das Unterlassen der Abschreibung unter Angabe konkreter Anhaltspunkte, weswegen nicht von einer dauernden Wertminderung auszugehen ist, angegeben werden. Inhaltlich entspricht § 285 Nr. 18 HGB der bisherigen Regelung in § 285 Satz 1 Nr. 19 HGB a. F. Die veränderte Reihenfolge ist lediglich auf gesetzessystematische Gründe zurückzuführen.

- Angaben für nicht zum Zeitwert bilanzierte derivative Finanzinstrumente (§ 285 Nr. 19 HGB): Für jede Kategorie derivativer Finanzinstrumente, die nicht zum beizulegenden Zeitwert bewertet wurden, sind deren Art (z. B. Option, Swap, Future, Forward) und Umfang (Nominalwert), deren beizulegender Zeitwert (sofern sich dieser nach § 255 Abs. 4 HGB ermitteln lässt), deren Buchwert (unter Angabe des Bilanzpostens, in dem sich dieser niederschlägt) sowie die Gründe, weshalb der beizulegende Zeitwert nicht bestimmt werden kann, zu erläutern. Kleine Kapitalgesellschaften sind von dieser Regelung befreit (vgl. § 288 Abs. 1 HGB).

- Angaben für zum Zeitwert bewertete Finanzinstrumente nach § 340e Abs. 3 HGB (§ 285 Nr. 20 HGB): Sofern die Bewertung bestimmter Finanzinstrumente zum beizulegenden Zeitwert erfolgt ist, sind die grundlegenden Annahmen der Bestimmung des Zeitwerts sowie Umfang und Art jeder Kategorie derivativer Finanzinstrumente, welche die Höhe, den Zeitpunkt und die Sicherheit künftiger Zahlungsströme beeinflussen können, anzugeben. Die vorzunehmende Kategorisierung richtet sich dabei nach dem jeweils zugrunde liegenden Basiswert bzw. dem abgesicherten Risiko. So kann etwa eine Unterteilung vorgenommen werden nach zinsbezogenen, währungsbezogenen oder aktienbezogenen derivativen Finanzinstrumenten. Ausweislich der Regelungen nach § 285 Nr. 25 HGB gelten die vorgenannten Angabepflichten auch für die zum Zeitwert bewerteten Vermögensgegenstände im Sinne des § 246 Abs. 2 HGB.

Die Berichterstattung nach § 285 Nr. 18 bis 20 HGB macht eine umfassende Dokumentation seitens des Bilanzierenden über die relevanten Geschäfte auch außerhalb der Anhangberichterstattung notwendig. Die Ermittlung des Fair Value (bzw. die Feststellung, dass dieser gerade nicht ermittelbar ist) stellt einen sehr arbeits- und zeitaufwändigen Prozess dar.

Beispiel für die Berichterstattung:

Die Neptun GmbH informiert über nicht zum niedrigeren Zeitwert bewertete Finanzinstrumente: "Im abgelaufenen Geschäftsjahr wurden bei den Wertpapieren der Financial AG nicht die zum Bilanzstichtag niedrigeren beizulegenden Zeitwerte angesetzt. Wir sind dabei nicht von einer dauerhaften Wertminderung zum Bilanzstichtag ausgegangen, da sich der Kurs in den beiden auf den Bilanzstichtag folgenden Wochen wieder deutlich erholt hat. Der beibehaltene Buchwert zum 31.12.2010 beträgt 97.000 €, der niedrigere beizulegende Zeitwert betrug zu diesem Zeitpunkt 79.000 €."

Merke:

Die Angabe zum Zeitwert setzt dessen genaue Ermittlung voraus und bringt damit einen nicht zu unterschätzenden Arbeits- und Zeitaufwand. Sofern der Zeitwert über den angesetzten Buchwerten liegt, stellen die Angaben eine Möglichkeit dar, vorhandene stille Reserven genauer abschätzen zu können. Für den Fall, dass Angaben zu einem niedrigeren Zeitwert vorzunehmen sind, kann diesen Beträgen ein mögliches (bilanzielles) Risiko entnommen werden. Gleichzeitig offenbaren die Informationen die Verfolgung einer progressiven Bilanzpolitik. Im Ergebnis kann eine weitgehende Anhangberichterstattung die Chance bieten, bestehende stille Reserven darzulegen und damit einen besseren Einblick in die tatsächliche Unternehmenslage zu vermitteln.

▶ Angaben zu **nicht marktüblichen Geschäften** mit related parties (§ 285 Nr. 21 HGB): Sofern es im Geschäftsjahr zu wesentlichen Geschäften mit nahe stehenden Unternehmen und Personen gekommen ist, die zu nicht marktüblichen Bedingungen erfolgt sind, ist zumindest über diese Geschäfte zu berichten. Es steht dem Bilanzierenden allerdings frei, über alle Geschäfte mit nahe stehenden Personen – d.h. unabhängig davon, ob diese zu marktüblichen oder marktunüblichen Konditionen getätigt wurden – zu informieren. Eine Untergliederung in marktübliche sowie marktunübliche Geschäfte ist dann nicht erforderlich. Die Begriffsbestimmung "nahe stehende Unternehmen und Personen" richtet sich nach dem jeweils in europäisches Recht übernommenen (*endorsed*) IAS 24.

Die Berichtspflicht erstreckt sich neben der Nennung der Geschäfte auch auf Angaben zur Art der Beziehung, zum Wert der Geschäfte sowie zu weiteren Sachverhalten, sofern diese für die Beurteilung der Finanzlage notwendig sind. Hierbei ist der Begriff ‚Geschäft' im weitesten, funktionalen Sinn zu verstehen. Gemeint sind nicht alleine Rechtsgeschäfte, sondern auch andere Maßnahmen, die eine unentgeltliche oder entgeltliche Übertragung oder Nutzung von Vermögensgegenständen oder Schulden zum Gegenstand haben. Demnach sind alle Transaktionen rechtlicher oder wirtschaftlicher Art mit related parties, die sich auf die Finanzlage des Bilanzierenden auswirken können, hinsichtlich ihrer Marktüblichkeit zu prüfen. Typische zu berichtende Geschäfte sind bspw. Kauf/Verkauf von Vermögensgegenständen,

Bezug/Erbringung von Dienstleistungen, Finanzierungen etc. Die Angaben können nach Geschäftsarten zusammengefasst werden, sofern dies die Beurteilungsmöglichkeit der Auswirkungen auf die Finanzlage nicht einschränkt. Allerdings sind solche Geschäfte von der Berichtspflicht ausgenommen, die innerhalb eines Konzerns zwischen mittelbar oder unmittelbar in 100%-igem Anteilsbesitz stehenden Tochterunternehmen erfolgt sind. Mit der Angabepflicht wird eine Annäherung der handelsrechtlichen Berichtspflichten an die IFRS angestrebt, wobei abweichend zu IAS 24 nur die nicht marktüblichen Geschäfte zwingend anzugeben sind. Der Bilanzierende muss alle Transaktionen rechtlicher oder wirtschaftlicher Art mit related parties auf ihre Marktüblichkeit hin untersuchen. Die Feststellung der Marktüblichkeit bzw. Marktunüblichkeit geschieht mittels eines Drittvergleichs.

Kleine Kapitalgesellschaften sind von der Anwendung der Regelung befreit (vgl. § 288 Abs. 1 HGB). Mittelgroße Kapitalgesellschaften unterliegen nur dann der Berichtspflicht, sofern sie in der Rechtsform einer AG geführt werden. Zudem dürfen sie ihre Berichterstattung auf Geschäfte beschränken, die direkt oder indirekt mit dem Hauptgesellschafter oder Mitgliedern des Geschäftsführungs-, Verwaltungs- oder Aufsichtsorgans abgeschlossen wurden (vgl. § 288 Abs. 2 HGB).

Beispiel für die Berichterstattung:

Die Family First AG hat im abgelaufenen Geschäftsjahr mit einem nahe stehenden Unternehmen sowie einem nahen Familienangehörigen Geschäfte im Gesamtwert von 65.000 € getätigt. Davon wurden 26.000 € zu nicht marktüblichen, sondern besseren Konditionen ausgeführt. Zur Erfüllung der Berichtspflicht im Anhang hat die Family First AG folgende Möglichkeiten:

▶ Berichterstattung über alle Geschäfte (65.000 €), allerdings differenziert nach den beiden Gruppen "nahe stehendes Unternehmen" sowie "naher Familienangehöriger" oder

▶ Berichterstattung nur über die marktunüblichen Geschäfte (26.000 €), ebenfalls differenziert nach den beiden Gruppen "nahe stehendes Unternehmen" sowie "naher Familienangehöriger".

Dabei informiert sie jeweils auch über die Art des Geschäfts (z. B. Verkauf, Dienstleistung, ...) sowie über den Umfang (Aufteilung des Gesamtbetrags der Geschäfte auf die einzelnen Arten).

Merke:

Die Angabepflicht dient dazu, dass sich Unternehmensexterne ein Bild davon machen können, in welcher Weise Beziehungen zwischen dem Bilanzierenden und diesem nahe stehenden Unternehmen bzw. Personen sich vor- bzw. nachteilig auf die berichtende Gesellschaft auswirken. Der Informationsadressat wird damit in die Lage versetzt, besser einschätzen zu können, ob dem Unternehmen daraus möglicherweise ein Schaden (bspw. durch einen besonders günstigen Warenverkauf) entsteht. Die Berichterstattung über nicht marktübliche Geschäfte birgt allerdings besondere "Risiken" für den Bilanzierenden. Sofern eine Berichtspflicht zu bejahen ist, zeigt dies, dass die dargestellte Vermögens-, Finanz- und Ertragslage nicht alleine durch marktübliche, mittels Drittvergleichen nachvollziehbar bewertbare, Sachverhalte gekennzeichnet ist. Vor allem mögliche steuerliche Rechtsfolgen (z. B. verdeckte Einlage versus verdeckte Gewinnausschüttung) sind zu überdenken. Eine weitergehende Berichterstattung, nicht nur über die marktunüblichen, sondern über alle Geschäfte mit nahe stehenden Personen, kann die Problematik der Preisgabe sensibler Daten verringern. In erster Linie sollte es allerdings Ziel des Bilanzierenden sein, die Angabepflicht zu vermeiden. Aus Sicht des Bilanzanalysten kann der Umfang der Geschäfte mit nahe stehenden Personen wertvolle Informationen zur Beurteilung der Vermögens-, Finanz- und Ertragslage des Bilanzierenden liefern.

► Angaben zum Gesamtbetrag der **Forschungs- und Entwicklungskosten** (§ 285 Nr. 22 HGB): Im Fall einer Aktivierung von Entwicklungskosten nach § 248 Abs. 2 HGB sind der Gesamtbetrag der Forschungs- und Entwicklungskosten des Geschäftsjahrs sowie der davon auf die selbst erstellten immateriellen Vermögensgegenstände des Anlagevermögens entfallende Betrag anzugeben. Eine Aufschlüsselung in Forschungs- und Entwicklungskosten ist nicht notwendig, sondern die Angabe des Gesamtbetrags ist ausreichend. Die Angabepflicht resultiert aus der Aufhebung des Verbots der Aktivierung selbst geschaffener immaterieller Vermögensgegenstände des Anlagevermögens nach § 248 Abs. 2 HGB a. F. sowie der Konkretisierung des § 255 Abs. 2 und Abs. 2a HGB, nach dem selbst geschaffene immaterielle Vermögensgegenstände des Anlagevermögens in Höhe der in der Entwicklungsphase angefallenen Herstellungskosten aktivierungsfähig sind. Grundsätzlich soll die Angabepflicht einen besseren Einblick in die Forschungs- und Entwicklungstätigkeit und die damit verbundene Innovationskraft des Bilanzierenden sowie in das Verhältnis der Forschungs- und Entwicklungsaufwendungen, die einerseits als laufender Aufwand erfasst und andererseits aktiviert worden sind, vermitteln. Kleine Kapitalgesellschaften müssen die Regelung nicht anwenden (vgl. § 288 Abs. 1 HGB).

Beispiel für die Berichterstattung:

Die Odysseus AG informiert in ihrem Anhang darüber, dass im abgelaufenen Geschäftsjahr Forschungs- und Entwicklungskosten i. H. v. 855.000 € angefallen sind. Auf selbst geschaffene immaterielle Vermögensgegenstände des Anlagevermögens entfallen davon 300.000 €. Die 300.000 € sind insgesamt für Forschung und Entwicklung angefallen. Aus der Anhangangabe ist nicht unmittelbar ersichtlich, welcher Anteil davon auf nach § 248 Abs. 2 HGB i. V. m. § 255 HGB aktivierte Entwicklungskosten entfällt. Diese Angabe ist indes dem Anlagespiegel zu entnehmen. Hier hat die Odysseus AG als Zugänge zu den selbst geschaffenen gewerblichen Schutzrechten und ähnlichen Rechten und Werten im abgelaufenen Geschäftsjahr 122.000 € ausgewiesen. In

Kombination lassen sich damit der Anhangangabe nach § 285 Nr. 22 HGB und dem Anlagespiegel folgende Informationen entnehmen:

► Die Odysseus AG hat im abgelaufenen Geschäftsjahr 122.000 € Entwicklungskosten für selbst geschaffene immaterielle Vermögensgegenstände des Anlagevermögens aktiviert und darüber hinaus

► 178.000 € an Forschungskosten für selbst geschaffene immaterielle Vermögensgegenstände des Anlagevermögens aufwandswirksam erfasst.

Weitere 555.000 € sind an Forschungs- und Entwicklungskosten angefallen, die sich nicht auf selbst geschaffene immaterielle Vermögensgegenstände des Anlagevermögens beziehen.

Merke:

Aus den Angaben lassen sich sowohl Rückschlüsse auf die Innovationskraft eines Unternehmens allgemein als auch auf den Erfolg seiner Forschungs- und Entwicklungstätigkeit ziehen. Eine Analyse der als Aufwand erfassten Entwicklungskosten sowie der aktivierten Entwicklungskosten ist nur eingeschränkt möglich, da die Angabe in Form eines Gesamtbetrags grundsätzlich zulässig ist. Sofern der Bilanzierende freiwillig die Angaben getrennt für die Forschungsaufwendungen sowie die Entwicklungsaufwendungen vornimmt, erlaubt diese Angabe die Ermittlung einer Aktivierungsquote bezogen auf die Entwicklungsaufwendungen. Auch unter Hinzuziehung des Anlagespiegels lassen sich weitere Informationen gewinnen. Da der Bilanzierende aufgrund des Gebots der Ansatzstetigkeit grundsätzlich – bei Ausübung des Wahlrechts nach § 248 Abs. 2 HGB – an die Aktivierung von Entwicklungsaufwendungen gebunden ist, bedeutet ein hoher Anteil von als Aufwand erfassten Entwicklungskosten, dass die entsprechenden Aufwendungen (zumindest bislang) zu keinem aktivierungsfähigen Vermögensgegenstand geführt haben, die Ansatzkriterien mithin nicht erfüllt sind. Umso höher der Anteil der als Aufwand erfassten Aufwendungen an den gesamten Aufwendungen ist, umso eher ist die Forschungs- bzw. Entwicklungstätigkeit des Unternehmens (zumindest bei einer periodenübergreifenden Betrachtung) kritisch zu hinterfragen. Eine hohe Aktivierungsquote spricht dagegen dafür, dass der Bilanzierende einen hohen Vermögensausweis sowie als Konsequenz einen geringeren Aufwand anstrebt und damit eine progressive Bilanzpolitik verfolgt. Grundsätzlich muss der Bilanzierenden bedenken, dass eine zu umfangreiche Berichterstattung über die Forschungs- und Entwicklungsaufwendungen mit der Preisgabe sensibler Informationen einher gehen kann.

► Erläuterung von **Bewertungseinheiten** (§ 285 Nr. 23 HGB): Sofern nach § 254 HGB Bewertungseinheiten zur Absicherung von Risiken gebildet wurden, sind diese Bewertungseinheiten sowie die abgesicherten Risiken in Anhang anzugeben. Alternativ kann der Bilanzierende die Angaben auch im Lagebericht vornehmen. Im Einzelnen ist zu berichten, mit welchem Betrag jeweils Vermögensgegenstände, Schulden, schwebende Geschäfte sowie mit hoher Wahrscheinlichkeit erwartete Transaktionen in die Bewertungseinheit einbezogen worden sind. Zudem sind das abgesicherte Risiko und die Art der gebildeten Bewertungseinheit zu berichten, d.h. die Bewertungseinheiten sind nach der Art der abgesicherten Risiken zu unterteilen. Zusätzlich ist die Höhe des abgesicherten Risikos anzugeben (§ 285 Nr. 23 Buchstabe a HGB). Als Risikokategorie kommen bspw. Zins-, Währungs-, Bonitäts- und Preisrisiken in Frage. Als Art einer Bewertungseinheit sind micro-, macro- oder portfolio-hedges denkbar. Für die jeweils abgesicherten Risiken ist ferner anzugeben, warum, in welchem Umfang und für welchen Zeitraum sich die gegenläufigen Wertänderungen oder Zahlungsströme künftig voraussichtlich ausgleichen werden (Wirksamkeit der Bewertungseinheit). Zusätzlich ist die Methode der Ermittlung der Wertänderungen bzw. Zahlungsströme anzugeben (§ 285 Nr. 23 Buchstabe b HGB). Nach § 285 Nr. 23 Buchstabe c HGB müssen schließlich die mit hoher Wahrscheinlichkeit erwarteten Transaktionen, die in die Bewertungseinheiten einbezogen wurden, erläutert werden.

Die Anhangangabe nach § 285 Nr. 23 HGB erfordert eine entsprechende Dokumentation seitens des Bilanzierenden über die gebildeten Bewertungseinheiten sowie die zusätzlich im Anhang zu berichtenden Parameter auch außerhalb der Anhangberichterstattung.

Beispiel für die Berichterstattung:

Die Zeus AG gibt an, dass Vermögensgegenstände in einem Umfang von 400.000 € zur Absicherung von Zinsrisiken in eine Bewertungseinheit einbezogen wurden. Dabei handelt es sich um ein Portfolio-Hedging, denn mehrere gleichartige Grundgeschäfte wurden gemeinsam mit mehreren Sicherungsgeschäften abgesichert. Die Höhe des abgesicherten Risikos beträgt 28.000 €. Darüber hinaus berichtet die Zeus AG über den Umfang (17.000 €) und den Zeitraum (14 Monate), in welchem die gegenläufigen Wertänderungen oder Zahlungsströme sich künftig voraussichtlich ausgleichen werden. Darüber hinaus berichtet das Unternehmen über die Methode (z. B. quantitative Sensitivitätsanalysen oder ein quantitativer historischer Abgleich), mit der die Wertänderungen ermittelt wurden.

Merke:

Aus den Angaben zu den Bewertungseinheiten wird ersichtlich, inwieweit der Bilanzierende seine Risiken abgesichert hat. Gleichzeitig wird erkennbar, in welchen Fällen und in welchem Umfang die Absicherung nicht ausreichend bzw. ineffektiv ist. Hinsichtlich der Zusammenfassung bestimmter Sachverhalte zu Bewertungseinheiten stellen sich dem Bilanzierenden im Einzelfall bilanzpolitische Freiräume. Zwar unterliegt die Bildung der Bewertungseinheit dem Stetigkeitsprinzip, allerdings hat sie einen unmittelbaren Einfluss auf die Bewertung der Einzelsachverhalte. Die einzelnen Bestandteile nach § 285 Nr. 23 HGB sind mitunter komplex und aufwändig zu ermitteln. Der Bilanzierende muss im Zusammenhang mit der Bildung von Bewertungseinheiten folglich auch die zugehörigen umfangreichen Dokumentationserfordernisse bewältigen können.

► Angaben zur Berechnung von **Rückstellungen für Pensionen und ähnliche Verpflichtungen** (§ 285 Nr. 24 HGB): Hinsichtlich der Bewertung von Pensionsrückstellungen sind das angewandte versicherungsmathematische Berechnungsverfahren und die grundlegenden Berechnungsprämissen (Zinssatz, Lohn- und Gehaltssteigerungen, Sterbetafeln) anzugeben. Bereits in der Vergangenheit hatte nach § 248 Abs. 2 Nr. 1 HGB (Erläuterung der auf den Jahresabschluss angewandten Bilanzierungs- und Bewertungsmethoden) eine Angabe der angewandten Bilanzierungs- und Bewertungsmethoden zu erfolgen. Mit § 285 Nr. 24 HGB schafft der Gesetzgeber erstmals eine eigenständige Angabepflicht für den Bereich der Pensionsrückstellungen und damit gleichzeitig einheitliche Berichtsinhalte, indem er bestimmte Mindestinhalte dieser Anhangangabe festlegt. Auf diese Weise wird den Unternehmen ein Stück der Entscheidungsfreiheit, welche Informationen eine sachgerechte Darstellung der angewandten Bilanzierungs- und Bewertungsmethode gewährleisten, genommen und eine bessere Vergleichbarkeit einzelner Unternehmen miteinander geschaffen.

Beispiel für die Berichterstattung:

Die Ariadne GmbH berichtet in ihrem Anhang über die Berechnung der Pensionsrückstellungen: "Bei der Ariadne GmbH wurde die versicherungsmathematische Berechnung unter Anwendung des Anwartschaftsbarwertverfahrens vorgenommen. Dabei wurden ein Zinssatz von 5,25 % sowie eine erwartete Lohn- und Gehaltssteigerung von 2,3 % zugrunde gelegt. Zudem wurden die Sterbetafeln nach Heubeck aus dem Jahr 2005 verwendet."

Merke:

Die entsprechenden Angaben werden sich im Wesentlichen den jeweils zum Bilanzstichtag zu erstellenden Pensionsgutachten entnehmen lassen. Da der Gesetzgeber mit dem Abzinsungssatz nach § 253 Abs. 2 HGB eine Richtgröße vorgibt, kann anhand dieser Größe im Vergleich zum angegebenen Zinssatz eine Einschätzung der Bilanzpolitik bei einer Abweichung vom gesetzlichen Regelfall erfolgen. Hinsichtlich der weiteren bewertungsrelevanten Daten kann unternehmensübergreifend eine Einschätzung der Üblichkeit erfolgen.

► Angaben zu den **Unterschiedsbeträgen aus der Pensionsbewertung**: Art. 67 Abs. 1 und Abs. 2 EGHGB fordert, dass eine bestehende Unter- oder Überdotierung der Pensionsrückstellungen, die sich aus der erstmaligen Anwendung der Neuregelungen zur Bewertung der Pensionsrückstellungen nach § 253 Abs. 2 HGB ergibt, im Anhang anzugeben ist.

Beispiel für die Berichterstattung:

Die Neptun AG informiert in ihrem Anhang über die Effekte aus der BilMoG-Umstellung: "Die Neptun AG hat zum 01.01.2010 ein neues versicherungsmathematisches Gutachten unter Berücksichtigung der nach BilMoG geltenden Bewertungsvorschriften für die Pensionsrückstellungen erstellt. Dabei wurde ein Zinssatz von 5,25 % sowie eine erwartete Lohn- und Gehaltssteigerung von 2,3 % zugrunde gelegt. Zudem wurden die Sterbetafeln nach Heubeck aus dem Jahr 2005 verwendet. Zum 01.01.2010 ergibt sich aus der Neubewertung der Pensionsrückstellungen eine Unterdotierung i. H. v. 300.000 €. Die Neptun AG entscheidet sich für die Ausübung des Wahlrechts nach Art. 67 Abs. 1 EGHGB und eine Verteilung der erforderlichen Zuführung über den längst möglichen Zeitraum (15 Jahre). Folglich wird beginnend ab dem Geschäftsjahr 2010 in jedem Jahr ein Betrag von 20.000 € den Pensionsrückstellungen zugeführt. Zum 31.12.2010 beträgt der noch nicht in der Bilanz ausgewiesene Betrag der Unterdotierung 280.000 €."

Merke:

Aufgrund der angegebenen Höhe einer – regelmäßig vorhandenen – Unterdotierung und deren Entwicklung über die Zeit kann die Bilanzpolitik des Unternehmens nachvollzogen werden. So lässt sich neben eventuell bestehenden stillen Lasten, die über einen Zeitraum von bis zu 15 Jahren erfolgswirksam zugeführt werden müssen, aus der Zuführungspolitik die Beeinflussung des Jahresergebnisses ableiten. Damit kann über die gesamte Zeitdauer des Prozesses der Zuführung von Pensionsrückstellungen – längstens also bis zum 31.12.2024 – die Bilanzpolitik des Unternehmens auf einfache Weise extern nachvollzogen werden. Da die zuzuführenden Beträge im Einzelfall für die betreffenden Unternehmen von großer Bedeutung sein können, beinhaltet diese Anhangangabe sensible Informationen, die viel über die Ertragslage der Gesellschaft offenbaren. Dieser Tatsache muss sich der Bilanzierende bewusst sein.

► Erläuterung vorgenommener **Saldierungen** (§ 285 Nr. 25 HGB): Für den Fall einer Verrechnung von Vermögensgegenständen und Schulden nach § 246 Abs. 2 HGB sind Anschaffungskosten und beizulegender Zeitwert der verrechneten Vermögensgegenstände ebenso wie der Erfüllungsbetrag der Schulden und die verrechneten Aufwendungen und Erträge im Anhang anzugeben. Zudem sind die Angabepflichten nach § 285 Nr. 20 Buchstabe a HGB zu beachten. Demnach sind die der Bestimmung des beizulegenden Zeitwerts zugrunde gelegten Annahmen und Methoden im Anhang anzugeben. Mit dieser Anhangangabe wird es dem Berichtsadressaten ermöglicht, trotz erfolgter Saldierung zu erkennen, wie hoch die betreffenden Vermögensgegenstände und Schulden eigentlich sind. Zur Erfüllung der Berichtspflicht ist eine umfassende Dokumentation erforderlich. Insbesondere die Ermittlung des beizulegenden Werts der verrechneten Vermögensgegenstände führt zur Erstellung umfangreicher Berechnungsunterlagen.

Beispiel für die Berichterstattung:

Zur Erfassung des Zinsanteils aus dem Pensionsaufwand berichtet die Pluto AG in ihrem Anhang mindestens die folgenden Angaben:

▶ Die Pensionsverpflichtungen betragen 350.000 €.

▶ Das Planvermögen hat einen beizulegenden Zeitwert von 240.000 €, die Anschaffungskosten betragen 224.000 €.

Daraus ergibt sich der saldierte Ausweis einer Pensionsrückstellung i. H. v. 110.000 €.

▶ Der Zinsaufand aus der Pensionsverpflichtung beträgt 50.000 €.

▶ Der Ertrag aus den Pensionsvermögen beläuft sich auf 4.000 €.

Daraus ergibt sich in der Gewinn- und Verlustrechnung ein Zinsaufwand von 46.000 €. Darüber hinaus ist der reguläre Zuführungsbetrag zu den Pensionsrückstellungen im Personalaufwand zu zeigen.

Merke:

Erst die Anhangangabe zur vorgenommenen Saldierung ermöglicht es dem externen Jahresabschlussadressaten die im Pensionsvermögen aufgedeckten stillen Reserven zu erkennen. Da neben den verrechneten Bilanzgrößen (Vermögensgegenstände sowie Schulden) auch die verrechneten Aufwendungen und Erträge angegeben werden müssen, verdeutlicht § 285 Nr. 25 HGB sowohl die bilanziellen Effekte der Saldierung als auch deren Auswirkungen auf die Erfolgsrechnung und damit auf die Ertragslage. Aus den Angaben zur Bestimmung des angesetzten Zeitwerts lassen sich zudem im Einzelfall Aufschlüsse über die Sicherheit der angesetzten Fair Values gewinnen.

▶ In § 285 Nr. 26 HGB werden für **Anteile und Anlageaktien an inländischen Investmentvermögen** bestimmte Anhangangaben verlangt, sofern das bilanzierende Unternehmen mehr als 10% der Anteile oder Anlageaktien an inländischen Investmentvermögen i. S. v. § 1 InvG oder vergleichbaren ausländischen Investmentanteilen i. S. v. § 2 Abs. 9 InvG besitzt. Im Allgemeinen unterliegt das Investmentvermögen einer Gesellschaft ebenso wie Spezialfonds nicht der Konsolidierungspflicht. Daher werden in § 285 Nr. 26 HGB zur Erhöhung der Transparenz und zur Reduzierung von Informationsnachteilen gegenüber konsolidierungspflichtigen Zweckgesellschaften weiterführende Anhangangaben verpflichtend festgeschrieben. Bei der Überschreitung des Schwellenwerts von 10 % sind die folgenden Angaben zu machen: die bestehenden Investmentanteile oder Anlageaktien, aufgegliedert nach Anlagezielen, ihr Wert i. S. d. § 36 InvG bzw. i. S. e. vergleichbaren ausländischen Vorschrift zur Marktwertermittlung, die Differenz zwischen Marktwert und Buchwert, die für das Geschäftsjahr erfolgte Ausschüttung, ggf. Beschränkungen in der

Möglichkeit der täglichen Rückgabe, ggf. Gründe dafür, dass eine Abschreibung gem. § 253 Abs. 3 Satz 4 HGB unterblieben ist.

Beispiel für die Berichterstattung:

Die Andromeda AG verfügt über mehr als 10 % der Anteile oder Anlageaktien an inländischen Investmentvermögen i. S. v. § 1 InvG. Nach § 285 Nr. 26 HGB berichtet sie hierüber in ihren Anhang und unterteilt dabei drei unterschiedliche Aktienfonds sowie zwei unterschiedliche Rentenfonds. Für diese fünf Kategorien nennt die Andromeda AG jeweils den Buch- und den Marktwert zum Abschlussstichtag und die zwischen beiden Werten bestehende rechnerische Differenz. Darüber hinaus berichtet das Unternehmen, in welcher Höhe die Fonds im abgelaufenen Geschäftsjahr jeweils ausgeschüttet haben und um welche Art der Ausschüttung (Substanz- und/oder Ertragsausschüttung) es sich dabei gehandelt hat. Zusätzlich wird darüber informiert, ob eine tägliche Rückgabe der Fondsanteile möglich ist bzw. welche Beschränkungen vorliegen und ob eine Abschreibung nach § 253 Abs. 3 Satz 4 HGB unterlassen wurde und warum.

Merke:

Aufgrund der Tatsache, dass aus getätigten Finanzinvestitionen der Unternehmen Risiken erwachsen können, die nicht ohne weiteres aus der Bilanz ersichtlich sind, wird der Abschlussleser mit dieser neuen Angabeverpflichtung in die Lage versetzt, sich über größere Investments der Gesellschaft zu informieren. Anhand der zu berichtenden Daten lässt sich unmittelbar erkennen, wie sich die betreffenden Investitionen entwickelt haben und wie der Bilanzierende – etwa bei einer unterlassenen Abschreibung nach § 253 Abs. 3 Satz 4 HGB die weitere Entwicklung in der Zukunft einschätzt.

▶ Mit § 285 Nr. 27 HGB verlangt der Gesetzgeber die Aufnahme von Informationen über bestehende **Eventualverbindlichkeiten** in den Anhang. Diese sind grundsätzlich nach § 251 HGB unter der Bilanz bzw. nach § 268 Abs. 2 HGB im Anhang auszuweisen. Zusätzlich müssen die Gründe berichtet werden, auf deren Basis der Bilanzierende das Risiko der Inanspruchnahme daraus einschätzt. Anhangangaben sind insbesondere zu folgenden Haftungsverhältnissen zu machen: Verbindlichkeiten aus der Begebung und Übertragung von Wechseln, Verbindlichkeiten aus Bürgschaften, Wechsel- und Scheckbürgschaften, Verbindlichkeiten aus Gewährleistungsverträgen und Haftungsverhältnisse aus der Bestellung von Sicherheiten für fremde Verbindlichkeiten.

Beispiel für die Berichterstattung:

Die zugunsten der Salzwasser AG, einem verbundenen Unternehmen der Seestern AG, eingegangene Bürgschaft für ein Darlehen i. H. v. 320.000 € ist nicht zu passivieren. Die Salzwasser AG hat bislang alle Raten fristgerecht an das Kreditinstitut zurückgezahlt, so dass davon auszugehen ist, dass die Salzwasser AG die Verpflichtung auch weiterhin vertragsgemäß erfüllen wird. Mit einer Inanspruchnahme der Seestern AG ist folglich nicht zu rechnen.

Merke:

Bislang wurden bestehende Eventualverbindlichkeiten in der Regel in einer Summe angegeben, so dass für den Bilanzleser nicht erkennbar war, wie sich diese im Einzelnen zusammensetzen und welche Risiken den jeweiligen Bestandteilen innewohnen. Nun kann der Abschlussadressat aus § 285 Nr. 27 HGB herauslesen, welche Risiken den Haftungsverhältnissen immanent sind und wie das bilanzierende Unternehmen selbst die Risiken sowie die Wahrscheinlichkeit seiner Inanspruchnahme hieraus einschätzt. Darüber hinaus muss der Bilanzierende erläutern, warum die entsprechenden Risiken „nur" als Eventualverbindlichkeiten eingestuft wurden und warum kein Ausweis auf der Passivseite der Bilanz erforderlich war. Damit wird nach Ansicht des Gesetzgebers die Transparenz des Jahresabschlusses gesteigert.

▶ Gesamtbetrag der Beträge im Sinne der **Ausschüttungssperre** des § 268 Abs. 8 HGB (§ 285 Nr. 28 HGB): Zum Schutz der Gläubiger sind im Anhang die Beträge aus der Aktivierung selbst geschaffener immaterieller Vermögensgegenstände des Anlagevermögens und latenter Steuern ebenso wie aus der Zeitwertbewertung von Vermögensgegenständen nach § 246 Abs. 2 HGB anzugeben. Bei der Ermittlung der Höhe der ausschüttungsgesperrten Beträge sind nach § 268 Abs. 8 HGB passive latente Steuern zu berücksichtigen. Soweit die ausschüttungsgesperrten Beträge aus der Aktivierung latenter Steuern um passive latente Steuern gemindert sind, sollte dies ebenfalls erläutert werden, um eine entsprechende Abstimmung der jeweiligen Beträge zu ermöglichen. Somit wird die Höhe der ausschüttungsgesperrten Beträge transparent gemacht.

Beispiel für die Berichterstattung:

Die Hopfen & Malz AG berichtet über ausschüttungsgesperrte Beträge folgendermaßen: "Die Hopfen & Malz AG hat im abgelaufenen Geschäftsjahr vom Aktivierungswahlrecht für selbst erstellte immaterielle Vermögensgegenstände des Anlagevermögens Gebrauch gemacht und einen Betrag von 1.612.000 € aktiviert. Außerdem hat sie eine Verrechnung von Vermögensgegenständen und Schulden nach § 246 Abs. 2 HGB vorgenommen und dabei einen Ertrag i. H. v. 510.000 € erzielt. Der Wert aktiver latenter Steuern beträgt 886.000 €. Der relevante Steuersatz liegt bei 30 %. Unter Berücksichtigung der gebildeten passiven latenten Steuern ergeben sich für die einzelnen Kategorien folgende ausschüttungsgesperrte Beträge:

► selbst erstellte immaterielle Vermögensgegenstände des Anlagevermögens: (1.612.000 € - (1.612.000 € x 30% =)) 1.128.000 €,

► Verrechnung von Vermögensgegenständen und Schulden nach § 246 Abs. 2 HGB: (510.000 € - (510.000 € x 30 % =)) 357.000 €,

► aktive latente Steuern: 886.000 €.

In Summe unterliegen damit 2.371.000 € der Ausschüttungssperre nach § 268 Abs. 8 HGB. Aus dem Bilanzgewinn der Hopfen & Malz AG i. H. v. 4.000.000 € können folglich nur 1.629.000 € ausgeschüttet werden."

Merke:

Mit der Ausschüttungssperre verbindet der Gesetzgeber die bilanzielle Erfassung bestimmter Sachverhalte unter Informationsgesichtspunkten mit der weiterhin dem handelsrechtlichen Einzelabschluss zuzurechnenden Ausschüttungsbemessungs- und Gläubigerschutzfunktion. Eine Analyse der Angaben zur Ausschüttungssperre verdeutlicht, in welcher Höhe zum Bilanzstichtag nur "quasi-sichere" Werte das Bilanzbild beeinflusst haben. Der Umfang der Angaben zur Ausschüttungssperre lässt Rückschlüsse auf die Bilanzpolitik des bilanzierenden Unternehmens zu. Je mehr Vermögensgegenstände zu hohen Werten angesetzt werden – d. h., je progressiver bilanziert wird –, desto mehr Anhangangaben sind nach § 285 Nr. 28 HGB zu machen. Zu beachten ist außerdem, dass mit zunehmender Höhe der Ausschüttungssperre die nachhaltige Eigenkapitalausstattung des Unternehmens weniger sicher wird.

► Weiterführende Angaben zur **latenten Steuerabgrenzung** (§ 285 Nr. 29 HGB): Im Anhang sind gesondert die Differenzen sowie steuerlichen Verlustvorträge zu berichten, auf die latente Steuern abgegrenzt worden sind. Zudem ist anzugeben, mit welchen Steuersätzen die Bewertung erfolgt ist. Diese Angabe ist auch dann vorzunehmen, wenn in Anwendung des Aktivierungswahlrechts nach § 274 HGB auf einen bilanziellen Ansatz latenter Steuern insgesamt verzichtet worden ist. Dabei werden qualitative Angaben zu den bestehenden Differenzen als ausreichend erachtet (vgl. IDW ERS HFA 27, Tz. 36). Kleine Kapitalgesellschaften müssen ebenso wie mittelgroße Kapitalgesellschaften die Regelung nicht anwenden (vgl. § 288 Abs. 1 und 2 HGB).

Beispiel für die Berichterstattung:

Die Pluto AG macht in ihrem Anhang Angaben zu den einzelnen Bilanzposten, auf die latente Steuern abgegrenzt wurden, und nennt dabei auch die Höhe der abgegrenzten latenten Steuern:

► Aktive latente Steuern resultieren aus Sachanlagen (44.800 €), aktiven Rechnungsabgrenzungsposten (12.600 €), Rückstellungen (171.400 €) und Verbindlichkeiten (24.000 €). Darüber hinaus wurden auch auf ungenutzte steuerliche Verlustvorträge aktive latente Steuern (46.000 €) abgegrenzt.

► Passive latente Steuern resultieren aus immateriellen Vermögensgegenständen (126.000 €), Vorräten (50.000 €) sowie einem aktiven Unterschiedsbetrag aus der Vermögensverrechnung (15.000 €).

Unsaldiert ergibt sich hieraus eine Summe von 298.000 € aktiven sowie 191.000 € passiven latenten Steuern. Nach Saldierung verbleibt ein aktivischer Überhang i. H. v. 107.000 €.

Darüber hinaus berichtet die Pluto AG ergänzend: "Die Bewertung der temporären Differenzen und der innerhalb der nächsten fünf Jahre verrechenbaren steuerlichen Verlustvorträge erfolgt mit dem für das Geschäftsjahr geltenden Steuersatz für KSt und GewSt von 30 %. Die sich rechnerisch ergebende Steuerentlastung i. H. v. 107.000 € wurde nach dem Wahlrecht des § 274 HGB im Berichtsjahr nicht aktiviert."

Merke:

Auch wenn der Bilanzierende auf die Aktivierung eines Überhangs aktiver latenter Steuern verzichtet, muss er im Anhang die entsprechenden Angaben zu den bestehenden Differenzen und Verlustvorträgen vornehmen. Demnach ist der Anhang um eine entsprechende bilanzorientierte Übersicht zu den bewerteten aktiven und passiven latenten Steuern zu ergänzen. Aus diesen Angaben lassen sich unmittelbar Rückschlüsse auf die verfolgte bilanzpolitische Zielsetzung ziehen. Umso mehr latente Steuern ausgewiesen werden, umso weiter weicht die handelsrechtliche Rechnungslegung von den Steuerbilanzwerten ab. Mit Blick auf die Angaben zu den steuerlichen Verlustvorträgen ist es möglich, steuerliche Gestaltungen des Bilanzierenden zu erkennen. Zugleich sind Rückschlüsse auf die in den nächsten fünf Jahren zu erwartenden steuerlichen Gewinne möglich.

Von den neuen Berichtspflichten sind die folgenden bereits ab nach dem 31.12.2008 beginnenden Geschäftsjahren zu beachten (Art. 66 Abs. 2 EGHGB):

► Angaben zu nicht bilanzierten Geschäften (§ 285 Nr. 3 HGB),

► Angaben zu den Abschlussprüferhonoraren (§ 285 Nr. 17 HGB),

► Angaben zu nicht marktüblichen Geschäften mit related parties (§ 285 Nr. 21 HGB).

Die anderen vorgenannten Vorschriften sind – vorbehaltlich einer fakultativen früheren Anwendung der Regelungen des BilMoG (→ vgl. Kapitel 9) – erstmals auf Jahresabschlüsse für das nach dem 31.12.2009 beginnende Geschäftsjahr anzuwenden. Die größenabhängigen Erleichterungen hinsichtlich bestimmter Berichtspflichten werden mit § 288 HGB ab 2009 bzw. 2010 (in Abhängigkeit der jeweiligen Geltung der Neuregelungen nach § 285 HGB gemäß Art. 66 Abs. 2 und Abs. 3 EGHGB) neu gefasst. Sowohl für kleine als auch mittelgroße Kapitalgesellschaften existieren bestimmte Erleichterungsvorschriften. Diese mildern die deutliche Ausweitung der Anhangberichterstattung durch das BilMoG für kleine und mittelgroße Kapitalgesellschaften mit Blick auf ausgewählte Regelungen ab. Gleichzeitig erschwert diese Tatsache die bilanzanalytische Herangehensweise, da bestimmte Bilanzierungsentscheidungen mangels weiterführender Angaben aus externer Sicht nicht ohne weiteres nachvollzogen werden können.

Mit Blick auf die vom Bilanzierenden verfolgte Informationspolitik lässt sich diese im Besonderen dem Umfang der Anhangangaben entnehmen.

	Progressive Berichterstattung	Konservative Berichterstattung
Die Anhangberichterstattung wird...	... umfassend (über das gesetzliche Maß hinaus) vorgenommen.	... dem gesetzlichen (Mindest-) Maß entsprechend dargestellt.

ABB. 67: Bilanzanalytische Möglichkeiten (Anhangberichterstattung)

Da es sich bei den Anhangangaben um prüfungspflichtige Informationen handelt, sieht sich der Bilanzierende hinsichtlich der ihm gesetzlich zur Verfügung stehenden Freiheitsgrade mit den durch die Abschlussprüfung gesetzten Grenzen konfrontiert.

Merke:

Die deutliche Aufwertung der Anhangangaben setzt seitens der Bilanzierenden umfassende Kontroll- und Berichtsinstrumente voraus. Zudem ist auf die Konsistenz der im Anhang gemachten Angaben zu den einzelnen in der Bilanz vorgenommenen Bewertungen zu achten. Die umfangreichen Anhanginformationen machen in weiten Teilen die vom Bilanzierenden verfolgte Bilanzpolitik transparent und stellen damit eine wichtige Hilfestellung für die Bilanzanalyse dar.

2.11 Lagebericht

Mit den Änderungen des BilMoG werden die Vorschriften zur Lageberichterstattung um § 289 Abs. 5 HGB erweitert. Danach haben Kapitalgesellschaften im Sinne des § 264d HGB im Lagebericht ab 2009 (Art. 66 Abs. 2 EGHGB) die wesentlichen Merkmale des internen Kontroll- und des Risikomanagementsystems im Hinblick auf den Rechnungslegungsprozess darzustellen. Das Gesetz nennt keine weiteren inhaltlichen Anforderungen an die Einrichtung und Ausgestaltung eines internen Kontroll- oder Risikomanagementsystems im Hinblick auf den Rechnungslegungsprozess. Demnach bleibt es den geschäftsführenden Organen überlassen, ein internes Kontroll- und Risikomanagementsystem nach den vorhandenen Bedürfnissen des Unternehmens unter Berücksichtigung seiner Strategie und des Geschäftsvolumens sowie unter Beachtung von Wirtschaftlichkeits- und Effizienzaspekten einzurichten. Die Vorschrift des § 289 Abs. 5 HGB verpflichtet alleine dazu, das interne Kontroll- und Risikomanagementsystem mit Blick auf den Rechnungslegungsprozess zu beschreiben; eine Einschätzung hinsichtlich seiner Effektivität durch den Bilanzierenden ist nicht gefordert.

Zusätzlich zu § 289 HGB wird § 289a HGB neu in das HGB aufgenommen. Nach dieser Vorschrift müssen börsennotierte Aktiengesellschaften sowie Aktiengesellschaften, die auf eigene Veranlassung im Freiverkehr notiert sind, aber außerdem andere Wertpapiere als Aktien zum Handel an einem organisierten Markt ausgegeben haben, künftig eine **Erklärung zur Unternehmensführung** als eigenständigen Abschnitt des Lageberichts darstellen. Alternativ zur Aufnahme dieser Erklärung in den Lagebericht kann auch eine Veröffentlichung auf der Internetseite der Gesellschaft erfolgen, auf die im Lagebericht Bezug zu nehmen ist. Erstmals ist diese Angabe ab dem Geschäftsjahr 2009 (Art. 66 Abs. 2 EGHGB) vorzunehmen.

In die Erklärung zur Unternehmensführung sind nach § 289a Abs. 2 HGB die Erklärung nach § 161 AktG (Nr. 1), relevante Angaben zu Unternehmensführungspraktiken, die über die gesetzlichen Anforderungen hinaus angewandt werden (Nr. 2), und eine Beschreibung der Arbeitsweise von Vorstand und Aufsichtsrat sowie der Zusammensetzung und Arbeitsweise von deren Ausschüssen (Nr. 3) aufzunehmen. Soweit die Informationen nach Nr. 3 auf der Internetseite der Gesellschaft öffentlich zugänglich sind, kann darauf verwiesen werden.

Mit der Angabepflicht nach § 289a Abs. 2 Nr. 1 HGB wird die Verbindung der handelsrechtlichen Pflichtangaben zur Erklärung zum Corporate Governance Kodex nach § 161 AktG hergestellt. Darüber hinaus sollen die Angaben nach § 289a Abs. 2 Nr. 2 und Nr. 3 HGB einen weiteren Einblick in die internen Strukturen der Unternehmensführung geben. Da die Angaben über die Zusammensetzung des Geschäftsführungs- und Aufsichtsorgans auch nach § 285 Nr. 10 HGB im Anhang gefordert werden, kann auf eine Wiederholung im Lagebericht zur Vermeidung von Doppelangaben verzichtet werden. Allerdings ist über die Anhangangaben nach § 285 Nr. 10 HGB hinaus im Lagebericht über die personelle Zusammensetzung der Ausschüsse des Vorstands und des Aufsichtsrats sowie über deren Arbeitsweise zu berichten.

Sofern der Bilanzierende im Rahmen seiner Lageberichterstattung eine offene **Kommunikationspolitik** verfolgt, wird er freiwillig vergleichsweise ausführlich über den eingerichteten Risikomanagementprozess mit Blick auf die Rechnungslegung sowie die Praktiken der Unternehmensführung berichten. Eine vergleichsweise weitgehende Berichterstattung kann hierbei als Indiz für eine vertrauensvolle Rechnungslegung gesehen werden. Gleichwohl ist der Bilanzierende nicht verpflichtet, über die gesetzlich geforderten Angaben hinaus weitergehende Informationen darzulegen.

	Progressive Berichterstattung	Konservative Berichterstattung
Die Lageberichterstattung und die Angaben zur Unternehmensführung werden...	... umfassend (über das gesetzliche Maß hinaus) dargestellt.	... dem gesetzlichen Maß entsprechend dargestellt.

ABB. 68: Bilanzanalytische Möglichkeiten (Lageberichterstattung)

Da es sich bei dem Lagebericht um einen prüfungspflichtigen Berichtsbestandteil handelt, unterliegen die gesetzlichen Freiheitsgrade in der Berichterstattung den durch die Abschlussprüfung gesetzten Grenzen.

Merke:

Der Lageberichterstattung kommt eine wesentliche Bedeutung im Kontext der Gesamtbeurteilung der Unternehmenslage zu. Erst die Synthese quantitativer Informationen in den Rechenwerken mit qualitativen Einschätzungen im Lagebericht ermöglicht eine umfassende Bilanzanalyse.

2.12 Eigenkapitalspiegel

Die Regelungen von § 264 Abs. 1 HGB werden erweitert. Ab 2010 (Art. 66 Abs. 3 EGHGB) ist der Jahresabschluss kapitalmarktorientierter Kapitalgesellschaften, die nicht zur Aufstellung eines Konzernabschlusses verpflichtet sind, um einen Eigenkapitalspiegel zu ergänzen. Gegenwärtig sind nicht konzernrechnungslegungspflichtige kapitalmarktorientierte Unternehmen nicht zur Erstellung eines Eigenkapitalspiegels verpflichtet. Um die Lücke einer unterschiedlichen Informationsversorgung am Kapitalmarkt zu schließen, richtet sich der Umfang der Berichterstattungspflichten künftig alleine nach der Frage der **Kapitalmarktorientierung**. Gleichzeitig nehmen die erfolgsneutral zu berücksichtigenden Sachverhalte zu. Neben veränderten Ausweisvorschriften führen nicht zuletzt die umfangreichen erfolgsneutralen Umstellungseffekte zu einer deutlichen Beeinflussung des Eigenkapitals. Auch nachgelagert zur Umstellung auf das neue Bilanzrecht erfolgen künftig zahlreiche Buchungen unmittelbar über das Eigenkapital. Künftig rückt die Analyse des Eigenkapitalspiegels damit neben der Betrachtung der Erfolgsrechnung in das Zentrum der Beurteilung der Reinvermögensänderung.

Beispiele für Effekte, die sich **erfolgsneutral** unmittelbar im Eigenkapital niederschlagen und die über eine entsprechende Berichterstattung bzw. Darstellung nachvollziehbar dargelegt werden müssen, sind:

► erfolgsneutrale Abgrenzung latenter Steuern zum Umstellungszeitpunkt und deren Fortführung,

► Korrektur von in der Vergangenheit vorgenommenen außerplanmäßigen Abschreibungen,

► Auflösung von überdotierten Pensionsrückstellungen,

► Auflösung von in der Vergangenheit angesetzten Aufwandsrückstellungen,

► Auflösung steuerlicher Sonderposten in der Handelsbilanz,

► Verrechnung von zum Umstellungszeitpunkt vorhandenen aktiven Rechnungsabgrenzungsposten,

► Verrechnung ausstehender Einlagen mit dem Eigenkapital,

► Berücksichtigung eigener Anteile.

Hinsichtlich der **Gestaltung** des Eigenkapitalspiegels kann sich der Bilanzierende an den entsprechenden Vorgaben nach DRS 7 orientieren. Zwar gibt der Standard in erster Linie Empfehlungen für die Eigenkapitaldarstellung im Konzern; zahlreiche Empfehlungen sind allerdings auch auf den Einzelabschluss übertragbar.

	Progressive Berichterstattung	Konservative Berichterstattung
Der Eigenkapitalspiegel und die erfolgsneutralen Effekte werden...	... umfassend (über das gesetzliche Maß hinaus) dargestellt.	... dem gesetzlichen Maß entsprechend dargestellt.

ABB. 69: Bilanzanalytische Möglichkeiten (Eigenkapitalspiegel)

Da es sich bei dem Eigenkapitalspiegel als Bestandteil des Einzelabschlusses künftig um einen prüfungspflichtigen Berichtsbestandteil handelt, unterliegen die gesetzlichen Freiheitsgrade in der Berichterstattung den durch die Abschlussprüfung gesetzten Grenzen. Aus bilanzanalytischer Sicht ist die Erstellung einer Gesamtergebnisrechnung, die neben den in der Erfolgsrechnung erfassten Effekten auch die direkt im Eigenkapital erfassten Effekte berücksichtigt, zu empfehlen. Mittels einer solchen Rechnung lässt sich das Eigenkapital unter Berücksichtigung erfolgter weiterer Kapitalveränderungen vom letzten Bilanzstichtag zum aktuell betrachteten Abschlussstichtag überleiten.

Merke:

Die Bedeutung erfolgsneutral im Jahresabschluss zu berücksichtigender Sachverhalte nimmt durch das BilMoG deutlich zu. In diesem Zusammenhang bietet der Eigenkapitalspiegel eine erste Hilfe bei der Beurteilung der einzelnen Buchungen. Darüber hinaus können weitere Überleitungsrechnungen oder eine Gesamtergebnisrechnung dazu dienen, sowohl die einzelnen Effekte näher zu beleuchten als auch die bilanzpolitischen Strategien zu identifizieren. Die Beachtung standardisierter Regelungen – bspw. DRS 7 – ist aus Sicht der Bilanzanalyse zu begrüßen.

2.13 Kapitalflussrechnung

Die Regelungen von § 264 Abs. 1 HGB werden erweitert. Ab 2010 (Art. 66 Abs. 3 EGHGB) ist der Jahresabschluss **kapitalmarktorientierter Kapitalgesellschaften**, die nicht zur Aufstellung eines Konzernabschlusses verpflichtet sind, um eine Kapitalflussrechnung zu ergänzen. Gegenwärtig sind nicht konzernrechnungslegungspflichtige kapitalmarktorientierte Unternehmen nicht zur Erstellung einer Kapitalflussrechnung verpflichtet. Um die Lücke einer unterschiedlichen Informationsversorgung am Kapitalmarkt zu schließen, richtet sich der Umfang der Berichterstattungspflichten künftig alleine nach der Frage der Kapitalmarktorientierung. Erst eine detaillierte Darstellung der Finanzlage sowie der einzelnen Finanzquellen ermöglicht eine weitere Analyse der Vermögens-, Finanz- und Ertragslage. Durch die verpflichtende Darstellung einer Kapitalflussrechnung für nach § 264d HGB kapitalmarktorientierte Gesellschaften im handelsrechtlichen Einzelabschluss wird die Analyse der entsprechenden Zahlungsflüsse einfacher.

Da das HGB keine Vorgaben macht, wie die Kapitalflussrechnung ausgestaltet sein muss, ergeben sich mit Blick auf den Umfang und den Inhalt der Kapitalflussrechnung Freiheitsgrade für den Bilanzierenden. Zwar wird eine Orientierung an den international üblichen Regelungen nach IAS 7 sowie an den Konzernvorgaben nach DRS 2 sinnvoll sein, sie ist gesetzlich allerdings nicht gefordert. Demnach stellen sich dem Bilanzierenden verschiedene Möglichkeiten, wie er die Kapitalflussrechnung erstellt. Freiheitsgrade hat er hinsichtlich der Gliederung der Kapitalflussrechnung (Kontoform versus Staffelform), den verschiedenen Aktivitätsformaten (operatives Geschäft, Investition, Finanzierung), der Abgrenzung des Finanzmittelfonds sowie der Ermittlungstechnik (derivative versus originäre Ermittlung). Das HGB verpflichtet bestimmte Unternehmen demnach zur Darstellung einer Kapitalflussrechnung, lässt die Ausgestaltung jedoch offen. Dem Spannungsverhältnis zwischen Bilanzpolitik und Bilanzanalyse folgend ergeben sich die bilanzanalytischen Möglichkeiten unmittelbar aus der bilanz- bzw. kommunikationspolitisch verfolgten Zielsetzung. Die Darstellung einer Kapitalflussrechnung unter Beachtung der Regelungen nach DRS 2 ist hierbei positiver und kommunikationsfreundlicher einzuschätzen als die Erstellung einer weniger standardisierten Kapitalflussrechnung.

	Progressive Berichterstattung	Konservative Berichterstattung
Kapitalflussrechnung wird aufbereitet unter Zugrundelegung...	... standardisierter Benchmarks (z. B. DRS 2).	... eines freien Formats.

ABB. 70: Bilanzanalytische Möglichkeiten (Kapitalflussrechnung)

Die Abbildung einer Kapitalflussrechnung in einem vom DRS 2 abweichenden Format erhält allerdings ihre Einschränkung in der Tatsache, dass die Verpflichtung des Unternehmens zur Erstellung der Kapitalflussrechnung gesetzlich geregelt ist und die Kapitalflussrechnung als Bestandteil der Berichterstattung der Prüfungspflicht unterliegt. Insofern kommen – auch im Rahmen einer eher konservativen Berichterstattung – alleine solche Kapitalflussrechnungen in Frage, die den Anforderungen der Prüfungspflicht genügen.

Merke:

Die Darstellung einer Kapitalflussrechnung unter Anwendung standardisierter Regelungen erfüllt die gesetzlichen Forderungen und stellt eine konforme und offene Berichterstattung sicher. Aus Sicht einer besseren bilanzanalytischen und unternehmensübergreifenden Vergleichbarkeit ist die einheitliche Anwendung eines Standards – wie bspw. des DRS 2 – zu begrüßen.

2.14 Segmentberichterstattung

Während hinsichtlich des Eigenkapitalspiegels und der Kapitalflussrechnung das BilMoG im Einzelfall eine Ausweitung der Berichterstattung vorsieht, bleibt die Segmentberichterstattung weiterhin ein fakultatives Berichtselement. Die Tatsache, dass die Erstellung eines Segmentberichts weiter in das Belieben des Bilanzierenden gestellt bleibt, begründet der Gesetzgeber mit einer vergleichsweise aufwändigen Erstellung.

Eine freiwillige Segmentberichterstattung erhöht die Transparenz der Unternehmensdaten. Eine Segmentierung, bspw. nach Regionen oder verschiedenen Leistungsbereichen, erleichtert eine Bilanzanalyse. Gleichzeitig legt der Bilanzierende im Einzelfall wertvolle interne **Steuerungsgrößen** offen und zeigt, in welchen Bereichen sein Unternehmen mehr oder weniger rentabel arbeitet. Aufgrund der rein fakultativen Erstellung einer Segmentberichterstattung im Einzelabschluss wird sie eher selten erstellt werden. Mit Blick auf die IFRS bietet allerdings die Segmentierung der Daten – in Anlehnung an die Regelungen der IFRS 8 – die Möglichkeit, international übliche und geforderte Angaben vorzunehmen.

Die Darstellung einer Segmentberichterstattung hat keinen Einfluss auf die Höhe des Ergebnisses, allenfalls auf die Möglichkeiten einer genaueren Analyse. Gleichwohl ist einer transparenten, offenen Berichterstattung regelmäßig eine höhere Vertrauenswürdigkeit beizumessen als einer alleine am gesetzlich Notwendigen orientierten Rechnungslegung. Demnach stellt die freiwillige Darstellung von segmentierten Daten ein Unterscheidungskriterium zwischen einer offenen und einer weniger offenen **Kommunikationspolitik**, also einer progressiven bzw. konservativen Berichterstattung, dar.

	Progressive Berichterstattung	Konservative Berichterstattung
Segmentberichterstattung wird...	... vorgenommen (und orientiert sich an standardisierten Benchmarks, z. B. DRS 3).	... wird nicht vorgenommen.

ABB. 71: Bilanzanalytische Möglichkeiten (Segmentberichterstattung)

Hinsichtlich der Ausgestaltung der Segmentberichterstattung ist der Bilanzierende an keine gesetzlichen Vorgaben gebunden. Das HGB beinhaltet keine Regelungen. Zwar ist eine Orientierung an den internationalen Normen nach IFRS 8 sowie an den konzernspezifischen Verlautbarungen nach DRS 3 zu empfehlen, aber nicht zwingend. Demnach ist unabhängig von der Tatsache, ob eine Segmentberichterstattung vorgenommen wird, hinsichtlich deren Ausgestaltung zwischen einer üblichen Aufbereitung der Daten (z. B. nach DRS 3) und einer davon abweichenden Berichterstattung zu unterscheiden. Der Bilanzierende hat durch Veröffentlichung einer Segmentberichterstattung die Möglichkeit, über das gesetzlich geforderte Mindestmaß hinaus rechnungslegungsrelevante Informationen darzulegen. An dieser auch bereits vor dem BilMoG bestehenden Möglichkeit ändert die Gesetzesreform nichts.

Merke:

Sofern der Bilanzierende eine transparente Kommunikation wünscht, kann er seine Berichterstattung um eine an standardisierten Regelungen orientierte Segmentberichterstattung erweitern, um damit zusätzliche Informationen zur Analyse der Vermögens-, Finanz- und Ertragslage zur Verfügung zu stellen.

3. Änderungen durch das BilMoG vor dem Hintergrund bilanzpolitischer Aspekte: Konzernabschluss

3.1 Grundsätzliche bilanzpolitische Strategien

Mit Blick auf die konsolidierte Rechnungslegung sind **zwei Ebenen bilanzpolitischer Gestaltungsmöglichkeiten** zu differenzieren. Im Rahmen der Konzernabschlusserstellung kann der Bilanzierende einerseits bereits auf Ebene der in den Konzernabschluss einfließenden Daten der einzelnen Gesellschaften unterschiedliche bilanzpolitische Strategien verfolgen. Diese beziehen sich auf die an die konzerneinheitliche Bilanzierung und Bewertung angepassten sog. Handelsbilanzen II der einbezogenen Unternehmen. Andererseits bieten auch die auf den aggregierten Einzelabschlussdaten aufsetzenden Konsolidierungsmaßnahmen Gestaltungsalternativen und Entscheidungsspielräume.

Das BilMoG ändert eine Vielzahl von Ansatz-, Bewertungs- und Ausweiswahlrechten mit Blick auf die einzelgesellschaftliche Rechnungslegung (→ vgl. Kapitel 2). Im Rahmen der konsolidierten Rechnungslegung finden diese Änderungen über die Einzelabschlussdaten der in den Konzernabschluss einbezogenen Gesellschaften Eingang in den **Summenabschluss** sowie auch in den Konzernabschluss, falls sie nicht durch Konsolidierungsmaßnahmen verändert oder eliminiert werden. Bei der Konzernabschlusserstellung steht dem Bilanzierenden grundsätzlich das gesamte bilanzpolitische Instrumentarium auf Einzelabschlussebene ebenfalls zur Verfügung – und zwar auch unabhängig von dessen Anwendung im Einzelabschluss.

Für die Bilanzierung und Bewertung ist der Rechtsrahmen des Mutterunternehmens als große Kapitalgesellschaft maßgebend (§ 308 HGB). Die Ausübung aller bestehenden Wahlrechte und Ermessensspielräume kann dabei unabhängig vom Einzelabschluss erfolgen (sog. **duale oder zweigleisige Bilanzpolitik**). Zu beachten ist lediglich, dass die für den Einzel- und Konzernabschluss geltenden Anforderungen an die Stetigkeit von Bilanzansatz und Bewertung erfüllt werden. Durch die gezielte, unterschiedliche Ausübung von Wahlrechten kann im Rahmen einer zweigleisigen Strategie im Konzernabschluss eine andere Bilanzpolitik verfolgt werden als im Einzelabschluss. Bspw. kann im Einzelabschluss bei der Aktivierung der Herstellungskosten die Herstellungskostenuntergrenze angewendet werden, um das Jahresergebnis eher gering zu halten, während im Konzernabschluss durch Rückgriff auf die Herstellungskostenobergrenze ein möglichst hohes Konzernjahresergebnis angestrebt wird.

Die Motivation zur Verfolgung einer zwischen einzelgesellschaftlicher und konsolidier-
ter Rechnungslegung differenzierenden Strategie resultiert in der Regel aus den **unterschiedlichen Rechtsfolgen**, die an das jeweilige Rechenwerk anknüpfen, bzw. den Zielsetzungen, denen die Abschlüsse dienen. Während der handelsrechtliche Einzelabschluss einerseits der Ausschüttungsbemessung und andererseits über den Maßgeblichkeitsgrundsatz auch der Steuerbemessung dient, entfalten diese beiden zentralen
Folgewirkungen des handelsrechtlichen Abschlusses auf Ebene des Konzernabschlusses keine Bedeutung. Dieser dient in erster Linie Informationszwecken; weiterhin kann
er zur Steuerung des Konzernverbunds herangezogen werden und soll die Informati-
onsdefizite der Einzelabschlüsse, die sich aufgrund des Einflusses der Verbundbeziehungen ergeben können, durch eine aggregierte Betrachtung kompensieren. Mit Blick
auf den Ergebnisausweis besteht also bspw. ein Anreiz, dieses aufgrund der damit ggf.
verbundenen Ausschüttungen oder Steuerbelastungen im Einzelabschluss so gering
wie möglich auszuweisen, wohingegen im Konzernabschluss für eine möglichst güns-
tige Darstellung der Vermögens-, Finanz- und Ertragslage der Ausweis eines höheren
Ergebnisses angestrebt wird.

Neben den grundlegenden Möglichkeiten der Gestaltung im Bereich der Bilanzierung
und Bewertung, die dem Mutterunternehmen eines Konzernverbunds offenstehen,
ergibt sich aus den **Vorschriften zur Konzernrechnungslegung** weiteres Gestaltungspotenzial. Zu nennen sind diesbezüglich bspw. die Konsolidierungswahlrechte des § 296
HGB sowie das Wahlrecht zur Anwendung der Quotenkonsolidierung in § 310 HGB.
Durch den Verzicht auf die Inanspruchnahme eines Konsolidierungswahlrechts oder
die Entscheidung für die Quotenkonsolidierung werden die Vermögensgegenstände
und Schulden, Aufwendungen und Erträge des Tochter- bzw. Gemeinschaftsunter-
nehmens in voller Höhe bzw. anteilig in den Summenabschluss einbezogen. Damit
erhöhen sich bspw. die Bilanzsumme sowie auch die Umsatzerlöse.

Von Bedeutung sind die Bilanzierungs- und Bewertungsentscheidungen sowie die
Ausübung solcher Wahlrechte auch bei der grundlegenden Beurteilung, ob eine Konzernrechnungslegungspflicht besteht. Durch die Ausnutzung der bestehenden Gestaltungsspielräume können ggf. die Größenkriterien unterschritten und so die Konzernrechnungslegungspflicht vermieden werden (§ 293 HGB; → vgl. auch Kapitel 4.2.1). Ein
weiterer faktischer Ermessensspielraum besteht in der Beurteilung der Wesentlichkeit
bestimmter Konzernunternehmen und ihrer daran anknüpfenden Konsolidierungspflicht.

Auch für die konsolidierte Rechnungslegung lassen sich die bilanzpolitischen Strategien
mit Blick auf die Neuregelungen durch das BilMoG in die beiden Bereiche der qualitativen und der quantitativen Bilanzpolitik differenzieren (→ vgl. auch Kapitel 2.1).

Die **qualitative Bilanzpolitik** charakterisiert dabei weiterhin die Orientierung des Bilanzierenden an nicht-monetären Vergleichsmaßstäben, die eine Ausrichtung der handelsrechtlichen Vorgehensweise an anderen Rechnungslegungsnormen bezweckt. Im Vergleich zur einzelgesellschaftlichen Rechnungslegung reduzieren sich die Orientierungsalternativen des Bilanzierenden jedoch um eine Dimension: Da der Konzernabschluss keine unmittelbare steuerliche Wirkung entfaltet, ist die weitest mögliche Annäherung an eine Einheitsbilanz kein geeigneter Vergleichsmaßstab. Somit verbleiben im Rahmen der Konzernrechnungslegung mit Blick auf die Neuregelungen des BilMoG im Wesentlichen die beiden folgenden denkbaren Strategien:

(1) Ausrichtung der konsolidierten Rechnungslegung nach dem BilMoG an den zuvor gültigen handelsrechtlichen Normen, um die Umstellung auf das neue Bilanzrecht möglichst effektfrei zu gestalten.

(2) Annäherung der konsolidierten Rechnungslegung an die IFRS, um vergleichsweise wenig verbleibende Abweichungen zu den internationalen Normen zu erhalten.

Hinsichtlich möglicher Gründe für die Wahl einer der angeführten Strategien lassen sich die für die einzelgesellschaftliche Rechnungslegung dargestellten Motivationen auf den Konzernabschluss übertragen (→ vgl. Kapitel 2.1).

Die bilanzpolitische Vorgabe, dass der Konzernabschluss so weit wie möglich dem Einzelabschluss des Mutterunternehmens − konkret den dort angewandten Bilanzierungs- und Bewertungsmethoden − angenähert werden soll, findet keine gesonderte Berücksichtigung. Diese Annäherung ist Gegenstand der Anpassung an konzerneinheitliche Bilanzierungs- und Bewertungsmethoden, die vom Konzernmutterunternehmen innerhalb des diesem offenstehenden Handlungsspielraums vorgegeben werden. Insofern kann an dieser Stelle auf die Ausführungen zur einzelgesellschaftlichen Rechnungslegung und die dort dargestellten alternativen Strategien verwiesen werden (→ vgl. Kapitel 2).

Die **quantitative**, an monetären Größen oder Kennzahlen orientierte **Bilanzpolitik** hat auch mit Blick auf den Konzernabschluss − vergleichbar zum Einzelabschluss − zwei wesentliche Zielfunktionen, die der Ausübung einzelner Wahlrechte im Zeitpunkt der Umstellung auf das neue Bilanzrecht zugrunde gelegt werden können:

(1) Der Ausweis möglichst hoher Ergebnisse und eines möglichst hohen Eigenkapitals bzw. einer möglichst hohen Eigenkapitalquote (progressive Bilanzpolitik).

(2) Der Ausweis möglichst geringer Ergebnisse und eines möglichst geringen Eigenkapitals bzw. einer möglichst geringen Eigenkapitalquote (konservative Bilanzpolitik).

Je nach Zielsetzung des Bilanzierenden kann im Konzernabschluss demnach eine eher progressive oder eher konservative Bilanzpolitik in der Darstellung des Unternehmensverbunds gewählt werden. Da die Motivation der Steuerung von Ausschüttungen und Steuerbelastung in der konsolidierten Rechnungslegung bedeutungslos ist, dürften die Gründe für den Ausweis möglichst hoher Ergebnis- und Eigenkapitalgrößen im Konzernabschluss regelmäßig überwiegen (→ vgl. zu den Gründen bereits Kapitel 2.1). Dabei ist jedoch nicht zu vernachlässigen, dass ein möglicher weiterer Grund für die Verfolgung einer konservativen Bilanzpolitik im Konzernabschluss auch darin begründet sein kann, dass das Mutterunternehmen – sowie ggf. auch Tochterunternehmen – diese Strategie im Einzelabschluss anwenden und der Aufwand für Anpassungsmaßnahmen minimiert werden soll, so dass die Ergebnis- und Eigenkapitaldarstellung demgegenüber in den Hintergrund tritt.

Als Kombinationsmöglichkeiten quantitativer und qualitativer **Bilanzstrategien** verbleiben aufgrund der mangelnden Relevanz steuerlicher Bezüge insgesamt vier Fallkonstellationen. Die analog zur einzelgesellschaftlichen Rechnungslegung bestehenden Widersprüche innerhalb einzelner Kombinationen schränken deren praktische Anwendung bzw. Anwendbarkeit jedoch ein.

Quantitative Strategie	Qualitative Strategie / Möglichst geringe Abweichungen zum alten Recht	Annäherung an die IFRS
Ausweis eines möglichst hohen Eigenkapitals/ eines möglichst hohen Ergebnisses	**Unwahrscheinliche Kombination** Diese Kombination schränkt die Ausübung der neuen Wahlrechte sehr ein und stellt gegensätzliche Zielfunktionen dar.	**Sinnvolle Kombination** Da die neuen Rechnungslegungsnormen eine enge Anlehnung an die IFRS beinhalten, kann die Ausübung der meisten Wahlrechte zugunsten eines möglichst hohen Eigenkapitals bzw. Ergebnisses zielkonform erfolgen.
Ausweis eines möglichst geringen Eigenkapitals/ eines möglichst geringen Ergebnisses	**Sinnvolle Kombination** Bei Nicht-Ausübung verschiedener Wahlrechte kann die Abweichung zum früheren Recht minimiert werden. Ein vergleichsweise geringes Eigenkapital ergibt sich regelmäßig aus obligatorischen Anpassungseffekten.	**Unwahrscheinliche Kombination** Da eine Annäherung an die IFRS im Wesentlichen durch Ausübung der Wahlrechte, die zu einem höheren Eigenkapital bzw. Ergebnis führen, erreicht werden kann, ist diese Kombination nicht sinnvoll.

ABB. 72: Verschiedene Möglichkeiten kombinierter Bilanzstrategien nach neuem Recht im Konzernabschluss

Hinsichtlich der dargestellten Kombinationsmöglichkeiten ist zu beachten, dass diese Alternativen im Konzernabschluss in erster Linie über die Festlegung der konzerneinheitlichen Bilanzierungs- und Bewertungsstrategien erreichbar sind. Zwar bestehen in der konsolidierten Rechnungslegung ebenfalls Wahlrechte sowie Ermessensspielräume; diese lassen sich jedoch häufig nicht unmittelbar auf die dargestellten Alternativen reduzieren.

Die Veränderungen in der handelsrechtlichen Konzernrechnungslegung durch das BilMoG sind deutlich geprägt von der **Zielsetzung des Gesetzgebers**, eine konsolidierte Rechnungslegung nach HGB insbesondere für nicht kapitalmarktorientierte Unternehmen als einfachere und weniger aufwendige Alternative zu den IFRS beizubehalten und gleichzeitig deren Informationsfunktion im Interesse ihrer Akzeptanz zu stärken. Zu diesem Zweck folgen die Neuregelungen zwei wesentlichen Prinzipien: der Reduzierung gesetzlicher Wahlrechte sowie der Annäherung an die Abbildung der jeweiligen Sachverhalte nach IFRS. Zur Realisierung der angestrebten Vereinfachung werden zahlreiche Wahlrechte in der HGB-Konzernrechnungslegung eliminiert, so dass gleichzeitig auch die Vergleichbarkeit gefördert wird. Die Entscheidung für eine der bislang bestehenden Alternativen ist in der Mehrzahl der Fälle von einer deutlichen Orientierung an der korrespondierenden Vorgehensweise nach den IFRS geprägt.

Aufgrund der deutlichen Einschränkung von Wahlrechten wird der Bilanzierende in seinem Gestaltungsspielraum merkbar limitiert. Infolge der bewussten Orientierung des Gesetzgebers an den IFRS sieht er sich in einigen Bereichen – unabhängig von der von ihm verfolgten bilanzpolitischen Strategie – mit einer verpflichtenden Annäherung an die IFRS konfrontiert. Diese Begrenzung des Handlungsrahmens insbesondere mit Blick auf die gesetzlichen Regelungen zur Konzernabschlusserstellung erhöht gleichzeitig die relative Bedeutung bilanzpolitischer Gestaltungen auf Ebene der in den Konzernabschluss einfließenden Handelsbilanzen II.

Merke:

Bei der Konzernabschlusserstellung kann der Bilanzierende eine vom Einzelabschluss losgelöste bilanzpolitische Strategie verfolgen (duale oder zweigleisige Bilanzpolitik). Diese ist in der Regel dadurch motiviert, dass der Konzernabschluss für die Ausschüttung und die Steuerbelastung keine Bedeutung entfaltet. Auch nach BilMoG können im Konzernabschluss quantitative und qualitative Zielgrößen in unterschiedlichen Kombinationen angestrebt werden. Dabei erweist sich die Aufstellung der Handelsbilanzen II als wirkungsvolles Gestaltungsinstrument. Die Neuregelungen in den Vorschriften zur Konsolidierung führen aufgrund der Einschränkung von Wahlrechten zu einer Begrenzung des Handlungsspielraums und implizieren an vielen Stellen eine Annäherung an die IFRS unabhängig von der unternehmensindividuellen bilanzpolitischen Zielsetzung.

3.2 Grundsätzliche bilanzanalytische Möglichkeiten

Die Möglichkeiten sowie auch Grenzen der Bilanzanalyse im Konzernabschluss sind mit denen im Einzelabschluss vergleichbar. Hinsichtlich der Handelsbilanzen II, in denen die Anforderung der konzerneinheitlichen Bilanzierung und Bewertung umgesetzt wird, gelten bzgl. der Bilanzanalyse (→ vgl. Kapitel 1.3) und ihrer zunehmenden Komplexität die Ausführungen zur einzelgesellschaftlichen Rechnungslegung analog (→ vgl. Kapitel 2.2). Dies bezieht sich auch auf die Würdigung der bilanzpolitischen Strategie des Bilanzierenden mit Blick auf eine an einem eher hohen Ergebnis- oder Eigenkapitalausweis orientierte Bilanzpolitik. Insbesondere dort, wo explizite Wahlrechte in den gesetzlichen Regelungen bestehen, dienen die mit deren Ausübung verbundenen Angabepflichten zur Information der Jahresabschlussadressaten.

Auch im Konzernabschluss ist der Bilanzanalyst auf die Angaben zu den angewandten Bilanzierungs- und Bewertungsmethoden im Anhang angewiesen, was diesen als Informationsinstrument deutlich aufwertet. Anhand der geforderten Erläuterungen zu den angewandten Bilanzierungs- und Bewertungsmethoden kann der Analyst Informationen zur Ermittlung der Bilanz- und Erfolgspositionen gewinnen. Der Nutzen dieser Informationen hängt jedoch wesentlich sowohl vom Umfang als auch vom Detailliertheitsgrad der Angaben ab, die der Konzernabschluss und der Konzernlagebericht bereitstellen. Auf die konsolidierte Rechnungslegung übertragbar ist auch die Indikatorfunktion latenter Steuern bezogen auf die angewandten Bilanzierungs- und Bewertungsmethoden (→ vgl. Kapitel 2.2).

Von wesentlicher Bedeutung in der Konzernbilanzanalyse sind die Verbundbeziehungen. Dazu gehören insbesondere die Abgrenzung des Konsolidierungskreises einschließlich der Festlegung der Einbeziehungsmethoden sowie auch die Informationen zur Eliminierung konzerninterner Geschäftsbeziehungen.

Eine Verbesserung der bilanzanalytischen Möglichkeiten resultiert aus der Einschränkung zahlreicher auf Ebene der Konzernrechnungslegung zuvor bestehender Wahlrechte durch das BilMoG. Dabei darf jedoch nicht übersehen werden, dass die zum Teil bestehenden Fortführungsmöglichkeiten von ‚Altfällen' die angestrebte Vergleichbarkeit konterkarieren, solange sie sich im Konzernabschluss auswirken.

Merke:

Auch auf Ebene der Konzernbilanzanalyse ist die Anhangberichterstattung das wesentliche Informationsinstrument des Analysten. Die Indikatorwirkung latenter Steuern hinsichtlich der Ausübung von Bilanzierungs- und Bewertungswahlrechten bei den in den Konzernabschluss einbezogenen Gesellschaften ist auch auf Ebene des Konzernabschlusses anwendbar. Die Neuregelungen des BilMoG verbessern die Informationsgrundlage des Analysten durch die Einschränkung von Wahlrechten.

3.3 Konzernrechnungslegungspflicht

3.3.1 Neuregelungen der Aufstellungs- und Einbeziehungspflicht in § 290 HGB

Bei der in § 290 HGB geregelten Aufstellungspflicht eines Konzernabschlusses wird die bisher bestehende „Zweigleisigkeit" aufgegeben. Nach der alten Fassung von § 290 HGB konnte die Pflicht zur Konzernrechnungslegung entweder durch das Konzept der einheitlichen Leitung in § 290 Abs. 1 HGB a. F. oder das Control-Konzept in § 290 Abs. 2 HGB a. F., das auf das Vorliegen bestimmter Rechtspositionen abstellte, begründet werden. Um die Konzernrechnungslegungspflicht zu beurteilen, war die Erfüllung der Voraussetzungen beider Konzeptionen alternativ zu prüfen, so dass diese unabhängig voneinander die Konzernrechnungslegungspflicht zur Folge haben konnten. Nach Inkrafttreten des BilMoG resultiert die grundsätzliche Aufstellungspflicht eines Konzernabschlusses ausschließlich aus § 290 Abs. 1 HGB. Demnach müssen die gesetzlichen Vertreter des Mutterunternehmens einen Konzernabschluss erstellen, sofern dieses auf ein Tochterunternehmen unmittelbar oder mittelbar einen beherrschenden Einfluss ausüben kann. Mutterunternehmen i. S. d. HGB können nach wie vor Kapitalgesellschaften sowie die diesen gleichgestellten Personenhandelsgesellschaften i. S. d. § 264a HGB sein.

Der **beherrschende Einfluss** als konstitutives Merkmal der Konzernrechnungslegungspflicht wird nicht gesetzlich definiert, erfährt jedoch in § 290 Abs. 2 HGB eine Konkretisierung. Zu diesem Zweck werden **vier Tatbestände** aufgeführt, die stets unabhängig voneinander dazu führen, dass von einem beherrschenden Einfluss des Mutterunternehmens auszugehen ist:

▶ eine Stimmrechtsmehrheit,

▶ das Recht, die Mehrheit der Mitglieder im Verwaltungs-, Leitungs- oder Aufsichtsorgan, das die Finanz- und Geschäftspolitik des Tochterunternehmens determiniert, zu bestellen oder abzuberufen, bei gleichzeitigem Vorliegen einer Gesellschafterposition,

▶ ein durch einen Beherrschungsvertrag oder eine entsprechende Satzungsbestimmung abgesichertes Recht zur Bestimmung der Finanz- und Geschäftspolitik des Tochterunternehmens,

▶ die Übernahme der Mehrheit der Risiken und Chancen des Tochterunternehmens, sofern mit diesem die Erreichung eines eng begrenzten, klar definierten Ziels des Mutterunternehmens bezweckt wird.

Die bislang im Control-Konzept enthaltenen Rechtspositionen, die eine Konzernrechnungslegungspflicht begründeten, werden durch die ersten drei Konkretisierungen des beherrschenden Einflusses eines Mutterunternehmens inhaltlich in die Neuregelung übernommen. Entsprechend der Formulierung in § 290 Abs. 1 HGB ist die **Möglichkeit zur Ausübung des beherrschenden Einflusses** bereits ausreichend; auf die tatsächliche Einflussnahme durch das Mutterunternehmen kommt es nicht an. Dies entspricht der bisherigen Ausgestaltung des Control-Konzepts, das ebenfalls in einer juristischen Betrachtungsweise auf das Vorliegen der jeweiligen Rechtsposition unabhängig von deren Nutzung durch das Mutterunternehmen abstellte.

Die Zurechnungsvorschriften des § 290 Abs. 3 und Abs. 4 HGB bestimmen insbesondere den mittelbaren Einfluss des Mutterunternehmens auf ein Tochterunternehmen. Diese Vorschriften erfahren durch BilMoG keine Veränderungen. Durch den in § 290 HGB neu eingefügten Absatz 5 wird eine Klarstellung hinsichtlich der Aufstellungspflicht eines Konzernabschlusses bewirkt. Ein Mutterunternehmen wird durch diese Norm explizit von der Konzernrechnungslegungspflicht befreit, wenn es ausschließlich Tochterunternehmen hat, auf deren Einbeziehung in den Konzernabschluss aufgrund der Konsolidierungswahlrechte des § 296 HGB verzichtet werden kann. Dies entspricht der in der Vergangenheit bereits anerkannten bzw. angewandten Vorgehensweise hinsichtlich der Befreiung von der Konzernrechnungslegungspflicht mangels konsolidierungspflichtiger Tochterunternehmen.

Die §§ 301 Abs. 1 Satz 2 und Satz 3, Abs. 2 und 309 HGB finden bei der erstmaligen Erstellung eines Konzernabschlusses oder der erstmaligen Einbeziehung eines Tochterunternehmens nach der neuen Fassung von § 290 HGB für nach dem 31.12.2009 beginnende Geschäftsjahre Anwendung. Damit besteht bei einem dem Kalenderjahr entsprechenden Geschäftsjahr eine durch die Neufassung von § 290 HGB begründete Konzernrechnungslegungspflicht ab dem 01.01.2010; ebenso sind aufgrund dessen erstmals zu konsolidierende Gesellschaften ab diesem Zeitpunkt einbeziehungspflichtig.

Nachstehende Übersicht ordnet die Neuregelung in die einzelnen Bilanzstrategien ein.

Ausweis eines möglichst hohen Eigenkapitals/ eines möglichst hohen Ergebnisses	Ausweis eines möglichst geringen Eigenkapitals/ eines möglichst geringen Ergebnisses	Möglichst geringe Abweichungen zum alten Recht	Annäherung an die IFRS
abhängig von Kaufpreisallokation und Ergebnissituation bei erstmals konsolidierungspflichtigen Tochterunternehmen	abhängig von Kaufpreisallokation und Ergebnissituation bei erstmals konsolidierungspflichtigen Tochterunternehmen	kein explizites Wahlrecht; Ermessensspielraum durch notwendige Auslegung der Möglichkeit zur Ausübung eines beherrschenden Einflusses	verpflichtende Annäherung, da Möglichkeit des beherrschenden Einflusses auch nach IFRS maßgeblich für das Vorliegen eines Mutter-Tochter-Verhältnisses

ABB. 73: Einzelne bilanzpolitische Strategien (Aufstellungspflicht)

Aus einer Kombination der einzelnen Strategien ergeben sich folgende Möglichkeiten für die verfolgte Bilanzpolitik.

Quantitative Strategie \ Qualitative Strategie	Möglichst geringe Abweichungen zum alten Recht	Annäherung an die IFRS
Ausweis eines möglichst hohen Eigenkapitals/eines möglichst hohen Ergebnisses	**Nur eingeschränkt möglich** bei Ausübung von Ermessensspielräumen hinsichtlich der Einbeziehungspflicht und entsprechendem Ergebnis-/Eigenkapitaleffekt durch unterlassene Einbeziehung	**Mögliche Kombination** verpflichtende Annäherung an die IFRS; Eigenkapital- und Ergebniseffekt der Einbeziehung sind vom jeweiligen Tochterunternehmen abhängig
Ausweis eines möglichst geringen Eigenkapitals/eines möglichst geringen Ergebnisses	**Nur eingeschränkt möglich** bei Ausübung von Ermessensspielräumen hinsichtlich der Einbeziehungspflicht und entsprechendem Ergebnis-/Eigenkapitaleffekt durch unterlassene Einbeziehung	**Mögliche Kombination** verpflichtende Annäherung an die IFRS; Eigenkapital- und Ergebniseffekt der Einbeziehung sind vom jeweiligen Tochterunternehmen abhängig

ABB. 74: Kombinierte bilanzpolitische Strategien (Aufstellungspflicht)

Das interpretationsbedürftige Konzept der einheitlichen Leitung wurde durch das BilMoG aufgegeben. Auch wenn dies zu begrüßen ist, implizieren die Veränderungen

des BilMoG neuen Interpretationsbedarf bei der Qualifizierung einer Unternehmensverbindung als Mutter-Tochter-Verhältnis. Dies gilt sowohl hinsichtlich des grundsätzlichen Abstellens auf die Möglichkeit der Beherrschung als auch bezogen auf ihre in
§ 290 Abs. 2 Nr. 4 HGB enthaltene Konkretisierung. Offen bleibt, wann die Einfluss-
nahmemöglichkeit des Mutterunternehmens die Qualität der Beherrschung – bspw. in
Abgrenzung zum maßgeblichen Einfluss – als zentrales Kriterium bei der Beurteilung
der Konzernrechnungslegungspflicht erreicht.

Die Veränderung des § 290 HGB führt zu einer Ausweitung des Konsolidierungskreises
nach HGB, die Abgrenzung wird jedoch nicht einfacher oder eindeutiger. Für den Analysten sind die in den Konzernabschluss einbezogenen Gesellschaften aus den Angaben
zum Anteilsbesitz ersichtlich.

Beispiel 50: Konzernrechnungslegungspflicht bei Präsenzmehrheiten

Bereits seit mehreren Jahren verfügt die Neptun AG über eine Präsenzmehrheit auf der
Hauptversammlung der Vulcan AG. Von dieser hat sie jedoch in der Vergangenheit keinen
Gebrauch gemacht und beabsichtigt auch in Zukunft nicht, dies zu tun. In der Vergangenheit
bestand daher keine Einbeziehungspflicht der Vulcan AG in den Konzernabschluss der Neptun
AG. Aufgrund der Neuregelung in § 290 HGB unterliegt die Vulcan AG jedoch der Beher-
schungsmöglichkeit durch die Neptun AG, sofern auch künftig weiterhin vom Vorliegen einer
(nachhaltigen) Präsenzmehrheit auszugehen ist. Dabei kommt es nicht darauf an, ob die Neptun AG diese Möglichkeit tatsächlich ausübt. Zwischen der Neptun AG und der Vulcan AG besteht folglich ein Mutter-Tochter-Verhältnis, das grundsätzlich eine Konzernrechnungsle-
gungs- bzw. Einbeziehungspflicht begründet.

Merke:

Nach der Neufassung des § 290 HGB ist die Möglichkeit des Mutterunternehmens,
unmittelbar oder mittelbar einen beherrschenden Einfluss auf das Tochterunternehmen auszuüben, das zentrale Kriterium hinsichtlich des Vorliegens eines Mutter-
Tochter-Verhältnisses. Diese Möglichkeit wird im Wege einer gesetzlichen Fiktion durch
vier Tatbestände konkretisiert, bei denen vom Vorliegen einer Beherrschungsmöglichkeit auszugehen ist. Die Veränderung des § 290 HGB bewirkt eine Ausweitung des
Konsolidierungskreises nach HGB, die Abgrenzung wird jedoch insgesamt nicht einfacher oder eindeutiger.

3.3.2   Einbeziehungspflicht von Zweckgesellschaften

Ein wesentliches Anliegen des Gesetzgebers bei der Neukonzeption der Aufstellungs-
pflicht sowie der Definition eines Mutter-Tochter-Verhältnisses bestand darin, eine
Einbeziehungspflicht von Zweckgesellschaften in den Konzernabschluss zu erreichen.
Diese auch als Objektgesellschaften oder special purpose entities bezeichneten Unter-

nehmen verfügen über ein eng abgegrenztes Ziel ihrer Geschäftstätigkeit wie bspw. Leasing-Objektgesellschaften und sollen häufig eine außerbilanzielle Abwicklung bestimmter Geschäfte ermöglichen. Durch die Einbeziehung von Zweckgesellschaften in den Konzernabschluss und damit die Offenlegung der wirtschaftlichen Verbindung soll der Einblick in die Vermögens-, Finanz- und Ertragslage des Konzerns verbessert werden.

Die in § 290 Abs. 2 Nr. 4 HGB enthaltene Definition eines beherrschenden Einflusses stellt – im Gegensatz zu Nr. 1 bis Nr. 3 – eine grundlegende Neuerung durch das BilMoG dar. Um die **Einbeziehungspflicht** von Zweckgesellschaften in den Konzernabschluss zu erreichen, werden mit der neuen Regelung Unternehmen in den Konzernabschluss einbeziehungspflichtig, auf die das Mutterunternehmen keinen beherrschenden Einfluss – außerhalb der gesetzlichen Fiktion in § 290 Abs. 2 Nr. 4 HGB – ausübt, die jedoch die folgenden beiden Kriterien erfüllen:

▶ bei wirtschaftlicher Betrachtung trägt das Mutterunternehmen die Mehrheit der Risiken und Chancen des Tochterunternehmens und

▶ das Tochterunternehmen dient einem eng begrenzten und genau definierten Ziel des Mutterunternehmens.

In der gesetzlichen Regelung wird explizit klargestellt, dass Zweckgesellschaften neben Unternehmen auch sonstige juristische Personen des Privatrechts oder unselbstständige Sondervermögen des Privatrechts sein können. Damit wird der Tatsache Rechnung getragen, dass Zweckgesellschaften aufgrund ihrer engen Zwecksetzung häufig die Unternehmensqualität fehlt. Ausgeschlossen von der Konsolidierungspflicht werden jedoch Spezial-Sondervermögen i. S. d. § 2 Abs. 3 InvG (inländische Sondervermögen von Investmentfonds).

Die §§ 301 Abs. 1 Satz 2 und Satz 3, Abs. 2 und 309 HGB finden bei der erstmaligen Erstellung eines Konzernabschlusses aufgrund eines durch eine bislang nicht konsolidierungspflichtige Zweckgesellschaft begründeten Mutter-Tochter-Verhältnisses oder der erstmaligen Einbeziehung einer Zweckgesellschaft nach der neuen Fassung von § 290 HGB für nach dem 31.12.2009 beginnende Geschäftsjahre Anwendung. Damit besteht bei einem dem Kalenderjahr entsprechenden Geschäftsjahr eine durch die Neufassung von § 290 HGB begründete Konzernrechnungslegungspflicht ab dem 01.01.2010; ebenso sind aufgrund dessen erstmals zu konsolidierende Gesellschaften ab diesem Zeitpunkt einbeziehungspflichtig.

Typischerweise wird die nunmehr neu eintretende Einbeziehungspflicht von Zweckgesellschaften ein **Absinken der Konzerneigenkapitalquote** zur Folge haben.

Nachstehende Übersicht ordnet die Neuregelung in die einzelnen Bilanzstrategien ein.

Ausweis eines möglichst hohen Eigenkapitals/eines möglichst hohen Ergebnisses	Ausweis eines möglichst geringen Eigenkapitals/eines möglichst geringen Ergebnisses	Möglichst geringe Abweichungen zum alten Recht	Annäherung an die IFRS
abhängig von Kaufpreisallokation und Ergebnissituation bei erstmals konsolidierungspflichtiger Zweckgesellschaft	abhängig von Kaufpreisallokation und Ergebnissituation bei erstmals konsolidierungspflichtiger Zweckgesellschaft	kein explizites Wahlrecht; Ermessensspielraum durch notwendige Auslegung bspw. der Chancen-Risiken-Verteilung	verpflichtende Annäherung, da Konsolidierungspflicht von Zweckgesellschaften auch nach IFRS sowie Orientierung an SIC 12

ABB. 75: Einzelne bilanzpolitische Strategien (Einbeziehungspflicht von Zweckgesellschaften)

Aus einer Kombination der einzelnen Strategien ergeben sich folgende Möglichkeiten für die verfolgte Bilanzpolitik.

Quantitative Strategie / Qualitative Strategie	Möglichst geringe Abweichungen zum alten Recht	Annäherung an die IFRS
Ausweis eines möglichst hohen Eigenkapitals/eines möglichst hohen Ergebnisses	**Nur eingeschränkt möglich** bei Ausübung von Ermessensspielräumen hinsichtlich der Einbeziehungspflicht und entsprechendem Ergebnis-/Eigenkapitaleffekt durch unterlassene Einbeziehung	**Mögliche Kombination** verpflichtende Annäherung an die IFRS; Eigenkapital- und Ergebniseffekt der Einbeziehung sind von der jeweiligen Zweckgesellschaft abhängig
Ausweis eines möglichst geringen Eigenkapitals/eines möglichst geringen Ergebnisses	**Nur eingeschränkt möglich** bei Ausübung von Ermessensspielräumen hinsichtlich der Einbeziehungspflicht und entsprechendem Ergebnis-/Eigenkapitaleffekt durch unterlassene Einbeziehung	**Mögliche Kombination** verpflichtende Annäherung an die IFRS; Eigenkapital- und Ergebniseffekt der Einbeziehung sind von der jeweiligen Zweckgesellschaft abhängig

ABB. 76: Kombinierte bilanzpolitische Strategien (Einbeziehungspflicht von Zweckgesellschaften)

Durch die Neuregelungen schafft der Gesetzgeber neue Beurteilungsspielräume, da keine Kriterien vorgegeben werden, wann davon auszugehen ist, dass eine Gesellschaft die Mehrheit der Risiken und Chancen eines anderen Unternehmens trägt. Auch eine

Orientierung an den nach IFRS einschlägigen vier Indikatoren des SIC 12 ermöglicht trotz einer Konkretisierung keine abschließende, eindeutige Beurteilung. Folglich entstehen Beurteilungsspielräume des Bilanzierenden, die im jeweiligen Einzelfall interpretiert werden müssen.

Für den Analysten sind die in den Konzernabschluss einbezogenen Gesellschaften aus den Angaben zum Anteilsbesitz erkennbar. Zweckgesellschaften werden aufgrund der Verpflichtung zur Angabe des zur Einbeziehung in den Konzernabschluss verpflichtenden Sachverhalts – sofern es sich nicht um eine Stimmrechtsmehrheit handelt – im Anhang ersichtlich.

Beispiel 51: Beurteilung des Vorliegens einer Zweckgesellschaft

Die Neptun AG erwirbt eine Maschine 1, die sie der Pluto GmbH zur Nutzung überlässt. Der zwischen beiden Unternehmen geschlossene Leasingvertrag genügt den Kriterien eines Vollamortisationsvertrags nach den steuerlichen Leasingerlassen. Die Neptun AG hat den Erwerb der Maschine 1 fremdfinanziert (durch Bankdarlehen), als Sicherheit dient die Forderung aus dem Leasingvertrag.

Darüber hinaus gründet die Neptun AG die Uranus GmbH, deren alleiniger Gesellschaftszweck der fremdfinanzierte Erwerb einer Maschine 2 und deren Nutzungsüberlassung an die Pluto GmbH auf Basis eines erlasskonformen Vollamortisationsvertrags ist. Die Uranus GmbH verfügt über ein im Verhältnis zum Wert der Maschine 2 vernachlässigbares Eigenkapital. Wiederum dient die Leasingforderung der Uranus GmbH gegenüber der Pluto GmbH der Bank als Sicherheit.

Die Neptun AG ist alleiniger Gesellschafter der Uranus GmbH, eine Beherrschungsmöglichkeit geht damit aber nicht einher. Der Geschäftszweck der Uranus GmbH besteht ausschließlich darin, der Pluto GmbH Maschine 2 zur Nutzung zu überlassen. Die Chancen und Risiken des Nutzenpotenzials, das die Uranus GmbH beinhaltet, werden durch Maschine 2 verkörpert und liegen folglich beim Leasingnehmer, also der Pluto GmbH. Bei wirtschaftlicher Betrachtung der Beziehungen zwischen den Gesellschaften trägt die Pluto GmbH die Mehrheit der Chancen und Risiken, so dass sie die Uranus GmbH als Zweckgesellschaft konsolidieren muss. In der Konsequenz findet Maschine 2 Eingang in den Konzernabschluss der Pluto GmbH, Maschine 1 hingegen nicht.

Merke:

Zweckgesellschaften gemäß § 290 Abs. 2 Nr. 4 HGB sind bei einem mit dem Kalenderjahr übereinstimmenden Geschäftsjahr ab dem 01.01.2010 einbeziehungspflichtig. Mangels konkreter Beurteilungskriterien für das Vorliegen einer Zweckgesellschaft entstehen aus den interpretationsbedürftigen Regelungen neue Entscheidungs- und Gestaltungsspielräume.

3.3.3 Neuregelungen der Befreiungsmöglichkeit von der Konzernrechnungslegung durch befreiende Konzernabschlüsse

Kapitalmarktorientierte Mutterunternehmen können nicht durch einen übergeordneten befreienden Konzernabschluss gem. § 291 HGB von der Konzernrechnungslegungspflicht befreit werden; die Beurteilung der **Kapitalmarktorientierung** richtet sich nunmehr nach § 2 WpHG: Ausgeschlossen von der Möglichkeit einer Befreiung von der Konzernrechnungslegung durch einen übergeordneten Konzernabschluss ist demnach ein Mutterunternehmen, das „einen organisierten Markt im Sinne des § 2 Abs. 5 des Wertpapierhandelsgesetzes durch von ihm ausgegebene Wertpapiere im Sinne des § 2 Abs. 1 Satz 1 des Wertpapierhandelsgesetzes in Anspruch nimmt". Entgegen der Definition der kapitalmarktorientierten Kapitalgesellschaft in § 264d HGB hat die Beantragung der Zulassung zum Handel noch keine Einschränkung der Befreiungsmöglichkeit zur Folge.

Der in § 291 HGB verankerte **Minderheitenschutz** erfährt eine Einschränkung dahingehend, dass das bisher in bestimmten Fällen bestehende Zustimmungserfordernis aufgegeben wird und nun einheitlich eine – nur noch nach der Rechtsform des zu befreienden Mutterunternehmens differenzierte – Beantragung der Konzernrechnungslegung durch qualifizierte Minderheiten i. S. d. § 291 HGB erforderlich ist.

Die in § 292 HGB enthaltene Befreiungsmöglichkeit eines Mutterunternehmens von der Aufstellungspflicht eines Konzernabschlusses durch einen befreienden Konzernabschluss eines übergeordneten Mutterunternehmens mit Sitz außerhalb der EU bzw. des EWR wurde durch BilMoG dahingehend eingeschränkt, dass eine Befreiung nur dann in Frage kommt, wenn der Abschlussprüfer dieses Konzernabschlusses bei der Wirtschaftsprüferkammer in Deutschland eingetragen ist.

Die neue Fassung des § 292 HGB ist bereits erstmals für das nach dem 31.12.2008 beginnende Geschäftsjahr anzuwenden. Die Neuregelungen in § 291 HGB werden hingegen erstmals für das nach dem 31.12.2009 beginnende Geschäftsjahr wirksam.

Nachstehende Übersicht ordnet die Neuregelung in die einzelnen Bilanzstrategien ein.

Ausweis eines möglichst hohen Eigenkapitals/eines möglichst hohen Ergebnisses	Ausweis eines möglichst geringen Eigenkapitals/eines möglichst geringen Ergebnisses	Möglichst geringe Abweichungen zum alten Recht	Annäherung an die IFRS
entfällt bei Inanspruchnahme der Befreiungsmöglichkeit	entfällt bei Inanspruchnahme der Befreiungsmöglichkeit	möglich einerseits aufgrund Einschränkung des Minderheitenschutzes und andererseits Eintragungsmöglichkeit des WP bei der WPK sowie Verzicht auf die Befreiungsmöglichkeit	möglich durch Verzicht auf Befreiungsmöglichkeit, da nach IFRS keine entsprechenden Erleichterungen vorgesehen

ABB. 77: Einzelne bilanzpolitische Strategien (Aufstellung befreiender Konzernabschlüsse)

Aus einer Kombination der einzelnen Strategien ergeben sich folgende Möglichkeiten für die verfolgte Bilanzpolitik.

Quantitative Strategie / Qualitative Strategie	Möglichst geringe Abweichungen zum alten Recht	Annäherung an die IFRS
Ausweis eines möglichst hohen Eigenkapitals/eines möglichst hohen Ergebnisses	**Mögliche Kombination** bei bisherigem und fortgesetztem Verzicht auf Inanspruchnahme der Befreiungsmöglichkeit und entsprechender Eigenkapital-/Ergebnissituation im Konzern	**Mögliche Kombination** bei bisherigem und fortgesetztem Verzicht auf Inanspruchnahme der Befreiungsmöglichkeit und entsprechender Eigenkapital-/Ergebnissituation im Konzern
Ausweis eines möglichst geringen Eigenkapitals/eines möglichst geringen Ergebnisses	**Mögliche, aber unwahrscheinliche Kombination** bei bisherigem und fortgesetztem Verzicht auf Inanspruchnahme der Befreiungsmöglichkeit und entsprechender Eigenkapital-/Ergebnissituation im Konzern	**Mögliche, aber unwahrscheinliche Kombination** bei bisherigem und fortgesetztem Verzicht auf Inanspruchnahme der Befreiungsmöglichkeit und entsprechender Eigenkapital-/Ergebnissituation im Konzern

ABB. 78: Kombinierte bilanzpolitische Strategien (Aufstellung befreiender Konzernabschlüsse)

Sofern der Bilanzierende die Befreiungsmöglichkeiten des § 291 HGB oder § 292 HGB in Anspruch nimmt und auf die Aufstellung eines Konzernabschlusses verzichtet, entfällt ein wichtiges Informationsinstrument des Bilanzanalysten.

Beispiel 52: Fehlende Befreiungsmöglichkeit aufgrund Kapitalmarktorientierung und Minderheitenschutz

Die Hera AG ist Tochterunternehmen der Poseidon AG und Mutterunternehmen der Diana GmbH. Die Beteiligungsquote der Poseidon AG an der Hera AG liegt bei 80 %. Am 01.12.2010 beantragt die Hera AG die Zulassung ihrer Aktien zum Handel am regulierten Markt. Die Aufnahme des Handels erfolgt zum 10.01.2011. Für das am 31.12.2010 endende Geschäftsjahr der Hera AG ist eine Befreiung der Zwischenholding von der Konzernrechnungslegungspflicht durch einen übergeordneten, befreienden Konzernabschluss der Poseidon AG noch möglich, sofern nicht von den außenstehenden Aktionären der Hera AG (insgesamt 20 %) Minderheitsgesellschafter mit einer Beteiligungsquote von insgesamt mindestens 10 % bis sechs Monate vor Ablauf des Konzerngeschäftsjahrs die Aufstellung eines (Teil-) Konzernabschlusses durch die Hera AG beantragt haben. Ab 2011 verhindert die Kapitalmarktorientierung die Befreiungsmöglichkeit nach § 291 HGB.

Merke:

Die Einschränkungen des Minderheitenschutzes in § 291 HGB erleichtern die Inanspruchnahme der Befreiungsmöglichkeit von der Konzernrechnungslegung durch einen übergeordneten, befreienden Konzernabschluss.

3.3.4 Veränderung der Größenkriterien

Die in § 293 HGB geregelten Größenkriterien, die eine Befreiung von der Konzernrechnungslegungspflicht bewirken, sofern zwei der drei Schwellenwerte an zwei aufeinanderfolgenden Abschlussstichtagen nicht überschritten werden, erfahren hinsichtlich Bilanzsumme und Umsatzerlösen eine Anhebung um jeweils rund 20 % (→ vgl. ausführlich hierzu Kapitel 4.2.1).

Nachstehende Übersicht ordnet die Neuregelung in die einzelnen Bilanzstrategien ein.

Ausweis eines möglichst hohen Eigenkapitals/eines möglichst hohen Ergebnisses	Ausweis eines möglichst geringen Eigenkapitals/eines möglichst geringen Ergebnisses	Möglichst geringe Abweichungen zum alten Recht	Annäherung an die IFRS
entfällt bei Inanspruchnahme der Befreiungsmöglichkeit	entfällt bei Inanspruchnahme der Befreiungsmöglichkeit	möglich durch Anhebung der Größenkriterien bei Inanspruchnahme sowie Verzicht auf die Befreiungsmöglichkeit	möglich durch Verzicht auf Befreiungsmöglichkeit, da nach IFRS keine entsprechenden Erleichterungen vorgesehen

ABB. 79: Einzelne bilanzpolitische Strategien (Größenabhängige Befreiung)

Aus einer Kombination der einzelnen Strategien ergeben sich folgende Möglichkeiten für die verfolgte Bilanzpolitik.

Qualitative Strategie Quantitative Strategie	Möglichst geringe Abweichungen zum alten Recht	Annäherung an die IFRS
Ausweis eines möglichst hohen Eigenkapitals/eines möglichst hohen Ergebnisses	**Mögliche Kombination** bei bisherigem und fortgesetztem Verzicht auf Inanspruchnahme der Befreiungsmöglichkeit und entsprechender Eigenkapital-/Ergebnissituation im Konzern	**Mögliche Kombination** bei bisherigem und fortgesetztem Verzicht auf Inanspruchnahme der Befreiungsmöglichkeit und entsprechender Eigenkapital-/Ergebnissituation im Konzern
Ausweis eines möglichst geringen Eigenkapitals/eines möglichst geringen Ergebnisses	**Mögliche, aber unwahrscheinliche Kombination** bei bisherigem und fortgesetztem Verzicht auf Inanspruchnahme der Befreiungsmöglichkeit und entsprechender Eigenkapital-/Ergebnissituation im Konzern	**Mögliche, aber unwahrscheinliche Kombination** bei bisherigem und fortgesetztem Verzicht auf Inanspruchnahme der Befreiungsmöglichkeit und entsprechender Eigenkapital-/Ergebnissituation im Konzern

ABB. 80: Kombinierte bilanzpolitische Strategien (Größenabhängige Befreiung)

Sofern der Bilanzierende die Befreiungsmöglichkeiten des § 293 HGB in Anspruch nimmt und auf die Aufstellung eines Konzernabschlusses verzichtet, entfällt ein wichtiges Informationsinstrument des Bilanzanalysten.

Merke:

Die Anhebung der Größenkriterien in § 293 HGB erweitert die Möglichkeit zur Inanspruchnahme dieser Befreiung von der Konzernrechnungslegung.

3.4 Aufbereitung der Unternehmensdaten für Konsolidierungszwecke

3.4.1 Modifizierte Ausgangsdaten der konsolidierten Rechnungslegung

Bei der Konzernabschlusserstellung sind die in den §§ 294 ff. HGB kodifizierten Anforderungen zu beachten. Diese beinhalten Vorgaben zu den in die Konsolidierung eingehenden Abschlüssen der einbeziehungspflichtigen Gesellschaften. Über die Summenabschlüsse der zu konsolidierenden Gesellschaften werden die Neuregelungen in der einzelgesellschaftlichen Rechnungslegung auch im Konzernabschluss relevant (→ vgl. ausführlich Kapitel 2). Durch das BilMoG wurde das Stetigkeitsgebot für die angewandten Konsolidierungsmethoden in § 297 Abs. 3 Satz 2 HGB von einer Sollvorschrift in eine explizite Pflicht transformiert.

Hinsichtlich der bilanzpolitischen Möglichkeiten des Bilanzierenden – sowie umgekehrt der bilanzanalytischen Ansatzpunkte – ist zu beachten, dass die Erreichung bilanzpolitischer Ziele im Konzernabschluss stark durch die Festlegung der konzerneinheitlichen Bilanzierungs- und Bewertungsstrategien beeinflussbar bzw. steuerbar ist. Die Möglichkeit, im Konzernabschluss Bilanzierungs- und Bewertungsentscheidungen unabhängig von der Handhabung im Einzelabschluss treffen zu können, erweitert den Aktionsradius des Bilanzierenden. Zwar bestehen in der konsolidierten Rechnungslegung ebenfalls **Wahlrechte sowie Ermessensspielräume**; diese lassen sich jedoch häufig nicht unmittelbar auf eine gewünschte Beeinflussung des Konzerneigenkapitals oder des Konzernergebnisses reduzieren. Die aus der Anpassung der Einzelabschlussdaten an die konzerneinheitlichen Vorgaben in der Handelsbilanz II möglicherweise resultierenden Steuerabgrenzungen werden in einem gesonderten Kapitel betrachtet (→ vgl. Kapitel 3.6).

Merke:

Über die (modifizierten) Einzelabschlussdaten der zu konsolidierenden Gesellschaften fließen die Neuregelungen des BilMoG in der einzelgesellschaftlichen Rechnungslegung auch in den Konzernabschluss ein.

3.4.2 Währungsumrechnung

Da das HGB trotz des für die Einbeziehungspflicht von Tochterunternehmen geltenden Weltabschlussprinzips bislang keine Regelungen zur Währungsumrechnung vorsah, erfolgte diese ausschließlich nach Maßgabe der allgemeinen Bilanzierungs- und Bewertungsgrundsätze sowie unter Berücksichtigung entsprechender Verlautbarungen wie bspw. DRS 14. Mit § 308a HGB werden erstmals Regelungen zur Währungsumrechnung im Konzernabschluss in das HGB aufgenommen, um eine einheitliche, an der bisherigen Unternehmenspraxis orientierte Vorgehensweise verbindlich vorzuschreiben. Diese basiert auf der Stichtagskursmethode: alle Bilanzposten mit Ausnahme des Eigenkapitals werden mit dem **Devisenkassamittelkurs** am Bilanzstichtag umgerechnet; bei den Eigenkapitalbestandteilen sind jeweils die historischen Kurse anzuwenden. Alle Aufwendungen und Erträge des Geschäftsjahrs – und damit in der Konsequenz auch das Jahresergebnis – sind mit dem Durchschnittskurs des Geschäftsjahrs umzurechnen. Für Umrechnungsdifferenzen, die sich aufgrund der unterschiedlichen Kurse ergeben, ist der Ausweis in einer eigenen Position des Konzerneigenkapitals vorgesehen. Diese wird im Zeitablauf fortgeschrieben und erst bei teilweisem oder vollständigem Ausscheiden des jeweiligen Tochterunternehmens aus dem Konsolidierungskreis in der entsprechenden Höhe erfolgswirksam aufgelöst.

Die Währungsumrechnung nach § 308a HGB ist erstmals für das nach dem 31.12.2009 beginnende Geschäftsjahr anzuwenden.

Nachstehende Übersicht ordnet die Neuregelung in die einzelnen Bilanzstrategien ein.

Ausweis eines möglichst hohen Eigenkapitals/eines möglichst hohen Ergebnisses	Ausweis eines möglichst geringen Eigenkapitals/eines möglichst geringen Ergebnisses	Möglichst geringe Abweichungen zum alten Recht	Annäherung an die IFRS
abhängig von Wechselkursentwicklung, kein Einfluss des Bilanzierenden	abhängig von Wechselkursentwicklung, kein Einfluss des Bilanzierenden	möglich, wenn gesetzliche Kodifizierung der bisherigen Unternehmenspraxis entspricht	nicht möglich aufgrund verpflichtender, vom Konzept der funktionalen Währung nach IFRS abweichender Vorgehensweise

ABB. 81: Einzelne bilanzpolitische Strategien (Währungsumrechnung)

Aus einer Kombination der einzelnen Strategien ergeben sich folgende Möglichkeiten für die verfolgte Bilanzpolitik.

Quantitative Strategie / Qualitative Strategie	Möglichst geringe Abweichungen zum alten Recht	Annäherung an die IFRS
Ausweis eines möglichst hohen Eigenkapitals/eines möglichst hohen Ergebnisses	**Mögliche Kombination** wenn gesetzliche Kodifizierung der bisherigen Unternehmenspraxis entspricht und bei entsprechender Wechselkursentwicklung	**Nicht möglich** aufgrund verpflichtender, vom Konzept der funktionalen Währung nach IFRS abweichender Vorgehensweise
Ausweis eines möglichst geringen Eigenkapitals/eines möglichst geringen Ergebnisses	**Mögliche Kombination** wenn gesetzliche Kodifizierung der bisherigen Unternehmenspraxis entspricht und bei entsprechender Wechselkursentwicklung	**Nicht möglich** aufgrund verpflichtender, vom Konzept der funktionalen Währung nach IFRS abweichender Vorgehensweise

ABB. 82: Kombinierte bilanzpolitische Strategien (Währungsumrechnung)

Entgegen der international üblichen Vorgehensweise wurde bei der Währungsumrechnung bewusst auf eine Einführung des Konzepts der funktionalen Währung verzichtet. In diesem Fall hat der Gesetzgeber dem Vereinfachungsziel des BilMoG Vorrang vor der Schaffung internationaler Vergleichbarkeit eingeräumt. Da nach dem Konzept der funktionalen Währung keine zweifelsfreie Klassifizierung anhand der vorgegebenen Indikatoren gewährleistet war, resultierten daraus in der Praxis Beurteilungsprobleme und Gestaltungsmöglichkeiten. Diese vermeidet der Gesetzgeber durch die Neuregelung und nimmt dem Bilanzierenden durch klare Vorgaben den Handlungsspielraum. Über den Verweis in § 310 HGB gelten die Regelungen zur Währungsumrechnung auch für Gemeinschaftsunternehmen.

Beispiel 53: Währungsumrechnung bei Tochterunternehmen

Die Herakles AG hält 100 % der Anteile an der Pluto Ltd. mit Sitz in Edinburgh. Zum 31.12.2011 liegt der Devisenkassamittelkurs bei 1,40 €/GBP; der Durchschnittskurs für das Geschäftsjahr 2011 wurde mit 1,25 €/GBP festgestellt. Der Umrechnung des Eigenkapitals zum 01.01.2011 der Pluto Ltd. ist ein historischer Kurs von 1,20 €/GBP zugrunde zu legen. Das Vermögen der Pluto Ltd. beläuft sich zum 31.12.2011 auf insgesamt 700.000 GBP. Da die Schulden der Pluto Ltd. 400.000 GBP betragen, ist zu diesem Stichtag ein Eigenkapital von insgesamt 300.000 GBP vorhanden. Davon entfallen 50.000 € auf den Jahresüberschuss des Geschäftsjahrs 2011. Zum 31.12.2010 wurde aus der Währungsumrechnung der Pluto Ltd. eine passivische Aufrechnungsdifferenz i. H. v. 25.000 € ausgewiesen.

Aus der Währungsumrechnung der Vermögenswerte der Pluto Ltd. mit dem Devisenkassamittelkurs zum 31.12.2011 resultiert ein Vermögen von 700.000 GBP x 1,40 €/GBP = 980.000 €; die Schulden belaufen sich nach der Umrechnung mit dem Devisenkassamittelkurs auf 400.000 GBP x 1,40 €/GBP = 560.000 GBP. Das Eigenkapital ohne den Jahresüberschuss des Geschäftsjahrs 2011 – also 300.000 GBP – 50.000 GBP = 250.000 GBP – ist mit dem historischen Kurs umzurechnen: 250.000 GBP x 1,20 €/GBP = 300.000 €. Aufgrund der Umrechnung des Jahresüberschusses mit dem Durchschnittskurs von 1,25 €/GBP beläuft sich dieses auf 62.500 €. Die umgerechneten Passiva der Pluto Ltd. addieren sich damit insgesamt auf 560.000 € + 300.000 € + 62.500 € = 922.500 €. Diesen stehen Aktiva von 980.000 € gegenüber, so dass die Aufrechnungsdifferenz zum 31.12.2011 57.500 € beträgt – gegenüber der Vorperiode ist sie um 32.500 € angestiegen.

Merke:

Die Vorschriften zur Währungsumrechnung übernehmen die in der Vergangenheit in den Unternehmen bereits praktizierte Vorgehensweise in die gesetzlichen Vorgaben. Durch Verzicht auf die Kodifizierung des Konzepts der funktionalen Währung wurde dem Vereinfachungsanspruch gegenüber der Annäherung an internationale Normen der Vorrang eingeräumt. Aufgrund dessen sollten sich in der Praxis keine Schwierigkeiten im Umgang mit den neuen Vorschriften ergeben.

3.5 Kapitalkonsolidierung

3.5.1 Anwendung der Neubewertungsmethode

Vor Inkrafttreten der Neuregelung durch das BilMoG waren bei der Kapitalkonsolidierung von Tochterunternehmen nach der Erwerbsmethode sowohl die Buchwertmethode als auch die Neubewertungsmethode als alternative Vorgehensweisen anwendbar. Durch die Neufassung von § 301 Abs. 1 HGB wird dieses Wahlrecht zugunsten der ausschließlichen Zulässigkeit der Neubewertungsmethode eingeschränkt. Dies bedingt zukünftig die Erstellung einer eigenständigen **Handelsbilanz III**, in der die vollständige Neubewertung des Eigenkapitals des Tochterunternehmens erfolgt. Durch die Aufdeckung aller zum Stichtag der Erstkonsolidierung bestehenden stillen Reserven und Lasten sollen die Minderheitsgesellschafter für sie relevante Informationen zu dem auf sie entfallenden Reinvermögen der Gesellschaft erhalten.

Hinsichtlich des für die Neubewertungsbilanz maßgeblichen Bewertungsmaßstabs erfolgt eine **begriffliche Umstellung** vom beizulegenden Wert aus der Sicht des Erwerbers auf den (marktpreisorientierten) beizulegenden Zeitwert. Damit kommt es im Zusammenhang mit der Bestimmung des Zeitwerts gerade nicht mehr auf die individuelle Einschätzung bzw. Nutzungsabsicht an. Bei Rückstellungen sowie latenten Steuern weichen die in den §§ 253 und 274 HGB enthaltenen Vorschriften zur Bewertung von der in § 301 HGB vorgesehenen Zeitwertbewertung im Rahmen der Kapitalkonsolidierung ab. Um den Bilanzierenden nicht mit der Notwendigkeit entsprechender Anpassungsbuchungen zu konfrontieren, gibt § 301 Abs. 1 Satz 3 HGB vor, dass für die Bewertung von Rückstellungen § 253 Abs. 1 Satz 2 und Satz 3 sowie Abs. 2 HGB und für die Bewertung latenter Steuern § 274 Abs. 2 HGB maßgebend sind.

Die neue Fassung von § 301 Abs. 1 HGB mit der verbindlichen Festlegung auf die Neubewertungsmethode ist erstmals für Erwerbsvorgänge anzuwenden, die in nach dem 31.12.2009 beginnenden Geschäftsjahren erfolgen. Die bis zur verpflichtenden Anwendung der Neuregelung vorgenommenen bzw. vorzunehmenden Erst- und Folgekapitalkonsolidierungen von Tochterunternehmen dürfen nach der Buchwertmethode erfolgen und auch in Zukunft nach dieser fortgeschrieben bzw. abgebildet werden.

Nachstehende Übersicht ordnet die Neuregelung in die einzelnen Bilanzstrategien ein.

Ausweis eines möglichst hohen Eigenkapitals/eines möglichst hohen Ergebnisses	Ausweis eines möglichst geringen Eigenkapitals/eines möglichst geringen Ergebnisses	Möglichst geringe Abweichungen zum alten Recht	Annäherung an die IFRS
bei Vorhandensein stiller Reserven; kein Ergebniseffekt im Zeitpunkt der Erstkonsolidierung	bei Vorhandensein stiller Lasten; kein Ergebniseffekt im Zeitpunkt der Erstkonsolidierung	möglich bei Beibehaltung einer bislang bereits angewandten Neubewertungsmethode	verpflichtende Annäherung, da Neubewertungsmethode auch nach IFRS vorgeschriebene Vorgehensweise

ABB. 83: Einzelne bilanzpolitische Strategien (Neubewertungsmethode)

Aus einer Kombination der einzelnen Strategien ergeben sich folgende Möglichkeiten für die verfolgte Bilanzpolitik.

Quantitative Strategie \ Qualitative Strategie	Möglichst geringe Abweichungen zum alten Recht	Annäherung an die IFRS
Ausweis eines möglichst hohen Eigenkapitals/eines möglichst hohen Ergebnisses	**Mögliche Kombination** bei Vorhandensein stiller Reserven und bisheriger Anwendung der Neubewertungsmethode	**Mögliche Kombination** bei Vorhandensein stiller Reserven und Anwendung der Neubewertungsmethode
Ausweis eines möglichst geringen Eigenkapitals/eines möglichst geringen Ergebnisses	**Mögliche Kombination** bei Vorhandensein stiller Lasten und bisheriger Anwendung der Neubewertungsmethode	**Mögliche Kombination** bei Vorhandensein stiller Lasten und Anwendung der Neubewertungsmethode

ABB. 84: Kombinierte bilanzpolitische Strategien (Neubewertungsmethode)

Durch die Beschränkung auf die Neubewertungsmethode soll eine Erhöhung des Informationsgehalts des Konzernabschlusses durch bessere Vergleichbarkeit erreicht werden. Gleichzeitig erfolgt eine Annäherung an die IFRS, die ebenfalls die Anwendung der Neubewertungsmethode für die Vollkonsolidierung von Tochterunternehmen vorschreiben. Auch diese Neuregelung des BilMoG reduziert den Handlungsspielraum des Bilanzierenden. Beim Vorhandensein stiller Reserven erhöht die Anwendung der Neubewertungsmethode das ausgewiesene Eigenkapital im Vergleich zur Buchwertmethode, da die auf Minderheiten entfallenden Anteile berücksichtigt werden. Sofern die stillen Reserven in den Folgeperioden erfolgswirksam fortgeschrieben werden, geht damit jedoch zwingend ein geringeres Jahresergebnis einher. Für stille Lasten kehren sich die beschriebenen Effekte um.

Durch die Berücksichtigung aller im **Erstkonsolidierungszeitpunkt** vorhandenen stillen Reserven und Lasten wird im Konzernabschluss ein 'vollständigeres' Bild der Vermögenslage des Tochterunternehmens gezeigt, da die Zeitwerte der Aktiva und Passiva unabhängig von Beteiligungsquoten angesetzt werden. Einen Zugang zu Details der Kaufpreisallokation oder ihrer Fortschreibung in Folgeperioden wird der externe Analyst jedoch regelmäßig nicht erhalten.

Beispiel 54: Beizulegender Zeitwert im Rahmen der Kaufpreisallokation

Die Morpheus AG erwirbt zum 01.10.2010 80 % der Anteile an der Orpheus GmbH. Deren Vermögen beinhaltet ein Grundstück, über das durch eine unwesentliche Erweiterung des unternehmenseigenen Gleisnetzes eine Verbindung von zwei Betriebsstätten der Morpheus AG geschaffen werden kann. Bislang mussten Lieferungen zwischen diesen beiden Betriebsstätten per LKW über das Straßennetz transportiert werden.

Vor Inkrafttreten der Neuregelungen durch das BilMoG wurde bei der Kaufpreisallokation auf den beizulegenden Wert aus der Sicht des Erwerbers abgestellt, so dass der für die Morpheus AG mit dem Grundstück verbundene Vorteil, dass es eine Erweiterung des Schienennetzes ermöglicht, in die Bewertung einfließen musste. Nach der Neufassung durch das BilMoG wird als maßgeblicher Bewertungsmaßstab auf den beizulegenden Zeitwert abgestellt. Dies impliziert eine marktpreisorientierte Betrachtung, so dass die unternehmensindividuellen Vorteile des Vermögensgegenstands nicht in die Wertermittlung eingehen. Diese finden nunmehr im (entsprechend erhöhten) Geschäfts- oder Firmenwert Berücksichtigung. Hat das Grundstück der Orpheus GmbH einen beizulegenden Zeitwert von 500.000 € bei einem bilanziellen Wertansatz von 300.000 €, sind die darin enthaltenen stillen Reserven im Zeitpunkt der Erstkonsolidierung aufgrund der verpflichtenden Anwendung der Neubewertungsmethode in einer der eigentlichen Konsolidierung vorgelagerten Handelsbilanz III-Rechnung vollständig aufzudecken. Die damit verbundene Erhöhung des konsolidierungspflichtigen Eigenkapitals wird beteiligungsproportional den Minderheitsgesellschaftern zugeordnet.

Merke:

Für Erwerbsvorgänge ab dem Geschäftsjahr 2010 ist die Kapitalkonsolidierung zwingend nach der Neubewertungsmethode vorzunehmen; für zuvor durchgeführte Kapitalkonsolidierungen darf die Buchwertmethode weiterhin angewendet werden.

3.5.2 Festlegung des Konsolidierungszeitpunkts

Eine weitere Wahlrechtsbeschränkung in der Konsolidierung erfolgte beim Aufrechnungszeitpunkt, der für die Kapitalkonsolidierung bei Tochterunternehmen anzuwenden ist. Die Kapitalaufrechnung erfolgt zukünftig verpflichtend zu dem Zeitpunkt, zu dem das Unternehmen Tochterunternehmen geworden ist. Beim Erwerb von Anteilen wird dieser in der Regel dem Erwerbszeitpunkt entsprechen; gleichzeitig ermöglicht die Formulierung die Beibehaltung der bisherigen Vorgehensweise beim sukzessiven Erwerb eines Tochterunternehmens.

Diese Festlegung hinsichtlich der **Kapitalaufrechnung** wird um eine Erleichterungsvorschrift ergänzt. Diese lässt eine Anpassung der Erstkonsolidierungswerte innerhalb von zwölf Monaten zu, sofern zum Erstkonsolidierungszeitpunkt die der Konsolidierung zugrunde zu legenden Werte noch nicht endgültig ermittelbar waren. Eine weitere

Erleichterungsmöglichkeit besteht für die Fallkonstellation, dass aufgrund einer fehlenden Konzernrechnungslegungspflicht des Mutterunternehmens oder der Inanspruchnahme eines Konsolidierungswahlrechts des § 296 HGB für ein Tochterunternehmen der Zeitpunkt, zu dem ein Unternehmen Tochterunternehmen geworden ist,
und der Zeitpunkt seiner erstmaligen Einbeziehung in einen/den Konzernabschluss
auseinanderfallen. In diesem Fall dürfen statt einer Rückrechnung der Kapitalkonsolidierung die Wertverhältnisse zum Zeitpunkt der erstmaligen Einbeziehung in den Konzernabschluss zugrunde gelegt werden, sofern das Mutter-Tochter-Verhältnis nicht
erst in dem Geschäftsjahr, für das der entsprechende Konzernabschluss erstellt wird,
begründet wurde. Im letzteren Fall sind der Kapitalaufrechnung wiederum die Wertansätze zu dem Zeitpunkt, zu dem das Unternehmen Tochterunternehmen geworden ist,
zugrunde zu legen.

Die neue Fassung von § 301 Abs. 2 HGB ist erstmals für Erwerbsvorgänge anzuwenden,
die in nach dem 31.12.2009 beginnenden Geschäftsjahren erfolgen. Bei den bis zur
verpflichtenden Anwendung der Neuregelung vorgenommenen bzw. vorzunehmenden
Erstkonsolidierungen steht dem Bilanzierenden das bisher bestehende Wahlrecht hinsichtlich des Erstkonsolidierungszeitpunkts noch offen.

Nachstehende Übersicht ordnet die Neuregelung in die einzelnen Bilanzstrategien ein.

Ausweis eines möglichst hohen Eigenkapitals/eines möglichst hohen Ergebnisses	Ausweis eines möglichst geringen Eigenkapitals/eines möglichst geringen Ergebnisses	Möglichst geringe Abweichungen zum alten Recht	Annäherung an die IFRS
abhängig von Eigenkapitalentwicklung der Tochter; kein Ergebniseffekt im Zeitpunkt der Erstkonsolidierung	abhängig von Eigenkapitalentwicklung der Tochter; kein Ergebniseffekt im Zeitpunkt der Erstkonsolidierung	bei bisheriger Ausübung des Wahlrechts zugunsten der Kapitalaufrechnung zum Erwerbszeitpunkt	verpflichtende Annäherung, da Kapitalaufrechnung zum Erwerbszeitpunkt auch nach IFRS vorgesehen

ABB. 85: Einzelne bilanzpolitische Strategien (Aufrechnungszeitpunkt)

Aus einer Kombination der einzelnen Strategien ergeben sich folgende Möglichkeiten
für die verfolgte Bilanzpolitik.

Qualitative Strategie / Quantitative Strategie	Möglichst geringe Abweichungen zum alten Recht	Annäherung an die IFRS
Ausweis eines möglichst hohen Eigenkapitals/eines möglichst hohen Ergebnisses	Mögliche Kombination bei bisheriger Kapitalaufrechnung zum Erwerbszeitpunkt in Abhängigkeit von der Eigenkapitalentwicklung beim Tochterunternehmen	Mögliche Kombination in Abhängigkeit von der Eigenkapitalentwicklung beim Tochterunternehmen
Ausweis eines möglichst geringen Eigenkapitals/eines möglichst geringen Ergebnisses	Mögliche Kombination bei bisheriger Kapitalaufrechnung zum Erwerbszeitpunkt in Abhängigkeit von der Eigenkapitalentwicklung beim Tochterunternehmen	Mögliche Kombination in Abhängigkeit von der Eigenkapitalentwicklung beim Tochterunternehmen

ABB. 86: Kombinierte bilanzpolitische Strategien (Aufrechnungszeitpunkt)

Die Festlegung des Aufrechnungszeitpunkts auf den Zeitpunkt, zu dem das Unternehmen Tochterunternehmen geworden ist, schränkt den Gestaltungsspielraum des Bilanzierenden ein. Während vor der Neuerung durch das BilMoG durch die Wahl des Aufrechnungszeitpunkts je nach Eigenkapital- bzw. Ergebnisentwicklung des Tochterunternehmens sowohl die Höhe des konsolidierungspflichtigen Eigenkapitals als auch in der Konsequenz die Höhe des aus der Kapitalaufrechnung resultierenden Unterschiedsbetrags beeinflusst werden konnten, fällt dieser Gestaltungsspielraum nunmehr weg. Lediglich wenn die Wertansätze im Zeitpunkt der Kapitalaufrechnung noch nicht endgültig ermittelbar waren, können sich im Nachhinein Veränderungen der Kapitalaufrechnung im Zeitpunkt, zu dem das Unternehmen Tochterunternehmen geworden ist, ergeben.

Beispiel 55: Auswirkungen der Festlegung des Aufrechnungszeitpunkts

Die Odysseus GmbH erwirbt zum 01.04.2009 100 % der Anteile an der Jupiter GmbH zu einem Kaufpreis von 1.000.000 €. Das neu bewertete Eigenkapital der Jupiter GmbH beträgt im Erwerbszeitpunkt 850.000 €, zum Bilanzstichtag am 31.12.2009 900.000 € aufgrund eines im Zeitraum vom 01.04.2009 bis 31.12.2009 erwirtschafteten Jahresüberschusses i. H. v. 50.000 €.

Nach dem Wahlrecht des § 301 Abs. 2 HGB a. F. kann die Odysseus GmbH die Jupiter GmbH auf Basis der Wertansätze zum Zeitpunkt des Erwerbs (01.04.2009) oder zum Zeitpunkt der erstmaligen Einbeziehung (31.12.2009) in den Konzernabschluss für das Geschäftsjahr 2009 einbeziehen. Im ersten Fall ergibt sich ein Geschäfts- oder Firmenwert i. H. v. 150.000 €. Im zweiten Fall beträgt der Geschäfts- oder Firmenwert nur 100.000 €, da das konsolidierungspflichtige Eigenkapital der Jupiter GmbH am 31.12.2009 aufgrund des bis zu diesem Zeitpunkt entstandenen Jahresüberschusses um 50.000 € höher ist.

Merke:

Für Erwerbsvorgänge ab dem Geschäftsjahr 2010 ist für die Kapitalaufrechnung der Zeitpunkt maßgebend, zu dem das Unternehmen Tochterunternehmen geworden ist. Für zuvor durchgeführte Kapitalkonsolidierungen bleiben die bisherigen Alternativen erhalten.

3.5.3 Wegfall der Saldierungsmöglichkeit von Unterschiedsbeträgen

Aufgrund der Neuregelungen durch das BilMoG sind positive Unterschiedsbeträge aus der Kapitalkonsolidierung nunmehr zwingend als Geschäfts- oder Firmenwert auf der Aktivseite der Bilanz auszuweisen, während negative Unterschiedsbeträge auf der Passivseite der Bilanz als eigene Position nach dem Eigenkapital unter der Bezeichnung „Unterschiedsbetrag aus der Kapitalkonsolidierung" zu zeigen sind. Die bislang zulässige Saldierung positiver und negativer Unterschiedsbeträge ist nicht mehr möglich. Verpflichtend muss künftig ein **Bruttoausweis** erfolgen. Auf die bisherige Differenzierung des bilanziellen Ausweises eines passivischen Unterschiedsbetrags in Abhängigkeit von seinem bilanziellen Charakter wurde verzichtet.

Die neue Fassung von § 301 Abs. 3 HGB ist erstmals für das nach dem 31.12.2009 beginnende Geschäftsjahr anzuwenden; dabei sind auch in der Vergangenheit saldierte Geschäfts- oder Firmenwerte und passivische Unterschiedsbeträge nunmehr unsaldiert in der Bilanz zu zeigen.

Nachstehende Übersicht ordnet die Neuregelung in die einzelnen Bilanzstrategien ein.

Ausweis eines möglichst hohen Eigenkapitals/eines möglichst hohen Ergebnisses	Ausweis eines möglichst geringen Eigenkapitals/eines möglichst geringen Ergebnisses	Möglichst geringe Abweichungen zum alten Recht	Annäherung an die IFRS
weder Eigenkapital- noch Ergebniseffekt durch Bruttoausweis; aber sinkende Eigenkapitalquote bei Aufgabe einer bisherigen Saldierung	weder Eigenkapital- noch Ergebniseffekt durch Bruttoausweis; aber sinkende Eigenkapitalquote bei Aufgabe einer bisherigen Saldierung	bei bisherigem Bruttoausweis aktivischer und passivischer Unterschiedsbeträge aus der Kapitalkonsolidierung	nur bedingt möglich, da nach IFRS zwar keine Saldierung vorgesehen, aber auch kein Ausweis passivischer Unterschiedsbeträge

ABB. 87: Einzelne bilanzpolitische Strategien (Wegfall der Saldierungsmöglichkeit)

Aus einer Kombination der einzelnen Strategien ergeben sich folgende Möglichkeiten für die verfolgte Bilanzpolitik:

Quantitative Strategie \ Qualitative Strategie	Möglichst geringe Abweichungen zum alten Recht	Annäherung an die IFRS
Ausweis eines möglichst hohen Eigenkapitals/eines möglichst hohen Ergebnisses	**Nur eingeschränkt möglich** bei bisherigem Bruttoausweis; jedoch kein Eigenkapital- oder Ergebniseffekt	**Nur eingeschränkt möglich** sofern keine passivischen Unterschiedsbeträge vorliegen; jedoch kein Eigenkapital- oder Ergebniseffekt
Ausweis eines möglichst geringen Eigenkapitals/eines möglichst geringen Ergebnisses	**Nur eingeschränkt möglich** bei bisherigem Bruttoausweis; jedoch kein Eigenkapital- oder Ergebniseffekt	**Nur eingeschränkt möglich** sofern keine passivischen Unterschiedsbeträge vorliegen; jedoch kein Eigenkapital- oder Ergebniseffekt

ABB. 88: Kombinierte bilanzpolitische Strategien (Wegfall der Saldierungsmöglichkeit)

Durch den Wegfall der Saldierungsmöglichkeit verliert der Bilanzierende eine Gestaltungsmöglichkeit, die ihm in der Vergangenheit den Ausweis einer höheren Eigenkapitalquote ermöglichte.

Für den Bilanzadressaten verbessert sich der Einblick in das Vorhandensein von Geschäfts- oder Firmenwerten sowie passivischen Unterschiedsbeträgen anhand der

Bilanz. Während zuvor die korrespondierende Anhangberichterstattung über die saldierten Beträge hinzugezogen werden musste, um die absoluten Größen zu ermitteln, sind diese nunmehr unmittelbar aus der Bilanz ersichtlich. Aus Sicht der Bilanzanalyse zu bemängeln ist jedoch der undifferenzierte Ausweis aller passivischen Unterschiedsbeträge in einer Position. Die vorherige Differenzierung nach deren Charakter verbesserte die Interpretationsmöglichkeit dieser Größen durch den Bilanzanalysten. Diesbezüglich ist dieser nunmehr wiederum auf die Anhangberichterstattung über die passivischen Unterschiedsbeträge angewiesen.

Beispiel 56: Wegfall der Saldierungsmöglichkeit von Unterschiedsbeträgen

Im Konzernabschluss der Neptun AG ergibt sich zum 31.12.2009 im Rahmen der Kapitalkonsolidierung des Tochterunternehmens Pluto GmbH ein Geschäfts- oder Firmenwert von 800.000 €. Aus der Kapitalkonsolidierung des Tochterunternehmens Jupiter AG resultiert hingegen zu diesem Stichtag ein passivischer Unterschiedsbetrag i. H. v. 600.000 €. Die Neptun AG macht von der Saldierungsmöglichkeit des § 301 HGB a. F. Gebrauch und weist nach Saldierung einen Geschäfts- oder Firmenwert i. H. v. 200.000 € aus; über die saldierten Beträge berichtet sie im Anhang. Im Umstellungszeitpunkt am 01.01.2010 muss die Neptun AG die bislang saldierten Beträge im Konzernabschluss brutto ausweisen, so dass in der Bilanz ein Geschäfts- oder Firmenwert von 800.000 € sowie ein Unterschiedsbetrag aus der Kapitalkonsolidierung i. H. v. 600.000 € gezeigt werden. Das Konzerneigenkapital wird davon nicht tangiert; die Konzernbilanzsumme erhöht sich jedoch durch den Bruttoausweis um 600.000 €. Dies hat ein Absinken der Eigenkapitalquote zur Folge: bei einem unterstellten Eigenkapital von 500.000 € bei einer Bilanzsumme bei Saldierung i. H. v. 2.000.000 € beträgt die Eigenkapitalquote 25 %. Aufgrund des Bruttoausweises reduziert sie sich auf 19 %.

Merke:

Ab dem Übergangszeitpunkt auf die Neuregelungen des BilMoG sind alle aktivischen und passivischen Unterschiedsbeträge aus der Kapitalkonsolidierung – auch die in der Vergangenheit saldierten Positionen – unsaldiert auszuweisen.

3.5.4 Abbildung von Rückbeteiligungen

Die Neuerungen des BilMoG zur Abbildung eigener Anteile im Einzelabschluss (→ vgl. Kapitel 2.5.2) werden aus Sicht der konsolidierten Rechnungslegung um eine Vorschrift zum Ausweis von Rückbeteiligungen ergänzt. Sofern ein Tochterunternehmen Anteile am Mutterunternehmen hält, dürfen diese nicht mehr im Umlaufvermögen ausgewiesen werden, sondern sind als **Korrekturposten** zum Eigenkapital offen in der Vorspalte vom „Gezeichneten Kapital" abzusetzen.

Die neue Fassung von § 301 Abs. 4 HGB ist erstmals für das nach dem 31.12.2009 beginnende Geschäftsjahr anzuwenden.

Nachstehende Übersicht ordnet die Neuregelung in die einzelnen Bilanzstrategien ein.

Ausweis eines möglichst hohen Eigenkapitals/eines möglichst hohen Ergebnisses	Ausweis eines möglichst geringen Eigenkapitals/eines möglichst geringen Ergebnisses	Möglichst geringe Abweichungen zum alten Recht	Annäherung an die IFRS
aufgrund verpflichtender Korrektur von Rückbeteiligungen im Eigenkapital nicht möglich	resultiert aus verpflichtender Korrektur von Rückbeteiligungen im Eigenkapital	keine Möglichkeit aufgrund verbindlicher Neuregelung des Ausweises	resultiert aus verpflichtender Korrektur von Rückbeteiligungen im Eigenkapital

ABB. 89: Einzelne bilanzpolitische Strategien (Rückbeteiligungen)

Aus einer Kombination der einzelnen Strategien ergeben sich folgende Möglichkeiten für die verfolgte Bilanzpolitik.

Quantitative Strategie \ Qualitative Strategie	Möglichst geringe Abweichungen zum alten Recht	Annäherung an die IFRS
Ausweis eines möglichst hohen Eigenkapitals/eines möglichst hohen Ergebnisses	**Nicht möglich** verbindliche Neuregelung des Ausweises mit Korrektur von Rückbeteiligungen im Eigenkapital	**Nur eingeschränkt möglich** verbindliche Neuregelung des Ausweises, jedoch Korrektur von Rückbeteiligungen im Eigenkapital
Ausweis eines möglichst geringen Eigenkapitals/eines möglichst geringen Ergebnisses	**Nur eingeschränkt möglich** Eigenkapitalreduktion resultiert aus verpflichtender Korrektur von Rückbeteiligungen im Eigenkapital, jedoch verbindliche Neuregelung des Ausweises	**Mögliche Kombination** Eigenkapitalreduktion und Annäherung an IFRS resultieren aus verpflichtender Korrektur von Rückbeteiligungen im Eigenkapital

ABB. 90: Kombinierte bilanzpolitische Strategien (Rückbeteiligungen)

Die verbindliche Korrektur von Rückbeteiligungen im Konzerneigenkapital führt zu einem geringeren Ausweis des Konzerneigenkapitals und damit zu einer sinkenden Eigenkapitalquote. Seitens des Bilanzierenden kann darauf aufgrund der Festlegung durch das BilMoG keinen Einfluss genommen werden. Die Neuregelung dient – ebenso wie im Einzelabschluss – dazu, dem wirtschaftlichen Charakter von eigenen Anteilen auch im Konzernabschluss Rechnung zu tragen. Dies ist mit Blick auf den Einblick in die

Vermögenslage des Bilanzierenden aus Sicht der Bilanzanalyse zu begrüßen, da solche Korrekturposten unmittelbar im Eigenkapital erkennbar werden.

Beispiel 57: Ausweis von Rückbeteiligungen

Die in den Konzernabschluss der Diana AG einbezogene Neptun AG hält 5 % der Aktien der Diana AG. Nach der Übernahme der Vermögensgegenstände und Schulden der Neptun AG in den Konzernabschluss dürfen die Anteile an der Diana AG nicht mehr im Umlaufvermögen (wie bei der Neptun AG) ausgewiesen werden, sondern sind als Korrekturposten im Konzerneigenkapital abzuziehen.

Merke:

Ab dem Übergangszeitpunkt auf die Neuregelungen des BilMoG sind Rückbeteiligungen von Tochtergesellschaften am Mutterunternehmen auf der Passivseite als Korrekturposten des Eigenkapitals auszuweisen.

3.5.5 Abschaffung der Interessenzusammenführungsmethode

Durch das BilMoG erfolgt eine weitere Wahlrechtsbeschränkung, indem die unter bestimmten Voraussetzungen statt der Erwerbsmethode anwendbare Interessenzusammenführungsmethode (Pooling-of-Interests-Methode) aufgehoben wird. Diese Neuregelung dient wiederum dem Ziel der Abschaffung von Wahlrechten sowie der Annäherung an die IFRS. Aus Sicht der Bilanzpolitik sowie der Bilanzanalyse wird die Abschaffung der Interessenzusammenführungsmethode keine wesentlichen Auswirkungen haben, da diese Konsolidierungsmethode während ihrer Anwendbarkeit aufgrund ihrer mangelnden Akzeptanz seitens der Unternehmen keine praktische Bedeutung erlangt hat.

Merke:

Für Erwerbsvorgänge ab dem Geschäftsjahr 2010 ist die Kapitalkonsolidierung zwingend nach der Erwerbsmethode (konkret der Neubewertungsmethode) vorzunehmen; für zuvor durchgeführte Kapitalkonsolidierungen darf bei Vorliegen der entsprechenden Voraussetzungen die Interessenzusammenführungsmethode weiterhin beibehalten werden.

3.5.6 Behandlung von Geschäfts- oder Firmenwerten

Aufgrund der Neuregelungen durch das BilMoG gilt der Geschäfts- oder Firmenwert gemäß § 246 Abs. 1 Satz 4 HGB nunmehr ausdrücklich als ein aktivierungspflichtiger Vermögensgegenstand mit einer zeitlich begrenzten Nutzungsdauer. Analog zur einzelgesellschaftlichen Behandlung ist auch ein bei der Kapitalkonsolidierung entstehender Geschäfts- oder Firmenwert nach § 309 Abs. 1 HGB nunmehr ausschließlich planmäßig über seine **voraussichtliche Nutzungsdauer** abzuschreiben. Darüber hinaus sind bei Bedarf auch außerplanmäßige Abschreibungen vorzunehmen; Zuschreibungen sind beim Geschäfts- oder Firmenwert explizit ausgeschlossen. Die beiden vor dem BilMoG alternativ zulässigen Möglichkeiten seiner Behandlung durch eine Abschreibung zu mindestens einem Viertel in jedem folgenden Geschäftsjahr oder durch eine erfolgsneutrale Verrechnung mit den Rücklagen werden aufgehoben.

Die neue Fassung von § 309 Abs. 1 HGB ist erstmals für Erwerbsvorgänge anzuwenden, die in nach dem 31.12.2009 beginnenden Geschäftsjahren erfolgen. Vor der bzw. bis zur verpflichtenden Anwendung der Neuregelung entstandene Geschäfts- oder Firmenwerte können nach den bislang bestehenden Alternativen fortgeschrieben werden.

Nachstehende Übersicht ordnet die Neuregelung in die einzelnen Bilanzstrategien ein.

Ausweis eines möglichst hohen Eigenkapitals/eines möglichst hohen Ergebnisses	Ausweis eines möglichst geringen Eigenkapitals/eines möglichst geringen Ergebnisses	Möglichst geringe Abweichungen zum alten Recht	Annäherung an die IFRS
planmäßige Abschreibung über eine möglichst lange Nutzungsdauer	planmäßige Abschreibung über eine möglichst kurze Nutzungsdauer	möglich, sofern in der Vergangenheit bereits Wahl der Alternative zur Abschreibung über die planmäßige Nutzungsdauer	nicht möglich, da nach IFRS verpflichtend Impairment Only Approach

ABB. 91: Einzelne bilanzpolitische Strategien (Geschäfts- oder Firmenwert aus der Kapitalkonsolidierung)

Aus einer Kombination der einzelnen Strategien ergeben sich folgende Möglichkeiten für die verfolgte Bilanzpolitik.

Qualitative Strategie / Quantitative Strategie	Möglichst geringe Abweichungen zum alten Recht	Annäherung an die IFRS
Ausweis eines möglichst hohen Eigenkapitals/eines möglichst hohen Ergebnisses	Mögliche Kombination sofern bereits in der Vergangenheit planmäßige Abschreibung über möglichst lange Nutzungsdauer	Nicht möglich da nach IFRS keine planmäßige Abschreibung des Geschäfts- oder Firmenwerts
Ausweis eines möglichst geringen Eigenkapitals/eines möglichst geringen Ergebnisses	Mögliche Kombination sofern bereits in der Vergangenheit planmäßige Abschreibung über möglichst kurze Nutzungsdauer	Nicht möglich da nach IFRS keine planmäßige Abschreibung des Geschäfts- oder Firmenwerts

ABB. 92: Kombinierte bilanzpolitische Strategien (Geschäfts- oder Firmenwert aus der Kapitalkonsolidierung)

Bei der Bilanzierung und Bewertung des Geschäfts- oder Firmenwerts erfolgte keine Annäherung an die internationale Vorgehensweise des „Impairment Only Approach". Durch die Einschränkung der Fortschreibungsalternativen sollen die Vergleichbarkeit des Konzernabschlusses sowie die Information der Abschlussadressaten verbessert werden. Dies wird unterstützt durch die Anhangangabepflicht in § 314 Abs. 1 Nr. 20 HGB, aufgrund derer das Unternehmen bei der planmäßigen Abschreibung des Geschäfts- oder Firmenwerts über eine Nutzungsdauer von mehr als fünf Jahren die Gründe dafür angeben muss. Der Handlungsspielraum des Bilanzierenden wird durch die Neuregelung deutlich eingeschränkt; Gestaltungsspielraum verbleibt jedoch im Rahmen der Schätzung der Nutzungsdauer sowie der Vornahme außerplanmäßiger Abschreibungen.

Beispiel 58: Planmäßige Abschreibung von Geschäfts- oder Firmenwerten

Die konzernrechnungslegungspflichtige Neptun AG erwirbt am 01.01.2010 100 % der Anteile an der Sokrates GmbH zu einem Kaufpreis von 800.000 €. Im Erwerbszeitpunkt verfügt die Sokrates GmbH über ein Eigenkapital von 600.000 €; stille Reserven und stille Lasten liegen nicht vor. Der positive Unterschiedsbetrag aus der Kapitalkonsolidierung i. H. v. 200.000 € ist als Geschäfts- oder Firmenwert zu aktivieren und planmäßig über die voraussichtliche Nutzungsdauer abzuschreiben. Bei einer unterstellten Nutzungsdauer von zehn Jahren sind für das Geschäftsjahr 2010 bereits anteilige Abschreibungen i. H. v. 20.000 € vorzunehmen; gleichzeitig sind im Anhang die Gründe für die Annahme der Nutzungsdauer zu berichten.

Merke:

Für Erwerbsvorgänge ab dem Geschäftsjahr 2010 ist ein aus der Kapitalkonsolidierung resultierender Geschäfts- oder Firmenwert verpflichtend zu aktivieren und über seine planmäßige Nutzungsdauer erfolgswirksam abzuschreiben; für zuvor durchgeführte Kapitalkonsolidierungen darf die bisherige Vorgehensweise beibehalten werden.

3.5.7 Einbeziehung von assoziierten Unternehmen

Durch das BilMoG wurde die in § 312 HGB zuvor enthaltene Alternative, Anteile an assoziierten Unternehmen nach der Kapitalanteilsmethode (two-lines-consolidation) im Konzernabschluss abzubilden, gestrichen. Künftig besteht damit die Verpflichtung zur Anwendung der Buchwertmethode (one-line-consolidation). Dies gilt auch für nicht vollkonsolidierte Tochterunternehmen sowie Gemeinschaftsunternehmen, bei denen das Wahlrecht zur Quotenkonsolidierung nicht in Anspruch genommen wird. Die bislang bestehende **Anschaffungskostenrestriktion** bei der Equity-Methode wurde aufgehoben. Künftig sind damit alle stillen Reserven anteilig auch dann aufzudecken, wenn dadurch die Anschaffungskosten überschritten werden und ein passivischer Unterschiedsbetrag entsteht.

Weiterhin wurde – analog zur Neufassung des § 301 HGB für Tochterunternehmen – der Zeitpunkt der Ermittlung des beizulegenden Zeitwerts des anteiligen Eigenkapitals auf den Zeitpunkt festgelegt, zu dem das Unternehmen assoziiertes Unternehmen geworden ist. Sofern die entsprechenden Werte zu diesem Zeitpunkt (noch) nicht endgültig bestimmt werden können, ist eine Anpassung innerhalb eines Zeitfensters von zwölf Monaten zulässig. Wie bei der Vollkonsolidierung von Tochterunternehmen werden die Rückstellungen sowie die latenten Steuern aus der Zeitwertbewertung ausgenommen; diesbezüglich verweist § 312 Abs. 2 HGB auf die Regelungen des § 301 Abs. 1 Satz 3 HGB. Da sich § 306 HGB zur Abgrenzung latenter Steuern explizit nur auf Maßnahmen des Vierten Titels zur Vollkonsolidierung bezieht, bleibt offen, inwieweit im Rahmen der (statistischen) Aufteilung des Kaufpreises der Anteile an assoziierten Unternehmen sowie deren Fortschreibung latente Steuern berücksichtigt werden müssen.

Die neue Fassung von § 312 HGB ist erstmals für Erwerbsvorgänge anzuwenden, die in nach dem 31.12.2009 beginnenden Geschäftsjahren erfolgen. Vor der bzw. bis zur verpflichtenden Anwendung der Neuregelung vorgenommene Equity-Bewertungen können nach den bislang bestehenden Alternativen fortgeschrieben werden.

Nachstehende Übersicht ordnet die Neuregelung in die einzelnen Bilanzstrategien ein.

Ausweis eines möglichst hohen Eigenkapitals/eines möglichst hohen Ergebnisses	Ausweis eines möglichst geringen Eigenkapitals/eines möglichst geringen Ergebnisses	Möglichst geringe Abweichungen zum alten Recht	Annäherung an die IFRS
da in der Regel reiner Ausweisunterschied kein Eigenkapital- bzw. Ergebniseffekt	da in der Regel reiner Ausweisunterschied kein Eigenkapital- bzw. Ergebniseffekt	möglich, sofern in der Vergangenheit Anwendung der Buchwertmethode	resultiert aus verpflichtender Anwendung der Buchwertmethode

ABB. 93: Einzelne bilanzpolitische Strategien (Equity-Methode)

Aus einer Kombination der einzelnen Strategien ergeben sich folgende Möglichkeiten für die verfolgte Bilanzpolitik.

Quantitative Strategie \ Qualitative Strategie	Möglichst geringe Abweichungen zum alten Recht	Annäherung an die IFRS
Ausweis eines möglichst hohen Eigenkapitals/eines möglichst hohen Ergebnisses	Nur eingeschränkt möglich sofern bereits in der Vergangenheit Anwendung der Buchwertmethode, aber kein Eigenkapital-/Ergebniseffekt	Nur eingeschränkt möglich aufgrund verpflichtender Anwendung der Buchwertmethode, aber kein Eigenkapital-/Ergebniseffekt
Ausweis eines möglichst geringen Eigenkapitals/eines möglichst geringen Ergebnisses	Nur eingeschränkt möglich sofern bereits in der Vergangenheit Anwendung der Buchwertmethode, aber kein Eigenkapital-/Ergebniseffekt	Nur eingeschränkt möglich aufgrund verpflichtender Anwendung der Buchwertmethode, aber kein Eigenkapital-/Ergebniseffekt

ABB. 94: Kombinierte bilanzpolitische Strategien (Equity-Methode)

Durch die Neuregelungen bei der Equity-Methode werden die Gestaltungsspielräume des Bilanzierenden – bspw. hinsichtlich der Höhe des ausgewiesenen Geschäfts- oder Firmenwerts – eingeschränkt. Dies resultiert sowohl aus dem Wegfall der Kapitalanteilsmethode als auch aus der verbindlichen Festlegung des Zeitpunkts der Ermittlung des beizulegenden Zeitwerts des anteiligen Eigenkapitals auf den Zeitpunkt, zu dem das Unternehmen assoziiertes Unternehmen geworden ist. Für den Bilanzanalysten erhöht sich die Vergleichbarkeit der betrachteten Konzernabschlüsse aufgrund der einheitlichen Vorgehensweise. Gleiches gilt für die Behandlung eines in den Anteilen an assoziierten Unternehmen enthaltenen Geschäfts- oder Firmenwerts, der aufgrund des Verweises auf § 309 HGB über die planmäßige Nutzungsdauer abzuschreiben ist (→ vgl. Kapitel 3.5.6).

Beispiel 59: Anwendung der Buchwertmethode bei der Equity-Bewertung

Die konzernrechnungslegungspflichtige Pluto AG erwirbt am 31.12.2010 30 % der Anteile an der Dionysos GmbH zu einem Kaufpreis von 700.000 €. Das anteilige Eigenkapital beläuft sich auf 400.000 €; in einem Grundstück bestehen anteilige stille Reserven i. H. v. 200.000 €. Die Equity-Bewertung der Dionysos GmbH ist verpflichtend nach der Buchwertmethode vorzunehmen. Zum 31.12.2010 ergibt die Analyse des Buchwerts der Anteile an assoziierten Unternehmen (700.000 €) einen Geschäfts- oder Firmenwert i. H. v. 100.000 € – die einzelnen Komponenten des Anteilswerts sind in den Folgeperioden jeweils entsprechend fortzuschreiben. Im Konzernanhang 2010 muss die Pluto AG sowohl den Unterschiedsbetrag i. H. v. 300.000 € als auch den darin enthaltenen Geschäfts- oder Firmenwert von 100.000 € angeben. Ein separater Ausweis der Anteile an assoziierten Unternehmen abzüglich des darin enthaltenen Geschäfts- oder Firmenwerts einerseits sowie eben dieses Geschäfts- oder Firmenwerts andererseits wie nach der Kapitalanteilsmethode ist nicht mehr zulässig.

Merke:

Für Erwerbsvorgänge ab dem Geschäftsjahr 2010 ist bei der Equity-Methode verpflichtend die Buchwertmethode zum Zeitpunkt, zu dem das Unternehmen assoziiertes Unternehmen geworden ist, anzuwenden. Hinsichtlich der Fortschreibung eines im Wertansatz der Anteile an assoziierten Unternehmen enthaltenen Geschäfts- oder Firmenwerts wird auf § 309 HGB verwiesen.

3.6 Latente Steuern

Die Neufassung von § 306 HGB zur Abgrenzung latenter Steuern bewirkt im Konzernabschluss analog zur Änderung der einzelgesellschaftlichen Regelung in § 274 HGB (→ vgl. Kapitel 2.7) den Übergang von der bisher nach HGB vorgesehenen GuV-orientierten Betrachtungsweise latenter Steuern zur international üblichen bilanzorientierten Abgrenzungskonzeption. § 306 HGB bezieht sich auf die aufgrund von Konsolidierungsmaßnahmen im Konzernabschluss abzugrenzenden latenten Steuern, wohingegen für latente Steuern im Rahmen der einzelgesellschaftlichen Rechnungslegung sowie der Anpassung der Bilanzierungs- und Bewertungsmethoden bei der Erstellung der Handelsbilanz II § 274 HGB einschlägig ist. Die Neufassung von § 306 HGB führt dazu, dass bei der Kapitalkonsolidierung zukünftig ebenfalls latente Steuern verpflichtend abzugrenzen sind. Dies betrifft auch die im Übergangszeitpunkt bestehenden Bewertungsunterschiede zwischen den Einzelabschlusswerten der Tochterunternehmen und den konzernbilanziellen Wertansätzen. Beim Vorliegen stiller Reserven führt dies ceteris paribus zu einer Erhöhung des Geschäfts- oder Firmenwerts aus der Kapitalkonsolidierung. Nach der erfolgsneutralen Abgrenzung sind die latenten Steuern in der Folge korrespondierend zu der Wertentwicklung der zugrunde liegenden Bilanzposten erfolgswirksam aufzulösen: Die nach § 306 HGB abgegrenzten Steuerpositionen werden entweder planmäßig mit dem Eintritt der antizipierten Steuerbe- bzw. -entlastung aufgelöst bzw. zu dem Zeitpunkt, zu dem mit deren Eintritt nicht mehr zu rechnen ist.

§ 306 HGB bezieht sich nicht nur auf erfolgswirksame, sondern auf alle sich ausgleichenden Differenzen zwischen den handelsrechtlichen und den steuerlichen Wertansätzen der Vermögensgegenstände, Schulden und Rechnungsabgrenzungsposten, und beinhaltet eine Ansatzpflicht sowohl für aktive als auch für passive latente Steuern. Ein explizites **Ansatzverbot** für latente Steuern besteht für einen im Rahmen der Kapitalkonsolidierung verbleibenden Unterschiedsbetrag – d. h. einen Geschäfts- oder Firmenwert oder passivischen Unterschiedsbetrag – sowie für sog. Outside Basis Differences, d.h. Unterschiede zwischen dem steuerlichen Wertansatz der Beteiligung und dem im Konzernabschluss nach handelsrechtlichen Normen angesetzten Nettovermögen. Diese Ausnahme gilt nicht nur für Tochterunternehmen, sondern auch Beteiligungen an Gemeinschaftsunternehmen sowie assoziierten Unternehmen.

Zur Bewertung latenter Steuern sind aufgrund des Verweises auf § 274 HGB auch im Konzernabschluss grundsätzlich die unternehmensindividuellen Steuersätze im Zeitpunkt des Abbaus der jeweiligen Differenz heranzuziehen. Nur unter Wirtschaftlichkeits- und Wesentlichkeitsaspekten kann ein Konzerndurchschnittssteuersatz angewendet werden.

Für den Ausweis latenter Steuern sind im Gliederungsschema des § 266 HGB jeweils gesonderte Bilanzposten vorgesehen, wobei eine Zusammenfassung der latenten Steuern auf Einzel- und auf Konzernabschlussebene zulässig ist. Das Wahlrecht zum saldierten oder unsaldierten Ausweis aktiver und passiver latenter Steuern besteht im Konzernabschluss ebenfalls. Die auf latente Steuern entfallenden Steuern sind in der Gewinn- und Verlustrechnung gesondert – bspw. in einer Vorspalte oder durch einen Davon-Vermerk – auszuweisen.

Die Neufassung des § 306 HGB gilt erstmals für das erste nach dem 31.12.2009 beginnende Geschäftsjahr. Vom Grundsatz her sind latente Steuern in der Weise zu bilden bzw. aufzulösen – erfolgswirksam bzw. erfolgsneutral – wie der ihnen zugrunde liegende Sachverhalt bzw. Geschäftsvorfall. Nach Art. 67 Abs. 6 HGB sind Aufwendungen und Erträge aus der erstmaligen Anwendung der §§ 274 und 306 HGB ergebnisneutral zu berücksichtigen, indem sie mit den Gewinnrücklagen verrechnet werden. Ebenfalls in den Gewinnrücklagen erfasst werden latente Steuern aufgrund von erfolgsneutralen Umstellungseffekten nach Art. 67 Abs. 1, Abs. 3 oder Abs. 4 EGHGB.

Nachstehende Übersicht ordnet die Neuregelung in die einzelnen Bilanzstrategien ein.

Ausweis eines möglichst hohen Eigenkapitals/eines möglichst hohen Ergebnisses	Ausweis eines möglichst geringen Eigenkapitals/eines möglichst geringen Ergebnisses	Möglichst geringe Abweichungen zum alten Recht	Annäherung an die IFRS
bei Sachverhalten bzw. Geschäftsvorfällen, die die Abgrenzung aktiver latenter Steuern bedingen	bei Sachverhalten bzw. Geschäftsvorfällen, die die Abgrenzung passiver latenter Steuern bedingen	aufgrund grundlegender Neukonzeption nicht möglich; Ausdehnung des Umfangs über bisherige Regelung hinaus	resultiert aus grundlegender Neukonzeption

ABB. 95: Einzelne bilanzpolitische Strategien (Latente Steuern im Konzernabschluss)

Aus einer Kombination der einzelnen Strategien ergeben sich folgende Möglichkeiten für die verfolgte Bilanzpolitik.

Quantitative Strategie / Qualitative Strategie	Möglichst geringe Abweichungen zum alten Recht	Annäherung an die IFRS
Ausweis eines möglichst hohen Eigenkapitals/eines möglichst hohen Ergebnisses	**Nur eingeschränkt möglich** bei aktiven latenten Steuern; Abweichungen zum alten Recht jedoch aufgrund grundlegender Neukonzeption und Ausdehnung des Umfang über bisherige Regelung hinaus	**Mögliche Kombination** aufgrund der Neukonzeption bei aktiven latenten Steuern
Ausweis eines möglichst geringen Eigenkapitals/eines möglichst geringen Ergebnisses	**Nur eingeschränkt möglich** bei passiven latenten Steuern; Abweichungen zum alten Recht jedoch aufgrund grundlegender Neukonzeption und Ausdehnung des Umfang über bisherige Regelung hinaus	**Mögliche Kombination** aufgrund der Neukonzeption bei passiven latenten Steuern

ABB. 96: Kombinierte bilanzpolitische Strategien (Latente Steuern im Konzernabschluss)

Trotz der Abgrenzungspflicht latenter Steuern im Konzernabschluss auf alle nicht permanenten Differenzen mit Ausnahme der expliziten Ansatzverbote verfügt der Bilanzierende über Freiheitsgrade bei der Abgrenzung latenter Steuern. Diese kommen insbesondere dann zum Tragen, wenn eine Beurteilung des Bilanzierenden erforderlich ist, wie bspw. bei der Beurteilung der voraussichtlichen Umkehrung von Differenzen, des daraus resultierenden anzuwendenden Steuersatzes oder der Werthaltigkeit von aktivierten Beträgen, insbesondere bei aktiven latenten Steuern auf Verlustvorträge. Die daran zu stellenden Anforderungen bewirken ein faktisches Ansatzwahlrecht des Bilanzierenden, da dieser eine voraussichtliche Nutzung innerhalb von fünf Jahren aufgrund seiner Planungsrechnungen dokumentieren muss. Durch die Inanspruchnahme der Saldierungsmöglichkeit aktiver und passiver latenter Steuern kann der Bilanzierende den Ausweis einer höheren Eigenkapitalquote erreichen.

Nach § 314 Abs. 1 Nr. 21 HGB muss der Bilanzierende im Anhang angeben, auf welchen Differenzen und steuerlichen Verlustvorträgen die abgegrenzten latenten Steuern beruhen und welche Steuersätze zur Bewertung herangezogen wurden. Unter Informationsgesichtspunkten ist darüber hinaus die Darstellung einer Überleitungsrechnung vom erwarteten Steueraufwand/-ertrag zum ausgewiesenen Steueraufwand/-ertrag zu fordern. Dieser kann der Bilanzanalyst entnehmen, in welcher Höhe aufgrund von Differenzen in welchen Bilanzposten latente Steuern abgegrenzt wurden. Gleichzeitig sollte aufgrund der häufig hohen Bedeutung latenter Steuern für den Eigenkapital- und Ergebnisausweis diesen Größen und ihrer Werthaltigkeit im Rahmen der Bilanzanalyse besondere Aufmerksamkeit gewidmet werden.

Beispiel 60: Latente Steuern im Rahmen der Kapitalkonsolidierung

Die Klio AG erwirbt zum 01.01.2010 100 % der Anteile an der Ariane AG zu einem Kaufpreis von 250.000 €. Im Zeitpunkt des Anteilserwerbs beläuft sich das Eigenkapital der Ariane AG auf 138.000 €. Stille Reserven im Vermögen der Ariane AG werden in den Gebäuden i. H. v. 60.000 € bei einer Restnutzungsdauer von sechs Jahren identifiziert. Ein sich aus der Kapitalkonsolidierung ergebender Geschäfts- oder Firmenwert wird über eine voraussichtliche Nutzungsdauer von sieben Jahren abgeschrieben. Der Abgrenzung latenter Steuern ist ein Steuersatz von 30 % zugrunde zu legen.

Bei der Kapitalaufrechnung im Erwerbszeitpunkt werden zunächst die vorhandenen stillen Reserven in voller Höhe erfolgsneutral aufgedeckt und passive latente Steuern i. H. v. 30 % darauf ebenfalls erfolgsneutral abgegrenzt:

Gebäude	60.000 €	an	Gewinnrücklagen	60.000 €
Gewinnrücklagen	18.000 €	an	passive lat. Steuern	18.000 €

Die – ebenso wie die Aufdeckung stiller Reserven erfolgsneutrale – Abgrenzung passiver latenter Steuern auf die aufgedeckten stillen Reserven reduziert das neu bewertete Eigenkapital der Ariane AG im Erwerbszeitpunkt. Damit steigt in Höhe der abgegrenzten passiven latenten Steuern die Residualgröße des Geschäfts- oder Firmenwerts. Auf den Geschäfts- oder Firmen-

wert selbst sind keine latenten Steuern zu bilden. Aus der Kapitalkonsolidierung im Erwerbszeitpunkt resultiert damit ein Geschäfts- oder Firmenwert i. H. v. 70.000 €.

Eigenkapital Ariane   180.000 € an   Anteile an verb. UN   250.000 €

GoF   70.000 €

Im Konzernabschluss der Klio AG zum 31.12.2010 sind bei der Erstellung der Handelsbilanz III
die im Erwerbszeitpunkt der Anteile aufgedeckten stillen Reserven sowie auch die darauf abgegrenzten latenten Steuern fortzuführen, d. h. planmäßige Abschreibungen vorzunehmen:

Abschreibungen   10.000 € an   Gebäude   10.000 €

passive lat. Steuern   3.000 €   an   Steuerertrag   3.000 €

Im Rahmen der Kapitalkonsolidierung ist der i. H. v. 70.000 € entstandene Geschäfts- oder
Firmenwert ebenfalls planmäßig abzuschreiben:

Abschreibungen   10.000 € an   GoF   10.000 €

Merke:

Die Neukonzeption der Abgrenzung latenter Steuern stellt eine der bedeutendsten und
für den Bilanzierenden mit dem höchsten Aufwand verbundenen Neuerungen des
BilMoG dar: statt der GuV-orientierten Sichtweise ist künftig eine bilanzorientierte
Abgrenzung latenter Steuern auf alle nicht permanenten Differenzen – mit wenigen
expliziten Ausnahmen – vorzunehmen. So sind bspw. ab dem Übergangzeitpunkt auf
das BilMoG im Rahmen der Kapitalkonsolidierung latente Steuern abzugrenzen und im
Zeitablauf fortzuschreiben.

3.7 Auswirkungen der Neuerungen durch das BilMoG in Konzernabschluss und -lagebericht

3.7.1 Konzernbilanz

Die Konzernbilanz ist durch die Neuerungen des BilMoG in mehrfacher Hinsicht betroffen. Dies resultiert einerseits aus den zahlreichen Veränderungen der einzelgesellschaftlichen Rechnungslegung, die sich über die Handelsbilanzen II der konsolidierten
Unternehmen unmittelbar auf den Konzernabschluss auswirken, sowie auch aus eventuellen Erweiterungen des Konsolidierungskreises.

Daneben ergeben sich aber auch Veränderungen einzelner Positionen aus den Neure-
gelungen zur Konzernrechnungslegung. Dies gilt insbesondere für den Geschäfts- oder
Firmenwert aus der Kapitalkonsolidierung, der durch die Pflicht zur Aktivierung und
Abschreibung über die planmäßige Nutzungsdauer nunmehr 'accountable' wird. Es

besteht fortan keine Möglichkeit mehr, den Geschäfts- oder Firmenwert durch eine sofortige vollständige, erfolgsneutrale Verrechnung mit den Konzernrücklagen sozusagen aus der Konzernbilanz und der Konzern-Gewinn- und Verlustrechnung 'herauszuhalten'. Stattdessen müssen die planmäßigen Abschreibungen, die die Gewinn- und Verlustrechnung belasten, im Konzern 'verdient' werden, um ein positives bzw. zumindest ausgeglichenes Ergebnis zu gewährleisten.

Sofern in den Konzernabschluss ausländische Unternehmen einbezogen werden, für deren Abschlüsse die Vorschriften zur Währungsumrechnung in § 308a HGB zur Anwendung gelangen, sind die daraus resultierenden Währungsumrechnungsdifferenzen erfolgsneutral in einer eigenen Position des Konzerneigenkapitals darzustellen. Die Konzernbilanz respektive der Konzerneigenkapitalspiegel werden folglich um diese 'Eigenkapitaldifferenz aus Währungsumrechnung' erweitert.

Merke:

Durch das BilMoG wird der Geschäfts- oder Firmenwert aus der Kapitalkonsolidierung in der Konzernbilanz aktivierungspflichtig. Bei ausländischen einbezogenen Unternehmen mit Abschlüssen in fremder Währung wird das Eigenkapital um den Posten 'Eigenkapitaldifferenz aus Währungsumrechnung' erweitert.

3.7.2 Konzern-Gewinn- und Verlustrechnung

In der Konzern-Gewinn- und Verlustrechnung wirken sich die Neuregelungen des BilMoG neben den Effekten, die bereits auf einzelgesellschaftlicher Ebene eintreten, und eventuellen Erweiterungen des Konsolidierungskreises betragsmäßig im Rahmen der Konsolidierung auf einige der Posten gemäß den Gliederungsschemata des § 275 HGB, die über den Verweis in § 298 HGB auch im Konzernabschluss zur Anwendung gelangen, aus.

Dies gilt insbesondere für die nunmehr verpflichtenden planmäßigen Abschreibungen von aus der Kapitalkonsolidierung resultierenden Geschäfts- oder Firmenwerten. Während die bislang zulässige Alternative der sofortigen erfolgsneutralen Verrechnung eines bei der Kapitalaufrechnung entstehenden Geschäfts- oder Firmenwerts mit den Rücklagen es ermöglichte, den Geschäfts- oder Firmenwert ohne GuV-Effekt ausschließlich in der Konzernbilanz zu verrechnen, ist dies nunmehr nicht mehr möglich. Über seine Nutzungsdauer muss sich der entstandene Geschäfts- oder Firmenwert durch die Abschreibung in voller Höhe ergebnismindernd in der Gewinn- und Verlustrechnung niederschlagen.

Gleiches gilt für einen Geschäfts- oder Firmenwert, der Bestandteil des Wertansatzes von Anteilen an assoziierten Unternehmen ist. Auch hier führt der Verweis auf die Anwendung von § 309 HGB auf im Wertansatz enthaltene Unterschiedsbeträge dazu, dass sich die planmäßigen Fortschreibungen über das Ergebnis aus assoziierten Unternehmen ergebniswirksam in der Konzern-Gewinn- und Verlustrechnung auswirken.

Merke:

Die Aktivierung und planmäßige Abschreibung des Geschäfts- oder Firmenwerts aus der Kapitalkonsolidierung wirkt sich nunmehr im Zeitablauf in voller Höhe ergebniswirksam in der Konzern-Gewinn- und Verlustrechnung aus. Gleiches gilt für einen in Anteilen an assoziierten Unternehmen enthaltenen Geschäfts- oder Firmenwert.

3.7.3 Konzernanhang

Das BilMoG verändert auch die Berichtspflichten, die den Konzernanhang als Bestandteil des Konzernabschlusses betreffen. Analog zum handelsrechtlichen Einzelabschluss werden zahlreiche neue Angaben in den Konzernanhang aufgenommen sowie bereits in der Vergangenheit bestehende Angabepflichten an die entsprechenden Berichtspflichten nach internationalen Rechnungslegungsstandards angepasst. Im Gegenzug entfallen auch einige Angaben, die bisher Bestandteil des Konzernanhangs waren.

Mit Blick auf die Angabepflichten im Konzernanhang, die in den §§ 313 und 314 HGB geregelt sind, wird auf die Ausführungen zum Anhang des handelsrechtlichen Einzelabschlusses verwiesen (→ vgl. Kapitel 2.9). Diese lassen sich – unter Berücksichtigung aller in den Konzernabschluss einbezogenen Unternehmen als Berichtsgegenstand – weitestgehend auf die Berichtspflichten im Konzernabschluss übertragen.

Eine durch die Änderungen in § 290 HGB ggf. verursachte Ausdehnung des Konsolidierungskreises ist im Konzernanlagespiegel vorzugsweise in einer eigenen Spalte 'Veränderungen des Konsolidierungskreises' oder alternativ im Bereich 'Zugänge' zu erfassen.

Merke:

Die Neuregelungen des BilMoG zum Konzernanhang übertragen im Wesentlichen die Veränderungen der einzelgesellschaftlichen Berichtspflichten auf die konsolidierte Rechnungslegung.

3.7.4 Konzerneigenkapitalspiegel, Konzernkapitalflussrechnung und Konzernsegmentberichterstattung

Neben den aus den Einzelabschlüssen der konsolidierungspflichtigen Unternehmen resultierenden Effekten, die im Konzerneigenkapitalspiegel darzustellen sind, sofern sie nicht durch Konsolidierungsmaßnahmen eliminiert werden, wird der Konzerneigenkapitalspiegel um eine weitere Position ergänzt, sofern im Konzernabschluss ausländische Unternehmen konsolidiert werden, deren Abschlüsse der Währungsumrechnung gemäß § 308a HGB unterliegen. Die aus der Anwendung von § 308a HGB resultierenden Umrechnungsdifferenzen werden bis zum teilweisen oder vollständigen Ausscheiden des Unternehmens aus dem Konsolidierungskreis stets erfolgsneutral im Posten 'Eigenkapitaldifferenz aus Währungsumrechnung' erfasst und fortgeschrieben. Dieser Eigenkapitalbestandteil ist im Rahmen des Konzerneigenkapitalspiegels ebenfalls als gesonderte Position für die Berichtsperiode und den entsprechenden Vorjahreszeitraum darzustellen. Ebenso wie bei den anderen Eigenkapitalpositionen erfolgt auch hier eine Aufteilung des Gesamtbetrags auf den Konzernanteil und den Minderheitenanteil.

Für die Konzernkapitalflussrechnung, die nach wie vor verpflichtender Bestandteil des Konzernabschlusses bleibt, ergeben sich aus den Neuerungen des BilMoG zur Konzernrechnungslegung keine unmittelbaren Veränderungen. Eine durch die Änderungen in § 290 HGB ggf. verursachte Ausdehnung des Konsolidierungskreises ist gemäß den allgemeinen Grundsätzen für die Abbildung des Zugangs von Tochterunternehmen darzustellen.

Die Konzernsegmentberichterstattung, die der Bilanzierende auch nach dem BilMoG weiterhin als freiwilliges Rechenwerk in den Konzernabschluss aufnehmen kann, unterliegt ebenfalls keinen unmittelbaren Veränderungen durch die Neuregelungen des BilMoG zur Konzernrechnungslegung.

Merke:

Während die verpflichtende Kapitalflussrechnung sowie die fakultative Segmentberichterstattung im Rahmen des BilMoG keine unmittelbare Veränderung erfahren, ist der verpflichtende Konzerneigenkapitalspiegel bei Anwendung des § 308a HGB zur Währungsumrechnung um die Position 'Eigenkapitaldifferenz aus Währungsumrechnung' zu ergänzen.

3.7.5 Konzernlagebericht

Ebenso wie im Lagebericht zum Einzelabschluss (→ vgl. Kapitel 2.10) sind die Änderungen des BilMoG, die den Konzernlagebericht betreffen, zum Teil redaktioneller und zum Teil inhaltlicher Natur. Die bedeutendste Änderung gegenüber den bisherigen Anforderungen an den Konzernlagebericht ist die Erweiterung der Berichtspflicht um Angaben zu den wesentlichen Merkmalen des internen Kontroll- und des Risikomanagementsystems im Hinblick auf den Konzernrechnungslegungsprozess, sofern das Mutterunternehmen oder eines der in den Konzernabschluss einbezogenen Tochterunternehmen kapitalmarktorientiert i. S. d. § 264d HGB ist. Diese Berichtspflicht korrespondiert mit der entsprechenden Regelung für den Lagebericht zum Einzelabschluss in § 289 HGB, bezieht sich jedoch explizit auf den Konzernrechnungslegungsprozess. Um eine doppelte Berichterstattung zu vermeiden, ist eine Zusammenfassung der jeweiligen Angaben im Konzernlagebericht als zulässig anzusehen.

Merke:

Sofern das Mutterunternehmen oder eines der in den Konzernabschluss einbezogenen Tochterunternehmen kapitalmarktorientiert ist, sind im Konzernlagebericht die wesentlichen Merkmale des internen Kontroll- und des Risikomanagementsystems im Hinblick auf den Konzernrechnungslegungsprozess berichtspflichtig.

4. Erstmalige Anwendung der Neuregelungen und Übergangsvorschriften

4.1 Vorbemerkungen

Aufgrund der Tatsache, dass einzelne Regelungen des BilMoG auf die Umsetzung supranationaler Normen, konkret einzelner EU-Vorgaben, zurückgehen, stellt sich die Anwendung der Regelungen bezüglich des Zeitpunkts unterschiedlich dar. Während die "materiellen" Bilanzierungs- und Bewertungsänderungen regelmäßig (bei einem mit dem Kalenderjahr übereinstimmenden Geschäftsjahr) ab dem Jahr 2010 greifen werden, gelten einzelne Größenkriterien und Erleichterungsvorschriften bereits rückwirkend ab dem Jahr 2008. Eine freiwillige, frühere Anwendung des BilMoG ab dem Jahr 2009 ist zudem möglich. Detailliert regelt das Gesetz die erstmalige Anwendung der Vorschriften im EGHGB.

Aufgrund der Fülle an Änderungen, die das BilMoG zum einen hinsichtlich der Ansatz-, Bewertungs- und Ausweisvorschriften für den Einzel- und den Konzernabschluss, aber auch hinsichtlich der Normen betreffend die Abschlussprüfung mit sich bringt, sind gesonderte Vorschriften nötig, die den Übergang von altem auf neues Recht regeln. Diese Aufgabe übernehmen für die geänderten Regelungen im HGB die Übergangsvorschriften in **Art. 66 und 67 EGHGB**. Sie regeln, wie die Umstellung im Zeitpunkt des Inkrafttretens des BilMoG vorzunehmen ist und wie die aus der Umstellung resultierenden Effekte zu behandeln sind.

Während Art. 66 EGHGB im Wesentlichen regelt, zu welchen Zeitpunkten einzelne geänderte bzw. neue Vorschriften anzuwenden sind, enthält Art. 67 EGHGB Regelungen, die die Vorgehensweise bei dem Übergang auf die geänderten bzw. neuen Vorschriften für konkrete Sachverhalte normieren.

Die **einzelnen Regelungen** stellen sich hierbei wie folgt dar:

Vorschrift	Inhalt
Art. 66 Abs. 1 EGHGB	▶ Deregulierende (begünstigende) Vorschriften mit erstmaliger Anwendung auf Abschlüsse für nach dem 31.12.2007 beginnende Geschäftsjahre
Art. 66 Abs. 2 EGHGB	▶ Vorschriften, die aus der Umsetzung von EU-Richtlinien resultieren und erstmalig auf Abschlüsse für nach dem 31.12.2008 beginnende Geschäftsjahre anzuwenden sind
Art. 66 Abs. 3 EGHGB	▶ Vorschriften, die unter die verpflichtende erstmalige Regelanwendung auf Abschlüsse für nach dem 31.12.2009 beginnende Geschäftsjahre fallen

Vorschrift	Inhalt
Art. 66 Abs. 4 EGHGB	► Sonderregelungen hinsichtlich der Anwendung der §§ 324, 340k Abs. 5, 341k Abs. 4 HGB zur Einrichtung eines Prüfungsausschusses, die erstmals ab dem 01.01.2010 anzuwenden sind
Art. 66 Abs. 5 EGHGB	► Vorschriften, deren letztmalige Anwendung auf Abschlüsse für vor dem 01.01.2010 beginnende Geschäftsjahre zugelassen ist
Art. 66 Abs. 6 EGHGB	► Regelung betreffend die Änderung des § 335 Abs. 5 HGB
Art. 66 Abs. 7 EGHGB	► Sonderregelung hinsichtlich der Aufhebung des Aktivierungsverbots für nicht entgeltlich erworbene immaterielle Vermögensgegenstände des Anlagevermögens
Art. 67 Abs. 1 und 2 EGHGB	► Sonderregelungen hinsichtlich der geänderten Vorschriften für die Bewertung von Rückstellungen und diesbezügliche Angabepflichten im Anhang
Art. 67 Abs. 3 EGHGB	► Beibehaltungswahlrecht für Aufwandsrückstellungen gem. § 249 Abs. 1 Satz 3 und Abs. 2 HGB a. F., Sonderposten mit Rücklageanteil nach §§ 247 Abs. 3, 273 HGB a. F. sowie Rechnungsabgrenzungsposten nach § 250 Abs. 1 Satz 2 HGB a. F.
Art. 67 Abs. 4 EGHGB	► Fortführungswahlrecht für niedrigere Ansätze von Vermögensgegenständen wegen außerplanmäßiger Abschreibungen gem. §§ 253 Abs. 3 Satz 3, 253 Abs. 4 HGB a. F. oder gem. §§ 254, 279 Abs. 2 HGB a. F.
Art. 67 Abs. 5 EGHGB	► Fortführungs- bzw. Beibehaltungswahlrecht für nach § 269 HGB a. F. aktivierte Aufwendungen für die Ingangsetzung und Erweiterung des Geschäftsbetriebs sowie die Anwendung der Interessenzusammenführungsmethode nach § 302 HGB a. F.
Art. 67 Abs. 6 EGHGB	► Sonderregelungen für Aufwendungen und Erträge aus der erstmaligen Anwendung der §§ 274, 306 HGB (Abgrenzung latenter Steuern)
Art. 67 Abs. 7 EGHGB	► Regelungen zum Ausweis von aus der Anwendung der Art. 66, 67 Abs. 1-5 EGHGB resultierenden Aufwendungen und Erträgen als außerordentliche Aufwendungen/Erträge
Art. 67 Abs. 8 EGHGB	► Erleichterungen für die erstmalige Anwendung der durch das BilMoG geänderten Vorschriften

ABB. 97: Übersicht über die einzelnen Übergangsvorschriften

Aus der Ausgestaltung der Übergangsregelungen lassen sich drei grundsätzliche Folgerungen schließen:

▶ Zum ersten ist generell eine **Anwendung** der geänderten Vorschriften für nach dem 31.12.2009 beginnende Geschäftsjahre vorgesehen. Ausgenommen davon sind die Erleichterungen sowie geänderten Größenklassen nach §§ 241a, 242 Abs. 4, 267 Abs. 1 und 2 und § 293 Abs. 1 HGB, die rückwirkend bereits für das Geschäftsjahr 2008 anzuwenden sind, sowie die ab dem Geschäftsjahr 2009 anzuwendenden, aus EU-Vorgaben resultierenden Vorschriften.

▶ Zum zweiten ist im Sinne des Kongruenzprinzips **grundsätzlich eine ergebniswirksame Anpassung** über die Gewinn- und Verlustrechnung vorzunehmen (Art. 67 Abs. 7 EGHGB). Eine erfolgsneutrale Anpassung über die Gewinnrücklagen wird durch das EGHGB im Einzelfall gesondert geregelt.

▶ Zum dritten sind sämtliche Vorschriften retrospektiv anzuwenden, es sei denn, dies ist in Art. 66 Abs. 3 Sätze 2 bis 4 EGHGB bzw. Art. 66 Abs. 7 EGHGB anders lautend geregelt.

Aus der erstmaligen Anwendung der einzelnen Neuregelungen ergeben sich zahlreiche bilanzpolitische Möglichkeiten. Gleichzeitig müssen seitens der Bilanzanalyse die entsprechenden Instrumente zum einen an die neuen Regelungen angepasst werden. Zum anderen bedarf es sowohl seitens des Bilanzierenden als auch seitens des Abschlussadressaten einer intensiven Auseinandersetzung mit den einzelnen Regelungen.

4.2 Regelungen zur Anwendung der neuen Vorschriften

4.2.1 Publizitätspflichten und Größenkriterien

Art. 66 Abs. 1 EGHGB sieht für einige Vorschriften eine vorgezogene Anwendung vor. So sind die Vorschriften hinsichtlich der (entsprechend der Abänderungsrichtlinie) angehobenen Schwellenwerte für die Unternehmensgrößenklassen nach § 267 Abs. 1 und 2 HGB, § 293 Abs. 1 HGB sowie die Regelungen bezüglich der Möglichkeit zur Befreiung von der Buchführungspflicht für Einzelkaufleute nach §§ 241a, 242 Abs. 4 HGB bereits erstmals auf Jahresabschlüsse für das nach dem 31.12.2007 beginnende Geschäftjahr anzuwenden.

Während nach der alten Fassung des HGB noch alle Kaufleute im Sinne des HGB zur Buchführung nach § 238 HGB verpflichtet waren, führt § 241a HGB zu einer Befreiung kleiner Einzelkaufleute, wenn diese an zwei aufeinander folgenden Abschlussstichtagen bestimmte Größenkriterien nicht überschreiten. Für Personenhandelsgesellschaften gelten die genannten Kriterien allerdings nicht. Die Befreiungsregelung gilt rückwirkend noch für das Geschäftsjahr 2008.

Wenn ein Kaufmann an zwei aufeinander folgenden Abschlussstichtagen nicht mehr als 500.000 € Umsatzerlöse und nicht mehr als 50.000 € Jahresüberschuss erzielt, ist er von der handelsrechtlichen Buchführungspflicht befreit. Beide genannten Kriterien müssen gemeinsam erfüllt sein. Halten Kaufleute diese Grenzen ein, sind sie künftig von der Verpflichtung zur handelsrechtlichen Buchführung befreit. Bei Neugründungen tritt eine Befreiung bereits ein, wenn die Werte am ersten Abschlussstichtag nach der Neugründung nicht überschritten werden. Die Regelungen gelten für Geschäftsjahre, die nach dem 31.12.2007 beginnen (Art. 66 Abs. 1 EGHGB).

Die Kriterien des § 241a HGB stellen eine Annäherung der neu eingeführten handelsrechtlichen Publizitätsschwellenwerte an die steuerlichen Regelungen des § 141 AO dar. Die Ergänzung in § 242 Abs. 4 HGB stellt sicher, dass die Pflicht zur Aufstellung eines Jahresabschlusses – bestehend aus Bilanz und Gewinn- und Verlustrechnung – nicht für Unternehmen gilt, die unter die Befreiungsvorschriften des § 241a HGB fallen. So entfällt künftig bspw. die Erstellung eines eigenständigen Inventarverzeichnisses für den kleinen Einzelunternehmer. Die Neuregelungen stellen indes kein Verbot der Buchführung und Bilanzierung für Einzelkaufleute, die unterhalb der Schwellenwerte liegen, dar. Vielmehr kann die steuerlich zu erstellende Einnahmen-Überschuss-Rechnung nach § 4 Abs. 3 EStG auch für handelsrechtliche Zwecke genutzt werden.

Da das Gesetz für die Befreiung von der handelsrechtlichen Buchführungspflicht nach § 241a HGB fordert, dass die genannten Kriterien an zwei aufeinander folgenden Abschlussstichtagen unterschritten sein müssen, führt bereits das einfache, erstmalige Überschreiten eines Kriteriums zum Wegfall der Befreiung und damit zur Verpflichtung zur handelsrechtlichen Buchführung.

Beispiel 61: Befreiung von der Buchführungspflicht

Der Einzelkaufmann Müller führt bereits seit mehreren Jahren sein Geschäft als Inhaber eines kleinen Getränkemarkts. Im Geschäftsjahr 2006 erzielt er einen Umsatz von 495.000 € und einen Jahresüberschuss von 60.000 €. Aufgrund der Neueröffnung eines Supermarkts in unmittelbarer Nähe reduziert sich sein Umsatz im Geschäftsjahr 2007 auf 400.000 €; es verbleibt ein Jahresüberschuss von 48.500 €. Zwar gelingt es Müller, im Geschäftsjahr 2008 eine Umsatzsteigerung auf 450.000 € zu erzielen; der Jahresüberschuss bleibt jedoch mit 49.000 € nahezu unverändert.

Nach den Vorschriften des § 241a HGB ist Müller ab dem Geschäftsjahr 2008 nicht mehr zur Buchführung sowie zur Erstellung eines Inventars verpflichtet. Er ist von der Anwendung der §§ 238 bis 241 HGB befreit, da er zu diesem Zeitpunkt die Schwellenwerte des § 241a HGB an zwei aufeinander folgenden Abschlussstichtagen unterschritten hat.

Hätte der Einzelkaufmann Müller seinen Geschäftsbetrieb erst im Geschäftsjahr 2007 aufgenommen, wäre er aufgrund der speziellen Regelung für Neugründungen, bei denen eine Befreiung schon am ersten auf die Neugründung folgenden Abschlussstichtag eintritt, bereits für diese Periode von der Pflicht zur Buchführung und zur Erstellung eines Inventars befreit gewesen.

Beispiel 62: Wegfall der Befreiung von der Buchführungspflicht

Die Geschäfte des Einzelkaufmanns Caesar sind auf Grund der Krise in den letzten Jahren deutlich zurückgegangen. Bereits für das Jahr 2008 war er (auf Grund der rückwirkenden Anwendung der Neuregelungen des § 241a HGB; vgl. Art. 66 Abs. 1 EGHGB) von der handelsrechtlichen Buchführung befreit. Im Jahr 2009 konnte er von der in der Vergangenheit eingeleiteten Restrukturierung profitieren. Sein aus der Buchführung abgeleiteter Umsatz für das Jahr 2009 beläuft sich auf mehr als 600.000 €; der Jahresüberschuss wird über 60.000 € liegen.

Da der Einzelkaufmann Caesar damit nicht an zwei aufeinander folgenden Stichtagen die genannten Kriterien unterschreitet, ist er für das Geschäftsjahr 2009 buchführungspflichtig im Sinne des HGB.

Die Schwellenwerte der Bilanzsumme und der Umsatzerlöse für kleine und mittelgroße Kapitalgesellschaften nach § 267 Abs. 1 und Abs. 2 HGB werden durch das BilMoG um rund 20 % angehoben; die Anzahl der Arbeitnehmer bleibt unverändert.

	§ 267 Abs. 1 HGB a. F.	§ 267 Abs. 1 HGB
Bilanzsumme	4,015 Mio. €	4,840 Mio. €
Umsatzerlöse	8,030 Mio. €	9,680 Mio. €
Anzahl der Arbeitnehmer	50	50

ABB. 98: Größenkriterien für kleine Kapitalgesellschaften

	§ 267 Abs. 2 HGB a. F.	§ 267 Abs. 2 HGB
Bilanzsumme	16,060 Mio. €	19,250 Mio. €
Umsatzerlöse	32,120 Mio. €	38,500 Mio. €
Anzahl der Arbeitnehmer	250	250

ABB. 99: Größenkriterien für mittelgroße Kapitalgesellschaften

Die Unterscheidung nach den vorgenannten Größenkriterien ist von maßgeblicher Bedeutung für die Inanspruchnahme bestimmter Befreiungen und Erleichterungen bei der Rechnungslegung bzw. einzelnen Angabe- und Publizitätspflichten. Ebenso richten sich die Offenlegungspflichten nach der Größenklasse des Unternehmens.

Die Rechtsfolgen treten dann ein, wenn der Bilanzierende mindestens zwei der genannten Größenkriterien an zwei aufeinander folgenden Bilanzstichtagen über- bzw. unterschreitet. Unabhängig von der Erfüllung der Schwellenwerte gilt eine Kapitalgesellschaft im Sinne des § 264d HGB stets als groß.

Die aus den erhöhten Schwellenwerten resultierenden Folgen hinsichtlich der Einstufungen als kleine, mittelgroße oder große Kapitalgesellschaft können erstmals bereits für einen Abschluss zum 31.12.2008 in Anspruch genommen werden, wenn das Geschäftsjahr dem Kalenderjahr entspricht. Um zu beurteilen, ob zum 31.12.2008 die Schwellenwerte an zwei aufeinander folgenden Abschlussstichtagen über- bzw. unterschritten sind, sind auch rückwirkend zum 31.12.2007 und 31.12.2006 die erhöhten Schwellenwerte zu verwenden. Der zuletzt genannte Abschlussstichtag findet dann Berücksichtigung, wenn sich anhand der Größenmerkmale an den letzten beiden Stichtagen, 31.12.2007 und 31.12.2008, eine Zuordnung zu verschiedenen Größenklassen ergeben würde.

Beispiel 63: Änderung der Größenklassen (Einzelabschluss)

Die Neptun AG lässt sich durch folgende Kennzahlen charakterisieren:

Kennzahlen der Neptun AG	Bilanzsumme (in €)	Umsatzerlöse (in €)	Durchschnittliche Arbeitnehmeranzahl
31.12.2006	4.050.000	7.970.000	53
31.12.2007	4.000.000	8.050.000	53
31.12.2008	5.550.000	9.740.000	49

Gem. § 267 HGB a. F. hätte die Neptun AG zum 31.12.2008 in die Größenklasse der "mittelgroßen Kapitalgesellschaften" eingeordnet werden müssen, da zum 31.12.2007 die Merkmale "Umsatzerlöse" und "durchschnittliche Arbeitnehmeranzahl" und zum 31.12.2008 die Merkmale "Bilanzsumme" und "Umsatzerlöse" die nach § 267 HGB a. F. geltenden Werte für eine Einordnung in diese Größenklasse erfüllen.

Entsprechend § 267 HGB nach BilMoG handelt es sich um eine "kleine Kapitalgesellschaft", da zum 31.12.2007 und zum 31.12.2006 die Merkmale "Bilanzsumme" und "Umsatzerlöse" unterschritten werden.

Beispiel 64: Einordnung der Größenklassen bei Umwandlung (Einzelabschluss)

Die Avalon GmbH ist als große Kapitalgesellschaft im Bereich der Produktion sowie des Vertriebs von ferngesteuerten Wasserflugzeugen tätig. Zum 31.12.2008 weist die Gesellschaft bei Umsatzerlösen von 40 Mio. € eine Bilanzsumme von 30 Mio. € aus. Die Gesellschaft beschäftigt 180 Arbeitnehmer. Im Jahr 2009 sollen Produktion und Vertrieb getrennt werden. Hierzu soll der Vertriebsbereich auf eine neu zu gründende GmbH (Beta GmbH) abgespalten werden (Abspaltung zur Neugründung). Die Produktion verbleibt bei der Avalon GmbH. Das Geschäftsjahr der beiden Gesellschaften entspricht dem Kalenderjahr.

Zum 31.12.2009 liegen für die beiden Gesellschaften folgende Werte vor:

	Bilanzsumme	Umsatzerlöse	Arbeitnehmer
Avalon GmbH	16 Mio. €	18 Mio. €	100
Beta GmbH	14 Mio. €	22 Mio. €	80

Die Beta GmbH ist zum 31.12.2009 als mittelgroße Kapitalgesellschaft einzuordnen, da die entsprechenden Grenzwerte am ersten auf die Umwandlung folgenden Geschäftsjahresende überschritten worden sind.

Die Avalon GmbH war zum 31.12.2008 als große Kapitalgesellschaft einzuordnen. Zum 31.12.2009 unterschreitet die Avalon GmbH erstmals die relevanten Größenkriterien des § 267 Abs. 2 HGB. Auch sie ist nunmehr als mittelgroße Kapitalgesellschaft einzuordnen, da § 267 Abs. 4 Satz 2 HGB auch für den übertragenden Rechtsträger gilt.

Im Ergebnis können damit die beiden Gesellschaften die für mittelgroße Kapitalgesellschaften bestehenden Erleichterungsvorschriften in Anspruch nehmen. Allerdings sind für beide Gesellschaften eigenständig die handelsrechtlichen Regelungen zu beachten und somit zwei getrennte Abschlüsse zu erstellen.

Neben die Änderung der einzelgesellschaftlichen Größenkriterien tritt die Anhebung der für die Konzernrechnungslegung maßgeblichen Größenkriterien des § 293 HGB. Bei der Erhöhung der Schwellenwerte in § 293 HGB macht der Gesetzgeber von dem entsprechenden Recht nach Art. 6 Abs. 2 der Konzernbilanzrichtlinie Gebrauch, diese Grenzen um 20 % anzuheben. Die Überschreitung der Größenkriterien (mindestens zwei der drei Merkmale an zwei aufeinander folgenden Abschlussstichtagen) zeichnet für die grundsätzliche Verpflichtung zur Konzernrechnungslegung verantwortlich. Allerdings greift diese Befreiung nach § 293 Abs. 5 HGB dann nicht, wenn das Unternehmen als kapitalmarktorientiert im Sinne des § 264d HGB einzuordnen ist.

Die in § 293 Abs. 1 Nr. 1 HGB enthaltenen Bruttowerte der Größenkriterien beziehen sich auf eine reine Addition der Einzelabschlusswerte des Mutterunternehmens sowie der einzubeziehenden Tochterunternehmen. Demgegenüber stellen die Nettowerte die für einen Probekonzernabschluss relevanten Größenkriterien dar, also die Schwellenwerte für konsolidierte Daten.

Bruttomethode	§ 293 Abs. 1 Nr. 1 HGB a. F.	§ 293 Abs. 1 Nr. 1 HGB
Bilanzsumme	19,272 Mio. €	23,100 Mio. €
Umsatzerlöse	38,544 Mio. €	46,200 Mio. €
Anzahl der Arbeitnehmer	250	250

ABB. 100: Größenkriterien des § 293 HGB (Bruttomethode)

Nettomethode	§ 293 Abs. 1 Nr. 2 HGB a. F.	§ 293 Abs. 1 Nr. 2 HGB
Bilanzsumme	16,060 Mio. €	19,250 Mio. €
Umsatzerlöse	32,120 Mio. €	38,500 Mio. €
Anzahl der Arbeitnehmer	250	250

ABB. 101: Größenkriterien des § 293 HGB (Nettomethode)

Beispiel 65: Änderung der Größenklassen (Konzernabschluss)

Für die Artemis GmbH und ihre Tochterunternehmen liegen bei Anwendung der Bruttomethode an den genannten Abschlussstichtagen in Summe die jeweils angegebenen Größen vor.

	Bilanzsumme	Umsatzerlöse	Arbeitnehmer
31.12.2009	24 Mio. €	45 Mio. €	260
31.12.2010	23 Mio. €	47 Mio. €	275
31.12.2011	22 Mio. €	46 Mio. €	268
31.12.2012	23 Mio. €	45 Mio. €	270

In der Vergangenheit konnte die Artemis GmbH stets die größenabhängige Befreiungsmöglichkeit des § 293 HGB in Anspruch nehmen; auch im Geschäftsjahr 2008 wurden alle Schwellenwerte unterschritten.

Im Geschäftsjahr 2009 überschreitet der Artemis Konzern zwei der drei Größenkriterien. Da es sich um ein erstmaliges Überschreiten handelt, besteht für 2009 noch keine Konzernrechnungslegungspflicht. Erst nach dem erneuten Überschreiten von zwei Größenkriterien in 2010 beginnt diese. Dass dabei nicht dieselben Größenkriterien wie in 2009 überschritten werden, ist unerheblich. Das erstmalige Unterschreiten der Größenkriterien in 2011 begründet noch keine Befreiung von der Konzernrechnungslegung; diese tritt erst beim wiederholten Unterschreiten der Schwellenwerte im und für das Geschäftsjahr 2012 ein.

Beispiel 66: Einordnung der Größenklassen bei Neugründung (Konzernabschluss)

Die Caesar AG wird am 01.07.2010 neu gegründet und übernimmt die Holdingfunktion im Caesar Konzern. Zum Ende des ersten Rumpfgeschäftsjahrs am 31.12.2010 werden die Größenkriterien des § 293 HGB durch den Caesar Konzern sowohl nach der Brutto- als auch nach der Nettomethode überschritten. Obwohl es sich aufgrund der Neugründung um ein erstmaliges Überschreiten handelt, ist die Caesar AG aufgrund von § 293 Abs. 4 HGB i. V. m. § 267 Abs. 4 Satz 2 HGB bereits für das (Rumpf-) Geschäftsjahr 2010 konzernrechnungslegungspflichtig.

Nach Art. 66 Abs. 2 Satz 1 EGHGB sind die dort aufgeführten und aus der Umsetzung der EU-Abänderungsrichtlinie sowie der EU-Abschlussprüferrichtlinie resultierenden

Vorschriften erstmals auf Jahres- und Konzernabschlüsse für das nach dem 31.12.2008 beginnende Geschäftsjahr anzuwenden. Die ursprünglichen Vorschriften des HGB a. F. sind korrespondierend hierzu letztmals für vor dem 01.01.2009 beginnende Geschäftsjahre anzuwenden (Art. 66 Abs. 2 Satz 2 EGHGB). Die Anwendung der Vorschriften wird vorgezogen, da es sich hierbei um die Umsetzung von Vorgaben der EU-Richtlinien handelt.

Merke:

Durch eine entsprechende bilanzpolitische Beeinflussung der zur Berechnung der Größenklassen relevanten Werte lassen sich rückwirkend im Einzelfall eine veränderte Einstufung des Unternehmens und daraus resultierende abweichende Berichterstattungspflichten erreichen. Dies gilt ebenso bei der Beurteilung der Verpflichtung zur Buchführung nach § 241a HGB wie bei der Einordnung der Unternehmen in eine der in § 267 HGB genannten Größenklassen. Im Konzernabschluss bedingt die Ausübung bestimmter Wahlrechte das Unter- bzw. Überschreiten der in § 293 HGB genannten Kriterien.

4.2.2 Erstmalige Anwendung der einzelnen Normen

Die unter Art. 66 Abs. 3 EGHGB genannten Regelungen sind erstmals auf Abschlüsse für das nach dem 31.12.2009 beginnende Geschäftsjahr anzuwenden. Art. 66 Abs. 3 Satz 1 EGHGB regelt die erstmalige Anwendung einer Vielzahl geänderter oder neuer Vorschriften. Im Umkehrschluss hierzu sind die unter Art. 66 Abs. 5 EGHGB aufgeführten Sachverhalte letztmals auf das vor dem 01.01.2010 beginnende Geschäftsjahr anzuwenden.

Nach Art. 66 Abs. 3 Satz 6 EGHGB können die durch das BilMoG geänderten Vorschriften auch vorzeitig, aber nur insgesamt (→ vgl. Kapitel 9), für Geschäftsjahre, die nach dem 31.12.2008 beginnen, angewendet werden. Die vorzeitige Anwendung ist im Anhang anzugeben.

Im Ergebnis unterscheidet das EGHGB mit Blick auf die Anwendung der Neuregelungen damit zwischen einem Ansatz der neuen Regelungen auf bereits in der Bilanz abgebildete Sachverhalte und einer prospektiven Anwendung. Im Einzelnen verändert das BilMoG somit die bilanzielle Wertfindung unmittelbar mit Anwendung der neuen Regelungen auf bereits erfasste Sachverhalte. Abweichend davon hat der Gesetzgeber die Anwendung weiterer Normen prospektiv ausgestaltet. Hier greifen die Neuerungen durch das BilMoG alleine bei künftigen Geschäftsvorfällen. Mit Blick auf die Vergangenheit besteht quasi ein bilanzieller Bestandsschutz.

Während im Einzelabschluss zahlreiche Änderungen unmittelbar die Wertansätze zum 01.01.2010 betreffen und eine Neubewertung erforderlich machen, wirken die Neuregelungen im Konzernabschluss im Wesentlichen prospektiv. Gleichwohl ergeben sich auch hier umstellungsbedingte Effekte.

Merke:

Die einzelnen Effekte aus den Neuregelungen müssen hinsichtlich ihres einmaligen, umstellungsbedingten Entstehens sowie ihrer laufenden Folgewirkungen unterschieden werden. Das BilMoG sieht neben einer Anwendung der Neuregelungen auf bestehende bilanzielle Wertansätze auch die prospektive Anwendung einzelner Regelungen vor.

4.2.3 Prospektive Anwendung: Geschäfts- oder Firmenwert im Einzelabschluss

Die Regelungen nach § 253 HGB sind erstmals auf **Geschäfts- oder Firmenwerte**, die aus Erwerbsvorgängen in Geschäftsjahren entstehen, die nach dem 31.12.2009 beginnen, anzuwenden. Durch die zwingend prospektive Anwendung des § 253 HGB auf Geschäfts- oder Firmenwerte i.S.d. § 246 Abs. 1 Satz 4 HGB wird vermieden, dass solche Geschäfts- oder Firmenwerte, die nach § 255 Abs. 4 HGB a. F. sofort aufwandswirksam erfasst wurden, ergebniswirksam nachzuaktivieren wären. Ein in der Vergangenheit aktivierter Geschäfts- oder Firmenwert kann weiter nach der bisherigen Methode abgeschrieben werden. Eine Änderung des Abschreibungsplans ist nicht notwendig.

Beispiel 67: Geschäfts- oder Firmenwert (Einzelabschluss)

Die Merkur AG erwirbt für einen Kaufpreis von 500.000 € ein anderes Unternehmen aus dem Bereich des Versandhandels. Die Vermögenswerte weisen einen Wert von 400.000 € (bewertet zu Zeitwerten) und die Verpflichtungen von 50.000 € auf. Die Differenz zwischen dem erworbenen Reinvermögen von 350.000 € und dem Kaufpreis von 500.000 € beträgt 150.000 €.

In Abhängigkeit des Zeitpunkts des Erwerbs stellt sich nun die bilanzielle Folge dar.

(1) Erwerb zum 31.12.2009

Der sich ergebende Unterschiedsbetrag kann aktiviert und abgeschrieben werden. Alternativ ist die unmittelbare Aufwandsverrechnung nach § 255 Abs. 4 HGB a. F. zulässig.

(2) Erwerb zum 01.01.2010

Der sich ergebende Unterschiedsbetrag muss nach den Neuregelungen (§ 246 Abs. 1 HGB) aktiviert und planmäßig abgeschrieben werden.

Hinsichtlich der Beeinflussung des maßgeblichen Erwerbszeitpunkts stellen sich die bilanzpolitischen Möglichkeiten und die damit verbundenen Ergebnis- und Eigenkapitaleffekte vollkommen unterschiedlich dar.

Merke:

Aufgrund der prospektiven Anwendung der Neuregelungen zur Behandlung entgeltlich erworbener Geschäfts- oder Firmenwerte ergibt sich ein im Einzelfall vollkommen anderes Bilanzbild ab dem Jahr 2010. Die einzelnen Effekte sind von der in der Vergangenheit betriebenen Bilanzpolitik abhängig. Der Beeinflussung des Erwerbszeitpunkts kommt mit Blick auf Gestaltungen im Jahr 2009 erhebliche Bedeutung zu.

4.2.4 Prospektive Anwendung: Herstellungsvorgänge

Der Vollkostenansatz bei den **Herstellungskosten** nach § 255 Abs. 2 HGB ist ebenfalls nur prospektiv auf Herstellungsvorgänge anzuwenden, die nach dem 31.12.2009 beginnen. Dies bewirkt, dass stille Reserven im Vorratsvermögen, die durch eine Bewertung unterhalb der mit Inkrafttreten des BilMoG geltenden Wertuntergrenze entstanden sind, erst durch einen Verkauf realisiert werden können.

Beispiel 68: Herstellungsvorgänge

Die Neptun AG ist auch im Bereich der Fertigung kleiner ferngesteuerter, batteriebetriebener U-Boote tätig. Es ist ihr gelungen, eine neues Verfahren zur Steuerung und zum Abtauchen der U-Boote zu entwickeln. Sie hat 100.000 Stück des neuen Produkts verkauft. Der Käufer – ein Imbissbudenbesitzer am Chiemsee – hat sich zur entsprechenden Abnahme der U-Boote im April 2011 verpflichtet. Die Produktionszeit beträgt rund 12 Wochen. Der vereinbarte Verkaufspreis beträgt 200,00 € je Stück. Der Imbissbudenbesitzer erwartet, dass er an Urlauber die U-Boote zu 298,00 € je Stück weiterverkaufen kann.

Für die Herstellung der Serienprodukte (geplante Produktionszahl 100.000 Stück für den bayerischen Markt) fallen die folgenden Kosten je Stück an:

Materialeinzelkosten	47,00
Fertigungseinzelkosten	25,00
Sonderkosten der Fertigung	4,00
Materialgemeinkosten	8,00
Fertigungsgemeinkosten	13,00
Produktionsbedingte Abschreibungen	30,00
Aufwendungen für soziale Einrichtungen des Betriebs	2,00
Aufwendungen für freiwillige soziale Leistungen	3,00
Aufwendungen für die betriebliche Altersversorgung	4,00
Fremdkapitalzinsen	7,00
Allgemeine Verwaltungskosten	9,00
Vertriebskosten	8,00
Summe	160,00

Da die Neptun AG die Maschinen nur einmal für den Auftrag nutzen kann und die entsprechenden Kapazitäten nur zwischen Oktober 2009 und April 2010 bestehen, muss sie den Auftrag in dieser Zeit fertigen und bis zum Jahr 2011 lagern. Die Lagerung erfolgt fachmännisch und (negative) Auswirkungen auf den Verkaufspreis sind nicht zu erwarten.

Die Neptun AG überlegt nun, ob sie die Produktion noch im Jahr 2009 oder erst im Jahr 2010 realisieren soll. Die Neptun AG will in jedem Fall den Ansatz der Herstellungskosten zum möglichst niedrigsten Wertansatz vornehmen.

Sofern die Herstellung der Produkte noch im Jahr 2009 erfolgt, hat die Neptun AG die Möglichkeit, die Herstellungskosten zur Wertuntergrenze oder zur Wertobergrenze anzusetzen. Die Wertuntergrenze liegt nach § 255 Abs. 2 HGB a. F. bei 76,00 €; die Wertobergrenze liegt bei 152,00 €.

Erfolgt die Herstellung erst im Jahr 2010, ist die Neptun AG an die neuen Regelungen des § 255 Abs. 2 HGB gebunden. Die Wertuntergrenze umfasst dann zusätzlich die Gemeinkosten sowie die Abschreibungen und liegt bei 127,00 €; die Wertobergrenze bleibt unverändert bei 152,00 €.

In Abhängigkeit der Herstellung in 2009 bzw. 2010 fallen folgende Aufwendungen und Erträge an.

(1)   Herstellung in 2009
      Aufwendungen 160,00 € x 100.000 Stück   = 16,0 Mio. €
      Ansatz der Vorräte mit 76,00 € x 100.000 Stück   = 7,6 Mio. €
      "Verlust" 2009   = 8,4 Mio. €

      Umsatzerlöse aus dem Verkauf in 2011
      200,00 € x 100.000 Stück   = 20,0 Mio. €
      Verbrauch der Vorräte   = 7,6 Mio. €
      "Gewinn" 2011   = 12,4 Mio. €
      kumuliertes Ergebnis 2009 und 2011   = 4,0 Mio. €

(2)   Herstellung in 2010
      Aufwendungen 160,00 € x 100.000 Stück   = 16,0 Mio. €
      Ansatz der Vorräte mit 127,00 € x 100.000 Stück   = 12,7 Mio. €
      "Verlust" 2010   = 3,3 Mio. €

      Umsatzerlöse aus dem Verkauf in 2011
      200,00 € x 100.000 Stück   = 20,0 Mio. €
      Verbrauch der Vorräte   = 12,7 Mio. €
      "Gewinn" 2011   = 7,3 Mio. €
      kumuliertes Ergebnis 2010 und 2011   = 4,0 Mio. €

Neben der Relevanz der Herstellungskosten im Bereich des Vorratsvermögens kommt diesem Wertmaßstab auch im Zusammenhang mit der Erweiterung oder wesentlichen Verbesserung eines Vermögensgegenstands eine bilanzielle Bedeutung zu. Während die Gemeinkosten bei vor dem 31.12.2009 begonnenen Herstellungsvorgängen im Vorratsvermögen nicht nachaktiviert werden dürfen, sind diese – unter Wesentlichkeitsüberlegungen – nachträglich zu aktivieren, wenn es sich um Erweiterungen oder wesentliche Verbesserungen eines Vermögensgegenstands über seinen ursprünglichen Zustand hinaus handelt und mit der diesbezüglichen Herstellung bereits vor dem 01.01.2010 begonnen wurde (vgl. IDW RS HFA 28, Tz. 54).

Merke:

Die Neuregelungen zur Herstellungskostenbestimmung sind erst auf Herstellungsvorgänge ab dem Jahr 2010 anzuwenden. Die Aufwertung der bilanziellen Wertuntergrenze hat hierbei unmittelbar Auswirkungen auf den Bilanzansatz und den Ergebnisausweis. Zwar ändern die bilanziellen Regelungen nichts an dem Totalerfolg, sie führen allerdings zu einer im Einzelfall deutlichen interperiodischen Ergebnisverlagerung.

4.2.5 Prospektive Anwendung: Entwicklungsaufwendungen

Das BilMoG schafft das Aktivierungsverbot für **selbst erstellte immaterielle Vermögensgegenstände des Anlagevermögens** ab. Das Verbot wird durch ein Aktivierungswahlrecht abgelöst. Lediglich Marken, Drucktitel, Verlagsrechte, Kundenlisten oder vergleichbare immaterielle Vermögensgegenstände des Anlagevermögens, die nicht entgeltlich erworben wurden, sind vom Wahlrecht ausgenommen und dürfen nicht aktiviert werden. Art. 66 Abs. 7 EGHGB legt fest, dass §§ 248 Abs. 2, 255 Abs. 2a HGB nur auf die selbst geschaffenen immateriellen Vermögensgegenstände des Anlagevermögens anzuwenden sind, mit deren Entwicklung in Geschäftsjahren, die nach dem 31.12.2009 beginnen, angefangen wird. Dies führt dazu, dass Aufwendungen für nicht entgeltlich erworbene immaterielle Vermögensgegenstände nur aktiviert werden dürfen, wenn mit der Entwicklung nach dem 31.12.2009 begonnen wird. So soll verhindert werden, dass Entwicklungskosten, die auf einen selbst geschaffenen immateriellen Vermögensgegenstand des Anlagevermögens entfallen, nur zum Teil aktiviert werden können, da ein gewählter Zeitpunkt eine Zäsur bildet, die innerhalb der Entwicklungsphase liegt. Ausgeschlossen ist damit auch die Nachaktivierung von Entwicklungskosten aus früheren Geschäftsjahren. Befand sich ein Projekt vor 2010 in der Forschungsphase, so ist eine Aktivierung von in 2010 und später anfallenden Entwicklungskosten hingegen möglich. Die Aufhebung des Aktivierungsverbots nach § 248 Abs. 2 HGB a. F. wird somit ausschließlich prospektiv angewendet. Aus Wesentlichkeitsgründen spricht nichts dagegen, auch dann eine Aktivierung vorzunehmen, wenn unwesentliche Teile der Entwicklung bereits vor dem 01.01.2010 erfolgten. Eine Nachaktivierung bleibt allerdings auch dann ausgeschlossen (vgl. IDW RS HFA 28, Tz. 34).

Analog zu den Übergangsregelungen zu § 248 Abs. 2 HGB ist auf die Veränderung der Abgrenzung der Herstellungskosten nach § 255 Abs. 2 und 2a HGB hinzuweisen. Im Zusammenhang mit der genauen Ermittlung der aktivierungsfähigen Aufwendungen sind die Anforderungen an die interne Kosten- und Leistungsrechnung zu überprüfen. Die Aktivierung der Entwicklungsaufwendungen, die nach Abschluss der Forschungsphase anfallen, setzt eine genaue und einheitliche Abgrenzung der Forschungs- von der Entwicklungsphase voraus. Zudem muss eine sachgerechte Aufwandsermittlung und Aufwandsabgrenzung sichergestellt sein.

Beispiel 69: Aufhebung des Aktivierungsverbots für selbst geschaffene immaterielle Vermögensgegenstände des Anlagevermögens

Die Neptun AG hat für ein Projekt zur Entwicklung einer neuartigen Software zum 01.02.2010 die Forschungsphase abgeschlossen. In der ab dem 02.02.2010 beginnenden Entwicklungsphase fallen bis zum Bilanzstichtag 31.12.2010 Aufwendungen in Höhe von 550.000 € an. Im Steuerrecht besteht gem. § 5 Abs. 2 EStG ein Aktivierungsverbot für Entwicklungskosten. Der kumulierte Ertragsteuersatz beträgt 30 %.

Vor Verabschiedung des BilMoG durften diese Entwicklungskosten nicht aktiviert werden, sondern mussten als Aufwand der Periode erfasst werden. Nach § 248 Abs. 2 i. V. m. § 255 Abs. 2 HGB hingegen dürfen die Entwicklungskosten (unter der Voraussetzung, dass mit hoher Wahrscheinlichkeit ein Vermögensgegenstand entsteht) aktiviert werden. Da im Steuerrecht jedoch gem. § 5 Abs. 2 EStG ein Aktivierungsverbot für nicht entgeltlich erworbene immaterielle Vermögensgegenstände des Anlagevermögens besteht und somit temporäre Differenzen vorliegen, müssen im Falle der Aktivierung in der Handelsbilanz passive latente Steuern i. H. v. 165.000 € (= 550.000 x 0,3) angesetzt werden.

Unter Wesentlichkeitsaspekten ist es im Einzelfall nicht zu beanstanden, wenn auch in den Fällen eine Aktivierung der Entwicklungskosten erfolgt, in denen bereits unwesentliche Teile der Entwicklung vor dem 01.01.2010 erbracht worden sind (vgl. IDW RS HFA 28, Tz. 34).

Merke:

Zum 31.12.2009 sind bereits begonnene Entwicklungsprojekte detailliert auf ihren Fertigstellungsgrad hin zu analysieren. In Abhängigkeit des gegebenenfalls bereits erfolgten Abschlusses der Forschungsphase ist dann die Aktivierungsmöglichkeit der nach dem 31.12.2009 anfallenden Aufwendungen zu prüfen. Bezüglich der Ermittlung der aktivierungsfähigen Aufwendungen besteht sowohl dem Zeitpunkt nach als auch ihrer Höhe nach ein – in Abhängigkeit vom Umfang der unternehmensseitig verfolgten Entwicklungsprojekte – nicht unerheblicher bilanzpolitischer Spielraum.

4.2.6 Prospektive Anwendung: Aufstellungspflicht eines Konzernabschlusses

Mit der Neuregelung des § 290 HGB wird die **Aufstellungspflicht eines Konzernab-schlusses** an die Möglichkeit des Mutterunternehmens, auf mindestens ein Tochterun-ternehmen einen beherrschenden Einfluss unmittelbar oder mittelbar ausüben zu können, geknüpft. Diese Möglichkeit wird durch verschiedene Fallkonstellationen, in denen vom Vorliegen der Beherrschungsmöglichkeit des Mutterunternehmens auszu-gehen ist, konkretisiert. Die Neufassung von § 290 HGB ist nach Art. 66 Abs. 3 Satz 1 EGHGB erstmals für das nach dem 31.12.2009 beginnende Geschäftsjahr anzuwenden. Sofern durch die Neuregelungen des § 290 Abs. 1 und 2 HGB Tochterunternehmen erstmals einbeziehungspflichtig werden bzw. erstmals ein Konzernabschluss aufzustel-len ist, sind die §§ 301 und 309 HGB erstmals für das nach dem 31.12.2009 beginnende Geschäftsjahr anzuwenden.

Beispiel 70: Aufstellungspflicht eines Konzernabschlusses

Die Uranus AG verfügt bereits seit längerem über eine Präsenzmehrheit auf der Hauptver-sammlung der Jupiter AG, ohne dass sie in der Vergangenheit von dieser Gebrauch gemacht. hat. Da die Kriterien des § 290 HGB a. F. nicht erfüllt waren, hat die Uranus AG bislang keinen Konzernabschluss erstellt. Sofern von einer Nachhaltigkeit der Präsenzmehrheit auszugehen ist, unterliegt die Jupiter AG aufgrund der Neuregelung in § 290 HGB der Beherrschungsmög-lichkeit durch die Uranus AG. Zwischen der Uranus AG und der Jupiter AG besteht folglich ein Mutter-Tochter-Verhältnis, das grundsätzlich eine Konzernrechnungslegungspflicht begrün-det. Bei einem mit dem Kalenderjahr übereinstimmenden Geschäftsjahr beginnt die Konzern-rechnungslegungspflicht ab dem 01.01.2010.

Merke:

Im Übergangszeitpunkt auf das BilMoG ist sorgfältig zu prüfen, ob Unternehmensver-bindungen bestehen, die nach der alten Fassung von § 290 HGB keine Konzernrech-nungslegungspflicht begründeten, jedoch dem Mutterunternehmen die Möglichkeit zur Ausübung eines beherrschenden Einflusses einräumen. Sofern keine der Befrei-ungsmöglichkeiten in Anspruch genommen werden kann, tritt in diesem Fall mit dem Übergang auf das BilMoG die Konzernrechnungslegungspflicht des Mutterunterneh-mens ein – bei einem dem Kalenderjahr entsprechenden Geschäftsjahr und Verzicht auf die mögliche frühere Anwendung zum 01.01.2010.

4.2.7 Prospektive Anwendung: Zweckgesellschaften

Mit der Neuregelung des § 290 HGB strebt der Gesetzgeber die Umsetzung der Einbe-ziehungspflicht von **Zweckgesellschaften** in den Konzernabschluss an. Dazu wird als Kriterium der Beherrschungsmöglichkeit § 290 Abs. 2 Nr. 4 HGB aufgenommen. Über diese gesetzliche Vermutung werden auch Unternehmen einbeziehungspflichtig, auf die das Mutterunternehmen keinen beherrschenden Einfluss ausübt, sofern einerseits das Mutterunternehmen bei wirtschaftlicher Betrachtung die Mehrheit der Risiken und Chancen des Tochterunternehmens trägt und andererseits das Tochterunternehmen einem eng begrenzten, genau definierten Ziel des Mutterunternehmens dient. Die Neufassung von § 290 HGB ist nach Art. 66 Abs. 3 Satz 1 EGHGB erstmals für das nach dem 31.12.2009 beginnende Geschäftsjahr anzuwenden. Sofern durch die Neuregelungen des § 290 Abs. 1 und 2 HGB eine Zweckgesellschaft erstmals einbeziehungspflichtig wird, sind die §§ 301 und 309 HGB erstmals für das nach dem 31.12.2009 beginnende Geschäftsjahr anzuwenden. Zweckgesellschaften i. S. d. § 290 Abs. 2 Nr. 4 HGB sind somit künftig unabhängig davon in den Konzernabschluss einbeziehungspflichtig, ob sie in der Vergangenheit konsolidiert werden mussten. Damit verbunden ist eine Erweiterung des Konsolidierungskreises der von dieser Neuregelung betroffenen Mutterunternehmen.

Beispiel 71: Einbeziehungspflicht von Zweckgesellschaften

Die Odysseus GmbH steht bereits seit Jahren in enger wirtschaftlicher Beziehung mit der Circe GmbH und trägt bei wirtschaftlicher Betrachtung die Mehrheit der Risiken und Chancen dieser Gesellschaft. Die Circe GmbH erfüllt die Kriterien in § 290 Abs. 2 Nr. 4 HGB und ist demnach als konsolidierungspflichtige Zweckgesellschaft zu qualifizieren. In der Vergangenheit bestand jedoch keine Konsolidierungspflicht für die Circe GmbH. Bei mit dem Kalenderjahr übereinstimmendem Geschäftsjahr hat die Odysseus GmbH die Circe GmbH erstmals zum 31.12.2010 in ihrem Konzernabschluss mit zu berücksichtigen. Dabei ist die Zweckgesellschaft Circe GmbH auf Basis der Wertansätze zum 01.01.2010 zu konsolidieren, d.h., sie findet bereits für das gesamte Konzerngeschäftsjahr 2010 vollumfängliche Berücksichtigung im Konzernabschluss.

Merke:

Im Übergangszeitpunkt auf das BilMoG ist sorgfältig zu prüfen, ob Unternehmensverbindungen bestehen, die nach der Neufassung von § 290 Abs. 2 Nr. 4 HGB als Zweckgesellschaft zu qualifizieren sind. Diese sind mit dem Übergang auf das BilMoG konsolidierungspflichtig. Bei einem dem Kalenderjahr entsprechenden Geschäftsjahr und Verzicht auf die mögliche frühere Anwendung bedeutet dies eine erstmalige Abbildung im Konzernabschluss zum 31.12.2010, wobei die Zweckgesellschaft auf Basis der Wertansätze zum 01.01.2010 zu konsolidieren ist und somit bereits für das gesamte Konzerngeschäftsjahr 2010 vollumfängliche Berücksichtigung findet.

4.2.8 Prospektive Anwendung: Erwerbsvorgänge im Konzernabschluss

Die neue Fassung von § 301 Abs. 1 HGB, die die zulässigen Alternativen für die Kapital-konsolidierung von Tochterunternehmen nach der Erwerbsmethode auf die Neubewertungsmethode beschränkt, ist erstmals für **Erwerbsvorgänge** anzuwenden, die in nach dem 31.12.2009 beginnenden Geschäftsjahren erfolgen. Die bis zur verpflichtenden Anwendung der Neuregelung vorgenommenen bzw. vorzunehmenden Erst- und Folge-kapitalkonsolidierungen von Tochterunternehmen können nach der Buchwertmethode erfolgen und auch in Zukunft nach dieser fortgeschrieben bzw. abgebildet werden. Lediglich für die 'Neufälle' ist die Anwendung der Neubewertungsmethode zwingend.

Gleichermaßen gilt die Beschränkung des Kapitalaufrechnungszeitpunkts auf den Zeitpunkt, zu dem ein Unternehmen Tochterunternehmen geworden ist, für Erwerbs-vorgänge in nach dem 31.12.2009 beginnenden Geschäftsjahren. Für alle vor diesem Zeitpunkt erfolgenden Anteilserwerbe an Tochterunternehmen sind die bislang beste-henden Wahlmöglichkeiten in § 301 Abs. 2 HGB a. F. noch anwendbar. Eine Anpassung der vor Wirksamwerden der Neuregelung vorgenommenen Erstkonsolidierungen ist ebenfalls nicht erforderlich.

Analog zu den Neuregelungen des BilMoG hinsichtlich der Konsolidierung von Anteilen an Tochterunternehmen – konkret der anzuwendenden Methode sowie des zugrunde zu legenden Kapitalaufrechnungszeitpunkts – sind auch die durch BilMoG geänderten Vorschriften zur Equity-Bewertung in § 312 HGB prospektiv anzuwenden. Die neue Fassung von § 312 HGB mit der Beschränkung auf die Buchwertmethode und der Fest-legung des Zeitpunkts der Ermittlung des Werts des anteiligen Eigenkapitals auf den Zeitpunkt, zu dem das Unternehmen assoziiertes Unternehmen geworden ist, gilt erstmals für Erwerbsvorgänge, die in nach dem 31.12.2009 beginnenden Geschäftsjah-ren erfolgen. Vor der bzw. bis zur verpflichtenden Anwendung der Neuregelung vorge-nommene Equity-Bewertungen können nach den bislang bestehenden Alternativen fortgeschrieben werden.

Beispiel 72: Erwerbsvorgänge im Konzernabschluss

Die Merkur AG ist konzernrechnungslegungspflichtig; ihr Geschäftsjahr entspricht dem Ka-lenderjahr. Sie erwirbt zu folgenden Zeitpunkten folgende Anteilspakete an den genannten Gesellschaften:

► 60 % der Neptun AG zum 01.04.2009;

► 70 % der Pluto GmbH zum 30.06.2010;

► 25 % der Apollo GmbH zum 01.10.2009;

► 40 % der Jupiter AG zum 01.02.2010.

Weitere Anteile dieser Unternehmen sind der Merkur AG jeweils weder unmittelbar noch mittelbar zuzurechnen.

Hinsichtlich der Neptun AG kann die Merkur AG § 301 HGB noch vollumfänglich in der alten Fassung anwenden: Sie kann dieses Tochterunternehmen entweder nach der Buchwertmethode oder nach der Neubewertungsmethode konsolidieren und dabei für die Kapitalaufrechnung sowohl auf den Erwerbszeitpunkt der Anteile (01.04.2009) als auch auf den Zeitpunkt der erstmaligen Einbeziehung des Tochterunternehmens in den Konzernabschluss (31.12.2009) abstellen. Bei der Pluto GmbH sind die prospektiv anzuwendenden Änderungen des BilMoG zu beachten: auf dieses Tochterunternehmen ist verpflichtend die Neubewertungsmethode anzuwenden; dieser sind für die Kapitalaufrechnung die Wertverhältnisse zum 30.06.2010 zugrunde zu legen.

Ebenso wie bei der Neptun AG ist auf den Anteilserwerb an der Apollo GmbH noch die alte Fassung des HGB – konkret § 312 HGB a. F. – anzuwenden. Demnach hat die Merkur AG die Wahl zwischen der Anwendung der Buchwertmethode und der Kapitalanteilsmethode; gleichermaßen kann sie den Wert des anteiligen Eigenkapitals nach der gewählten Methode entweder zum Erwerbszeitpunkt der Anteile (01.10.2009) oder aber zum Zeitpunkt der erstmaligen Einbeziehung in den Konzernabschluss (31.12.2009) ermitteln. Bei der Jupiter AG hingegen sind wiederum die prospektiv anzuwendenden Änderungen des BilMoG zu beachten: die Equity-Bewertung ist nach der Buchwertmethode vorzunehmen. Dabei ist der Wert des anteiligen Eigenkapitals zu dem Zeitpunkt zu ermitteln, zu dem die Jupiter AG assoziiertes Unternehmen geworden ist, also zum 01.02.2010.

Merke:

Die Neuregelungen des BilMoG hinsichtlich der Abbildung des Erwerbs von Anteilen an Tochterunternehmen sowie an assoziierten Unternehmen gelten – bei mit dem Kalenderjahr übereinstimmendem Geschäftsjahr – erst für Erwerbsvorgänge ab dem 01.01.2010. Bis zu diesem Zeitpunkt können die durch die alte Fassung der entsprechenden Konsolidierungsvorschriften eingeräumten Wahlrechte noch vollumfänglich genutzt werden. Eine Annäherung an die Neuregelungen ist insofern möglich, dass die Wahlrechte bereits in der Weise ausgeübt werden, wie es der ab dem Übergangszeitpunkt verbindlichen Vorgehensweise entspricht.

4.2.9 Prospektive Anwendung: Geschäfts- oder Firmenwert im Konzernabschluss

Die Regelungen nach § 309 HGB sind erstmals auf **Geschäfts- oder Firmenwerte**, die aus Erwerbsvorgängen in Geschäftsjahren entstehen, die nach dem 31.12.2009 beginnen, anzuwenden. Durch die zwingend prospektive Anwendung dieser Vorschrift wird vermieden, dass Geschäfts- oder Firmenwerte aus früheren Erwerbsvorgängen rückwirkend anders zu behandeln wären, als dies im Rahmen der bisherigen Alternativen möglich war. Ein in der Vergangenheit entstandener **Geschäfts- oder Firmenwert** kann weiter nach der bisherigen Methode behandelt werden. Wurde er in der Vergangenheit bereits vollständig erfolgswirksam abgeschrieben oder mit den Rücklagen verrechnet, bleibt diese Vorgehensweise im Konzernabschluss ebenfalls erhalten (vgl. IDW RS HFA 28, Tz. 62). Dies gilt sowohl für Geschäfts- oder Firmenwerte aus der Kapitalkonsolidierung von Tochterunternehmen als auch für Geschäfts- oder Firmenwerte im Zusammenhang mit der Anwendung der Equity-Bewertung.

Beispiel 73: Geschäfts- oder Firmenwert (Konzernabschluss)

Die konzernrechnungslegungspflichtige Apollo AG erwirbt für einen Kaufpreis von 1.000.000 € 100 % der Anteile an der Athene GmbH. Das neu bewertete Eigenkapital der Athene GmbH beläuft sich im Erwerbszeitpunkt auf 800.000 €.

In Abhängigkeit des Zeitpunkts des Erwerbs ergeben sich folgende bilanzielle Konsequenzen.

(1) Erwerb zum 31.12.2009

Der sich aus der Kapitalkonsolidierung ergebende aktivische Unterschiedsbetrag in Höhe von 200.000 € kann aktiviert und abgeschrieben werden. Dabei kann die Abschreibung entweder ab dem folgenden Geschäftsjahr zu jeweils mindestens einem Viertel oder planmäßig über die voraussichtliche Nutzungsdauer erfolgen. Alternativ hat die Apollo AG auch die Möglichkeit, den entstehenden Unterschiedsbetrag unmittelbar erfolgsneutral mit den Rücklagen zu verrechnen.

(2) Erwerb zum 01.01.2010

Aufgrund der nunmehr anzuwendenden Neuregelungen des BilMoG ist der sich aus der Kapitalkonsolidierung ergebende aktivische Unterschiedsbetrag zu aktivieren und in der Folge planmäßig über seine voraussichtliche Nutzungsdauer abzuschreiben. Sofern die Nutzungsdauerschätzung sich auf einen fünf Jahre übersteigenden Zeitraum erstreckt, sind die Gründe dafür im Anhang berichtspflichtig.

Merke:

Aufgrund der prospektiven Anwendung der Neuregelungen zur Behandlung von aus der Kapitalkonsolidierung entstehenden Geschäfts- oder Firmenwerten ergibt sich ab dem Jahr 2010 eine deutliche Einschränkung der bilanzpolitischen Möglichkeiten des Bilanzierenden. Der Beeinflussung des Erwerbszeitpunkts kommt mit Blick auf Gestaltungen im Jahr 2009 erhebliche Bedeutung zu.

4.3 Behandlung umstellungsbedingter Effekte

4.3.1 Bewertung von Pensionsrückstellungen

Die Bewertung von **Pensionsrückstellungen** wird durch das BilMoG umfassend neu geregelt. Betroffen sind die Vorgaben zur Berücksichtigung künftiger Kostenänderungen und die Regelungen zur Abzinsung. Art. 67 Abs. 1 EGHGB befasst sich mit aufgrund der Umstellung über- und unterdotierten Pensionsrückstellungen.

Ist aufgrund der Änderung der Bewertung der Rückstellungen für laufende Pensionen oder Anwartschaften auf Pensionen eine Zuführung erforderlich, d. h. ist die bisherige Pensionsrückstellung nach der neuen Regelung unterdotiert, so müssen die Zuführungen gemäß Art. 67 Abs. 1 Satz 1 EGHGB in Jahresraten i. H. v. mindestens 1/15 des gesamten Zuführungsbetrags in jedem Geschäftsjahr bis spätestens 31.12.2024 (erstmals 2010) angesammelt werden. Damit wird den Unternehmen die Möglichkeit gewährt, auch höhere Beträge zuzuführen, die dann zu einer schnelleren Ansammlung führen. Außerdem kann die Höhe der Raten in jedem Jahr variiert werden, solange sie mindestens 1/15 des zuzuführenden Betrags betragen. Der erforderliche Zuführungsbetrag zu den Rückstellungen für laufende Pensionen und Anwartschaften auf Pensionen ist einmal für den Zeitpunkt der erstmaligen verpflichtenden Anwendung der neuen Vorschriften zu berechnen und anzusammeln. Es erfolgt eine Gesamtbetrachtung auf den gesamten Posten bezogen. Somit gelten für die betroffenen Unternehmen die gleichen Bedingungen. Die ergebniswirksame Zuführung endet, wenn der Rückstellungsbuchwert erreicht ist. Nach Art. 67 Abs. 7 EGHGB ist der Zuführungsbetrag unter dem Posten "Außerordentliche Aufwendungen" in der Gewinn- und Verlustrechnung zu erfassen.

Erfordert die **Änderung der Rückstellungsbewertung** hingegen eine Auflösung von Rückstellungen für laufende Pensionen oder Anwartschaften auf Pensionen (sog. überdotierte Rückstellungen), so kann die Auflösung gemäß Art. 67 Abs. 1 Satz 2 EGHGB unterbleiben, sofern der Auflösungsbetrag bis spätestens zum 31.12.2024 wieder zugeführt werden müsste. Hierdurch wird zwar vermieden, dass im Jahr der erstmaligen Anwendung der neuen Vorschrift zur Rückstellungsbewertung Rückstellungen aufgelöst werden, die dann in den folgenden Jahren wieder zugeführt werden. Dies birgt aber auch ein erhebliches Potenzial an bilanzpolitischen Maßnahmen, wodurch das Jahresergebnis noch in Geschäftsjahren lange nach dem Übergang zum BilMoG nachhaltig negativ beeinflusst werden kann. Nimmt der Bilanzierende die Möglichkeit nach Art. 67 Abs. 1 Satz 2 EGHGB nicht in Anspruch, müssen die aus der Auflösung resultierenden Beträge unmittelbar in einem Vorgang in die Gewinnrücklagen eingestellt werden. Macht ein Unternehmen von dem Wahlrecht nach Art. 67 Abs. 1 Satz 2 EGHGB

Gebrauch, so ist – zur Erhöhung der Transparenz für die Abschlussadressaten – der Betrag der Überdeckung jeweils im (Konzern-) Anhang anzugeben.

Nach Art 67 Abs. 2 EGHGB müssen bei Anwendung von Art. 67 Abs. 1 EGHGB Angaben zu den nicht in der Bilanz ausgewiesenen Rückstellungsbeträgen für laufende Pensionen, Anwartschaften auf Pensionen und ähnliche Verpflichtungen im Anhang vorgenommen werden.

Der **Unterschiedsbetrag** für eine Zuführung zu den Pensionsrückstellungen ist einmalig zum 01.01.2010 zu ermitteln. Soweit bei dem bilanzierenden Unternehmen Vermögensgegenstände vorliegen, die die Anforderungen des § 246 Abs. 2 HGB erfüllen, ermittelt sich der zuzuführende Unterschiedsbetrag aus der sich auf Grund der Neubewertung ergebenden Bewertungsdifferenz bei den Pensionsrückstellungen (neu bewerteter Betrag der Pensionsrückstellungen abzüglich des zum 31.12.2009 vorhandenen Buchwerts) abzüglich des Betrags, um den der Wertansatz des Deckungsvermögens auf Grund der verpflichtenden Zeitwertbewertung nach neuem Recht dessen letzten Buchwert übersteigt. Demnach ist der Anpassungsbetrag aus der Neubewertung der Pensionsrückstellungen um den unrealisierten Ertrag aus der Höherbewertung zu kürzen (vgl. IDW RS HFA 28, Tz. 48).

Beispiel 74: Behandlung von überdotierten Pensionsrückstellungen

Die Pensionsrückstellungen der Neptun AG werden im handelsrechtlichen Abschluss zum 31.12.2009 mit einem Betrag i. H. v. 2.150.000 € bewertet. Dieser wurde mithilfe des steuerlichen Teilwertverfahrens nach § 6a EStG ermittelt und entspricht dem in der Steuerbilanz angesetzten Betrag. Bei Anwendung der durch das BilMoG geänderten Vorschriften zur Rückstellungsbewertung gem. § 253 Abs. 1 Satz 2 i. V. m. Abs. 2 HGB am Bilanzstichtag 31.12.2010 ergibt sich ein anzusetzender Betrag i. H. v. 1.850.000 €. Der kumulierte Ertragsteuersatz beträgt 30 %.

Da die Pensionsrückstellung der Neptun AG zum 31.12.2010 überdotiert ist, ergeben sich zwei mögliche Vorgehensweisen: Sofern der Auflösungsbetrag bis spätestens zum 31.12.2024 wieder zugeführt werden müsste, kann die Auflösung gemäß Art. 67 Abs. 1 Satz 2 unterbleiben und der höhere Betrag in der Bilanz erhalten bleiben. In diesem Fall muss die Neptun AG aber den Betrag der Überdeckung (300.000 €) im Anhang angeben. Alternativ kann sich die Neptun AG für eine Einstellung des aus einer Auflösung resultierenden Betrags in die Gewinnrücklagen entscheiden. Da sich in diesem Fall die Wertansätze zwischen Handels- und Steuerbilanz unterscheiden, müssen in der Handelsbilanz passive latente Steuern i. H. v. 90.000 € (= 300.000 x 0,3) angesetzt werden. Gem. Art. 67 Abs. 6 EGHGB erfolgt auch die Bildung der passiven latenten Steuern ergebnisneutral.

Beispiel 75: Ermittlung des Unterschiedsbetrags aus der Neubewertung der Pensionsrückstellungen bei Vorliegen von Deckungsvermögen

Die Apollo AG ermittelt zum Umstellungszeitpunkt den erforderlichen Zuführungsbetrag zu den Rückstellungen. Der Erfüllungsbetrag der Pensionsrückstellung beträgt unter Anwendung der Regelungen des § 253 Abs. 1 Satz 2 i. V. m. Abs. 2 HGB 2.300.000 €. Das bedeutet, dass die bisherige Pensionsrückstellung i. H. v. 2.000.000 € zum 01.01.2010 um 300.000 € unterdotiert ist.

Die zu verrechnenden Vermögensgegenstände nach § 246 Abs. 2 HGB weisen zum 31.12.2009 einen Buchwert von 1.900.000 € auf. Der entsprechende Zeitwert beträgt 2.075.000 €. In dieser Höhe hat der Wertansatz zum 01.01.2010 zu erfolgen. Die entsprechende Höherbewertung beträgt 175.000 €.

Der über bis zu 15 Jahre zu verteilende Unterschiedsbetrag beträgt im vorliegenden Fall 125.000 €. In der Bilanz der Apollo AG sind zum 01.01.2010 Pensionsverpflichtungen in Höhe von 100.000 € (2.000.000 € ./. 1.900.000 €) auszuweisen. Der Anpassungsbetrag von 125.000 € ist über 15 Jahre aufwandswirksam als außerordentlicher Aufwand zuzuführen.

Merke:

Es sollte rechtzeitig überprüft werden, ob sich durch die Erstanwendung des BilMoG ein Anpassungspotenzial ergibt. Im Rahmen einer mehrperiodischen Unternehmensplanung sollten die bilanzpolitischen Möglichkeiten vor dem Hintergrund der vom Unternehmen verfolgten Bilanzpolitik analysiert werden. Entsprechend der verfolgten Strategie sollte eine gezielte Nutzung der Übergangsregelungen erfolgen.

4.3.2   Bisher bilanzierte Aufwandsrückstellungen, Sonderposten mit Rücklageanteil und Rechnungsabgrenzungsposten

Das Wahlrecht zur Passivierung von Aufwandsrückstellungen wird durch das BilMoG abgeschafft. Es verbleibt lediglich die Passivierungspflicht für Instandhaltungsmaßnahmen in den ersten drei Monaten des folgenden Geschäftsjahres. Nach Art. 67 Abs. 3 EGHGB steht der Bilanzierende vor der Wahl, Aufwandsrückstellungen nach § 249 Abs. 1 Satz 3 und Abs. 2 HGB a. F., **Sonderposten mit Rücklageanteil** nach §§ 247 Abs. 3, 273 HGB a. F. und **Rechnungsabgrenzungsposten** i. S. v. § 250 Abs. 1 Satz 2 HGB a. F., die im Abschluss für das letzte vor dem 01.01.2010 beginnende Geschäftsjahr enthalten waren, zum Übergangszeitpunkt unter Anwendung der für sie geltenden Vorschriften des HGB a. F. beizubehalten oder unmittelbar ergebnisneutral in die Gewinnrücklagen einzustellen. Gemäß Art. 66 Abs. 5 EGHGB sind die §§ 249, 247 Abs. 3, 273 und 250 Abs. 1 Satz 2 HGB a. F. letztmals auf das vor dem 01.01.2010 beginnende Geschäftsjahr anzuwenden.

Hinsichtlich der Rückstellungen nach § 249 Abs. 1 Satz 3 und Abs. 2 HGB a. F. ist es den Unternehmen auch erlaubt, diese teilweise, d. h. sachverhaltsbezogen, beizubehalten. Außerdem wird mit einem weiteren Wahlrecht die Vergleichbarkeit der nach HGB bilanzierenden Unternehmen untereinander verschlechtert. Eine Ausnahme vom Beibehaltungswahlrecht nach Art. 67 Abs. 3 Satz 1 EGHGB gilt jedoch für solche Beträge, die im letzten vor dem 01.01.2010 beginnenden Geschäftsjahr in die Aufwandsrückstellungen nach § 249 Abs. 1 Satz 3 und Abs. 2 HGB a. F. eingestellt werden (Art. 67 Abs. 3 Satz 2 EGHGB). Eine Auflösung kann in diesem Fall nur ergebniswirksam zu erfolgen. Hinsichtlich der Beträge, die im Geschäftsjahr 2008 oder früher in die Aufwandsrückstellungen eingestellt werden, können die Unternehmen aber die volle Bandbreite an bilanzpolitischen Spielräumen ausnutzen, die von einer (teilweisen) Beibehaltung bis hin zu einer ergebnisneutralen Auflösung reicht.

Wird ein gebildeter Sonderposten mit Rücklageanteil beibehalten, ist er in den folgenden Perioden nach den Regelungen des HGB a. F. fortzuführen. Bei der späteren Übertragung der Rücklage nach § 6b EStG auf ein ersatzweise angeschafftes oder hergestelltes Wirtschaftsgut kann der Ersatzvermögensgegenstand i. H. d. Sonderpostens außerplanmäßig abgeschrieben werden. Der noch verbleibende Buchwert des Ersatzvermögensgegenstands ist dann über die Nutzungsdauer planmäßig abzuschreiben. Der Sonderposten kann aber auch gem. § 281 Abs. 1 HGB a. F. beibehalten und entsprechend der Abschreibung beim Ersatzwirtschaftsgut in den Folgejahren erfolgswirksam nach § 281 Abs. 2 HGB a. F. aufgelöst werden (vgl. IDW RS HFA 28, Tz. 18).

Beispiel 76: Auflösung von Aufwandsrückstellungen

Die Neptun AG hat für Zwecke der Generalüberholung einer Maschine mit Austausch von Verschleißteilen in drei Jahren (2011) mit Kosten von 600.000 € bereits im Abschluss zum 31.12.2008 eine Rückstellung i. H. v. 200.000 € nach § 249 Abs. 2 HGB a. F. gebildet. Zum 31.12.2009 erfolgt erneut eine Zuführung i. H. v. 200.000 €. Der Wert der Rückstellung beträgt zum 31.12.2009 demnach 400.000 €. In der Steuerbilanz erfolgt kein Ansatz einer Rückstellung, da die Bildung von Aufwandsrückstellungen i. S. d. § 249 Abs. 2 HGB nicht erlaubt ist. Der kumulierte Ertragsteuersatz beträgt 30%.

Im Übergangszeitpunkt 01.01.2010 hat die Neptun AG nun das Wahlrecht, die Rückstellung unter Anwendung der bisher geltenden Vorschriften beizubehalten oder diese unter Beachtung des Art. 67 Abs. 3 EGHGB aufzulösen. Angenommen die Neptun AG bevorzugt die Auflösung der Rückstellung zum 01.01.2010, so ist der Betrag unmittelbar in die Gewinnrücklagen einzustellen. Zu beachten ist jedoch, dass Beträge, die im Geschäftsjahr 2009 zugeführt wurden, nicht erfolgsneutral zugunsten der Gewinnrücklagen aufgelöst werden dürfen. Folglich kann ein Betrag i. H. v. 200.000 € (aus dem Geschäftsjahr 2008) unmittelbar in die Gewinnrücklagen eingestellt werden und tangiert damit nicht die Gewinn- und Verlustrechnung. Wurden bei der Bildung der Rückstellung aktive latente Steuern abgegrenzt, so sind diese bei einer Auflösung der in 2008 gebildeten Aufwandsrückstellungen i. H. v. 60.000 € (= 200.000 x 0,3) ebenfalls ergebnisneutral gegen die Gewinnrücklagen aufzulösen. Der Restbetrag in Höhe von 200.000 € aus dem Geschäftsjahr 2009 kann entweder beibehalten oder ergebniswirksam über den außerordentlichen Ertrag aufgelöst werden. Die Behandlung der latenten Steuern folgt der Behandlung des Rückstellungsbetrags.

Merke:

Im Zusammenhang mit der Auflösung der in der Vergangenheit gebildeten Aufwands-rückstellungen ergeben sich für den Bilanzierenden verschiedene Möglichkeiten. Hier-bei muss er die Übergangsvorschriften bezogen auf die Behandlung der Aufwandsrück-stellungen nicht einheitlich anwenden. Vielmehr kann er fallweise eine Entscheidung treffen, um bilanzpolitische Ziele zu erreichen.

4.3.3   Bisher vorgenommene außerplanmäßige Abschreibungen

Die bestehenden Wahlrechte zur Vornahme **außerplanmäßiger Abschreibungen** wer-den durch die Gesetzesreform stark eingeschränkt. Die Abschreibungen wegen künfti-ger Wertschwankungen und nach vernünftiger kaufmännischer Beurteilung sind nicht mehr zulässig. Art. 67 Abs. 4 EGHGB erlaubt den Unternehmen, niedrigere Wertansätze von Vermögensgegenständen, die auf Abschreibungen nach §§ 253 Abs. 3 Satz 3, 253 Abs. 4 HGB a. F. oder nach §§ 254, 279 Abs. 2 HGB a. F. beruhen und in Geschäftsjahren, die vor dem 01.01.2010 beginnen, vorgenommen wurden, unter Anwendung der für sie geltenden Vorschriften des HGB a. F., fortzuführen. Alternativ können die aus einer Zuschreibung resultierenden Beträge unmittelbar in die Gewinnrücklagen eingestellt werden: Letzteres gilt nicht für Abschreibungen, die im letzten vor dem 01.01.2010 beginnenden Geschäftsjahr vorgenommen werden. Dabei ist eine sachverhaltsbezoge-ne Ausübung des Fortführungswahlrechts möglich.

Die Vorschriften zu den außerplanmäßigen Abschreibungen gemäß §§ 253, 254 und 279 HGB a. F. sind nach Art. 66 Abs. 5 EGHGB letztmals auf das vor dem 01.01.2010 beginnende Geschäftsjahr anzuwenden.

Für die in der Vergangenheit vorgenommenen Abschreibungen nach § 253 Abs. 2 Satz 3 HGB a. F. bestehen keine gesonderten Übergangsregelungen. Auf Grund der Neurege-lung des § 253 Abs. 5 HGB ist eine Zuschreibung auf niedrigere Wertansätze in diesen Fällen zum 01.01.2010 geboten (vgl. auch IDW RS HFA 28, Tz. 11).

Beispiel 77: Zuschreibung vorgenommener außerplanmäßiger Abschreibungen

Im Geschäftsjahr 2008 hat die Neptun AG ihre Vorräte (Anschaffungskosten: 30.000 €) um 5.000 € aus Gründen der Verlustantizipation nach § 253 Abs. 3 Satz 3 HGB a. F. außerplanmä-ßig abgeschrieben. Der Buchwert der Vorräte zum Bilanzstichtag 31.12.2008 beträgt daher

25.000 €. Im Geschäftsjahr 2009 ändert sich nichts an der Bewertung der Vorräte. In der Steuerbilanz darf keine außerplanmäßige Abschreibung vorgenommen werden, da kein Wahlrecht zur Verlustantizipation existiert. Der kumulierte Ertragsteuersatz beträgt 30 %.

Am Bilanzstichtag 01.01.2010 hat die Neptun AG nun das Wahlrecht, den niedrigeren Wertansatz unter Anwendung der bisher geltenden Vorschriften fortzuführen oder diesen unter Beachtung des Art. 67 Abs. 4 EGHGB durch eine Zuschreibung zu korrigieren. Angenommen, die Neptun AG bevorzugt eine Zuschreibung zum 01.01.2010, so ist der Betrag der Zuschreibung (5.000.000 €) unmittelbar in die Gewinnrücklagen einzustellen. Wurden bei der Vornahme der außerplanmäßigen Abschreibungen aktive latente Steuern gebildet, so sind diese i. H. v. 1.500 € (= 5.000 x 0,3) ebenfalls ergebnisneutral mit den Gewinnrücklagen zu verrechnen.

Beispiel 78: Zuschreibungspflicht für bestimmte Abschreibungen

Die Bacchus KG ist in der Weinproduktion tätig und hat im Geschäftsjahr 2008 eine außerplanmäßige Abschreibung auf ihre neuen Produktionsmaschinen zur Herstellung von Schaumwein vorgenommen. Im Zuge der Finanz- und Wirtschaftskrise ist der Markt für hochwertige Weine und Schaumweine zusammengebrochen, so dass sie zunächst von einer dauernden Wertminderung ausgegangen ist. Im Jahr 2009 hat sich der Markt wieder erholt und die Bacchus KG geht nicht von mehr davon aus, dass es sich weiterhin um eine dauernde Wertminderung handelt. Allerdings hat sie aus Vorsichtsgründen die außerplanmäßige Abschreibung von 33.000 €, die sie im Vorjahr vorgenommen hat, beibehalten (§ 253 Abs. 2 Satz 3 HGB a. F.).

Zum 01.01.2010 muss die Bacchus KG nunmehr eine Zuschreibung vornehmen, da mit dem Wegfall des § 253 Abs. 5 HGB a. F. und in Ermangelung einer eigenständigen Übergangsregelung im EGHGB eine Zuschreibung erfolgen muss. Die Bacchus KG weist zum 01.01.2010 einen außerordentlichen Ertrag aus der Zuschreibung (Art. 67 Abs. 7 EGHGB) in Höhe von 33.000 € aus. Sofern die Gesellschaft in Vorjahren latente Steuern (in diesem Fall aktive latente Steuern) abgegrenzt hat, sind diese zum Umstellungszeitpunkt erfolgswirksam aufzulösen.

Merke:

Das bilanzpolitische Potenzial im Zusammenhang mit dem Übergang auf das BilMoG ist frühzeitig zu analysieren. Durch eine detaillierte Analyse eines möglichen Zuschreibungspotenzials kann eine gezielte Bilanzpolitik betrieben werden. Das Unterlassen der Zuschreibungen führt zur Beibehaltung von gelegten stillen Reserven, die einen möglichen Eigenkapitalpuffer für schlechte Zeiten darstellen.

4.3.4   Bisher aktivierte Aufwendungen für die Ingangsetzung und Erweiterung des Geschäftsbetriebs

Das BilMoG schafft die Möglichkeit der Aufnahme dieser Bilanzierungshilfe in die Bilanz ab. Nach Art. 67 Abs. 5 Satz 1 EGHGB ist es den Unternehmen bei Übergang auf die Vorschriften des BilMoG erlaubt, eine im vor dem 01.01.2010 endenden Geschäftsjahr angesetzte Bilanzierungshilfe für **Aufwendungen für die Ingangsetzung und Erweiterung des Geschäftsbetriebs** nach § 269 HGB a. F. unter Anwendung der für sie geltenden Vorschriften des HGB a. F. fortzuführen, d. h. weiterhin zu mindestens einem Viertel in jedem folgenden Geschäftsjahr abzuschreiben. Alternativ ist sie sofort im Übergangszeitpunkt ergebniswirksam i. S. e. direkten statt einer ratierlichen "Abschreibung" auszubuchen. Dieses Wahlrecht ermöglicht also die vollständige aufwandswirksame Auflösung der Bilanzierungshilfe im Übergangszeitpunkt. Die §§ 269 und 282 HGB a. F. sind letztmals auf das vor dem 01.01.2010 beginnende Geschäftsjahr anzuwenden. Bei weiterer Anwendung der Altregelungen sind die Folgewirkungen bei der Ausschüttungssperre nach § 269 HGB a. F. weiter zu beachten.

Beispiel 79: Behandlung aktivierter Aufwendungen für die Ingangsetzung und Erweiterung des Geschäftsbetriebs

Die Neptun AG hat im Geschäftsjahr 2009 im Vorfeld einer wesentlichen Kapazitätsausweitung Marktforschungsaktivitäten durchführen lassen. Die Kosten hierfür betrugen 59.000 €. In der Bilanz zum 31.12.2009 hat die Neptun AG diese Kosten als Aufwendungen für die Ingangsetzung und Erweiterung des Geschäftsbetriebs vor dem Anlagevermögen aktiviert. Im steuerrechtlichen Abschluss müssen die angefallenen Kosten als Aufwand der Periode erfasst werden. Der kumulierte Ertragsteuersatz beträgt 30 %.

Im Abschluss zum Bilanzstichtag 31.12.2010 hat die Neptun AG zwei Möglichkeiten: Zum einen kann sie die aktivierten Aufwendungen für die Ingangsetzung und Erweiterung des Geschäftsbetriebs unter Anwendung der für die geltenden Vorschriften des HGB a. F. fortführen. Dies würde bedeuten, dass im Geschäftsjahr 2010 eine Abschreibung i. H. v. mindestens einem Viertel des aktivierten Betrags (= 14.750 €) vorzunehmen wäre. Zum anderen kann die Neptun AG die aktivierten Aufwendungen sofort ergebniswirksam zum 01.01.2010 auflösen. Der hieraus resultierende Aufwand i. H. v. 59.000 € wäre gem. Art 67 Abs. 7 EGHGB als "außerordentlicher Aufwand" zu erfassen. Zudem müssten in diesem Fall latente Steuern berücksichtigt werden. Da Bilanzierungshilfen in der Steuerbilanz nicht aktiviert werden dürfen, mussten im handelsrechtlichen Abschluss zum 31.12.2009, parallel zur Aktivierung der Aufwendungen für die Ingangsetzung und Erweiterung des Geschäftsbetriebs, passive latente Steuern i. H. v. 17.700 € (= 59.000 x 0,3) gebildet werden. Mit dem Wegfall des Grunds für die Bildung der passiven latenten Steuern sind diese aufzulösen und im latenten Steuerertrag auszuweisen.

Merke:

Es handelt sich bei der Anwendung der Übergangsregelungen zu den §§ 269, 282 HGB um ein sich maximal über vier Jahre auswirkendes bilanzpolitisches Wahlrecht. Zum 31.12.2009 stellt die Aktivierung solcher Aufwendungen letztmals die Möglichkeit dar, zur Verbesserung der Eigenkapitalausstattung des Unternehmens diese Aufwendungen zu aktivieren. Der Abgrenzung solcher Aufwendungen von den "normalen" Aufwendungen kommt damit letztmals zum Ende des Jahres 2009 eine bilanzpolitische Bedeutung zu. Spätestens zum 31.12.2013 sind in keiner HGB-Bilanz aktivierte Aufwendungen für die Ingangsetzung und Erweiterung des Geschäftsbetriebs zu finden.

4.3.5 Abgrenzung latenter Steuern (Einzelabschluss)

Der Abgrenzung **latenter Steuern** erfährt durch das BilMoG einen Systemwechsel (→ vgl. Kapitel 2.7). In Zukunft ist nicht mehr auf Ergebnisdifferenzen abzustellen, sondern auf einen Vergleich der relevanten bilanziellen Wertansätze. Die Abgrenzung latenter Steuern erfolgt nun nach dem bilanzorientierten Temporary-Konzept. Die Notwendigkeit der Abgrenzung latenter Steuern wird erheblich ausgeweitet, wobei es beim Wahlrecht zur Aktivierung latenter Steuern bleibt. Art. 67 Abs. 6 EGHGB befasst sich mit der Frage, wie Zuführungen zu und Auflösungen von latenten Steuern im Rahmen der erstmaligen Anwendung der §§ 274, 306 HGB zu behandeln sind. So sind Aufwendungen und Erträge, die hieraus entstehen, unmittelbar mit den Gewinnrücklagen zu verrechnen, mithin also ergebnisneutral zu behandeln. Dies gilt auch für Verlustvorträge, für die im Rahmen der Ausnutzung des Wahlrechts des § 274 HGB aktive latente Steuern angesetzt werden. Diese Klarstellung ist weit reichend, da die erstmalige Anwendung der Vorschriften zu latenten Steuern u. U. zu erheblichen Ergebniseffekten geführt hätte. Des Weiteren regelt Art. 67 Abs. 6 EGHGB, dass Zuführungen zu bzw. Auflösungen von latenten Steuern, die nach den §§ 274, 306 HGB entstehen, weil

▶ die aus der Auflösung von Rückstellungen resultierenden Beträge gem. Art. 67 Abs. 1 Satz 3 EGHGB,

▶ die aus der Auflösung von Aufwandsrückstellungen nach § 249 Abs. 1 Satz 3 und Abs. 2 HGB a. F., Sonderposten mit Rücklageanteil nach §§ 247 Abs. 3, 273 HGB a. F. und Rechnungsabgrenzungsposten i. S. v. § 250 Abs. 1 Satz 2 HGB a. F. resultierenden Beträge gem. Art. 67 Abs. 3 Satz 2 EGHGB oder

▶ die aus der Zuschreibung von in Vorjahren vorgenommenen außerplanmäßigen Abschreibungen gemäß §§ 253, 254 und 279 HGB a. F. resultierenden Beträge gem. Art. 67 Abs. 4 Satz 2 EGHGB

unmittelbar ergebnisneutral in die Gewinnrücklagen eingestellt werden. Hier liegt klar eine Orientierung an den IFRS (vgl. IAS 12.61) vor. Demnach sind latente Steuern in der

Weise zu bilden bzw. aufzulösen, wie der zugrunde liegende Geschäftsvorfall dargestellt wird.

Abbildung 102 gibt einen Überblick über den "typischen" sich aus den Übergangsvorschriften auf die Abgrenzung latenter Steuern ergebenden Effekt (hierbei wird eine Umstellung auf den 01.01.2010 unterstellt):

Regelung nach HGB a. F.	Regelung nach HGB seit BilMoG	"typischer" Effekt auf die Abgrenzung latenter Steuern
Aktivierungsverbot für selbst geschaffene immaterielle Vermögensgegenstände des Anlagevermögens	Aktivierungswahlrecht für selbst geschaffene immaterielle Vermögensgegenstände des Anlagevermögens nach §§ 248 Abs. 2, 255 Abs. 2a HGB	ergebniswirksame Bildung passiver latenter Steuern bei Inanspruchnahme des Aktivierungswahlrechts in der laufenden Periode ab dem 01.01.2010
Bewertung von Pensionsrückstellungen i. d. R. nach steuerlichem Teilwertverfahren	Bewertung von Pensionsrückstellungen nach § 253 Abs. 1 Satz 2 i. V. m. Abs. 2 HGB	ergebnisneutrale Bildung passiver latenter Steuern bei Auflösung überdotierter Pensionsrückstellungen (zum 01.01.2010) bzw. ergebniswirksame Bildung aktiver latenter Steuern bei Zuführung zu den Pensionsrückstellungen bei Unterdotierung (ab dem 01.01.2010)
Passivierungswahlrecht für Aufwandsrückstellungen nach § 249 Abs. 1 Satz 3, Abs. 2 HGB a. F.	Passivierungsverbot für solche Aufwandsrückstellungen	ergebnisneutrale Auflösung aktiver latenter Steuern, sofern bei Rückstellungsbildung aktive latente Steuern angesetzt wurden (zum 01.01.2010)
Passivierungswahlrecht für Sonderposten mit Rücklageanteil nach §§ 247 Abs. 3, 273 HGB a. F.	Passivierungsverbot für Sonderposten mit Rücklageanteil	ergebnisneutrale Bildung passiver latenter Steuern, sofern zuvor ein Sonderposten angesetzt worden war und es sich um eine temporäre Differenz handelt (zum 01.01.2010)
Aktivierungswahlrecht für Rechnungsabgrenzungsposten i. S. v. § 250 Abs. 1 Satz 2 HGB a. F.	Aktivierungsverbot für Rechnungsabgrenzungsposten	ergebnisneutrale Bildung aktiver latenter Steuern (zum 01.01.2010)

Regelung nach HGB a. F.	Regelung nach HGB seit BilMoG	"typischer" Effekt auf die Abgrenzung latenter Steuern
Wahlrecht zur außerplanmäßigen Abschreibung nach §§ 253 Abs. 3 Satz 3, 253 Abs. 4 HGB a. F. oder nach § 254, 279 Abs. 2 HGB a. F.	Verbot zur außerplanmäßigen Abschreibung	ergebnisneutrale Auflösung aktiver latenter Steuern, sofern bei Vornahme der Abschreibungen aktive latente Steuern angesetzt wurden (zum 01.01.2010)
Aktivierungswahlrecht für Aufwendungen für die Ingangsetzung und Erweiterung des Geschäftsbetriebs nach § 269 HGB	Verbot der Aktivierung für Aufwendungen für die Ingangsetzung und Erweiterung des Geschäftsbetriebs	ergebniswirksame Auflösung passiver latenter Steuern (zum 01.01.2010)

ABB. 102: Übergangsvorschriften und Effekte aus der Abgrenzung latenter Steuern

Merke:

Hinsichtlich der Berücksichtigung latenter Steuern im Zusammenhang mit der Umstellung sind zum Teil wesentliche Effekte zu beachten. Unmittelbar wird das Eigenkapital durch die neue Abgrenzungskonzeption beeinflusst. Neben den obligatorischen Effekten ergeben sich einzelne Auswirkungen unmittelbar aus weiteren bilanzpolitischen Überlegungen.

4.3.6 Währungsumrechnung im Einzelabschluss

Künftig regelt § 256a HGB im Zuge der Folgebewertung, dass ab 2010 auf fremde Währung lautende Vermögensgegenstände und Verbindlichkeiten mit einer Laufzeit von mehr als einem Jahr – vorbehaltlich der §§ 253 Abs. 1 Satz 3 und 254 HGB – am Abschlussstichtag mit dem **Devisenkassamittelkurs** umzurechnen sind. Hierbei sind das Realisations- und das Imparitätsprinzip (§ 252 Abs. 1 Nr. 4 HGB) sowie das Anschaffungskostenprinzip (§ 253 Abs. 1 Satz 1 HGB) grundsätzlich zu beachten. Weisen die Vermögensgegenstände und Schulden eine Restlaufzeit von weniger als einem Jahr auf, hat die Umrechnung ohne die genannten vorsichtigen und imparitätischen Einschränkungen mit dem Devisenkassamittelkurs zu erfolgen. Die Zugangsbewertung ändert sich durch das BilMoG nicht. Fremdwährungsforderungen sind weiterhin mit dem Briefkurs und Fremdwährungsverbindlichkeiten mit dem Geldkurs zum Zugangszeitpunkt umzurechnen. Die Effekte aus der Umrechnung zum 01.01.2010 sind im außerordentlichen Ergebnis zu erfassen.

Beispiel 80: Beispiel zum Ergebniseffekt aus der erstmaligen Währungsumrechnung

Die Diana GmbH verfügt über Forderungen und Verbindlichkeiten in fremder Währung. Die Forderungen betragen zum 31.12.2009 100.000 USD, die Verbindlichkeiten 200.000 USD. Zum 31.12.2009 erfolgte eine Umrechnung mit einem Wechselkurs von 1,50 USD/€, der nicht dem Devisenkassamittelkurs entspricht. Zum 31.12.2009 ergaben sich folgende Bilanzansätze:

Forderungen: 66.667 €

Verbindlichkeiten: 133.333 €

Zum 01.01.2010 beläuft sich der Devisenkassamittelkurs auf 1,55 USD/€. Damit ergeben sich zum 01.01.2010 folgende Bewertung und damit Bilanzansätze in der Umstellungsbilanz:

Forderungen: 64.516 €

Verbindlichkeiten: 129.032 €

Aus der Umrechnung zum Devisenkassamittelkurs ergeben sich folgende Ergebniseffekte, die im außerordentlichen Ergebnis darzustellen sind:

außerordentlicher Aufwand aus der Bewertung der Forderungen: 2.151 €

außerordentlicher Ertrag aus der Bewertung der Verbindlichkeiten: 4.301 €

Merke:

Effekte aus der erstmaligen Umrechnung von Bilanzposten in fremder Währung zum 01.01.2010 zum Devisenkassamittelkurs sind im außerordentlichen Ergebnis zu erfassen.

4.3.7   Zeitwertbewertung von Pensionsvermögen

Nach § 253 Abs. 1 Satz 4 HGB sind die zu saldierenden Vermögensgegenstände verpflichtend mit ihrem **beizulegenden Zeitwert** zu bewerten. Diese Zeitwertbewertung (§ 255 Abs. 4 HGB) wird (entgegen einer zunächst angedachten Beschränkung) der Höhe nach nicht durch den Erfüllungsbetrag der betreffenden Schulden begrenzt. Vielmehr ist der die verrechneten Schulden übersteigende Betrag in einem gesonderten Posten zu aktivieren. Effekte aus der Zeitwertbewertung zum 01.01.2010 sind im außerordentlichen Ergebnis zu erfassen.

Beispiel 81: Beispiel zum Ergebniseffekt bei erstmaliger Bewertung von mit Pensionsverpflichtungen saldierten Vermögensgegenständen zum Zeitwert

Ein Unternehmen verfügt zum 01.01.2010 über Pensionsverpflichtungen mit einem Buchwert von 300.000 €. Das insolvenzsicher angelegte Vermögen, das ausschließlich zur Bedienung dieser Verpflichtungen besteht, weist einen Buchwert von 200.000 € und einen Zeitwert von 500.000 € auf. Der Steuersatz beträgt 30 %.

Das Unternehmen hat in der Bilanz den zum Zeitwert bewerteten Betrag nach Saldierung als "Aktiven Unterschiedsbetrag aus der Vermögensverrechnung" in Höhe von 200.000 € auf der Aktivseite auszuweisen. Die Höherbewertung des Vermögens von 200.000 € auf 500.000 € hat erfolgswirksam zum 01.01.2010 zu erfolgen. Der Differenzbetrag in Höhe von 300.000 € ist als außerordentlicher Ertrag zu erfassen. Zudem sind passive latente Steuern in Höhe von 90.000 € (30 % auf 300.000 €) anzusetzen.

Merke:

Sind mit Altersversorgungsverpflichtungen zu saldierende Vermögensgegenstände zum Zeitwert zu bewerten, hat die Umbewertung zum 01.01.2010 zu erfolgen. Die Umbewertungseffekte werden im außerordentlichen Ergebnis gezeigt.

4.3.8 Neubewertung von Rückstellungen und Verbindlichkeiten

Ab dem 01.01.2010 sind Verbindlichkeiten und sonstige Rückstellungen zum Erfüllungsbetrag zu bewerten. Nach § 253 Abs. 2 HGB sind Rückstellungen mit einer Restlaufzeit von mehr als einem Jahr künftig mit dem ihrer Restlaufzeit entsprechenden durchschnittlichen Marktzinssatz der vergangenen sieben Geschäftsjahre abzuzinsen (**Abzinsungsgebot**). Verbindlichkeiten, die auf Rentenverpflichtungen beruhen, sind abzuzinsen, sofern keine Gegenleistung mehr zu erwarten ist (§ 253 Abs. 2 HGB). Die Abzinsung hat mit einem der Restlaufzeit der einzelnen Rentenzahlungen entsprechenden durchschnittlichen Marktzinssatz der vergangenen sieben Jahre zu erfolgen. Die geänderte Bewertung hat zum 01.01.2010 erfolgswirksam zu erfolgen. Die Umstellungseffekte sind im außerordentlichen Ergebnis zu zeigen.

Beispiel 82: Beispiel zum Ergebniseffekt bei Neubewertung von sonstigen Rückstellungen

Die Diana GmbH hat zum 31.12.2009 eine Prozessrückstellung gebildet. Die Kosten hierfür werden auf 300.000 € geschätzt. Bis zur Inanspruchnahme am 31.12.2010 wird mit Kostensteigerungen in Höhe von 10 % gerechnet. In der Umstellungsbilanz zum 01.01.2010 sind sonstige Rückstellungen zum Erfüllungsbetrag zu bewerten. Dieser beläuft sich auf 330.000 €. Damit ist die Prozessrückstellung zum 01.01.2010 mit 330.000 € anzusetzen. Der Differenzbetrag aus der Anpassung der Bewertung in Höhe von 30.000 € ist als außerordentlicher Aufwand zu erfassen.

Gemäß Artikel 67 Abs. 1 Satz 2 EGHGB bezieht sich das Beibehaltungswahlrecht für überdotierte Rückstellungen auf sämtliche Rückstellungen. Sofern der Differenzbetrag bis zum 31.12.2024 wieder zugeführt wird, kann – unter Berücksichtigung der entsprechenden Anhangangabe zum Stand der Überdeckung – eine Auflösung unterbleiben. Dies gilt allerdings nur für den bis zum 31.12.2024 wieder voraussichtlich zugeführten Betrag. Ein darüber hinausgehender Betrag ist zum Umstellungszeitpunkt erfolgswirksam als außerordentlicher Ertrag zu erfassen.

Beispiel 83: Beibehaltung einer überdotierten Verbindlichkeitenrückstellung

Die Apollo AG hat zum 31.12.2009 eine Verbindlichkeitenrückstellung nominal mit 2.000.000 € bewertet. Künftige Preis- und Kostensteigerungen sind nicht zu berücksichtigen, da der Betrag bei Fälligkeit ziemlich sicher genau 2.000.000 € betragen wird. Der Betrag ist zum 31.12.2029 fällig. Zum 01.01.2010 muss die Apollo AG die angesetzte Rückstellung abzinsen. Es ergibt sich – bei einem unterstellten Zinssatz von 3 % – ein Abzinsungseffekt von rund 893.000 €. Der abgezinste Barwert der Verpflichtung zum 31.12.2009 beträgt 1.107.000 €. Zum 31.12.2024 beträgt der rechnerische Barwert der Verpflichtung 1.725.000 €. Auf die Zeit zwischen dem 31.12.2024 und dem 31.12.2029 entfällt ein Zinsanteil von 275.000 €.

Wenn die Apollo AG die überdotierte Verbindlichkeitenrückstellung beibehalten möchte, muss sie den Betrag von 275.000 € als außerordentlichen Ertrag ergebniswirksam erfassen. Den Restbetrag von 1.725.000 € kann sie in der BilMoG-Eröffnungsbilanz zum 01.01.2010 stehen lassen.

Sofern der Bilanzierende bei der Umstellung **Aufwandsrückstellungen** beibehält, gelten für deren Bewertung die "alten" Regelungen. Eine Abzinsung ist hierbei ebenso wenig zu berücksichtigen wie Preis- und Kostensteigerungen (vgl. IDW RS HFA 28, Tz. 17).

Beispiel 84: Bewertung beibehaltener Aufwandsrückstellungen (Übergang)

Die Dionysos GmbH hat in den Jahren 2008 und 2009 Aufwandrückstellungen für die routinemäßige Wartung ihrer Maschinen in Höhe von jeweils 100.000 € gebildet. Zum Umstellungszeitpunkt (01.01.2010) behält sie die angesetzten Rückstellungen bei. Aus der Beibehaltung der Rückstellungen folgt, dass die Bewertung weiterhin nach § 253 Abs. 1 Satz 2 HGB a. F. zu erfolgen hat. Daher kommt weder eine Abzinsung der Rückstellungen noch eine Berücksichtigung von künftigen Preis- und Kostensteigerungen in Betracht.

Merke:

Sonstige Rückstellungen und Verbindlichkeiten sind aufgrund der Bewertung zum Erfüllungsbetrag und der neuen Abzinsungsvorgaben zum 01.01.2010 neu zu bewerten. Die Effekte aus der Umbewertung werden ergebniswirksam im außerordentlichen

Ergebnis erfasst. Sofern eine Überdotierung nicht vollkommen beibehalten werden kann, ist der überschießende Betrag ergebniswirksam zu erfassen.

4.3.9 Bisher angewandte Bewertungsvereinfachungsverfahren

Vor dem BilMoG sah § 256 HGB a. F. vor, dass für gleichartige Vermögensgegenstände des Vorratsvermögens eine Verbrauchsfolge nach dem LIFO- (last in first out) oder FIFO- (first in first out) Verfahren zu Zwecken der Bewertung unterstellt werden darf. Alternativ erlaubte das HGB bislang auch eine sonstige bestimmte Verbrauchsfolge. Der letztgenannte Zusatz entfällt nunmehr. Nach § 256 HGB kann damit ab 2010 (Art. 66 Abs. 3 EGHGB) eine Bewertung ausschließlich nach der LIFO- oder FIFO-Methode oder zu Durchschnittswerten (es gilt unverändert § 240 Abs. 4 HGB) erfolgen. Ebenso ist § 240 Abs. 3 HGB (Festwertansatz) anwendbar. Verwenden die bilanzierenden Unternehmen zum 01.01.2010 ein neues **Verbrauchsfolgeverfahren**, so hat im Einzelfall – und unter Beachtung des Wesentlichkeitsgrundsatzes – eine Umbewertung des Vorratsbestands auf den 01.01.2010 zu erfolgen. Die Effekte aus der Umbewertung sind im außerordentlichen Ergebnis zu erfassen.

Beispiel 85: Beispiel zum Ergebniseffekt bei Anwendung eines neuen Verbrauchsfolgeverfahrens

Ein Unternehmen hat bislang das Verbrauchsfolgeverfahren der HIFO-Bewertung angewandt. Nach dem BilMoG sind ab 2010 bei den Verbrauchsfolgeverfahren nur noch das FIFO- und das LIFO-Verfahren anwendbar. Das Unternehmen entscheidet sich, ab 2010 das FIFO-Verfahren anzuwenden. Zu diesem Zweck hat zum 01.01.2010 eine Umbewertung des Vorratsbestands zu erfolgen. Der Übergang vom HIFO-Verfahren zum FIFO-Verfahren führt zu einer geringeren Bewertung der Vorräte in Höhe von 150.000 €. Dieser Effekt ist unter den außerordentlichen Aufwendungen zu erfassen.

Merke:

Kommt zum 01.01.2010 ein neues Verbrauchsfolgeverfahren zum Einsatz, ist der Vorratsbestand zum Umstellungszeitpunkt neu zu bewerten. Der Effekt aus der neuen Bewertung wird im außerordentlichen Ergebnis gezeigt.

4.3.10 Währungsumrechnung im Konzernabschluss

Künftig regelt § 308a HGB die Umrechnung von auf fremde Währung lautenden Abschlüssen der in den Konzernabschluss einbezogenen Unternehmen. Es wird festgelegt, dass die Bilanzposten mit Ausnahme des Eigenkapitals, das zum historischen Kurs umzurechnen ist, mit dem **Devisenkassamittelkurs** am Bilanzstichtag umgerechnet werden. Bei den GuV-Posten hingegen gelangt der Durchschnittskurs der jeweiligen

Periode zur Anwendung. Differenzen aus der Währungsumrechnung im Konzernabschluss sind bis zum teilweisen oder vollständigen Ausscheiden der jeweiligen Gesellschaft aus dem Konsolidierungskreis erfolgsneutral im Eigenkapital im Posten 'Eigenkapitaldifferenz aus Währungsumrechnung' auszuweisen. Ein Ergebniseffekt resultiert aus der Währungsumrechnung erst bei deren (teilweiser) Realisierung durch (Teil-) Abgang des einbezogenen Unternehmens.

Beispiel 86: Währungsumrechnung im Konzernabschluss

Die Pluto Inc. erstellt ihren Einzelabschluss in USD, sie wird als Tochterunternehmen in den Konzernabschluss der Neptun AG einbezogen. Aus der Währungsumrechnung der Vergangenheit besteht im Eigenkapital eine negative Differenz aus der Währungsumrechnung in Höhe von ./. 30.000 €. Nach dem Übergang auf die Vorschriften des BilMoG resultiert aus der Umrechnung der Aktiva und Passiva der Pluto Inc. zum Devisenkassamittelkurs sowie des Eigenkapitals mit historischen Kursen und des Jahresergebnisses mit dem Durchschnittskurs eine Differenz aus der Währungsumrechnung in Höhe von + 20.000 €, die im Posten 'Eigenkapitaldifferenz aus Währungsumrechnung' auszuweisen ist. Die Veränderung der Währungsumrechnungsdifferenz um + 50.000 € wird erfolgsneutral im Konzerneigenkapital abgebildet; sie wirkt sich nicht auf die Konzern-GuV aus.

Merke:

Ab dem Übergangszeitpunkt auf das BilMoG sind die Vorschriften zur Währungsumrechnung nach § 308a HGB im Konzernabschluss anzuwenden. Bis zur Realisierung der Währungsdifferenzen durch einen (Teil-) Abgang des jeweiligen Unternehmens ergeben sich aus der Währungsumrechnung keine Ergebniseffekte; alle Umrechnungsdifferenzen werden erfolgsneutral im Eigenkapital in der 'Eigenkapitaldifferenz aus Währungsumrechnung' abgebildet.

4.3.11 Saldierung von Unterschiedsbeträgen im Konzernabschluss

Durch die Neufassung von § 301 Abs. 3 HGB entfällt ab dem Übergangszeitpunkt auf das BilMoG die Möglichkeit des saldierten Ausweises aktivischer und passivischer Unterschiedsbeträge aus der Kapitalkonsolidierung. Dies gilt einerseits für alle künftigen Erwerbsvorgänge, bezieht sich aber andererseits auch auf die im Übergangszeitpunkt auf das BilMoG bestehenden **Saldierungen.** Diese sind im Übergang aufzuheben und die jeweiligen Beträge müssen unsaldiert in der Konzernbilanz gezeigt werden.

Beispiel 87: Saldierung von Unterschiedsbeträgen

Im Konzernabschluss der Athene AG bestehen zum 31.12.2009 aktivische Unterschiedsbeträge in Höhe von 1.000.000 € und passivische Unterschiedsbeträge in Höhe von 800.000 €. Die Athene AG macht von der Saldierungsmöglichkeit des § 301 HGB a. F. Gebrauch und weist nach Saldierung eine Konzernbilanzsumme in Höhe von 3.000.000 € bei einem Konzerneigenkapital von 600.000 € aus. Im Übergang auf das BilMoG zum 01.01.2010 sind die bislang saldierten Beträge brutto auszuweisen; die Konzernbilanzsumme erhöht sich damit um den saldierten Betrag von 800.000 € auf 3.800.000 €, das Konzerneigenkapital erfährt keine Änderung. Durch den unsaldierten Ausweis aktivischer und passivischer Unterschiedsbeträge reduziert sich die Eigenkapitalquote des Athene-Konzerns von 20 % auf 16 %.

Merke:

Ab dem Übergangszeitpunkt auf das BilMoG sind alle aktivischen und passivischen Unterschiedsbeträge aus der Kapitalkonsolidierung – auch die in der Vergangenheit entstandenen – unsaldiert in der Konzernbilanz zu zeigen. Diese Neuregelung führt bei in der Vergangenheit vorgenommenen Saldierungen zu einem Absinken der Konzerneigenkapitalquote, geht jedoch nicht mit einem Ergebniseffekt einher.

4.3.12 Ausweis von Rückbeteiligungen

Durch die Neufassung von § 301 Abs. 4 HGB wird im Konzernabschluss eine parallele Regelung zum Ausweis eigener Anteile im Einzelabschluss geschaffen. Demnach sind **Rückbeteiligungen**, d. h. Anteile des Mutterunternehmens, die von in den Konzernabschluss einbezogenen Tochterunternehmen gehalten werden, nicht mehr als Aktivposten in der Konzernbilanz anzusetzen, sondern ausschließlich auf der Passivseite als Korrekturposten zum Eigenkapital auszuweisen. Diese Vorschrift gilt ab dem Übergang auf das BilMoG für alle bestehenden und künftigen Rückbeteiligungen (vgl. IDW RS HFA 28, Tz. 62).

Beispiel 88: Ausweis von Rückbeteiligungen

Die in den Konzernabschluss der Merkur AG einbezogene Apollo GmbH hält 3 % der Aktien der Merkur AG. Nach der Übernahme der Vermögensgegenstände und Schulden der Apollo GmbH in den Konzernabschluss dürfen die Anteile an der Merkur AG nicht mehr im Umlaufvermögen (wie bei der Apollo GmbH) ausgewiesen werden, sondern sind als Korrekturposten im Konzerneigenkapital abzuziehen. Dies führt zu einer Reduktion der Konzerneigenkapitalquote.

Merke:

Ab dem Übergangszeitpunkt auf das BilMoG sind alle Rückbeteiligungen – auch bei in der Vergangenheit erworbenen Anteilen – als Korrekturposten im Konzerneigenkapital auszuweisen; eine Berücksichtigung als Aktivposten kommt nicht mehr in Frage. Diese Neuregelung führt ceteris paribus zu einem geringeren Eigenkapital und folglich einem Absinken der Konzerneigenkapitalquote, geht jedoch nicht mit einem Ergebniseffekt einher.

4.3.13 Abgrenzung latenter Steuern (Konzernabschluss)

Hinsichtlich der Abgrenzung latenter Steuern erfolgt durch das BilMoG ein **Systemwechsel** von der bisher anzuwendenden GuV-orientierten Sichtweise zu einer bilanzorientierten Abgrenzungskonzeption. Demnach sind – bezogen auf den Konzernabschluss – auf alle nicht-permanenten Differenzen zwischen den handelsrechtlichen Wertansätzen der Vermögensgegenstände, Schulden und Rechnungsabgrenzungsposten und deren steuerlichen Wertansätzen, die sich aus der Konsolidierung ergeben, latente Steuern abzugrenzen, sofern es sich nicht um einen von einem expliziten Ansatzverbot latenter Steuern erfassten Sachverhalt handelt. Sofern sich aus der erstmaligen Anwendung der §§ 274 und 306 HGB in der neuen Fassung Aufwendungen und Erträge ergeben, sind diese im Übergangszeitpunkt unmittelbar mit den Gewinnrücklagen zu verrechnen. Darüber hinaus sind nach Art. 67 Abs. 6 EGHGB Zuführungen zu bzw. Auflösungen von latenten Steuern, die nach den §§ 274, 306 HGB entstehen, weil

▶ die aus der Auflösung von Rückstellungen resultierenden Beträge gem. Art. 67 Abs. 1 Satz 3 EGHGB,

▶ die aus der Auflösung von Aufwandsrückstellungen nach § 249 Abs. 1 Satz 3 und Abs. 2 HGB a. F., Sonderposten mit Rücklageanteil nach §§ 247 Abs. 3, 273 HGB a. F. und Rechnungsabgrenzungsposten i. S. v. § 250 Abs. 1 Satz 2 HGB a. F. resultierenden Beträge gem. Art. 67 Abs. 3 Satz 2 EGHGB oder

▶ die aus der Zuschreibung von in Vorjahren vorgenommenen außerplanmäßigen Abschreibungen gemäß §§ 253, 254 und 279 HGB a. F. resultierenden Beträge gem. Art. 67 Abs. 4 Satz 2 EGHGB

unmittelbar in die Gewinnrücklagen eingestellt werden, ebenfalls unmittelbar ergebnisneutral in die Gewinnrücklagen einzustellen.

Den aus Sicht der Konzernrechnungslegung – unabhängig von den Handelsbilanzen II – typischen Anwendungsfall von im Zeitpunkt des Übergangs auf das BilMoG zu berücksichtigenden latenten Steuern stellen latente Steuern im Rahmen der Kapitalkonsolidierung dar. Auf die im Übergangszeitpunkt bestehenden Bewertungsunterschiede zwischen den Einzelabschlusswerten der Tochterunternehmen und den konzernbilanziellen Wertansätzen sind nunmehr verpflichtend latente Steuern erfolgsneutral abzugrenzen und in der Folge korrespondierend zu der Wertentwicklung der zugrunde liegenden Bilanzposten erfolgswirksam aufzulösen.

Beispiel 89: Abgrenzung latenter Steuern bei der Kapitalkonsolidierung im Übergangszeitpunkt

Die Neptun AG hat im Jahr 2006 eine 100%-ige Beteiligung an der Pluto GmbH erworben. Im Rahmen der Kaufpreisallokation wurden bei einem abnutzbaren Vermögensgegenstand stille

Reserven in Höhe von 300.000 € aufgedeckt; auf die Abgrenzung passiver latenter Steuern wurde verzichtet. Zum 01.01.2010 beträgt der Wertansatz des betreffenden Vermögensgegenstands 700.000 € in der Handelsbilanz I und 850.000 € in der Konzernbilanz. Auf den zum 01.01.2010 bestehenden Bewertungsunterschied sind nunmehr verpflichtend passive latente Steuern erfolgsneutral abzugrenzen und in der Folge korrespondierend zu den Abschreibungen des Vermögensgegenstands (und der dadurch bedingten Entwicklung der Wertansatzdifferenz) erfolgswirksam aufzulösen.

Merke:

Die Neukonzeption der Abgrenzung latenter Steuern stellt eine der weit reichendsten Neuerungen des BilMoG dar. Durch den Übergang auf die neue Abgrenzungssystematik bedingte Umstellungseffekte (Aufwendungen und Erträge) sind erfolgsneutral mit den Gewinnrücklagen zu verrechnen. Gleiches gilt für auf erfolgsneutralen Sachverhalten basierende latente Steuern. Im Rahmen der Konsolidierung von wesentlicher Bedeutung ist, dass ab dem Übergangszeitpunkt auf das BilMoG im Rahmen der Kapitalkonsolidierung latente Steuern erfolgsneutral abzugrenzen und im Zeitablauf erfolgswirksam fortzuschreiben sind.

4.4 Ergebniswirksame Umstellungseffekte: Ausweis in der Gewinn- und Verlustrechnung

Zu den Grundsätzen der Umstellung auf das BilMoG zählt, dass die Effekte aus dem Übergang auf das neue Bilanzrecht **grundsätzlich erfolgswirksam** zu erfassen sind. Nach Art. 67 Abs. 7 EGHGB sind Aufwendungen und Erträge aus der Umstellung unter den "Außerordentlichen Aufwendungen" bzw. "Außerordentlichen Erträgen" in der Gewinn- und Verlustrechnung zu zeigen. Dadurch soll vermieden werden, dass das operative Betriebsergebnis nicht durch Umstellungseffekte verwässert wird. Erfolgt die BilMoG-Umstellung erfolgsneutral, wird dies im EGHGB gesondert geregelt. Dazu gilt es anzumerken, dass aufgrund der detaillierten Umstellungsregeln des EGHGB die erfolgsneutrale Umstellung der Regelfall ist.

Allerdings führt das IDW in IDW RS HFA 28, Tz. 12 aus, dass eine erfolgsneutrale Umstellung nur einmalig im Umstellungszeitpunkt zum 01.01.2010 möglich ist. Werden also Beibehaltungs- bzw. Fortführungswahlrechte des EGHGB ausgeübt und eine Umstellung nicht auf den 01.01.2010 umgesetzt, in späteren Jahren jedoch Auflösungen bzw. Zuschreibungen vorgenommen, so kann dies nicht mehr erfolgsneutral erfolgen. Diese Auflösungen und Zuschreibungen in späteren Geschäftsjahren sind dann ebenfalls im außerordentlichen Ergebnis zu zeigen.

In folgenden Fällen sieht der Gesetzgeber Beibehaltungs- und Fortführungswahlrechte im Umstellungszeitpunkt vor:

► Rückstellungen nach Art. 67 Abs. 1 EGHGB,

► entfallene Aufwandsrückstellungen nach Art. 67 Abs. 3 EGHGB,

► entfallene Sonderposten mit Rücklageanteil nach Art. 67 Abs. 3 EGHGB,

► entfallene Rechnungsabgrenzungsposten nach Art. 67 Abs. 3 EGHGB,

► entfallene außerplanmäßige Abschreibungen nach Art. 67 Abs. 4 EGHGB,

► Bilanzierungshilfe für Aufwendungen für Ingangsetzung und Erweiterung des Geschäftsbetriebs nach Art. 67 Abs. 5 EGHGB.

Ein weiterer Grundsatz des Übergangs auf das neue Bilanzrecht ist die **Retrospektivität**. Nur bei der grundsätzlich rückwirkenden Umstellung kann es zu erfolgswirksamen Umstellungseffekten kommen, die im außerordentlichen Ergebnis darzustellen sind. Die prospektive Anwendung ist im EGHGB ausdrücklich geregelt. In diesen Fällen sind ergebniswirksame Umstellungseffekte nicht möglich.

In folgenden Fällen sieht das EGHGB eine ausdrückliche erfolgswirksame Umstellung vor:

► "außerordentliche Erträge" aus der Auflösung von **Aufwandsrückstellungen**, die im letzten Geschäftsjahr vor der Umstellung gebildet wurden nach Art. 67 Abs. 3 EGHGB,

► "außerordentliche Aufwendungen" aus der Zuführung von unterdotierten **Pensionsrückstellungen** nach Art. 67 Abs. 1 EGHGB,

► "außerordentliche Aufwendungen" aus der Auflösung der **Bilanzierungshilfe** "Aufwendungen für die Ingangsetzung und Erweiterung des Geschäftsbetriebs" nach § 269 HGB a. F. nach Art. 67 Abs. 5 EGHGB und

► "außerordentliche Erträge" aus der Rückgängigmachung von **Abschreibungen** nach vernünftiger kaufmännischer Beurteilung nach § 253 Abs. 4 HGB a. F. und von Wertschwankungsabschreibungen nach § 253 Abs. 3 Satz 3 HGB a. F., die im letzten Geschäftsjahr vor der Umstellung vorgenommen wurden, nach Art. 67 Abs. 4 EGHGB.

In folgenden weiteren Fällen kann sich eine erfolgswirksame Umstellung ergeben, da der Gesetzgeber den Übergang ausdrücklich nicht ergebnisneutral geregelt hat und die neuen Bilanzierungsvorschriften retrospektiv anzuwenden sind. Auch in diesen Fällen hat der Ausweis als "außerordentlicher Effekt" zu erfolgen:

▶ Umbewertung bei Anwendung eines neuen **Verbrauchsfolgeverfahrens** zur Vorratsbewertung zum 01.01.2010,

▶ Bewertung von mit Schulden aus Altersversorgungsverpflichtungen oder vergleichbaren langfristig fälligen Verpflichtungen saldierten Vermögensgegenständen zum **Zeitwert**,

▶ geänderte **Bewertung von sonstigen Rückstellungen und Verbindlichkeiten** (Bewertung zum Erfüllungsbetrag und Abzinsungseffekte),

▶ **Währungsumrechnung** aller zum 01.01.2010 vorliegender Bilanzposten in fremder Währung zum Devisenkassamittelkurs.

Die außerordentlichen Ergebnisse aus der Umstellung der Rechnungslegung auf das BilMoG ergeben sich allein auf Ebene des (jeweiligen) Einzelabschlusses. Alle konzernspezifischen Umstellungseffekte sind erfolgsneutral zu erfassen.

"Außerordentliche Aufwendungen" bzw. "außerordentliche Erträge" ergeben sich auch dann, wenn Bilanzposten nach den Wahlrechten des Art. 67 EGHGB zunächst über den Umstellungszeitpunkt hinaus fortgeführt werden und in späteren Geschäftsjahren ergebniswirksam aufgelöst werden (vgl. IDW RS HFA 28, Tz. 27 und Tz. 12).

Gemäß § 277 Abs. 4 HGB besteht für Kapitalgesellschaften die Pflicht, die aus der Umstellung resultierenden Aufwendungen und Erträge im Anhang zu erläutern, sofern die Beträge für die Beurteilung der Ertragslage nicht von untergeordneter Bedeutung sind.

Effekte aus der **erstmaligen Anwendung der Neuregelungen der §§ 274, 306 HGB** sind nach Art. 67 Abs. 6 EGHGB grundsätzlich erfolgsneutral zu erfassen. Dies gilt allerdings dann nicht, wenn einzelne Anpassungen an die neuen Regelungen erfolgswirksam vorgenommen werden. In diesen Fällen sind auch die auf die Anpassungen entfallenden latenten Steuern erfolgswirksam zu berücksichtigen. Dies ergibt sich nicht zuletzt aus dem Umkehrschluss aus Art. 67 Abs. 6 Satz 2 EGHGB (so auch IDW RS HFA 28, Tz. 53). Beispiele für eine derartige erfolgswirksame Erfassung latenter Steuern sind bspw. die erfolgswirksame Anpassung der Pensionsrückstellungen oder sonstigen Rückstellungen sowie die Zeitwertbewertung des Pensionsvermögens.

Aus der erstmaligen Anwendung der **Neuregelungen zur Konzernrechnungslegung** resultieren keine erfolgswirksamen Effekte. Zum einen sind wesentliche Neuregelungen des BilMoG prospektiv anzuwenden; zum anderen geht auch die erstmalige Anwendung der Neuregelungen nicht mit erfolgswirksamen Effekten einher. Dies gilt für die Saldierung von Unterschiedsbeträgen und den Ausweis von Rückbeteiligungen, bei denen es sich um reine Ausweisfragen handelt, ebenso wie für die Währungsumrechnung, bei der Differenzen bis zu ihrer Realisierung durch einen (Teil-) Abgang grundsätzlich erfolgsneutral zu behandeln sind. Für die erstmalige Anwendung der Neufassung von § 306 HGB ist die erfolgsneutrale Erfassung der daraus resultierenden Aufwendungen und Erträge im EGHGB explizit festgelegt.

Hinsichtlich weiterer Auswirkungen, die das BilMoG auf die handelsrechtliche Erfolgsrechnung hat, wird auf die Ausführungen an anderer Stelle verwiesen (→ vgl. Kapitel 2.9).

Merke:

Die Auswirkungen der Umstellung auf die neuen Regelungen für den Erfolgsausweis sind genau zu analysieren. Zwar erleichtert der grundsätzliche Ausweis umstellungsbedingter Einmaleffekte im außerordentlichen Bereich die Erfolgsquellenanalyse; eine gesonderte Würdigung einzelner Sachverhalte muss dennoch vorgenommen werden. Aus der erstmaligen Anwendung der Vorschriften zur Konzernrechnungslegung resultieren keine erfolgswirksamen Effekte.

4.5 Erfolgsneutrale Effekte der Umstellung im Eigenkapital

4.5.1 Vorbemerkungen

Grundsätzlich soll die Umstellung auf das neue Bilanzrecht erfolgswirksam erfolgen. Das EGHGB sieht jedoch in Art. 67 EGHGB die erfolgsneutrale Umstellung einiger Bilanzposten vor. Allerdings führt das IDW in IDW RS HFA 28, Tz. 12 aus, dass eine erfolgsneutrale Umstellung nur einmalig im Umstellungszeitpunkt zum 01.01.2010 möglich ist. Werden also Beibehaltungs- bzw. Fortführungswahlrechte des EGHGB ausgeübt und eine Umstellung nicht auf den 01.01.2010 umgesetzt, in späteren Jahren jedoch Auflösungen bzw. Zuschreibungen vorgenommen, so kann dies nicht mehr erfolgsneutral erfolgen.

Über die Handelsbilanzen II der in einen Konzernabschluss einbezogenen Unternehmen, die nach konzerneinheitlichen Bilanzierungs- und Bewertungsvorgaben zu erstellen sind, finden die nachstehenden erfolgsneutralen Effekte der Umstellung im Eigenkapital auch Eingang in die konsolidierte Rechnungslegung.

4.5.2 Überdotierte Rückstellungen

Erfordert die Änderung der Rückstellungsbewertung eine Auflösung von Rückstellungen (sog. **überdotierte Rückstellungen**), so kann die Auflösung gemäß Art. 67 Abs. 1 Satz 2 EGHGB unterbleiben, sofern der Auflösungsbetrag bis spätestens zum 31.12.2024 wieder zugeführt werden müsste. Hierdurch wird vermieden, dass im Jahr der erstmaligen Anwendung der neuen Vorschrift zur Rückstellungsbewertung Rückstellungen aufgelöst werden, die dann in den folgenden Jahren wieder zugeführt werden. Nimmt der Bilanzierende die Möglichkeit nach Art. 67 Abs. 1 Satz 2 EGHGB nicht in Anspruch, müssen die aus der Auflösung resultierenden Beträge unmittelbar erfolgsneutral in die Gewinnrücklagen eingestellt werden.

4.5.3 Bisher bilanzierte Aufwandsrückstellungen, Sonderposten mit Rücklageanteil und Rechnungsabgrenzungsposten

Das Wahlrecht zur Passivierung von **Aufwandsrückstellungen** wird durch das BilMoG abgeschafft. Es verbleibt lediglich die Passivierungspflicht für Instandhaltungsmaßnahmen in den ersten drei Monaten des folgenden Geschäftsjahres. Nach Art. 67 Abs. 3 EGHGB steht der Bilanzierende vor der Wahl, Aufwandsrückstellungen nach § 249 Abs. 1 Satz 3 und Abs. 2 HGB a. F., **Sonderposten mit Rücklageanteil** nach §§ 247 Abs. 3, 273 HGB a. F. und **Rechnungsabgrenzungsposten** i. S. v. § 250 Abs. 1 Satz 2 HGB a. F., die im Abschluss für das letzte vor dem 01.01.2010 beginnende Geschäftsjahr enthalten waren, zum Übergangszeitpunkt unter Anwendung der für sie geltenden Vorschriften des HGB a. F. beizubehalten oder unmittelbar ergebnisneutral in die Gewinnrücklagen einzustellen.

Hinsichtlich der Rückstellungen nach § 249 Abs. 1 Satz 3 und Abs. 2 HGB a. F. ist es den Unternehmen auch erlaubt, diese teilweise beizubehalten. Eine Ausnahme vom Beibehaltungswahlrecht nach Art. 67 Abs. 3 Satz 1 EGHGB gilt jedoch für solche Beträge, die im letzten vor dem 01.01.2010 beginnenden Geschäftsjahr in die Aufwandsrückstellungen nach § 249 Abs. 1 Satz 3 und Abs. 2 HGB a. F. eingestellt werden (Art. 67 Abs. 3 Satz 2 EGHGB). Eine Auflösung hat in diesem Fall ergebniswirksam zu erfolgen.

4.5.4 Bisher vorgenommene außerplanmäßige Abschreibungen

Die bestehenden Wahlrechte zur Vornahme außerplanmäßiger Abschreibungen werden durch die Gesetzesreform stark eingeschränkt. Die Abschreibungen wegen künftiger Wertschwankungen und nach vernünftiger kaufmännischer Beurteilung sind nicht mehr zulässig. Art. 67 Abs. 4 EGHGB erlaubt den Unternehmen, niedrigere Wertansätze von Vermögensgegenständen, die auf Abschreibungen nach §§ 253 Abs. 3 Satz 3, 253 Abs. 4 HGB a. F. oder nach §§ 254, 279 Abs. 2 HGB a. F. beruhen und in Geschäftsjahren, die vor dem 01.01.2010 beginnen, vorgenommen wurden, unter Anwendung der für sie geltenden Vorschriften des HGB a. F. fortzuführen. Alternativ können die aus einer **Zuschreibung** resultierenden Beträge unmittelbar in die Gewinnrücklagen eingestellt werden: Letzteres gilt nicht für Abschreibungen, die im letzten vor dem 01.01.2010 beginnenden Geschäftsjahr vorgenommen wurden. Diese müssen vielmehr erfolgswirksam korrigiert werden.

4.5.5   Latente Steuern

Art. 67 Abs. 6 EGHGB befasst sich mit der Frage, wie Zuführungen zu und Auflösungen von latenten Steuern im Rahmen der erstmaligen Anwendung der §§ 274, 306 HGB zu behandeln sind. So sind Aufwendungen und Erträge, die hieraus entstehen, unmittelbar mit den Gewinnrücklagen zu verrechnen, mithin also ergebnisneutral zu behandeln. Dies gilt auch für Verlustvorträge, für die im Rahmen der Ausnutzung des Wahlrechts des § 274 HGB aktive latente Steuern angesetzt werden. Diese Klarstellung ist weit reichend, da die erstmalige Anwendung der Vorschriften zu latenten Steuern u. U. zu erheblichen Ergebniseffekten geführt hätte. Des Weiteren regelt Art. 67 Abs. 6 EGHGB, dass Zuführungen zu bzw. Auflösungen von latenten Steuern, die nach den §§ 274, 306 HGB entstehen, weil

▶ die aus der Auflösung von Rückstellungen resultierenden Beträge gem. Art. 67 Abs. 1 Satz 3 EGHGB,

▶ die aus der Auflösung von Aufwandsrückstellungen nach § 249 Abs. 1 Satz 3 und Abs. 2 HGB a. F., Sonderposten mit Rücklageanteil nach §§ 247 Abs. 3, 273 HGB a. F. und Rechnungsabgrenzungsposten i. S. v. § 250 Abs. 1 Satz 2 HGB a. F. resultierenden Beträge gem. Art. 67 Abs. 3 Satz 2 EGHGB oder

▶ die aus der Zuschreibung von in Vorjahren vorgenommenen außerplanmäßigen Abschreibungen gemäß §§ 253, 254 und 279 HGB a. F. resultierenden Beträge gem. Art. 67 Abs. 4 Satz 2 EGHGB

unmittelbar in die Gewinnrücklagen eingestellt werden, ebenfalls unmittelbar ergebnisneutral in die Gewinnrücklagen eingestellt werden.

4.5.6   Währungsumrechnung im Konzernabschluss

Bei der Währungsumrechnung im Konzernabschluss ergeben sich aufgrund der Umrechnung der gesamten GuV und somit des Jahresergebnisses mit dem Durchschnittskurs keine Umrechnungsdifferenzen in der GuV. Die in der Bilanz entstehenden **Währungsumrechnungsdifferenzen** sind bis zu ihrer Realisierung durch einen (Teil-) Abgang des entsprechenden Unternehmens erfolgsneutral im Posten 'Eigenkapitaldifferenz aus Währungsumrechnung' zu erfassen. Insofern führt auch die erstmalige Anwendung der neuen Vorschriften zur Währungsumrechnung lediglich zu erfolgsneutralen Effekten.

4.5.7   Saldierung von Unterschiedsbeträgen im Konzernabschluss

Beim Wegfall der **Saldierungsmöglichkeit** von Unterschiedsbeträgen aus der Kapitalkonsolidierung im Konzernabschluss handelt es sich um eine reine Ausweisfrage, die weder einen Eigenkapital- noch einen Ergebniseffekt bewirkt.

4.5.8 Ausweis von Rückbeteiligungen

Der verpflichtende Ausweis von Rückbeteiligungen im Konzernabschluss als **Korrektur-posten** im Eigenkapital auf der Passivseite der Konzernbilanz stellt eine reine Ausweisfrage dar. Die Kürzung des Eigenkapitals um die von Tochterunternehmen gehaltenen Anteile des Mutterunternehmens bewirkt jedoch eine Reduzierung des Konzerneigenkapitals und in der Folge ein Sinken der Konzerneigenkapitalquote.

Merke:

Der Gesetzgeber regelt im EGHGB einzelne Fälle, in denen die Umstellung auf das neue Bilanzrecht erfolgsneutral durch Verrechnung mit den Gewinnrücklagen erfolgt. Der Regelfall ist allerdings die ergebniswirksame Umstellung. Die erfolgsneutrale Umstellung kann nur einmalig zum 01.01.2010 durchgeführt werden. Die erstmalige Anwendung der Vorschriften zur Konzernrechnungslegung kann ebenfalls erfolgsneutrale Umstellungseffekte bedingen.

4.6 Erleichterungen für die erstmalige Anwendung der Vorschriften

Sofern sich bei der erstmaligen Anwendung der neuen bzw. geänderten Vorschriften des BilMoG die bisherige Form der Darstellung oder die bisher angewandten Bewertungsmethoden ändern, sind folgende Vorschriften bei der erstmaligen Aufstellung eines Jahres- oder Konzernabschlusses nach den durch das BilMoG geänderten Vorschriften außer Kraft gesetzt:

▶ Bewertungsstetigkeit (§ 252 Abs. 1 Nr. 6 HGB),

▶ Darstellungsstetigkeit (§ 265 Abs. 1 HGB) sowie

▶ Anhangangaben zu abweichenden Bilanzierungs- und Bewertungsmethoden (§ 284 Abs. 2 Nr. 3 HGB).

Art. 67 Abs. 8 EGHGB erleichtert somit den Unternehmen die erstmalige Anwendung der durch das BilMoG geänderten Vorschriften.

Zudem brauchen die **Vorjahreszahlen** bei erstmaliger Anwendung weder angepasst noch im Anhang erläutert werden. Es ist lediglich ein Hinweis auf diese Tatsache in den Anhang aufzunehmen. Damit wird ein faktisch um ein Jahr früherer Erstanwendungszeitpunkt, der sich bei einer Pflicht zur retrospektiven Anpassung der Vorjahreszahlen bei der erstmaligen Aufstellung eines Abschlusses nach den durch das BilMoG geänderten Vorschriften ergeben hätte, vermieden. Bilanzierende, die Bilanzposten nach den Wahlrechten des Art. 67 EGHGB zunächst fortführen und die Neuregelungen des

BilMoG erst später anwenden, können die genannten Erleichterungen nicht mehr in Anspruch nehmen (vgl. IDW RS HFA 28, Tz. 29).

Die vorgenannten Erleichterungen gelten ebenso für den Konzernabschluss. Auf die Nichtanpassung der Vorjahresbeträge ist im Anhang bzw. Konzernanhang hinzuweisen. Zudem empfiehlt es sich, die Vorjahreszahlen an das durch das BilMoG geänderte Bilanzgliederungsschema nach § 266 HGB anzupassen. Dies kommt im Besonderen hinsichtlich des Ausweises der latenten Steuern in Betracht.

Merke:

Hinsichtlich des erstmaligen BilMoG-Abschlusses ist eine Vergleichbarkeit mit dem Vorjahresabschluss nicht gegeben. Dies schränkt die unmittelbar bestehenden bilanzanalytischen Möglichkeiten erheblich ein. Andererseits dokumentieren die gesetzlichen Erleichterungen, welch deutlichem Bruch die handelsrechtliche Rechnungslegung mit dem Übergang auf das neue Bilanzrecht unterliegt.

4.7 Zusammenfassung

Die Übergangsvorschriften des BilMoG weisen, bezogen auf die einzelnen Regelungen, einen weiten bilanzpolitischen Spielraum auf. Der Gesetzgeber sieht durch die zum Teil mögliche "Korrektur" bestimmter Bilanzpositionen gegen die Gewinnrücklagen einen bewussten, gesetzlich kodifizierten Verstoß gegen das Kongruenzprinzip vor. Einer ergebniswirksamen Berücksichtigung bei der erstmaligen Bilanzierung einzelner Sachverhalte steht eine ergebnisneutrale Behandlung im Übergangszeitpunkt gegenüber. Zum 01.01.2010 ergibt sich der Umfang der maximal möglichen Bilanzpolitik aus einer **Vielzahl gesetzlicher Wahlrechte und faktischer Ermessensspielräume.** Der Bilanzierende kann zum Teil frei wählen, wie er die Auflösung der künftig nicht mehr in der HGB-Bilanz vorgesehenen Posten vornimmt. Allerdings hat der Gesetzgeber auch Beschränkungen der bilanzpolitischen Maßnahmen – bspw. im Rahmen der Aufwandsrückstellungen – aufgenommen. Die einzelnen bilanzpolitischen Möglichkeiten zum Zeitpunkt der Umstellung auf das BilMoG werden an späterer Stelle dargestellt (→ vgl. Kapitel 6).

In Abbildung 103 wird überblicksartig der "typische" Effekt, der sich aus der Anwendung der Übergangsvorschriften und unter Berücksichtigung der gegenläufigen Wirkung der latenten Steuern ("*net of tax*") auf Eigenkapital und Jahresüberschuss ergibt, dargestellt.

	Quantitative Sichtweise	
	Ausweis eines möglichst hohen Eigenkapitals/eines möglichst hohen Ergebnisses	Ausweis eines möglichst geringen Eigenkapitals/eines möglichst geringen Ergebnisses
Aktivierungswahlrecht für selbst geschaffene immaterielle Vermögensgegenstände des Anlagevermögens nach §§ 248 Abs. 2, 255 Abs. 2a HGB	Möglich durch Ausübung des Wahlrechts beginnend ab Umstellungszeitpunkt (im Jahr der Aktivierung; später aufwandswirksame Abschreibung)	Möglich durch Nichtausübung des Wahlrechts
Bewertung von Pensionsrückstellungen nach § 253 Abs. 1 Satz 2 i. V. m. Abs. 2 HGB	Bei **Unterdotierung** führt die Verteilung des Zuführungsbetrags über max. 15 Jahre zu einem hohen Jahresergebnis bzw. Eigenkapital	Bei **Unterdotierung**: Durch frühzeitige Aufholung der zu geringen Pensionsrückstellung
	Bei **Überdotierung** kann das Eigenkapital (nicht das Jahresergebnis) durch Erfassung des zu hohen Rückstellungsbetrags in den Gewinnrücklagen gestärkt werden	Bei **Überdotierung**: Beibehaltung der zu hohen Rückstellung
Passivierungsverbot für Aufwandsrückstellungen	Durch Umbuchung in die Gewinnrücklagen (Wahlrecht) kann das Eigenkapital (nicht das Jahresergebnis; es sei denn Rückstellungsbildung erfolgte noch in 2009) positiv beeinflusst werden	Möglich durch Nichtausübung des Wahlrechts (bezogen auf das Eigenkapital; nicht auf das Jahresergebnis)
Aktivierungsverbot für Sonderposten mit Rücklageanteil	Durch Umbuchung in die Gewinnrücklagen (Wahlrecht) kann das Eigenkapital (nicht das Jahresergebnis) positiv beeinflusst werden	Möglich durch Nichtausübung des Wahlrechts (bezogen auf das Eigenkapital; nicht auf das Jahresergebnis)
Aktivierungsverbot für Rechnungsabgrenzungsposten	Durch Nichtumbuchung in die Gewinnrücklagen (Wahlrecht) kann die Verminderung des Eigenkapitals (nicht des Jahresergebnisses) vermieden werden	Möglich durch Ausübung des Wahlrechts (bezogen auf das Eigenkapital; nicht auf das Jahresergebnis)
Verbot zur außerplanmäßigen Abschreibung	Durch erfolgsneutrale Zuschreibung zugunsten der Gewinnrücklagen kann das Eigenkapital erhöht werden (nicht das Jahresergebnis; es sei denn Abschreibung erfolgte noch in 2009)	Wird die Zuschreibung unterlassen und die außerplanmäßigen Abschreibungen zunächst beibehalten, ergibt sich kein positiver Effekt für das Eigenkapital
Verbot der Aktivierung für Aufwendungen für die Ingangsetzung und Erweiterung des Geschäftsbetriebs	Indem der Aktivposten nicht sofort im Übergangszeitpunkt ergebniswirksam aufgelöst wird	Indem der Aktivposten sofort im Übergangszeitpunkt ergebniswirksam aufgelöst wird
Währungsumrechnung im Konzernabschluss	kein Ergebniseffekt; Eigenkapitaleffekt abhängig von Wechselkursentwicklung	kein Ergebniseffekt; Eigenkapitaleffekt abhängig von Wechselkursentwicklung

	Quantitative Sichtweise	
	Ausweis eines möglichst hohen Eigenkapitals/eines möglichst hohen Ergebnisses	Ausweis eines möglichst geringen Eigenkapitals/eines möglichst geringen Ergebnisses
Verbot der Saldierung von Unterschiedsbeträgen im Konzernabschluss	weder Ergebnis-, noch Eigenkapitaleffekt, aber ggf. sinkende Eigenkapitalquote	weder Ergebnis-, noch Eigenkapitaleffekt, aber ggf. sinkende Eigenkapitalquote
Ausweis von Rückbeteiligungen	zwar kein Ergebniseffekt, aber unvermeidbare Reduktion des Eigenkapitals und in der Folge Absinken der Eigenkapitalquote	zwar kein Ergebniseffekt, aber unvermeidbare Reduktion des Eigenkapitals und in der Folge Absinken der Eigenkapitalquote
Übergang auf bilanzorientierte Abgrenzung latenter Steuern nach § 306 HGB	aufgrund erfolgsneutralen Übergangs kein Ergebniseffekt; Eigenkapitaleffekt abhängig vom Überwiegen aktiver oder passiver latenter Steuern	aufgrund erfolgsneutralen Übergangs kein Ergebniseffekt; Eigenkapitaleffekt abhängig vom Überwiegen aktiver oder passiver latenter Steuern

ABB. 103: Regelmäßiger Effekt aus der Anwendung der Übergangsvorschriften
(Quantitative Sichtweise)

Neben die quantitative Sichtweise tritt die qualitative Zielsetzung (→ vgl. Kapitel 2.1). Abbildung 104 stellt für die einzelnen Übergangseffekte die entsprechenden Handlungsalternativen in Abhängigkeit der vom Bilanzierenden verfolgten qualitativen Bilanzpolitik dar.

	Qualitative Sichtweise		
	Annäherung an die steuerliche Rechnungslegung	Möglichst geringe Abweichungen zum alten Recht	Annäherung an die IFRS
Aktivierungswahlrecht für selbst geschaffene immaterielle Vermögensgegenstände des Anlagevermögens nach §§ 248 Abs. 2, 255 Abs. 2a HGB	Ausübung des Wahlrechts beginnend ab Umstellungszeitpunkt führt zu Abweichung von steuerlicher Rechnungslegung, da § 5 Abs. 2 EStG ein Aktivierungsverbot vorsieht	Erreichbar durch Nichtausübung des Wahlrechts	Ausübung des Wahlrechts führt zu Annäherung an die IFRS, da die IFRS eine Aktivierungspflicht vorsehen
Bewertung von Pensionsrückstellungen nach § 253 Abs. 1 Satz 2 i. V. m. Abs. 2 HGB	Wahlrechte im Übergangszeitpunkt haben hier keine Auswirkung	Durch das Hinausschieben der Anpassung der Rückstellungen kann das Entfernen vom HGB a. F. verzögert werden	Wahlrechte im Übergangszeitpunkt haben hier keine Auswirkung
Passivierungsverbot für Aufwandsrückstellungen	Werden Aufwandsrückstellungen sofort zugunsten der Gewinnrücklagen aufgelöst, kommt es schneller zu Annäherung an das Steuerrecht	Werden Aufwandsrückstellungen zunächst beibehalten, wird das Entfernen vom HGB a. F. verzögert	Werden Aufwandsrückstellungen sofort zugunsten der Gewinnrücklagen aufgelöst, kommt es schneller zu Annäherung an die IFRS
Aktivierungsverbot für Sonderposten mit Rücklageanteil	Werden Sonderposten mit Rücklageanteil möglichst lange beibehalten, bleibt es länger bei einer mit der Steuerbilanz übereinstimmenden Bilanzierung	Werden Sonderposten mit Rücklageanteil zunächst beibehalten, wird das Entfernen vom HGB a. F. verzögert	Werden Sonderposten mit Rücklageanteil sofort zugunsten der Gewinnrücklagen aufgelöst, kommt es schneller zu Annäherung an die IFRS
Aktivierungsverbot für Rechnungsabgrenzungsposten	Werden Rechnungsabgrenzungsposten möglichst lange beibehalten, bleibt es länger bei einer mit der Steuerbilanz übereinstimmenden Bilanzierung	Werden Rechnungsabgrenzungsposten zunächst beibehalten, wird das Entfernen vom HGB a. F. verzögert	Werden Rechnungsabgrenzungsposten sofort gegen die Gewinnrücklagen aufgelöst, kommt es schneller zu Annäherung an die IFRS
Verbot zur außerplanmäßigen Abschreibung	Je schneller die außerplanmäßigen Abschreibungen revidiert werden, desto schneller kommt es zur Annäherung an die Steuerbilanz	Je länger die Zuschreibung hinausgezögert wird, desto länger bleibt es bei der alten handelsrechtlichen Bilanzierung	Je schneller die außerplanmäßigen Abschreibungen revidiert werden, desto schneller kommt es zur Annäherung an die IFRS

	Qualitative Sichtweise		
	Annäherung an die steuerliche Rechnungslegung	Möglichst geringe Abweichungen zum alten Recht	Annäherung an die IFRS
Verbot der Aktivierung für Aufwendungen für die Ingangsetzung und Erweiterung des Geschäftsbetriebs	Wird der Aktivposten möglichst schnell revidiert, kommt es schneller zu einer mit der Steuerbilanz übereinstimmenden Bilanzierung	Wird die Auflösung des Aktivpostens verzögert, bleibt es länger bei der Bilanzierung gemäß HGB a. F.	Wird der Aktivposten möglichst schnell revidiert, kommt es schneller zu einer Annäherung an die IFRS
Währungsumrechnung im Konzernabschluss	n/a	abhängig von bisheriger Vorgehensweise bei Währungsumrechnung, künftig verbindliche Festlegung	nicht möglich, da nach IFRS Konzept der funktionalen Währung
Verbot der Saldierung von Unterschiedsbeträgen im Konzernabschluss	n/a	bei bisherigem Verzicht auf Saldierungsmöglichkeit	nur bedingt, da zwar keine Saldierung, aber auch kein Ausweis passivischer Unterschiedsbeträge
Ausweis von Rückbeteiligungen	n/a	keine Möglichkeit aufgrund verbindlicher Neuregelung des Ausweises	resultiert aus verpflichtender Korrektur von Rückbeteiligungen im Eigenkapital
Übergang auf bilanzorientierte Abgrenzung latenter Steuern nach § 306 HGB	n/a	aufgrund grundlegender Neukonzeption nicht möglich; Ausdehnung des Umfangs über bisherige Regelung hinaus	resultiert aus grundlegender Neukonzeption

ABB. 104: Regelmäßiger Effekt aus der Anwendung der Übergangsvorschriften (Qualitative Sichtweise)

Über die Handelsbilanzen II der in einen Konzernabschluss einbezogenen Unternehmen, die nach konzerneinheitlichen Bilanzierungs- und Bewertungsvorgaben zu erstellen sind, finden die beschriebenen Übergangseffekte in der einzelgesellschaftlichen Rechnungslegung auch Eingang in die konsolidierte Rechnungslegung und beeinflussen so die Umsetzung der definierten Konzernbilanzpolitik.

Bezüglich des Zeitraums, über den die Übergangseffekte zu berücksichtigen sind, enthalten die Übergangsvorschriften – bspw. mit Blick auf den Bereich der Pensionsrückstellungen – Möglichkeiten zur Vornahme einer bewussten, periodenbezogenen Beeinflussung.

Mit Blick auf die letztmalige Anwendung der Alt-Regelungen eröffnet sich dem Bilanzierenden zum 31.12.2009 letztmals die Möglichkeit, bewusste Bilanzierungsentscheidungen zu treffen, um einzelne Möglichkeiten, die sich aus der Anwendung der Übergangsvorschriften ergeben, künftig für sich nutzen zu können (→ vgl. zu im Vorfeld möglicher Bilanzpolitik Kapitel 5). Im Einzelfall ist auf die Bedeutung faktischer Ermessensspielräume zusätzlich hinzuweisen. Die Abgrenzung einzelner Zeitpunkte und Sachverhalte sowie die bewusste Beeinflussung und Vornahme von Sachverhaltsgestaltungen können hierbei von erheblicher Bedeutung für die Darstellung der Vermögenslage zum 31.12.2009 sowie in den Folgejahren sein. Zu beachten sind die bereits für 2009 gesondert geregelten Ausnahmen für im letzten Jahr vor der Anwendung des BilMoG bilanzierte Sachverhalte im Rahmen einzelner Übergangsvorschriften.

Die bilanzpolitischen Möglichkeiten vor der Umstellung auf das BilMoG werden in Kapitel 5 dargestellt.

Merke:

Der Übergang auf das BilMoG wird sich in der Unternehmenspraxis regelmäßig nicht auf einen einmaligen, stichtagsbezogenen Übergang reduzieren lassen. Vielmehr werden die Effekte über mehrere Jahre hinweg das Bilanzbild prägen und im Einzelfall einen immer wieder erneut zum Bilanzstichtag aufflammenden bilanzpolitischen Spielraum offenbaren. Die Möglichkeiten der Übergangsregelungen konterkarieren somit zunächst die Vergleichbarkeit der handelsrechtlichen Jahresabschlüsse untereinander. Allerdings ist ein derartiger Übergang der bestehenden Regelungen auf das neue Bilanzrecht auch nicht ohne eine derart schonende (zumindest vergleichsweise schonend mögliche) Übergangsperiode zu realisieren. Die Abgrenzung latenter Steuern, die neu geregelt wird, tangiert nahezu alle Sachverhalte. Einzelne Ergebnis- respektive Eigenkapitalwirkungen werden durch den zu berücksichtigenden Steuereffekt abgemildert.

5. Bilanzpolitik und Bilanzanalyse vor der Umstellung

5.1 Vorbemerkungen

Die entscheidenden Auswirkungen auf das Bilanzbild deutscher Unternehmen im Gefolge des BilMoG werden sich zum Zeitpunkt der Umstellung und in der Folgezeit ergeben. Dieser Befund darf aber nicht darüber hinwegtäuschen, dass – neben einer grundsätzlich möglichen früheren Anwendung der Regelungen in Gänze (→ vgl. hierzu Kapitel 9) – bereits im Jahr 2009 **bilanzpolitische Weichenstellungen** erfolgen können und im Einzelfall auch erfolgen sollten.

Die Ausführungen zur erstmaligen Anwendung der Neuregelungen (→ vgl. hierzu Kapitel 4) haben die Fülle von Übergangseffekten verdeutlicht. Abhängig von den unternehmensindividuellen Sachverhalten nimmt die Umstellung einen wesentlichen Einfluss auf die Darstellung der Vermögens- und Ertragslage des Unternehmens. Die Würdigung der einzelnen bilanzpolitischen Möglichkeiten zum Zeitpunkt der Umstellung (→ vgl. hierzu Kapitel 6) sowie in der Folgezeit (→ vgl. hierzu Kapitel 7) muss hierbei in den Zusammenhang mit vorbereitenden, in 2009 auftretenden Fragestellungen gerückt werden.

Bereits die bilanzpolitischen Entscheidungen im Jahr 2009 zeichnen für die Effekte aus der Umstellung sowie die grundsätzlichen Folgewirkungen verantwortlich. Es obliegt damit dem Bilanzierenden, schon heute die entsprechenden BilMoG-Auswirkungen der Zukunft dem Grunde sowie der Höhe nach zu beeinflussen.

5.2 Bilanzpolitische Aspekte

Mit Blick auf die Umstellung der Rechnungslegung auf das BilMoG kann der Bilanzierende verschiedene bilanzpolitische Maßnahmen ergreifen, um

▶ die Bilanzierung, Bewertung und Berichterstattung bereits im Jahr 2009 an die neuen Regelungen anzupassen,

▶ die Übergangseffekte möglichst gering zu gestalten,

▶ die Übergangseffekte möglichst ergebnis- bzw. eigenkapitalerhöhend oder

▶ die Übergangseffekte möglichst ergebnis- bzw. eigenkapitalreduzierend zu gestalten.

Hinsichtlich der allgemeinen bilanzpolitischen Zielsetzung, die Bilanzierung, Bewertung und Berichterstattung an die neuen Regelungen frühzeitig anzunähern, stehen dem Bilanzierenden verschiedene Möglichkeiten zur Verfügung. Im Besonderen kann bereits für 2009 eine freiwillige Aufwertung der Anhangberichterstattung um ab 2010 geforderte Angaben erfolgen. Zugleich kann – unter Beachtung des Stetigkeitsgebots – auf die Ausübung einzelner Ansatz-, Bewertungs- und Ausweiswahlrechte verzichtet werden. In Abhängigkeit des betrachteten Sachverhaltes kann auch die Ausübung eines bestehenden Wahlrechts angebracht sein. Im Ergebnis werden sich die entsprechenden Anpassungsbedarfe aus der verfolgten bilanzpolitischen Zielsetzung mit Blick auf den Umstellungszeitpunkt ergeben.

Die vorstehenden Befunde gelten für den Einzelabschluss ebenso wie für den Konzernabschluss. Auch wenn die meisten Neuregelungen im Bereich der konsolidierten Rechnungslegung (→ vgl. hierzu Kapitel 3) prospektiv anzuwenden sind, kann im Einzelfall die freiwillige Konsolidierung einer Gesellschaft im Konzernabschluss zum 31.12.2009 sinnvoll sein, um spätere Auswirkungen der verpflichtenden Anwendung der Neubewertungsmethode zu verhindern.

Einen zentralen Punkt im Hinblick auf die noch im Jahr 2009 zu ergreifenden bilanzpolitischen Maßnahmen stellt die bewusste Steuerung bestimmter Sachverhaltsrealisationen dar. Da das BilMoG hinsichtlich der Vielzahl neuer Regelungen zwischen unmittelbar wirkenden Normen und alleine prospektiv anzuwendenden Regelungen unterscheidet (→ vgl. Kapitel 4.2), kommt vor allem den Sachverhalten eine besondere Bedeutung zu, deren bilanzielle Handhabe in 2009 sich deutlich von der ab 01.01.2010 möglichen oder zwingenden Vorgehensweise unterscheidet. Im Zentrum der Sachverhaltsgestaltungen stehen hierbei folgende Aspekte:

▶ Beeinflussung des Erwerbs von Unternehmen im Rahmen eines asset deal bis zum 31.12.2009 sowie ab dem 01.01.2010: In Abhängigkeit des Erwerbszeitpunkts bestehen unterschiedliche Ansatzkonzeptionen hinsichtlich eines entgeltlich erworbenen Geschäfts- oder Firmenwerts (→ vgl. Kapitel 4.3).

▶ Beeinflussung des Erwerbs von Unternehmen im Rahmen eines share deal bis zum 31.12.2009 sowie ab dem 01.01.2010: In Abhängigkeit des Erwerbszeitpunkts bestehen unterschiedliche Ansatzkonzeptionen hinsichtlich eines entgeltlich erworbenen Geschäfts- oder Firmenwerts (→ vgl. Kapitel 4.2.3).

▶ Beginn von Herstellungsvorgängen: Die bilanzielle Bewertung selbst erstellter Güter richtet sich nach dem Beginn des Herstellungsvorgangs. In Abhängigkeit dieses Zeitpunkts (bis zum 31.12.2009 oder danach) ergeben sich im Einzelfall zwingende Bewertungsfolgen (→ vgl. Kapitel 4.4).

► Start der Entwicklungsphase: In Abhängigkeit von der Fragestellung, ob mit der Entwicklung bereits vor dem 31.12.2009 oder nach diesem Stichtag begonnen wurde, stellt sich die Ansatzmöglichkeit der entsprechenden Aufwendungen in der Bilanz (→ vgl. Kapitel 4.5).

► Beeinflussung des Erwerbs von Tochterunternehmen bis zum 31.12.2009 sowie ab dem 01.01.2010: In Abhängigkeit des Erwerbszeitpunkts können entweder noch die Buchwertmethode oder die Neubewertungsmethode sowie unterschiedliche Zeitpunkte der Kapitalaufrechnung zur Anwendung gelangen oder die Einschränkungen des BilMoG für Erwerbsvorgänge ab dem Übergangszeitpunkt sind vollumfänglich zu berücksichtigen (→ vgl. Kapitel 4.2.8).

► Beeinflussung des Erwerbs von Anteilen an assoziierten Unternehmen bis zum 31.12.2009 sowie ab dem 01.01.2010: In Abhängigkeit des Erwerbszeitpunkts können entweder noch die Buchwertmethode oder die Kapitalanteilsmethode sowie unterschiedliche Ermittlungszeitpunkte des anteiligen Eigenkapitals zur Anwendung gelangen oder die Einschränkungen des BilMoG für Erwerbsvorgänge ab dem Übergangszeitpunkt sind vollumfänglich zu berücksichtigen (→ vgl. Kapitel 4.2.8).

Hinsichtlich der Zielsetzung, die Umstellung auf das neue Handelsrecht möglichst ergebnis- und/oder eigenkapitalneutral zu gestalten, wird sich die Inanspruchnahme einzelner bilanzpolitischer Möglichkeiten gegenseitig bedingen. Im Ergebnis wird der Mix der verschiedenen bilanzpolitischen Maßnahmen in Summe betrachtet darauf auszurichten sein, dass sich einzelne Effekte kompensieren.

Damit kann an dieser Stelle hinsichtlich der einzelnen bilanzpolitischen Möglichkeiten im Vorfeld zur BilMoG-Umstellung zwischen den beiden Extrempositionen des Ausweises eines möglichst hohen bzw. niedrigen Umstellungseffektes unterschieden werden. Nachstehende Abbildung greift die allgemeinen Neuerungen durch das BilMoG auf und zeigt, wie der Bilanzierende bereits in 2009 unter den bis Ende 2009 gültigen Regelungen die entsprechenden Maßnahmen ergreifen kann. Hierbei nimmt die Abbildung auf die bereits dargestellten grundlegenden Änderungen, die das BilMoG für die handelsrechtliche Rechnungslegung und Berichterstattung mit sich bringt, Bezug (→ vgl. hierzu Kapitel 2). Neben der auf die quantitative Sichtweise zielenden Betrachtung wird zudem auf die qualitativen Berichtselemente sowie eine qualitative Annäherung an die neuen Bilanzierungs- und Berichtpflichten eingegangen. Hierbei tritt neben die Fragestellung eines möglichst hohen bzw. möglichst niedrigen Umstellungseffekts die Tatsache, dass in den Bereichen, in denen das BilMoG künftig eine (vom früheren Recht abweichende) verbindliche Regelung trifft, unabhängig von einem eventuellen Umstellungseffekt eine Anpassung der bilanziellen Darstellungsweise sowie Berichterstattung bereits in 2009 erfolgen kann.

Sachverhalt	Möglichst ergebnis-/ eigenkapitalerhöhender Übergang	Möglichst ergebnis-/ eigenkapitalreduzierender Übergang	Qualitative Annäherung
Aufwendungen für die Ingangsetzung und Erweiterung des Geschäftsbetriebs	Kein Handlungsbedarf	Aktivierung von in 2009 anfallenden Kosten und Aufwandsverrechnung im Zuge der Umstellung	Kein Ansatz, da ab 2010 nicht mehr möglich
Geschäfts- oder Firmenwert	Keine Auswirkungen, da prospektive Anwendung	Keine Auswirkungen, da prospektive Anwendung	Aktivierung bereits 2009, da ab 2010 Aktivierung geboten
Selbst geschaffene immaterielle Vermögensgegenstände des Anlagevermögens	Keine Auswirkungen, da prospektive Anwendung	Keine Auswirkungen, da prospektive Anwendung	Ausweitung der Berichterstattung über Forschungs- und Entwicklungsaufwendungen bereits in 2009
Sachanlagen	Vornahme von hohen Abschreibungen, die zum Umstellungszeitpunkt korrigiert werden	Kein Handlungsbedarf	Kein Handlungsbedarf in 2009
Finanzanlagen und Wertpapiere	Vornahme von hohen Abschreibungen, die zum Umstellungszeitpunkt korrigiert werden	Kein Handlungsbedarf	Ausweitung der Berichterstattung zur Zeitwertbewertung bei bestimmten Finanzanlagen
Herstellungskosten	Keine Auswirkungen, da prospektive Anwendung	Keine Auswirkungen, da prospektive Anwendung	Vorzeitiger Wechsel zum Ansatz der produktionsbezogenen Vollkosten bereits ab 2009
Vorratsvermögen	Vornahme außerplanmäßiger Abschreibun- gen, die zum Umstellungszeitpunkt korrigiert werden	Kein Handlungsbedarf	Umstellung auf Anwendung der LIFO- oder FIFO-Methode, wenn zuvor eine andere Verbrauchsfolge angewandt wurde
Aktive Rechnungsabgrenzungsposten	Kein Handlungsbedarf	Ansatz von entsprechenden Aufwendungen und aufwandswirksame Verrechnung zum Umstellungszeitpunkt	Kein Ansatz mehr in 2009
Eigene Anteile	Kein Handlungsbedarf	Kein Handlungsbedarf	Kein Handlungsbedarf; neue Regelungen ab 2010
Ausstehende Einlagen	Kein Handlungsbedarf	Anwendung Bruttomethode	Anwendung Nettomethode
Sonderposten mit Rücklageanteil	Ggf. Bildung von steuerlichen Sonderposten noch in 2009, die im Umstellungszeitpunkt aufgelöst werden	Kein Handlungsbedarf	Kein Handlungsbedarf; neue Regelungen ab 2010

Sachverhalt	Möglichst ergebnis-/ eigenkapitalerhöhender Übergang	Möglichst ergebnis-/ eigenkapitalreduzierender Übergang	Qualitative Annäherung
Aufwandsrückstellungen	Hohe Bildung in 2009 und Auflösung zum Umstellungszeitpunkt	Kein Handlungsbedarf	Kein Handlungsbedarf
Bewertung von Rückstellungen	Möglichst hoher Ansatz in 2009 und Bewertungsanpassung zum Umstellungszeitpunkt	Kein Handlungsbedarf	Anpassung der Berichterstattung der Bewertung im Vorfeld zu den Neuregelungen
Pensionsrückstellungen	Bewertung der Rückstellungen zu möglichst niedrigem Zinssatz und eigenkapitalerhöhende Erfassung der Überdotierung zum Umstellungszeitpunkt	Bewertung der Rückstellungen zu möglichst hohem Zinssatz und ergebniswirksame Erfassung der Unterdotierung zum Umstellungszeitpunkt	Anpassung der Rückstellungsbewertung an die voraussichtlich ab 2010 geltenden Parameter
Verbindlichkeiten	Vornahme einer möglichst hohen Abzinsung und ergebniswirksame Berücksichtigung der Differenz zum Umstellungszeitpunkt	Vornahme einer möglichst geringen Ab-zinsung und ergebniswirksame Berücksichtigung der Differenz zum Umstellungszeitpunkt	Anpassung der Abzinsung an die voraussichtlich ab 2010 geltenden Parameter
Währungsumrechnung	Kein Handlungsbedarf	Kein Handlungsbedarf	Kein Handlungsbedarf; neue Regelungen ab 2010
Latente Steuern	Kein Ansatz aktiver latenter Steuern und Aktivierung zum Umstellungszeitpunkt bei aktivem Überhang	Kein Handlungsbedarf	Neue Konzeption ab 2010; freiwillig bereits ausführliche Berichterstattung für 2009 möglich
Gewinn- und Verlustrechnung	—	—	Gesonderte Erfassung von Zinseffekten, gesonderter Ausweis der Steuerabgrenzung
Anhangberichterstattung	—	—	Ausweitung der Berichterstattung um freiwillige Angaben im Vorfeld zu den Pflichtangaben ab 2010; teilweise bereits Berücksichtigung einzelner Berichtsnormen für 2009 verpflichtend
Lagebericht	Berichtspflicht nach § 289 Abs. 4 und 5 sowie § 289a HGB bereits ab 2009		
Eigenkapitalspiegel	—	—	Freiwillige Erstellung bereits für 2009
Kapitalflussrechnung	—	—	Freiwillige Erstellung bereits für 2009

Sachverhalt	Möglichst ergebnis-/ eigenkapitalerhöhender Übergang	Möglichst ergebnis-/ eigenkapitalreduzierender Übergang	Qualitative Annäherung
Segmentbericht- erstattung	Nach wie vor ein freiwilliges Berichtselement		
Beeinflussung des Erwerbs von Tochter- unternehmen	Neubewertungsmethode bei Vorhandensein stiller Reserven; kein Ergebnis- effekt im Zeitpunkt der Erstkonsolidierung	Neubewertungsmethode bei Vorhandensein stiller Lasten; kein Ergebnis- effekt im Zeitpunkt der Erstkonsolidierung	freiwillige Anwendung der Neubewertungsmethode zum Zeitpunkt des Anteilserwerbs für Unter- nehmenserwerbe bereits für 2009
Beeinflussung des Erwerbs von Anteilen an assoziierten Unternehmen	da in der Regel reiner Ausweisunterschied kein Eigenkapital- bzw. Ergeb- niseffekt	da in der Regel reiner Ausweisunterschied kein Eigenkapital- bzw. Ergebniseffekt	freiwillige Anwendung der Buchwertmethode zum Zeitpunkt des Anteils- erwerbs bereits für 2009
Verzicht auf Inanspruch- nahme eines Konsolidie- rungswahlrechts bei vor dem Übergang erfolgten Erwerben	dient der Vermeidung der Anwendungspflicht der Neubewertungsmethode zu einem späteren Zeitpunkt zur Vereinfachung der Kapitalkonsolidierung		

ABB. 105: Bilanzpolitische Möglichkeiten vor der Umstellung auf das BilMoG

Die vorstehenden Maßnahmen lassen sich im Einzelfall nicht trennscharf abgrenzen. Allerdings liefern sie wichtige Indikationen, mit welchen Maßnahmen der Bilanzieren- de bereits zielgerichtet die laufende Bilanzierung bezüglich der Umstellung auf die neuen Normen beeinflussen kann.

Über die Handelsbilanzen II der in einen Konzernabschluss einbezogenen Unterneh- men, die nach konzerneinheitlichen Bilanzierungs- und Bewertungsvorgaben zu erstel- len sind, finden die dargestellten Alternativen auch Eingang in die konsolidierte Rech- nungslegung und dienen so der Umsetzung der definierten Konzernbilanzpolitik. Da die konzernspezifischen Änderungen des BilMoG vielfach der Einschränkung von Wahl- rechten bei überwiegend prospektiver Anwendung dienen, betrifft die Umstellung vielfach zukünftige Sachverhalte. Eine wesentliche Ausnahme ist die Abgrenzung la- tenter Steuern, die aber dem Bilanzierenden mit Ausnahme der Saldierung im Kon- zernabschluss keine expliziten Wahlrechte einräumt.

Die Gründe, die hinter der verfolgten Bilanzstrategie stehen, können vielzahlig sein. Zudem sind sowohl die Rechtsform des Bilanzierenden (nicht allen Unternehmen ste- hen im Jahr 2009 dieselben bilanzpolitischen Möglichkeiten zu; erst das BilMoG wird die Rechtsformneutralität einzelner Bilanzierungsregelungen ab 2010 deutlich beto- nen) als auch die aktuellen gesetzlichen Möglichkeiten zu beachten. Die Grenzen bi- lanzpolitischer Überlegungen im Vorfeld der Umstellung bestehen sowohl in gesetzlichen Bilanzierungsregeln als auch in der durch den Abschlussprüfer herbeizuführenden Objektivierung.

Dennoch kann das Unternehmen bewusst Gestaltungen im noch laufenden Jahr vornehmen, um bestimmte Zielsetzungen zu verfolgen. Beispielsweise kann das BilMoG als Chance für eine bessere Unternehmensdarstellung begriffen werden; hierzu bietet sich die Gestaltung eines möglichst hohen positiven Umstellungseffektes an. Andererseits kann versucht werden, das Jahr 2009 noch möglichst gut darzustellen, um dann im Zuge der Umstellung auf das BilMoG eine Vielzahl bilanzieller Sachverhalte aufwandswirksam zu bereinigen.

Merke:

Mit Blick auf den Umstellungszeitpunkt sowie die nachfolgende Zeit stellen sich dem Bilanzierenden verschiedene bilanzpolitische Möglichkeiten, den Übergang auf das neue Bilanzrecht zu gestalten. Hierbei kann dieser möglichst ergebnis- und eigenkapitalneutral oder bewusst unter Ausweis eines möglichst hohen negativen oder positiven Ergebnis- bzw. Eigenkapitaleffekts erfolgen. Der Bilanzierende muss hierzu die ihm im Vorfeld zur Verfügung stehenden Maßnahmen genau abschätzen und analysieren.

5.3 Bilanzanalytische Möglichkeiten

Der Bilanzanalyst kann unabhängig von den Effekten des Jahres 2010, denen sowohl die einmaligen Umstellungseffekte als auch die laufenden Effekte aus der Anwendung der Neuregelungen zuzurechnen sind, bereits im Jahresabschluss 2009 erste bilanzpolitische Weichenstellungen erkennen. In diesem Zusammenhang muss er die Bilanzierung und Berichterstattung für das Jahr 2009 in einen zeitübergreifenden Kontext mit den Vorjahren stellen. Sofern sich deutliche Abweichungen zu den in der Vergangenheit angewandten Bewertungsnormen finden, sind diese auf ihre Wirkungsweise hin zu untersuchen.

	Progressive Bilanzpolitik mit Blick auf den Umstellungszeitpunkt	Konservative Bilanzpolitik mit Blick auf den Umstellungszeitpunkt
Hinsichtlich der dem Bilanzierenden in 2009 zustehenden Wahlrechte übt dieser sie in Abweichung zu Vorjahren so aus, dass...	... sich aus der Umstellung voraussichtlich eine positive Auswirkung auf das Eigenkapital und/oder Ergebnis ergeben wird.	... sich aus der Umstellung voraussichtlich eine negative Auswirkung auf das Eigenkapital und/oder Ergebnis ergeben wird.

ABB. 106: Bilanzanalytische Unterscheidung der Bilanzpolitik vor der Umstellung

Im Mittelpunkt der dem Bilanzanalysten zur Verfügung stehenden bilanzanalytischen Instrumentarien steht die Anhangberichterstattung. Alleine eine intensive Auseinandersetzung mit dem Anhang macht deutlich, in welchen Bereichen der Bilanzierende im Vergleich zu Vorjahren seine Bilanzpolitik angepasst hat und welche bilanzpolitischen Zielrichtungen er voraussichtlich verfolgt.

Zwar kann die Einordnung der in 2009 erfolgten Bilanzpolitik alleine im Vorgriff zu den erst im Jahr 2011 ex post zu beurteilenden Umstellungseffekten des Jahres 2010 erfolgen, allerdings lassen sich aus der identifizierten Bilanzpolitik regelmäßig Rückschlüsse auf die mittel- bis langfristigen bilanzpolitischen Zielsetzungen ziehen. Diese sind hierbei zum einen auf die isolierten bilanzpolitischen Möglichkeiten zum Umstellungszeitpunkt zu beziehen (→ vgl. Kapitel 6) sowie in den gesamten unternehmenspolitischen Kontext (→ vgl. Kapitel 10) einzuordnen.

Merke:

Mit Blick auf den Umstellungszeitpunkt sowie die nachfolgende Zeit stellen sich dem Bilanzierenden verschiedene bilanzpolitische Möglichkeiten, den Übergang auf das neue Bilanzrecht zu gestalten. Der externe Jahresabschlussadressat kann versuchen, die im Vorfeld genutzten bilanzpolitischen Möglichkeiten aufgrund eines jahresübergreifenden Vergleichs der angewandten Bilanzpolitik sowie unter Analyse der entsprechenden Anhangberichterstattung für das Jahr 2009 nachzuvollziehen.

6. Bilanzpolitik und Bilanzanalyse zum Zeitpunkt der Umstellung

6.1 Vorbemerkungen

Das BilMoG führt zu zahlreichen Änderungen bei den Bilanzierungs- und Bewertungsvorschriften im handelsrechtlichen Einzelabschluss. Das BilMoG schafft in diesem Zusammenhang neue Wahlrechte und damit auch neue Möglichkeiten der Bilanzpolitik. Diese Möglichkeiten können in Zukunft dauerhaft genutzt werden. Die Umstellung der handelsrechtlichen Bilanzierung auf das BilMoG wird durch die Art. 66 und 67 EGHGB geregelt. Aus den Übergangsvorschriften eröffnen sich dem Bilanzierenden einmalige Möglichkeiten der Bilanzpolitik im Übergangszeitpunkt. Diese Wahlrechte sind damit grundsätzlich in der Umstellungsbilanz zum 01.01.2010 auszuüben.

Die einzelnen Wahlrechte, die das EGHGB mit Blick auf die **Umstellungsbilanz zum 01.01.2010** vorsieht, beziehen sich im Wesentlichen auf den Einzelabschluss. Hinsichtlich der konsolidierten Rechnungslegung sieht Art. 67 Abs. 5 EGHGB allein für die Beibehaltung der Pooling-of-Interests-Methode ein explizites Fortführungswahlrecht vor.

Die Umstellungsvorgaben folgen dabei einer grundlegenden Maßgabe. Auf der einen Seite besteht die Möglichkeit, die entfallenden Bilanzposten, die in Art. 67 Abs. 3-5 EGHGB genannt werden, nach den bisherigen handelsrechtlichen Vorschriften fortzuführen bzw. beizubehalten. Auf der anderen Seite wird den bilanzierenden Unternehmen die Möglichkeit geboten, die entfallenden Bilanzposten ergebniswirksam oder erfolgsneutral gegen die Gewinnrücklagen aufzulösen. Die erfolgsneutrale Verrechnung mit den Gewinnrücklagen führt zu einem Verstoß gegen das Kongruenzprinzip. Dies liegt darin begründet, dass die Aktivierung bzw. Passivierung der betroffenen Bilanzposten oftmals ergebniswirksam erfolgte. Zum Verstoß kommt es im Zuge der Umstellung, wenn diese Bilanzpositionen ohne "Berührung" der Gewinn- und Verlustrechnung unmittelbar mit dem Eigenkapital saldiert werden. Der Gesetzgeber betritt mit diesem Wahlrecht Neuland. Die Rechnungslegungsvorschriften des HGB haben einen solchen Verstoß bislang unter allen Umständen vermieden. In Einzelfällen steht dem Bilanzierenden das Wahlrecht insofern nicht zu, als die Auflösung der Bilanzposition zwingend ergebniswirksam zu erfolgen hat. Eine Verrechnung mit den Gewinnrücklagen ist hier nicht zulässig. Der Gesetzgeber schränkt damit die Möglichkeiten der Bilanzpolitik ein. Dies gilt in Einzelfällen für Beträge, die im letzten Geschäftsjahr vor der Umstellung Eingang in die Bilanz gefunden haben.

Im Folgenden werden die bilanzpolitischen Möglichkeiten im Zeitpunkt der Umstellung dargestellt. Betroffen sind dabei diejenigen Bilanzpositionen und Positionen der Gewinn- und Verlustrechnung, für die die Übergangsvorschriften Wahlrechte bereithalten.

Merke:

Das Übergangsrecht ermöglicht es den Bilanzierenden, bilanzpolitische Varianten in Anspruch zu nehmen. Die Umstellungseffekte sind oftmals erfolgsneutral und tangieren das Jahresergebnis nicht.

6.2 Zeitliche Einschränkung der Umstellungswahlrechte

Die Wahlrechte der Umstellungsvorschriften in den Art. 66 und 67 EGHGB beziehen sich auf die Sachverhalte, die in einem Abschluss für das letzte vor dem 01.01.2010 beginnende Geschäftsjahr enthalten sind. Nach IDW RS HFA 28 ergibt sich daraus, dass die Wahlrechte nur einmal, nämlich im Abschluss für das erste nach dem 31.12.2009 beginnende Geschäftsjahr ausgeübt werden können (vgl. IDW RS HFA 28, Tz. 12). Diese Aussage bezieht sich auf die Möglichkeit der erfolgsneutralen Auflösung der entfallenden Bilanzpositionen. Somit ist nur im Umstellungsjahr die erfolgsneutrale Einstellung von aus der etwaigen Auflösung oder Zuschreibung resultierenden Beträgen in die Gewinnrücklagen möglich. In den Folgejahren sind Auflösungen bzw. Zuschreibungen erfolgswirksam vorzunehmen.

Aufwendungen und Erträge, die sich aus der Auflösung oder Zuschreibung bestimmter Bilanzposten ergeben, sind in der Gewinn- und Verlustrechnung gesondert unter den "außerordentlichen Aufwendungen" bzw. "außerordentlichen Erträgen" auszuweisen (Art. 67 Abs. 7 EGHGB). Dies gilt sowohl für eine wahlweise erfolgswirksame Auflösung oder Zuschreibung im Umstellungsjahr als auch für eine spätere zwingend erfolgswirksame Behandlung.

Genauso gelten Erleichterungen des Art. 67 Abs. 8 EGHGB, die zu einer Aufhebung der

► Bewertungsstetigkeit (§ 252 Abs. 1 Nr. 6 HGB),

► Darstellungsstetigkeit (§ 265 Abs. 1 HGB) sowie

► Anhangangaben zu abweichenden Bilanzierungs- und Bewertungsmethoden (§§ 284 Abs. 2 Nr. 3 HGB)

führen, nur im Umstellungsjahr. Werden demnach Bilanzposten, die von der Umstellung betroffen sind, zunächst fortgeführt und in späteren Geschäftsjahren erfolgswirksam aufgelöst, sind obige Erleichterungen nicht mehr anwendbar.

Merke:

Die Anwendung der Wahlrechte unterliegt einer zeitlichen Einschränkung. Die Inanspruchnahme kann nur einmalig zum Zeitpunkt der Umstellung erfolgen.

6.3 Bilanzpostenbezogene Umstellungswahlrechte

In der folgenden Abbildung werden die Bilanzpositionen und Positionen der Gewinn- und Verlustrechnung dargestellt, bei denen im Umstellungszeitpunkt explizite Wahlrechte und damit bilanzpolitische Möglichkeiten bestehen:

Regelung nach HGB a. F.	Regelung nach HGB seit BilMoG	Übergangswahlrecht nach EGHGB
Passivierungswahlrecht für Sonderposten mit Rücklageanteil nach §§ 247 Abs. 3, 273 HGB a. F.	Passivierungsverbot für Sonderposten mit Rücklageanteil	Einstellung in Gewinnrücklagen oder Beibehaltung nach Art. 67 Abs. 1 EGHGB
Passivierungswahlrecht für Aufwandsrückstellungen nach § 249 Abs. 1 Satz 3, Abs. 2 HGB a. F.	Passivierungsverbot für solche Aufwandsrückstellungen	Einstellung in Gewinnrücklagen oder (teilweise) Beibehaltung nach Art. 67 Abs. 3 EGHGB bzw. erfolgswirksame Auflösung (Beträge aus 2009)
Aktivierungswahlrecht für Rechnungsabgrenzungsposten i. S. v. § 250 Abs. 1 Satz 2 HGB a. F.	Aktivierungsverbot für solche Rechnungsabgrenzungsposten	Einstellung in Gewinnrücklagen oder Beibehaltung nach Art. 67 Abs. 3 EGHGB
Wahlrecht zur außerplanmäßigen Abschreibung nach §§ 253 Abs. 3 Satz 3, 253 Abs. 4 HGB a. F. oder nach §§ 254, 279 Abs. 2 HGB a. F.	Verbot dieser außerplanmäßigen Abschreibungen	Einstellung in Gewinnrücklagen oder Beibehaltung nach Art. 67 Abs. 4 EGHGB bzw. erfolgswirksame Auflösung (Beträge aus 2009)
Aktivierungswahlrecht für Aufwendungen für die Ingangsetzung und Erweiterung des Geschäftsbetriebs nach § 269 HGB a. F.	Verbot der Aktivierung für Aufwendungen für die Ingangsetzung und Erweiterung des Geschäftsbetriebs	Fortführung der jährlichen Auflösung mit mindestens einem Viertel (Art. 67 Abs. 5 EGHGB) oder erfolgswirksame Auflösung
Kapitalkonsolidierung bei Interessenzusammenführung (Pooling-of-Interests-Methode) nach § 302 HGB a. F.	Verbot der Anwendung der Interessenzusammenführungsmethode und verpflichtende Anwendung der Erwerbsmethode nach § 301 HGB	Fortführung der in der Vergangenheit nach § 302 HGB a. F. konsolidierten Werte nach Art. 67 Abs. 5 EGHGB

ABB. 107: Bilanzpostenbezogene Umstellungswahlrechte

Die in Abbildung 107 genannten Bilanzposten werden im Folgenden hinsichtlich der zu beachtenden Neuregelungen sowie des diesen innewohnenden bilanzpolitischen Gestaltungspotenzials näher betrachtet. Hinsichtlich der einzelnen Wahlrechte ist zwischen erfolgswirksamen und erfolgsneutralen Effekten zu unterscheiden. Allein diese Differenzierung ermöglicht eine zielgerichtete Bilanzpolitik einerseits und eine sachgerechte Bilanzanalyse andererseits.

Merke:

Hinsichtlich der bilanzpostenbezogenen Umstellungswahlrechte ist eine detaillierte Analyse der einzelnen Neuregelungen notwendig. In diesem Zusammenhang ist zwischen der Ausübung der einzelnen Fortführungs- bzw. Beibehaltungswahlrechte zu unterscheiden.

6.4 Sonderposten mit Rücklageanteil

6.4.1 Vorbemerkungen

Im Zuge der Abschaffung der umgekehrten Maßgeblichkeit durch das BilMoG wurden auch die bislang in §§ 247 Abs. 3, 273 HGB a. F. geregelten steuerlichen Sonderposten abgeschafft. Steuerlich sind die Sonderposten weiterhin anzusetzen und bis zu ihrer Auflösung oder Übertragung in der Steuerbilanz fortzuführen.

6.4.2 Abschaffung der umgekehrten Maßgeblichkeit

Das Prinzip der **umgekehrten Maßgeblichkeit** wird durch die Streichung von § 5 Abs. 1 Satz 2 EStG aufgehoben. Gemäß der Regierungsbegründung führt dies zu einer Vereinfachung der handelsrechtlichen Rechnungslegung und einer Anhebung ihres Informationsniveaus. Diese Auffassung wird von der handelsrechtlichen Literatur geteilt, denn die umgekehrte Maßgeblichkeit führt dazu, dass die Handelsbilanz durch steuerliche Bilanzierungsvorschriften verfälscht wird. Die Aufhebung der umgekehrten Maßgeblichkeit wirkt sich vor allem über bestimmte steuerliche Begünstigungsvorschriften aus, die bis dato z. B. durch die Bildung von Sonderposten mit Rücklageanteil auch in der Handelsbilanz ihren Niederschlag fanden. Darunter fallen unter anderem die Rücklage für Ersatzbeschaffung nach R 6.6 Abs. 4 EStR und die Reinvestitionsrücklage nach § 6b Abs. 3 EStG. Die Tatsache, dass diese Posten zukünftig keinen Eingang mehr in die handelsrechtliche Rechnungslegung finden werden, bedeutet sicherlich eine Reduktion der Verzerrung der Vermögens-, Finanz- und Ertragslage und damit eine Stärkung der Informationsfunktion. Nach § 247 Abs. 3 HGB a.F. durften bislang alle Kaufleute Passivposten (Sonderposten mit Rücklageanteil), die für Zwecke der Steuern vom Einkommen und Ertrag notwendig waren, in der Handelsbilanz bilden. § 273 HGB a. F. ergänzte § 247 Abs. 3 HGB a. F. für Kapitalgesellschaften und ihnen gleichgestellte Personenhandelsgesellschaften, wonach der Sonderposten mit Rücklageanteil nur gebildet werden durfte, wenn das Steuerrecht eine Begünstigungsvorschrift an die entsprechende Handhabung in der Handelsbilanz knüpfte. Der Sonderposten mit Rücklageanteil diente bspw. der Inanspruchnahme der steuerlichen Begünstigungen "Rücklage für Ersatzbeschaffung" nach R 6.6 Abs. 4 EStR und "Reinvestitionsrücklage" nach § 6b Abs. 3 EStG.

6.4.3 Übergangsvorschriften

Die Vorschriften der §§ 247 Abs. 3, 273 HGB a. F. sind letztmals für Geschäftsjahre, die vor dem 01.01.2010 beginnen, anzuwenden (Art. 66. Abs. 5 EGHGB). Nach Art. 67 Abs. 3 EGHGB kann das Unternehmen entscheiden, ob es den Ansatz eines Sonderpostens mit Rücklageanteil, der im Abschluss für das letzte vor dem 01.01.2010 beginnende Geschäftsjahr enthalten war, unter Anwendung der für ihn geltenden Vorschriften des HGB a. F. beibehalten möchte oder eine Auflösung unmittelbar zugunsten der Gewinnrücklagen bevorzugt. Bei einer Auflösung ist aufgrund des unversteuerten Charakters des Sonderpostens in entsprechender Höhe eine passive latente Steuerabgrenzung vorzunehmen. Der Bilanzierende kann hierbei von dem Beibehaltungswahlrecht nur bezogen auf den gesamten Bilanzposten Gebrauch machen (vgl. IDW RS HFA 28, Tz. 14).

6.4.4 Bilanzpolitische Möglichkeiten

Das Unternehmen hat vor der Umstellung auf die Vorschriften des BilMoG anhand der bilanzpolitischen Zielsetzung die im konkreten Fall optimale Behandlung eines angesetzten Sonderpostens mit Rücklageanteil zu analysieren. Dies kann losgelöst von der Vorgehensweise im steuerrechtlichen Abschluss erfolgen.

Eine **Auflösung des Sonderpostens** erhöht unter Berücksichtigung der abzugrenzenden passiven latenten Steuern das Eigenkapital zum Zeitpunkt der Umstellung. Es erfolgt ein reiner Passivtausch. Die Gewinnrücklagen werden ohne Berührung der Gewinn- und Verlustrechnung erhöht. Das Ausschüttungspotenzial des Unternehmens steigt. Das Anlagevermögen, insbesondere das Wirtschaftsgut, auf das steuerlich z. B. eine Rücklage für Ersatzbeschaffung nach R 6.6 Abs. 4 EStR oder eine Reinvestitionsrücklage nach § 6b Abs. 3 EStG übertragen wird, bleibt unberührt. Auch die Positionen der Gewinn- und Verlustrechnung werden nicht tangiert.

Das Unternehmen kann den nach §§ 247 Abs. 3, 273 HGB a. F. im handelsrechtlichen Jahresabschluss gebildeten Sonderposten mit Rücklageanteil nach den für ihn geltenden Vorschriften des HGB a. F. fortführen. In der Steuerbilanz wird die Rücklage für Ersatzbeschaffung nach R 6.6 Abs. 4 EStR oder eine Reinvestitionsrücklage nach § 6b Abs. 3 EStG unabhängig von der Vorgehensweise in der Handelsbilanz auf einen Vermögensgegenstand übertragen. Wird der Vermögensgegenstand bzw. das Wirtschaftsgut angeschafft, bieten sich dem Bilanzierenden nach dem HGB a. F. zwei Varianten:

▶ Übernahme des steuerlichen Bewertungsabschlags (Variante 1),

▶ Verrechnung des Sonderpostens mit Rücklageanteil mit dem Reinvestitionsobjekt (Variante 2).

Bei Variante 1 wird im Zuge der steuerlichen Übertragung der Rücklage für Ersatzbeschaffung nach R 6.6 Abs. 4 EStR oder der Reinvestitionsrücklage nach § 6b Abs. 3 EStG auf die Anschaffungskosten des angeschafften Vermögensgegenstands bzw. Wirtschaftsguts (aktivische steuerliche Mehrabschreibung) in der Handelsbilanz die erneute Bildung eines Sonderpostens nötig (passivische Mehrabschreibung). Handelsrechtlich wird damit im Geschäftsjahr der Anschaffung zunächst ein Sonderposten mit Rücklageanteil ergebniserhöhend aufgelöst und anschließend ein Sonderposten mit Rücklageanteil aufwandswirksam gebildet. Dieser Sonderposten wird anteilig zur Abschreibung des Wirtschaftsguts ergebniserhöhend aufgelöst (vgl. IDW RS HFA 28, Tz. 18).

Bei Variante 2 wird der Sonderposten mit Rücklageanteil im Jahr der Anschaffung des Vermögensgegenstands bzw. Wirtschaftsguts mit diesem verrechnet. Die planmäßigen Abschreibungen erfolgen in Zukunft von diesem reduzierten Buchwert (vgl. IDW RS HFA 28, Tz. 18).

Die Varianten 1 und 2 der Fortführung des Sonderpostens mit Rücklageanteil unterscheiden sich damit von der Auflösung des Sonderpostens mit Rücklageanteil im Umstellungszeitpunkt bilanzpolitisch vor allem dadurch, dass die Fortführung und spätere Auflösung ergebniswirksam erfolgt. Die erfolgsneutrale Auflösung im Umstellungszeitpunkt bedeutet damit im Vergleich zu den genannten Alternativen die frühest mögliche Stärkung des Eigenkapitals. Auch die Fortführung und spätere Auflösung erhöht das Eigenkapital, allerdings über das Jahresergebnis. Es kommt also neben der Stärkung des Eigenkapitals zu einer Verbesserung des Jahresergebnisses.

Die Ergebniseffekte der Variante 1 werden im außerordentlichen Ergebnis gezeigt (vgl. IDW RS HFA 28, Tz. 12). Die Ergebniseffekte der Variante 2 schlagen sich über die Abschreibungen im Jahresergebnis nieder.

Ausweis eines möglichst hohen Eigenkapitals/eines möglichst hohen Ergebnisses	Ausweis eines möglichst geringen Eigenkapitals/eines möglichst geringen Ergebnisses	Annäherung an die steuerliche Rechnungslegung	Möglichst geringe Abweichungen zum alten Recht	Annäherung an die IFRS
Durch Umbuchung in die Gewinnrücklagen (Wahlrecht) kann das Eigenkapital (nicht das Jahresergebnis) positiv beeinflusst werden	Möglich durch Nichtausübung des Wahlrechts (bezogen auf das Eigenkapital; nicht auf das Jahresergebnis)	Werden Sonderposten mit Rücklageanteil möglichst lange beibehalten, bleibt es länger bei einer mit der Steuerbilanz übereinstimmenden Bilanzierung	Werden Sonderposten mit Rücklageanteil zunächst beibehalten, wird das Entfernen vom HGB a. F. verzögert	Werden Sonderposten mit Rücklageanteil sofort zugunsten der Gewinnrücklagen aufgelöst, kommt es schneller zur Annäherung an die IFRS

ABB. 108: Einzelne bilanzpolitische Strategien (Passivierungsverbot für Sonderposten mit Rücklageanteil)

Beispiel 90: Sonderposten mit Rücklageanteil

Die Neptun AG weist aus einem früheren Gebäudeverkauf in der Steuerbilanz zum 31.12.2009 eine Reinvestitionsrücklage nach § 6b Abs. 3 EStG i. H. v. 250.000 € aus. In gleicher Höhe ist im handelsrechtlichen Abschluss zum 31.12.2009 ein Sonderposten mit Rücklageanteil nach § 273 HGB a. F. angesetzt. In 2010 erwirbt die Neptun AG das Reinvestitionsobjekt, auf das die Reinvestitionsrücklage nach § 6b Abs. 3 EStG übertragen werden kann. Die Anschaffungskosten des Reinvestitionsobjekts belaufen sich auf 1.000.000 €. Die Nutzungsdauer beträgt zehn Jahre. Der Ertragsteuersatz beträgt 25 %.

Nach Art. 67 Abs. 3 Satz 1 EGHGB hat die Neptun AG die Wahl: Auflösung des Sonderpostens mit Rücklageanteil oder Fortführung des Sonderpostens.

Bei Auflösung des Sonderpostens mit Rücklageanteil ist dieser zum 01.01.2010 erfolgsneutral in die Gewinnrücklagen umzugliedern. In der Steuerbilanz wird die Reinvestitionsrücklage nach § 6b Abs. 3 EStG von den Anschaffungskosten des Reinvestitionsobjekts abgesetzt. Dies führt zu einer zu versteuernden temporären Differenz auf die passive latente Steuern i. H. v. 62.500 € (= 0,25 x 250.000 €) zu bilden sind.

Buchungssätze zum 01.01.2010:

Sonderposten mit Rücklageanteil	an	Andere Gewinnrücklagen	250.000
Andere Gewinnrücklagen	an	Passive latente Steuern	62.500

Bei Fortführung des Sonderpostens mit Rücklageanteil zum 01.01.2010 hat die Neptun AG zwei Möglichkeiten: Übernahme des steuerlichen Bewertungsabschlags (Variante 1) oder Verrechnung des Sonderpostens mit Rücklageanteil mit dem Reinvestitionsobjekt (Variante 2).

Bei Variante 1 wird im Geschäftsjahr der Anschaffung des Reinvestitionsobjekts der Sonderposten mit Rücklageanteil ergebniserhöhend aufgelöst. Die Übernahme der steuerlichen Kürzung der Anschaffungskosten des Reinvestitionsobjekts löst erneut die ergebniswirksame Bildung eines Sonderpostens mit Rücklageanteil aus. Diese Ergebniseffekte werden im außerordentlichen Ergebnis gezeigt (vgl. IDW RS HFA 28, Tz. 12).

Buchungssätze in 2010:

Sonderposten mit Rücklageanteil	an	Außerordentliche Erträge	250.000
Außerordentliche Aufwendungen	an	Sonderposten mit Rücklageanteil	250.000

Der aufgrund der Übernahme des Bewertungsabschlags gebildete Sonderposten mit Rücklageanteil wird nun zeitanteilig über eine Nutzungsdauer von zehn Jahren ergebniserhöhend aufgelöst. Dieser Ergebniseffekt steht den Abschreibungen des Reinvestitionsobjekts gegenüber.

Buchungssatz in 2010 und den Folgejahren:

Sonderposten mit Rücklageanteil	an	Außerordentliche Erträge	25.000

Bei Variante 2 wird der Sonderposten mit Rücklageanteil im Jahr der Anschaffung des Vermögensgegenstands bzw. Wirtschaftsguts mit diesem verrechnet. Die planmäßigen Abschreibungen erfolgen in Zukunft von diesem reduzierten Buchwert.

Buchungssätze in 2010:

Sonderposten mit Rücklageanteil	an	Reinvestitionsobjekt	250.000

6.4.5 Bilanzanalytische Konsequenzen

Alle dargestellten Möglichkeiten spielen sich auf der Passivseite der Bilanz ab und führen zu einem reinen Passivtausch bzw. der Umbuchung eines Passivpostens (Sonderposten mit Rücklageanteil) über die Gewinn- und Verlustrechnung in einen anderen Passivposten (Eigenkapital). Damit bleiben sowohl die Aktivseite als auch die Bilanzsumme von den Varianten unberührt. Kennzahlen, die als Prozentsatz der Bilanzsumme berechnet werden (z. B. Anlagen- und Umlaufintensität) bleiben unverändert.

Die **Auflösung des Sonderpostens mit Rücklageanteil** im Übergangszeitpunkt bedeutet eine Stärkung des Eigenkapitals und damit eine Verbesserung der Eigenkapitalquote sofort zum 01.01.2010. Verbessert zeigt sich auch in der Liquiditätsanalyse der Deckungsgrad A (Eigenkapital / Anlagevermögen) und in der Finanzierungsanalyse der statische Verschuldungsgrad (Eigenkapital / Fremdkapital). Aufgrund der erfolgsneutralen Umgliederung bleibt das Jahresergebnis unberührt. Durch eine Erhöhung des Eigenkapitals verschlechtert sich die Eigenkapitalrentabilität (Jahresergebnis / Eigenkapital).

Bei einer **Beibehaltung des Sonderpostens mit Rücklageanteil** wirken sich die Effekte erst im Geschäftsjahr der Anschaffung des Reinvestitionsobjekts bzw. des Ersatzwirtschaftsguts aus. Grundsätzlich gelten die obigen Ausführungen, allerdings zeitlich nach hinten verschoben. Hinzu kommt, dass bei Beibehaltung des Sonderpostens mit Rücklageanteil seine spätere Auflösung ergebniserhöhend erfolgt. Damit werden sich sämtliche Rentabilitätskennzahlen (Eigenkapitalrentabilität, Gesamtkapitalrentabilität, Umsatzrentabilität) verbessern. Allerdings bleibt anzuführen, dass sich die Ergebniseffekte bei Variante 1 über das außerordentliche Ergebnis auf das Jahresergebnis auswirken werden. Damit werden sich Rentabilitätskennzahlen, die das operative Ergebnis bzw. das ordentliche Betriebsergebnis ins Verhältnis setzen, nicht ändern.

Merke:

Die Auflösung des steuerlichen Sonderpostens im handelsrechtlichen Jahresabschluss erhöht unter Berücksichtigung der Abgrenzung latenter Steuern unmittelbar das Eigenkapital. Bei Beibehaltung des steuerlichen Sonderpostens wird das Eigenkapital entsprechend geringer ausgewiesen. Das diesbezügliche Umstellungswahlrecht berührt nicht die Erfolgsrechnung, sondern vollzieht sich nur erfolgsneutral.

6.5 Aufwandsrückstellungen

6.5.1 Vorbemerkungen

Durch das BilMoG wird das Wahlrecht zur Bildung von Rückstellungen nach § 249 Abs. 2 HGB a. F. für ihrer Eigenart nach genau umschriebene, dem Geschäftsjahr oder einem früheren Geschäftsjahr zuzuordnende Aufwendungen, die am Abschlussstichtag wahrscheinlich oder sicher, aber hinsichtlich ihrer Höhe oder des Zeitpunkts des Eintritts unbestimmt sind, aufgehoben. Bisher konnte auf dieser Rechtsgrundlage die Bildung von Rückstellungen für regelmäßige und in größeren zeitlichen Abständen anfallende Generalüberholungen, Instandhaltungen oder Großreparaturen erfolgen. Ein analoges Verbot besteht für Aufwandsrückstellungen im Sinne des § 249 Abs. 1 Satz 3 HGB a. F. Nach dieser Vorschrift können bislang Rückstellungen für unterlassene Instandhaltungsmaßnahmen gebildet werden, wenn beabsichtigt ist, die Instandhaltung nach Ablauf von drei Monaten, aber innerhalb des folgenden Geschäftsjahrs nachzuholen.

6.5.2 Übergangsvorschriften

Die Regelungen sind letztmals für Geschäftsjahre vor dem 01.01.2010 anzuwenden (Art. 66 Abs. 5 EGHGB). Hinsichtlich der Aufwandsrückstellungen, die im Abschluss für das letzte vor dem 01.01.2010 beginnende Geschäftsjahr enthalten waren, besteht das Wahlrecht, diese zum Übergangszeitpunkt unter Anwendung der für sie geltenden Vorschriften beizubehalten oder unmittelbar erfolgsneutral in die Gewinnrücklagen einzustellen. Der Bilanzierende kann von dem **Beibehaltungswahlrecht** auch teilweise Gebrauch machen (vgl. IDW RS HFA 28, Tz. 14). Eine Ausnahme vom Beibehaltungswahlrecht gilt für die Beträge, die den Aufwandsrückstellungen im letzten vor dem 01.01.2010 beginnenden Geschäftsjahr zugeführt wurden. Gemäß Art. 67 Abs. 3 Satz 2 EGHGB sind sie von der unmittelbaren Verrechnung mit den Gewinnrücklagen ausgeschlossen; möglich bleibt aber weiterhin eine erfolgswirksame Auflösung. In diesem Fall erfolgt eine Erfassung als „außerordentlicher Ertrag" (Art. 67 Abs. 7 EGHGB).

6.5.3 Bilanzpolitische Möglichkeiten

Die bilanzpolitischen Möglichkeiten betreffend gilt es zunächst festzuhalten, dass der Bilanzierende zum 01.01.2010 die Möglichkeit hat, die betroffenen Rückstellungen beizubehalten oder die Rückstellungen zugunsten der Gewinnrücklagen aufzulösen. Die Auflösung erfolgt dann wie beim Sonderposten mit Rücklageanteil erfolgsneutral und führt unter Verstoß gegen das Kongruenzprinzip zu einer Stärkung des Eigenkapitals. Der Bilanzierende hat hierbei jedoch zu beachten, dass dies bei Rückstellungen, die im letzten vor der Umstellung beginnenden Geschäftsjahr gebildet wurden, nicht möglich ist. Soll hier eine Auflösung im Zeitpunkt der Umstellung erfolgen, so kann diese nur ergebniserhöhend erfolgen. Hier hat der Bilanzierende im Zeitpunkt der Umstellung keine bilanzpolitischen Möglichkeiten mehr. Diese Entscheidung hat der Bilanzierende früher zu treffen. Werden die betroffenen Rückstellungen zum 01.01.2010 nicht aufgelöst, so werden sie in späteren Geschäftsjahren in Anspruch genommen oder aufgelöst. Beide Effekte wirken sich positiv auf das Jahresergebnis aus. Während die Inanspruchnahme zu einer Reduktion der einschlägigen Aufwandspositionen (z. B. "Sonstiger betrieblicher Aufwand") führt, kommt es bei der Auflösung zu einem "außerordentlichen Ertrag". Denn auch ergebniswirksame "Umstellungseffekte" in Folgejahren sollen nach Auffassung des IDW im außerordentlichen Ergebnis gezeigt werden (vgl. IDW RS HFA 28, Tz. 12). Dem Bilanzierenden wird in Sachen Aufwandsrückstellungen eine weitere bilanzpolitische Flexibilität eingeräumt. Er kann das Wahlrecht, ob Auflösung oder Fortführung, zum 01.01.2010, auch teilweise ausüben.

Es bleibt damit festzuhalten, dass sich bei Aufwandsrückstellungen, die in früheren als dem vor dem 01.01.2010 beginnenden Geschäftsjahr gebildet wurden, zwei Möglichkeiten gegenüberstehen:

► sofortige Auflösung und ergebnisneutrale Erhöhung der Gewinnrücklagen zum 01.01.2010 oder

► Beibehaltung und spätere Inanspruchnahme der Rückstellung.

Bei Aufwandsrückstellungen, die im unmittelbar vor dem 01.01.2010 beginnenden Geschäftsjahr gebildet wurden, stehen sich ebenfalls zwei Varianten gegenüber:

► sofortige Auflösung und ergebnis**wirksame** Erhöhung des Eigenkapitals und damit auch des Jahresergebnisses zum 01.01.2010

oder

► Beibehaltung und spätere Inanspruchnahme der Rückstellung.

Ausweis eines möglichst hohen Eigenkapitals/eines möglichst hohen Ergebnisses	Ausweis eines möglichst geringen Eigenkapitals/eines möglichst geringen Ergebnisses	Annäherung an die steuerliche Rechnungslegung	Möglichst geringe Abweichungen zum alten Recht	Annäherung an die IFRS
Durch Umbuchung in die Gewinnrücklagen (Wahlrecht) kann das Eigenkapital (nicht das Jahresergebnis; es sei denn Rückstellungsbildung erfolgte noch in 2009) positiv beeinflusst werden	Möglich durch Nichtausübung des Wahlrechts (bezogen auf das Eigenkapital; nicht auf das Jahresergebnis; es sei denn Rückstellungsbildung erfolgte noch in 2009)	Werden Aufwandsrückstellungen sofort zugunsten der Gewinnrücklagen aufgelöst, kommt es schneller zur Annäherung an das Steuerrecht	Werden Aufwandsrückstellungen zunächst beibehalten, wird das Entfernen vom HGB a. F. verzögert	Werden Aufwandsrückstellungen sofort zugunsten der Gewinnrücklagen aufgelöst, kommt es schneller zur Annäherung an die IFRS

ABB. 109: Einzelne bilanzpolitische Strategien (Passivierungsverbot für Aufwandsrückstellungen)

Beispiel 91: Auflösung von Aufwandsrückstellungen

Die Neptun AG hat für Zwecke der Generalüberholung einer Maschine mit Austausch von Verschleißteilen in drei Jahren (2011) mit Kosten von 600.000 € bereits im Abschluss zum 31.12.2008 eine Rückstellung i. H. v. 200.000 € nach § 249 Abs. 2 HGB a. F. gebildet. Zum 31.12.2009 erfolgt erneut eine Zuführung i. H. v. 200.000 €. Der Wert der Rückstellung beträgt zum 31.12.2009 demnach 400.000 €. In der Steuerbilanz erfolgt kein Ansatz einer Rückstellung, da die Bildung von Aufwandsrückstellungen i. S. d. § 249 Abs. 2 HGB nicht erlaubt ist. Der kumulierte Ertragsteuersatz beträgt 30 %.

Im Übergangszeitpunkt 01.01.2010 hat die Neptun AG nun das Wahlrecht, die Rückstellung unter Anwendung der bisher geltenden Vorschriften beizubehalten oder diese unter Beachtung des Art. 67 Abs. 3 EGHGB aufzulösen. Angenommen die Neptun AG bevorzugt die Auflösung der Rückstellung zum 01.01.2010, so gilt Folgendes:

Ein Teilbetrag von 200.000 € ist erfolgsneutral zugunsten der Gewinnrücklagen aufzulösen. Der Teilbetrag i. H. v. 200.000 €, der erst im Geschäftsjahr 2009 zugeführt wurde, ist über die "Außerordentlichen Erträge" ergebniserhöhend aufzulösen.

Buchungssätze zum 01.01.2010:

Sonstige Rückstellungen	an	Andere Gewinnrücklagen	200.000

Sonstige Rückstellungen	an	Außerordentliche Erträge	200.000

Wurden bei der Bildung der Aufwandsrückstellungen aktive latente Steuern abgegrenzt, so sind auch diese zum Teil erfolgsneutral und zum Teil ergebniswirksam aufzulösen.

Buchungssätze zum 01.01.2010:

Andere Gewinnrücklagen	an	Aktive latente Steuern	60.000

Latenter Steueraufwand	an	Aktive latente Steuern	60.000

Entscheidet sich die Neptun AG für die Beibehaltung der Aufwandsrückstellungen so kommt es im Zeitpunkt der Auflösung bzw. Inanspruchnahme (unterstellt wird das Geschäftsjahr 2011) zu folgenden Buchungen:

Buchungssätze bei Auflösung im Geschäftsjahr 2011:

Sonstige Rückstellungen	an	Außerordentliche Erträge	400.000

Latenter Steueraufwand	an	Aktive latente Steuern	120.000

Buchungssätze bei Inanspruchnahme im Geschäftsjahr 2011:

Sonstiger betrieblicher Aufwand	an	Kasse/Bank	400.000

Sonstige Rückstellungen	an	Sonstiger betrieblicher Aufwand	400.000

Latenter Steueraufwand	an	Aktive latente Steuern	120.000

6.5.4 Bilanzanalytische Konsequenzen

Auch im Falle der Aufwandsrückstellungen spielen sich die Varianten auf der Passivseite der Bilanz ab und führen zu einem reinen Passivtausch bzw. der Umbuchung eines Passivpostens (Sonstige Rückstellungen) über die Gewinn- und Verlustrechnung in einen anderen Passivposten (Eigenkapital). Damit bleibt sowohl die Aktivseite als auch die Bilanzsumme von den Varianten unberührt. Kennzahlen, die als Prozentsatz der Bilanzsumme berechnet werden (z. B. Anlagen- und Umlaufintensität), bleiben unverändert.

Werden **Aufwandsrückstellungen sofort im Übergangszeitpunkt aufgelöst**, so ist zu unterscheiden, ob die Rückstellungen aus dem unmittelbar vergangenen Geschäftsjahr oder einem früheren Geschäftsjahr stammen. Stammen sie aus einem früheren Geschäftsjahr, kommt es zu einer Stärkung des Eigenkapitals und damit einer Verbesserung der Eigenkapitalquote sofort zum 01.01.2010. Verbessert zeigt sich auch in der Liquiditätsanalyse der Deckungsgrad A (Eigenkapital / Anlagevermögen) und in der Finanzierungsanalyse der statische Verschuldungsgrad (Eigenkapital / Fremdkapital). Aufgrund der erfolgsneutralen Umgliederung bleibt das Jahresergebnis unberührt. Durch eine Erhöhung des Eigenkapitals verschlechtert sich die Eigenkapitalrentabilität (Jahresergebnis / Eigenkapital). Stammen die Rückstellungen unmittelbar aus dem vor dem 01.01.2010 beginnenden Geschäftsjahr gelten die gleichen Effekte wie bei der Beibehaltung der Rückstellung und einer späteren Auflösung bzw. Inanspruchnahme (siehe folgender Abschnitt), allerdings bereits im Umstellungszeitpunkt.

Bei einer **Beibehaltung der Aufwandsrückstellungen** wirken sich die Effekte erst im Geschäftsjahr der Auflösung bzw. Inanspruchnahme aus. Grundsätzlich gelten die obigen Ausführungen, allerdings zeitlich nach hinten verschoben. Hinzu kommt, dass bei Beibehaltung der Rückstellungen ihre spätere Auflösung ergebniserhöhend erfolgt bzw. ihre Inanspruchnahme aufwandsmindernd. Damit werden sich sämtliche Rentabilitätskennzahlen (Eigenkapitalrentabilität, Gesamtkapitalrentabilität, Umsatzrentabilität) verbessern. Allerdings bleibt anzuführen, dass sich die Ergebniseffekte lediglich über das außerordentliche Ergebnis auf das Jahresergebnis auswirken werden. Damit werden sich Rentabilitätskennzahlen, die das operative Ergebnis bzw. das ordentliche Betriebsergebnis ins Verhältnis setzen, nicht ändern.

Merke:

Hinsichtlich der Auflösung und Beibehaltung sowie der im Einzelfall alleine teilweisen Beibehaltung bzw. Auflösung von Aufwandsrückstellungen ist zwischen erfolgsneutralen sowie erfolgswirksamen Effekten zum Umstellungszeitpunkt zu unterscheiden. In diesem Zusammenhang kann eine bewusste Steuerung des entsprechenden Ergebniseffektes erfolgen.

6.6 Rechnungsabgrenzungsposten

6.6.1 Vorbemerkungen

Durch das BilMoG wird das Wahlrecht des § 250 Abs. 1 Satz 2 Nr. 1 HGB a. F. gestrichen. Nach dieser Vorschrift dürfen als Aufwand berücksichtigte Zölle und Verbrauchsteuern, soweit sie auf am Abschlussstichtag auszuweisende Vermögensgegenstände des Vorratsvermögens entfallen, als Rechnungsabgrenzungsposten auf der Aktivseite ausgewiesen werden. Es handelt sich dabei um die Zölle und Verbrauchsteuern, die nicht Bestandteil der Anschaffungs- oder Herstellungskosten geworden sind, sondern als Vertriebskosten den Aufwendungen zuzuordnen waren. Das BilMoG streicht auch das Wahlrecht des § 250 Abs. 1 Satz 2 Nr. 2 HGB a. F. Dieses Wahlrecht erlaubte es dem Bilanzierenden bislang, als Aufwand berücksichtigte Umsatzsteuer auf am Abschlussstichtag auszuweisende oder von den Vorräten offen abgesetzte Anzahlungen als Rechnungsabgrenzungsposten auf der Aktivseite auszuweisen. Die bisherige Vorschrift hatte den § 5 Abs. 5 Satz 2 EStG in das Handelsrecht übernommen.

6.6.2 Übergangsvorschriften

Die bisherigen Regelungen sind letztmals auf das vor dem 01.01.2010 beginnende Geschäftsjahr anzuwenden (Art. 66 Abs. 5 EGHGB). Hinsichtlich des Ansatzes von in der Vergangenheit gebildeten derartigen Rechnungsabgrenzungsposten, die im Abschluss für das letzte vor dem 01.01.2010 beginnende Geschäftsjahr enthalten waren, stehen die Unternehmen vor der Wahl, diese zum Umstellungszeitpunkt unter Anwendung der für sie geltenden Vorschriften des HGB a. F. beizubehalten oder alternativ durch Verrechnung mit den Gewinnrücklagen erfolgsneutral aufzulösen (Art. 67 Abs. 3 EGHGB). Der Bilanzierende kann hierbei von dem Beibehaltungswahlrecht nur bezogen auf den gesamten Bilanzposten Gebrauch machen (vgl. IDW RS HFA 28, Tz. 14).

6.6.3 Bilanzpolitische Möglichkeiten

Nach den Vorschriften des HGB a. F. konnte durch die Bildung eines aktiven Rechnungsabgrenzungspostens der Aufwand in spätere Perioden verschoben werden. So wurden bspw. Verbrauchsteuern im Zeitpunkt ihres Entstehens als aktiver Rechnungsabgrenzungsposten abgegrenzt und nicht über den "Sonstigen betrieblichen Aufwand" erfasst. Kommt es später zum Verkauf der unter Auslösung von Verbrauchsteuern hergestellten Produkte (z. B. Bier), wird der aktive Rechnungsabgrenzungsposten aufwandswirksam aufgelöst.

Dem Bilanzierenden stehen also zwei Möglichkeiten offen. Zum einen kann der aktive Rechnungsabgrenzungsposten zum 01.01.2010 aufgelöst und erfolgsneutral gegen die Gewinnrücklagen verrechnet werden. Dies führt zu einer Bilanzverkürzung und entsprechenden Reduktion des Eigenkapitals im Zeitpunkt der Umstellung. Das Jahresergebnis wird durch diese Maßnahme im Zeitpunkt der Umstellung nicht belastet. Insgesamt wird das Ergebnis des Unternehmens damit zu keinem Zeitpunkt belastet, was die grundsätzliche Durchbrechung der Erfolgskongruenz durch das BilMoG verdeutlicht. Die zweite Möglichkeit der Fortführung des aktiven Rechnungsabgrenzungspostens löst die gleichen Konsequenzen wie nach Gültigkeit des HGB a. F. aus. Es kommt in einem späteren Geschäftsjahr zur aufwandswirksamen Auflösung des Rechnungsabgrenzungspostens. Im Saldo werden die gleichen Auswirkungen auf die Bilanz wie bei sofortiger Auflösung ausgelöst, allerdings ein oder mehrere Geschäftsjahre später. Der entscheidende Unterschied ist jedoch, dass durch die Fortführung des aktiven Rechnungsabgrenzungspostens im Zeitpunkt der Umstellung in einem späteren Geschäftsjahr eine Belastung des Jahresergebnisses erfolgt. Die Auflösung des Rechnungsabgrenzungspostens erfolgt über die "Außerordentlichen Aufwendungen" und belastet damit nicht das operative Ergebnis (vgl. IDW RS HFA 28, Tz. 12).

Ausweis eines möglichst hohen Eigenkapitals/ eines möglichst hohen Ergebnisses	Ausweis eines möglichst geringen Eigenkapitals/eines möglichst geringen Ergebnisses	Annäherung an die steuerliche Rechnungslegung	Möglichst geringe Abweichungen zum alten Recht	Annäherung an die IFRS
Durch Nichtumbuchung gegen die Gewinnrücklagen (Wahlrecht) kann die Verminderung des Eigenkapitals (nicht des Jahresergebnisses) vermieden werden	Möglich durch Ausübung des Wahlrechts (bezogen auf das Eigenkapital; nicht auf das Jahresergebnis)	Werden Rechnungsabgrenzungsposten möglichst lange beibehalten, bleibt es länger bei einer mit der Steuerbilanz übereinstimmenden Bilanzierung	Werden Rechnungsabgrenzungsposten zunächst beibehalten, wird das Entfernen vom HGB a. F. verzögert	Werden Rechnungsabgrenzungsposten sofort gegen die Gewinnrücklagen aufgelöst, kommt es schneller zur Annäherung an die IFRS

ABB. 110: Einzelne bilanzpolitische Strategien (Aktivierungsverbot für Rechnungsabgrenzungsposten)

6.6.4 Bilanzanalytische Konsequenzen

Werden aktive Rechnungsabgrenzungsposten **sofort im Übergangszeitpunkt aufgelöst,** so kommt es über eine Bilanzverkürzung zu einer Verminderung der Bilanzsumme. Kennzahlen, die als Prozentsatz der Bilanzsumme berechnet werden (z. B. Anlagen- und Umlaufintensität), erhöhen sich. Durch die Verrechnung mit den Gewinnrücklagen nimmt das Eigenkapital im Umstellungszeitpunkt ab. Die Eigenkapitalquote wird tendenziell sinken. Verschlechtert zeigt sich bspw. in der Liquiditätsanalyse der Deckungsgrad A (Eigenkapital / Anlagevermögen) und in der Finanzierungsanalyse der statische

Verschuldungsgrad (Eigenkapital / Fremdkapital). Aufgrund der erfolgsneutralen Umgliederung bleibt das Jahresergebnis unberührt. Mit der Abnahme des Eigenkapitals fällt die Eigenkapitalrentabilität (Jahresergebnis / Eigenkapital) besser aus.

Bei einer **Fortführung der aktiven Rechnungsabgrenzungsposten** wirken sich die Effekte erst im Geschäftsjahr ihrer Auflösung aus. Grundsätzlich gelten die obigen Ausführungen, allerdings zeitlich nach hinten verschoben. Hinzu kommt, dass bei Fortführung der Rechnungsabgrenzungsposten ihre spätere Auflösung ergebnismindernd erfolgt. Damit werden sich sämtliche Rentabilitätskennzahlen (Eigenkapitalrentabilität, Gesamtkapitalrentabilität, Umsatzrentabilität) verschlechtern. Allerdings bleibt anzuführen, dass sich die Effekte lediglich über das außerordentliche Ergebnis auf das Jahresergebnis auswirken werden. Damit werden sich Rentabilitätskennzahlen, die das operative Ergebnis bzw. das ordentliche Betriebsergebnis ins Verhältnis setzen, nicht ändern.

Beispiel 92: Aktiver Rechnungsabgrenzungsposten

Die Bier AG hat für die von ihr hergestellten Produkte von dem Aktivierungswahlrecht nach § 250 Abs. 1 Satz 2 Nr. 2 HGB a. F. Gebrauch gemacht und die Biersteuer bis zum Zeitpunkt der Veräußerungen der Waren aktivisch abgegrenzt. Zum 31.12.2009 wurden 24.000 € abgegrenzt. Das Bier wird in 2010 vollständig verkauft.

Zum 01.01.2010 hat die Bier AG nunmehr das Wahlrecht, den Betrag von 24.000 € unmittelbar gegen die Gewinnrücklagen zu verrechnen oder als Rechnungsabgrenzungsposten beizubehalten.

Bei Beibehaltung des aktiven Rechnungsabgrenzungspostens ist die zum 31.12.2009 abgegrenzte Biersteuer aufwandswirksam im Jahr 2010 auszubuchen. Der Ausweis des Aufwands hat hierbei als außerordentlicher Aufwand zu erfolgen.

Wählt die Bier AG zum 01.01.2010 die Verrechnung des aktiven Rechnungsabgrenzungspostens mit dem Eigenkapital, mindert sich dieses um 24.000 €. Gleichzeitig wird ein späterer erfolgswirksamer Ausweis in der Erfolgsrechnung vermieden.

Merke:

Zum Umstellungszeitpunkt führt eine Beibehaltung der zuvor gebildeten aktiven Rechnungsabgrenzungsposten zu einer höheren Eigenkapitalquote als deren Auflösung. Sofern eine Auflösung zum Umstellungszeitpunkt erfolgt, wird der entsprechende Eigenkapitaleffekt zeitlich vorgezogen. Eine Verrechnung zum Umstellungszeitpunkt führt dazu, dass zu keinem Zeitpunkt das Ergebnis des Unternehmens durch die zuvor abgegrenzten Aufwendungen belastet wird.

6.7 Außerplanmäßige Abschreibungen und unterbliebene Zuschreibungen

6.7.1 Vorbemerkungen

Das bisher in § 253 Abs. 3 Satz 3 HGB a. F. kodifizierte Wahlrecht zur Abschreibung von Vermögensgegenständen des Umlaufvermögens, soweit die Abschreibungen nach vernünftiger kaufmännischer Beurteilung notwendig sind, um zu verhindern, dass in der nächsten Zukunft der Wertansatz dieser Vermögensgegenstände aufgrund von Wertschwankungen geändert werden muss, wird durch das BilMoG abgeschafft. Gleiches gilt für das Abschreibungswahlrecht im Umlaufvermögen nach § 253 Abs. 4 HGB a. F. zur Vornahme von Abschreibungen nach vernünftiger kaufmännischer Beurteilung und das Wahlrecht zur Übernahme von steuerrechtlichen Mehrabschreibungen nach § 254 HGB a. F.

6.7.2 Übergangsvorschriften

Die Vorschriften zu den außerplanmäßigen Abschreibungen gemäß §§ 253, 254 und 279 HGB a. F. sind nach Art. 66 Abs. 5 EGHGB letztmals auf das vor dem 01.01.2010 beginnende Geschäftsjahr anzuwenden. Des Weiteren erlaubt Art. 67 Abs. 4 EGHGB den Unternehmen, niedrigere Wertansätze von Vermögensgegenständen, die auf Abschreibungen nach §§ 253 Abs. 3 Satz 3, 253 Abs. 4 HGB a. F. oder nach §§ 254, 279 Abs. 2 HGB a. F. beruhen und in Geschäftsjahren, die vor dem 01.01.2010 beginnen, vorgenommen werden, unter Anwendung der für sie geltenden Vorschriften des HGB a. F. fortzuführen. Alternativ können die aus einer Zuschreibung resultierenden Beträge unmittelbar in die Gewinnrücklagen eingestellt werden. Letzteres gilt nicht für Abschreibungen, die im letzten vor dem 01.01.2010 beginnenden Geschäftsjahr vorgenommen werden. Hier hat die Zuschreibung erfolgswirksam über die "Außerordentlichen Erträge" zu erfolgen. Der Bilanzierende kann hierbei das Fortführungswahlrecht jeweils bezogen auf den einzelnen Sachverhalt ausüben (vgl. IDW RS HFA 28, Tz. 15).

6.7.3 Bilanzpolitische Möglichkeiten

Der Bilanzierende kann zum 01.01.2010 die außerplanmäßigen Abschreibungen zugunsten der Gewinnrücklagen rückgängig machen oder beibehalten. Die Auflösung erfolgt erfolgsneutral und führt unter Verstoß gegen das Kongruenzprinzip zu einer Stärkung des Eigenkapitals. Der Bilanzierende hat hierbei jedoch zu beachten, dass die Auflösung von außerplanmäßigen Abschreibungen, die im letzten vor der Umstellung beginnenden Geschäftsjahr vorgenommen wurden, erfolgsneutral nicht möglich ist. Hier kann die Zuschreibung nur ergebniswirksam erfolgen. Werden die außerplanmäßigen Abschreibungen zum 01.01.2010 nicht rückgängig gemacht, bewahrt sich der Bilanzierende die stillen Reserven für spätere Geschäftsjahre auf. Sowohl eine spätere Zuschreibung als auch eine Realisierung der stillen Reserven durch eine Veräußerung führen zu einer Verbesserung des Jahresergebnisses im jeweiligen Geschäftsjahr und damit zu einer Stärkung der Eigenkapitalbasis.

Es bleibt damit festzuhalten, dass bei den außerplanmäßigen Abschreibungen, die in früheren als dem letzten vor dem 01.01.2010 beginnenden Geschäftsjahren gebildet wurden, sich ähnlich der Aufwandsrückstellungen zwei Möglichkeiten gegenüberstehen:

▶ sofortige Zuschreibung und ergebnisneutrale Erhöhung der Gewinnrücklagen zum 01.01.2010 oder

▶ Beibehaltung und spätere ergebniswirksame Erhöhung des Eigenkapitals und damit auch des Jahresergebnisses.

Bei außerplanmäßigen Abschreibungen, die im unmittelbar vor dem 01.01.2010 beginnenden Geschäftsjahr gebildet wurden, stehen sich ebenfalls zwei Varianten gegenüber:

▶ sofortige Zuschreibung und ergebnis**wirksame** Erhöhung des Eigenkapitals und damit auch des Jahresergebnisses zum 01.01.2010 oder

▶ Beibehaltung und spätere ergebniswirksame Erhöhung des Eigenkapitals und damit auch des Jahresergebnisses.

Ausweis eines möglichst hohen Eigenkapitals/ eines möglichst hohen Ergebnisses	Ausweis eines möglichst geringen Eigenkapitals/eines möglichst geringen Ergebnisses	Annäherung an die steuerliche Rechnungslegung	Möglichst geringe Abweichungen zum alten Recht	Annäherung an die IFRS
Durch erfolgsneutrale Zuschreibung zugunsten der Gewinnrücklagen kann das Eigenkapital erhöht werden (nicht das Jahresergebnis; es sei denn Abschreibung erfolgte noch in 2009)	Wird die Zuschreibung unterlassen und die außerplanmäßigen Abschreibungen werden zunächst beibehalten, ergibt sich kein positiver Effekt für das Eigenkapital	Je schneller die außerplanmäßigen Abschreibungen revidiert werden, desto schneller kommt es zur Annäherung an die Steuerbilanz	Je länger die Zuschreibung hinausgezögert wird, desto länger bleibt es bei der alten handelsrechtlichen Bilanzierung	Je schneller die außerplanmäßigen Abschreibungen revidiert werden, desto schneller kommt es zur Annäherung an die IFRS

ABB. 111: Einzelne bilanzpolitische Strategien
(Verbot zur Vornahme von außerplanmäßigen Abschreibungen)

Beispiel 93: Zuschreibung vorgenommener außerplanmäßiger Abschreibungen

Im Geschäftsjahr 2008 hat die Neptun AG ihre Roh-, Hilfs- und Betriebsstoffe (Anschaffungskosten: 30.000 €) um 5.000 € aus Gründen der Verlustantizipation nach § 253 Abs. 3 Satz 3 HGB a. F. außerplanmäßig abgeschrieben. Im Geschäftsjahr 2009 hat die Neptun AG eine weitere außerplanmäßige Abschreibung i. H. v. 5.000 € vorgenommen. Der Buchwert der Vorräte zum Bilanzstichtag 31.12.2009 beträgt daher 20.000 €. In der Steuerbilanz darf keine außerplanmäßige Abschreibung vorgenommen werden, da kein Wahlrecht zur Verlustantizipation existiert. Der kumulierte Ertragsteuersatz beträgt 30 %.

Am Bilanzstichtag 01.01.2010 hat die Neptun AG nun das Wahlrecht, den niedrigeren Wertansatz unter Anwendung der bisher geltenden Vorschriften beizubehalten oder diesen unter Beachtung des Art. 67 Abs. 4 EGHGB durch eine Zuschreibung zu korrigieren. Angenommen, die Neptun AG bevorzugt eine Zuschreibung zum 01.01.2010, so gilt Folgendes:

Ein Teilbetrag von 5.000 € ist erfolgsneutral zugunsten der Gewinnrücklagen zuzuschreiben. Der Teilbetrag i. H. v. 5.000 €, der erst im Geschäftsjahr 2009 abgeschrieben wurden, ist über die "Außerordentlichen Erträge" ergebniserhöhend zuzuschreiben.

Buchungssätze zum 01.01.2010:

Roh-, Hilfs- und Betriebsstoffe	an	Andere Gewinnrücklagen	5.000
Roh-, Hilfs- und Betriebsstoffe	an	Außerordentliche Erträge	5.000

Wurden bei der Vornahme der außerplanmäßigen Abschreibungen aktive latente Steuern abgegrenzt, so sind auch diese zum Teil erfolgsneutral und zum Teil ergebniswirksam aufzulösen.

Buchungssätze zum 01.01.2010:

Andere Gewinnrücklagen	an	Aktive latente Steuern	1.500
Latenter Steueraufwand	an	Aktive latente Steuern	1.500

Entscheidet sich die Neptun AG für die Beibehaltung der außerplanmäßigen Abschreibungen, so kommt es im Zeitpunkt des Wegfalls des Grundes für die außerplanmäßige Abschreibung oder der Verarbeitung der Roh-, Hilfs- und Betriebsstoffe (unterstellt wird das Geschäftsjahr 2011) zu folgenden Buchungen:

Buchungssätze bei Wegfall des Grundes für außerplanmäßige Abschreibungen im Geschäftsjahr 2011:

Roh-, Hilfs- und Betriebsstoffe	an	Außerordentliche Erträge	10.000
Latenter Steueraufwand	an	Aktive latente Steuern	3.000

6.7.4   Bilanzanalytische Konsequenzen

Zunächst führen Zuschreibungen zu einer Bilanzverlängerung, da sowohl die zuge-
schriebenen Vermögensgegenstände als auch das Eigenkapital ansteigen. Dies führt
grundsätzlich zu einer Reduktion der Kennzahlen, bei denen die Bilanzsumme im Nenner des Quotienten ins Verhältnis gesetzt wird. In obigem Beispiel wird die Anlagenintensität (Anlagevermögen / Bilanzsumme) sinken, während die Umlaufintensität (Umlaufvermögen / Bilanzsumme) zunehmen wird.

Bei Zuschreibungen **sofort im Übergangszeitpunkt** ist zu unterscheiden, ob die außerplanmäßigen Abschreibungen aus dem unmittelbar vergangenen Geschäftsjahr oder
einem früheren Geschäftsjahr stammen. Stammen die Abschreibungen aus einem
früheren Geschäftsjahr, kommt es sofort zu einer Stärkung des Eigenkapitals. Die Eigenkapitalquote wird tendenziell steigen. Verbessert zeigt sich in der Liquiditätsanalyse der Deckungsgrad A (Eigenkapital / Anlagevermögen) und in der Finanzierungsanalyse der statische Verschuldungsgrad (Eigenkapital / Fremdkapital). Aufgrund der erfolgsneutralen Umgliederung bleibt das Jahresergebnis unberührt. Durch eine Erhöhung des Eigenkapitals verschlechtert sich die Eigenkapitalrentabilität (Jahresergebnis
/ Eigenkapital). Wurden die außerplanmäßigen Abschreibungen unmittelbar in dem
vor dem 01.01.2010 beginnenden Geschäftsjahr vorgenommen, gelten die gleichen
Effekte wie bei der Beibehaltung der Abschreibungen und einer späteren Zuschreibung
(siehe nächster Abschnitt), allerdings bereits im Umstellungszeitpunkt.

Werden die stillen Reserven erst in **späteren Geschäftsjahren** realisiert, gelten grundsätzlich die obigen Ausführungen, allerdings zeitlich nach hinten verschoben. Hinzu
kommt, dass bei Beibehaltung der niedrigeren Buchwerte ihre spätere Zuschreibung
ergebniserhöhend erfolgt. Damit werden sich sämtliche Rentabilitätskennzahlen (Eigenkapitalrentabilität, Gesamtkapitalrentabilität, Umsatzrentabilität) verbessern.
Allerdings bleibt anzuführen, dass sich die Ergebniseffekte lediglich über das außerordentliche Ergebnis auf das Jahresergebnis auswirken werden. Damit werden sich Rentabilitätskennzahlen, die das operative Ergebnis bzw. das ordentliche Betriebsergebnis
ins Verhältnis setzen, nicht ändern.

Merke:

Hinsichtlich der Auswirkungen im Zusammenhang mit der Zuschreibung niedrigerer
Wertansätze von Vermögensgegenständen zum Umstellungszeitpunkt ist zwischen
einer erfolgsneutralen sowie einer erfolgswirksamen Wertaufholung zu unterscheiden.
Das Beibehalten der niedrigeren Wertansätze führt zur Fortführung bestehender stiller
Reserven.

6.8 Aufwendungen für die Ingangsetzung und Erweiterung des Geschäftsbetriebs

6.8.1 Vorbemerkungen

§ 269 HGB a. F., der ein Wahlrecht zur Aktivierung von Aufwendungen für die Ingangsetzung und Erweiterung des Geschäftsbetriebs vorsah, wird durch das BilMoG gestrichen. Damit einhergehend erfolgt die Aufhebung des § 282 HGB a. F., nach dem die aktivierten Beträge in jedem folgenden Geschäftsjahr zu mindestens einem Viertel durch Abschreibungen aufzulösen waren.

6.8.2 Übergangsvorschriften

Die §§ 269 und 282 HGB a. F. sind letztmals auf das vor dem 01.01.2010 beginnende Geschäftsjahr anzuwenden. Gemäß Art. 67 Abs. 5 Satz 1 EGHGB ist es im Umstellungszeitpunkt erlaubt, eine im vor dem 01.01.2010 endenden Geschäftsjahr angesetzte Bilanzierungshilfe für Aufwendungen für die Ingangsetzung und Erweiterung des Geschäftsbetriebs nach § 269 HGB a. F. unter Anwendung der für sie geltenden Vorschriften des HGB a. F. fortzuführen, d. h. weiterhin zu mindestens einem Viertel in jedem folgenden Geschäftsjahr abzuschreiben. Alternativ ist sie sofort im Übergangszeitpunkt ergebniswirksam auszubuchen.

6.8.3 Bilanzpolitische Möglichkeiten

Die Vorschrift des § 269 HGB a. F. erlaubte es den Bilanzierenden bislang, die Aufwendungen für die Ingangsetzung des Geschäftsbetriebs oder seiner Erweiterung als Bilanzierungshilfe zu aktivieren. Durch die Aktivierung konnten Unternehmen insbesondere in der Gründungsphase eine starke Belastung des Jahresergebnisses vermeiden oder gar eine bilanzielle Überschuldung abwenden. Der entstehende Aufwand konnte über die vier Folgeperioden verteilt werden. Mit der Streichung von § 269 HGB a. F. werden die Unternehmen einem bedeutenden Instrumentarium der Bilanzpolitik beraubt.

Dem Bilanzierenden stehen nun zum 01.01.2010 zwei Möglichkeiten offen. Zum einen kann die Bilanzierungshilfe zum 01.01.2010 voll zu Lasten des Jahresergebnisses aufgelöst werden. Die Erfassung erfolgt dann unter den "Außerordentlichen Aufwendungen". Der Gesetzgeber weicht hier von der in anderen Fällen eingeräumten Möglichkeit der erfolgsneutralen Auflösung ab. Es kommt dann zu einer ergebniswirksamen Bilanzverkürzung und entsprechenden Reduktion des Eigenkapitals im Zeitpunkt der Umstellung. Die zweite Möglichkeit der Fortführung der Bilanzierungshilfe nach den Vorschriften des HGB a. F. löst die gleichen Konsequenzen aus, allerdings verteilt über die maximal vier folgenden Geschäftsjahre. Die Effekte Bilanzverkürzung, Belastung des Jahresergebnisses und Reduktion des Eigenkapitals treten in den Folgejahren aufgrund der Periodisierung in abgemilderter Form auf.

Ausweis eines möglichst hohen Eigenkapitals/eines möglichst hohen Ergebnisses	Ausweis eines möglichst geringen Eigenkapitals/eines möglichst geringen Ergebnisses	Annäherung an die steuerliche Rechnungslegung	Möglichst geringe Abweichungen zum alten Recht	Annäherung an die IFRS
Indem der Aktivposten nicht sofort im Übergangszeitpunkt ergebniswirksam aufgelöst wird	Indem der Aktivposten sofort im Übergangszeitpunkt ergebniswirksam aufgelöst wird	Wird der Aktivposten möglichst schnell revidiert, kommt es schneller zu einer mit der Steuerbilanz übereinstimmenden Bilanzierung	Wird die Auflösung des Aktivpostens verzögert, bleibt es länger bei der Bilanzierung gemäß HGB a. F.	Wird der Aktivposten möglichst schnell revidiert, kommt es schneller zu einer Annäherung an die IFRS

ABB. 112: Einzelne bilanzpolitische Strategien (Verbot der Aktivierung von Aufwendungen für die Ingangsetzung und Erweiterung des Geschäftsbetriebs)

6.8.4 Bilanzanalytische Konsequenzen

Die bilanzanalytischen Konsequenzen ähneln denen beim aktiven Rechnungsabgrenzungsposten. Allerdings sind die Umstellungseffekte stets ergebniswirksam. Wird die Bilanzierungshilfe **sofort im Übergangszeitpunkt aufgelöst,** kommt es über eine Bilanzverkürzung zu einer Verminderung der Bilanzsumme. Kennzahlen, die als Prozentsatz der Bilanzsumme berechnet werden (z. B. Anlagen- und Umlaufintensität), erhöhen sich. Das Eigenkapital nimmt durch eine Verschlechterung des Jahresergebnisses im Umstellungszeitpunkt ab. Die Eigenkapitalquote wird tendenziell sinken. Verschlechtert zeigt sich bspw. in der Liquiditätsanalyse der Deckungsgrad A (Eigenkapital / Anlagevermögen) und in der Finanzierungsanalyse der statische Verschuldungsgrad (Eigenkapital / Fremdkapital). Hinzu kommt, dass sich aufgrund der Verschlechterung des Jahresergebnisses alle Rentabilitätskennzahlen (Eigenkapitalrentabilität, Gesamtkapitalrentabilität, Umsatzrentabilität) verschlechtern. Die Ergebniseffekte wirken sich lediglich über das außerordentliche Ergebnis auf das Jahresergebnis aus. Damit werden sich Rentabilitätskennzahlen, die das operative Ergebnis bzw. das ordentliche Betriebsergebnis ins Verhältnis setzen, nicht ändern.

Bei einer **Fortführung der aktivierten Aufwendungen für die Ingangsetzung und Erweiterung des Geschäftsbetriebs** wirken sich die Effekte erst in den folgenden Geschäftsjahren der sofortigen oder ratierlichen Auflösung aus. Grundsätzlich gelten die obigen Ausführungen, allerdings zeitlich nach hinten verschoben.

Beispiel 94: Behandlung von Ingangsetzungs- und Erweiterungsaufwendungen

Im Zuge der Ausdehnung ihrer geschäftlichen Aktivitäten plant die Papier AG die Aufnahme von mehrfarbigen Druckpapieren in ihr Angebotssortiment. Für im Vorfeld der Erweiterung der Produktpalette angefallene Marktforschungsaktivitäten sind im Lauf des Geschäftsjahrs 2009 Kosten i. H. v. 39.000 € angefallen. Im Rahmen der bilanzpolitischen Zielsetzungen der Papier AG soll ein möglichst hoher Ausweis sowohl des Jahresergebnisses als auch des Eigenkapitals erreicht werden.

Dementsprechend aktiviert die Papier AG die für die Marktforschungsaktivitäten angefallenen Kosten i. H. v. 39.000 € als Aufwendungen für die Ingangsetzung und Erweiterung des Geschäftsbetriebs und weist diese als eigene Position vor dem Anlagevermögen aus. Bei einem Steuersatz von 30 % sind für diesen Sachverhalt korrespondierend zur Aktivierung der Aufwendungen für die Ingangsetzung und Erweiterung des Geschäftsbetriebs passive latente Steuern i. H. v. 11.700 € abzugrenzen.

Bei Beibehaltung zum Umstellungszeitpunkt wird die aktivierte Bilanzposition über einen Zeitraum von vier Jahren ratierlich aufgelöst, so dass in den Jahren 2010 bis 2013 jeweils eine planmäßige Abschreibung des Bilanzpostens mit jährlich 9.750 € vorgenommen wird. Korrespondierend dazu sind in jedem Jahr die passiven latenten Steuern ertragswirksam mit 2.925 € pro Jahr aufzulösen.

Sofern das Unternehmen im Zuge der Umstellung die ergebniswirksame Auflösung vornimmt, ist der zum 31.12.2009 aktivierte Betrag unmittelbar aufwandswirksam als sonstiger außerordentlicher Aufwand auszuweisen. Die auf den Bilanzwert angesetzten passiven latenten Steuern sind erfolgswirksam aufzulösen.

Merke:

Anstatt einer unmittelbaren Aufwandserfassung der in der Vergangenheit aktivierten Ingangsetzungs- und Erweiterungsaufwendungen zum Zeitpunkt der Umstellung auf die neuen Regelungen ist deren planmäßige Fortführung über bis zu vier Jahre möglich. Im Zuge des BilMoG können in der Vergangenheit aktivierte Werte beibehalten werden. Dies entlastet das Ergebnis im Jahr der Umstellung.

6.9 Kapitalkonsolidierung bei Interessenzusammenführung

6.9.1 Vorbemerkungen

§ 302 HGB a. F., der dem Bilanzierenden bei Vorliegen der entsprechenden Voraussetzungen die Möglichkeit eröffnete, die Kapitalkonsolidierung nach der Interessenzusammenführungsmethode durchzuführen, wird durch das BilMoG aufgehoben.

6.9.2   Übergangsvorschriften

§ 302 HGB a. F. ist letztmals auf das vor dem 01.01.2010 beginnende Geschäftsjahr anzuwenden. Gemäß Art. 67 Abs. 5 Satz 2 EGHGB ist es im Umstellungszeitpunkt erlaubt, eine im vor dem 01.01.2010 endenden Geschäftsjahr durchgeführte Kapitalkonsolidierung nach der Interessenzusammenführungsmethode beizubehalten. Dieses Beibehaltungswahlrecht unterliegt keiner zeitlichen Beschränkung, sondern kann – nach derzeitiger gesetzlicher Regelung – bis zum Ausscheiden der Gesellschaft aus dem Konsolidierungskreis angewendet werden.

6.9.3   Bilanzpolitische Möglichkeiten

Durch Anwendung der Pooling-of-Interests-Methode wurde dem Bilanzierenden die Möglichkeit eingeräumt, im Rahmen der Kapitalaufrechnung bei der Vollkonsolidierung vollständig auf die Aufdeckung stiller Reserven und stiller Lasten zu verzichten. Ein aus der Aufrechnung der Anschaffungskosten der Anteile mit dem anteiligen gezeichneten Kapital verbleibender Unterschiedsbetrag wurde in voller Höhe unmittelbar mit den Rücklagen verrechnet, entfaltete also ebenfalls keine Erfolgswirkungen. Somit konnte die Kapitalkonsolidierung vollständig erfolgsneutral im Zeitpunkt der Erstkonsolidierung sowie auch im Rahmen aller Folgekonsolidierungen – da keine Fortschreibungen stiller Reserven/Lasten oder Unterschiedsbeträge erfolgte – vorgenommen werden.

Beispiel 95: Fortführung der Interessenzusammenführungsmethode

Die Neptun AG erwirbt am 01.01.2008 100 % der Anteile an der Jupiter AG; die Voraussetzungen zur Anwendung der Pooling-of-Interests-Methode nach § 302 HGB a. F. sind erfüllt. Das Eigenkapital der Jupiter AG im Zeitpunkt der Transaktion setzt sich wie folgt zusammen: gezeichnetes Kapital 500.000 €, Kapitalrücklage 400.000 €, Gewinnrücklagen 1.500.000 €. Die Anteile an der Jupiter AG sind bei der Neptun AG mit einem Wertansatz i. H. v. 2.500.000 € bilanziert. Bei Anwendung der Pooling-of-Interests-Methode wird das gezeichnete Kapital der Jupiter AG (500.000 €) mit den bei der Neptun AG bilanzierten Anteilen (2.500.000 €) aufgerechnet. Der verbleibende Unterschiedsbetrag i. H. v. 2.000.000 € wird mit den Konzernrücklagen verrechnet – zunächst mit der Konzernkapitalrücklage sowie danach, falls diese nicht ausreicht, mit den Konzerngewinnrücklagen. Im Rahmen der Konsolidierung nach der Interessenzusammenführungsmethode werden keine stillen Reserven oder Lasten bei der Jupiter AG aufgedeckt; weiterhin kommt es auch nicht zum Ausweis eines Geschäfts- oder Firmenwerts oder passivischen Unterschiedsbetrags. Im Übergangszeitpunkt auf die Neuregelungen des BilMoG zum 01.01.2010 kann die Neptun AG die bisherige Vorgehensweise aufgrund des Beibehaltungswahlrechts entweder beibehalten, oder die Jupiter AG künftig auf der Basis der Neubewertungsmethode konsolidieren. Dabei ist sie jedoch mit dem Problem konfrontiert, die der Konsolidierung zugrunde zu legenden Wertansätze zu ermitteln.

Durch die Neuregelung wird zwar der Handlungs- und Gestaltungsspielraum des Bilanzierenden durch die **Abschaffung des Wahlrechts** zur Anwendung der Pooling-of-Interests-Methode für Akquisitionen nach dem Übergangszeitpunkt auf das BilMoG eingeschränkt. Diese Einschränkung wird jedoch in der Praxis keine wesentliche Bedeutung erlangen, da einerseits die Anwendbarkeit der Interessenzusammenführungsmethode an das Vorliegen restriktiver Voraussetzungen gebunden war und andererseits das Wahlrecht in der Unternehmenspraxis nicht genutzt wurde. Insofern machten die Bilanzierenden in der Vergangenheit kaum Gebrauch von der Interessenzusammenführungsmethode. In den Fällen, in denen sie zur Anwendung gelangte, um den Unternehmenszusammenschluss erfolgsneutral abzubilden, ist davon auszugehen, dass der Bilanzierende – allein aufgrund der einfachen Handhabung – das Beibehaltungswahlrecht nutzen wird.

Ausweis eines möglichst hohen Eigenkapitals/eines möglichst hohen Ergebnisses	Ausweis eines möglichst geringen Eigenkapitals/eines möglichst geringen Ergebnisses	Möglichst geringe Abweichungen zum alten Recht	Annäherung an die IFRS
abhängig von Ergebnis-/ Eigenkapitalsituation des Tochterunternehmens und Effekten aus möglichem Übergang auf die Neubewertungsmethode	abhängig von Ergebnis-/ Eigenkapitalsituation des Tochterunternehmens und Effekten aus möglichem Übergang auf die Neubewertungsmethode	durch Fortführung der Kapitalkonsolidierung nach der Interessenzusammenführungsmethode	durch Verzicht auf Fortführung sowie aufgrund verpflichtender Aufhebung für Akquisitionen nach dem Übergangszeitpunkt

ABB. 113: Einzelne bilanzpolitische Strategien (Abschaffung der Pooling-of-Interests-Methode)

6.9.4 Bilanzanalytische Konsequenzen

Die Beibehaltung der Pooling-of-Interests-Methode setzt voraus, dass § 302 HGB a. F. vollumfänglich in der vor dem Inkrafttreten des BilMoG geltenden Fassung anzuwenden ist. Dementsprechend muss der Bilanzierende bei Inanspruchnahme dieser Möglichkeit die dort geregelten Berichtspflichten erfüllen: Im Konzernanhang sind die Anwendung der Pooling-of-Interests-Methode, die sich daraus ergebenden Veränderungen der Rücklagen sowie Name und Sitz des betroffenen Unternehmens anzugeben. Anhand der Angaben zur Rücklagenveränderung kann sich der Bilanzanalyst zwar ein Bild der Auswirkungen der Pooling-of-Interests-Methode machen; er erhält jedoch keine Informationen zu im Vermögen und in den Schulden des Tochterunternehmens enthaltenen stillen Reserven und stillen Lasten. Durch die Fortführungsmöglichkeit der Pooling-of-Interests-Methode ergeben sich für den Bilanzanalysten an dieser Stelle zwar keine Verschlechterungen, aber auch keine Verbesserungen seines Informationsniveaus durch Inkrafttreten des BilMoG.

Merke:

Vor dem Übergangszeitpunkt auf das BilMoG nach der Interessenzusammenführungsmethode vorgenommene Kapitalkonsolidierungen dürfen nach § 302 HGB a. F. beibehalten werden. Dies ermöglicht dem Bilanzierenden, die entsprechende Kapitalkonsolidierung unabhängig von den inzwischen vorliegenden Wertverhältnissen und ihren Veränderungen seit der Erstkonsolidierung auch in Zukunft vollständig erfolgsneutral abzubilden, da dies ein wesentliches Charakteristikum der Pooling-of-Interests-Methode darstellt.

6.10 Abschließende Beurteilung

Der Bilanzierende wird mit den wesentlichen materiellen Bilanzierungs- und Bewertungsänderungen, die sich aus dem BilMoG ergeben, im Jahr 2010 konfrontiert. Grundsätzlich erfolgt eine ergebniswirksame Anpassung der bestehenden Bilanzwerte an die Neuregelungen. Die Normen des EGHGB sehen indes eine Fülle von Ausnahmen und Sonderregelungen vor. Dem Bilanzierenden stellen sich damit bereits im Jahr 2009 und vor dem Übergang auf das neue deutsche Bilanzrecht wesentliche bilanzpolitische Fragestellungen. Im Zusammenhang mit der Umstellung auf die Rechnungslegung nach den neuen Regelungen erfolgen die entsprechenden bilanzpolitischen Weichenstellungen zum Umstellungszeitpunkt.

Die Übergangsregelungen auf das neue HGB-Recht in der Fassung des BilMoG weisen, bezogen auf die einzelnen Regelungen, einen **weiten bilanzpolitischen Spielraum** auf. Erstmals sieht der Gesetzgeber durch die zum Teil mögliche "Korrektur" bestimmter Bilanzpositionen gegen die Gewinnrücklagen einen bewussten, gesetzlich kodifizierten Verstoß gegen das Kongruenzprinzip vor. Einer ergebniswirksamen Berücksichtigung bei der erstmaligen Bilanzierung einzelner Sachverhalte steht eine ergebnisneutrale Behandlung gegenüber.

Zum 31.12.2009 ergibt sich der Umfang der maximal möglichen Bilanzpolitik aus einer Vielzahl gesetzlicher Wahlrechte und faktischer Ermessensspielräume. Der Bilanzierende kann zum Teil frei wählen, wie er die Behandlung der künftig nicht mehr in der HGB-Bilanz vorgesehenen Posten vornimmt. Allerdings hat der Gesetzgeber auch Beschränkungen der bilanzpolitischen Maßnahmen aufgenommen.

Neben gesetzlichen Wahlrechten ist auf die **Bedeutung faktischer Ermessensspielräume** zusätzlich hinzuweisen. Die Abgrenzung einzelner Zeitpunkte und Sachverhalte sowie die bewusste Beeinflussung und Vornahme von Sachverhaltsgestaltungen können im Einzelfall hierbei von erheblicher Bedeutung für die Darstellung der Vermögenslage zum Umstellungszeitpunkt sein.

Der Übergang auf das BilMoG wird sich in der Unternehmenspraxis regelmäßig nicht auf einen einmaligen, stichtagsbezogenen Übergang reduzieren lassen. Vielmehr werden die Effekte über mehrere Jahre hinweg das Bilanzbild prägen und im Einzelfall einen immer wieder erneut zum Bilanzstichtag aufflammenden bilanzpolitischen Spielraum offenbaren. Die Möglichkeiten der Übergangsregelungen konterkarieren somit zunächst die Vergleichbarkeit der handelsrechtlichen Jahresabschlüsse untereinander. Allerdings ist ein derartiger Übergang der bestehenden Regelungen auf das neue Bilanzrecht auch nicht ohne eine solch schonende (zumindest vergleichsweise schonend mögliche) Übergangsperiode zu realisieren.

Im Ergebnis wird die Umstellung des HGB-Abschlusses zum 01.01.2010 vielfach ergebnisneutral erfolgen. Betrachtet man die Effekte aus der Umstellung einzelner im EGHGB geregelter Sachverhalte, so wird deutlich, dass i. d. R. kein direkter Effekt auf den Jahresüberschuss zu erwarten ist. Das Eigenkapital der umstellenden Unternehmen kann durch die Nutzung der bilanzpolitischen Spielräume vielfach gesteigert werden. Allerdings sind die gezeigten Effekte von der Vorgehensweise der jeweiligen Unternehmen abhängig.

Es wird eine entsprechende Zeit dauern, bis tatsächlich alle Jahresabschlüsse abschließend auf das BilMoG umgestellt sein werden und bis die vom Gesetzgeber angestrebte Vergleichbarkeit tatsächlich gewährleistet ist. Bis dahin bleibt die Anwendung der Übergangsvorschriften für die Unternehmen ein probates Mittel, Bilanzpolitik zu betreiben und die Umstellung auf das BilMoG unter Wahrung der unternehmensspezifischen Zielsetzungen möglichst schonend und gewinnbringend vorzunehmen. Diesen neuen, einmaligen, aber mit einer entsprechenden Folgewirkung verbundenen bilanzpolitischen Möglichkeiten muss die Bilanzanalyse mit entsprechenden Instrumenten begegnen.

Merke:

Der Bilanzierende hat zum Zeitpunkt der Umstellung vielfältige Möglichkeiten, das Eigenkapital und das Jahresergebnis, aber auch andere Kennzahlen zu beeinflussen. Er sollte sich bewusst sein, dass eine erfolgsneutrale Umstellung im Regelfall nur zum 01.01.2010 möglich ist. Spätere Umstellungen wirken sich in der Regel ergebniswirksam aus. Die Unternehmen sind daher aufgefordert, sich rechtzeitig mit der Umstellung auf das neue Handelsrecht auseinanderzusetzen, denn die Umstellungseffekte haben unter Umständen erheblichen Einfluss auf das Kennzahlensystem der Unternehmen.

7. Bilanzpolitik und Bilanzanalyse nach der Umstellung

7.1 Vorbemerkungen

Das BilMoG ist mit der Zielsetzung angetreten, Ansatz- und Bewertungwahlrechte und damit die Möglichkeiten der Bilanzpolitik einzuschränken. Dieses Ziel wurde teilweise erreicht. So wurden u. a. folgende **Ansatzwahlrechte** abgeschafft:

▶ Aufwandsrückstellungen nach § 249 Abs. 2 HGB a. F.,

▶ Rückstellungen für Instandhaltung, die in den letzten neun Monaten des folgenden Geschäftsjahres nachgeholt werden (§ 249 Abs. 1 Satz 3 HGB a. F.),

▶ Aktivierungswahlrecht für als Aufwand berücksichtigte Zölle und Verbrauchsteuern sowie die Umsatzsteuer (§ 250 Abs. 1 Satz 2 HGB a. F.),

▶ Aktivierungswahlrecht für den Geschäfts- oder Firmenwert (§ 255 Abs. 4 HGB a. F.),

▶ Bilanzierungshilfe für Ingangsetzungs- und Erweiterungsaufwendungen nach § 269 HGB a. F.,

▶ Sonderposten mit Rücklageanteil nach §§ 247 Abs. 3, 273 HGB a. F.

Durch BilMoG kam es darüber hinaus auch zur Einschränkung bzw. Abschaffung einiger **Bewertungswahlrechte**:

▶ außerplanmäßige Abschreibungen nach vernünftiger kaufmännischer Beurteilung (§ 253 Abs. 4 HGB a. F.),

▶ außerplanmäßige Abschreibungen zur Vorwegnahme künftiger Wertschwankungen (§ 253 Abs. 3 Satz 3 HGB a. F.),

▶ Ermittlung der Herstellungskosten nach § 255 Abs. 2 HGB a. F.,

▶ Zuschreibungswahlrecht nach §§ 253 Abs. 5 und 280 Abs. 1 HGB a. F.

Im Konzernabschluss kam es durch das BilMoG zur Abschaffung folgender Wahlrechte:

▶ Verzicht auf die Aufstellung eines Konzernabschlusses bei ausschließlichem Vorliegen von nach § 290 HGB a. F. nicht konsolidierungspflichtigen Zweckgesellschaften,

▶ wahlweise Konsolidierung nach der Buchwert- oder Neubewertungsmethode nach § 301 Abs. 1 HGB a. F.,

► wahlweise Erstkonsolidierung eines Tochterunternehmens zum Zeitpunkt des Erwerbs der Anteile oder zum Zeitpunkt der erstmaligen Einbeziehung nach § 301 Abs. 2 HGB a. F.,

► wahlweise Saldierungsmöglichkeit aktiver und passiver Unterschiedsbeträge aus der Kapitalkonsolidierung nach § 301 Abs. 3 HGB a. F.,

► Möglichkeit der Kapitalkonsolidierung nach der Interessenzusammenführungsmethode nach § 302 HGB a. F.,

► Anwendung verschiedener Möglichkeiten der Währungsumrechnung aufgrund einer bislang fehlenden gesetzlichen Regelung,

► alternative Abschreibungs- und Verrechnungsmöglichkeiten eines Geschäfts- oder Firmenwerts eines Tochterunternehmens nach § 309 Abs. 1 HGB a. F.,

► wahlweiser Ansatz einer Equity-Beteiligung auf Grundlage der Buchwert- oder Kapitalanteilsmethode nach § 312 Abs. 1 HGB,

► Abschreibungs- und Verrechnungsmöglichkeiten eines Geschäfts- oder Firmenwerts eines assoziierten Unternehmens nach § 312 Abs. 2 HGB a. F. i. V. m. § 309 Abs. 1 HGB a. F.

► wahlweise Erstkonsolidierung eines assoziierten Unternehmens zum Zeitpunkt des Erwerbs der Anteile oder zum Zeitpunkt der erstmaligen Einbeziehung nach § 312 Abs. 3 HGB a. F.

Auf der anderen Seite gilt es festzuhalten, dass auch nach Einführung des BilMoG erhebliche Möglichkeiten der Bilanzpolitik verbleiben. Im Folgenden werden einige bedeutende **Ansatz- und Bewertungswahlrechte sowie Ermessensspielräume** im Einzelabschluss dargestellt:

► Wahlrecht zur Aktivierung von Entwicklungskosten nach §§ 248 Abs. 2 Satz 2 und 255 Abs. 2a HGB (→ vgl. Kapitel 7.2),

► Ansatzwahlrecht für aktive latente Steuern nach § 274 Abs. 1 HGB (→ vgl. Kapitel 7.3),

► Rückstellungsbewertung nach § 253 Abs. 2 HGB (→ vgl. Kapitel 7.4),

► Bewertung von Planvermögen nach § 253 Abs. 1 Satz 4 HGB (→ vgl. Kapitel 7.5),

► Abschreibung des Geschäfts- oder Firmenwerts nach § 246 Abs. 1 Satz 4 HGB (→ vgl. Kapitel 7.6).

Im Konzernabschluss sind zudem die folgenden Ermessensspielräume zu beachten:

► Abbildung von Zweckgesellschaften nach § 290 HGB (→ vgl. Kapitel 7.7),

► Kaufpreisallokation bei der Kapitalkonsolidierung nach § 301 Abs. 1 HGB (→ vgl. Kapitel 7.8),

► Anpassungsmöglichkeiten der Erstkonsolidierungswerte im Zwölf-Monats-Zeitraum nach § 301 Abs. 2 HGB (→ vgl. Kapitel 7.9),

► Abschreibungsdauer eines entgeltlich erworbenen Geschäfts- oder Firmenwerts nach § 309 Abs. 1 HGB (→ vgl. Kapitel 7.10),

► Bilanzierung latenter Steuern nach § 306 HGB (→ vgl. Kapitel 7.11).

Merke:

Durch das BilMoG wurden einerseits zahlreiche gesetzliche Bilanzierungs- und Bewertungswahlrechte abgeschafft. Auf der anderen Seite gewinnen faktische Wahlrechte und Ermessensspielräume an Bedeutung. Sowohl im Einzel- als auch im Konzernabschluss ergeben sich ab dem Jahr 2010 zahlreiche veränderte Möglichkeiten der Bilanzpolitik.

7.2 Wahlrecht zur Aktivierung von Entwicklungskosten

7.2.1 Vorbemerkungen

Das bislang geltende Aktivierungsverbot **selbst erstellter immaterieller Vermögensgegenstände des Anlagevermögens** nach § 248 Abs. 2 HGB a. F. wird aufgehoben und durch ein entsprechendes Wahlrecht zum Ansatz der auf die Entwicklungsphase immaterieller Werte des Anlagevermögens entfallenden Herstellungskosten ersetzt. Nach § 248 Abs. 2 HGB besteht aber für nicht entgeltlich erworbene Marken, Drucktitel, Verlagsrechte, Kundenlisten oder vergleichbare immaterielle Vermögensgegenstände des Anlagevermögens ein Aktivierungsverbot. Der Ansatz der Aufwendungen, die auf die Forschungsphase entfallen, ist nach § 255 Abs. 2 HGB untersagt. Einen definitorischen Versuch der Abgrenzung zwischen Forschung und Entwicklung sieht § 255 Abs. 2a HGB vor. Sofern keine verlässliche Unterscheidung zwischen Forschung und Entwicklung möglich ist, verbietet § 255 Abs. 2a HGB eine Aktivierung der angefallenen Kosten.

Große und mittelgroße Kapitalgesellschaften haben selbst geschaffene immaterielle Vermögensgegenstände des Anlagevermögens in der Bilanz gesondert im immateriellen Anlagevermögen anzugeben. Wird das Aktivierungswahlrecht beansprucht, ist der Gesamtbetrag der Forschungs- und Entwicklungskosten sowie der Teil, der auf selbst geschaffene immaterielle Vermögensgegenstände des Anlagevermögens entfällt, im Anhang anzugeben (§ 285 Nr. 22 HGB). Die Aktivierung ist mit einer Ausschüttungssperre nach § 268 Abs. 8 HGB verbunden.

7.2.2 Bilanzpolitische Möglichkeiten

Das Wahlrecht zur Aktivierung selbst geschaffener immaterieller Vermögensgegenstände des Anlagevermögens stellt eine offenkundige Möglichkeit der Bilanzpolitik dar. Das bilanzierende Unternehmen kann das Wahlrecht ausüben oder nicht. Neben dieser offenkundigen Möglichkeit bieten auch mehrere Ermessensspielräume ausreichend Freiheit, Bilanzpolitik zu betreiben.

So gilt es zunächst festzuhalten, dass eine Aktivierung nicht erst dann vorzunehmen ist, wenn ein selbst geschaffener immaterieller Vermögensgegenstand des Anlagevermögens vorliegt, sondern bereits im Zeitpunkt, wenn mit hoher Wahrscheinlichkeit davon ausgegangen werden kann, dass ein einzeln verwertbarer Vermögensgegenstand zur Entstehung gelangt. Danach sind also im Entwicklungsprozess drei Fragen zu klären:

► Wird überhaupt ein Vermögensgegenstand entstehen?

► Mit welcher Wahrscheinlichkeit wird er entstehen?

► Ab welchem Zeitpunkt kann eine verlässliche Aussage getroffen werden?

Die Beantwortung dieser Fragen ist entscheidend dafür, ob das Aktivierungswahlrecht überhaupt ausgeübt werden kann. Hinsichtlich der ersten Frage spricht der Gesetzgeber von der Einzelverwertbarkeit als maßgebendes Kriterium für das Vorliegen eines Vermögensgegenstands. Dieses Kriterium wird sicherlich durch die Einzelveräußerbarkeit erfüllt, geht jedoch weiter, so dass auch die Verarbeitung, der Verbrauch und die Nutzungsüberlassung diesem Kriterium genügen. Bereits die Klärung dieser Frage eröffnet dem Bilanzierenden vor dem Hintergrund der unterschiedlichen Definitionsversuche des Begriffs Vermögensgegenstand gewisse bilanzpolitische Möglichkeiten.

Weitaus größere bilanzpolitische Möglichkeiten bietet die Antwort auf die Frage, ob ein Vermögensgegenstand mit hoher Wahrscheinlichkeit entstehen wird. Wie diese Frage beantwortet werden soll, wird vom Gesetzgeber nicht vorgegeben. Es liegt dennoch nahe, bei der Beantwortung der Frage nach der Wahrscheinlichkeit auf die Kriterien des IAS 38.57 zurückzugreifen, da der gesamte § 248 Abs. 2 HGB eine deutliche Affinität zur internationalen Rechnungslegung zeigt. IAS 38.57 fordert folgende Nachweise:

► technische Realisierbarkeit,

► Absicht zur Fertigstellung und Nutzung bzw. Verkauf,

► Fähigkeit zur Nutzung bzw. zum Verkauf,

► Art und Weise, wie der Vermögenswert einen wirtschaftlichen Nutzen generieren kann,

► Verfügbarkeit der nötigen Ressourcen,

► nachvollziehbare Zurechnung von Entwicklungskosten (verlässliche Bewertbarkeit).

Vor allem bei der Beantwortung dieser zweiten Frage stehen den bilanzierenden Unternehmen erhebliche bilanzpolitische Spielräume zur Verfügung.

Eine weitere bilanzpolitische Möglichkeit bietet in einem nächsten Schritt die Ermittlung der auf den immateriellen Vermögensgegenstand entfallenden Herstellungskosten. Dabei gilt, dass nur die Herstellungskosten aktiviert werden dürfen, die auf die Entwicklungsphase fallen. § 255 Abs. 2a HGB dient der Klärung, ab wann die während der Entwicklungsphase angefallenen Kosten bei selbst geschaffenen immateriellen Vermögensgegenständen des Anlagevermögens zu aktivieren sind und wie die Forschungs- von der Entwicklungsphase abzugrenzen ist. Zudem wird klargestellt, dass die Herstellungskosten eines selbst erstellten immateriellen Vermögensgegenstands des Anlagevermögens, die bei dessen Entwicklung anfallen, Aufwendungen im Sinne von § 255 Abs. 2 HGB darstellen.

Als **Forschungsphase** wird die eigenständige und planmäßige Suche nach neuen wissenschaftlichen oder technischen Erkenntnissen oder Erfahrungen allgemeiner Art charakterisiert, deren technische Verwertbarkeit und wirtschaftliche Erfolgsaussichten grundsätzlich nicht beurteilt werden können. Unter **Entwicklung** wird hingegen die Anwendung von Forschungsergebnissen oder von anderem Wissen für die Neu- oder Weiterentwicklung von Gütern oder Verfahren verstanden.

Deutlich wird, dass die Grenze zwischen Forschung und Entwicklung nicht klar gezogen werden kann und der Bilanzierende damit einen nicht unbedeutenden Spielraum hat, die Höhe der zu aktivierenden Herstellungskosten zu beeinflussen. Erweitert wird dieser Spielraum um die Bemessung der Nutzungsdauer für die planmäßigen Abschreibungen selbst geschaffener immaterieller Vermögensgegenstände des Anlagevermögens. Auch hier liegt ein interessantes Instrumentarium zur Steuerung der Ergebnispolitik des bilanzierenden Unternehmens vor.

Ausweis eines möglichst hohen Eigenkapitals/eines möglichst hohen Ergebnisses	Ausweis eines möglichst geringen Eigenkapitals/eines möglichst geringen Ergebnisses	Annäherung an die steuerliche Rechnungslegung	Möglichst geringe Abweichungen zum alten Recht	Annäherung an die IFRS
Ausübung des Wahlrechts stärkt Eigenkapital und verbessert das Jahresergebnis im Jahr der Aktivierung	Nichtausübung des Wahlrechts führt im Vergleich zur Wahlrechtsausübung nicht zu einem erhöhten Eigenkapital und Jahresergebnis	Ausübung des Wahlrechts führt zu Abweichung von steuerlicher Rechnungslegung, da § 5 Abs. 2 EStG ein Aktivierungsverbot vorsieht	Erreichbar durch Nichtausübung des Wahlrechts	Ausübung des Wahlrechts führt zu Annährung an die IFRS, da die IFRS eine Aktivierungspflicht vorsehen

ABB. 114: Einzelne bilanzpolitische Strategien (Aktivierung von Entwicklungskosten)

Beispiel 96: Aufhebung des Aktivierungsverbots für selbst geschaffene immaterielle Vermögensgegenstände des Anlagevermögens

Die Neptun AG hat seit längerem ein Forschungsprojekt für ein neues U-Boot-Softwaresystem. Im Jahr 2009 fielen für die Gehälter des Forschungspersonals sowie diverse Materialien Aufwendungen i. H. v. 1.500.000 € an.

Die im Geschäftsjahr 2010 bis zum 28.02.2010 angefallenen Kosten für das Projekt belaufen sich auf insgesamt 500.000 €. Der Start des Prototyps Ende Februar 2010 verlief erfolgreich. Ab März konnte mit der Entwicklung (im Sinne von § 255 Abs. 2a HGB) begonnen werden. In der ab dem 01.03.2010 beginnenden Entwicklungsphase fallen schließlich bis zum Bilanzstichtag 31.12.2010 folgende Aufwendungen an:

► Gehälter der Entwickler (Einzel- und Gemeinkosten): 1.000.000 €

► Materialien für die Entwicklung (Einzel- und Gemeinkosten): 150.000 €

► Kosten der Patentanmeldung für die Software: 100.000 €

Aus Vereinfachungsgründen ist für das Jahr 2010 keine planmäßige Abschreibung vorzunehmen. Zum 31.12.2010 ist die Werthaltigkeit der angesetzten Beträge durch entsprechende Marktstudien nachgewiesen, so dass kein Wertberichtigungsbedarf gegeben ist. Der kumulierte Ertragsteuersatz beträgt 30 %. Die Nutzungsdauer wird beginnend ab 2011 auf fünf Jahre geschätzt.

Sowohl für die im Jahr 2009 als auch für die im Jahr 2010 bis zum 28.02.2010 angefallenen Kosten i. H. v. zusammen 2.000.000 € besteht ein Aktivierungsverbot. Da die Entwicklungsphase am 01.03.2010 beginnt, dürfen erst die ab diesem Zeitpunkt entstehenden Aufwendungen im Abschluss zum 31.12.2010 aktiviert werden. Das bedeutet, die Kosten i. H. v.

500.000 €, die bis zum 28.02.2010 anfallen, müssen aufwandswirksam erfasst werden. Aufgrund der bilanzpolitischen Zielsetzung der Neptun AG erfolgt eine Aktivierung. Die Neptun AG setzt in der Bilanz den Posten „Selbst geschaffene gewerbliche Schutzrechte und ähnliche Rechte und Werte" mit einem Wert von 1.250.000 € an. Die Gegenbuchung erfolgt in der GuV durch die Erfassung von „anderen aktivierten Eigenleistungen" in gleicher Höhe. Gemäß § 5 Abs. 2 EStG besteht für Entwicklungskosten in der Steuerbilanz ein Aktivierungsverbot. Durch die Aktivierung in der Handelsbilanz entsteht eine nicht permanente – sondern temporäre – Wertansatzdifferenz zwischen Handels- und Steuerbilanz, auf die passive latente Steuern i. H. v. 375.000 € (= 1.250.000 x 0,3) abgegrenzt werden müssen (§ 274 Abs. 1 Satz 1 HGB). Ebenso wie die Aktivierung der selbst erstellten immateriellen Vermögensgegenstände hat auch die Abgrenzung der passiven latenten Steuern erfolgswirksam zu erfolgen.

Buchungssätze in 2010:

gesamter Forschungs- und Entwicklungsaufwand (vereinfacht)	an	Bank	1.750.000
Selbst geschaffene gewerbliche Schutzrechte und ähnliche Rechte und Werte	an	andere aktivierte Eigenleistungen	1.250.000
Latenter Steueraufwand	an	Passive latente Steuern	375.000

In den Jahren ab 2011 bis 2015 müssen die aktivierten Entwicklungskosten planmäßig über fünf Jahre abgeschrieben werden. Eine außerplanmäßige Wertminderung ist nicht eingetreten, so dass keine außerplanmäßigen Abschreibungen zu erfassen sind. Die planmäßige Abschreibung für die Geschäftsjahre ab 2011 beträgt jeweils 250.000 € (= 1.250.000 / 5). Korrespondierend zur planmäßigen Abschreibung sind auch die angesetzten passiven latenten Steuern zu je einem Fünftel aufzulösen. Der jährliche Auflösungsbetrag ist 75.000 € (= 375.000 / 5).

Buchungssätze in 2011-2015:

planmäßige Abschreibungen	an	Selbst geschaffene gewerbliche Schutzrechte und ähnliche Rechte und Werte	250.000
Passive latente Steuern	an	Latenter Steuerertrag	75.000

7.2.3 Bilanzanalytische Konsequenzen

Die genannten bilanzpolitischen Möglichkeiten münden in der Fragestellung, ob, und wenn ja in welchem Umfang bislang als Aufwand erfasste Kosten aktiviert werden sollen. Im Zeitpunkt der Aktivierung kommt es zu einer Bilanzverlängerung unter Erhöhung des Anlagevermögens und des Eigenkapitals. Gleichzeitig wird das Jahresergebnis verbessert. In den folgenden Geschäftsjahren wird das Jahresergebnis mit den Abschreibungen der selbst geschaffenen immateriellen Vermögensgegenstände des Anlagevermögens belastet.

Somit kommt es im Geschäftsjahr der Aktivierung grundsätzlich zu einer Reduktion der Kennzahlen, bei denen die Bilanzsumme im Nenner des Quotienten ins Verhältnis gesetzt wird. Während die Anlagenintensität (Anlagevermögen / Bilanzsumme) steigen wird, wird die Umlaufintensität (Umlaufvermögen / Bilanzsumme) sinken.

Die Eigenkapitalquote wird sich verbessern. In der Finanzierungsanalyse verbessert sich der statische Verschuldungsgrad (Eigenkapital / Fremdkapital). Das Jahresergebnis verbessert sich. Die Rentabilitätskennzahlen (Eigenkapitalrentabilität, Gesamtkapitalrentabilität und Umsatzrentabilität) steigen tendenziell.

Merke:

Mit der Möglichkeit zur Aktivierung selbst erstellter immaterieller Vermögensgegenstände des Anlagevermögens fügt der Gesetzgeber ein neues gesetzliches Ansatzwahlrecht in das HGB ein, dem neben der Abgrenzung der im Einzelnen zu aktivierenden Aufwendungen auch ein hohes bilanzpolitisches Ermessen hinsichtlich der Folgebewertung zuzurechnen ist. Hierbei wird sich insbesondere die Folgebewertung nur schwer objektivieren lassen. Aus Sicht der Bilanzanalyse sind die aktivierten Beträge sowohl in der bilanziellen Darstellung als auch über die entsprechende Abgrenzung latenter Steuern zu jedem Zeitpunkt vergleichsweise einfach nachzuvollziehen.

7.3 Ansatzwahlrecht für aktive latente Steuern

7.3.1 Vorbemerkungen

Eine der wesentlichsten Neuregelungen des BilMoG ist in der Neufassung des § 274 HGB zu sehen. Ab 2010 ist die **Abgrenzung latenter Steuern** nach dem international üblichen bilanzorientierten Konzept vorzunehmen. Die Neufassung sieht damit die Ablösung des bisherigen Timing-Konzepts durch das Temporary-Konzept vor. Soweit Unterschiede zwischen den handelsrechtlichen Wertansätzen einzelner Vermögensgegenstände, Schulden und Rechnungsabgrenzungsposten und den korrespondierenden steuerlichen Wertansätzen bestehen, sind für diese Differenzen – sofern es sich nicht um permanente Differenzen handelt – passive latente Steuern (für künftige Steuerbelastungen) bzw. aktive latente Steuern (für künftige Steuerentlastungen) anzusetzen. Hierbei hat die Abgrenzung latenter Steuern nicht nur für sich in der Gewinn- und Verlustrechnung auswirkende Abweichungen zwischen Handels- und Steuerrecht zu erfolgen. Vielmehr ist auch eine erfolgsneutrale Abgrenzung auf die weiteren bestehenden Unterschiede vorzunehmen. Die Abgrenzungskonzeption umfasst außerdem steuerliche Verlustvorträge.

Allerdings regelt § 274 Abs. 1 HGB alleine eine Ansatzpflicht für den Betrag an passiven latenten Steuern, der die aktiven latenten Steuern übersteigt. Während eine sich insgesamt ergebende passive latente Steuer damit ansatzpflichtig ist, besteht für eine sich insgesamt ergebende Steuerentlastung – in Form einer aktiven latenten Steuer – ein Ansatzwahlrecht. Die Abgrenzung aktiver latenter Steuern hat nach § 274 Abs. 1 HGB auch auf Basis steuerlicher Verlustvorträge zu erfolgen, sofern für diese innerhalb der folgenden fünf Jahre mit einer Verlustverrechnung zu rechnen ist. Mit der Begrenzung auf einen Fünfjahreszeitraum soll sichergestellt werden, dass die der Steuerabgrenzung zugrunde liegenden Wahrscheinlichkeitserwägungen auch von Dritten nachvollzogen werden können. Die Vorschrift ist auf vergleichbare Sachverhalte, d.h. Steuergutschriften und Zinsvorträge, zu übertragen. Übt der Bilanzierende das Ansatzwahlrecht aus, so muss er bei den aktiven latenten Steuern die Verlustvorträge für den genannten Zeitraum berücksichtigten.

Der Betrag der künftigen Steuerbe- bzw. -entlastung – also die Bewertung der zu bildenden passiven bzw. aktiven latenten Steuern in der Bilanz – ist nach § 274 Abs. 2 HGB mit dem unternehmensindividuellen Steuersatz im Zeitpunkt der Umkehrung der Differenz zu ermitteln. Er ist nicht abzuzinsen. Der ausgewiesene Posten ist im Anhang zu erläutern und aufzulösen, sobald mit dem Eintritt der entsprechenden Steuerwirkung nicht mehr zu rechnen ist. Erträge und Aufwendungen aus der Aktivierung bzw. Passivierung von latenten Steuern sind unter „Steuern vom Einkommen und vom Ertrag" in der Gewinn- und Verlustrechnung gesondert auszuweisen. Dasselbe gilt für die Anpassung aus der Veränderung der bereits in Vorjahren angesetzten latenten Steuern.

7.3.2 Bilanzpolitische Möglichkeiten

Unterstellt, die Ermittlung der abzugrenzenden latenten Steuern führt zu einem Überhang der aktiven latenten Steuern über die passiven latenten Steuern, steht das bilanzierende Unternehmen vor dem bilanzpolitischen Wahlrecht, diesen Überhang zu aktivieren oder nicht. Dieses Wahlrecht ist vom Grundsatz gegenüber dem HGB a. F. nicht neu. Allerdings gewinnt es aufgrund der neuen Abgrenzungskonzeption und der Aktivierung von latenten Steuern auf Verlustvorträge an Bedeutung. Außerdem kann die Aktivierung der latenten Steuern, abhängig von den zugrunde liegenden Sachverhalten, erfolgswirksam oder erfolgsneutral erfolgen. Dies stellt allerdings kein Wahlrecht dar. Zusätzlichen neuen bilanzpolitischen Spielraum bedeutet die Abgrenzung latenter Steuern auf Verlustvorträge. Denn das Kriterium "sofern mit der Nutzung der Verlustvorträge in den nächsten fünf Jahren zu rechnen ist" eröffnet Gestaltungsspielräume. Es ist die Ergebnisplanung eines Unternehmens für die nächsten fünf Jahre, die über die Abgrenzung latenter Steuern auf Verlustvorträge entscheidet. Diese bilanzpolitische Möglichkeit eröffnet dem Bilanzierenden im Übrigen auch die Chance, die Pflicht der Bildung passiver latenter Steuern zu beeinflussen. Denn lediglich ein Überhang der passiven latenten Steuern über die aktiven latenten Steuern löst eine Passivierungspflicht aus.

Ausweis eines möglichst hohen Eigenkapitals/eines möglichst hohen Ergebnisses	Ausweis eines möglichst geringen Eigenkapitals/eines möglichst geringen Ergebnisses	Annäherung an die steuerliche Rechnungslegung	Möglichst geringe Abweichungen zum alten Recht	Annäherung an die IFRS
Ausübung des Wahlrechts stärkt Eigenkapital und verbessert das Jahresergebnis	Nichtausübung des Wahlrechts führt im Vergleich zur Wahlrechtsausübung nicht zu einem erhöhten Eigenkapital und Jahresergebnis	Ausübung des Wahlrechts führt zu Abweichung von steuerlicher Rechnungslegung	Auch das HGB a. F. sah ein Aktivierungswahlrecht vor	Ausübung des Wahlrechts führt zu Annährung an die IFRS, da die IFRS eine Aktivierungspflicht vorsehen

ABB. 115: Einzelne bilanzpolitische Strategien (Aktivierung von aktiven latenten Steuern)

7.3.3 Bilanzanalytische Konsequenzen

Abhängig davon, ob die Abgrenzung aktiver latenter Steuern ergebniswirksam oder erfolgsneutral erfolgt, führt deren Aktivierung zu einer Verbesserung des Jahresergebnisses oder nicht. Wird das Wahlrecht ausgeübt, kommt es in jedem Fall jedoch zu einer Bilanzverlängerung und einer Stärkung der Eigenkapitalbasis. Allerdings gilt es zu beachten, dass sich die Effekte in den Folgejahren, wenn die abgegrenzten latenten Steuern aufzulösen sind, umkehren.

Dies bedeutet, dass es im Geschäftsjahr der Aktivierung latenter Steuern zur Abnahme der Kennzahlen kommt, bei denen die Bilanzsumme im Nenner des Quotienten ins Verhältnis gesetzt wird. Anlageintensität (Anlagevermögen / Bilanzsumme) und Umlaufintensität (Umlaufvermögen / Bilanzsumme), vorausgesetzt der Aktivposten "Latente Steuern" wird nicht zum Umlaufvermögen gerechnet, werden abnehmen.

Die Eigenkapitalquote wird steigen. Ansteigen werden in der Liquiditätsanalyse der Deckungsgrad A (Eigenkapital / Anlagevermögen) und in der Finanzierungsanalyse der statische Verschuldungsgrad (Eigenkapital / Fremdkapital). Werden die aktiven latenten Steuern ergebniswirksam abgegrenzt, wird sich das Jahresergebnis verbessern. Die Rentabilitätskennzahlen (Eigenkapitalrentabilität, Gesamtkapitalrentabilität und Umsatzrentabilität) werden sich ebenfalls verbessern. Die ergebnisneutrale Abgrenzung latenter Steuern führt zu einer Abnahme der Eigenkapitalrentabilität, da sich lediglich das Eigenkapital, nicht jedoch das Jahresergebnis erhöht. Gleiches gilt für die Gesamt-kapitalrentabilität. Die Umsatzrentabilität bleibt unberührt.

Beispiel 97: Ansatz und Ausweis latenter Steuern

Zum Ende des Geschäftsjahrs 2010 ermittelt die Farben AG durch einen Bilanzvergleich zwischen Handelsbilanz und Steuerbilanz zum 31.12.2010 Ansatz- und Bewertungsunterschiede zwischen beiden Rechenwerken, aufgrund derer sich aktive latente Steuern i. H. v. 200.000 € sowie passive latente Steuern i. H. v. 300.000 € ergeben. Zusätzlich bestehen bei der Farben AG steuerliche Verlustvorträge. Aufgrund der günstigen Erfolgsprognosen der Gesellschaft für die nächsten Geschäftsjahre ist davon auszugehen, dass innerhalb der nächsten fünf Jahre aufgrund dieser Verlustvorträge eine Verringerung der Steuerlast i. H. v. 200.000 € realisierbar ist.

Auf Basis dieser Ausgangssituation hat die Farben AG hinsichtlich des Bilanzansatzes verschiedene Alternativen zum Umgang mit den latenten Steuern:

► Bruttoausweis sowohl der aktiven als auch der passiven latenten Steuern,

► Nettoausweis des aktivischen Überhangs latenter Steuern nach Saldierung,

► Verzicht auf den Ansatz latenter Steuern aufgrund des aktivischen Überhangs.

Im ersten Fall werden 400.000 € aktive latente Steuern und 300.000 € passive latente Steuern ausgewiesen. Entscheidet sich die Farben AG für die Saldierung der latenten Steuerpositionen, weist die Bilanz ausschließlich eine Aktivposition für latente Steuern i. H. v. 100.000 € aus; die sich ergebende Bilanzverlängerung ist deutlich geringer als im ersten Fall. In beiden Fällen resultiert aus dem Ansatz der latenten Steuern für das Geschäftsjahr 2010 eine Erhöhung des Jahresergebnisses um 100.000 €. Aufgrund des aktivischen Überhangs kann die Farben AG jedoch auch auf den Ansatz der latenten Steuern verzichten – korrespondierend entfällt der Ergebniseffekt aus der Steuerabgrenzung. Davon unberührt bleiben jedoch die Berichterstattungspflichten im Rahmen der Anhangangaben.

Die Auswirkungen auf die Eigenkapitalquote bei Ansatz eines saldierten bzw. nicht saldierten Betrags sowie unter Nicht-Ausübung des Aktivierungswahlrechts ergeben sich bei einem Eigenkapital (nach Berücksichtigung eines Erfolgseffekts von 100.000 €) i. H. v. 1.000.000 € und unter Zugrundelegung einer Bilanzsumme von 2.500.000 € – bei erfolgtem saldierten Ausweis des aktiven Überhangs – wie folgt:

(1)   kein Ansatz eines aktiven Überhangs:

Eigenkapitalquote = Eigenkapital / Bilanzsumme = 900.000 € / 2.400.000 € = 37,5 %

(2)   Bruttoausweis aktiver und passiver latenter Steuern:

Eigenkapitalquote = Eigenkapital / Bilanzsumme = 1.000.000 € / 2.800 € = 35,7 %

(3)   saldierter Ansatz eines aktiven Überhangs:

Eigenkapitalquote = Eigenkapital / Bilanzsumme = 1.000.000 / 2.500.000 = 40,0 %

Merke:

Die Aktivierung latenter Steuern stellt ein nur schwer objektivierbares bilanzpolitisches Instrument dar. Im Besonderen die Einschätzung hinsichtlich der Nutzbarkeit bestehender steuerlicher Verlustvorträge ist von einer Fülle bilanzpolitisch motivierter Ermessensentscheidungen geprägt. Zwar mögen die einzelnen Effekte, die die Abgrenzung latenter Steuern auf den Vermögens- und Ertragsausweis haben, noch nachvollziehbar sein, die dahinter stehende bilanzpolitische Zielsetzung dürfte hinsichtlich ihrer umfassenden Analyse allerdings nur eingeschränkt identifizierbar sein.

7.4 Rückstellungsbewertung

7.4.1 Sonstige Rückstellungen

Rückstellungen sind künftig nach § 253 Abs. 1 HGB in Höhe des nach vernünftiger kaufmännischer Beurteilung notwendigen Erfüllungsbetrags anzusetzen. Hiermit stellt der Gesetzgeber klar, dass – unter Wahrung des Stichtagsprinzips – künftige Preis- und Kostensteigerungen bei der Rückstellungsbewertung zu berücksichtigen sind. Nach § 253 Abs. 2 HGB sind Rückstellungen mit einer Restlaufzeit von mehr als einem Jahr künftig mit dem ihrer Restlaufzeit entsprechenden durchschnittlichen Marktzinssatz der vergangenen sieben Geschäftsjahre abzuzinsen. Im Umkehrschluss gilt damit, dass Rückstellungen mit einer Restlaufzeit von weniger als einem Jahr nicht abzuzinsen sind. Die Abzinsung der einzelnen Rückstellungen hat unter Berücksichtigung der Restlaufzeit der jeweiligen Rückstellung zum Bilanzstichtag zu erfolgen. Demnach ist der anzuwendende Marktzinssatz der jeweiligen Zinsstrukturkurve zu entnehmen, die die jeweils aktuellen durchschnittlichen Marktzinssätze für den Zeitraum zwischen einem und fünfzig Jahren abbildet. Die anzuwendenden Abzinsungssätze werden nach Maßgabe einer Rechtsverordnung von der Deutschen Bundesbank ermittelt und monatlich bekannt gegeben.

Erträge aus der Abzinsung der Rückstellungen sowie Aufwendungen aus der späteren Aufzinsung sind in der Gewinn- und Verlustrechnung unter den Sonstigen Zinsen und ähnlichen Erträgen respektive den Zinsen und ähnlichen Aufwendungen zu erfassen (§ 277 Abs. 5 HGB). Im Rückstellungsspiegel sollten die Zinseffekte in einer gesonderten Spalte dargestellt werden.

7.4.2 Pensionsrückstellungen

Die Änderungen bei der Bewertung der sonstigen Rückstellungen haben einen unmittelbaren Einfluss auf die Bewertung der **Pensionsrückstellungen.** Abweichend von der grundsätzlichen Abzinsung der Rückstellungen dürfen Rückstellungen für laufende Pensionen oder Anwartschaften auf Pensionen pauschal mit dem bei einer angenommenen Laufzeit von 15 Jahren geltenden durchschnittlichen Marktzinssatz abgezinst werden. Die Anwendung dieser Vereinfachungsvorschrift steht allerdings unter dem Vorbehalt, dass der Jahresabschluss ein den tatsächlichen Verhältnissen entsprechendes Bild der Vermögens-, Finanz- und Ertragslage vermitteln muss. Früher wurde häufig eine Abzinsung mit einem an den steuerlichen Regelungen des § 6a EStG orientierten Zinssatz von 6,0% vorgenommen. Der gegenwärtige Marktzinssatz dürfte allerdings regelmäßig geringer sein. Als Folge der niedrigeren Abzinsung wird sich für einen Großteil der Bilanzierenden eine Höherbewertung der Pensionsrückstellungen ergeben, d. h., die Änderungen hinsichtlich der Rückstellungsbewertung mit einem Marktzinssatz führen voraussichtlich zu einer erhöhten Zuführung zu den Pensionsrückstellungen ab dem Jahr 2010.

Bei unterdotierten Pensionsrückstellungen gestattet Art. 67 Abs. 1 Satz 1 EGHGB eine Verteilung des Aufstockungsbetrags über die nächsten 15 Jahre. Der Gesetzgeber erlaubt dabei die Zuführung in ungleichmäßigen Jahresraten unter Nichtausnutzung der gesamten 15-Jahresfrist. In jedem Geschäftsjahr ist mindestens ein Fünfzehntel zuzuführen. Damit dürfen auch in jedem Geschäftsjahr größere Beträge zugeführt werden, die zu einer schnelleren Ansammlung führen. Kleinere Jahresbeträge als ein Fünfzehntel dürfen jedoch nicht zugeführt werden. Der erforderliche Zuführungsbetrag zu den Rückstellungen für laufende Pensionen und Anwartschaften auf Pensionen ist einmal für den Zeitpunkt der erstmaligen verpflichtenden Anwendung der neuen Vorschriften zu berechnen und dann in der Folgezeit anzusammeln. Auf diese Weise gelten für alle betroffenen Unternehmen die gleichen Bedingungen. Nach Art. 67 Abs. 2 EGHGB sind in der Bilanz nicht passivierte Pensionsrückstellungen im Anhang anzugeben.

Bei zu hoch passivierten Pensionsrückstellungen erlaubt der Gesetzgeber die Beibehaltung der zu hohen Rückstellung, wenn bis zum 31.12.2024 Zuführungen in Höhe des Auflösungsbetrags notwendig sind. Wird von dieser Möglichkeit kein Gebrauch gemacht, so ist der Auflösungsbetrag erfolgsneutral in die Gewinnrücklagen einzustellen. Der Betrag der Überdeckung ist nach Art. 67 Abs. 1 Satz 4 EGHGB im Anhang anzugeben.

7.4.3 Bilanzpolitische Möglichkeiten

Die Bewertung von Rückstellungen unter Berücksichtigung künftiger Kosten- und Preissteigerungen bedeutet für den Bilanzierenden bilanzpolitische Einflussmöglichkeiten. Dies ist durch die Notwendigkeit der Schätzung künftiger Entwicklungen bedingt. Der Gesetzgeber versucht dies durch die Wahrung des Stichtagsprinzips einzuschränken. Künftige Entwicklungen sollen nur berücksichtigt werden, wenn sie sich zum Bilanzstichtag objektiv abzeichnen. Dennoch bleibt festzuhalten, dass die Notwendigkeit der Berücksichtigung künftiger Entwicklungen stets die Möglichkeit bedeutet, die Höhe der Rückstellung zu beeinflussen. Dies gilt auch für die Bewertung von Pensionsrückstellungen. Denn auch hier sind bspw. künftige Lohn- und Gehaltssteigerungen sowie Rentensteigerungen abzuschätzen. Bei der Abzinsung hat das bilanzierende Unternehmen zunächst keine Wahlmöglichkeiten. Der heranzuziehende Zinssatz wird vorgegeben. Allerdings wird der Barwert der Rückstellung auch durch ihre Laufzeit beeinflusst. Die Abschätzung der Laufzeit ermöglicht dem Bilanzierenden Einflussmöglichkeiten. Je länger die Laufzeit, desto geringer wird die Rückstellung sein.

Im Bereich der Pensionsrückstellungen gesteht der Gesetzgeber den Bilanzierenden **mehrere ausdrückliche Wahlrechte** zu. So kann entschieden werden, ob jede einzelne Pensionszusage individuell über ihre Laufzeit zum vorgegebenen Zinssatz abgezinst wird oder ob alle Pensionszusagen pauschal mit dem Zinssatz für fünfzehnjährige Laufzeiten abgezinst werden. Weitere Wahlrechte ergeben sich nach der Umstellung im Falle von über- oder unterdotierten Rückstellungen. Bei unterdotierten Pensionsrückstellungen kann der Zuführungsbetrag über maximal fünfzehn Jahre verteilt werden. Da auch kürzere Zuführungszeiträume möglich sind, kann der Bilanzierende Ergebnispolitik betreiben. Je kürzer der Zuführungszeitraum, desto höher die Belastung des Jahresergebnisses und desto höher der erreichte Betrag der Pensionsrückstellung. Bei überdotierten Pensionsrückstellungen kann der Bilanzierende entscheiden, ob er die zu hohe Rückstellung beibehält oder zugunsten der Gewinnrücklagen auflöst. Nach Auffassung des IDW besteht dieses Wahlrecht jedoch nur im Übergangszeitpunkt und stellt kein Wahlrecht für den Zeitraum danach dar (vgl. IDW RS HFA 28, Tz. 8 ff.).

Ausweis eines möglichst hohen Eigenkapitals/eines möglichst hohen Ergebnisses	Ausweis eines möglichst geringen Eigenkapitals/eines möglichst geringen Ergebnisses	Annäherung an die steuerliche Rechnungslegung	Möglichst geringe Abweichungen zum alten Recht	Annäherung an die IFRS
Der Erfüllungsbetrag kann so beeinflusst werden, dass das Eigenkapital und Jahresergebnis möglichst wenig belastet werden	Der Erfüllungsbetrag kann so beeinflusst werden, dass das Eigenkapital und Jahresergebnis möglichst stark belastet werden	Je stärker künftige Entwicklungen Eingang in die Rückstellungsbewertung finden, desto weiter entfernt sich die Handelsbilanz von der Steuerbilanz	Je weniger künftige Entwicklungen Eingang in die Rückstellungsbewertung finden, desto mehr wird auch dem HGB a. F. entsprochen	Die Berücksichtigung künftiger Entwicklungen führt zu einer Annäherung an die IFRS
Bei **Unterdotierung** führt die Verteilung des Zuführungsbetrags über max. 15 Jahre zu einem hohen Jahresergebnis bzw. Eigenkapital	Bei **Unterdotierung**: Durch frühzeitige Aufholung der zu geringen Pensionsrückstellungen	Wahlrechte im Übergangszeitpunkt haben hier keine Auswirkung	Durch das Hinausschieben der Anpassung der Rückstellungen, kann das Entfernen vom HGB a. F. verzögert werden	Wahlrechte im Übergangszeitpunkt haben hier keine Auswirkung
Bei **Überdotierung** kann das Eigenkapital (nicht das Jahresergebnis) durch Erfassung des zu hohen Rückstellungsbetrags in den Gewinnrücklagen gestärkt werden	Bei **Überdotierung**: Beibehaltung der zu hohen Rückstellung			

ABB. 116: Einzelne bilanzpolitische Strategien ((Pensions-) Rückstellungsbewertung)

Beispiel 98: Bewertung von Rückstellungen

Aufgrund des hohen Wettbewerbsdrucks sowie der enormen Kapazitätsauslastung werden die für Oktober 2010 bei der Bau AG geplanten Instandhaltungsmaßnahmen der Maschinen nicht durchgeführt, sondern auf Februar 2011 verschoben. Zum 31.12.2010 schätzt die Bau AG die Kosten hierfür auf 600.000 €. Wegen der angespannten Wirtschaftssituation wird bis dahin mit Kostensteigerungen i. H. v. 3,5 % gerechnet.

Hinsichtlich der nicht wie geplant im Oktober 2010 durchgeführten Instandhaltungsmaßnahmen ist eine Rückstellung nach § 249 Abs. 1 Satz 2 Nr. 1 HGB zu bilden, da die Instandhaltung im folgenden Geschäftsjahr innerhalb der ersten drei Monaten erfolgt. Die geschätzten

Kostensteigerungen von 3,5 % sind objektiv nachvollziehbar und daher bei der Bewertung der Rückstellung einzubeziehen. Die Rückstellung ist daher mit einem Wert von 621.000 € anzusetzen. Im steuerrechtlichen Abschluss hingegen dürfen künftige Preis- und Kostensteigerungen nach § 6 Abs. 1 Nr. 3a Buchst. f EStG nicht berücksichtigt werden. Maßgebend für die Bewertung sind die Verhältnisse am Bilanzstichtag. Damit ist zum 31.12.2010 in der Steuerbilanz eine Bewertung zu 600.000 € vorzunehmen. Daraus ergibt sich eine Differenz zwischen Handels- und Steuerrecht i. H. v. 21.000 €, auf die aktive latente Steuern i. H. v. 6.300 € (= 21.000 x 0,3) (vorbehaltlich des Wahlrechts des § 274 Abs. 1 Satz 2 HGB bei anschließender Gesamtdifferenzenbetrachtung) abzugrenzen sind.

Buchungssätze:

Sonstiger betrieblicher Aufwand	an	Sonstige Rückstellungen	621.000
Aktive latente Steuern	an	latenter Steuerertrag	6.300

7.4.4 Bilanzanalytische Konsequenzen

Mit den beschriebenen Gestaltungsmöglichkeiten und Wahlrechten im Bereich der sonstigen Rückstellungen und Pensionsrückstellungen kann die Höhe der zu passivierenden Rückstellungen beeinflusst werden. Höhere Rückstellungen mindern aufgrund höherer Zuführungen das Jahresergebnis und damit das Eigenkapital. Auf die Bilanz bezogen kommt es zu einem Passivtausch zwischen Eigen- und Fremdkapital. Die Bilanzsumme bleibt unberührt. Allerdings gilt es zu beachten, dass sich die Effekte im Jahr der Auflösung oder Inanspruchnahme der Rückstellungen umkehren werden.

Dies bedeutet, dass es im Geschäftsjahr der vergleichsweise höheren Zuführung von Rückstellungen zu keinen Änderungen kommt, bei denen die Bilanzsumme im Nenner des Quotienten ins Verhältnis gesetzt wird. Anlagenintensität (Anlagevermögen / Bilanzsumme) und Umlaufintensität (Umlaufvermögen / Bilanzsumme) werden sich bspw. nicht ändern.

Die Eigenkapitalquote wird sich bei höheren Rückstellungen verschlechtern, da das geringere Jahresergebnis die Eigenkapitalbasis reduziert, die Bilanzsumme jedoch unverändert bleibt. Sinken werden auch in der Liquiditätsanalyse der Deckungsgrad A (Eigenkapital / Anlagevermögen) und in der Finanzierungsanalyse der statische Verschuldungsgrad (Eigenkapital / Fremdkapital). Höhere Zuführungen zu Rückstellungen belasten das Jahresergebnis. Dies führt zu einer Verschlechterung der Rentabilitätskennzahlen (Eigenkapitalrentabilität, Gesamtkapitalrentabilität und Umsatzrentabilität).

Merke:

Zwar schreibt der Gesetzgeber künftig die der Rückstellungsbewertung grundsätzlich zugrunde zu legenden Zinssätze vor, allerdings verbleibt dem Bilanzierenden im Einzelfall die Möglichkeit, von diesen Sätzen abzuweichen. Gleichzeitig sind die von ihm an die künftigen Kosten- und Preissteigerungen gestellten Erwartungen nur schwer objektivierbar. Im Rahmen einer weitergehenden bilanzanalytischen Untersuchung dürften sich einzelne Bewertungsannahmen alleine durch einen unternehmensübergreifenden Vergleich nachvollziehen und beurteilen lassen.

7.5 Bewertung von Planvermögen

7.5.1 Vorbemerkungen

Vermögensgegenstände, die dem Zugriff aller übrigen Gläubiger entzogen und unbelastet sind sowie ausschließlich zur Erfüllung von Schulden aus Altersversorgungsverpflichtungen oder vergleichbaren langfristig fälligen Verpflichtungen dienen, sind nicht mehr auf der Aktivseite zu zeigen, sondern unmittelbar mit den korrespondierenden Schulden zu verrechnen. Gleiches gilt für die aus diesen Vermögensgegenständen und Schulden erwachsenden Aufwendungen und Erträge; diese sind innerhalb des Finanzergebnisses zu verrechnen. Mit dieser Neuregelung erfolgt eine Annäherung an die Sichtweise der IFRS, denn dort findet sich die Verrechnung von **Planvermögen** mit den entsprechenden Pensionsrückstellungen. Die verrechneten Beträge (sowohl in der Bilanz als auch in der Gewinn- und Verlustrechnung) sind nach § 285 Nr. 25 HGB im Anhang anzugeben.

Nach § 253 Abs. 1 Satz 4 HGB sind die genannten Vermögensgegenstände verpflichtend mit ihrem beizulegenden Zeitwert zu bewerten. Diese **Zeitwertbewertung** wird (entgegen einer zunächst angedachten Beschränkung) der Höhe nach nicht durch den Erfüllungsbetrag der betreffenden Schulden begrenzt. Vielmehr ist der die verrechneten Schulden übersteigende Betrag in einem gesonderten Posten zu aktivieren. Auf den entsprechenden Betrag sind passive latente Steuern nach § 274 HGB anzusetzen.

Bei diesem neu im Bilanzgliederungsschema nach § 266 HGB erfassten Posten handelt es sich um keinen Vermögensgegenstand im handelsrechtlichen Sinn, sondern um einen Verrechnungsposten, der nach § 268 Abs. 8 HGB ausschüttungsgesperrt ist. Diese Ausschüttungssperre trägt dem Gläubigerschutzprinzip Rechnung.

7.5.2 Bilanzpolitische Möglichkeiten

Die maßgebenden Einflussmöglichkeiten für die bilanzierenden Unternehmen ergeben sich aus der Ermittlung des beizulegenden Zeitwerts der zu saldierenden Vermögensgegenstände. § 255 Abs. 4 Satz 1 HGB definiert den beizulegenden Zeitwert als Marktpreis. Ist ein Marktpreis auf einem aktiven Markt ermittelbar, so ist dieser als beizulegender Zeitwert heranzuziehen. Es handelt sich dann um einen Preis, der unter fremden Dritten üblich ist. Existiert ein solcher Marktpreis, so sind die Einflussmöglichkeiten der Bilanzpolitik am geringsten. Ist der Markt, von dem der Marktpreis abgeleitet wird, nicht ausreichend aktiv, so sollen anerkannte Bewertungsmethoden dabei helfen, den beizulegenden Zeitwert zu ermitteln. Beispiele wären Marktpreise aus vergleichbaren Geschäftsvorfällen oder anerkannte wirtschaftliche Bewertungsverfahren, wie DCF-Verfahren oder Optionspreismodelle. Hier wird deutlich, dass dem Bilanzierenden in der Regel mehrere Verfahren zur Verfügung stehen. Da verschiedene Verfahren zu unterschiedlichen Werten führen werden, kann der Bilanzierende die Höhe der zu saldierenden Vermögensgegenstände und damit auch das Jahresergebnis beeinflussen. Je höher der Zeitwert, desto geringer der zu passivierende Überhang der Pensionsrückstellungen oder desto höher der neu entstehende Aktivposten und desto besser das Jahresergebnis.

Ausweis eines möglichst hohen Eigenkapitals/eines möglichst hohen Ergebnisses	Ausweis eines möglichst geringen Eigenkapitals/eines möglichst geringen Ergebnisses	Annäherung an die steuerliche Rechnungslegung	Möglichst geringe Abweichungen zum alten Recht	Annäherung an die IFRS
Ermessensspielräume ermöglichen eine Erhöhung von Eigenkapital und Jahresergebnis	Ermessensspielräume ermöglichen eine möglichst geringe Erhöhung von Eigenkapital und Jahresergebnis oder gar eine Verminderung	Je mehr sich der Zeitwert von den Anschaffungskosten entfernt, desto stärker weichen Handels- und Steuerbilanz voneinander ab	Je mehr sich der Zeitwert von den Anschaffungskosten entfernt, desto stärker weichen HGB n. F. und HGB a. F. voneinander ab	Bewertung zum Zeitwert führt zu einer Annäherung an die IFRS

ABB. 117: Einzelne bilanzpolitische Strategien (Bewertung von Planvermögen)

7.5.3 Bilanzanalytische Konsequenzen

Die Einflussmöglichkeiten im Bereich der Bewertung von Planvermögen haben Einfluss auf die Höhe der passivierten Pensionsrückstellungen (im Folgenden wird von einem Überhang der Pensionsrückstellungen ausgegangen) und das Jahresergebnis. Je höher der Zeitwert für die zu saldierenden Vermögensgegenstände, desto geringer die ausgewiesenen Pensionsrückstellungen. Geringere Pensionsrückstellungen bedeuten ein verbessertes Jahresergebnis und damit höheres Eigenkapital. Auf die Bilanz bezogen kommt es zu einem Passivtausch zwischen Fremd- und Eigenkapital. Die Bilanzsumme bleibt unberührt. Wobei es zu erwähnen gilt, dass die erstmalige Saldierung von Vermögensgegenständen und Pensionsrückstellungen zu einer Bilanzverkürzung führt.

Dies bedeutet, dass es im Geschäftsjahr der vergleichsweise hohen Bewertung der zu saldierenden Vermögensgegenstände zu keinen Änderungen der Kennzahlen kommt, bei denen die Bilanzsumme im Nenner des Quotienten ins Verhältnis gesetzt wird. Anlagenintensität (Anlagevermögen / Bilanzsumme) und Umlaufintensität (Umlaufvermögen / Bilanzsumme) werden sich bspw. nicht ändern.

Die Eigenkapitalquote wird sich bei geringeren Pensionsrückstellungen verbessern, da ein verbessertes Jahresergebnis das Eigenkapital erhöht, die Bilanzsumme jedoch unverändert bleibt. Steigen werden auch in der Liquiditätsanalyse der Deckungsgrad A (Eigenkapital / Anlagevermögen) und in der Finanzierungsanalyse der statische Verschuldungsgrad (Eigenkapital / Fremdkapital). Die höhere Bewertung der zu saldierenden Vermögensgegenstände wird das Jahresergebnis positiv beeinflussen. Die Rentabilitätskennzahlen (Eigenkapitalrentabilität, Gesamtkapitalrentabilität und Umsatzrentabilität) werden sich erhöhen.

Beispiel 99: Pensionsrückstellungen

Die Zeus AG weist zum 31.12.2010 Pensionsrückstellungen i. H. v. 1.000.000 € aus. Diese wurden auf Grundlage angemessener Bewertungsannahmen von einem sachverständigen Aktuar ermittelt. Die Bewertung hat hierbei den zum Bilanzstichtag handelsrechtlich gesetzlich vorgegebenen Zinssatz berücksichtigt.

Die Deckung der Pensionsverpflichtungen erfolgt durch verpfändete, festverzinsliche Wertpapiere sowie insolvenzsicher angelegte Anleihen. Der Kurswert der Wertpapiere zum 31.12.2010 beträgt 500.000 € und kann zweifelsfrei ermittelt werden. Für die Anleihen steht kein aktueller Kurswert zur Verfügung, so dass das Unternehmen die Bewertung der Anleihen bei zwei verschiedenen Sachverständigen sowie seiner Hausbank beauftragt hat. Die zum 31.12.2010 erfolgten Wertermittlungen führen zu einer Wertspanne für den Anleihenwert zwischen 300.000 und 600.000 €. In Abhängigkeit der Zukunftserwartungen sowie der Marktprognosen wurden die Bewertungsgutachten jeweils unter Zugrundelegung allgemein anerkannter Bewertungsverfahren erstellt.

Zum 31.12.2010 stellt sich für die Zeus AG nunmehr die Frage nach dem richtigen Ansatz des Pensionsvermögens respektive eines sich nach Berücksichtigung der Verrechnung mit den Pensionsverpflichtungen nach § 246 Abs. 2 HGB ergebenden Betrags.

In Abhängigkeit des Wertansatzes für die Anleihen und unter Berücksichtigung des zweifelsfreien Wertes von 500.000 € für die Wertpapiere ergeben sich – mit entsprechenden Auswirkungen für den Ergebnis- sowie Eigenkapitalausweis und die Bilanzsumme – Wertansätze in einer Bandbreite von einem Ansatz der Pensionsverpflichtungen i. H. v. 200.000 € (bei niedrigstem Ansatz der Anleihenwerte) bis zu einem Ansatz eines aktiven Unterschiedsbetrags aus der Vermögensverrechnung von 100.000 €.

Merke:

Die Bewertung des Planvermögens hat zum Zeitwert zu erfolgen. In diesem Zusammenhang sieht der Gesetzgeber zwar einen definitorischen Versuch der Bestimmung vor, im Einzelfall mag dieser aber nicht überzeugen. Insbesondere der Hinweis auf die mögliche Bestimmung des Zeitwerts durch andere anerkannte Bewertungsverfahren eröffnet dem Bilanzierenden ein kaum mittels bilanzanalytischen Verfahren objektivierbares Gestaltungspotential.

7.6 Abschreibung des Geschäfts- oder Firmenwerts

7.6.1 Vorbemerkungen

Für den **Geschäfts- oder Firmenwert** entfällt das Aktivierungswahlrecht des § 255 Abs. 4 HGB a. F. Künftig ist der entgeltlich erworbene Geschäfts- oder Firmenwert demnach zwingend anzusetzen und planmäßig – bzw. bei Vorliegen entsprechender Hinweise auch außerplanmäßig – abzuschreiben. Nach § 253 Abs. 5 HGB ist eine vorgenommene außerplanmäßige Abschreibung beizubehalten. Eine spätere Wertaufholung ist explizit ausgeschlossen.

Zudem sind nach § 285 Nr. 13 HGB künftig die Gründe, welche die Annahme einer betrieblichen Nutzungsdauer eines entgeltlich erworbenen Geschäfts- oder Firmenwerts von mehr als fünf Jahren rechtfertigen, gesondert zu erläutern. Für den Gesetzgeber liegt damit eine planmäßige Abschreibung über eine Nutzungsdauer von fünf Jahren nahe.

7.6.2 Bilanzpolitische Möglichkeiten

Auch wenn der Gesetzgeber eine planmäßige Abschreibung des Geschäfts- oder Firmenwerts über fünf Jahre empfiehlt, ist diese Nutzungsdauer nicht zwingend vorgeschrieben. Die Nutzungsdauer ist vielmehr individuell zu schätzen, bspw. anhand

► der Art und voraussichtlichen Bestandsdauer des erworbenen Unternehmens,

► der Stabilität und Bestandsdauer der Branche des erworbenen Unternehmens,

► des Lebenszyklus der Produkte des erworbenen Unternehmens,

► der Auswirkungen von Veränderungen der Absatz- und Beschaffungsmärkte sowie der wirtschaftlichen Rahmenbedingungen auf das erworbene Unternehmen,

▶ des Umfangs der erforderlichen Erhaltungsaufwendungen zur Realisierung des erwarteten ökonomischen Nutzens des erworbenen Unternehmens,

▶ der Laufzeit wichtiger Absatz- und Beschaffungsverträge des erworbenen Unternehmens,

▶ der voraussichtlichen Tätigkeit von wichtigen Mitarbeitern für das erworbene Unternehmen,

▶ des erwarteten Verhaltens potenzieller Wettbewerber des erworbenen Unternehmens,

▶ der voraussichtlichen Dauer der Beherrschung des erworbenen Unternehmens.

Aus diesen vielfältigen Vorschlägen des Gesetzgebers wird deutlich, dass das bilanzierende Unternehmen im Bereich der Ermittlung der Nutzungsdauer des Geschäfts- oder Firmenwerts einen nicht unerheblichen Ermessensspielraum hat. Aufgrund der mit unter hohen Abschreibungsbemessungsgrundlagen kann das Jahresergebnis stark beeinflusst werden. Kurze unterstellte Nutzungsdauern belasten das Jahresergebnis stärker, allerdings kürzer.

Weiter gilt es zu erwähnen, dass die Ermittlung des niedrigeren beizulegenden Werts für eine eventuelle Vornahme von außerplanmäßigen Abschreibungen ebenfalls enorme bilanzpolitische Gestaltungsspielräume enthält. Diese sind vergleichbar mit der Zeitwertermittlung bei zu saldierendem Planvermögen.

Ausweis eines möglichst hohen Eigenkapitals/eines möglichst hohen Ergebnisses	Ausweis eines möglichst geringen Eigenkapitals/eines möglichst geringen Ergebnisses	Annäherung an die steuerliche Rechnungslegung	Möglichst geringe Abweichungen zum alten Recht	Annäherung an die IFRS
Je länger die zugrunde gelegte Nutzungsdauer, desto höher Eigenkapital und Jahresergebnis	Je kürzer die zugrunde gelegte Nutzungsdauer, desto geringer Eigenkapital und Jahresergebnis	Durch Anwendung der steuerrechtlichen Nutzungsdauer von fünfzehn Jahren in der Handelsbilanz kann Übereinstimmung erreicht werden; allerdings sieht das Handelsrecht ein Zuschreibungsverbot vor	Auch das HGB a. F. sah de facto eine freie Wahl der Nutzungsdauer vor	Planmäßige Abschreibungen sehen die IFRS nicht vor

ABB. 118: Einzelne bilanzpolitische Strategien
(Abschreibung des Geschäfts- oder Firmenwerts)

Beispiel 100: Abschreibung des Geschäfts- oder Firmenwerts

Die Neptun AG erwirbt zum 02.01.2010 die wirtschaftlich angeschlagene Poseidon GmbH durch Erwerb der einzelnen Vermögensgegenstände und Schulden im Zuge eines sog. „asset deal". Der Kaufpreis für die Poseidon GmbH liegt bei 2.500.000 € und wird per Banküberweisung bezahlt. Der Zeitwert aller zu aktivierenden Vermögensgegenstände (Sachanlagevermögen: Grundstücke mit einem Wert von 2.000.000 € und Maschinen mit einem Wert von 3.000.000 € und einer Restnutzungsdauer von 10 Jahren) der Poseidon GmbH liegt bei 5.000.000 € und der Zeitwert aller Schulden (Verbindlichkeiten aus Lieferungen und Leistungen) bei 3.000.000 €. Die erworbenen Schulden sind auch in der Bilanz zum 31.12.2010 noch enthalten. Die vorgenannten Zeitwerte der erworbenen Vermögensgegenstände und Schulden entsprechen den handels- und steuerrechtlichen Buchwerten. Nach Abwägung sämtlicher Kriterien liegt die voraussichtliche betriebliche Nutzungsdauer eines entstehenden entgeltlich erworbenen Geschäfts- oder Firmenwerts bei zehn Jahren. Es wird ein Ertragsteuersatz von 30 % unterstellt.

Die Neptun AG erzielt aus dem Erwerb am 02.01.2010 der Poseidon GmbH in Höhe des Differenzbetrags zwischen der Gegenleistung (2.500.000 €) für die übernommene Poseidon GmbH und dem Saldo der Zeitwerte der übernommenen Vermögensgegenstände (5.000.000 €) und Schulden (3.000.000 €) einen Geschäfts- oder Firmenwert i. H. v. 500.000 €. Für diesen entgeltlich erworbenen Geschäfts- oder Firmenwert besteht eine Aktivierungspflicht als Vermögensgegenstand in voller Höhe zum Zeitpunkt des Erwerbs. Da der Geschäfts- oder Firmenwert planmäßig über seine individuelle betriebliche Nutzungsdauer, die im vorliegenden Fall auf zehn Jahre geschätzt wurde, abzuschreiben ist (§ 253 Abs. 3 Satz 1 und 2 HGB), muss im Abschluss zum 31.12.2010 bereits für ein Jahr eine planmäßige Abschreibung i. H. v. 50.000 € (= 500.000/10) vorgenommen werden.

Nach § 7 Abs. 1 Satz 3 EStG gilt als betriebliche Nutzungsdauer eines Geschäfts- oder Firmenwerts allerdings ein Zeitraum von 15 Jahren. Die Abschreibung im steuerlichen Abschluss beträgt daher für das Jahr 2010 33.333 € (= 500.000/15). Damit liegt eine Differenz zwischen dem steuerlichen und dem handelsrechtlichen Ansatz des Geschäfts- oder Firmenwerts i. H. v. 16.667 € (= 466.667-450.000) vor, die nicht permanent ist und auf die eine aktive Steuerabgrenzung i. H. v. 5.000 € (=16.667 € x 30 %) vorzunehmen ist (vorbehaltlich des Aktivierungswahlrechts des § 274 Abs. 1 Satz 2 HGB bei anschließender Gesamtdifferenzenbetrachtung).

Hinsichtlich der Wertansätze für die erworbenen Grundstücke, Maschinen und Verbindlichkeiten entsprechen die handelsrechtlichen Werte den steuerlichen Wertansätzen.

Zum 31.12.2010 ist die Einbuchung der Vermögensgegenstände, Schulden sowie des Geschäfts- oder Firmenwerts auf Grundlage der zum 02.01.2010 relevanten Werte sowie deren Fortführung zum 31.12.2010 vorzunehmen.

Buchungssätze:

Grundstücke	2.000.000	an	Verbindlichkeiten aus LuL	2.000.000
Maschinen	3.000.000			
Geschäfts- oder Firmenwert	500.000	an	Bank	3.500.000
Abschreibungen	50.000	an	Geschäfts- oder Firmenwert	50.000
Abschreibungen	300.000	an	Maschinen	300.000
Aktive latente Steuern	5.000	an	Latenter Steuerertrag	5.000

7.6.3 Bilanzanalytische Konsequenzen

Mit der Festlegung der Nutzungsdauer für die Abschreibung des Geschäfts- oder Firmenwerts kann Bilanz- respektive Ergebnispolitik betrieben werden. Je kürzer die Nutzungsdauer, desto stärker wird zunächst das Jahresergebnis belastet. Allerdings ist der Geschäfts- oder Firmenwert umso schneller abgeschrieben. Die Ergebnisse späterer Geschäftsjahre werden dann nicht mehr von Abschreibungen belastet. Wählt der Bilanzierende eine kurze Nutzungsdauer, wird sich demnach das Jahresergebnis vergleichsweise verschlechtern. Bezogen auf die Bilanz wird es im Vergleich zu einer längeren Nutzungsdauer zu einer Bilanzverkürzung kommen. Das Eigenkapital und der aktivierte Geschäfts- oder Firmenwert werden vergleichsweise geringer ausfallen. Die Bilanzsumme sinkt im Vergleich zu einer längeren Nutzungsdauer.

Dies bedeutet, dass Kennzahlen, bei denen die Bilanzsumme im Nenner des Quotienten ins Verhältnis gesetzt wird, tendenziell steigen werden, so z. B. die Anlagenintensität (Anlagevermögen / Bilanzsumme) und die Umlaufintensität (Umlaufvermögen / Bilanzsumme).

Die Eigenkapitalquote wird im Vergleich zu einer längeren Nutzungsdauer eher sinken. In der Finanzierungsanalyse wird sich der statische Verschuldungsgrad (Eigenkapital / Fremdkapital) verschlechtern. Durch die vergleichsweise höheren Abschreibungen wird sich das Jahresergebnis verschlechtern. Die Rentabilitätskennzahlen (Eigenkapitalrentabilität, Gesamtkapitalrentabilität und Umsatzrentabilität) werden sich ebenfalls verschlechtern.

Merke:

Die Einschätzung der betrieblichen Nutzungsdauer, die der Firmenwertabschreibung zugrunde zu legen ist, kann alleine durch eine unternehmensübergreifende Branchenbetrachtung näherungsweise objektiviert werden. Nicht zuletzt stehen dem Bilanzierenden erhebliche Ermessensspielräume zur Einschätzung der Abschreibungsdauer sowie der zum Bilanzstichtag vorzunehmenden Werthaltigkeitsprüfung zur Verfügung, die seitens des externen Jahresabschlussadressaten alleine im Zeitablauf plausibilisiert werden können.

7.7 Einbeziehung von Zweckgesellschaften

7.7.1 Vorbemerkungen

Im Rahmen des BilMoG stand die Einbeziehungspflicht von Zweckgesellschaften in den Konzernabschluss im Fokus des Gesetzgebers. Dazu wird als Kriterium der Beherrschungsmöglichkeit § 290 Abs. 2 Nr. 4 HGB aufgenommen. Dieses bewirkt eine Einbeziehungspflicht von Zweckgesellschaften, auf die das Mutterunternehmen keinen beherrschenden Einfluss ausübt, sofern einerseits das Mutterunternehmen bei wirtschaftlicher Betrachtung die **Mehrheit der Risiken und Chancen** des Tochterunternehmens trägt und andererseits das Tochterunternehmen einem eng begrenzten, genau definierten Ziel des Mutterunternehmens dient. Als konsolidierungspflichtige Zweckgesellschaften kommen nicht nur Unternehmen, sondern auch sonstige juristische Personen oder unselbständige Sondervermögen des Privatrechts in Betracht. Damit wird der Tatsache Rechnung getragen, dass Zweckgesellschaften aufgrund ihrer engen Zwecksetzung häufig die Unternehmensqualität fehlt. Ausgeschlossen von der Konsolidierungspflicht werden jedoch Spezial-Sondervermögen i. S. d. § 2 Abs. 3 InvG (inländische Sondervermögen von Investmentfonds).

7.7.2 Bilanzpolitische Möglichkeiten

Um die Einbeziehungspflicht von Zweckgesellschaften in den Konzernabschluss zu gewährleisten, beschreibt § 290 Abs. 2 Nr. 4 HGB eine Fallkonstellation, in der das Mutterunternehmen zwar über keine Beherrschungsmöglichkeit verfügt, das Tochterunternehmen allerdings in seiner Geschäftstätigkeit auf eine eng abgegrenzte Zielsetzung des Mutterunternehmens ausgerichtet ist und eine wirtschaftliche Betrachtungsweise zu dem Ergebnis führt, dass das Mutterunternehmen die Mehrheit der Chancen und Risiken des Tochterunternehmens trägt. Eine nähere Konkretisierung erfährt diese Gesetzesformulierung jedoch nicht.

In der Gesetzesbegründung zur Neufassung von § 290 HGB werden folgende Umstände aufgeführt, die bei einer wirtschaftlichen Betrachtungsweise auf das Vorliegen einer Zweckgesellschaft und damit auch ihre Einbeziehungspflicht in einen Konzernabschluss hinweisen:

▶ Die Geschäftstätigkeit der Zweckgesellschaft wird zugunsten der besonderen geschäftlichen Bedürfnisse eines anderen Unternehmens geführt.

▶ Aufgrund seiner Entscheidungsmacht – entweder unmittelbar oder mittelbar über die Einrichtung eines Autopilot-Mechanismus – kann ein anderes Unternehmen den überwiegenden Nutzen aus der Geschäftstätigkeit der Zweckgesellschaft ziehen.

▶ Da ein anderes Unternehmen über das Recht verfügt, den überwiegenden Nutzen aus der Zweckgesellschaft zu ziehen, ist es unter Umständen Risiken ausgesetzt, die sich aus der Geschäftstätigkeit der Zweckgesellschaft ergeben.

▶ Um für seine eigene Geschäftstätigkeit einen Nutzen zu erzielen, behält ein anderes Unternehmen die Mehrheit der Residual- und Eigentumsrisiken oder Vermögensgegenstände, die sich aus der Geschäftstätigkeit der Zweckgesellschaft ergeben.

Als Beispiele für eng begrenzte und genau definierte Ziele des Mutterunternehmens werden Leasinggeschäfte, Verbriefungsgeschäfte oder auch die Auslagerung von Forschungs- und Entwicklungsaktivitäten genannt.

Diese Kriterien stellen zwar in gewisser Weise eine inhaltliche Umschreibung der vergleichsweise knappen Gesetzesformulierung dar, sie führen jedoch nicht zum Vorliegen eindeutiger Beurteilungskriterien, anhand derer sich eine konsolidierungspflichtige Zweckgesellschaft eindeutig erkennen lässt. Insofern verbleiben in der praktischen Anwendung der Vorschrift bedeutende Ermessensspielräume des Bilanzierenden. Von seiner Einschätzung wird es letztlich abhängen, inwieweit die Übernahme der Mehrheit der Chancen und Risiken durch das Mutterunternehmen und die Ausrichtung auf eine eng begrenzte Zielsetzung des Mutterunternehmens bejaht werden.

Ausweis eines möglichst hohen Eigenkapitals/eines möglichst hohen Ergebnisses	Ausweis eines möglichst geringen Eigenkapitals/eines möglichst geringen Ergebnisses	Möglichst geringe Abweichungen zum alten Recht	Annäherung an die IFRS
abhängig von Kaufpreisallokation und Ergebnissituation bei erstmals konsolidierungspflichtiger Zweckgesellschaft	abhängig von Kaufpreisallokation und Ergebnissituation bei erstmals konsolidierungspflichtiger Zweckgesellschaft	kein explizites Wahlrecht; Ermessensspielraum durch notwendige Auslegung bspw. der Chancen-Risiken-Verteilung	verpflichtende Annäherung, da Konsolidierungspflicht von Zweckgesellschaften auch nach IFRS sowie Orientierung an SIC 12

ABB. 119: Einzelne bilanzpolitische Strategien (Einbeziehung von Zweckgesellschaften)

Beispiel 101: Einbeziehung von Zweckgesellschaften

Die Merkur GmbH hat bereits vor einigen Jahren die Entscheidung getroffen, ihre langfristigen Forderungen teilweise an die Uranus GmbH auszulagern. Der einzige Gesellschafter der Uranus GmbH ist die Zins & Co. Bank AG. Als Gesellschaftszweck der Uranus GmbH wurde die Forderungsabwicklung für die Merkur GmbH festgelegt. Gleichzeitig darf die Uranus GmbH jedoch auch die Forderungen anderer Unternehmen erwerben und verwerten. Die zum Ankauf der Forderungen von der Uranus GmbH benötigten Kredite werden ihr von der Zins & Co. Bank AG zur Verfügung gestellt. Im Vertrag über den Verkauf der Forderungen der Merkur GmbH an die Uranus GmbH wurde festgelegt, dass die Merkur GmbH für 85 % der entsprechenden Kredite bürgt. Als Gegenleistung für diese Kreditbürgschaften erhält die Merkur GmbH von der Uranus GmbH 55 % der ausgeschütteten Gewinne sowie einen entsprechenden Anteil am Liquidationserlös der Gesellschaft. Die wirtschaftliche Betrachtung des Verhältnisses zwischen der Merkur GmbH und der Uranus GmbH führt zu dem Ergebnis, dass die Merkur GmbH die Mehrheit der Risiken (Bürgschaften i. H. v. 85 % der erforderlichen Kredite) und Chancen (55 %-ige Beteiligung an den Gewinnen bzw. am Liquidationserlös) der Uranus GmbH trägt. Dass es der Gesellschaftszweck der Uranus GmbH zulässt, dass diese auch für andere Unternehmen die Forderungsabwicklung übernehmen kann, schränkt diese Beurteilung nicht ein. Die Merkur GmbH übt folglich, obwohl sie nicht Gesellschafterin ist, einen beherrschenden Einfluss auf die Uranus GmbH aus und muss diese Zweckgesellschaft in ihren Konzernabschluss einbeziehen.

7.7.3   Bilanzanalytische Konsequenzen

Für den Analysten sind die in den Konzernabschluss einbezogenen Gesellschaften aus den Angaben zum Anteilsbesitz ersichtlich. Zweckgesellschaften lassen sich aufgrund der Verpflichtung zur Angabe des zur Einbeziehung in den Konzernabschluss verpflichtenden Sachverhalts – sofern es sich nicht um eine Stimmrechtsmehrheit handelt – im Anhang erkennen. Sofern allerdings der Bilanzierende zu dem Ergebnis gelangt, dass bei einer bestehenden Unternehmensverbindung keine konsolidierungspflichtige Zweckgesellschaft besteht, sind die Informationsmöglichkeiten des Bilanzanalysten sehr begrenzt. Nur sofern die geschäftlichen Beziehungen zu der Zweckgesellschaft Berichtspflichten im Anhang gemäß § 314 HGB auslösen, erhält der Analyst Einblick in die Transaktionen zwischen dem Konzernmutterunternehmen und der nicht als Zweckgesellschaft qualifizierten Unternehmung.

Merke:

Die Neuregelung in § 290 HGB soll zwar die Einbeziehungspflicht von Zweckgesellschaften gewährleisten, in der Praxis verbleiben jedoch mangels konkreter Beurteilungs- oder Abgrenzungskriterien weit reichende Ermessensspielräume des Bilanzierenden. Diese können es dem Bilanzierenden ermöglichen, in Abhängigkeit der von ihm verfolgten bilanzpolitischen Zielsetzung die Entscheidung über das Vorliegen einer konsolidierungspflichtigen Zweckgesellschaft zu vermeiden. Sofern der Verzicht auf die Einbeziehung Berichtspflichten über bestimmte Transaktionen auslöst, ist ein Abwägen zwischen diesen Alternativen erforderlich.

7.8 Kaufpreisallokation bei der Kapitalkonsolidierung

7.8.1   Vorbemerkungen

Durch das BilMoG werden in der Vergangenheit bestehende Wahlrechte hinsichtlich der Vollkonsolidierung von Tochterunternehmen deutlich eingeschränkt. Für Erwerbsvorgänge nach dem Übergangszeitpunkt auf das BilMoG ist die Anwendung der Neubewertungsmethode verbindlich vorgeschrieben, wobei die Kapitalaufrechnung zu dem Zeitpunkt zu erfolgen hat, zu dem das Unternehmen Tochterunternehmen geworden ist. Hinsichtlich des für die Neubewertung in der Handelsbilanz III maßgeblichen Bewertungsmaßstabs erfolgt eine begriffliche Umstellung vom beizulegenden Wert aus der Sicht des Erwerbers auf den (marktpreisorientierten) beizulegenden Zeitwert. Auf die individuelle Bestimmung des Nutzenwerts einzelner Vermögensgegenstände im Rahmen der Kaufpreisallokation kommt es demnach nicht mehr an. Bei Rückstellungen sowie latenten Steuern weichen die in den §§ 253 und 274 HGB enthaltenen Vorschriften zur Bewertung von der in § 301 HGB vorgesehenen Zeitwertbewertung im Rahmen der Kapitalkonsolidierung ab. Um den Bilanzierenden nicht mit der

Notwendigkeit entsprechender Anpassungsbuchungen zu konfrontieren, sieht § 301 Abs. 1 Satz 3 HGB für die Bewertung von Rückstellungen die Anwendung von § 253 Abs. 1 Satz 2 und Satz 3 sowie Abs. 2 HGB und für die Bewertung latenter Steuern den Rückgriff auf § 274 Abs. 2 HGB vor.

7.8.2 Bilanzpolitische Möglichkeiten

Durch die vollständige Neubewertung aller Vermögensgegenstände, Rechnungsabgrenzungsposten und Verbindlichkeiten des Tochterunternehmens sollen nicht nur dem Konzern(mutterunternehmen) und dessen Anteilseignern, sondern auch den Minderheitsgesellschaftern relevante Informationen über das auf sie entfallende Reinvermögen vermittelt werden. Einerseits dient das Abstellen auf den beizulegenden Zeitwert, der marktpreisorientiert ermittelt werden soll, einer Objektivierung der Wertansätze, da subjektive, wertbeeinflussende Faktoren keinen Eingang in die Aufstellung der Neubewertungsbilanz finden sollen. Andererseits wird es in vielen Fällen keine Möglichkeit einer marktpreisorientierten Wertermittlung für bspw. einen konkreten Vermögensgegenstand geben. In diesen Fällen ist es erforderlich, bspw. anhand vergleichbarer Vermögensgegenstände oder durch Anwendung von Schätzungen eine weitest mögliche Annäherung an einen Marktpreis zu erreichen.

Auch wenn Wertüberlegungen hinsichtlich der Vermögensgegenstände und Schulden des Tochterunternehmens beim Anteilserwerb in aller Regel angestellt werden, werden diese jedoch meist von den subjektiven Nutzenkalkülen des Anteilserwerbers und nicht unbedingt (nur) von einer marktpreisorientierten Sichtweise determiniert sein. Insofern stellt die Neuregelung hinsichtlich des zur Anwendung gelangenden Wertmaßstabs aus Sicht des Bilanzierenden keine Vereinfachung dar.

Aufgrund der häufig fehlenden unmittelbaren Feststellbarkeit eines Marktpreises verbleiben in der Wertfindung zahlreiche Freiheitsgrade, die der Bilanzierende in seinem Ermessen in einer Bewertungsentscheidung festlegen muss. Das Ergebnis der Bewertung ist zwar aus der vorgenommenen Neubewertung ersichtlich, eine weitergehende, detaillierte Darlegung der einzelnen Bewertungsparameter erfolgt jedoch nicht.

Ausweis eines möglichst hohen Eigenkapitals/eines möglichst hohen Ergebnisses	Ausweis eines möglichst geringen Eigenkapitals/eines möglichst geringen Ergebnisses	Möglichst geringe Abweichungen zum alten Recht	Annäherung an die IFRS
Aufdeckung stiller Reserven; kein Ergebniseffekt im Zeitpunkt der Erstkonsolidierung	Aufdeckung stiller Lasten; kein Ergebniseffekt im Zeitpunkt der Erstkonsolidierung	möglich bei Beibehaltung einer bislang bereits angewandten Neubewertungsmethode und keinen subjektiv geprägten Wertansätzen	verpflichtende Annäherung, da Neubewertungsmethode auch nach IFRS vorgeschriebene Vorgehensweise

ABB. 120: Einzelne bilanzpolitische Strategien
(Kaufpreisallokation bei der Kapitalkonsolidierung)

Beispiel 102: Kaufpreisallokation in der Kapitalkonsolidierung

Die Merkur GmbH erwirbt zum 30.06.2010 100 % der Anteile an der Uranus GmbH. Die Uranus GmbH ist Eigentümerin eines Grundstücks, über das durch eine unwesentliche Erweiterung des unternehmenseigenen Gleisnetzes eine Verbindung von zwei Betriebsstätten der Merkur GmbH geschaffen werden kann. Bislang mussten Lieferungen zwischen diesen beiden Betriebsstätten per LKW über das Straßennetz transportiert werden.

Vor Inkrafttreten der Neuregelungen durch das BilMoG wurde bei der Kaufpreisallokation auf den beizulegenden Wert aus der Sicht des Erwerbers abgestellt, so dass der für die Merkur GmbH mit dem Grundstück verbundene Vorteil, dass es eine Erweiterung des Schienennetzes ermöglicht, in die Bewertung einfließen musste. Nach der Neufassung durch das BilMoG wird als maßgeblicher Bewertungsmaßstab auf den beizulegenden Zeitwert abgestellt. Dies impliziert eine marktpreisorientierte Betrachtung, so dass die unternehmensindividuellen Vorteile des Vermögensgegenstands nicht in die Wertermittlung eingehen. Diese finden nunmehr im (entsprechend erhöhten) Geschäfts- oder Firmenwert Berücksichtigung. Hinsichtlich der marktpreisorientierten Betrachtung des Grundstücks kann die Merkur GmbH bspw. auf ein Wertgutachten, Preise vergleichbarer, in geringem zeitlichen Abstand veräußerter Grundstücke oder auch Statistiken über lokal übliche Quadratmeterpreise abstellen. Dies lässt – trotz der beabsichtigten Objektivierung – Beurteilungsspielräume und Raum für Ermessensentscheidungen der Merkur GmbH.

7.8.3 Bilanzanalytische Konsequenzen

Für den Analysten soll anhand der kodifizierten Vorschriften zur Wertermittlung im Zeitpunkt der Kaufpreisallokation eine objektivierte Wertfindung für die erworbenen Vermögensgegenstände, Schulden und Rechnungsabgrenzungsposten des Tochterun-

ternehmens ersichtlich werden. Auch wenn keine Details über die einzelnen Wertansätze berichtet werden, gilt dies zumindest für den aus der Konsolidierung resultierenden aktivischen oder passivischen Unterschiedsbetrag. Dabei ist zu beachten, dass sich
die unternehmensindividuellen Faktoren bei der Wertermittlung des Reinvermögens
nunmehr nicht mehr in der Identifizierung stiller Reserven und Lasten, sondern im
Unterschiedsbetrag aus der Kapitalkonsolidierung auswirken. Aufgrund der verbleibenden Beurteilungsspielräume und notwendigen Ermessensentscheidungen des
Bilanzierenden ist eine Objektivierung jedoch nur bedingt erreichbar.

Merke:

Bei der Kaufpreisallokation ist hinsichtlich der Wertansätze der Vermögensgegenstände, Schulden und Rechnungsabgrenzungsposten des Tochterunternehmens künftig statt auf den beizulegenden Wert aus der Sicht des Erwerbers auf den (marktpreisorientierten) beizulegenden Zeitwert abzustellen. Eine Objektivierung der in der Kaufpreisallokation berücksichtigten Werte wird damit allerdings nur bedingt erreicht, da in
der Wertfindung weitreichende Beurteilungsspielräume und Ermessensentscheidungen des Bilanzierenden verbleiben.

7.9 Anpassungsmöglichkeiten der Erstkonsolidierungswerte

7.9.1 Vorbemerkungen

Auch hinsichtlich des Aufrechnungszeitpunkts für die Kapitalkonsolidierung von Tochterunternehmen erfolgt eine Beschränkung der bislang bestehenden Wahlrechte. Für
die Kapitalaufrechnung maßgebend ist zukünftig der Zeitpunkt, zu dem das Unternehmen Tochterunternehmen geworden ist. Ergänzend zu dieser Regelung wird eine
Erleichterungsvorschrift geschaffen, gemäß der eine **Anpassung der Erstkonsolidierungswerte** innerhalb von zwölf Monaten zulässig ist, sofern zum Erstkonsolidierungszeitpunkt die der Konsolidierung zugrunde zu legenden Werte noch nicht endgültig
ermittelbar waren. Diese Erleichterungsvorschrift dient der Vermeidung zeitlicher Eng-
pässe im Rahmen der Erstkonsolidierung und soll ausschließlich daraus resultierenden
externen Beratungsbedarf und -aufwand verhindern. Zudem ist nach Ansicht des Gesetzgebers häufig ein nicht unerheblicher Zeitraum notwendig, um die für eine endgül-
tige Bewertung erforderlichen Kenntnisse über ein Tochterunternehmen zu gewinnen.

7.9.2 Bilanzpolitische Möglichkeiten

Durch die Erleichterungsvorschrift in § 301 Abs. 2 HGB erhält der Bilanzierende die
Möglichkeit, die im Rahmen der Erstkonsolidierung bei der Kaufpreisallokation angewandten Werte nochmals – nachträglich – zu korrigieren. Zeitlich wird diese Möglichkeit auf einen Zeitraum von zwölf Monaten eingeschränkt. In sachlicher Hinsicht muss

es sich um Korrekturen handeln, die auf Informationen über Tatsachen beruhen, die im Zeitpunkt der Kapitalaufrechnung bereits bestanden, aber dem Bilanzierenden noch nicht bekannt waren. Die Differenzierung zwischen berücksichtigungsfähigen und nicht berücksichtigungsfähigen Sachverhalten ist diesbezüglich vergleichbar mit der Unterscheidung zwischen wertaufhellenden und wertbegründenden Tatsachen.

Eine Anpassung der Wertansätze im Rahmen der Kaufpreisallokation erfolgt grundsätzlich erfolgsneutral; dies resultiert aus dem Grundsatz, dass Anschaffungsvorgänge grundsätzlich erfolgsneutral abzubilden sind. Durch eine Korrektur der Wertansätze kann der Bilanzierende folglich die Höhe des konsolidierungspflichtigen Eigenkapitals und in der Konsequenz den aus der Kapitalkonsolidierung resultierenden Unterschiedsbetrag beeinflussen. Dabei reduziert eine nachträgliche Aufdeckung stiller Reserven einen Geschäfts- oder Firmenwert bzw. erhöht einen passivischen Unterschiedsbetrag; umgekehrt bewirkt eine nachträgliche Aufdeckung stiller Lasten eine Erhöhung eines Geschäfts- oder Firmenwerts bzw. eine Reduzierung eines passivischen Unterschiedsbetrags.

Da die Kaufpreisallokation selbst – ebenso wie eine etwaige Korrektur innerhalb des Zwölf-Monats-Zeitraums – vollständig erfolgsneutral abgebildet wird, resultieren aus einer Anpassung keine Erfolgswirkungen. Diese ergeben sich nur bzw. erst in Zusammenhang mit der erfolgswirksamen Fortschreibung aufgedeckter stiller Reserven und Lasten sowie eines aktivischen oder passivischen Unterschiedsbetrags aus der Kapitalkonsolidierung.

Ausweis eines möglichst hohen Eigenkapitals/eines möglichst hohen Ergebnisses	Ausweis eines möglichst geringen Eigenkapitals/eines möglichst geringen Ergebnisses	Möglichst geringe Abweichungen zum alten Recht	Annäherung an die IFRS
Aufdeckung stiller Reserven; kein Ergebniseffekt im Zeitpunkt der Erstkonsolidierung bzw. der Korrektur	Aufdeckung stiller Lasten; kein Ergebniseffekt im Zeitpunkt der Erstkonsolidierung bzw. der Korrektur	möglich bei Verzicht auf die Erleichterungsvorschrift aufgrund fehlender Veranlassung oder Unwesentlichkeit	erfolgt durch Einführung des zwölfmonatigen Korrekturfensters, das nach IFRS ebenfalls für die Kaufpreisallokation besteht

ABB. 121: Einzelne bilanzpolitische Strategien
(Anpassungsmöglichkeit der Erstkonsolidierungswerte)

Beispiel 103: Anpassungsmöglichkeit der Erstkonsolidierungswerte

Die Circe AG erwirbt zum 15.08.2010 100 % der Anteile an der ausländischen Apollo SE und nimmt zum Erwerbszeitpunkt die Erstkonsolidierungsbuchung auf Basis der ihr bekannten

Wertverhältnisse der Apollo SE vor. Aufgrund der kurzfristig durchgeführten Transaktion sind ihr diese jedoch noch nicht vollumfänglich bekannt. Aufgrund der Erleichterungsregelung in § 301 Abs. 2 Satz 2 HGB kann die Circe AG innerhalb von zwölf Monaten nach der Erstkonsolidierung – also bis zum 15.08.2011 – eine Anpassung der Erstkonsolidierungswerte vornehmen. Aufgrund der Erfolgsneutralität von Anschaffungsvorgängen ist diese Anpassung – ebenso wie die Erstkonsolidierung insgesamt – erfolgsneutral zu berücksichtigen. Sofern sich aus der Kapitalaufrechnung der Apollo SE ein Geschäfts- oder Firmenwert i. H. v. 500.000 € ergab und die Circe AG nachträglich feststellt, dass in den Betriebsgrundstücken stille Reserven i. H. v. 200.000 € enthalten sind, die in der Kaufpreisallokation noch nicht berücksichtigt wurden, reduziert die Anpassung der Kaufpreisallokation den Geschäfts- oder Firmenwert auf 300.000 €. Korrespondierend sinken die aufwandswirksamen Abschreibungen des Geschäfts- oder Firmenwerts. Diese werden substituiert durch die Abschreibung stiller Reserven, wobei für die Grundstücke aufgrund der fehlenden Abnutzbarkeit keine planmäßige Auflösung stiller Reserven erfolgt.

7.9.3   Bilanzanalytische Konsequenzen

Durch die Ausübung der Möglichkeit zur Korrektur der Wertansätze im Rahmen der Kaufpreisallokation ändert sich die Abbildung der Unternehmenstransaktion im Konzernabschluss. Da keine expliziten Berichtspflichten des Bilanzierenden über die Anpassung bestehen, ist fraglich, inwieweit eine solche Korrektur für den Bilanzanalysten ersichtlich ist. Dies wird in erster Linie von ihrer Wesentlichkeit sowie der Bedeutung des betreffenden Unternehmens innerhalb des Konzernverbunds abhängen. Unter der Voraussetzung, dass eine Korrektur nicht rein bilanzpolitisch motiviert ist, wird sich jedoch durch die Korrektur, die eine sachgerechte Abbildung der Wertverhältnisse und damit der Vermögens-, Finanz- und Ertragslage ermöglichen soll, die Darstellung im Konzernabschluss aus bilanzanalytischer Sicht verbessern.

Merke:

Die Möglichkeit der Anpassung der Wertansätze aus der Kapitalkonsolidierung ermöglicht es dem Bilanzierenden, im Zeitpunkt der Kapitalaufrechnung zusätzlichen Aufwand, der nur auf die 'Absicherung' der Wertermittlung entfällt, zu vermeiden. Sofern er nach der Kaufpreisallokation eine bessere Erkenntnis über die zu diesem Zeitpunkt maßgebenden Wertverhältnisse erhält, kann er diese innerhalb von zwölf Monaten durch entsprechende Korrekturen der Kaufpreisallokation berücksichtigen. Da diese Korrekturen erfolgsneutral durchzuführen sind, entfalten sie keine unmittelbare Ergebniswirkung, können aber in den Folgeperioden aufgrund unterschiedlicher Fortschreibung die Aufwendungen bzw. Erträge aus der Fortschreibung beeinflussen.

7.10 Geschäfts- oder Firmenwert aus der Kapitalkonsolidierung

7.10.1 Vorbemerkungen

Für den **Geschäfts- oder Firmenwert** erfolgt im Konzernabschluss zukünftig – für Erwerbsvorgänge nach dem Übergang auf die Neuregelungen des BilMoG – eine Anpassung der Behandlung des Geschäfts- oder Firmenwerts aus der Kapitalkonsolidierung an die einzelgesellschaftlichen Normen. Daher entfallen die bisher zulässigen Behandlungsmöglichkeiten einer Aktivierung und Abschreibung zu jeweils mindestens einem Viertel ab dem folgenden Geschäftsjahr sowie der erfolgsneutralen Verrechnung. In der Zukunft muss der aus der Kapitalkonsolidierung resultierende Geschäfts- oder Firmenwert zwingend aktiviert werden; er ist planmäßig über seine voraussichtliche Nutzungsdauer sowie bei Bedarf auch außerplanmäßig abzuschreiben. Eine spätere Zuschreibung ist beim Geschäfts- oder Firmenwert explizit ausgeschlossen.

Nach § 314 Abs. 1 Nr. 20 HGB sind außerdem die Gründe, welche die Annahme einer voraussichtlichen Nutzungsdauer des Geschäfts- oder Firmenwerts von mehr als fünf Jahren rechtfertigen, gesondert zu erläutern.

7.10.2 Bilanzpolitische Möglichkeiten

Aufgrund der gesonderten Berichtspflichten bei einer den Zeitraum von fünf Jahren überschreitenden voraussichtlichen Nutzungsdauer des Geschäfts- oder Firmenwerts liegt die Vermutung nahe, dass der Gesetzgeber eine planmäßige Abschreibung des Geschäfts- oder Firmenwerts über maximal fünf Jahre empfiehlt. Dies ist jedoch keine verbindliche Vorgabe; vielmehr ist eine unternehmensindividuelle Schätzung der Nutzungsdauer im Einzelfall vorzunehmen. Die hierzu im Konzernabschluss heranzuziehenden Kriterien entsprechen den für den Geschäfts- oder Firmenwert im Einzelabschluss bereits dargestellten Faktoren (→ vgl. Kapitel 7.6.2). Zu beachten ist, dass deren Beurteilung nunmehr nicht mehr ausschließlich aus Sicht des Erwerbers erfolgt, sondern die Sichtweise des Gesamtkonzerns dieser zugrunde zu legen ist.

Hieraus resultiert ein nicht unerheblicher Ermessensspielraum des Bilanzierenden. Dieser bezieht sich jedoch nicht nur auf die planmäßige Fortschreibung, sondern umfasst auch die Beurteilung der Notwendigkeit zur Vornahme außerplanmäßiger Abschreibungen.

Ausweis eines möglichst hohen Eigenkapitals/eines möglichst hohen Ergebnisses	Ausweis eines möglichst geringen Eigenkapitals/eines möglichst geringen Ergebnisses	Möglichst geringe Abweichungen zum alten Recht	Annäherung an die IFRS
Je länger die zugrunde gelegte Nutzungsdauer, desto höher Konzerneigenkapital und -ergebnis	Je kürzer die zugrunde gelegte Nutzungsdauer, desto geringer Konzerneigenkapital und -ergebnis	Möglich, sofern in der Vergangenheit von der Möglichkeit zur Aktivierung und planmäßigen Abschreibung Gebrauch gemacht wurde	Nicht möglich, da nach IFRS keine planmäßigen Abschreibungen des Geschäfts- oder Firmenwerts, sondern Impairment Only Approach

ABB. 122: Einzelne bilanzpolitische Strategien
(Behandlung des Geschäfts- oder Firmenwerts)

Beispiel 104: Aktivierungspflicht eines Geschäfts- oder Firmenwerts aus der Kapitalkonsolidierung

Die konzernrechnungslegungspflichtige Artemis AG erwirbt am 01.01.2010 100 % der Anteile an der Pluto GmbH zu einem Kaufpreis von 500.000 €. Im Erwerbszeitpunkt verfügt die Pluto GmbH über ein Eigenkapital von 350.000 €; stille Reserven und stille Lasten liegen nicht vor. Der positive Unterschiedsbetrag aus der Kapitalkonsolidierung i. H. v. 150.000 € ist als Geschäfts- oder Firmenwert zu aktivieren und planmäßig über die voraussichtliche Nutzungsdauer abzuschreiben. Bei einer unterstellten Nutzungsdauer von sechs Jahren sind für das Geschäftsjahr 2010 bereits anteilige Abschreibungen i. H. v. 25.000 € vorzunehmen; gleichzeitig sind im Anhang die Gründe für die Annahme der Nutzungsdauer zu berichten. Hierzu kann bspw. auf die zukünftigen Erfolgsaussichten des Tochterunternehmens oder auch den Lebenszyklus eines wesentlichen Produkts dieser Gesellschaft abgestellt werden.

7.10.3 Bilanzanalytische Konsequenzen

Sofern der Bilanzierende sich nicht für eine Nutzungsdauer von mehr als fünf Jahren bei der planmäßigen Abschreibung des Geschäfts- oder Firmenwerts aus der Kapitalkonsolidierung entscheidet, erhält der Bilanzanalyst keine weiteren Informationen hinsichtlich des der Abschreibung zugrunde gelegten Zeitraums. Allerdings kann er dann davon ausgehen, dass der Geschäfts- oder Firmenwert nach fünf Jahren vollständig amortisiert ist und sich erfolgswirksam in der GuV niedergeschlagen hat. Bei einer fünf Jahre überschreitenden Nutzungsdauer besteht ein Indiz, dass der Bilanzierende eine progressive Bilanzpolitik verfolgt und die Abschreibungen des aus der Unternehmenstransaktion resultierenden Geschäfts- oder Firmenwerts über einen möglichst langen Zeitraum verteilen will. In diesem Fall obliegt es ihm, anhand der vom Bilanzierenden angeführten Gründe die Plausibilität der Nutzungsdauerschätzung kritisch zu hinterfragen und ggf. entsprechende Konsequenzen für seine bilanzanalytischen Auswertungen zu ziehen.

Merke:

Durch den Übergang auf das BilMoG wird für den Geschäfts- oder Firmenwert aus Erwerbsvorgängen nach dem Übergangszeitpunkt eine Aktivierungspflicht in Verbindung mit der Vornahme planmäßiger Abschreibungen kodifiziert. Damit wird einerseits der Handlungsspielraum des Bilanzierenden bei der Behandlung des Geschäfts- oder Firmenwerts aus der Kapitalkonsolidierung deutlich eingeschränkt, allerdings eröffnen sich andererseits Beurteilungsspielräume bei der Nutzungsdauerschätzung sowie auch bei der Notwendigkeit der Vornahme außerplanmäßiger Abschreibungen.

7.11 Latente Steuern im Konzernabschluss

7.11.1 Vorbemerkungen

Durch den Übergang auf die bilanzorientierte Abgrenzungskonzeption latenter Steuern erweitert sich deren Anwendungsbereich deutlich. Zukünftig werden alle nicht permanenten Differenzen zwischen den handelsrechtlichen und den steuerrechtlichen Wertansätzen, die auf Konsolidierungsmaßnahmen beruhen, von § 306 HGB der Steuerabgrenzung unterworfen, sofern es sich nicht um einen Sachverhalt handelt, für den ein explizites Ansatzverbot besteht. Eine wesentliche Neuerung beim Übergang aus Sicht der konsolidierten Rechnungslegung ist die Abgrenzung latenter Steuern im Rahmen der Kapitalkonsolidierung, sofern bei der Neubewertung stille Reserven und/oder stille Lasten aufgedeckt werden.

Hinsichtlich des Ausweises latenter Steuern hat der Bilanzierende im Konzernabschluss die Möglichkeit, die aus der Konsolidierung resultierenden latenten Steuern mit den auf Einzelabschlussebene abgegrenzten zusammenzufassen. Weiterhin darf ein saldierter Ausweis aktiver und passiver latenter Steuern in der Konzernbilanz erfolgen.

7.11.2 Bilanzpolitische Möglichkeiten

Hinsichtlich der Abgrenzung latenter Steuern im Konzernabschluss bestehen bilanzpolitische Möglichkeiten des Bilanzierenden unter anderem in der Bestimmung des anzuwendenden Steuersatzes sowie auch in der Ermittlung der der Steuerabgrenzung zugrunde zu legenden Differenzen. Grundsätzlich wird nach den durch BilMoG eingeführten Vorschriften die Bewertung von Steuerlatenzen mit dem unternehmensindividuellen Steuersatz im Zeitpunkt der Umkehrung der Differenz gefordert. Auf Konzernebene kommt die Anwendung eines Konzerndurchschnittssteuersatzes – wie bislang üblich – folglich künftig nur noch unter Wesentlichkeits- und Wirtschaftlichkeitsaspekten in Betracht. Im Rahmen der Kapitalkonsolidierung ist die Abgrenzung latenter Steuern in erster Linie an die Identifizierung stiller Reserven und Lasten gebunden, da diese eine Steuerabgrenzung auslösen. Je intensiver eine Auseinandersetzung mit diesen Werten erfolgt, desto detaillierter erfolgt – quasi automatisch – auch die dadurch verursachte Steuerabgrenzung.

Durch die Inanspruchnahme der Saldierungsmöglichkeit oder den Verzicht hierauf kann der Bilanzierende zwar keinen Eigenkapital- oder Ergebniseffekt erzielen; die Saldierung ermöglicht gegenüber der Bruttodarstellung jedoch eine Verbesserung der Konzerneigenkapitalquote.

Ausweis eines möglichst hohen Eigenkapitals/eines möglichst hohen Ergebnisses	Ausweis eines möglichst geringen Eigenkapitals/eines möglichst geringen Ergebnisses	Möglichst geringe Abweichungen zum alten Recht	Annäherung an die IFRS
bei Sachverhalten bzw. Geschäftsvorfällen, die die Abgrenzung aktiver latenter Steuern bedingen	bei Sachverhalten bzw. Geschäftsvorfällen, die die Abgrenzung passiver latenter Steuern bedingen	aufgrund grundlegender Neukonzeption nicht möglich; Ausdehnung des Umfangs über bisherige Regelung hinaus	resultiert aus grundlegender Neukonzeption, aber Abweichung bei Saldierung

ABB. 123: Einzelne bilanzpolitische Strategien
(Latente Steuern im Konzernabschluss)

Beispiel 105: Saldierung latenter Steuern im Konzernabschluss

Die Pluto GmbH erstellt zum 31.12.2010 einen Konzernabschluss. Aufgrund von Verlustvorträgen wurden aktive latente Steuern i. H. v. 1 Mio. € abgegrenzt; passive latente Steuern ergeben sich insgesamt i. H. v. 800.000 €. Sofern die latenten Steuern unsaldiert ausgewiesen werden, beläuft sich die Bilanzsumme auf 4 Mio. €; das Konzerneigenkapital beträgt 1 Mio. €. Ohne Saldierung der latenten Steuern beträgt die Eigenkapitalquote des Pluto Konzerns damit 25 %. Sofern die Pluto GmbH im Konzernabschluss von der Möglichkeit des saldierten Ausweises aktiver und passiver latenter Steuern Gebrauch macht, reduziert sich durch die Saldierung i. H. v. insgesamt 800.000 € die Bilanzsumme auf 3,2 Mio. €; die Eigenkapitalquote steigt auf rund 31 %.

7.11.3 Bilanzanalytische Konsequenzen

Einen Einblick in die Ursachen der Steuerabgrenzung liefert dem Bilanzierenden die Anhangberichterstattung gemäß § 314 Abs. 1 Nr. 21 HGB. Demnach muss im Anhang angegeben werden, auf welchen Differenzen oder steuerlichen Verlustvorträgen die latenten Steuern beruhen und mit welchen Steuersätzen die Bewertung vorgenommen wurde. Anhand dieser Angaben kann sich der Analyst einerseits ein Bild über die wesentlichen Positionen machen, die die Steuerabgrenzung ausgelöst haben. Dies lässt Rückschlüsse auf die Anwendung einer progressiven oder konservativen Bilanzpolitik zu, wie dies bereits ausführlich für die einzelgesellschaftliche Rechnungslegung dargestellt wurde. Andererseits wird auch eine vorgenommene Saldierung aktiver und passiver latenter Steuern aus diesen Angaben in aller Regel ersichtlich sein, so dass die Auswirkungen auf die Eigenkapitalquote nachvollzogen werden können. Zur Verbesserung der vermittelten Informationen über die Steuerabgrenzung fordert E-DRS 24 außerdem die Erstellung einer steuerlichen Überleitungsrechnung, in der der aufgrund des Konzernjahresergebnisses erwartete Ertragsteueraufwand in den tatsächlich ausgewiesenen Ertragsteueraufwand übergeleitet wird. Anhand der Angaben zum angewendeten Steuersatz kann der Analyst erkennen, inwieweit auf einen Durchschnittssatz abgestellt wurde oder unternehmensindividuelle Steuersätze zur Anwendung gelangten.

Merke:

Im Gegensatz zur einzelgesellschaftlichen Regelung beinhaltet § 306 HGB für latente Steuern auf Konsolidierungsmaßnahmen eine Aktivierungs- ebenso wie eine Passivierungspflicht. Der Bilanzierende verfügt über einen Ermessensspielraum bei der Entscheidung über den der Abgrenzung latenter Steuern zugrunde zu legenden Steuersatz. Dies gilt einerseits für die Verwendung eines Durchschnittssteuersatzes ebenso wie für die Festlegung des anzuwendenden Steuersatzes in Abhängigkeit vom Zeitpunkt, in dem sich die Differenz umkehrt. Die Saldierung aktiver und passiver latenter Steuern im Konzernabschluss wirkt sich zwar weder auf das Eigenkapital noch auf das Ergebnis aus, bewirkt aber eine Erhöhung der ausgewiesenen Konzerneigenkapitalquote. Für die Analyse der abgegrenzten latenten Steuern sind in erster Linie die Berichtspflichten im Anhang heranzuziehen.

7.12 Abschließende Beurteilung

Im Zusammenhang mit dem BilMoG erfolgt eine Verschiebung bilanzpolitischer Möglichkeiten von vielfach in der Vergangenheit gegebenen gesetzlichen Wahlrechten hin zu faktischen Ermessensspielräumen. Zunehmend vollzieht sich damit die vom Bilanzierenden vorgenommene Bilanzpolitik außerhalb der nachvollziehbaren Bilanzierung und Berichterstattung.

Vielen neuen Ermessensspielräumen ist die Frage nach der Einschätzung der Zukunft immanent. Dies trifft auf die Beurteilung der voraussichtlichen Nutzung steuerlicher Verlustvorträge ebenso zu wie hinsichtlich der Fragestellung nach künftigen Kosten- und Preissteigerungen. Ebenso unterliegen die Entscheidungen über die zutreffende

Abschreibungsdauer selbst erstellter immaterieller Vermögensgegenstände des Anlagevermögens oder entgeltlich erworbener Geschäfts- oder Firmenwerte den Einschätzungen des Bilanzierenden.

Im Konzernabschluss hat der Gesetzgeber in vielen Bereichen die Abschaffung expliziter Wahlrechte konsequent verfolgt. Nichtsdestotrotz sind durch die neu geschaffenen Vorschriften neue Beurteilungsspielräume entstanden und Ermessensentscheidungen notwendig geworden. Dies betrifft insbesondere die nur rudimentär gesetzlich konkretisierte Einbeziehungspflicht von Zweckgesellschaften. Weiterhin bestehen Ermessensspielräume bei der Wertermittlung im Rahmen der Kaufpreisallokation, die durch die Korrekturmöglichkeit innerhalb von zwölf Monaten im Zeitpunkt der Kapitalaufrechnung noch verstärkt werden. Auch der Nutzungsdauerschätzung des Geschäfts- oder Firmenwerts kommt aufgrund der häufig hohen Bedeutung dieser Position wesentliche Bedeutung zu. Mit Blick auf die Abgrenzung latenter Steuern im Konzernabschluss stellt sich – neben den bereits auf Einzelabschlussebene bestehenden Wahlrechten und Ermessensspielräumen – insbesondere die Frage des unternehmensindividuell anzuwendenden Steuersatzes sowie der Nutzung der Saldierungsmöglichkeit.

In weiten Teilen gewinnt die handelsrechtliche Rechnungslegung durch das BilMoG an Zukunftsbezug, was einerseits aus Informationsgesichtspunkten begrüßenswert sein mag, aus Gläubigergesichtspunkten aber kritisch zu sehen ist. Hieran ändern auch die Regelungen zur Ausschüttungssperre (→ vgl. Kapitel 10.5) nur wenig. Im Ergebnis mag der Bilanzierende für Zwecke seiner Rechnungslegung künftig verstärkt die Glaskugel bemühen müssen; der klare Blick in eben diese bleibt dem Bilanzanalysten allerdings regelmäßig verwehrt. Er kann nur durch einen Schleier auf die wahre Vermögens-, Finanz- und Ertragslage des Bilanzierenden blicken.

Merke:

Auch nach dem Umstellungszeitpunkt werden den Unternehmen vielfältige Möglichkeiten der Bilanzpolitik eingeräumt. Während der Gesetzgeber explizite Wahlrechte vielfach abgeschafft hat, sind neue Ermessensspielräume, vor allem im Bereich der Bewertung, entstanden. Noch mehr als durch die Ausübung ausdrücklicher Wahlrechte kann der Bilanzierende durch eine gezielte Nutzung der Ermessensspielräume Bilanzpolitik betreiben, die der externe Bilanzleser nur schwer erkennen kann.

8. Bedeutung des BilMoG für eine eigenständige Steuerbilanzpolitik

8.1 Vorbemerkungen und Intention des Gesetzgebers

Die Reform der handelsrechtlichen Bilanzierung durch das BilMoG hat vielschichtige Auswirkungen auf die steuerrechtliche Bilanzierung. Auch die Neufassung des § 5 Abs. 1 Satz 1 EStG hält an der Maßgeblichkeit der Handelsbilanz für die Steuerbilanz fest. Danach ist für den Schluss eines Wirtschaftsjahres das Betriebsvermögen anzusetzen, das sich nach den handelsrechtlichen Grundsätzen ordnungsmäßiger Buchführung ergibt. Intention des Gesetzgebers war die steuerneutrale Durchführung der Reform der handelsrechtlichen Bilanzierung. Diesem Ziel steht die Maßgeblichkeit der Handelsbilanz für die Steuerbilanz grundsätzlich entgegen. Aufgrund der Maßgeblichkeit der Handelsbilanz für die Steuerbilanz überträgt sich im Grundsatz die handelsrechtliche Bilanzierung auf die Steuerbilanz.

Durch die Streichung von § 5 Abs. 1 Satz 2 EStG a. F. wird die **umgekehrte Maßgeblichkeit** aufgehoben. Dies führt dazu, dass in Zukunft steuerrechtliche Wahlrechte unabhängig von der Bilanzierung in der Handelsbilanz ausgeübt werden können. Bislang galt, dass steuerrechtliche Wahlrechte in Übereinstimmung mit der Handelsbilanz auszuüben waren. In diesem Zusammenhang werden die handelsrechtlichen Vorschriften der §§ 247 Abs. 3, 254, 270 Abs. 1 Satz 2, 273, 279 Abs. 2, 280 Abs. 1, 281, 285 Satz 1 Nr. 5 HGB a. F. aufgehoben.

Mit der gesetzlichen Regelung des Prinzips der wirtschaftlichen Zurechnung, Vorgaben zur Saldierung und Vorschriften zur Bildung von Bewertungseinheiten werden die Grundsätze ordnungsmäßiger Buchführung geändert, was sich über die Maßgeblichkeit nach § 5 Abs. 1 Satz 1 EStG grundsätzlich auch auf die Steuerbilanz auswirkt. Materielle Folgen in diesem Zusammenhang ergeben sich dort, wo die steuerlichen Regelungen keine Sondernormen vorsehen. Die Reform tangiert zudem bedeutsame handelsrechtliche Ansatz- und Bewertungsvorschriften, die sich ebenso auf die steuerliche Bilanzierung auswirken, so lange diesen keine speziellen Steuervorschriften entgegenstehen.

Merke:

Der Wegfall der umgekehrten Maßgeblichkeit und die weitgehende Durchbrechung der Maßgeblichkeit der Handelsbilanz für die Steuerbilanz mittels steuerlicher Spezialvorschriften führen dazu, dass handelsrechtliche und steuerrechtliche Bilanzierung

zunehmend parallel nebeneinander stehen. Damit gewinnt eine eigenständige Steuerbilanzpolitik an Bedeutung.

8.2 Wegfall der umgekehrten Maßgeblichkeit

8.2.1 Maßgeblichkeit der Handelsbilanz für die Steuerbilanz (formelle Maßgeblichkeit)

Ausgangspunkt der steuerlichen Gewinnermittlung ist der Betriebsvermögensvergleich
nach § 4 Abs. 2 Satz 1 EStG. Dabei gilt die **Maßgeblichkeit** der Handelsbilanz für die
Steuerbilanz. Dies bedeutet, dass für den Schluss eines Wirtschaftsjahres das Betriebsvermögen anzusetzen ist, das sich nach den handelsrechtlichen Grundsätzen ordnungsmäßiger Buchführung ergibt. Dies regelt § 5 Abs. 1 Satz 1 EStG und wird als formelle Maßgeblichkeit der Handelsbilanz für die Steuerbilanz bezeichnet. Soweit der
Steuerpflichtige keine gesonderte Steuerbilanz aufstellt, basiert die steuerliche Gewinnermittlung auf der Handelsbilanz. An diesem Grundsatz wird sich auch durch das
BilMoG nichts ändern.

Aktivierungsgebote und Aktivierungswahlrechte in der Handelsbilanz führen nach wie
vor zu Aktivierungsgeboten in der Steuerbilanz. Handelsrechtliche Bewertungswahl-
rechte, denen keine steuerlichen Spezialvorschriften entgegenstehen, sind auch in der
Steuerbilanz zu berücksichtigen. Spezielle steuerliche Vorschriften, wie steuerliche
Aktivierungs- und Passivierungsverbote und eigene steuerliche Bewertungsvorschriften
durchbrechen die Maßgeblichkeit der Handelsbilanz für die Steuerbilanz. In diesen
Fällen gehen die steuerlichen Bilanzierungs- und Bewertungsvorschriften Ansatz und
Bewertung in der Handelsbilanz vor. Unverändert gilt der vom BFH aufgestellte Grund-
satz, dass handelsrechtliche Passivierungsverbote und Passivierungswahlrechte zu
einem Passivierungsverbot in der Steuerbilanz führen. Auf der anderen Seite besteht
bei einer handelsrechtlichen Passivierungspflicht auch ein Passivierungsgebot für die
Steuerbilanz.

Eines der Ziele des Gesetzgebers im Zusammenhang mit der Reformierung der handelsrechtlichen Bilanzierung ist die **Steuerneutralität** des Reformvorhabens. Vor dem
Hintergrund dieses Ziels ist die formelle Maßgeblichkeit der Handelsbilanz für die
Steuerbilanz nicht unproblematisch. Jede Änderung der handelsrechtlichen Bilanzierung und Bewertung kann sich über die formelle Maßgeblichkeit auf die steuerliche
Gewinnermittlung auswirken. Dies gilt nur dann nicht, wenn der formellen Maßgeblichkeit steuerliche Spezialvorschriften entgegenstehen. Der Gesetzgeber musste also
darauf achten, dass im Zuge der Neufassung handelsrechtlicher Bilanzierungs- und
Bewertungsvorschriften im Zweifel neue steuerliche Vorschriften gefasst werden, um
eine Änderung der steuerlichen Gewinnermittlung zu verhindern. Dies erfolgte zum

Beispiel bei den handelsrechtlichen Änderungen bei der Bewertung von sonstigen Rückstellungen. Bei allen Änderungen, bei denen der Gesetzgeber dies jedoch versäumt hat, verfehlt er sein Ziel der Steuerneutralität der Bilanzreform.

Merke:

In vielen Fällen hat der Gesetzgeber auf handelsrechtliche Neuerungen mit steuerlichen Spezialvorschriften reagiert. Dies ist ihm allerdings nicht in allen Fällen gelungen, weswegen eine durchgehende Steuerneutralität – obwohl sie explizites Ziel des Gesetzgebers war – bezweifelt werden muss.

8.2.2 Wegfall der umgekehrten Maßgeblichkeit

Das **Prinzip der umgekehrten Maßgeblichkeit** wird durch die Streichung von § 5 Abs. 1 Satz 2 EStG a. F. aufgehoben. Gemäß Regierungsbegründung führt dies zu einer Vereinfachung der handelsrechtlichen Rechnungslegung und einer Anhebung des Informationsniveaus. Diese Auffassung wird von der handelsrechtlichen Literatur geteilt. § 5 Abs. 1 Satz 2 EStG a. F. verlangte bislang, dass steuerrechtliche Wahlrechte in Übereinstimmung mit der handelsrechtlichen Bilanzierung in Anspruch zu nehmen waren. Steuerliche Vergünstigungen konnten also nur durch eine korrespondierende Abbildung in der Handelsbilanz in Anspruch genommen werden. Die umgekehrte Maßgeblichkeit führte dazu, dass die Handelsbilanz durch steuerliche Bilanzierungsvorschriften verfälscht wurde. Die bilanzielle Erfassung bestimmter Positionen, die die Wahrnehmung steuerlicher Begünstigungen ermöglichten, konterkarierten die Funktionen des handelsrechtlichen Jahresabschlusses, wie z. B. Ausschüttungsbemessung und Gläubigerschutz. Die Aufhebung der umgekehrten Maßgeblichkeit wirkte sich vor allem über bestimmte steuerliche Begünstigungsvorschriften aus, die bis dato z. B. durch die Bildung von Sonderposten mit Rücklageanteil auch in der Handelsbilanz ihren Niederschlag fanden. Darunter fallen u. a. die „Rücklage für Ersatzbeschaffung" nach R 6.6 Abs. 4 EStR und die „Reinvestitionsrücklage" nach § 6b Abs. 3 EStG. Die Tatsache, dass diese Posten zukünftig keinen Eingang mehr in die handelsrechtliche Rechnungslegung finden werden, bedeutet eine Reduktion der Verzerrung der Vermögens-, Finanz- und Ertragslage und damit eine Stärkung der Informationsfunktion, die vor dem Hintergrund der in der Vergangenheit geübten Kritik an der umgekehrten Maßgeblichkeit zu begrüßen ist.

Für die Praxis wird die Aufhebung der umgekehrten Maßgeblichkeit drei entscheidende Auswirkungen haben:

► Erstens rückt die einheitliche Steuer- und Handelsbilanz in weitere Ferne.

► Zweitens wird die Notwendigkeit der Abgrenzung latenter Steuern verstärkt.

► Drittens können die bilanzierenden Unternehmen eine eigenständige Steuerbilanzpolitik betreiben. Steuerrechtliche Wahlrechte können, wie ausdrücklich in § 5 Abs. 1 Satz 1 Halbsatz 2 EStG kodifiziert, unabhängig von der Handelsbilanz ausgeübt werden.

In Zukunft wird die Ausübung steuerrechtlicher Wahlrechte, die von der handelsrechtlichen Rechnungslegung abweichen, an der Erfüllung bestimmter Dokumentationspflichten festgemacht. Diese werden in § 5 Abs. 1 Satz 2 und 3 EStG festgelegt. Es sind demnach gesonderte Verzeichnisse zu führen, in denen der Anschaffungs- bzw. Herstellungszeitpunkt, die Anschaffungs- bzw. Herstellungskosten, die Vorschrift des ausgeübten steuerlichen Wahlrechts und die vorgenommene Abschreibung aufzuführen sind. Die steuerliche Rechnungslegung wird damit um ein eigenständiges, von dem handelsrechtlichen Anlageverzeichnis losgelöstes Verzeichnis ergänzt.

Bestimmte steuerliche Wahlrechte können auch ohne besondere zusätzliche Pflichten ausgeübt werden. So führen außerplanmäßige Abschreibungen in der Handelsbilanz bei einer dauerhaften Wertminderung nicht mehr zwangsläufig zu einer Teilwertabschreibung in der Steuerbilanz. Steuerlich besteht bei voraussichtlich dauerhafter Wertminderung in § 6 Abs. 1 Nr. 1 Satz 2 und Nr. 2 Satz 2 EStG ein Abschreibungswahlrecht. Dieses Wahlrecht steht losgelöst von außerplanmäßigen Abschreibungen in der Handelsbilanz. Werden also in der Handelsbilanz außerplanmäßige Abschreibungen aufgrund einer dauerhaften Wertminderung vorgenommen, so sind diese nicht zwingend auch in der Steuerbilanz vorzunehmen.

Da das EStG keine gesonderten Übergangsregelungen vorsieht, ist die umgekehrte Maßgeblichkeit mit dem Inkrafttreten des BilMoG bereits für den Veranlagungszeitraum 2009 weggefallen. Demgegenüber sieht das BilMoG grundsätzlich den Wegfall der steuerlichen Einflüsse in der Handelsbilanz für das nach dem 31.12.2009 beginnende Geschäftsjahr vor.

Merke:

Mit dem Wegfall der umgekehrten Maßgeblichkeit sind die steuerlichen Wahlrechte unabhängig von ihrer Ausübung in der Handelsbilanz auszuüben, weswegen eine eigenständige Steuerbilanzpolitik bereits für das Wirtschaftsjahr 2009 möglich ist.

8.2.3 Wegfall handelsrechtlicher Vorschriften aufgrund des Wegfalls der umgekehrten Maßgeblichkeit

Nach § 247 Abs. 3 HGB a. F. durften bislang alle Kaufleute Passivposten (**Sonderposten mit Rücklageanteil**), die für Zwecke der Steuern vom Einkommen und Ertrag notwendig waren, in der Handelsbilanz bilden. § 273 HGB a. F. ergänzte § 247 Abs. 3 HGB a. F. für Kapitalgesellschaften und ihnen gleichgestellte Personenhandelsgesellschaften, wo-

nach der Sonderposten mit Rücklageanteil nur gebildet werden durfte, wenn das Steuerrecht eine Begünstigungsvorschrift an die entsprechende Handhabung in der Handelsbilanz knüpfte. Der Sonderposten mit Rücklageanteil diente bspw. der Inanspruchnahme der steuerlichen Begünstigungen 'Rücklage für Ersatzbeschaffung' nach R 6.6
Abs. 4 EStR und 'Reinvestitionsrücklage' nach § 6b Abs. 3 EStG. Die Zuführungen zu den
Rücklagen führen zu einer Minderung der steuerlichen Bemessungsgrundlage. Die
Rücklagen werden aus unversteuerten Gewinnen gebildet. Dennoch sind die Rücklagen
nicht steuerfrei, denn nach einer gewissen Frist sind die Rücklagen das steuerliche
Ergebnis erhöhend aufzulösen oder von der Abschreibungsbemessungsgrundlage
bestimmter Wirtschaftsgüter abzusetzen. Es kommt folglich zu einer Steuerstundung.
Die oben genannte Verzerrung der Funktion des handelsrechtlichen Jahresabschlusses
zeigt sich besonders in den unterschiedlichen Bestandteilen des Sonderpostens mit
Rücklageanteil. Auf der einen Seite weist er einen gewissen Eigenkapitalanteil durch
die Zuführung aus dem nicht versteuerten Gewinn auf. Auf der anderen Seite sind
durch die später entstehende Steuerbelastung bei Auflösung oder Übertragung Fremd-
kapitalbestandteile enthalten. Diese ambivalente Zusammensetzung erschwert seine
Interpretation erheblich. Dies verdeutlicht auch die unterschiedliche Behandlung des
Sonderpostens mit Rücklageanteil in der Bilanzanalyse und bei der Berechnung von
Kennzahlen.

Über § 254 HGB a. F. durften Bilanzierende Abschreibungen in der Handelsbilanz vornehmen, die zu nur steuerrechtlich zulässigen niedrigeren Wertansätzen führten (steuerrechtliche Mehrabschreibungen). Als Beispiele seien Abschreibungen nach § 7g EStG
zur Förderung kleiner und mittlerer Betriebe und erhöhte Absetzungen bei Gebäuden
in Sanierungsgebieten und städtebaulichen Entwicklungsgebieten nach § 7h EStG bzw.
bei Baudenkmälern nach § 7i EStG erwähnt. § 279 Abs. 2 HGB a. F. flankierte § 254 HGB
a. F. für Kapitalgesellschaften und ihnen gleichgestellte Personenhandelsgesellschaften, wenn die umgekehrte Maßgeblichkeit Voraussetzung für die steuerliche Begünsti-
gung war.

Mit der Streichung der auch in der Handelsbilanz zulässigen steuerrechtlichen Mehrabschreibungen entfällt auch die Zuschreibungspflicht nach § 280 Abs. 1 HGB a. F., wenn
die Gründe für die steuerrechtliche Mehrabschreibung weggefallen sind.

§ 281 Abs. 1 HGB a. F. eröffnete Kapitalgesellschaften und ihnen gleichgestellten Personenhandelsgesellschaften die Möglichkeit, die steuerrechtlichen Mehrabschreibungen auch durch Bildung eines Sonderpostens mit Rücklageanteil vorzunehmen. Diese
erhöhten Abschreibungen konnten in der Handelsbilanz also auf zwei Wegen vorgenommen werden. Zum einen bestand die Möglichkeit einer direkten Absetzung der
Mehrabschreibungen vom Buchwert des Vermögensgegenstands. Auf der anderen
Seite konnte die steuerliche Mehrabschreibung, die über die handelsrechtliche Abschreibung hinausging, in den Sonderposten mit Rücklageanteil eingestellt werden. In

den Folgejahren waren die indirekt ausgewiesenen Abschreibungsbeträge aufzulösen. Dies geschah dann in der Höhe, um die die handelsrechtlichen Abschreibungen die steuerrechtlichen überstiegen. Auch das Ausscheiden des Vermögensgegenstands führte zu einer entsprechenden Auflösung. § 281 Abs. 2 HGB a. F. enthielt diverse Angabepflichten im Anhang, die bei Anwendung der steuerrechtlichen Mehrabschreibungen vorzunehmen waren. Für den Unterschiedsbetrag nach § 281 HGB a. F. galt ebenfalls die bereits erwähnte Vermischung von Eigenkapital- und Fremdkapitalteilen in einer Bilanzposition.

Nach § 285 Satz 1 Nr. 5 HGB a. F. war im Anhang das Ausmaß anzugeben, mit dem das Jahresergebnis durch die Vornahme steuerrechtlicher Mehrabschreibungen bzw. die Bildung von Sonderposten mit Rücklageanteil beeinflusst wurde. Durch die Streichung der durch die umgekehrte Maßgeblichkeit möglichen Vornahme steuerrechtlicher Mehrabschreibungen bzw. zur Bildung von Sonderposten mit Rücklageanteil erübrigt sich auch die Angabepflicht im Anhang.

In Zukunft wird die Ausübung steuerrechtlicher Wahlrechte, die von der handelsrechtlichen Rechnungslegung abweichen, an der Erfüllung bestimmter Dokumentationspflichten festgemacht. Diese werden in § 5 Abs. 1 Satz 2 und 3 EStG festgelegt. Es sind demnach gesonderte Verzeichnisse zu führen, in denen der Anschaffungs- bzw. Herstellungszeitpunkt, die Anschaffungs- bzw. Herstellungskosten, die Vorschrift des ausgeübten steuerlichen Wahlrechts und die vorgenommene Abschreibung aufzuführen sind. Die steuerliche Rechnungslegung wird damit um ein eigenständiges, von dem handelsrechtlichen Anlageverzeichnis losgelöstes Verzeichnis ergänzt.

Beispiel 106: Wegfall der umgekehrten Maßgeblichkeit und gesondertes steuerliches Verzeichnis

Der Antiquitätenhändler Hans Holzwurm möchte sein Ladenlokal in der Ulmer Altstadt einrichten. Zu diesem Zweck hat er am 01.01.2009 ein Baudenkmal erworben. Die Herstellungsmaßnahmen wurden zum 01.07.2009 abgeschlossen. Die von der Denkmalschutzbehörde bescheinigten Herstellungskosten belaufen sich auf 500.000 €. Diese Herstellungskosten sind Bemessungsgrundlage für die so genannte Denkmalschutz-AfA nach § 7i EStG. Um das steuerliche Bewertungswahlrecht nach § 7i EStG ausüben zu können, muss der Einzelunternehmer Hans Holzwurm ein gesondertes steuerliches Verzeichnis führen.

Für das Wirtschaftsjahr 2009 muss das Verzeichnis folgende Informationen beinhalten:

Tag der Herstellung: 01.07.2009

Herstellungskosten: 500.000 €

Vorschrift des ausgeübten steuerlichen Wahlrechts: § 7i EStG vorgenommene Abschreibungen: 45.000 € (9 % auf 500.000 €; Hinweis: keine AfA pro rata temporis im Erstjahr bei Abschreibungen nach § 7i EStG)

Dieses Verzeichnis ist für das Wirtschaftsjahr 2010 und die folgenden Jahre um die weiteren vorgenommenen Abschreibungen fortzuführen.

Merke:

Für steuerlich vorgenommene Mehrabschreibungen oder bestimmte steuerliche Bewertungsabschläge, die nicht mehr im handelsrechtlichen Jahresabschluss abgebildet werden dürfen, muss ein eigenständiges steuerliches Anlageverzeichnis geführt werden. Dies erhöht den Dokumentationsaufwand des Bilanzierenden.

8.3 Änderung der steuerlichen Bilanzierungsvorschriften durch das BilMoG

8.3.1 Saldierungsverbot in der Steuerbilanz – § 5 Abs. 1a Satz 1 EStG

Die im Handelsrecht durch § 246 Abs. 2 Satz 2 HGB vorgenommene Aufhebung des Saldierungsverbots bei Vermögensgegenständen, die dem Zugriff aller übrigen Gläubigern entzogen sind und ausschließlich zur Erfüllung von Schulden aus Altersversorgungsverpflichtungen dienen, mit den korrespondierenden Schulden, darf steuerrechtlich nicht übernommen werden. § 246 Abs. 2 Satz 2 HGB gilt im Übrigen auch für die entsprechenden Aufwendungen und Erträge, was wiederum in der Steuerbilanz keinen Niederschlag finden darf.

8.3.2 Zeitwertbewertung – §§ 6 Abs. 1 Nr. 2b und 52 Abs. 16 Satz 10 EStG

Die im Regierungsentwurf noch vorgesehene allgemein gültige handelsbilanzielle Zeitwertbilanzierung von zu Handelszwecken erworbenen Finanzinstrumenten hätte für die Steuerbilanz keine Auswirkung entfalten. Ebenso entfaltet die verpflichtende Zeitwertbewertung des Pensionsvermögens nach § 246 Abs. 2 HGB i. V. m. § 255 Abs. 4 HGB keine steuerliche Wirkung. Dies wird durch das in § 6 Abs. 1 Satz 1 EStG kodifizierte Anschaffungswertprinzip verhindert. Dies gilt jedoch nicht für Kredit- und Finanzdienstleistungsinstitute. Hier wirkt sich die in § 340e HGB geregelte Zeitwertbilanzierung des Handelsbestands auf die Steuerbilanz aus. Dies legt § 6 Abs. 1 Nr. 2b EStG fest. Allerdings ist der beizulegende Zeitwert um einen Risikozuschlag zu mindern. Der Gewinn, der sich aus der erstmaligen Anwendung von § 6 Abs. 1 Nr. 2 b EStG ergibt, kann nach § 52 Abs. 16 Satz 10 zur Hälfte in eine gewinnmindernde Rücklage eingestellt werden, die im folgenden Geschäftsjahr gewinnerhöhend aufzulösen ist.

8.3.3   Rückstellungsbewertung – § 6 Abs. 1 Nr. 3a Buchstabe f EStG

Handelsrechtlich sind bei der Rückstellungsbewertung künftige Kosten- und Preissteigerungen zu berücksichtigen. Das Stichtagsprinzip wird insofern aufgehoben. Auf die Steuerbilanz soll dies keine Auswirkung haben. § 6 Abs. 1 Nr. 3 a Buchstabe f EStG legt fest, dass bei der Rückstellungsbewertung in der Steuerbilanz die Wertverhältnisse am Bilanzstichtag maßgeblich bleiben.

Merke:

Neue steuerliche Spezialregelungen führen dazu, dass bestimmte handelsrechtliche Neuerungen nicht in die steuerliche Gewinnermittlung zu übernehmen sind, obwohl grundsätzlich die Maßgeblichkeit der Handelsbilanz für die Steuerbilanz bestehen bleibt.

8.4 Auswirkungen der geänderten handelsrechtlichen Bilanzierung auf den steuerlichen Bilanzansatz

8.4.1   Ingangsetzungs- und Erweiterungsaufwendungen

In der Vergangenheit konnten Kapitalgesellschaften nach § 269 HGB a. F. die Aufwendungen für die Ingangsetzung und Erweiterung ihres Geschäftsbetriebs aktivieren. Die Abschreibung der aktivierten Beträge hatte nach § 282 HGB a. F. zu erfolgen. Danach waren die aktivierten Beträge in den auf ihre Bildung folgenden Geschäftsjahren durch Abschreibungen zu tilgen, wobei die Abschreibung mindestens ein Viertel, der Verrechnungszeitraum damit maximal vier Jahre betragen durfte.

Bei den aktivierten Aufwendungen für Ingangsetzung und Erweiterung handelte es sich in der Vergangenheit um in der Handelbilanz aktivierungsfähige Aufwendungen, die zum Ansatz einer Bilanzierungshilfe geführt haben. Steuerlich durften sie nicht aktiviert werden. Durch die Abschaffung der Aktivierungsmöglichkeit in der Handelsbilanz kommt es zu einer Annäherung zwischen handels- und steuerrechtlicher Bilanzierung. Demnach ergeben sich unabhängig von der Fortführung oder der Auflösung der in der Vergangenheit angesetzten Beträge keinen steuerlichen Auswirkungen.

Merke:

Die Abschaffung des Aktivierungswahlrechts für Ingangsetzungs- und Erweiterungsaufwendungen nähert die handelsrechtliche Rechnungslegung an die steuerliche Darstellung an.

8.4.2   Geschäfts- oder Firmenwert

Nach § 246 HGB ist der entgeltlich erworbene Geschäfts- oder Firmenwert als zeitlich begrenzt nutzbarer Vermögensgegenstand anzusehen. Gleichzeitig fällt das bisher bestehende Aktivierungswahlrecht nach § 255 Abs. 4 HGB a. F. Der derivative Geschäfts- oder Firmenwert ist nunmehr handelsrechtlich zwingend zu aktivieren. Der Geschäfts- oder Firmenwert ist planmäßig abzuschreiben. Der Gesetzgeber geht von einer Nutzungsdauer von fünf Jahren aus. Die Unterstellung einer längeren Nutzungsdauer ist nach § 285 Nr. 13 HGB im Anhang zu erläutern. Bei einer dauerhaften Wertminderung sind nach § 253 Abs. 3 HGB außerplanmäßige Abschreibungen vorzunehmen. Allerdings ist eine Wertaufholung bei Wegfall der Gründe für die außerplanmäßige Abschreibung nach § 253 Abs. 5 HGB handelsrechtlich explizit ausgeschlossen.

Während die geänderten handelsrechtlichen Ansatzvorschriften zu einer Annäherung an das Steuerrecht führen, bestehen hinsichtlich der Bewertungsvorschriften deutliche Unterschiede. Steuerrechtlich besteht für den Geschäfts- oder Firmenwert eine Aktivierungspflicht nach § 5 Abs. 2 EStG. Ebenso sieht das Steuerrecht den Geschäfts- oder Firmenwert als planmäßig abzuschreibendes Wirtschaftsgut an. Im Unterschied zum Handelsrecht unterstellt das Steuerrecht jedoch in § 7 Abs. 1 Satz 3 EStG eine Nutzungsdauer von fünfzehn Jahren. Die Unterschiede in der Nutzungsdauer führen – bei Anwendung des gesetzlichen "Normfalls" (fünf Jahre in der Handelsbilanz, fünfzehn Jahre in der Steuerbilanz) – zu einer erheblichen Diskrepanz zwischen handelsrechtlicher und steuerrechtlicher Bewertung. Während das Handelsrecht bei voraussichtlich dauerhafter Wertminderung eine Abschreibungspflicht vorsieht, bleibt es steuerrechtlich beim Abschreibungswahlrecht nach § 6 Abs. 1 Nr. 1 Satz 2 EStG. Noch erheblicher ist der Bewertungsunterschied bei den Zuschreibungen. Während das Steuerrecht in § 6 Abs. 1 Nr. 1 Satz 4 EStG die Zuschreibungspflicht bei Wegfall der Gründe für eine außerplanmäßige Abschreibung festlegt, gilt handelsrechtlich das neue Zuschreibungsverbot nach § 253 Abs. 5 HGB.

Beispiel 107: Bilanzierung des Geschäfts- oder Firmenwerts in Handels- und Steuerbilanz

Ein Unternehmen erwirbt für einen Kaufpreis von 500.000 € ein anderes Unternehmen. Die Vermögenswerte weisen einen Wert von 400.000 € (bewertet zu aktuellen Zeitwerten) und die Verpflichtungen von 50.000 € auf. Die Differenz zwischen dem erworbenen Reinvermögen von 350.000 € und dem Kaufpreis von 500.000 € beträgt 150.000 €. Dieser Wert ist als Geschäfts- oder Firmenwert zu aktivieren und planmäßig über seine Nutzungsdauer abzuschreiben.

Der Geschäfts- oder Firmenwert ist steuerlich planmäßig mit 10.000 € p. a. abzuschreiben. Weist die betriebliche Nutzungsdauer (im Sinne des § 285 Nr. 13 HGB) einen Zeitraum von fünf Jahren auf, so hat die handelsrechtliche Abschreibung mit 30.000 € p. a. zu erfolgen.

Wird in der Folgezeit die Abschreibung in der Steuerbilanz über 15 Jahre, in der Handelsbilanz hingegen über fünf Jahre vorgenommen, sind bei einem Steuersatz von 30 % in den Jahren 1 bis 5 jeweils aktive latente Steuern i. H. v. 6.000 € (= 30 % von 20.000 €) anzusetzen. Dieser Betrag entspricht der mit dem Steuersatz bewerteten Differenz zwischen der in der Steuerbilanz im Vergleich zur Handelsbilanz vorgenommenen Abschreibung. Es wird ein entsprechender Ertrag aus der Steuerabgrenzung in den Jahren 1 bis 5 ausgewiesen.

Der am Ende des Jahres 5 aktivierte Betrag von 30.000 € aktiven latenten Steuern ist in den Jahren 6 bis 15 mit jeweils 3.000 € aufwandswirksam zu erfassen. Die 3.000 € entsprechen dem auf die steuerliche Abschreibung i. H. v. 10.000 € p. a. entfallenden Steuereffekt, da handelsrechtlich keine Abschreibung mehr zu berücksichtigen ist.

Merke:

Es wird künftig nur in selten Fällen möglich sein, handels- und steuerrechtlich denselben Abschreibungszeitraum für einen erworbenen Geschäfts- oder Firmenwert zugrunde zu legen. Der steuerlichen Abschreibungsdauer von 15 Jahren steht eine regelmäßig deutlich kürzere Nutzungsdauer im Handelsrecht gegenüber.

8.4.3 Selbst erstellte immaterielle Vermögensgegenstände des Anlagevermögens

Das bisher bestehende handelsrechtliche Aktivierungsverbot für selbst erstellte immaterielle Vermögensgegenstände des Anlagevermögens wird faktisch aufgehoben und durch das Ansatzwahlrecht des § 248 Abs. 2 HGB ersetzt. Allerdings muss ein hinreichend konkretisierbarer Vermögensgegenstand geschaffen werden. Ein Aktivierungsverbot gilt für den originären Geschäfts- oder Firmenwert und selbst geschaffene Marken, Drucktitel, Verlagsrechte und Kundenlisten. Flankiert werden die handelsrechtlichen Neuerungen von § 255 Abs. 2a HGB. Entscheidet sich der Bilanzierende für die Aktivierung, sind die Aufwendungen der Entwicklungsphase zu aktivieren. Die Aufwendungen der Forschungsphase dürfen hingegen nicht angesetzt werden. § 255 Abs. 2a HGB versucht, diese Phasen definitorisch zu trennen.

Steuerrechtlich bleiben diese Änderungen ohne Auswirkung. Das Steuerrecht sieht in § 5 Abs. 2 EStG ein ausdrückliches Verbot für den Ansatz selbst erstellter immaterieller Wirtschaftsgüter des Anlagevermögens vor. Damit bleiben auch die geänderten handelsrechtlichen Bewertungsvorschriften ohne Auswirkung auf die Steuerbilanz. Die Einführung dieses handelsrechtlichen Wahlrechts durch das BilMoG führt zu einem weiteren Auseinanderfallen von handels- und steuerrechtlicher Bilanzierung.

Beispiel 108: Selbst erstellte immaterielle Vermögensgegenstände des Anlagevermögens in Handels- und Steuerbilanz

Die Search-For-Free AG ist im Bereich der kostenlosen Wissensrecherche im Internet tätig. Im Jahr 2010 fallen Forschungskosten für eine neue Internet-Plattform und ein Online-Tool von 100.000 € an. Nach den erfolgreichen Tests fallen für die Entwicklung des Produkts Entwicklungsaufwendungen bis zum Bilanzstichtag i. H. v. insgesamt 500.000 € an. Die voraussichtliche Nutzungsdauer beträgt fünf Jahre, der Steuersatz beträgt 30 %. Aus Vereinfachungsgründen ist für das Jahr 2010 keine planmäßige Abschreibung vorzunehmen. Zum 31.12.2010 ist die Werthaltigkeit der angesetzten Beträge durch entsprechende Marktstudien nachgewiesen, so dass kein Wertberichtigungsbedarf gegeben ist.

Die Search-For-Free AG möchte – angesichts eines geplanten Börsengangs und einer damit verbundenen Umstellung der Rechnungslegung auf IFRS – von dem Aktivierungswahlrecht Gebrauch machen und ein möglichst hohes Ergebnis beziehungsweise Eigenkapital ausweisen. Sie aktiviert damit die Entwicklungsaufwendungen i. H. v. 500.000 €. Steuerrechtlich sieht § 5 Abs. 2 EStG ein ausdrückliches Verbot für den Ansatz selbst erstellter immaterieller Wirtschaftsgüter des Anlagevermögens vor. Gleichzeitig sind passive latente Steuern i. H. v. 150.000 € (30 % von 500.000 €) anzusetzen.

Im Jahr 2011 sind die aktivierten Entwicklungsaufwendungen abzuschreiben (zeitanteilig planmäßig um 100.000 €). Gleichzeitig sind die passiven latenten Steuern anteilig (i. H. v. 30.000 €) aufzulösen.

Merke:

Der Aktivierungsmöglichkeit von Entwicklungsaufwendungen in der Handelsbilanz steht weiterhin eine verpflichtende unmittelbare Aufwandserfassung in der Steuerbilanz gegenüber.

8.4.4 Rechnungsabgrenzungsposten

Die bisher geltenden handelsrechtlichen Wahlrechte nach § 250 Abs. 1 Satz 2 HGB werden gestrichen:

▶ Nr. 1: als Aufwand berücksichtigte Zölle und Verbrauchsteuern, die auf Vermögensgegenstände des Vorratsvermögens entfallen.

▶ Nr. 2: als Aufwand berücksichtigte Umsatzsteuer auf am Abschlussstichtag auszuweisende oder von den Vorräten offen abgesetzte Anzahlungen.

Für die bislang bestehenden handelsrechtlichen Wahlrechte gilt steuerrechtlich über § 5 Abs. 5 Satz 2 Nr. 1 und 2 EStG die Aktivierungspflicht. Diese Pflicht gilt steuerrechtlich unverändert weiter. Das bereits bislang bestehende Auseinanderfallen von Handels- und Steuerbilanz wird durch die Abschaffung der handelsrechtlichen Wahlrechte verschärft.

Beispiel 109: Umsatzsteuer auf erhaltene Anzahlungen in Handels- und Steuerbilanz

Die Hera GmbH stellt ihrem Kunden Anzahlungen i. H. v. 100.000 € netto in Rechnung. Der Kunde bezahlt am 07.12.2010 einen Betrag von 119.000 €. Die Erfassung der erhaltenen Anzahlung muss wie folgt erfolgen:

Handelsbilanz:

Bank	119.000	an	Erhaltene Anzahlung	100.000
			Verbindlichkeit aus USt	19.000

Steuerbilanz:

Bank	119.000	an	Erhaltene Anzahlung	119.000
aktiver RAP	19.000	an	Verbindlichkeit aus USt	19.000

Merke:

Dem handelsrechtlichen Aktivierungsverbot bestimmter Zölle und Verbrauchsteuern sowie der auf erhaltene Anzahlungen entfallenden Umsatzsteuer steht eine steuerrechtliche Aktivierungspflicht gegenüber.

8.4.5 Eigene Anteile

Künftig entfällt die Aktivierung eigener Anteile und es muss verpflichtend ein Ausweis auf der Passivseite erfolgen. Durch das BilMoG wurde mit § 272 Abs. 1a HGB eine rechtsformunabhängige Vorschrift zur handelsbilanziellen Erfassung eigener Anteile geschaffen. Der Nennbetrag bzw. der rechnerische Wert von erworbenen eigenen Anteilen ist in der Vorspalte offen vom Posten „Gezeichnetes Kapital" abzusetzen. Der Unterschiedsbetrag zwischen dem Nennbetrag bzw. dem rechnerischen Wert der Anteile und den Anschaffungskosten der eigenen Anteile ist mit den frei verfügbaren Rücklagen zu verrechnen. Unter den frei verfügbaren Rücklagen sind die anderen Gewinnrücklagen zuzüglich der bestehenden frei verwendbaren Kapitalrücklagen zu verstehen. Anschaffungsnebenkosten sind als Aufwand des Geschäftsjahrs auszuweisen. Künftig entfällt damit die Aktivierung eigener Anteile und es muss verpflichtend ein Ausweis auf der Passivseite erfolgen. § 272 Abs. 1b HGB regelt die Veräußerung eigener Anteile, dabei wird der wirtschaftliche Gehalt eines solchen Geschäfts berücksichtigt. In diesem Fall ist der Vorspaltenausweis nach § 272 Abs. 1a Satz 1 HGB rückgängig zu machen. Ein den Nennbetrag bzw. den rechnerischen Wert übersteigender Veräußerungserlös ist bis zur Höhe des mit den frei verfügbaren Rücklagen verrechneten Betrags in die frei verfügbaren Rücklagen einzustellen. Ein darüber hinausgehender Veräußerungserlös muss in die Kapitalrücklage eingestellt werden. Bei der Veräußerung anfallende Nebenkosten sind Aufwand des Geschäftsjahrs.

Die steuerbilanzielle Darstellung folgt der handelsrechtlichen Vorgehensweise. Ob Veräußerungsgewinne aus der Veräußerung eigener Anteile bei der veräußernden Gesellschaft der Besteuerung unterliegen, ist umstritten. Zum einen wird die Auffassung vertreten, die Veräußerung sei in Zukunft aufgrund der Maßgeblichkeit der Handelsbilanz für die Steuerbilanz nicht zu versteuern. Auch steuerrechtlich sei von einer ergebnisneutralen Eigenkapitalmaßnahme auszugehen. Auf der anderen Seite wird die Auffassung vertreten, dass bezüglich der Entstehung von Veräußerungsgewinnen Handels- und Steuerbilanz auseinander fallen, da entsprechende Ergebnisse steuerlich erfolgswirksam zu behandeln sind. Bereits aus dem Grundsatz der Steuerneutralität der handelsrechtlichen Reform folge, dass diese handelsbilanzielle Erfassung nicht auf die steuerliche Gewinnermittlung durchschlage. Im Einzelfall wird sich hieraus die Abgrenzung latenter Steuern (unter Beachtung der entsprechenden Regelungen, z. B. § 8b KStG) ergeben, sofern es sich nicht um permanente Differenzen handelt.

Merke:

Über das Maßgeblichkeitsprinzip entfalten Transaktionen mit eigenen Anteilen keine Ergebniswirkung mehr in der Steuerbilanz. Allerdings sind die Nebenkosten im Zusammenhang mit Erwerb und Veräußerung der eigenen Anteile als Aufwand zu erfassen.

8.4.6 Wegfall von Aufwandsrückstellungen

Handelsrechtlich werden durch das BilMoG bislang bestehende Wahlrechte zur Passivierung von Aufwandsrückstellungen gestrichen:

▶ § 249 Abs. 1 Satz 3 HGB a. F.: unterlassene Aufwendungen für Instandhaltungen, die mehr als drei Monate nach Ende des Geschäftsjahres, aber im folgenden Geschäftsjahr nachgeholt werden.

▶ § 249 Abs. 2 HGB a. F.: der Eigenart nach genau umschriebene, dem Geschäftsjahr oder einem früheren Geschäftsjahr zuzuordnende Aufwendungen, die am Abschlussstichtag sicher oder wahrscheinlich, aber hinsichtlich ihrer Höhe oder des Zeitpunkts ihres Eintritts unbestimmt sind.

Die handelsrechtliche Abschaffung dieser Rückstellungswahlrechte führt zu einer Angleichung zwischen Handels- und Steuerbilanz. Steuerrechtlich besteht für diese Rückstellungsarten ein Passivierungsverbot. Zunächst gilt steuerrechtlich nach H 5.7 Abs. 3 Aufwandsrückstellungen EStH ein grundsätzliches Passivierungsverbot für Aufwandsrückstellungen. Eine Ausnahme stellen nach R 5.7 Abs. 11 EStR lediglich die Rückstellungen für Instandhaltungsmaßnahmen dar, die innerhalb der ersten drei Monate des folgenden Wirtschaftsjahres nachgeholt werden. Diese Instandhaltungsrückstellungen bleiben auch handelsrechtlich als passivierungspflichtig bestehen.

Merke:

Die Einschränkung der Bildung von Aufwandsrückstellungen in der Handelsbilanz nähert den handelsrechtlichen Rückstellungsansatz den steuerlichen Regelungen an.

8.5 Auswirkungen der geänderten handelsrechtlichen Bilanzierung auf die steuerliche Bewertung

8.5.1 Bewertung von Verbindlichkeiten

Der Gesetzgeber hat bezüglich der Bewertung von Verbindlichkeiten in § 253 Abs. 1 HGB den Begriff 'Rückzahlungsbetrag' durch den Begriff 'Erfüllungsbetrag' ersetzt. Diese Änderung dient lediglich der Klarstellung und bedeutet keine Änderung in der handelsrechtlichen Bewertung.

Der Erfüllungsbetrag war bislang auch steuerrechtlich maßgebend. Insofern stimmen Handels- und Steuerrecht bei der Bewertung von Verbindlichkeiten überein. Eine Abweichung existiert unverändert bei der Bewertung von unverzinslichen Verbindlichkeiten mit einer Laufzeit größer als einem Jahr. Hier hat nach § 6 Abs. 1 Nr. 3 EStG eine Abzinsung mit einem Zinssatz von 5,5 % zu erfolgen. Diese Abzinsung sieht das Handelsrecht dagegen nicht vor. § 253 Abs. 2 HGB normiert die Abzinsung nur bei Rentenverpflichtungen, bei denen eine Gegenleistung nicht mehr zu erwarten ist.

Merke:

Hinsichtlich der Abzinsung von Verbindlichkeiten unterscheiden sich Handels- und Steuerrecht weiterhin. Steuerlich sind die eigenständigen Abzinsungsregelungen zu beachten.

8.5.2 Bewertung von sonstigen Rückstellungen

Die Bewertung von sonstigen Rückstellungen wird durch das BilMoG geändert. Zum einen sind künftige Kosten- und Preissteigerungen in die Bewertung einzubeziehen. Zum anderen sind Rückstellungen mit einer Laufzeit größer als einem Jahr mit dem durchschnittlichen laufzeitadäquaten Marktzinssatz der letzten sieben Jahre abzuzinsen.

Die steuerrechtliche Bewertung von Rückstellungen weicht in verschiedener Hinsicht von der handelsrechtlichen Bewertung ab. Handelsrechtlich wird das Stichtagsprinzip aufgehoben. Auf die Steuerbilanz soll dies keine Auswirkung haben. Der neu eingeführte § 6 Abs. 1 Nr. 3a Buchstabe f EStG legt fest, dass bei der Rückstellungsbewertung in der Steuerbilanz die Wertverhältnisse am Bilanzstichtag maßgeblich bleiben. Übereinstimmung zwischen Handels- und Steuerrecht herrscht bei der Frage welche Rückstellungen abzuzinsen sind. § 253 Abs. 2 Satz 1 HGB und § 6 Abs. 1 Nr. 3a Buchstabe e EStG legen fest, dass nur Rückstellungen mit einer Laufzeit über einem Jahr abzuzinsen sind. Bei der Wahl des Zinssatzes fallen Handels- und Steuerrecht allerdings wieder auseinander. Handelsrechtlich gilt der durchschnittliche Marktzinssatz der vergangenen sieben Jahre. Steuerrechtlich ist mit einem Zinssatz von 5,5 % abzuzinsen.

Beispiel 110: Abzinsung von Rückstellungen in Handels- und Steuerbilanz

Im Dezember 2009 wird eine Rückstellung aufgrund eines Prozesses für eine Rechtsstreitigkeit gebildet. Die Prozessdauer wird auf drei Jahre, die anfallenden Kosten auf 250.000 € geschätzt. Der laufzeitadäquate durchschnittliche Marktzinssatz beträgt annahmegemäß 4,3 %.

Der Abschluss zum 31.12.2009 enthält eine Prozesskostenrückstellung, die mit einem Wert von 250.000 € passiviert wurde. Im Umstellungsabschluss zum 01.01.2010 muss diese Rückstellung an die neuen Regelungen zur Rückstellungsbewertung angepasst werden. Die Rückstellung für die voraussichtlich anfallenden Prozesskosten hat eine wahrscheinliche Laufzeit von mehr als einem Jahr und ist deshalb mit einem fristenkongruenten Diskontierungszinssatz abzuzinsen. Damit beträgt der Barwert des Erfüllungsbetrags 220.337 € (= 250.000/1,043³). In Abhängigkeit der verfolgten bilanzpolitischen Zielsetzung kann der Ertrag aus der Abzinsung der Rückstellung ergebniswirksam erfasst werden oder die Rückstellung zum früheren Wert stehen gelassen werden (Art. 67 Abs. 1 EGHGB). Steuerrechtlich ist gemäß § 6 Abs. 1 Nr. 3a Buchst. e EStG zur Abzinsung von Rückstellungen für Verpflichtungen ein Zinssatz von 5,5 % zu verwenden. Damit ist ein Betrag i. H. v. 212.903 € (= 250.000/1,055³) anzusetzen. Daraus ergibt sich eine Differenz zwischen Handels- und Steuerrecht – sei es bei Ansatz der Rückstellung im handelsrechtlichen Abschluss zum diskontierten Wert oder zum undiskontierten Wert. Auf die Differenz sind aktive latente Steuern (vorbehaltlich des Wahlrechts des § 274 Abs. 1 Satz 2 HGB bei anschließender Gesamtdifferenzenbetrachtung) abzugrenzen.

Merke:

Die Bewertung und Abzinsung langfristiger Rückstellungen erfolgt in Handels- und Steuerbilanz unterschiedlich. Folglich können die handelsrechtlichen Wertansätze nicht ohne wertmäßige Anpassung in die Steuerbilanz übernommen werden.

8.5.3 Bewertung von Pensionsrückstellungen

Die Bewertung von Pensionsrückstellungen wurde vom Gesetzgeber für die Handelsbilanz neu geregelt. Künftige Kosten- und Preissteigerungen, z. B. bei Gehalts- und Rententrends, Lebenserwartung und Fluktuation, sind bei der Bewertung zu berücksichtigen. Die Abzinsung darf neben dem laufzeitadäquaten Durchschnittszinssatz der vergangenen sieben Jahre auch mit dem durchschnittlichen Marktzins bei einer unterstellten pauschalen Restlaufzeit von fünfzehn Jahren erfolgen.

Die Abweichungen zur steuerlichen Bewertung von Pensionsrückstellungen bleiben umfangreich. Pensionsrückstellungen werden in der Steuerbilanz unverändert mit dem Teilwert unter Zugrundelegung eines Rechnungszinses von 6 % ermittelt. Der Berücksichtigung künftiger Kosten- und Preissteigerungen steht auch bei der Bewertung von Pensionsrückstellungen in der Steuerbilanz der neu eingeführte § 6 Abs. 1 Nr. 3a Buchstabe f EStG, der das Stichtagsprinzip festschreibt, entgegen.

Merke:

Die Bewertung von Pensionsrückstellungen ist steuerlich eigenständig geregelt. Aufgrund des regelmäßigen Auseinanderfallens der Wertansätze in Steuer- und Handelsbilanz ist die Erstellung von zwei eigenständigen versicherungsmathematischen Gutachten zur Bestimmung des bilanziellen Wertansatzes zum Stichtag notwendig. Die steuerlichen Werte können nicht wie in der Vergangenheit in die Handelsbilanz übernommen werden.

8.5.4 Zeitwertbewertung

Die Zeitwertbewertung bestimmter Finanzinstrumente von Kreditinstituten sowie von Pensionsvermögen in Zusammenhang mit § 246 Abs. 2 HGB entfaltet keine Auswirkungen für die Steuerbilanz. Das wird durch das in § 6 Abs. 1 Satz 1 EStG kodifizierte Anschaffungswertprinzip verhindert. Dies gilt jedoch nicht für Kredit- und Finanzdienstleistungsinstitute. Hier wirkt sich die in § 340e HGB geregelte Zeitwertbilanzierung des Handelsbestands nach § 6 Abs. 1 Nr. 2b EStG auf die Steuerbilanz aus. Allerdings ist der beizulegende Zeitwert um einen Risikozuschlag zu mindern. Der Gewinn, der sich aus der erstmaligen Anwendung von § 6 Abs. 1 Nr. 2b EStG ergibt, kann nach § 52 Abs. 16 Satz 10 EStG zur Hälfte in eine gewinnmindernde Rücklage eingestellt werden, die im folgenden Geschäftsjahr gewinnerhöhend aufzulösen ist.

Merke:

Bei Kredit- und Finanzdienstleistungsinstituten gilt die Zeitwertbilanzierung bestimmter Finanzinstrumente auch für steuerliche Zwecke. Die Zeitwertbewertung des Pensionsvermögens in der Handelsbilanz wird steuerlich nicht nachvollzogen.

8.5.5 Wegfall von Abschreibungswahlrechten im Umlauf- und Anlagevermögen

Durch das BilMoG werden im Handelsrecht bestehende Abschreibungswahlrechte abgeschafft. Dies betrifft zum einen die Abschreibung von Vermögensgegenständen des Umlaufvermögens aufgrund von erwarteten Wertschwankungen nach § 253 Abs. 3 Satz 3 HGB a. F. Zum andern können Abschreibungen im Anlage- und Umlaufvermögen allein aufgrund vernünftiger kaufmännischer Beurteilung nach § 253 Abs. 4 HGB a. F. nicht mehr vorgenommen werden.

Der Wegfall der Abschreibungswahlrechte in der Handelsbilanz führt zu einer Annäherung an die steuerliche Bilanzierung. Die Wahlrechte zu außerplanmäßigen Abschreibungen waren mit dem steuerrechtlichen Teilwertbegriff nach § 6 Abs. 1 Nr. 1 Satz 2 EStG nicht vereinbar. Den handelsrechtlichen Abschreibungswahlrechten stand ein steuerrechtliches Abschreibungsverbot gegenüber. Diese Diskrepanz besteht in Zukunft nicht mehr.

Merke:

Die Einschränkung der Abschreibungsmöglichkeiten im Anlage- und Umlaufvermögen nähert die handelsrechtliche Sichtweise der steuerlichen Betrachtung an.

8.5.6 Zuschreibungspflicht

In § 253 Abs. 5 Satz 1 HGB wird ein umfassendes, rechtsformunabhängiges Wertaufholungsgebot festgelegt. Alle Arten außerplanmäßiger Abschreibungen sind – mit Ausnahme für den Geschäfts- oder Firmenwert nach § 253 Abs. 5 HGB durch das handelsrechtliche Zuschreibungsverbot – rückgängig zu machen, wenn die Gründe dafür wegfallen. Bislang stand Personenhandelsgesellschaften und Einzelkaufleuten ein Zuschreibungswahlrecht zu. Damit wird das Handelsrecht an das Steuerrecht angeglichen. Nach § 6 Abs. 1 Nr. 1 Satz 4 EStG besteht bereits bislang ebenfalls eine generelle Zuschreibungspflicht.

Merke:

Hinsichtlich des handelsrechtlich nunmehr bestehenden grundsätzlichen Wertaufholungsgebots nähern sich Handels- und Steuerrecht an.

8.5.7 Herstellungskostenuntergrenze

In § 255 Abs. 2 HGB werden die handelsrechtlich aktivierungspflichtigen Herstellungskosten an die steuerrechtliche Herstellungsuntergrenze angepasst. Zukünftig sind handelsrechtlich die Materialeinzelkosten, die Fertigungseinzelkosten, die Sonderkosten der Fertigung sowie angemessene Teile der Materialgemein- und Fertigungsgemeinkosten und des fertigungsbezogenen Wertverzehrs des Anlagevermögens zu aktivieren. Dies entspricht der steuerrechtlichen Aktivierungspflicht in R 6.3 Abs. 1 und 3 EStR.

Merke:

Die steuerlichen und handelsrechtlichen Regelungen hinsichtlich der produktionsbezogenen Vollkostenbestimmung der bilanziellen Herstellungskosten nähern sich einander an.

8.5.8 Währungsumrechnung

Das BilMoG kodifiziert in § 256a HGB erstmals die Währungsumrechnung. Vermögensgegenstände und Verbindlichkeiten sind mit dem Devisenkassamittelkurs am Bilanzstichtag umzurechnen. Bei der Umrechnung ist bei Vermögensgegenständen und Verbindlichkeiten mit einer Restlaufzeit größer einem Jahr das Realisations- und Imparitätsprinzip (§ 252 Abs. 1 Nr. 4 HGB) und das Anschaffungskostenprinzip (§ 253 Abs. 1 Satz 1 HGB) zu beachten. Dies gilt jedoch nicht bei Restlaufzeiten unter einem Jahr. Dies kann dann zur Erfassung unrealisierter Währungsgewinne führen.

Steuerrechtlich steht der handelsrechtlichen Regelung zur Währungsumrechnung keine Spezialregelung gegenüber. Die handelsrechtliche Währungsumrechnung ist über die Maßgeblichkeit nach § 5 Abs. 1 Satz 1 EStG auf die Steuerbilanz zu übertragen. Umstritten ist, ob es über den Grundsatz der Maßgeblichkeit auch zu einer Berücksichtigung unrealisierter Gewinne in der ertragsteuerlichen Bemessungsgrundlage kommt. Dies würde zu einem Verstoß gegen § 6 Abs. 1 Nr. 1 und 2 EStG führen.

Da § 6 Abs. 1 EStG weiterhin die Anschaffungs- und Herstellungskosten als Wertobergrenze vorsieht, wirken sich unrealisierte Gewinne nicht auf die steuerliche Gewinnermittlung aus.

Beispiel 111: Währungsumrechnung in Handels- und Steuerbilanz

Die Apollo AG verkauft am 18.12.2010 ein Maschinenteil für eine Rakete für 180.000 GBP nach London an die Rocket Ltd. Das Zahlungsziel beträgt 45 Tage. Zum 18.12.2010 beträgt der Umrechnungskurs 1 € zu 0,88 GBP. Die Apollo AG aktiviert die Forderung mit 204.545 €. Zum 31.12.2010 beträgt der Kurs 1 € zu 0,85 GBP. Die Forderung ist mit 211.765 € zu bewerten. Der entsprechende Ertrag i. H. v. 7.220 € aus der Währungsumrechnung ist als sonstiger betrieblicher Ertrag (§ 277 Abs. 5 Satz 2 HGB) in der handelsrechtlichen Erfolgsrechnung auszuweisen.

Steuerlich darf der Ertrag nicht gezeigt werden. Der Wertansatz der Forderung in der Steuerbilanz zum 31.12.2010 beträgt unverändert 204.545 €.

Merke:

Steuerlich hat bei kurzfristigen Forderungen und Verbindlichkeiten eine eigenständige Bewertung zu erfolgen, da unrealisierte Gewinne steuerlich nicht ausgewiesen werden dürfen.

8.6 Auswirkungen auf die steuerliche Bilanzierung bei übergreifenden Aspekten

8.6.1 Wirtschaftliche Zurechnung

Durch die Neufassung von § 246 Abs. 1 Satz 1 HGB wird erstmals der Grundsatz der wirtschaftlichen Zurechnung im HGB kodifiziert. Danach hat der Jahresabschluss sämtliche Vermögensgegenstände, Schulden, Rechnungsabgrenzungsposten sowie Aufwendungen und Erträge zu enthalten. Vermögensgegenstände sind in die Bilanz des Eigentümers aufzunehmen. Dabei ist zunächst auf das zivilrechtliche Eigentum abzustellen. Letztendlich entscheidet jedoch das wirtschaftliche Eigentum, denn ist ein Vermögensgegenstand nicht dem (zivilrechtlichen) Eigentümer, sondern einem anderen wirtschaftlich zuzurechnen, hat dieser den Vermögensgegenstand in seine Bilanz aufzunehmen. Handelsrechtlich stellt diese Änderung gemäß Regierungsbegründung zum BilMoG lediglich eine Klarstellung dar, denn maßgeblich für den handelsrechtlichen Ansatz eines Vermögensgegenstands war auch bis dato das wirtschaftliche Eigentum. Als Entscheidungskriterium wird handelsrechtlich auf die **Risiko- und Chancenverteilung** abgestellt. So hat das Unternehmen einen Vermögensgegenstand dann zu bilanzieren, wenn ihm die wesentlichen Risiken und Chancen daraus zuzurechnen sind.

Auch steuerrechtlich gilt über § 39 AO das Prinzip des wirtschaftlichen Eigentums als maßgebendes Kriterium für den Eingang eines Wirtschaftsguts in die Steuerbilanz. Nach § 39 Abs. 2 AO erfolgt die Zurechnung zum wirtschaftlichen Eigentümer, wenn dieser die tatsächliche Herrschaft über ein Wirtschaftsgut in der Weise ausüben kann, dass er den zivilrechtlichen Eigentümer für die gewöhnliche Nutzungsdauer von der Einwirkung auf das Wirtschaftsgut ausschließen kann. Auf diesem Grundsatz basieren bspw. die Entscheidungskriterien der steuerlichen Leasingerlasse. § 39 AO diente im Übrigen bislang der Auslegung des handelsrechtlich anzuwendenden, jedoch nicht kodifizierten Prinzips der wirtschaftlichen Zurechnung.

Handelsrechtliches und steuerrechtliches Prinzip der wirtschaftlichen Zurechnung entsprechen sich wohl, so dass es vor diesem Hintergrund zu keinen Abweichungen zwischen Handels- und Steuerbilanz kommen dürfte. Festzuhalten bleibt jedoch, dass nun das Handels- und das Steuerrecht über ein gesetzlich festgelegtes Zurechnungskriterium verfügen. Nach § 5 Abs. 1 Satz 1 EStG gelten die handelsrechtlichen GoB und damit auch die Regelungen nach § 246 Abs. 1 HGB auch für die Steuerbilanz, wenn keine steuerrechtlichen Spezialvorschriften entgegenstehen. Da das Steuerrecht mit § 39 AO über eine eigene Vorschrift verfügt, entfaltet § 246 Abs. 1 HGB keine steuerliche Wirkung. Dies ist aufgrund des Gleichklangs der beiden Grundsätze der wirtschaftlichen Zurechnung zunächst unproblematisch. In Zukunft sind jedoch Abweichungen zwischen Handels- und Steuerbilanz dann denkbar, wenn bspw. das steuerrechtliche Prinzip der wirtschaftlichen Zurechnung durch Rechtsprechung oder Finanzverwaltung eine abgeänderte Auslegung erfährt.

Merke:

Die Denke des § 39 AO soll durch die Neuregelung des § 246 Abs. 1 HGB auch im Handelsrecht verankert werden. Für die Bilanzierungspraxis ergeben sich voraussichtlich keine Auswirkungen auf die steuerliche Zurechnung bestimmter Vermögensgegenstände. Die Normen in Handels- und Steuerrecht sind allerdings nicht im Wortlaut identisch.

8.6.2   Saldierung und Zeitwertbewertung

§ 246 Abs. 2 Satz 2 HGB schränkt den Grundsatz des Saldierungsverbots ein. Vermögensgegenstände, die dem Zugriff aller Gläubiger entzogen und unbelastet sind sowie ausschließlich zur Erfüllung von Schulden aus Altersversorgungsverpflichtungen oder vergleichbaren langfristig fälligen Verpflichtungen dienen, sind unmittelbar mit den korrespondierenden Schulden zu verrechnen. § 246 Abs. 2 Satz 2 HGB gilt weiter auch für die entsprechenden Aufwendungen und Erträge. Das Durchschlagen dieser handelsrechtlichen Änderung auf die Steuerbilanz wird durch eine explizite steuerliche Ausnahmevorschrift verhindert. In § 5 Abs. 1a EStG wird ein neuer Satz 1 eingefügt, der eine Saldierung von Posten der Aktivseite mit Posten der Passivseite untersagt. Ein Gleichlauf zwischen Handels- und Steuerbilanz ist durch das BilMoG ausdrücklich nicht gewollt.

Von größerer Bedeutung dürfte die neue handelsrechtliche Bewertung der genannten in Zukunft zu saldierenden Vermögensgegenstände sein. Nach § 253 Abs. 1 Satz 4 HGB sind diese Vermögensgegenstände zukünftig mit ihrem beizulegenden Wert zu bewerten. Der die verrechneten Schulden übersteigende Betrag ist in einem gesonderten Verrechnungsposten zu aktivieren. Eine neu geschaffene steuerliche Spezialvorschrift, die die Auswirkung der Fair Value-Bewertung auf die steuerliche Bemessungsgrundlage verhindert, fehlt. Dies ist jedoch nach Auffassung der Bundesregierung nicht erforderlich, da das in § 6 Abs. 1 Nr. 1 und 2 EStG festgelegte Anschaffungskostenprinzip eine Bewertung von Vermögensgegenständen zum Zeitwert ausschließt. Der handelsrechtlichen Bewertung steht damit eine steuerliche Spezialvorschrift entgegen. Diese Auffassung ist zu teilen. Handels- und Steuerbilanz werden sich in Zukunft sowohl beim

Ausweis (Saldierung) als auch bei der Bewertung (Zeitwert) von Zweckvermögen unterscheiden.

Beispiel 112: Steuerlichen Saldierungsverbot und Verbot der Zeitwertbewertung

Die Delphi AG ist gegenüber mehreren Mitarbeitern Pensionszusagen eingegangen. Die Deckung der Pensionsverpflichtungen erfolgt durch verpfändete, festverzinsliche Wertpapiere sowie insolvenzsicher angelegte Anleihen. Der Kurswert der Wertpapiere und Anleihen zum 31.12.2010 beträgt 1.000.000 € und kann zweifelsfrei ermittelt werden. Er betrug zum 31.12.2009 750.000 €. Der Kurswert ist als beizulegender Zeitwert anzusehen. Die Voraussetzungen zur Saldierung nach § 246 Abs. 2 HGB werden erfüllt. Der Buchwert der Wertpapiere und Anleihen beträgt zum 31.12.2010 750.000 €. Aus der handelsrechtlichen Fair Value-Bewertung (§ 253 Abs. 1 Satz 4 HGB) ergibt sich ein handelsrechtlicher Ertrag i. H. v. 250.000 €.

Nach § 5 Abs. 1a EStG darf die handelsrechtliche Saldierung in die Steuerbilanz nicht übernommen werden. Auch die Fair Value-Bewertung widerspricht dem steuerlichen Anschaffungskostenprinzip und wirkt sich auf die steuerliche Gewinnermittlung nicht aus. Der handelsrechtliche Ertrag i. H. v. 250.000 € ist damit nicht Bestandteil der ertragsteuerlichen Bemessungsgrundlage.

Merke:

Steuerlich wird weder die Saldierung bestimmter Vermögenswerte und Schulden sowie der damit zusammenhängenden Aufwendungen und Erträge nachvollzogen noch erfolgt der Zeitwertansatz bestimmter Vermögensgegenstände in der Steuerbilanz.

8.6.3 Bildung von Bewertungseinheiten

§ 254 HGB lässt für Vermögensgegenstände, Schulden, schwebende Geschäfte und mit hoher Wahrscheinlichkeit erwartete Transaktionen die Bildung von Bewertungseinheiten zu. Die genannten Positionen dürfen mit Finanzinstrumenten zusammengefasst werden. Die Absicherung bezieht sich auf Wert- und Zahlungsstromrisiken. Die Finanzinstrumente müssen allerdings bezogen auf die Risiken mit den abzusichernden Grundgeschäften gleichläufig sein. Rechtsfolge der Bildung von Bewertungseinheiten ist die Saldierung nicht realisierter Gewinne und Verluste. Daher werden durch § 254 HGB folgende Prinzipien außer Kraft gesetzt:

► Ansatz von Rückstellungen (insbesondere für drohende Verluste aus schwebenden Geschäften) nach § 249 Abs. 1 HGB,

► Einzelbewertung und Imparitätsprinzip nach § 252 Abs. 1 Nr. 3 und 4 HGB,

► Anschaffungskosten- und Niederstwertprinzip nach § 253 Abs. 1 Satz 1 HGB,

► Währungsumrechnung nach § 256a HGB.

Die handelsrechtlichen Regelungen zur Bildung von Bewertungseinheiten wirken sich unmittelbar auch auf die Ermittlung des steuerlichen Gewinns aus. § 5 Abs. 1a EStG legt fest, dass die handelsrechtlichen Regelungen zu Bewertungseinheiten auch in die Steuerbilanz zu übernehmen sind und ermöglicht damit im Bereich der Bewertungseinheiten einen Gleichlauf zwischen Handels- und Steuerbilanz. Die Einschränkung des § 5 Abs. 1a EStG auf finanzwirtschaftliche Risiken führt nach der hier vertretenen Ansicht nicht dazu, dass die handelsrechtliche Absicherung bestimmter Risiken nicht in die Steuerbilanz zu übernehmen ist. Die in § 5 Abs. 4a Satz 2 EStG geregelte Ausnahme vom Verbot zur Bildung von Rückstellungen für drohende Verluste aus schwebenden Geschäften im Zusammenhang mit Bewertungseinheiten erscheint problematisch. Dabei steht nämlich in Frage, ob bestehende Verpflichtungsüberhänge, die Rückstellungen auslösen, auf unausgeglichene Risiken beim Sicherungszusammenhang hindeuten. Dies würde jedoch wiederum zu einem Verstoß gegen die handelsrechtlichen Voraussetzungen zur Bildung von Bewertungseinheiten führen. Dann käme allerdings auch § 5 Abs. 1a EStG nicht zur Anwendung.

Merke:

Die handelsrechtlichen Bewertungseinheiten werden grundsätzlich der steuerlichen Gewinnermittlung zugrunde gelegt. Damit wird ein Gleichklang zwischen den beiden Regelungswerken erreicht.

8.7 Eigenständige Steuerbilanzpolitik in ausgewählten Bereichen

8.7.1 Vorbemerkungen

Mit der Regelung von § 5 Abs. 1 Satz 1 Halbsatz 2 EStG ermöglicht der Gesetzgeber eine eigenständige Steuerbilanzpolitik. Ob dies der Gesetzgeber so gewollt hat, ist unklar, denn eigentlich wollte er am gegenwärtigen Rechtszustand keine Änderung vornehmen. Allerdings stimmt auch die Finanzverwaltung mit dem Entwurf des BMF-Schreibens IV C 6 – S 2133/09/10001 der eigenständigen steuerlichen Bilanzpolitik zu. Die Finanzverwaltung vertritt die Auffassung, dass Wahlrechte, die nur steuerrechtlich bestehen, unabhängig vom handelsrechtlichen Wertansatz ausgeübt werden können. Die Maßgeblichkeit der Handelsbilanz für die Steuerbilanz nach § 5 Abs. 1 Satz 1 Halbsatz 1 EStG führt nicht zur Einschränkung der Ausübung des steuerlichen Wahlrechts. Es sind verschiedene Anwendungsbereiche denkbar, in denen eine von der Handelsbilanz unabhängige Steuerbilanzpolitik ausgeübt werden kann.

Beispiele für eine eigenständige Steuerbilanzpolitik sind:

► Teilwertabschreibungen im Anlage- und Umlaufvermögen (→ vgl. Kapitel 8.7.2),

► Umfang der Herstellungskosten (→ vgl. Kapitel 8.7.3),

► angewandte Verbrauchsfolgeverfahren (→ vgl. Kapitel 8.7.4),

► abweichende Abschreibungsmethoden (→ vgl. Kapitel 8.7.5),

► Investitionszuschüsse und Investitionszulagen (→ vgl. Kapitel 8.7.6).

Merke:

Die Bedeutung einer eigenständigen Steuerbilanzpolitik wird immer wichtiger. Das BilMoG entkoppelt Handels- und Steuerbilanz in der Weise, dass eigenständige steuerliche Wahlrechte unabhängig von der handelsrechtlichen Ausübung vergleichbarer Wahlrechte ausgeübt werden können.

8.7.2 Teilwertabschreibungen im Anlage- und Umlaufvermögen

Bisher galt, dass bei handelsrechtlichen Teilwertabschreibungen für die steuerliche Anerkennung der Teilwertabschreibung die voraussichtlich dauernde Wertminderung hinterfragt und bejaht werden musste. Bei einer verpflichtenden handelsrechtlichen Abschreibung aufgrund einer voraussichtlich dauernden Wertminderung folgte der Wertansatz in der Steuerbilanz aufgrund der Maßgeblichkeit dem der Handelsbilanz. Das steuerliche Abschreibungswahlrecht wurde von der handelsrechtlichen Abschreibungspflicht überlagert. Erfolgte die Abschreibung handelsrechtlich jedoch in Ausübung des Wahlrechts bei einer nur vorübergehenden Wertminderung, durfte in der Steuerbilanz keine Abwertung vorgenommen werden. Damit gewährt die **steuerrechtliche Teilwertabschreibung** nach § 6 Abs. 1 Nr. 1 Satz 2 und Nr. 2 Satz 2 EStG nun ein echtes **Wahlrecht**. Bei dauerhafter Wertminderung können in der Steuerbilanz Abschreibungen unterlassen werden, obwohl in der Handelsbilanz zwingend abzuschreiben ist (§ 253 Abs. 3 Satz 3, Abs. 4 HGB). Die unabhängige Vornahme der außerplanmäßigen Abschreibung in Steuerbilanz und Handelsbilanz ist insbesondere dann von Bedeutung, wenn es sich um Anteile an Kapitalgesellschaften handelt. Während die Abschreibung steuerlich nicht abzugsfähig ist (§ 8b KStG), unterliegt die Zuschreibung i. H. v. 5 % der Besteuerung.

Beispiel 113: Teilwertabschreibung auf Anteile an Kapitalgesellschaften

Die Zeus AG hält Anteile an der börsennotierten Apollo AG. Die Anschaffungskosten der Anteile zum 31.12.2009 und der bisherige handelsrechtliche und steuerrechtliche Buchwert betragen 1 Mrd. €. Zum 31.12.2010 beträgt der Kurswert der Anteile an der Apollo AG 500 Mio. €. Die Wertminderung ist als dauerhaft zu beurteilen. Handelsrechtlich besteht daher eine Abschreibungspflicht auf den Betrag von 500 Mio. €. Aufgrund des Wegfalls der umgekehrten Maßgeblichkeit und der Möglichkeit zur autonomen Ausübung steuerlicher Wahlrechte – unabhängig von den Wertansätzen in der Handelsbilanz – besteht steuerlich ein Wahlrecht, bei einer voraussichtlich dauernden Wertminderung eine Teilwertabschreibung vorzunehmen.

Entscheidet sich der Steuerpflichtige für die Inanspruchnahme des Wahlrechts – also zur Vornahme einer Teilwertabschreibung – und kommt es im Jahr 2012 zu einer entsprechenden Wertaufholung des Kurswerts der Anteile auf 1,1 Mrd. €, ergeben sich folgende Auswirkungen: Die Abschreibung im Jahr 2009 mindert nicht das zu versteuernde Einkommen und bei einer späteren Zuschreibung im Jahr 2012 kommt es zu einer Effektivbesteuerung i. H. v. 5 % aufgrund der Fiktion nicht abzugsfähiger Betriebsausgaben in § 8b Abs. 3 Satz 1 KStG.

Um das Risiko einer späteren Effektivbesteuerung aufgrund von Zuschreibungen zu vermeiden, besteht für den Bilanzierenden/Steuerpflichtigen ein Anreiz, im Jahr 2009 auf die Ausübung des steuerlichen Wahlrechts zur Teilwertabschreibung zu verzichten. Damit sind im Jahr der Abschreibung keine steuerlichen Nachteile verbunden, da die handelsrechtlich verpflichtende Abschreibung auf den niedrigeren beizulegenden Wert (Teilwert) ohnehin keinen Eingang in die Ermittlung des zu versteuernden Einkommens findet. Kommt es im Jahr 2012 aufgrund der Kurssteigerungen handelsrechtlich zu einer Zuschreibungspflicht, werden die steuerlich negativen Auswirkungen der Effektivbesteuerung vermieden: Da steuerlich keine Teilwertabschreibung erfolgt ist, entspricht der Wertansatz der Anteile in der Steuerbilanz im Jahr 2012 nach wie vor den Anschaffungskosten i. H. v. 1 Mrd. €; es ergeben sich keine Gewinne aus einer Wertaufholung.

Merke:

Künftig wirken sich handelsrechtliche Abschreibungen auf Finanzanlagen, die verpflichtend vorzunehmen sind, da von einer voraussichtlich dauernden Wertminderung auszugehen ist, nicht zwingend auf die steuerliche Bilanzierung aus. Die eigenständige Inanspruchnahme des Verzichts auf eine Abschreibung kann hierbei eine Effektivbesteuerung vermeiden.

8.7.3 Bewertung des Vorratsvermögens: Herstellungskosten

Die Wahlrechte zur Bemessung der Herstellungskosten können unabhängig von der Handelsbilanz ausgeübt werden. Durch das BilMoG wurde die handels- und steuerrechtliche Herstellungskostenuntergrenze vereinheitlicht. Es besteht nun allerdings die Möglichkeit, in der **Steuerbilanz abweichend von der Handelsbilanz** auf der Untergrenze zu beharren oder aber die Herstellungskostenobergrenze zu wählen. So kann zum Beispiel durch die Wahl der Untergrenze in der Steuerbilanz der steuerliche Gewinn minimiert werden. Gleichzeitig kann in der Handelsbilanz durch die Ermittlung der Herstellungskosten zur Obergrenze der ausschüttbare Gewinn maximiert werden. In die Herstellungskosten einbezogen werden dürfen: Angemessene Teile der Kosten der allgemeinen Verwaltung, angemessene Aufwendungen für soziale Einrichtungen des Betriebs, für freiwillige soziale Leistungen und für die betriebliche Altersversorgung.

Beispiel 114: Herstellungskostenober- und untergrenze in Handels- und Steuerbilanz

Die Zeus AG baut Reinigungsmaschinen für Wasserfahrzeuge. Es ist ihr gelungen, ein neuartiges, besonders wassersparendes Modell zu entwickeln. Für die Herstellung dieses neuartigen Produkts fallen die folgenden Kosten an:

Materialeinzelkosten	2.350 €
Fertigungseinzelkosten	1.250 €
Sondereinzelkosten der Fertigung	200 €
Materialgemeinkosten	400 €
Fertigungsgemeinkosten	650 €
durch Fertigung veranlasster Werteverzehr des AV	150 €
Aufwendungen für soziale Einrichtungen des Betriebs	75 €
Aufwendungen für freiwillige soziale Leistungen	75 €
Aufwendungen für die betriebliche Altersversorgung	110 €
Fremdkapitalzinsen	90 €
Allgemeine Verwaltungskosten	150 €
Vertriebskosten	150 €

Insgesamt fallen für die Produktion einer Reinigungsmaschine Herstellungskosten i. H. v. 5.650 € an.

Aus den vorstehenden Daten ergeben sich bei der Bemessung der Herstellungskosten die folgenden Wertunter- sowie Wertobergrenzen für die handelsrechtlichen und steuerrechtlichen Wertansätze bei der Zeus AG:

	HGB (i. d. F. vor dem BilMoG)	HGB (i. d. F. nach dem BilMoG)	EStR
Wertuntergrenze	3.800 €	5.000 €	5.000 €
Wertobergrenze	5.500 €	5.500 €	5.500 €

Die Zeus AG kann in ihrem handelsrechtlichen Jahresabschluss einen Wertansatz für die Vorratsgegenstände zwischen 5.000 € und 5.500 € ansetzen. Vollkommen unabhängig hiervon kann sie steuerlich einen Wertansatz zwischen 5.000 € und 5.500 € ansetzen. Für den Fall, dass sich die Zeus AG entscheidet, unterschiedliche Wertansätze in Handels- und Steuerbilanz anzusetzen, muss die Abgrenzung latenter Steuern beachtet werden.

Die Neuregelungen des BilMoG führen dazu, dass sich die handelsrechtliche Wertuntergrenze der Herstellungskosten nach neuem Recht im Vergleich zur bisherigen Rechtslage erhöht. Damit entsprechen sich nunmehr die Wertansätze in Handels- und Steuerrecht hinsichtlich der Wertunter- und der Wertobergrenze. Vertriebskosten dürfen nach wie vor weder in der Handels- noch in der Steuerbilanz als Herstellungskostenbestandteil aktiviert werden. Der Bilanzierende ist allerdings in seiner Entscheidung frei, in Handels- und Steuerbilanz unterschiedliche Wertansätze zu wählen.

Merke:

Die Wertunter- und Wertobergrenze in Handels- und Steuerbilanz nähern sich an. Allerdings können die bilanziellen Wertansätze in den bestehenden Wertgrenzen abweichend voneinander erfolgen.

8.7.4   Verbrauchsfolgeverfahren

Verbrauchfolgeverfahren können in Zukunft in Handels- und Steuerbilanz unabhängig von einander ausgeübt werden. Nach § 256 HGB kann für den Wertansatz gleichartiger Vermögensgegenstände des Vorratsvermögens eine bestimmte Verbrauchsfolge unterstellt werden. Nach dem BilMoG sind nur noch das FIFO- oder das LIFO-Verfahren in der Handelsbilanz anwendbar. In der Steuerbilanz erlaubt § 6 Abs. 1 Nr. 2a EStG nur das LIFO-Verfahren. Damit kann jedoch in der Handelsbilanz das FIFO-Verfahren und in der Steuerbilanz das LIFO-Verfahren herangezogen werden. Denkbar ist jedoch ebenfalls, dass in der Handelsbilanz eine Einzelbewertung erfolgt und in der Steuerbilanz die LIFO-Bewertung zur Anwendung kommt. Bei steigenden Preisen führt das LIFO-Verfahren zu einer höheren Bewertung des Verbrauchs. Auf diese Weise kann der steuerliche Gewinn minimiert werden. Wird parallel in der Handelsbilanz das FIFO-Verfahren angewandt ergibt in der Handelsbilanz ein relativ höheres Jahresergebnis.

Neben den Verbrauchsfolgeverfahren bleibt die Bewertung zum Durchschnittswert respektive Festwert weiterhin möglich.

Beispiel 115: Anwendung von Verbrauchsfolgeverfahren in Handels- und Steuerbilanz

Im Jahr 2010 wurden von der Prometheus GmbH Vorratsgegenstände eines Teilerzeugnisses wie folgt erworben (zum 01.01.2010 lagen keine Vermögensgegenstände auf Lager):

15.01.2010	Erwerb	1.000 Stück	à 1,20 €
31.03.2010	Verbrauch	- 500 Stück	
22.04.2010	Erwerb	800 Stück	à 1,50 €
14.05.2010	Verbrauch	- 600 Stück	
13.08.2010	Erwerb	300 Stück	à 1,10 €
13.09.2010	Verbrauch	- 100 Stück	
18.12.2010	Erwerb	700 Stück	à 1,25 €
30.12.2010	Verbrauch	- 600 Stück	

Zum 31.12.2010 liegen 1.000 Stück des Produktes auf Lager. Der Marktpreis (Einkaufspreis) beträgt 1,25 € je Stück.

Anwendung FIFO-Methode:

▶ Der Bestand zum 31.12.2010 setzt sich zusammen aus folgenden Mengen: 300 Stück à 1,10 € und 700 Stück à 1,25 €.

▶ Der Bestand ist zu bewerten mit 1.205 €; da der Wert je Stück am 31.12.2010 bei rund 1,25 € liegt, muss keine Abschreibung auf den niedrigeren Wert erfolgen.

▶ Die Bewertung zum 31.12.2010 erfolgt mit 1.205 €.

▶ Der Jahresverbrauch ist zu bewerten mit 2.400 €.

Anwendung LIFO-Methode:

▶ Der Bestand zum 31.12.2010 setzt sich zusammen aus folgenden Mengen: 1.000 Stück à 1,20 €.

▶ Der Bestand ist zu bewerten mit 1.200 €; da der Wert je Stück am 31.12.2010 bei rund 1,25 € liegt, muss keine Abschreibung auf den niedrigeren Wert erfolgen.

▶ Die Bewertung zum 31.12.2010 erfolgt mit 1.200 €.

▶ Der Jahresverbrauch ist zu bewerten mit 2.405 €.

Die Prometheus GmbH kann handelsrechtlichen den Wertansatz des Vorratsvermögens mit 1.205 € und steuerlich mit 1.200 € je Vermögensgegenstand vornehmen. Somit wird handelsrechtlich ein höheres Ergebnis ausgewiesen als steuerlich. Die abweichende Bewertung in Handels- und Steuerbilanz führt hierbei zur Abgrenzung latenter Steuern.

Merke:

Die Anwendung von Verbrauchsfolgeverfahren kann in Handels- und Steuerbilanz uneinheitlich erfolgen. Handelsbilanziell kann das FIFO-Verfahren angewandt werden, während steuerlich das LIFO-Verfahren zur Anwendung kommt.

8.7.5 Abschreibungsmethode

In der Steuerbilanz sind für die Abschreibung des Anlagevermögens verschiedene Methoden möglich:

► linear nach § 7 Abs. 1 Satz 1 EStG,

► degressiv nach § 7 Abs. 2 EStG,

► leistungsabhängig nach § 7 Abs. 1 Satz 6 EStG.

Diese Abschreibungsmethoden können in Zukunft unabhängig von der Abschreibungsmethode in der Handelsbilanz vorgenommen werden. So kann beispielsweise in der Handelsbilanz linear abgeschrieben werden, während in der Steuerbilanz degressiv abgeschrieben wird. Die degressive Abschreibung reduziert stärker das steuerliche Ergebnis zu Beginn des Abschreibungszeitraums. Bei gleichzeitig linearen Abschreibungen in der Handelsbilanz fällt das handelsrechtliche Jahresergebnis vergleichsweise höher aus. Die Abgrenzungsnotwendigkeit latenter Steuern ist hierbei zu beachten.

Merke:

Die Wahl der Abschreibungsmethode kann künftig unabhängig für handelsrechtliche Zwecke sowie für steuerrechtliche Zwecke getroffen werden. Allerdings erfordert eine unterschiedliche Abschreibungsmethodik einen zusätzlichen Bewertungs- und Dokumentationsaufwand, da die Bilanzwerte in Handels- und Steuerbilanz separat voneinander ermittelt bzw. nachgewiesen werden müssen.

8.7.6 Investitionszuschüsse und Investitionszulagen

Zuwendungen der öffentlichen Hand können bspw. als Investitionszuschüsse oder als Investitionszulagen auftreten. Der wesentliche Unterschied zwischen den beiden öffentlich-rechtlichen Subventionierungen liegt in der Besteuerung. Während Investitionszuschüsse grundsätzlich steuerpflichtig sind, sind Investitionszulagen stets steuerfrei.

Handelsrechtlich besteht hinsichtlich der Behandlung von Investitionszulagen sowie Investitionszuschüssen ein **Wahlrecht**, diese unmittelbar als (sonstigen betrieblichen) Ertrag zu vereinnahmen oder von den Anschaffungskosten des subventionierten Vermögensgegenstands abzuziehen und damit die Abschreibungsbemessungsgrundlage zu kürzen.

Steuerlich besteht ein **eigenständiges Wahlrecht** nur für den Bereich der Investitionszuschüsse. Nach R. 6.5 Abs. 2 EStG können diese entweder unmittelbar erfolgswirksam vereinnahmt werden oder von den Anschaffungs- oder Herstellungskosten gekürzt werden. Im ersten Fall tritt die Besteuerung des Betrags unmittelbar ein; im zweiten Fall erfolgt die Besteuerung des Investitionszuschusses über die Abschreibungsdauer des begünstigten Wirtschaftsguts. Im Gegensatz zu Investitionszuschüssen mindern Investitionszulagen nicht die steuerrechtlichen Anschaffungs- oder Herstellungskosten und sind damit steuerlich stets unmittelbar gewinnerhöhend (aber nicht steuerpflichtig, da steuerfrei) zu erfassen.

Mit dem Wegfall der umgekehrten Maßgeblichkeit hat der Bilanzierende die Möglichkeit, handelsrechtlich eine vom Steuerrecht abweichende Behandlung zu wählen. Bspw. bietet es sich an, Investitionszuschüsse handelsrechtlich unmittelbar als Ertrag zu vereinnahmen, während diese steuerlich von den Anschaffungskosten gekürzt werden.

Es kommen damit folgende Fallkonstellationen in Betracht:

► Investitionszulagen

  – handelsrechtliche Kürzung der Anschaffungs-/Herstellungskosten und unmittelbare steuerliche Vereinnahmung

  – handelsrechtliche und steuerliche unmittelbare Vereinnahmung

► Investitionszuschüsse

  – handelsrechtliche Kürzung der Anschaffungs-/Herstellungskosten und unmittelbare steuerliche Vereinnahmung

  – handelsrechtliche und steuerliche unmittelbare Vereinnahmung

  – handelsrechtliche und steuerliche Kürzung der Anschaffungs-/Herstellungskosten

  – handelsrechtliche Vereinnahmung und steuerliche Kürzung der Anschaffungs-/Herstellungskosten

Für den Fall einer unterschiedlichen Behandlung von Investitionszulagen in Handels- und Steuerbilanz sind zu keinem Zeitpunkt latente Steuern zu erfassen, da es sich um eine (aufgrund der Steuerfreiheit) permanente Differenz handelt.

Beispiel 116: Unterschiedliche Behandlung von Investitionszulagen in Handels- und Steuerbilanz

Die Artemis AG hat zum 31.12.2010 eine technische Anlage zu einem Kaufpreis von 2.000.000 € erworben, für die ihr eine Investitionszulage i. H. v. 10 % der Anschaffungskosten gewährt wird. Die Artemis AG hat die Möglichkeit, die Investitionszulage in der Handelsbilanz sofort in voller Höhe ertragswirksam zu vereinnahmen (sonstiger betrieblicher Ertrag von 200.000 €) oder die Anschaffungskosten um den entsprechenden Betrag zu kürzen, d. h. die technische Anlage mit 1.800.000 € zu aktivieren. Steuerlich wird die Investitionszulage als (steuerfreier) sonstiger betrieblicher Ertrag behandelt.

Sofern die Artemis AG die Investitionszulage in der Handelsbilanz sofort ertragswirksam vereinnahmt, kommt es aufgrund der analogen Vorgehensweise zu keiner Differenz zwischen Handels- und Steuerrecht und folglich auch nicht zur Abgrenzung latenter Steuern.

Entscheidet sich die Artemis AG hingegen dafür, in der Handelsbilanz die Anschaffungskosten um die Investitionszulage zu kürzen, weichen die Wertansätze in Handels- und Steuerbilanz voneinander ab: während die technische Anlage in der Handelsbilanz nur mit 1.800.000 € angesetzt wird, beläuft sich der steuerliche Wertansatz auf 2.000.000 €. Hierbei handelt es sich jedoch um eine permanente Differenz, die in der Folgezeit keine Umkehrung erfährt. Daher sind keine latenten Steuern zu bilden.

Für den Fall einer unterschiedlichen Behandlung von Investitionszuschüssen in Handels- und Steuerbilanz sind auf die temporären Differenzen zwischen den beiden Rechenwerken latente Steuern abzugrenzen.

Beispiel 117: Unterschiedliche Behandlung von Investitionszuschüssen in Handels- und Steuerbilanz

Die Artemis AG hat zum 31.12.2010 eine technische Anlage zu einem Kaufpreis von 2.000.000 € erworben, für die ihr ein Investitionszuschuss i. H. v. 10 % der Anschaffungskosten gewährt wird. Die Artemis AG hat sowohl handelsrechtlich als auch steuerrechtlich die Möglichkeit, den Investitionszuschuss sofort in voller Höhe ertragswirksam zu vereinnahmen (sonstiger betrieblicher Ertrag von 200.000 €) oder die Anschaffungskosten der technischen Anlage um den entsprechenden Betrag zu kürzen, d. h. die technische Anlage mit 1.800.000 € zu aktivieren. Aufgrund der durch das BilMoG eingeräumten Möglichkeit, explizite steuerliche Wahlrechte auch unabhängig von der handelsrechtlichen Vorgehensweise auszuüben, ist eine abweichende Behandlung in Handels- und Steuerbilanz möglich.

Sofern die Artemis AG in der handelsrechtlichen und in der steuerrechtlichen Rechnungslegung bei der Behandlung des Investitionszuschusses dieselbe Vorgehensweise wählt, entstehen keine Differenzen zwischen den handelsrechtlichen und steuerrechtlichen Wertansätzen. Folglich kommt auch keine Abgrenzung latenter Steuern in Frage.

Entscheidet sich die Artemis AG hingegen dafür, eine von der handelsrechtlichen Vorgehensweise abweichende Behandlung in der Steuerbilanz vorzunehmen, ergeben sich zwischen den handelsrechtlichen und den steuerrechtlichen Wertansätzen temporäre Differenzen. Diese gleichen sich über die unterschiedlichen Abschreibungsbeträge im Zeitablauf aus und müssen bei der Abgrenzung latenter Steuern berücksichtigt werden.

Eine handelsrechtliche sofortige Ertragsrealisierung bei steuerlicher Kürzung der Anschaffungskosten führt zur Bildung passiver latenter Steuern: einem handelsrechtlichen Wertansatz des Vermögensgegenstands i. H. v. 2.000.000 € steht in der Steuerbilanz ein Wertansatz von nur 1.800.000 € gegenüber. Bei einem unterstellten kumulierten Ertragsteuersatz von 30 % sind latente Steuern i. H. v. 60.000 € ((2.000.000 € - 1.800.000 €) x 30 %) zu passivieren.

Erfolgt hingegen eine handelsrechtliche Kürzung der Anschaffungskosten bei einer sofortigen Ertragsrealisierung in der steuerlichen Gewinnermittlung, hat dies die Möglichkeit der Aktivierung latenter Steuern zur Folge: einem handelsrechtlichen Wertansatz der technischen Anlage i. H. v. 1.800.000 € steht ein Wertansatz in der Steuerbilanz von 2.000.000 € gegenüber. Bei einem unterstellten kumulierten Ertragsteuersatz von 30 % ergeben sich aktive latente Steuern i. H. v. 60.000 € ((2.000.000 € - 1.800.000 €) x 30 %), die bei Ausübung des Aktivierungswahlrechts angesetzt werden können.

Die Entkopplung von Handels- und Steuerbilanz erlaubt eine abweichender Erfassung von Investitionszuschüssen und Investitionszulagen in Handels- und Steuerbilanz und bietet dem Bilanzierenden damit die Möglichkeit, neben seiner handelsrechtlichen Bilanzpolitik eigenständige fiskalpolitische Zielsetzungen zu verfolgen.

Merke:

Insbesondere bei steuerpflichtigen Investitionszuschüssen kann künftig eine unterschiedliche Behandlung in Steuer- und Handelsbilanz erfolgen. Einer Kürzung der Anschaffungs- und Herstellungskosten in der Steuerbilanz und einer damit einhergehenden Verteilung des Investitionszuschusses über die Abschreibungsdauer kann eine unmittelbare Ergebniserfassung in der Handelsbilanz gegenüberstehen.

8.8 Abschließende Beurteilung

Der Gesetzgeber hat mit der Abschaffung der umgekehrten Maßgeblichkeit einen zentralen Grundsatz der Bilanzierung in Deutschland und insbesondere für das Verhältnis von Handels- und Steuerbilanz abgeschafft. Dass der Gesetzgeber gleichzeitig zu dem Ergebnis kommt, dass sich das BilMoG nicht auf die steuerliche Gewinnermittlung auswirke, verwundert. Wie oben dargestellt, ist dies bspw. hinsichtlich der Veräußerung eigener Anteile oder Teilwertabschreibungen auf Anteile an Kapitalgesellschaften nicht der Fall.

In vielen Bereichen nähert sich die handelsrechtliche Bilanzierung an die steuerliche Bilanzierung an (z. B. Herstellungskostenuntergrenze, Zuschreibungsgebot oder Abschaffung der Aktivierung von Aufwendungen für die Ingangsetzung und Erweiterung des Geschäftsbetriebs). Dies bedeutet jedoch nicht, dass sich die deutsche Rechnungslegung auf dem Weg zur Einheitsbilanz befindet. Das Gegenteil ist der Fall. Durch die Abschaffung der umgekehrten Maßgeblichkeit werden Handels- und Steuerbilanz weiter entkoppelt. Der Gesetzgeber führt mit § 5 Abs. 1 Satz 1 Halbsatz 2 EStG ausdrücklich eine von der Handelsbilanz losgelöste Steuerbilanzpolitik ein.

Neben die obligatorische Annäherung der Handelsbilanz an die Steuerbilanz in einzelnen Punkten erfolgt durch die Abschaffung der umgekehrten Maßgeblichkeit sowie die zunehmende Durchbrechung der Maßgeblichkeit ein obligatorisches Auseinanderfallen von Handels- und Steuerbilanz. Die Auswirkungen auf die Einheitsbilanz und den Umfang der Abweichungen sind hierbei unternehmensindividuell zu bestimmen.

Neben die dargelegte, gerade nicht im Ermessen des Bilanzierenden liegende Aufweichung von Handels- und Steuerbilanz tritt die **eigenständige Steuerbilanzpolitik**, der sich der Bilanzierende fakultativ im Einzelfall bedienen kann.

Dies bedeutet für die Bilanzierenden, dass in der Vergangenheit notwendige Kompromisse zwischen niedrigem Steuerbilanzgewinn und hohem handelsrechtlichen Jahresergebnis nicht mehr notwendig sind. Beide Ziele können parallel verfolgt werden.

Merke:

Das BilMoG erweitert die Möglichkeiten einer eigenständigen Steuerbilanzpolitik. Hierdurch können nebeneinander unterschiedliche Zielsetzungen in Handels- und Steuerbilanz verfolgt werden. Gleichzeitig steigt der Bewertungs- und Dokumentationsaufwand hinsichtlich der einzelnen bilanziellen Wertansätze immer dann, wenn unterschiedliche Werte in Handels- und Steuerbilanz angesetzt werden.

9. Möglichkeiten zur vorgezogenen Anwendung des BilMoG

9.1 Intention des Gesetzgebers

9.1.1 Verschiedene Erstanwendungszeitpunkte der Regelungen

Das EGHGB regelt die erstmalige Anwendung einer Vielzahl der neuen Vorschriften. Im Mittelpunkt der Erstanwendung wesentlicher neuer Bilanzierungs- und Bewertungsnormen steht Art. 66 Abs. 3 EGHGB, der für den Regelfall die pflichtgemäße Anwendung der neuen Vorschriften für das nach dem 31.12.2009 beginnende Geschäftsjahr vorsieht.

Hinsichtlich der erstmaligen Anwendung der durch das BilMoG neu eingeführten bzw. geänderten Regelungen sind vier verschiedene Zeitpunkte zu betrachten. Die zu unterscheidenden Erstanwendungszeitpunkte der Regelungen des BilMoG sind in Abbildung 124 zusammengefasst.

Art. 66 Abs. 7 und Art. 67 EGHGB regeln darüber hinaus konkrete Sachverhalte bei dem Übergang auf die geänderten bzw. neuen Vorschriften, insbesondere Beibehaltungs- und Fortführungswahlrechte sowie andere Erleichterungen, wie die nur prospektive Anwendung bestimmter Sachverhalte.

Vorschrift	Inhalt	Anwendungszeitpunkt
Art. 66 Abs. 1 EGHGB	Deregulierende und begünstigende Vorschriften	Geschäftsjahre, die nach dem 31.12.2007 beginnen
Art. 66 Abs. 2 EGHGB	Vorschriften, die aus der Umsetzung von EU-Richtlinien*) resultieren	Geschäftsjahre, die nach dem 31.12.2008 beginnen
Art. 66 Abs. 4 EGHGB	Sondervorschrift hinsichtlich der Anwendung der §§ 324, 340k Abs. 5, 341k Abs. 4 HGB	Geschäftsjahre, die ab dem 01.01.2010 beginnen
Art. 66 Abs. 3 Satz 1 i. V. m. Abs. 5 EGHGB	Übrige Vorschriften (erstmalige Regelanwendung)	Geschäftsjahre, die nach dem 31.12.2009 beginnen

*) Dabei handelt es sich um die Richtlinie 2006/46/EG des Europäischen Parlaments und des Rates vom 14.06.2006 zur Änderung der Richtlinien des Rates 78/660/EWG über den Jahresabschluss von Gesellschaften bestimmter Rechtsformen, 83/349/EWG über den konsolidierten Abschluss, 86/635/EWG über den Jahresabschluss und den konsolidierten Abschluss von Banken und anderen Finanzinstituten und 91/674/EWG über den Jahresabschluss und den konsolidierten Abschluss von Versicherungsunternehmen, ABl. EU Nr. L 224 S. 1 (sog. EU-Abänderungsrichtlinie) und die Richtlinie 2006/43/EG des Europäischen

> Parlaments und des Rates vom 17.05.2006 über Abschlussprüfungen von Jahresabschlüssen und konsoli-
> dierten Abschlüssen, zur Änderung der Richtlinien 78/660/EWG und 83/349/EWG des Rates und zur Aufhe-
> bung der Richtlinie 84/253/EWG des Rates, ABl. EU Nr. L 157 S. 87 (sog. EU-Abschlussprüferrichtlinie).

**ABB. 124: Übersicht über die Erstanwendungszeitpunkte der durch das BilMoG
neu eingeführten bzw. geänderten Regelungen**

Von besonderem Interesse ist an dieser Stelle die Regelung des Art. 66 Abs. 3 Satz 6 EGHGB, wonach die neuen Vorschriften durch das BilMoG auch vorzeitig für Geschäfts-jahre, die nach dem 31.12.2008 beginnen, angewandt werden können. Damit wird es den Unternehmen erlaubt, bei einem dem Kalenderjahr entsprechenden Geschäftsjahr bereits für das Jahr 2009 die Neuregelungen des BilMoG vorzeitig anzuwenden. Aller-dings stellt der Gesetzgeber klar, dass die Neuregelungen nur insgesamt und gerade nicht einzeln angewandt werden können. Ein so genanntes „**Normen-Picking**" ist damit ausgeschlossen. Die vorzeitige Anwendung ist zudem im (Konzern-) Anhang an-zugeben. Zu beachten bleibt auch, dass bei Ausübung des Wahlrechts des Art. 66 Abs. 3 Satz 6 EGHGB auch die durch das BilMoG geänderten Regelungen des EStG vorzeitig im Jahr 2008 angewandt werden müssen (§ 52 Abs. 12e Satz 2, Abs. 16 Satz 10 EStG).

Auf den ersten Blick erscheint eine frühzeitige Anwendung der Neuregelungen bereits ab dem Jahr 2009 rechtlich schwierig. Zwar erlaubt Art. 66 Abs. 3 Satz 6 EGHGB dies ausdrücklich – aber nur für die in Art. 66 Abs. 3 EGHGB auch genannten Normen – allerdings sehen einzelne Übergangsregelungen konkrete Erstanwendungszeitpunkte vor.

Die Altregelungen zahlreicher Vorschriften bzw. deren letztmalige Anwendung ist nach Art. 66 Abs. 5 EGHGB letztmals für das vor dem 01.01.2010 beginnende Geschäftsjahr vorgesehen.

9.1.2 Prospektive Anwendung einzelner Regelungen

Explizit sieht das EGHGB verschiedene gesetzlich definierte Erstanwendungszeitpunkte in Art 66. Abs. 3 Satz 2 bis 5 sowie in Abs. 7 EGHGB für einzelne Regelungen vor:

► Die verpflichtende Aktivierung eines entgeltlich erworbenen Geschäfts- oder Fir-menwerts im Einzelabschluss trifft nur solche Akquisitionen, die nach dem 31.12.2009 erfolgen (Art. 66 Abs. 3 EGHGB).

► Der produktionsbezogene Vollkostenansatz der Herstellungskosten trifft nur solche Vermögensgegenstände, mit deren Herstellung nach dem 31.12.2009 begonnen wurde (Art. 66 Abs. 3 EGHGB).

► Im Konzernabschluss ist die verpflichtende Erstkonsolidierung von Tochterunter-nehmen zum Erwerbszeitpunkt und nach der Neubewertungsmethode nur dann geboten, wenn der Erwerbsvorgang in Geschäftsjahren erfolgt, die nach dem 31.12.2009 beginnen (Art. 66 Abs. 3 EGHGB).

▶ Die Aktivierungspflicht eines Geschäfts- oder Firmenwerts im Konzernabschluss und dessen planmäßige Fortführung über die Nutzungsdauer trifft allein Erwerbsvorgänge, die in Geschäftsjahren mit Geschäftsjahresbeginn nach dem 31.12.2009 erfolgen (Art. 66 Abs. 3 EGHGB).

▶ Die verpflichtende Anwendung der Buchwertmethode sowie der Erstkonsolidierung zum Erwerbszeitpunkt für assoziierte Unternehmen trifft nur neue Akquisitionen nach dem 31.12.2009 (bei einem mit dem Kalenderjahr übereinstimmenden Geschäftsjahr (Art. 66 Abs. 3 EGHGB)).

▶ Selbst erstellte immaterielle Vermögensgegenstände des Anlagevermögens sind nach § 248 Abs. 2 HGB, § 255 Abs. 2a HGB erst dann zu aktivieren, wenn mit ihrer Herstellung in Geschäftsjahren begonnen wird, die nach dem 31.12.2009 beginnen (Art. 66 Abs. 7 EGHGB).

Art. 66 Abs. 3 Satz 2 EGHGB stellt klar, dass § 253 HGB erstmals auf **Geschäfts- oder Firmenwerte** anzuwenden ist, die aus Erwerbsvorgängen in Geschäftsjahren entstehen, die nach dem 31.12.2009 beginnen. Auch der Vollkostenansatz bei den Herstellungskosten nach § 255 Abs. 2 HGB ist nur prospektiv auf Herstellungsvorgänge anzuwenden, die nach dem 31.12.2009 beginnen (Art. 66 Abs. 3 Satz 3 EGHGB). Soll nun eine vorzeitige Anwendung der Vorschriften des BilMoG im Jahr 2009 erfolgen, so ist auch die prospektive Anwendung der Vorschriften der §§ 253, 255 HGB um ein Jahr vorzuziehen. Dies ergibt sich aus der Begründung des Gesetzgebers hinsichtlich dieser Vorschriften. Zweck der zwingend prospektiven Anwendung der §§ 253, 255 HGB ist nämlich, dass Geschäfts- oder Firmenwerte i. S. d. § 246 Abs. 1 Satz 4 HGB, die nach § 255 Abs. 4 HGB a. F. sofort aufwandswirksam erfasst wurden, sowie Herstellungskostenbestandteile, die nach § 255 HGB a. F. nicht verpflichtend zu aktivieren waren, nicht erfolgswirksam nachzuaktivieren sind. Dies würde zu einer starken Belastung des Periodenergebnisses führen. Dem Gesetzgeber geht es also nur darum, eine Nachaktivierung zu vermeiden. Würde keine Vorverlagerung um ein Jahr erfolgen, dann wären die Aktivierungspflicht für einen Geschäfts- oder Firmenwert nach § 246 Abs. 1 Satz 4 HGB sowie der Vollkostenansatz nach § 255 Abs. 2 HGB trotz einer freiwilligen vorzeitigen Anwendung des BilMoG für das Jahr 2009 nicht anwendbar. Dies war wohl nicht die Intention des Gesetzgebers.

Auch die prospektive Anwendung **konzernspezifischer Neuregelungen** (Art. 66 Abs. 3 Satz 4 EGHGB) der §§ 294 Abs. 2 (Angabe der Änderung des Konsolidierungskreises), 301 Abs. 1 Satz 2 und 3, Abs. 2 (Vorgehensweise bei der Kapitalkonsolidierung), 309 Abs. 1 (Behandlung eines aus der Kapitalkonsolidierung entstehenden Geschäfts- oder

Firmenwerts) und 312 HGB (Equity-Methode bei assoziierten Unternehmen) ist um ein Jahr auf Erwerbsvorgänge, die in nach dem 31.12.2008 beginnenden Geschäftsjahren erfolgen, vorzuziehen. Auch hier liegt der Zweck der Vorschrift darin, „Altfälle" unverändert behandeln zu können. Werden die Vorschriften des BilMoG freiwillig vorzeitig angewandt, dann handelt es sich bei Neuerwerben während des Geschäftsjahrs 2009 aber gerade nicht mehr um derartige „Altfälle". Für eine Nichtanwendung der neuen BilMoG-Regelungen liegt kein Grund vor. Als Konsequenz hieraus ist auch die Einschränkung des Verbots der retrospektiven Anwendung der §§ 301 Abs. 1 Satz 2 und 3, Abs. 2 und 309 Abs. 1 HGB nach Art. 66 Abs. 3 Satz 5 EGHGB vorzuziehen.

Ein dritter Themenkomplex bzgl. einer nur prospektiven Anwendung betrifft die Aufhebung des Aktivierungsverbots nach § 248 Abs. 2 HGB a. F. Gemäß Art 66 Abs. 5 EGHGB ist § 248 Abs. 2 HGB a. F. letztmals auf das vor dem 01.01.2010 beginnende Geschäftsjahr anzuwenden. Art 66 Abs. 7 EGHGB legt darüber hinaus fest, dass die §§ 248 Abs. 2, 255 Abs. 2a HGB nur auf die **selbst geschaffenen immateriellen Vermögensgegenstände des Anlagevermögens** anzuwenden sind, mit deren Entwicklung in Geschäftsjahren, die nach dem 31.12.2009 beginnen, begonnen wird. Ausgeschlossen werden soll damit wiederum lediglich die Nachaktivierung von Entwicklungskosten aus früheren Geschäftsjahren. Aus diesem Grund und weil der Gesetzgeber selbst in Erwägung zieht, den Stichtag zur Aktivierung aus Wesentlichkeitsgesichtspunkten aufzuweichen, ist auch die prospektive Anwendung der §§ 248 Abs. 2, 255 Abs. 2a HGB um ein Jahr vorzuziehen. D. h., das Aktivierungswahlrecht bezieht sich auf selbst geschaffene immaterielle Vermögensgegenstände des Anlagevermögens, mit deren Entwicklung in dem Geschäftsjahr, das nach dem 31.12.2008 beginnt, begonnen wird. Ansonsten könnten Unternehmen, die das BilMoG freiwillig vorzeitig im Jahr 2009 umsetzen, das Aktivierungswahlrecht nach § 248 Abs. 2 HGB für dieses Geschäftsjahr nicht anwenden.

9.1.3 Sondervorschriften für Rückstellungen

Art. 67 Abs. 1 Satz 1 EGHGB schreibt für den Fall, dass aufgrund der Änderung der Bewertung der Rückstellungen für laufende Pensionen oder Anwartschaften auf Pensionen eine Zuführung erforderlich ist (sog. unterdotierte Pensionsrückstellung), vor, dass die Zuführungen in Raten von mindestens 1/15 des gesamten Zuführungsbetrags in jedem Geschäftsjahr bis spätestens 31.12.2024 angesammelt werden. Erfordert die Änderung der Rückstellungsbewertung hingegen eine Auflösung von Rückstellungen (sog. überdotierte Rückstellungen), so kann die Auflösung gemäß Art. 67 Abs. 1 Satz 2 EGHGB unterbleiben, sofern der Auflösungsbetrag bis spätestens zum 31.12.2024 wieder zugeführt werden müsste.

Das Beibehaltungswahlrecht für überdotierte Rückstellungen gilt neben den Pensionsrückstellungen auch für alle anderen Rückstellungen. Sämtliche Rückstellungen, deren

Wertansatz aufgrund der neuen Regelungen (z. B. Abzinsungsverpflichtung langfristiger Rückstellungen) gemindert werden müsste, dürfen dann in der zuvor bestehenden Höhe beibehalten werden, wenn der sich zum 01.01.2010 ergebende Differenzbetrag bis spätestens zum 31.12.2024 wieder zugeführt werden müsste. Das Beibehaltungswahlrecht umfasst hierbei nur den Betrag, der bis zum 31.12.2024 voraussichtlich zugeführt wird. Ein darüber hinausgehender Teilbetrag ist zum 01.01.2010 erfolgswirksam (als außerordentlicher Ertrag) aufzulösen (IDW RS HFA 28, Tz. 36).

Werden die geänderten Vorschriften zur Rückstellungsbewertung im Zuge des Art. 66 Abs. 3 Satz 6 EGHGB um ein Jahr vorgezogen, dann muss konsequenterweise auch der 15-Jahreszeitraum vorgezogen werden. Dies bedeutet, dass der 31.12.2023 das für die Berechnungen des Art. 67 Abs. 1 EGHGB zugrunde zulegende Datum sein muss. Die Normen bzgl. der Anhangangaben des Art. 67 Abs. 2 EGHGB folgen der Erstanwendung nach Art. 67 Abs. 1 EGHGB.

9.1.4 Beibehaltungs- und Fortführungswahlrechte

Art. 67 Abs. 3-5 EGHGB enthält Beibehaltungs- bzw. Fortführungswahlrechte für Bilanzposten bzw. Sachverhalte, die im Abschluss für das letzte vor dem 01.01.2010 beginnenden Geschäftsjahr enthalten sind bzw. in Geschäftsjahren, die vor dem 01.01.2010 beginnen, vorgenommen werden. Den Unternehmen wird grds. ermöglicht, die betroffenen Bilanzposten zum Übergangszeitpunkt unter Anwendung der für sie geltenden Vorschriften des HGB a. F. beizubehalten bzw. fortzuführen oder erfolgsneutral mit den Gewinnrücklagen zu verrechnen. Dabei handelt es sich um folgende Sachverhalte:

▶ Art. 67 Abs. 3 EGHGB: Beibehaltungswahlrecht für Aufwandsrückstellungen nach § 249 Abs. 1 Satz 3 und Abs. 2 HGB a. F., Sonderposten mit Rücklageanteil nach §§ 247 Abs. 3, 273 HGB a. F. und Rechnungsabgrenzungsposten i. S. v. § 250 Abs. 1 Satz 2 HGB a. F.;

▶ Art. 67 Abs. 4 EGHGB: Fortführungswahlrecht für niedrigere Wertansätze von Vermögensgegenständen, die auf Abschreibungen nach §§ 253 Abs. 3 Satz 3, 253 Abs. 4 HGB a. F. oder nach §§ 254, 279 Abs. 2 HGB a. F. beruhen;

▶ Art. 67 Abs. 5 Satz 1 EGHGB: Fortführungswahlrecht für aktivierte Aufwendungen für die Ingangsetzung und Erweiterung des Geschäftsbetriebs nach § 269 HGB a. F.;

▶ Art. 67 Abs. 5 Satz 2 EGHGB: Beibehaltungswahlrecht für eine vorgenommene Kapitalkonsolidierung nach § 302 HGB a. F. (Interessenzusammenführungsmethode).

Erfolgt eine vorzeitige Anwendung der Regelungen des BilMoG im Jahr 2009, dann sind obige Vorschriften folglich auf die Sachverhalte, die im Abschluss für das letzte vor dem

01.01.2009 beginnende Geschäftsjahr enthalten waren, zu beziehen. Die Beibehaltungs- bzw. Fortführungswahlrechte sind also ebenfalls um ein Jahr vorzuziehen.

Hinzuweisen bleibt in diesem Zusammenhang auf zwei Ausnahmen von der erfolgsneutralen Verrechnung mit den Gewinnrücklagen: So dürfen nach Art. 67 Abs. 3 Satz 2 EGHGB Beträge, die im letzten vor dem 01.01.2010 beginnenden Geschäftsjahr in die Aufwandsrückstellungen nach § 249 Abs. 1 Satz 3 und Abs. 2 HGB a. F. eingestellt werden, sowie nach Art. 67 Abs. 4 Satz 2 EGHGB Abschreibungen nach §§ 253 Abs. 3 Satz 3, 253 Abs. 4 HGB a. F. oder nach §§ 254, 279 Abs. 2 HGB a. F., die im letzten vor dem 01.01.2010 beginnenden Geschäftsjahr vorgenommen werden, nicht in die Gewinnrücklagen eingestellt werden. Wie sind diese Zeitpunkte bei einer vorzeitigen Anwendung des BilMoG zu behandeln?

Der Gesetzgeber wollte mit dieser Regelung verhindern, dass Aufwandsrückstellungen allein gebildet werden bzw. Abschreibungen nur deswegen vorgenommen werden, um diese im folgenden Geschäftsjahr direkt in die Gewinnrücklagen einzustellen. Die Regelung dient also vorrangig zur Verhinderung von Missbrauchsgestaltungen. Aus diesem Grund und um die dynamische Interpretation des Art. 66 Abs. 3 Satz 6 EGHGB auch in diesem Bereich fortzuführen, sind bei vorzeitiger Anwendung der Regelungen die im Jahr 2008 gebildeten Aufwandsrückstellungen bzw. vorgenommenen Abschreibungen für den Fall, dass vom Beibehaltungs- bzw. Fortführungswahlrecht kein Gebrauch gemacht wird, erfolgswirksam aufzulösen bzw. zuzuschreiben.

9.1.5   Dynamische Interpretation einer vorgezogenen Anwendung

Der Blick auf die konkreten Jahresangaben wirft nunmehr die Fragestellung auf, welche Regelung (Möglichkeit der vorzeitigen Anwendung aller Vorschriften oder spezielle Regelungen zur Erstanwendung bei bestimmten Sachverhalten) die jeweils andere Norm überlagert.

Eine rein am Gesetzeswortlaut orientierte Auslegung der Vorschriften des EGHGB ließe den Schluss zu, dass die Normen von der Möglichkeit der früheren Anwendung ausgeschlossen sind, denen der Gesetzgeber einen eigenen Erstanwendungszeitpunkt zugewiesen hat. Diese Schlussfolgerung kann allerdings nicht gewollt sein.

Es war Zielsetzung des Gesetzgebers, eine Möglichkeit zu schaffen, die eine frühere Anwendung aller Neuerungen durch das BilMoG ermöglicht. In diesem Zusammenhang scheint allein eine **dynamische Interpretation** der in den Einzelregelungen des EGHGB angegebenen Erstanwendungszeitpunkte zulässig zu sein. Dieser Auffassung folgend sind die entsprechenden Jahresangaben für die neuen Bilanzierungs- und Bewertungsnormen in Summe ein Jahr früher anzuwenden, wenn von dem in Art. 66 Abs. 3 Satz 6 EGHGB genannten Wahlrecht Gebrauch gemacht wird.

Konkret bedeutet dies für die einzelnen Regelungen des EGHGB Folgendes:

Vorschrift	Inhalt	Erstanwendung
Art. 66 Abs. 1 EGHGB	Deregulierungsnormen	Unverändert ab dem Geschäftsjahr 2008
Art. 66 Abs. 2 EGHGB	Umsetzung von aus EU-Richtlinien resultierenden Regelungen	Unverändert ab dem Geschäftsjahr 2009
Art. 66 Abs. 3 EGHGB	Vorschriften, die pflichtgemäß erstmals ab 2010 anzuwenden sind	Vorgezogene Anwendung ab 2009 (möglich nach Art. 66 Abs. 3 Satz 6 EGHGB)
Art. 66 Abs. 4 EGHGB	Sondervorschriften zum Prüfungsausschuss	Wohl unverändert pflichtgemäße Erstanwendung ab dem Jahr 2010
Art. 66 Abs. 5 EGHGB	Vorschriften, die pflichtgemäß letztmals in 2009 anzuwenden sind	Einer dynamischen Interpretation der Regelung nach Art. 66 Abs. 3 Satz 6 EGHGB folgend sind die Normen letztmals 2008 anzuwenden
Art. 66 Abs. 6 EGHGB	Anwendung der Regelungen nach § 335 Abs. 5 Satz 11 und 12 HGB letztmals bis zum 31.08.2009	Unverändert
Art. 66 Abs. 7 EGHGB	Aktivierungsmöglichkeit für selbst erstellte immaterielle Vermögensgegenstände ab dem Jahr 2010	Einer dynamischen Interpretation der Regelung nach Art. 66 Abs. 3 Satz 6 EGHGB folgend sind die Normen erstmals 2009 anzuwenden
Art. 67 Abs. 1 EGHGB	Zuführungs- und Beibehaltungsregelungen im Zusammenhang mit Rückstellungen bis 2024	Einer dynamischen Interpretation der Regelung nach Art. 66 Abs. 3 Satz 6 EGHGB folgend müsste sich der Zeitraum um ein Jahr auf das Jahr 2023 verkürzen
Art. 67 Abs. 2 EGHGB	Anhangangaben im Zusammenhang mit Art. 67 Abs. 1 EGHGB	Die Normen folgen der Erstanwendung nach Art. 67 Abs. 1 EGHGB
Art. 67 Abs. 3 EGHGB	Beibehaltungswahlrecht für Aufwandsrückstellungen, Sonderposten mit Rücklageanteil oder Rechnungsabgrenzungsposten; alternativ: Verrechnung mit den Gewinnrücklagen mit Ausnahme der in 2009 gebildeten Rückstellungen; diese Beträge sind erfolgswirksam aufzulösen	Einer dynamischen Interpretation der Regelung nach Art. 66 Abs. 3 Satz 6 EGHGB folgend sind bei vorzeitiger Anwendung der Regelungen die in 2008 gebildeten Aufwandsrückstellungen für den Fall, dass vom Beibehaltungswahlrecht kein Gebrauch gemacht wird, erfolgswirksam aufzulösen

Vorschrift	Inhalt	Erstanwendung
Art. 67 Abs. 4 EGHGB	Fortführungswahlrecht für niedrigere Wertansätze bei Vermögensgegenständen; alternativ: Zuschreibung zugunsten der Gewinnrücklagen mit Ausnahme der in 2009 vorgenommenen Abschreibungen; diese Beträge sind erfolgswirksam zuzuschreiben	Einer dynamischen Interpretation der Regelung nach Art. 66 Abs. 3 Satz 6 EGHGB folgend sind bei vorzeitiger Anwendung der Regelungen die in 2008 vorgenommenen Abschreibungen für den Fall, dass vom Fortführungswahlrecht kein Gebrauch gemacht wird, erfolgswirksam zuzuschreiben
Art. 67 Abs. 5 EGHGB	Fortführungswahlrecht einer bis einschließlich im Jahr 2009 gebildeten Bilanzierungshilfe für Ingangsetzungs- und Erweiterungsaufwendungen sowie einer nach § 302 HGB a. F. vorgenommenen Kapitalkonsolidierung nach der Interessenzusammenführungsmethode	Einer dynamischen Interpretation der Regelung nach Art. 66 Abs. 3 Satz 6 EGHGB folgend sind bei vorzeitiger Anwendung der Regelungen letztmals die Bildung einer Bilanzierungshilfe für Ingangsetzungs- und Erweiterungsaufwendungen sowie die Erstkonsolidierung unter Anwendung der Interessenzusammenführungsmethode im Jahr 2008 zulässig
Art. 67 Abs. 6 EGHGB	Sonderregelungen hinsichtlich der erstmaligen Anwendung der neuen Steuerkonzeption	Berücksichtigung entsprechend bereits für 2009
Art. 67 Abs. 7 EGHGB	Vorschriften zur Erfassung von Aufwendungen und Erträgen aus der Erstanwendung der Art. 66, 67 EGHGB als außerordentliche Posten in der Erfolgsrechnung	Berücksichtigung entsprechend bereits für 2009
Art. 67 Abs. 8	Erleichterungsregelungen im Zusammenhang mit der erstmaligen Erstellung eines BilMoG-Abschlusses	Berücksichtigung entsprechend bereits für 2009

ABB. 125: Geltung der Art. 66 und 67 EGHGB bei vorgezogener Anwendung der Neuregelungen des BilMoG

Die vorstehende Übersicht ist allerdings im Einzelfall zu modifizieren. Im Falle einer vorzeitigen Anwendung der BilMoG-Regelungen beziehen sich die in Art. 67 aufgeführten Beibehaltungs- und Fortführungsrechte inklusive ihrer Bestimmungen zur erfolgsneutralen sowie erfolgswirksamen Erfassung einzelner Sachverhalte (bspw. im Zusammenhang mit der Fortführung von in der Vergangenheit gebildeten Aufwandsrückstellungen oder vorgenommenen (außerplanmäßigen) Abschreibungen) nur dann auf das letzte vor dem 01.01.2009 beginnende Geschäftsjahr, wenn der Jahresabschluss erst nach dem Inkrafttreten des BilMoG festgestellt worden ist (vgl. IDW RS HFA 28, Tz. 13).

Diese Sichtweise verhindert, dass ein Unternehmen, das bereits vor dem Inkrafttreten des BilMoG seinen Jahresabschluss aufgestellt hat, ungerechtfertigt "bestraft" wird und bspw. die im Jahresabschluss 2008 gebildeten Rückstellungen zwangsläufig erfolgswirksam auflösen muss.

Beispiel 118: Fortführungs- und Beibehaltungswahlrechte bei vorzeitiger Anwendung des BilMoG

Die Accounting GmbH hat im Rahmen eines Fast Close ihren Jahresabschluss 2008 bereits im Januar 2009 endgültig aufgestellt, anschließend zeitnah prüfen lassen und im März 2009 festgestellt. Nach dem Inkrafttreten des BilMoG im Mai 2009 entschließt sich der Vorstand, die neuen Regelungen bereits für das Geschäftsjahr 2009 anzuwenden.

Grundsätzlich muss die Accounting GmbH damit alle im EGHGB genannten Erstanwendungszeitpunkte um ein Jahr vorziehen.

Entschließt sich die Accounting GmbH im Zuge der Umstellung ihrer Rechnungslegung auf das BilMoG zum 01.01.2009 im Vorjahr, also im Jahr 2008, gebildete Aufwandsrückstellungen aufzulösen, so kann diese Auflösung erfolgsneutral erfolgen, da der Jahresabschluss bereits vor dem Inkrafttreten des BilMoG festgestellt worden war (IDW RS HFA 28, Tz. 13).

9.1.6 Zwischenergebnis

Nur eine einheitliche Anwendung der Regelungen ab 2010 oder – bei freiwilliger früherer Anwendung ab 2009 – stellt eine einheitliche vorzeitige Anwendung des BilMoG sicher. Zwar ergibt sich die konsistente Anwendung aller Normen der Art. 66 und 67 EGHGB ab 2009 nicht unmittelbar aus dem Gesetzeswortlaut. Eine andere Interpretation kann allerdings nicht gewollt sein.

Eine Ausnahme von der einheitlichen Vorverlagerung aller im EGHGB explizit genannten Zeitpunkte ist in den Fällen geboten, in denen der Jahresabschluss bereits vor dem Inkrafttreten des BilMoG festgestellt worden war. In diesen Fällen gelten die Regelungen des Art. 67 Abs. 3 Satz 2 sowie Abs. 4 Satz 2 EGHGB, die keine erfolgsneutrale Kor-

rektur von in Vorjahren gebildeten Aufwandsrückstellungen sowie unterlassenen Zuschreibungen erlauben, nicht.

Merke:

Grundsätzlich bewirkt eine vorzeitige Anwendung ein Vorziehen aller im EGHGB genannten Erstanwendungszeitpunkte um ein Jahr. Allerdings ist dann eine differenzierte
Betrachtung notwendig, wenn ein Unternehmen seinen Jahresabschluss für das Geschäftsjahr 2008 bereits vor dem Inkrafttreten des BilMoG festgestellt hat. Dieses Unternehmen kann dann auch bei einer Umstellung zum 01.01.2009 bestimmte Vorjah-
reseffekte erfolgsneutral korrigieren.

9.2 Sinn und Zweck einer vorgezogenen Anwendung für die Unternehmen

Im Einzelfall kann es für den Bilanzierenden sinnvoll sein, die Neuregelungen bereits
auf freiwilliger Basis früher anzuwenden. Dies macht im Besonderen dann Sinn, wenn
die unternehmensspezifischen Besonderheiten – eingeordnet in die bilanzpolitische
Zielsetzung des Unternehmens – dazu führen, dass die Vermögens- und Ertragslage bei
einer Anwendung der Neuregelungen durch das BilMoG besser dargestellt werden
kann. Hierdurch lassen sich negative Effekte aus dem Jahr 2009 bspw. durch vorzeitige
positive Effekte aus der Anwendung der Neuregelungen kompensieren.

Ein zweiter Aspekt kann in der Verbindung des für 2009 erwarteten operativen Ergebnisses mit den erfolgswirksamen Umstellungseffekten aus dem Übergang auf die neu-
en Regelungen gesehen werden. Bspw. kann ein Unternehmen ein ohnehin schlechtes
Jahresergebnis 2009 durch etwaige negative Ergebniseffekte aus der Umstellung (bei
einer unmittelbaren erfolgswirksamen Erfassung der Aufwendungen) weiter verschlechtern. Verfolgt der Bilanzierende diesen Ansatz, kann das Jahr 2009 als "Aus-
nahmejahr" dargestellt werden; die künftigen Jahre würden durch die neuen Vorschriften dann nicht mehr belastet.

Im Wesentlichen lassen sich damit zwei **bilanzpolitische Gegenpositionen** hinsichtlich
einer vorzeitigen Anwendung skizzieren:

(1) Positive Darstellung der Vermögens- und Ertragslage in 2009.

(2) Volle Aufwandserfassung der ergebniswirksamen Umstellungseffekte in 2009 und
    damit eine möglichst vom BilMoG unbelastete Darstellung der Geschäftsjahre ab
    2010.

Für die beiden vorgenannten bilanzpolitischen Zielrichtungen werden im Folgenden
ausgewählte Umstellungseffekte hinsichtlich ihrer Abbildung dargestellt. Hierbei werden alleine die Bereiche aufgeführt, bei denen der Bilanzierende einen bilanzpoliti-

schen Spielraum hat. Im Zusammenhang mit den Neuregelungen zur Steuerabgrenzung (§ 274 HGB), zu den Herstellungskosten (§ 255 Abs. 2 HGB) oder zur Behandlung eines entgeltlichen Geschäfts- oder Firmenwerts (§ 246 Abs. 1 HGB) ergeben sich keine bilanzpolitischen Möglichkeiten. Vielmehr folgt die bilanzielle Behandlung und Bewertung dem jeweiligen Geschäftsvorfall. Über die Handelsbilanzen II der in einen Konzernabschluss einbezogenen Unternehmen, die nach konzerneinheitlichen Bilanzierungs- und Bewertungsvorgaben zu erstellen sind, finden die nachstehenden Alternativen auch Eingang in die konsolidierte Rechnungslegung und dienen so der Umsetzung der definierten Konzernbilanzpolitik.

	Positive Darstellung (in 2009)	Einmalige Aufwandserfassung (und möglichst unbeeinflusste Jahre ab 2010)
Aktivierung von Entwicklungsaufwendungen...	... erfolgt ab 2009 bei einer möglichst hohen Aktivierungsquote.	... erfolgt (zumindest zunächst) nicht.
Aufwandsrückstellungen...	... werden ergebnisneutral (gebildet vor 2008) bzw. ergebniswirksam (gebildet in 2008) aufgelöst.	... werden beibehalten.
Niedrigere Wertansätze von Rückstellungen (z. B. aufgrund der Abzinsung)...	... werden erfolgswirksam berücksichtigt.	... werden beibehalten.
Pensionsrückstellungen...	... werden hinsichtlich einer etwaigen Unterdotierung über 15 Jahre zugeführt; eine Überdotierung wird unmittelbar mit den Gewinnrücklagen verrechnet.	... werden sofort zugeführt, sofern eine Unterdotierung vorliegt; eine Überdotierung wird möglichst beibehalten.
Ingangsetzungs- und Erweiterungsaufwendungen...	... werden planmäßig fortgeführt.	... werden unmittelbar in 2009 aufwandswirksam verrechnet.
Steuerliche Sonderposten...	... werden unter Abgrenzung passiver latenter Steuern mit dem Eigenkapital verrechnet.	... werden beibehalten.
Aktive Rechnungsabgrenzungsposten, die künftig wegfallen, werden...	... beibehalten.	... mit den Gewinnrücklagen verrechnet.
Niedrigere Wertansätze von Vermögensgegenständen...	... werden ergebnisneutral (Abschreibung vor 2008) bzw. ergebniswirksam (Abschreibung in 2008) zugeschrieben.	... werden beibehalten.

	Positive Darstellung (in 2009)	Einmalige Aufwandserfassung (und möglichst unbeeinflusste Jahre ab 2010)
Konzernabschluss ...	... wird schon für das Jahr 2009 erstellt bei Eintritt einer Konzern- rechnungslegungspflicht aufgrund § 290 HGB n.F.	
Zweckgesellschaften ...	... werden schon in 2009 in den Konzernabschluss einbezogen, sofern sie diesen positiv beeinflus- sen.	
Währungsumrechnung	... erfolgt schon 2009 gemäß § 308a HGB bei entsprechender Wechsel- kursentwicklung.	
Abgrenzung latenter Steuern im Rahmen der Kaufpreisallokation ...	... bewirkt beim Vorliegen stiller Reserven eine Erhöhung des Ge- schäfts- oder Firmenwerts.	

**ABB. 126: Bilanzpolitische Gegenpositionen im Rahmen der
vorgezogenen Anwendung der Neuregelungen**

In Abhängigkeit der jeweils gewählten, für 2009 relevanten bilanzpolitischen Zielset-
zung hat die Berücksichtigung latenter Steuern zu erfolgen. Die Abgrenzung latenter
Steuern kompensiert in Höhe des anzuwendenden Steuersatzes den entsprechenden
"Basiseffekt".

Aus **konzernbilanzpolitischer Sicht** kann aus der Abgrenzung latenter Steuern im Rahmen der Kapitalkonsolidierung eine Motivation zur vorgezogenen Anwendung der
Regelungen des BilMoG resultieren. Sofern im Rahmen der Kaufpreisallokation stille
Reserven bzw. stille Lasten aufgedeckt wurden, die noch nicht vollständig verrechnet
wurden, sind auf diese Differenzen nunmehr latente Steuern abzugrenzen. Auf stille
Reserven abzugrenzende passive latente Steuern bewirken ein Absinken des zu konsolidierenden Eigenkapitals und folglich eine Erhöhung des Geschäfts- oder Firmenwerts
aus der Kapitalkonsolidierung des jeweiligen Tochterunternehmens. Umgekehrt führen
die auf stille Lasten zu aktivierenden latenten Steuern zu einer Erhöhung des zu konsolidierenden Eigenkapitals und bewirken ein Absinken des Geschäfts- oder Firmenwerts.
Je nach bilanzpolitischer Zielsetzung im Konzernabschluss und unter Berücksichtigung
der individuellen Situation hinsichtlich der Kaufpreisallokation bei den Tochterunternehmen kann das Unternehmen durch das Vorziehen dieser Effekte die Umsetzung der
Bilanzpolitik im Konzernabschluss unterstützen.

Eine besondere Motivation für eine vorgezogene Anwendung des BilMoG kann in der Ausnutzung der Sonderregelung des IDW RS HFA 28, Tz. 13 gesehen werden, wonach ein Unternehmen, das seinen Jahresabschluss für das Geschäftsjahr 2008 bereits vor Inkrafttreten des BilMoG festgestellt hat, die Auflösung von im Geschäftsjahr 2008 gebildeten Aufwandsrückstellungen sowie die Vornahme bisher unterbliebener Zuschreibungen erfolgsneutral vornehmen kann.

Beispiel 119: Motivation einer vorgezogenen Anwendung des BilMoG bei Ergebnisabführungsverträgen

Die Accounting GmbH muss aufgrund eines geschlossenen Ergebnisabführungsvertrags ihren Gewinn an die Advisory AG abführen. Aufgrund von Liquiditätsengpässen versucht der Vorstand der Accounting GmbH, möglichst viel Liquidität im Unternehmen zu halten. Aus diesem Grund wurden im Jahr 2008 Aufwandsrückstellungen i. H. v. 500.000 € gebildet. Mit der Inanspruchnahme der Aufwandsrückstellungen ist im Jahr 2009 zu rechnen. Das Geschäftsjahr entspricht dem Kalenderjahr.

Die Accounting GmbH hat im Rahmen eines Fast Close ihren Jahresabschluss 2008 bereits im Januar 2009 endgültig aufgestellt, anschließend zeitnah prüfen lassen und im März 2009 festgestellt.

Für den Vorstand der Accounting GmbH bietet es sich nun an, das BilMoG bereits zum 01.01.2009 anzuwenden und von der Möglichkeit einer vorgezogenen Anwendung Gebrauch zu machen. In diesem Fall kann er die gebildeten Aufwandsrückstellungen erfolgsneutral gegen die Gewinnrücklagen im Umstellungszeitpunkt (01.01.2009) auflösen. Der Aufwand des Geschäftsjahres 2009 kürzt dann das Ergebnis und mindert das abzuführende Ergebnis des Geschäftsjahres 2009.

Durch den **einmaligen Umstellungseffekt** ergibt sich die Tatsache, dass sowohl im Jahr 2008 (Bildung der Rückstellung) als auch im Jahr 2009 (aufwandswirksame Erfassung der Aufwendungen, nachdem die Rückstellung zum 01.01.2009 erfolgsneutral aufgelöst worden war) das Ergebnis und der abzuführende Betrag gemindert wird. Die Accounting GmbH hat demnach ihre Ergebnisabführungsbeträge insgesamt um 1.000.000 € gekürzt, sofern nicht besondere Regelungen bestehen, die einer Einstellung der Beträge in die Gewinnrücklagen zum 01.01.2009 entgegenstehen. Die verfolgte Bilanzpolitik in 2009 hat unmittelbare Auswirkungen für die Ausschüttungspolitik der kommenden Jahre. Eine unmittelbare Aufwandserfassung der Umstellungseffekte schmälert sowohl die zur Ausschüttung zur Verfügung stehenden Gewinnrücklagen als auch das entsprechende Bilanzergebnis. Sofern für das Jahr 2009 ein hoher Bilanzverlust ausgewiesen wird, muss dieser in den Folgejahren zunächst wieder zugeführt werden. Das entsprechende Ausschüttungspotenzial fällt erst in späteren Jahren wieder an. Demnach stellt die bilanzpolitische Weichenstellung im Zusammenhang mit

einer vorzeitigen Anwendung der Neuregelungen des BilMoG eine wichtige unternehmenspolitische Entscheidung dar, die unmittelbar Einfluss auf die Vermögens- und
Ertragslage sowie die Finanzlage (beeinflusst durch die künftigen Ausschüttungen) hat.

Merke:

Die Möglichkeit einer vorgezogenen Anwendung der Neuregelungen durch das BilMoG
kann im Einzelfall sinnvoll sein. Mit Blick auf den Vermögensausweis zum 31.12.2009
bzw. den Erfolgsausweis 2009 stellt sich dem Bilanzierenden damit ein bilanzpolitisches Instrumentarium. Die vorzeitige freiwillige Anwendung der Regelungen kann
jedoch nur insgesamt erfolgen. Eine frühzeitige Anwendung einzelner Neuregelungen
alleine ist nicht zulässig.

9.3 Beurteilung

Die Vorschriften des EGHGB regeln die erstmalige Anwendung der durch das BilMoG
geänderten bzw. neu aufgenommenen Regelungen des HGB. Zentrale Vorschrift hinsichtlich des Erstanwendungszeitpunktes ist Art. 66 Abs. 3 EGHGB, der für den Regelfall
die pflichtgemäße Anwendung der neuen Vorschriften für das nach dem 31.12.2009
beginnende Geschäftsjahr vorsieht.

Art. 66 Abs. 3 Satz 6 EGHGB erlaubt darüber hinaus die Anwendung der durch das Bil-
MoG geänderten bzw. neuen Vorschriften bereits in dem nach dem 31.12.2008 beginnenden Geschäftsjahr. Damit wird es den Unternehmen erlaubt, bei einem dem Kalenderjahr entsprechenden Geschäftsjahr bereits für das Jahr 2009 die Neuregelungen des
BilMoG vorzeitig anzuwenden. Allerdings stellt der Gesetzgeber klar, dass die Neuregelungen nur insgesamt und gerade nicht einzeln angewandt werden können, weshalb
folglich ein sog. „Normen-Picking" ausgeschlossen ist. Den gesetzlichen Regelungen
lässt sich eine zweifelsfreie Anwendung der einzelnen neuen Normen nicht entnehmen. Vielmehr kann alleine eine zielgerichtete Interpretation der Normen dazu dienen,
den gesetzgeberischen Willen sichergestellt zu wissen.

Es war Zielsetzung des Gesetzgebers, eine Möglichkeit zur früheren Anwendung der
Neuerungen durch das BilMoG zu schaffen. In diesem Zusammenhang scheint alleine
eine dynamische Interpretation der in den Einzelregelungen des EGHGB angegebenen
Erstanwendungszeitpunkte zulässig zu sein. Dies hat auch das IDW in seiner Stellungnahme IDW RS HFA 28 bestätigt. Dieser Auffassung folgend sind die entsprechenden
Jahresangaben für die geänderten bzw. neuen Bilanzierungs- und Bewertungsnormen
in Summe ein Jahr früher anzuwenden, wenn von dem in Art. 66 Abs. 3 Satz 6 EGHGB
genannten Wahlrecht Gebrauch gemacht wird.

Eine Ausnahme von der grundsätzlichen Vorziehung aller im EGHGB enthaltenen Jahresangaben um ein Jahr kommt nur in den Fällen in Betracht, in denen der Jahresab-

schluss für das Geschäftsjahr 2008 bereits vor dem Inkrafttreten des BilMoG festgestellt worden ist.

Nur die grundsätzliche Anwendung aller Regelungen ab dem Jahr 2010 oder – bei freiwillig früherer Anwendung ab dem Jahr 2009 – stellt eine einheitliche Anwendung des BilMoG sicher. Zwar ergibt sich die konsistente Anwendung aller Normen der Art. 66 und 67 EGHGB ab dem Jahr 2009 nicht unmittelbar aus dem Gesetzeswortlaut. Eine andere Interpretation kann allerdings nicht gewollt sein.

Merke:

Grundsätzlich verlangt eine vorzeitige Anwendung des BilMoG die gesamte Rückbeziehung aller Daten des EGHGB um ein Jahr. Es gibt verschiedene Gründe, die eine vorzeitige Anwendung des BilMoG aus Unternehmenssicht vorteilhaft erscheinen lassen. Im Einzelfall muss eine detaillierte Abwägung der einzelnen Interessen erfolgen, da mit einer vorzeitigen Anwendung alle internen Umstellungsaufwendungen bereits ein Jahr früher anfallen. Der bilanzpolitischen Abwägung tritt das bilanzanalytische Ziel entgegen, die Gründe und Effekte einer vorzeitigen Anwendung genau abschätzen und interpretieren zu können.

10. Empfehlungen und Implikationen für die Praxis

10.1 Allgemeine Würdigung

Mit dem BilMoG werden eine Vielzahl von Bilanzierungs- und Bewertungswahlrechten im handelsrechtlichen Einzelabschluss geändert (→ vgl. auch Abbildung 127). Der Übergang auf das neue deutsche Bilanzrecht erfolgt hierbei regelmäßig zum 01.01.2010. In diesem Zusammenhang liefern die Regelungen des EGHGB zwar zum Teil detaillierte Umstellungsvorgaben, in einzelnen Punkten offenbart sich dem Bilanzierenden allerdings ein großer bilanzpolitischer Spielraum.

In diesem Zusammenhang bieten die neuen Regelungen dem Bilanzierenden verschiedene Möglichkeiten, **qualitative bilanzpolitische Zielsetzungen** (→ vgl. Kapitel 2.1) im Kontext einer Annäherung an die steuerlichen Normen oder die IFRS zu verfolgen.

Regelungsinhalt	Regelungsgrundlage	Annäherung an die IFRS	Annäherung an die steuerlichen Regelungen
Geschäfts- oder Firmenwert als zeitlich begrenzt nutzbarer Vermögensgegenstand	§ 246 Abs. 1 Satz 4 HGB	Ja	Ja
Saldierung von Vermögensgegenständen und Schulden bezogen auf Pensionsverpflichtungen und ähnliche Verpflichtungen	§ 246 Abs. 2 HGB und § 253 Abs. 1 Satz 4 HGB	Ja	Nein
Wahlrecht zur Aktivierung selbst erstellter immaterieller Vermögensgegenstände	§ 248 HGB	Ja	Nein
Wegfall von Aufwandsrückstellungen	§ 249 Abs. 1 Satz 3, Abs. 2 HGB a. F.	Ja	Ja
Reduktion der Rechnungsabgrenzungsposten	§ 250 Abs. 1 Satz 2 HGB a. F.	Ja	Nein
Bewertung von Verbindlichkeiten	§ 253 Abs. 1, Abs. 2 HGB	Ja	Nein (Zinssatz 5,5 %)
Bewertung von Rückstellungen	§ 253 Abs. 1, Abs. 2 HGB	Ja	Nein (Zinssatz 5,5 %)

Regelungsinhalt	Regelungsgrundlage	Annäherung an die IFRS	Annäherung an die steuerlichen Regelungen
Bewertung von Pensionsrückstellungen	§ 253 Abs. 1, Abs. 2 HGB	Ja	Nein (Zinssatz 6,0 %)
Außerplanmäßige Abschreibung im Anlagevermögen	§ 253 Abs. 3 Satz 3 und 4 HGB	Ja	Ja
Wegfall der Abschreibung bei erwarteten Wertschwankungen	§ 253 Abs. 3 Satz 3 HGB a. F.	Ja	Ja
Wegfall der Abschreibung nach vernünftiger kaufmännischer Beurteilung	§ 253 Abs. 4 HGB a. F.	Ja	Ja
Zuschreibungsgebot	§ 253 Abs. 5 HGB	Ja	Ja
Bildung von Bewertungseinheiten	§ 254 HGB	Ja	Ja (mittelbar)
Anpassung der Herstellungskostenuntergrenze	§ 255 Abs. 2 HGB	Ja	Ja
Forschungs- und Entwicklungskosten	§ 255 Abs. 2a HGB	Ja	Nein
Vorschriften zur Ermittlung des beizulegenden (Zeit-) Werts	§ 255 Abs. 4 HGB	Ja	Teilweise (mittelbar)
Einschränkung der Verbrauchsfolgeverfahren	§ 256 HGB	Ja (eingeschränkt)	Ja (eingeschränkt)
Regelungen zur Währungsumrechnung	§ 256a HGB	Teilweise	Ja (mittelbar)
Wegfall der Aktivierung von Aufwendungen für Ingangsetzung und Erweiterung des Geschäftsbetriebs	§ 269 HGB a. F.	Ja	Ja
Eigenkapitaldarstellung (ausstehende Einlagen, eigene Anteile, bestimmte sonstige Anteile)	§ 272 HGB	Ja	Ja (mittelbar)
Abgrenzungskonzeption latenter Steuern	§ 274 HGB	Ja	-

Regelungsinhalt	Regelungsgrundlage	Annäherung an die IFRS	Annäherung an die steuerlichen Regelungen
Aufhebung spezieller Bewertungsvorschriften	§§ 279-283 HGB a. F.	Ja	Ja

ABB. 127: Geänderte Regelungen und Bezug zu den IFRS sowie zur steuerlichen Rechnungslegung (Einzelabschluss)

Im Konzernabschluss, dem keine steuerliche Bedeutung zukommt, führt das BilMoG zu einer deutlichen Annäherung an die internationalen Regelungen.

Regelungsinhalt	Regelungsgrundlage	Annäherung an die IFRS
Wegfall des Konzepts der einheitlichen Leitung; alleinige Geltung des Control-Konzepts (Möglichkeit der Ausübung eines beherrschenden Einflusses)	§ 290 Abs. 1 HGB	Ja
Einbeziehungspflicht von Zweckgesellschaften	§ 290 Abs. 2 Nr. 4 HGB	Ja
Möglichkeit zur Aufstellung befreiender Konzernabschlüsse	§§ 291, 292 HGB	-
Anhebung der Größenkriterien	§ 293 HGB	-
Angabepflichten bei Veränderungen des Konsolidierungskreises	§ 294 Abs. 2 HGB	Ja
Abschaffung der Buchwertmethode	§ 301 Abs. 1 HGB	Ja
Einheitlicher Aufrechnungszeitpunkt	§ 301 Abs. 2 HGB	Ja
Wegfall der Saldierungsmöglichkeit von Unterschiedsbeträgen	§ 301 Abs. 3 HGB	Ja
Bilanzierung von Rückbeteiligungen	§ 301 Abs. 4 HGB	Ja

Regelungsinhalt	Regelungsgrundlage	Annäherung an die IFRS
Abschaffung der Interessenzusammenführungs- methode	§ 302 HGB a.F.	Ja
Ausweitung der Abgrenzung latenter Steuern	§ 306 HGB	Ja
Währungsumrechnung	§ 308a HGB	Teilweise
Geschäfts- oder Firmenwert als planmäßig abzuschreibender Vermögensgegenstand	§ 309 Abs. 1 HGB	Nein
Einbeziehung assoziierter Unternehmen in den Konzernabschluss	§ 312 HGB	Ja
Ausdehnung der Angabepflichten im Konzernanhang	§§ 313, 314 HGB	Ja
Veränderung der Lageberichterstattung	§ 315 HGB	-

ABB. 128: Geänderte Regelungen und Bezug zu den IFRS (Konzernabschluss)

Die vorstehenden Abbildungen stellen die zentralen Änderungen des BilMoG dar. Deutlich ist die Annäherung des HGB an die internationalen Normen der IFRS zu erkennen. Zu vielen Teilen erfolgt diese Änderung obligatorisch; in einzelnen Punkten ist die Annäherung das Resultat bewusster bilanzpolitischer Entscheidungen (→ vgl. Kapitel 10.4). So, wie die neuen Regelungen eine Annäherung an die IFRS erreichen, so sehr erfolgt eine in weiten Teilen zwingende Abweichung zu den steuerlichen Normen (→ vgl. Kapitel 10.2). Im Zentrum zwischen Handels- und Steuerrecht gewinnt die Abgrenzung latenter Steuern (→ vgl. Kapitel 2.7) an Bedeutung und wird sowohl die Praxis der Rechnungslegung als auch das Bilanzbild deutscher Unternehmen nachhaltig verändern.

Mit Blick auf den Konzernabschluss stellt sich die Frage der freiwilligen Annäherung an die IFRS auch nach dem BilMoG weiterhin. Zum einen wirken sich die auf Einzelabschlussebene ausgeübten Wahlrechte ebenso im Konzernabschluss aus. Zum anderen beinhaltet das HGB weiterhin auch im Bereich der konsolidierten Rechnungslegung Wahlrechte und Ermessensspielräume, die zugunsten einer Annäherung an die IFRS genutzt werden können. Gleichwohl ist im Konzernabschluss (→ vgl. Kapitel 3) eine deutlich spürbare obligatorische Annäherung des HGB an die internationalen Regelungen festzustellen.

Neben den Umstellungseffekten, die sich nicht alleine auf den einmaligen Umstellungszeitpunkt beziehen, sondern teilweise über mehrere Jahre (bei den Pensionsrückstellungen bis zu 15 Jahre) erstrecken, sind die neuen Möglichkeiten der Bilanzpolitik ab dem Jahr 2010 zu beachten. Die Aktivierung selbst erstellter immaterieller Vermögensgegenstände des Anlagevermögens oder das im Zusammenhang mit dem Ansatz aktiver latenter Steuern verbleibende Wahlrecht stellen nur zwei wesentliche Stellschrauben des Bilanzbildes dar.

Im Einzelfall erweist sich der Übergang auf die neuen Regelungen als komplexer und langwieriger Prozess. Bereits im Vorfeld sind die entsprechenden Schnittstellen zu definieren. Interne sowie externe Prozesse müssen neu definiert werden. Im Zentrum der Auswirkungen stehen neben handelsrechtlichen Fragen auch gesellschaftsrechtliche Themenfelder (z. B. die Anwendung der neuen Regelungen zur Ausschüttungssperre) sowie komplexe Sachverhalte wie die Berechnung der latenten Steuern. Zudem treten neben die erfolgswirksamen Buchungen künftig verstärkt erfolgsneutrale Buchungen, die unmittelbar im Eigenkapital zu erfolgen haben.

Der Umgang mit dem BilMoG bietet **zahlreiche bilanzpolitische Chancen**. Es kann eine bewusste Heranführung der handelsrechtlichen Rechnungslegung an die IFRS erreicht werden. Gleichzeitig kann die Umstellung auf ein in den Grundfesten verändertes Bilanzrecht genutzt werden, bilanzielle "Altlasten" aus den Bilanzen mit zu bereinigen und damit den Grundstein für einen neuen bilanziellen Start zu legen.

Der Bilanzpolitik tritt hierbei die Bilanzanalyse entgegen. Sie muss sich mit den Neuregelungen vertraut machen und in erster Linie die langfristigen Auswirkungen der neuen Regelungen beachten. Die Bilanzanalyse wird sich zunehmend weg von einer reinen rechnungslegungsbezogenen Analyse hin zu einer umfassenden Unternehmensanalyse entwickeln. Im Zentrum bilanzanalytischer Fragestellungen werden zunehmend qualitative Aspekte stehen. Der Anhang wird deutlich ausgeweitet, so dass die bilanziellen Daten erst im Kontext mit den verbalen Erläuterungen ein sachgerechtes Bild der Vermögens-, Finanz- und Ertragslage des Unternehmens zeichnen.

Merke:

Das BilMoG verändert die Grundlagen der Bilanzpolitik in weiten Teilen. Gleichzeitig muss sich die Bilanzanalyse mit neuen Darstellungsoptionen auseinandersetzen. Künftig werden sich bilanzpolitische Maßnahmen und bilanzanalytische Instrumentarien zunehmend auch außerhalb der reinen zahlenmäßigen Abbildung bewegen. Die verba-

le Berichterstattung und die Kombination aus quantitativer und qualitativer Analyse
gewinnen an Bedeutung.

10.2 Schnittstellen zur Steuer: Einheitsbilanz und eigenständige Steuerbilanzpolitik

Die Reform der handelsrechtlichen Bilanzierung durch das BilMoG hat vielschichtige
Auswirkungen auf die steuerrechtliche Bilanzierung. Die Änderungen betreffen zunächst die steuerlichen und handelsrechtlichen Buchführungspflichten. Durch die
Streichung von § 5 Abs. 1 Satz 2 EStG wird die umgekehrte Maßgeblichkeit aufgehoben. Dies führt dazu, dass in Zukunft steuerrechtliche Wahlrechte unabhängig von der
Bilanzierung in der Handelsbilanz ausgeübt werden können. Bislang gilt, dass steuerrechtliche Wahlrechte in Übereinstimmung mit der Handelsbilanz auszuüben waren. In
diesem Zusammenhang werden die handelsrechtlichen Vorschriften der §§ 247 Abs. 3,
254, 270 Abs. 1 Satz 2, 273, 279 Abs. 2, 280 Abs. 1, 281, 285 Satz 1 Nr. 5 HGB aufgehoben. Mit der gesetzlichen Regelung des Prinzips der wirtschaftlichen Zurechnung, Vorgaben zur Saldierung und Vorschriften zur Bildung von Bewertungseinheiten werden
die Grundsätze ordnungsgemäßer Buchführung geändert, was sich über die Maßgeblichkeit nach § 5 Abs. 1 Satz 1 EStG auch auf die Steuerbilanz auswirkt. Die Reform
tangiert auch bedeutsame handelsrechtliche Ansatz- und Bewertungsvorschriften.
Diese neuen Regelungen wirken sich auf die steuerliche Bilanzierung aus, wenn keine
speziellen Steuervorschriften entgegenstehen.

Im Folgenden werden die wesentlichen Neuerungen des BilMoG mit Blick auf etwaige
steuerliche Implikationen bzw. Konsequenzen für die Abgrenzung latenter Steuern (→
vgl. Kapitel 2.7) skizziert.

▶ Nach § 246 HGB ist der entgeltlich erworbene **Geschäfts- oder Firmenwert** als zeitlich begrenzt nutzbarer Vermögensgegenstand anzusehen. Gleichzeitig fällt das
bisher bestehende Aktivierungswahlrecht nach § 255 Abs. 4 HGB. Der derivative
Geschäfts- oder Firmenwert ist nunmehr handelsrechtlich zwingend zu aktivieren
und planmäßig abzuschreiben. Der Gesetzgeber geht von einer Nutzungsdauer von
fünf Jahren aus. Die Annahme einer längeren Nutzungsdauer ist nach § 285 Nr. 13
HGB im Anhang zu erläutern. Bei einer dauerhaften Wertminderung sind nach
§ 253 Abs. 3 HGB außerplanmäßige Abschreibungen vorzunehmen. Eine vorübergehende Wertminderung schließt eine außerplanmäßige Abschreibung unverändert aus. Allerdings ist eine Wertaufholung bei Wegfall der Gründe für die außerplanmäßige Abschreibung nach § 253 Abs. 5 HGB handelsrechtlich explizit ausgeschlossen. Während die geänderten handelsrechtlichen Ansatzvorschriften zu einer
Annäherung an das Steuerrecht führen, bestehen hinsichtlich der Bewertungsvorschriften deutliche Unterschiede. Auch steuerrechtlich besteht für den Geschäfts-

oder Firmenwert eine Aktivierungspflicht nach § 5 Abs. 2 EStG. Das Steuerrecht sieht den Geschäfts- oder Firmenwert ebenfalls als planmäßig abzuschreibendes Wirtschaftsgut an. Im Unterschied zum Handelsrecht unterstellt das Steuerrecht jedoch in § 7 Abs. 1 Satz 3 EStG eine Nutzungsdauer von 15 Jahren. Die Unterschiede in der Nutzungsdauer führen zu einer erheblichen Diskrepanz zwischen handelsrechtlicher und steuerrechtlicher Bewertung. Während das Handelsrecht bei voraussichtlich dauerhafter Wertminderung eine Abschreibungspflicht vorsieht, bleibt es steuerrechtlich beim Abschreibungswahlrecht nach § 6 Abs. 1 Nr. 1 Satz 2 EStG. Noch erheblicher ist der Bewertungsunterschied bei den Zuschreibungen. Während das Steuerrecht in § 6 Abs. 1 Nr. 1 Satz 4 EStG die Zuschreibungspflicht bei Wegfall der Gründe für eine außerplanmäßige Abschreibung festlegt, gilt handelsrechtlich das neue Zuschreibungsverbot nach § 253 Abs. 5 HGB.

▶ Das bisher bestehende handelsrechtliche Aktivierungsverbot für **selbst erstellte immaterielle Vermögensgegenstände des Anlagevermögens** wird faktisch aufgehoben und durch das Ansatzwahlrecht des § 248 Abs. 2 HGB ersetzt. Allerdings muss ein hinreichend konkretisierbarer Vermögensgegenstand geschaffen werden. Ein Aktivierungsverbot gilt für den originären Geschäfts- oder Firmenwert und selbst geschaffene Marken, Drucktitel, Verlagsrechte und Kundenlisten. Flankiert werden die handelsrechtlichen Neuerungen von § 255 Abs. 2 a HGB. Entscheidet sich der Bilanzierende für die Aktivierung, sind die Aufwendungen der Entwicklungsphase zu bilanzieren. Die Aufwendungen der Forschungsphase dürfen hingegen nicht angesetzt werden. § 255 Abs. 2a HGB versucht diese Phasen zu trennen. Steuerrechtlich bleiben diese Änderungen ohne Auswirkung. Das Steuerrecht sieht in § 5 Abs. 2 EStG ein ausdrückliches Verbot für den Ansatz selbst erstellter immaterieller Wirtschaftsgüter des Anlagervermögens vor. Damit bleiben auch die geänderten handelsrechtlichen Bewertungsvorschriften ohne Auswirkung auf die Steuerbilanz. Die Einführung dieses Wahlrechts durch das Bilanzrechtsmodernisierungsgesetz führt zu einem weiteren Auseinanderfallen von handels- und steuerrechtlicher Bilanzierung.

▶ Handelsrechtlich werden durch das Bilanzrechtmodernisierungsgesetz einige Wahlrechte zur Passivierung von **Aufwandsrückstellungen** gestrichen:

 – § 249 Abs. 1 Satz 3 HGB a. F.: unterlassene Aufwendungen für Instandhaltungen, die mehr als drei Monate nach Ende des Geschäftsjahres, aber im folgenden Geschäftsjahr nachgeholt werden.

 – § 249 Abs. 2 HGB a. F.: der Eigenart nach genau umschriebene, dem Geschäftsjahr oder einem früheren Geschäftsjahr zuzuordnende Aufwendungen, die am Abschlussstichtag sicher oder wahrscheinlich, aber hinsichtlich ihrer Höhe oder des Zeitpunkts ihres Eintritts unbestimmt sind.

Die handelsrechtliche Abschaffung dieser Rückstellungswahlrechte führt zu einer Angleichung zwischen Handels- und Steuerbilanz. Steuerrechtlich besteht für diese Rückstellungsarten ein Passivierungsverbot. Zunächst gilt steuerrechtlich nach H 5.7 Abs. 3 Aufwandsrückstellungen EStH ein grundsätzliches Passivierungsverbot für Aufwandsrückstellungen. Eine Ausnahme stellen nach R 5.7 Abs. 11 EStR lediglich die Rückstellungen für Instandhaltungsmaßnahmen dar, die innerhalb der ersten drei Monate des folgenden Wirtschaftsjahres nachgeholt werden. Diese Instandhaltungsrückstellungen bleiben auch handelsrechtlich als passivierungspflichtig bestehen.

▶ Die bisher für **bestimmte aktive Rechnungsabgrenzungsposten** geltenden handelsrechtlichen Wahlrechte nach § 250 Abs.1 Satz 2 HGB werden gestrichen:

   – Nr. 1: als Aufwand berücksichtigte Zölle und Verbrauchsteuern, die auf Vermögensgegenstände des Vorratsvermögens entfallen.

   – Nr. 2: als Aufwand berücksichtigte Umsatzsteuer auf am Abschlussstichtag auszuweisende oder von den Vorräten offen abgesetzte Anzahlungen.

Für die bislang bestehenden handelsrechtlichen Wahlrechte gilt steuerrechtlich über § 5 Abs. 5 Satz 2 Nr. 1 und 2 EStG die Aktivierungspflicht. Diese Pflicht gilt steuerrechtlich unverändert weiter. Das bereits bislang bestehende Auseinanderfallen von Handels- und Steuerbilanz wird durch die Abschaffung der handelsrechtlichen Wahlrechte verschärft. Dem handelsrechtlichen Aktivierungsverbot steht eine steuerrechtliche Aktivierungspflicht gegenüber.

▶ Der Gesetzgeber hat bezüglich der **Bewertung von Verbindlichkeiten** in § 253 Abs. 1 HGB den Begriff Rückzahlungsbetrag durch den Begriff Erfüllungsbetrag ersetzt. Diese Änderung dient lediglich der Klarstellung und bedeutet keine Änderung in der handelsrechtlichen Bewertung. Der Erfüllungsbetrag war bislang auch steuerrechtlich maßgebend. Insofern stimmen Handels- und Steuerrecht bei der Bewertung von Verbindlichkeiten überein. Eine Abweichung existiert unverändert bei der Bewertung von unverzinslichen Verbindlichkeiten mit einer Laufzeit größer als einem Jahr. Hier hat nach § 6 Abs. 1 Nr. 3 EStG eine Abzinsung mit einem Zinssatz von 5,5 % zu erfolgen. Diese Abzinsung sieht das Handelsrecht nicht vor. § 253 Abs. 2 HGB sieht die Abzinsung nur bei Rentenverpflichtungen vor, bei denen eine Gegenleistung nicht mehr zu erwarten ist.

▶ Die **Bewertung von sonstigen Rückstellungen** wird durch das BilMoG geändert. Zum einen sind künftige Kosten- und Preissteigerungen in die Bewertung einzubeziehen. Zum anderen sind Rückstellungen mit einer Laufzeit größer als ein Jahr mit dem durchschnittlichen laufzeitadäquaten Marktzinssatz der letzten sieben Jahre abzuzinsen. Die steuerrechtliche Bewertung von Rückstellungen weicht in verschiedener Hinsicht von der handelsrechtlichen Bewertung ab. Handelsrechtlich wird das Stichtagsprinzip partiell aufgehoben. Auf die Steuerbilanz soll dies keine Auswirkung haben. Der neu eingeführte § 6 Abs. 1 Nr. 3a Buchstabe f EStG legt fest, dass bei der Rückstellungsbewertung in der Steuerbilanz die Wertverhältnisse am Bilanzstichtag maßgeblich bleiben. Übereinstimmung zwischen Handels- und Steuerrecht herrscht bei der Frage, welche Rückstellungen abzuzinsen sind. § 253 Abs. 2 Satz 1 HGB und § 6 Abs. 1 Nr. 3a Buchstabe e EStG legen fest, dass nur Rückstellungen mit einer Laufzeit über einem Jahr abzuzinsen sind. Bei der Wahl des Zinssatzes fallen Handels- und Steuerrecht allerdings wieder auseinander. Handelsrechtlich gilt der durchschnittliche Marktzinssatz der vergangenen sieben Jahre. Steuerrechtlich ist mit einem Zinssatz von 5,5 % abzuzinsen.

▶ Auch die **Bewertung von Pensionsrückstellungen** wurde vom Gesetzgeber für die Handelsbilanz neu geregelt. Auch hier sind künftige Kosten- und Preissteigerungen z. B. bei Gehalts- und Rententrends, Lebenserwartung und Fluktuation zu berücksichtigen. Die Abzinsung darf neben dem laufzeitadäquaten Durchschnittszinssatz der vergangenen sieben Jahre auch mit dem durchschnittlichen Marktzins bei einer unterstellten pauschalen Restlaufzeit von fünfzehn Jahren erfolgen. Die Abweichungen zur steuerlichen Bewertung von Pensionsrückstellungen bleiben umfangreich. Pensionsrückstellungen werden in der Steuerbilanz unverändert mit dem Teilwert und der Zugrundelegung eines Rechnungszinses von 6 % ermittelt. Der Berücksichtigung künftiger Kosten- und Preissteigerungen steht auch bei der Bewertung von Pensionsrückstellungen in der Steuerbilanz der neu eingeführte § 6 Abs. 1 Nr. 3a Buchstabe f EStG, der das Stichtagsprinzip festschreibt, entgegen.

▶ Durch das Bilanzrechtsmodernisierungsgesetz werden im Handelsrecht bestehende **Abschreibungswahlrechte** abgeschafft. Dies betrifft zum einen die Abschreibung von Vermögensgegenständen des Umlaufvermögens aufgrund von erwarteten Wertschwankungen nach § 253 Abs. 3 Satz 3 HGB a. F. Zum anderen können Abschreibungen im Umlauf- und Anlagevermögen allein aufgrund vernünftiger kaufmännischer Beurteilung nach § 253 Abs. 4 HGB a. F. nicht mehr vorgenommen werden. Der Wegfall der Abschreibungswahlrechte in der Handelsbilanz führt zu einer Annäherung an die steuerliche Bilanzierung. Die Wahlrechte zu außerplanmäßigen Abschreibungen waren mit dem steuerrechtlichen Teilwertbegriff nach § 6 Abs. 1 Nr. 1 Satz 2 EStG nicht vereinbar. Den handelsrechtlichen Abschreibungswahlrechten stand ein steuerrechtliches Abschreibungsverbot gegenüber. Diese Diskrepanz besteht in Zukunft nicht mehr.

▶ In § 253 Abs. 5 Satz 1 HGB wird ein umfassendes, rechtsformunabhängiges **Wertaufholungsgebot** festgelegt. Alle Arten außerplanmäßiger Abschreibungen sind rückgängig zu machen, wenn die Gründe dafür wegfallen. Bislang stand Personenhandelsgesellschaften und Einzelkaufleuten ein Zuschreibungswahlrecht zu. Damit wird das Handelsrecht an das Steuerrecht angeglichen. In § 6 Abs. 1 Nr. 1 Satz 4 EStG gilt bereits bislang ebenfalls eine generelle Zuschreibungspflicht. Dies gilt allerdings nicht beim handelsrechtlichen Zuschreibungsverbot für den Geschäfts- oder Firmenwert nach § 253 Abs. 5 HGB (siehe oben).

► In § 255 Abs. 2 HGB werden die handelsrechtlich aktivierungspflichtigen **Herstellungskosten** an die steuerrechtliche Herstellungsuntergrenze angepasst. Zukünftig sind handelsrechtlich die Materialeinzelkosten, die Fertigungseinzelkosten, die Sonderkosten der Fertigung sowie angemessene Teile der Material-gemein- und Fertigungsgemeinkosten und des fertigungsbezogenen Wertverzehrs des Anlagevermögens zu aktivieren. Dies entspricht der steuerrechtlichen Aktivierungspflicht in R 6.3 Abs. 1 und 3 EStR.

► Das Bilanzrechtsmodernisierungsgesetz kodifiziert in § 256 a HGB erstmals die **Währungsumrechnung**. Vermögensgegenstände und Verbindlichkeiten sind mit dem Devisenkassamittelkurs am Bilanzstichtag umzurechnen. Bei der Umrechnung ist bei Vermögensgegenständen und Verbindlichkeiten mit einer Restlaufzeit größer einem Jahr das Realisations- und Imparitätsprinzip (§ 252 Abs. 1 Nr. 4 HGB) und das Anschaffungskostenprinzip (§ 253 Abs. 1 Satz 1 HGB) zu beachten. Dies gilt jedoch nicht bei Restlaufzeiten unter einem Jahr. Dies kann dann zur Erfassung unrealisierter Währungsgewinne führen. Steuerrechtlich steht den handelsrechtlichen Regelungen zur Währungsumrechnung keine Spezialregelung gegenüber. Die handelsrechtliche Währungsumrechnung ist über die Maßgeblichkeit nach § 5 Abs. 1 Satz 1 EStG auf die Steuerbilanz zu übertragen. Umstritten ist, ob es über den Grundsatz der Maßgeblichkeit auch zu einer Berücksichtigung unrealisierter Gewinne in der ertragsteuerlichen Bemessungsgrundlage kommt. Dies würde zu einem Verstoß gegen § 6 Abs. 1 Nr. 1 und 2 EStG führen.

Inwieweit und in welchem Umfang die Annäherung der handelsrechtlichen Rechnungslegung an die steuerlichen Normen erfolgt, ist nicht zuletzt von der bilanzpolitischen Zielsetzung des Bilanzierenden abhängig. Neben die obligatorische Annäherung an die steuerliche Rechnungslegung, bspw. im Zusammenhang mit dem Wegfall früherer Passivierungswahlrechte für Aufwandsrückstellungen, tritt eine fakultative Annäherung, bspw. bei Nichtausübung des neu in § 248 Abs. 2 HGB kodifizierten Aktivierungswahlrechts für selbst erstellte immaterielle Vermögensgegenstände des Anlagevermögens.

Der Gesetzgeber hat mit der Abschaffung der umgekehrten Maßgeblichkeit einen zentralen Grundsatz der Bilanzierung in Deutschland und insbesondere für das Verhältnis von Handels- und Steuerbilanz abgeschafft.

In vielen Bereichen nähert sich die handelsrechtliche Bilanzierung an die steuerliche Bilanzierung an (z. B. Herstellungskostenuntergrenze, Zuschreibungsgebot oder Abschaffung der Aktivierung von Aufwendungen für die Ingangsetzung und Erweiterung des Geschäftsbetriebs). Dies bedeutet jedoch nicht, dass sich die deutsche Rechnungslegung auf dem Weg zur Einheitsbilanz befindet. Das Gegenteil ist der Fall. Durch die Abschaffung der umgekehrten Maßgeblichkeit werden Handels- und Steuerbilanz weiter entkoppelt. Der Gesetzgeber führt mit § 5 Abs. 1 Satz 1 Halbsatz 2 EStG ausdrücklich eine von der Handelsbilanz losgelöste Steuerbilanzpolitik ein.

Neben der obligatorischen Annäherung der Handelsbilanz an die Steuerbilanz in einzelnen Punkten erfolgt durch die Abschaffung der umgekehrten Maßgeblichkeit sowie die zunehmende Durchbrechung der Maßgeblichkeit ein obligatorisches Auseinanderfallen von Handels- und Steuerbilanz. Die Auswirkungen auf die Einheitsbilanz und den Umfang der Abweichungen sind hierbei unternehmensindividuell zu bestimmen.

Neben die dargelegte, gerade nicht im Ermessen des Bilanzierenden liegende Aufweichung von Handels- und Steuerbilanz tritt die **eigenständige Steuerbilanzpolitik**, der sich der Bilanzierende fakultativ im Einzelfall bedienen kann.

Dies bedeutet für die Bilanzierenden, dass in der Vergangenheit notwendige Kompromisse zwischen niedrigem Steuerbilanzgewinn und hohem handelsrechtlichen Jahresergebnis nicht mehr erforderlich sind. Beide Ziele können parallel verfolgt werden.

Merke:

Die Einheitsbilanz wird künftig nur in wenigen Ausnahmefällen weiterhin möglich sein. Der Umfang der Abweichungen zwischen Handels- und Steuerbilanz wird in entscheidendem Maße Auswirkungen auf die Komplexität der Abgrenzung latenter Steuern haben. Zudem ist künftig eine eigenständige Steuerbilanzpolitik zu beachten, die im Einzelfall mit ihrer eigenständigen Zielsetzung neben die im handelsrechtlichen Jahresabschluss verfolgte Bilanzpolitik tritt.

10.3 Konzernspezifische Aspekte

Die in der handelsrechtlichen Konzernrechnungslegung durch das BilMoG bewirkten Änderungen lassen deutlich die Zielsetzung des Gesetzgebers erkennen, eine konsolidierte Rechnungslegung nach HGB insbesondere für nicht kapitalmarktorientierte Unternehmen als einfachere und weniger aufwendige Alternative zu den IFRS beizubehalten und gleichzeitig deren Informationsfunktion im Interesse ihrer Akzeptanz zu stärken. Um dieser Zielsetzung gerecht zu werden, wurden den Neuregelungen seitens des Gesetzgebers zwei wesentliche Prinzipien zugrunde gelegt: die Reduzierung gesetzlicher Wahlrechte sowie die Annäherung der Konzernrechnungslegungsnormen an die jeweils einschlägige Vorgehensweise nach IFRS. Zur Realisierung der angestrebten Vereinfachung werden zahlreiche Wahlrechte in der HGB-Konzernrechnungslegung eliminiert. So soll gleichzeitig eine Verbesserung der Vergleichbarkeit erreicht werden.

Bei der Aufhebung von Wahlrechten ist die Entscheidung für eine der bislang bestehenden Alternativen in der Mehrzahl der Fälle von einer deutlichen Orientierung an der korrespondierenden Vorgehensweise nach den IFRS gekennzeichnet.

Hinsichtlich der konsolidierten Rechnungslegung sind **zwei Ebenen bilanzpolitischer Gestaltungsmöglichkeiten** zu differenzieren. Bereits auf Ebene der in den Konzernabschluss einfließenden Daten der einzelnen Gesellschaften kann der Bilanzierende unterschiedliche bilanzpolitische Strategien verfolgen. Für die Bilanzierung und Bewertung im Konzern ist der Rechtsrahmen des Mutterunternehmens als große Kapitalgesellschaft maßgebend. Die Ausübung aller bestehenden Wahlrechte und Ermessensspielräume kann dabei unabhängig vom Einzelabschluss erfolgen (sog. **duale oder zweigleisige Bilanzpolitik**). Das BilMoG ändert eine Vielzahl von Ansatz-, Bewertungs- und Ausweiswahlrechten mit Blick auf die einzelgesellschaftliche Rechnungslegung. Diese Änderungen finden über die Einzelabschlussdaten der in den Konzernabschluss einbezogenen Gesellschaften Eingang in den Summenabschluss sowie auch in den Konzernabschluss, falls sie nicht durch Konsolidierungsmaßnahmen verändert oder eliminiert werden.

Die Verfolgung abweichender bilanzpolitischer Strategien zwischen Einzel- und Konzernabschluss ist häufig durch die unterschiedlichen Rechtsfolgen determiniert, die an das jeweilige Rechenwerk anknüpfen, bzw. durch die unterschiedlichen Zielsetzungen bedingt. An den handelsrechtlichen Einzelabschluss knüpfen sowohl die Ausschüttungsbemessung als auch über den Maßgeblichkeitsgrundsatz die Steuerbemessung an. Diese beiden zentralen Folgewirkungen entfalten für den Konzernabschluss, der in erster Linie Informationszwecken dient, keine Bedeutung. Dementsprechend besteht eine Motivation für den Bilanzierenden, im Einzelabschluss durch eine konservative Bilanzpolitik ein niedriges Jahresergebnis auszuweisen und damit geringe Mittelabflüsse aus dem Ergebnis zu bewirken, wohingegen im Konzernabschluss durch eine progressive Bilanzpolitik ein möglichst hohes Eigenkapital und Ergebnis gezeigt und somit eine positive Darstellung der Vermögens-, Finanz- und Ertragslage erreicht werden sollen.

Über die grundlegenden Möglichkeiten der Gestaltung im Bereich der Bilanzierung und Bewertung im Konzernverbund hinaus bieten Vorschriften zur Konsolidierung weiteres Gestaltungspotenzial. Im Rahmen des Übergangs auf die Neuregelungen des BilMoG lassen sich in qualitativer Hinsicht zwei unterschiedliche Strategien des Bilanzierenden differenzieren: entweder unternimmt er den Versuch eines möglichst effektfreien Übergangs durch weitestmögliche Annäherung der zukünftigen an die bisherige Vorgehensweise oder er strebt eine geringstmögliche Abweichung zur Abbildung der entsprechenden Sachverhalte nach IFRS an.

Aufgrund der deutlichen Einschränkung von Wahlrechten wird der Bilanzierende in seinem Gestaltungsspielraum merkbar limitiert. Infolge der bewussten Orientierung des Gesetzgebers an den IFRS sieht er sich in einigen Bereichen – unabhängig von der von ihm verfolgten bilanzpolitischen Strategie – mit einer verpflichtenden Annäherung an die IFRS konfrontiert. Diese Begrenzung des Handlungsrahmens insbesondere mit Blick auf die gesetzlichen Regelungen zur Konzernabschlusserstellung erhöht gleichzeitig die relative Bedeutung bilanzpolitischer Gestaltungen auf Ebene der in den Konzernabschluss einfließenden Handelsbilanzen II zur Verfolgung einer konservativen oder einer progressiven Bilanzpolitik.

Die Aufhebung zahlreicher Wahlrechte in der Konzernrechnungslegung durch das BilMoG bewirkt grundsätzlich eine Verbesserung der bilanzanalytischen Möglichkeiten. Dabei darf jedoch nicht übersehen werden, dass die zum Teil bestehenden Fortführungsmöglichkeiten von ‚Altfällen' diese angestrebte Vergleichbarkeit konterkarieren, solange sie sich im Konzernabschluss noch auswirken.

Wesentliche **Übergangsvorschriften** des BilMoG auf die neuen Vorgaben zur Konzernrechnungslegung sind prospektiv anzuwenden, bspw. die Neukonzeption der Aufstellungspflicht, die Einbeziehung von Zweckgesellschaften, die Neuregelungen zur Vollkonsolidierung von Tochterunternehmen sowie auch die Regelungen zur Equity-Bewertung. Aufgrund dessen sowie aufgrund der weiteren Vorgaben für die Konzernrechnungslegung entfalten die Neuregelungen im Übergangszeitpunkt keine Erfolgswirkungen. Die (ggf.) notwendige Umstellung bei der Währungsumrechnung, der Saldierung von Unterschiedsbeträgen und dem Ausweis von Rückbeteiligungen sowie die Anwendung der neuen Abgrenzungskonzeption latenter Steuern bewirken keinen Ergebniseffekt und auch nur zum Teil einen Eigenkapitaleffekt.

Während der Bilanzierende vor der Umstellung auf das BilMoG die Möglichkeit hat, durch die zeitliche Gestaltung von Unternehmenstransaktionen oder auch den Verzicht auf die Inanspruchnahme eines Konsolidierungswahlrechts noch eine Anwendbarkeit der „alten" Regeln zu erreichen, besteht zum Zeitpunkt der Umstellung nur für Altfälle der Pooling-of-Interests-Methode ein explizites Fortführungswahlrecht; bei den Vorschriften zur Konsolidierung von Tochterunternehmen und assoziierten Unternehmen besteht daran aufgrund der prospektiven Anwendung der Neuregelungen kein Bedarf.

Trotz der Verbesserung der Vergleichbarkeit verbleiben im Rahmen der durch das BilMoG geänderten Vorschriften weiterhin Beurteilungsspielräume sowie die Notwendigkeit von Ermessensentscheidungen des Bilanzierenden. Von wesentlicher Bedeutung ist in diesem Zusammenhang bspw. die Einbeziehungspflicht von Zweckgesellschaften, die über die beiden Kriterien in § 290 Abs. 2 Nr. 4 HGB hinaus keine gesetzliche Konkretisierung erfährt. Auch bei der Kaufpreisallokation sowie deren möglicher Anpassung im darauf folgenden Zwölf-Monats-Zeitfenster verbleiben Ermessensspielräume des Bilanzierenden bei der Wertfindung. Gleiches gilt für die Nutzungs-dauer eines Geschäfts- oder Firmenwerts aus der Kapitalkonsolidierung sowie die eventuelle Notwendigkeit seiner außerplanmäßigen Abschreibung. Auch bei der Bilan-zierung latenter Steuern verbleibt ein Handlungsspielraum des Bilanzierenden. Die In-formationsmöglichkeiten des Bilanzanalysten beschränken sich an dieser Stelle auf die in den Anhangangaben ggf. enthaltenen Informationen und deren Plausibilisierung.

Merke:

Bei der Konzernabschlusserstellung kann der Bilanzierende eine duale oder zweigleisi-ge – vom Einzelabschluss losgelöste – bilanzpolitische Strategie verfolgen. Die Neure-gelungen in den Vorschriften zur Konzernrechnungslegung führen aufgrund der Ein-schränkung von Wahlrechten zu einer Begrenzung des Handlungsspielraums und im-plizieren an vielen Stellen eine Annäherung an die IFRS unabhängig von der unterneh-mensindividuellen bilanzpolitischen Zielsetzung. Durch die Einschränkung von Wahl-rechten verbessern die Neuregelungen des BilMoG die Informationsgrundlage des Analysten. Nichtsdestotrotz bleiben die bisherigen Regelungen in vielen Bereichen für Altfälle weiterhin anwendbar und auch die neuen Vorschriften eröffnen dem Bilanzie-renden Beurteilungs- und Ermessensspielräume. Das wesentliche Informationsinstru-ment des Analysten ist auch auf Ebene der Konzernbilanzanalyse die Anhangberichter-stattung.

10.4 Schnittstellen zu den IFRS: Konvergenz

Neben der Angleichung einzelner Bewertungsmaßstäbe ist insbesondere auch die Abschaffung zahlreicher Wahlrechte Ausfluss einer Orientierung an den IFRS. Dies führt zu Erleichterungen bei der Gegenüberstellung von HGB- und IFRS-Abschlüssen. Dennoch haben nach Ansicht des Gesetzgebers trotz der verstärkten Ausrichtung der deutschen Bilanzierungs- und Bewertungsregeln an der in der internationalen Rech-nungslegung im Fokus stehenden Informationsfunktion der Vorsichtsgedanke sowie das Gläubigerschutzprinzip im HGB weiterhin Bestand.

An einzelnen Stellen führen die Neuerungen zwangläufig zu einer Annäherung an die internationalen Regelungen (vgl. Abbildung 127 und Abbildung 128). Hinsichtlich aus-gewählter Regelungen verbleibt es allerdings bei einem Auseinanderfallen der natio-nalen und internationalen Normen; erinnert sei alleine an die umfassendere Fair Value-Bewertung nach IFRS. An vielen Stellen bleibt es dem Bilanzierenden überlassen, im Rahmen einzelner Wahlrechte eine bewusste Heranführung seiner Bilanzierung an die IFRS vorzunehmen. Inwieweit die Modernisierung des HGB durch das BilMoG damit als

Zwischenschritt auf dem Weg zu einer weitergehenden Anwendung der IFRS für deutsche Unternehmen zu bewerten ist, muss zunächst dahin gestellt bleiben.

Nachstehende Punkte verdeutlichen die zunehmende Konvergenz von HGB-Normen und IFRS-Regelungen:

▶ Die **wirtschaftliche Zurechnung** des HGB nähert sich den IFRS an. Vollumfänglich wird sie aufgrund der Beschränkung auf die Bilanzierung von Vermögensgegenständen nicht erreicht. Die IFRS-Regelungen gehen hier weiter.

▶ Im Ergebnis nähern sich die Regelungen des HGB an die IFRS mit Blick auf bestimmte Saldierungsregelungen im Zusammenhang mit der Bewertung und Bilanzierung von **Pensionsvermögen** an. Für die nach § 246 Abs. 2 HGB zu verrechnenden Vermögensgegenstände hat der Gesetzgeber eine Fair Value-Bewertung im HGB verankert. Dem Gläubigerschutz trägt (neben der Abgrenzung passiver latenter Steuern) die in § 268 Abs. 8 HGB kodifizierte Ausschüttungssperre Rechnung.

▶ Mit Blick auf die Erfassung **selbst erstellter immaterieller Werte des Anlagevermögens** steht der Ansatzpflicht nach IFRS ein Ansatzwahlrecht nach HGB entgegen. Beide Ausprägungen der Regelung beinhalten bilanzpolitische Möglichkeiten. Will der Bilanzierende eine weitgehende Übereinstimmung mit den IFRS erreichen, bietet ihm die Neuregelung des § 248 Abs. 2 HGB die entsprechende Möglichkeit. Ein Unterschied bleibt hinsichtlich der Abgrenzung des Vermögenswertes nach IAS 38 und des Vermögensgegenstands nach HGB, da Letzterer einzeln verwertbar und veräußerbar sein muss. Die Anforderung ist an die Vermögenswertdefinition nach IFRS nicht zu stellen.

▶ Im Normengefüge der IFRS ist die Bildung von **Aufwandsrückstellungen**, die keine Verpflichtung gegenüber Dritten repräsentieren, unbekannt. Die Reduktion der Ansatzmöglichkeiten für Aufwandsrückstellungen durch das BilMoG führt hierbei zu einem Gleichklang mit den internationalen Normen.

▶ Die **Fair Value-Bewertung** wurde – nicht zuletzt aufgrund der im Zuge der Finanzmarktkrise geführten Diskussionen – nicht umfassend in das HGB übernommen. In einzelnen Bereichen folgt die handelsrechtliche Bewertung und Berichterstattung den internationalen Vorbildern. Eine durchgängige, den IFRS vergleichbare Fair Value-Bewertung ist allerdings weiterhin nicht möglich.

▶ Bei einer entsprechenden Ausübung des Wahlrechts zur Bestimmung der **Herstellungskosten** wird der Bilanzierende in den weit überwiegenden Fällen einen Gleichklang mit dem IFRS-Wertansatz erreichen können.

► Bezüglich der Vornahme von **Abschreibungen und Zuschreibungen** lässt sich ein Gleichklang zwischen HGB und IFRS erreichen. Konzeptionell entsprechen sich die Vorschriften hinsichtlich ihrer praktischen Anwendung.

► Eine übereinstimmende Bewertung der **Verbindlichkeiten** nach HGB und nach IFRS dürfte in der Praxis künftig regelmäßig möglich sein.

► Hinsichtlich der **Bewertung von (Pensions-) Rückstellungen** erfolgt künftig die Berücksichtigung von Preis- und Kostensteigerungen sowie die Berücksichtigung biometrischer Daten und weiterer Annahmen. Während diese Annahmen nach HGB und IFRS übereinstimmen dürften, werden die Abzinsungssätze regelmäßig abweichen. Die Erstellung von zwei gesonderten versicherungsmathematischen Gutachten wird in der Praxis der Regelfall bleiben.

► Hinsichtlich des Ausweises und der weiteren Behandlung **eigener Anteile** sehen die geänderten HGB-Normen eine deutliche Annäherung an die IFRS vor.

► Bei einer weitgehenden Ausübung des möglichen **Ansatzes latenter Steuern** nähern sich die Regelungen nach HGB und IFRS einander an.

► Einzelne **Anhangangaben** im Einzelabschluss weisen deutliche Parallelen zu den IFRS auf (bspw. die Angaben zu den Geschäften mit nahe stehenden Unternehmen und Personen). Insgesamt wird die Anhangberichterstattung deutlich ausgeweitet und internationalisiert.

► Bei der Aufstellungspflicht eines Konzernabschlusses und der Einbeziehungspflicht von **Zweckgesellschaften** werden die HGB-Normen den IFRS-Regelungen angenähert.

► Gleiches gilt für die zukünftig alleinige Zulässigkeit der **Neubewertungsmethode** bei der Vollkonsolidierung von Tochterunternehmen sowie die Festlegung des Kapitalaufrechnungszeitpunkts und die Abschaffung der Interessenzusammenführungsmethode.

► Auch hinsichtlich des **Wegfalls der Saldierungsmöglichkeit** von Unterschiedsbeträgen aus der Kapitalkonsolidierung und der Abbildung von Rückbeteiligungen im Konzernabschluss nähern sich die HGB-Regelungen den IFRS an.

► Bei der **Equity-Bewertung** entsprechen die Vorgaben für die Abbildung künftiger Erwerbsvorgänge mit der Buchwertmethode zum Zeitpunkt, zu dem das Unternehmen assoziiertes Unternehmen geworden ist, ebenfalls den korrespondierenden Vorschriften der IFRS.

► Weiterhin bewirken die Neuregelungen und Ergänzungen der **Berichtspflichten** im Konzernanhang eine Annäherung an die in den IFRS-Standards geforderten Angaben.

Neben die obligatorische Annäherung der HGB-Normen an die IFRS im Zusammenhang mit einzelnen verpflichtenden Neuerungen (z. B. Herstellungskosten, Abzinsungsgebot) tritt an einzelnen Stellen, bspw. im Zusammenhang mit den gesetzlichen Wahlrechten zur Aktivierung selbst erstellter immaterieller Werte nach § 248 HGB oder im Zusammenhang mit dem Aktivierungswahlrecht für latente Steuern nach § 274 HGB, eine fakultative Annäherung. Art und Umfang dieser Annäherung werden durch die bilanzpolitischen Zielsetzungen des Unternehmens und der daraus resultierenden Anwendung der gesetzlichen Normen bestimmt.

Merke:

Das BilMoG bietet neben der obligatorischen Annäherung an die IFRS zahlreiche Möglichkeiten, die handelsrechtliche Rechnungslegung im fakultativen Bereich an die IFRS anzunähern. Zwar kann auch auf Grundlage des BilMoG kein abschließender Gleichklang mit den IFRS-Regelungen erreicht werden, allerdings kann eine bewusste Konvergenz zugunsten der IFRS genutzt werden, um das handelsrechtliche Bilanzbild zu internationalisieren.

10.5 Auswirkungen auf die Finanzierung

Die neuen Regelungen verändern das Bilanzbild deutscher Unternehmen. Auswirkungen auf die Finanzierung können sich hierbei in verschiedenen Bereichen ergeben:

(1) Bestehende Kreditverträge sind zu analysieren und vertraglich vereinbarte Covenants zu überprüfen.

(2) Künftige Kreditvergabeentscheidungen und Ratingaspekte sind zu untersuchen.

(3) Auswirkungen des BilMoG auf eine möglicherweise leichtere Eigenkapitalbeschaffung sind abzuschätzen.

Für die vielfach in Kreditverträgen vorgesehenen **Eigenkapitalunterlegungen** und sonstigen Klauseln (*financial covenants*) und etwaige Sonderkündigungsrechte oder Zinsanpassungsklauseln, wenn bestimmte Ratios nicht erfüllt bzw. eingehalten werden, sind umfassende Analysen notwendig. Financial Covenants regeln also, welche Grenzwerte (z. B. Eigenkapitalquote) vom Kreditnehmer nicht unterschritten werden dürfen. Werden die Werte dennoch unterschritten, kann es zu Kündigungen der Darlehen oder Zinssatzerhöhungen kommen. Insbesondere in wirtschaftlich schwierigen Zeiten und vor dem Hintergrund neuer Bilanzierungsregeln kommt der Bilanzplanung und damit der Kontrolle des Einhaltens der Financial Covenants seitens der Unternehmen eine besondere Bedeutung zu. Zeitnah muss eine Analyse des künftigen Bilanzbildes und der Auswirkungen auf bestimmte, kreditvergaberelevante Daten erfolgen.

Im Gegensatz zu den "Non Financial Covenants" beziehen sich die "Financial Covenants" regelmäßig auf bestimmte Finanz- bzw. Bilanzkennzahlen. Typische Financial Covenants sind bspw. die Eigenkapitalquote, der Verschuldungsgrad oder Liquiditätsgrade. Das BilMoG sieht in weiten Teilen veränderte Ansatz- und Bewertungsvorschriften vor. Insbesondere die Abgrenzung passiver latenter Steuern auf zum 01.01.2010 bestehende Bewertungsunterschiede in Handels- und Steuerbilanz kann hierbei das Eigenkapital deutlich belasten. Neben der Berücksichtigung passiver latenter Steuern zum 01.01.2010 belastet in der Praxis regelmäßig auch die Neubewertung der Pensionsrückstellungen das Ergebnis und damit die Eigenkapitalquote. Im Einzelfall führen demnach die neuen Ausweisvorschriften und Bewertungsregelungen zu einem Absinken der Eigenkapitalquote. Der Ausweis passiver latenter Steuern oder die regelmäßig zu erwartende Höherbewertung der Pensionsrückstellungen sind in diesem Zusammenhang nur zwei Aspekte.

Beispiel 120: Auswirkungen des BilMoG auf Financial Covenants

Die Apollo AG hat im Jahr 2007 einen langfristigen Kreditvertrag mit ihrer Hausbank geschlossen. Damals betrug das Eigenkapital der Apollo AG 1.000.000 €, was bei einer Bilanzsumme von rund 2.500.000 € einer Eigenkapitalquote von 40 % entsprach. Für den langfristigen Kreditvertrag, der die kapitalintensiven Forschungsaktivitäten der Apollo AG sichern soll, wurde eine Mindesteigenkapitalquote von 10 %, basierend auf dem handelsrechtlichen Einzelabschluss, vertraglich vereinbart. Die Apollo AG ist im Bereich der Forschung moderner Transportmittel tätig und ist aus einer Ausgliederung entstanden. Bei dieser Ausgliederung wurden zulässigerweise steuerlich die Buchwerte fortgeführt, während handelsrechtlich – zwecks Ausweis eines möglichst hohen Eigenkapitals – die Zeitwerte angesetzt worden sind. Hierbei wurden rund 800.000 € stille Reserven in dem Betriebsgrundstück der Apollo AG im handelsrechtlichen Jahresabschluss aufgedeckt. In den letzten Jahren hat die Apollo AG aus ihren Forschungsaktivitäten vergleichsweise viel Eigenkapital aufgezehrt. Ihr Eigenkapital zum 31.12.2009 beläuft sich nur noch auf rund 400.000 € bei einer Bilanzsumme von 2.400.000 €. Die Eigenkapitalquote beträgt rund 17 %.

Zum 01.01.2010 führt die Anwendung des BilMoG zu Erfassung passiver latenter Steuern auf die im handelsrechtlichen Abschluss aufgedeckten Zeitwerte. Bei einem angenommenen Steuersatz von 30 % muss die Apollo AG zum 01.01.2010 passive latente Steuern eigenkapitalmindernd (zu Lasten der Gewinnrücklagen; § 274 HGB, Art. 67 Abs. 6 EGHGB) i. H. v. 240.000 € erfassen. Das Eigenkapital sinkt auf 160.000 €, die Eigenkapitalquote beträgt nur noch rund 7 % und fällt damit unter die im Kreditvertrag festgeschriebene Mindesteigenkapitalquote von 10 %.

Sofern die Gesellschaft die Werthaltigkeit bzw. die Nutzung ihrer steuerlichen Verlustvorträge in den kommenden fünf Jahren nachweisen kann, wird der Eigenkapitaleffekt durch den Ansatz der passiven latenten Steuern durch die Berücksichtigung aktiver latenter Steuern auf steuerliche Verlustvorträge abgemildert.

Alleine eine zeitnahe Kommunikation der Auswirkungen des BilMoG auf das unternehmensindividuelle Bilanzbild sowie eine Erörterung mit den zuständigen Sachbearbeitern stellt sicher, dass im Nachgang zum 01.01.2010 unangenehme Überraschungen sowohl seitens des Kreditnehmers als auch des Kreditgebers vermieden werden können.

Hinsichtlich des **Bonitätsratings** obliegt es den Banken, sich auf die neuen Bilanzierungsnormen, die das BilMoG in das Handelsrecht integriert, einzustellen. Gleiches gilt für die Auswirkungen auf eine im Zusammenhang mit Basel II stehende Kreditvergabe. Die Regelungen von Basel II betreffen die Eigenkapitalunterlegung von Bank-, insbesondere Kreditgeschäften und stellen die Frage nach der Eignung spezifischer Rating-Systeme in den Vordergrund der Überlegungen. Die Normen von Basel II betreffen direkt die kreditgebenden Institute sowie indirekt (über den Zusammenhang zwischen der institutsspezifischen Eigenkapitalunterlegung auf Grundlage des Ratings des Schuldners und den sich hieraus ergebenden Kapitalkosten, konkret den dem Schuldner in Rechnung gestellten Zinssatz) die fremdkapitalaufnehmenden Unternehmen.

Vielfach wird weiterhin die Annahme vertreten, dass eine internationale Rechnungslegung positive Effekte auf die Kreditvergabeentscheidung hat. Vielfach wird im Zusammenhang mit der Anwendung der IFRS ein positiveres Rating erwartet. Wenn dies so ist, würde eine Internationalisierung der handelsrechtlichen Rechnungslegung durch das BilMoG ebenso die Kreditaufnahme deutscher Unternehmen positiv beeinflussen, da die Annäherung des HGB an die IFRS-Normen außer Frage steht.

Diese Ansicht bedarf indes einer Relativierung. Die Regelungen von Basel II enthalten keine Präferenz für ein bestimmtes Rechnungslegungssystem. Gleichwohl verdeutlichen empirische Ergebnisse, dass bei Anwendung der IFRS davon ausgegangen wird, dass die Position des kapitalaufnehmenden (und noch nicht kapitalmarktorientierten) Unternehmens gestärkt und die entsprechenden Fremdkapitalkosten verringert werden können.

Von den Regelungen im Rahmen von Basel II sollte zu erwarten sein, dass keine unterschiedlichen Ratingeinstufungen einzig auf Grundlage verschiedener der Rechnungslegung zugrunde gelegter Regelungssysteme erfolgen. Nichts anderes gilt für die Frage eines Ratings nach "altem HGB" sowie auf Grundlage der reformierten Normen. Grundsätzlich fördert eine von Wahlrechten und Manipulationsmöglichkeiten möglichst freie Rechnungslegung einen besseren und risikofreieren Einblick in das tatsächliche Unternehmensgeschehen.

Da das BilMoG allerdings eine Vielzahl von Wahlrechten und Ermessensspielräumen mit sich bringt und eine vollständige Eliminierung der Bilanzpolitik auch durch eine intensive Auswertung der Anhanginformationen nicht möglich sein wird, kann es sein, dass, sofern ein Unternehmen durch die Anwendung des BilMoG einen positiven Eigenkapitaleffekt erzielt und die Erzielung desselben nicht im Rahmen des Ratingprozesses eliminiert wird, es tatsächlich ein besseres Rating auf Grundlage seines BilMoG-HGB-Abschlusses erzielt als zuvor.

Neben die Kreditfinanzierung tritt die Möglichkeit der **Beschaffung neuen Eigenkapitals**. In diesem Zusammenhang soll eine modernisierte HGB-Bilanz helfen, die tatsächlichen Verhältnisse der Vermögens-, Finanz- und Ertragslage möglichst nahe an der Realität zu spiegeln. Eine an tatsächlichen Werten orientierte Bilanzierung hilft in diesem Zusammenhang die wirtschaftlichen Möglichkeiten des Unternehmens besser darzustellen. Mögliche (latente) Steuerersparnisse sind in diesem Zusammenhang ebenso zu nennen wie bilanzierte selbst erstellte immaterielle Werte.

Merke:

Es bleibt abzuwarten, inwieweit sich die Neuerungen durch das BilMoG positiv auf die Finanzierungssituation deutscher Unternehmen auswirken werden. Entscheidend ist, dass die entsprechenden Wahlrechte zielgerichtet ausgenutzt werden und eine umfassende Bilanzanalyse ein möglichst unternehmensübergreifendes Bild sicherstellen kann. Mit Blick auf die Vielzahl der Möglichkeiten im Zusammenhang mit der Umstellung der Rechnungslegung auf die Regelungen nach dem BilMoG muss das Gelingen einer solchen Forderung allerdings bezweifelt werden.

10.6 Ausschüttungspolitik, Ausschüttungssperre und Ergebnisabführungsverträge

Grundsätzlich ist die Reform des Handelsrechts steuerneutral. Dies wird durch die zunehmende Durchbrechung des Maßgeblichkeitsgrundsatzes erreicht. Da die Abbildung bestimmter Sachverhalte in der Bilanz durch die neuen Abbildungs- und Bewertungsregeln verändert wird, ist zunächst keine Auswirkung auf die Liquidität des Unternehmens zu erwarten.

Mit der Anwendung der neuen Regelungen gehen vielfach allerdings **Auswirkungen auf die künftigen Ausschüttungsmöglichkeiten** einher. Mit § 268 Abs. 8 HGB ist künftig eine Ausschüttungssperre für bestimmte Beträge, die sich aus der Anwendung der Neuregelungen durch das BilMoG ergeben, vorgesehen. Eine Ausschüttung von Gewinnen ist dann nur möglich, wenn die nach der Ausschüttung verbleibenden frei verfügbaren Rücklagen abzüglich eines Verlustvortrags oder zuzüglich eines Gewinnvortrags den insgesamt angesetzten Beträgen mindestens entsprechen. Unter den so genannten frei verfügbaren Rücklagen sind die Gewinnrücklagen zuzüglich der bestehenden frei verwendbaren Kapitalrücklagen zu verstehen. Nach § 285 Nr. 28 HGB ist im Anhang der nach den einzelnen Bestandteilen aufgegliederte Gesamtbetrag der Beträge im Sinne des § 268 Abs. 8 HGB anzugeben.

Künftig gilt die Ausschüttungssperre beim Ansatz selbst geschaffener immaterieller Vermögensgegenstände des Anlagevermögens (§ 248 Abs. 2 HGB) sowie bei Erträgen aus der Bewertung von Vermögensgegenständen zum beizulegenden Zeitwert (§ 246 Abs. 2 HGB) – jeweils abzüglich der hierfür gebildeten passiven latenten Steuern.

Der Abzug der passiven latenten Steuern hat zu erfolgen, um eine Doppelberücksichtigung zu vermeiden, da weder die Aktivierung bestimmter selbst erstellter immaterieller Werte des Anlagevermögens noch die Bewertung zum beizulegenden Zeitwert steuerlich nachvollzogen werden.

Zusätzlich gilt eine Ausschüttungssperre für die in der Bilanz aktivierten latenten Steuern (§ 274 HGB), soweit diese die sonstigen passiven latenten Steuern übersteigen. Die Ausschüttungssperre für den Aktivüberhang an latenten Steuern gilt unabhängig davon, ob ein Bruttoausweis erfolgt oder nach der Saldierung mit den passiven latenten Steuern alleine der aktive Betrag in der Bilanz angesetzt wird.

Der Anwendungsbereich der Ausschüttungssperre wird auf Kapitalgesellschaften beschränkt, da einer Ausschüttungssperre bei Personenhandelsgesellschaften sowie Einzelkaufleuten aufgrund deren unbeschränkter Haftung ohnehin keine praktische Bedeutung beizumessen wäre. Allerdings ist eine analoge Anwendung der Regelungen auch bei Personenhandelsgesellschaften und Einzelkaufleuten zu empfehlen.

Sofern ein Unternehmen von dem Beibehaltungswahlrecht der aktivierten Ingangsetzungs- und Erweiterungsaufwendungen nach § 269 HGB a. F. Gebrauch macht, sind diese Beträge zudem weiterhin ausschüttungsgesperrt und treten zusätzlich neben die Neuregelung des § 268 Abs. 8 HGB.

Nachstehende Beispiele verdeutlichen, inwieweit im Einzelfall das BilMoG dazu führen wird, dass in den kommenden Jahren weniger Ausschüttungspotenzial zur Verfügung steht.

Keine Auswirkungen auf Ausschüttungspotenzial	Ausschüttungspotenzial nimmt zu	Ausschüttungspotenzial nimmt ab
► Der Ansatz selbst erstellter immaterieller Werte erhöht zwar das Eigenkapital, ist aber – nach Abzug der passiven latenten Steuern – ausschüttungsgesperrt.	► Wegfall der Verrechnungsmöglichkeit eines entgeltlich erworbenen Geschäfts- oder Firmenwertes nach § 255 Abs. 4 a. F.	► Zuführung zu den Pensionsrückstellungen bei vorliegender Unterdotierung
► Zwar führt der Zeitwertansatz bestimmter Vermögensgegenstände nach § 246 Abs. 2 HGB zu einem höheren Eigenkapital. Der Betrag unterliegt allerdings nach Abzug der auf ihn entfallenden passiven latenten Steuern der Ausschüttungssperre.	► Erhöhung des Umfangs der Herstellungskosten ► Einschränkung von Abschreibungen sowie verpflichtende Vornahme von Zuschreibungen	► Abgrenzung passiver latenter Steuern ► Berücksichtigung von Preis- und Kostensteigerungen bei der Rückstellungsbewertung, sofern diese zu höheren Wertansätzen führen
► Der Ansatz aktiver latenter Steuern erhöht ebenso das Eigenkapital, ist aber ausschüttungsgesperrt (nach Verrechnung mit den sonstigen passiven latenten Steuern).	► Ausweis unrealisierter Gewinne aus der Währungsumrechnung ► Verrechnung der Sonderposten mit Rücklageanteil mit den Gewinnrücklagen ► Abzinsung von Rückstellungen und Verbindlichkeiten ► Wegfall von bestimmten Aufwandsrückstellungen ► Verrechnung der Pensionsrückstellungen mit den Gewinnrücklagen bei Überdotierung	► Verrechnung aktiver Rechnungsabgrenzungsposten mit den Gewinnrücklagen bzw. Wegfall der früheren Aktivierungsmöglichkeit

ABB. 129: Auswirkungen des BilMoG auf das Ausschüttungspotenzial

Die Ausschüttungspolitik ist regelmäßig ein zentraler Beurteilungsmaßstab im Zusammenhang mit der gesamten Unternehmenspolitik. Zwar führen zahlreiche Änderungen, die das BilMoG mit sich bringt, zu einem tendenziell höheren Eigenkapital, allerdings muss untersucht werden, inwieweit diese Beträge ausschüttungsgesperrt sind.

Beispiel 121: Berechnung der Ausschüttungssperre

In Periode 01 wurde ein selbst geschaffener immaterieller Vermögensgegenstand i. H. v. 200.000 € aktiviert. Darauf erfolgte, bei einem angenommenen pauschalen Steuersatz von 30 %, eine passive latente Steuerabgrenzung von 60.000 €. In Summe wurden in Periode 01 jeweils 200.000 € aktive und 120.000 € passive latente Steuern ermittelt.

Gemäß § 268 Abs. 8 Satz 1 HGB besteht eine Ausschüttungssperre in Höhe der Differenz zwischen dem aktivierten Betrag der immateriellen Vermögensgegenstände (200.000 €) und den darauf entfallenden passiven latenten Steuern (60.000 €), also i. H. v. insgesamt 140.000 €.

Zudem ist nach § 268 Abs. 8 Satz 2 HGB n. F. der Betrag ausschüttungsgesperrt, „um den die aktiven latenten Steuern die passiven latenten Steuern übersteigen". Im vorliegenden Fall betrifft dies den Betrag i. H. v. 80.000 € (200.000 € aktive latente Steuern – 120.000 € passive latente Steuern).

Folglich ergäbe sich in Summe ein ausschüttungsgesperrter Betrag i. H. v. 220.000 € (80.000 € + 140.000 €). Folgt man dieser Vorgehensweise, dann würden die auf die selbst geschaffenen immateriellen Vermögensgegenstände gebildeten passiven latenten Steuern doppelt berücksichtigt, da sie bei der Ermittlung des Aktivüberhangs als Bestandteil der insgesamt bestehenden 120.000 € passiven latenten Steuern nochmals einbezogen wurden. Ohne die zweifache Berücksichtigung der passiven latenten Steuern i. H. v. 60.000 € ergibt sich ein höherer ausschüttungsgesperrter Betrag von 280.000 € (80.000 + 140.000 + 60.000). Lediglich dieser ist für die Ausschüttungssperre relevant.

Beispiel 122: Berechnung der Ausschüttungssperre (Variante)

Die Merkur GmbH hat im Jahr 2010 einen Jahresüberschuss i. H. v. 1.200.000 € erwirtschaftet. Sie ist im Hermes Konzern eingebunden und zwischen der Hermes AG und der Merkur GmbH besteht ein Ergebnisabführungsvertrag.

Im Jahr 2010 sind folgende Sachverhalte zu berücksichtigen, die sich auf das Ergebnis i. H. v. 1.200.000 € bereits ausgewirkt haben:

▶ Im Jahr 2010 wurden selbst geschaffene immaterielle Vermögensgegenstands i. H. v. 200.000 € aktiviert und stehen mit diesem Wert zum 31.12.2010 in der Bilanz. Auf den Bewertungsunterschied wurden passive latente Steuern von 60.000 € abgegrenzt.

▶ Aus der Zeitwertbewertung des Pensionsvermögens der Merkur GmbH ergab sich in 2010 der Ausweis eines über die Anschaffungskosten hinausgehenden Gewinns von 100.000 €. Auf diesen Betrag wurden 30.000 € passive latente Steuern abgegrenzt.

▶ Weitere passive latente Steuern wurden i. H. v. 25.000 € berücksichtigt.

▶ Aus weiteren Sachverhalten wurden 80.000 € aktive latente Steuern abgegrenzt, die insbesondere auf den Ansatz einer Drohverlustrückstellung sowie eine Höherbewertung der Pensionsrückstellungen zurückzuführen sind.

▶ Aus der Berücksichtigung steuerlicher Verlustvorträge i. H. v. 250.000 €, die in den kommenden fünf Jahren voraussichtlich verrechnet werden können, resultiert der Ansatz aktiver latenter Steuern i. H. v. 75.000 €.

Die Ausschüttungssperre zum 31.12.2010 nach § 268 Abs. 8 HGB ermittelt sich wie folgt:

Aktivierte Beträge nach § 248 Abs. 2 HGB	200.000 €	
./. darauf abgegrenzte passive latente Steuern	./. 60.000 €	140.000 €
Zeitwertbewertung nach § 246 Abs. 2 HGB	100.000 €	
./. darauf abgegrenzte passive latente Steuern	./. 30.000 €	70.000 €
Angesetzte aktive latente Steuern	155.000 €	
./. weitere passive latente Steuern	./. 25.000 €	130.000 €
Ausschüttungssperre		340.000 €

Entscheidend bei der Berechnung der Ausschüttungssperre ist die zutreffende Berücksichtigung des Überschusses der aktiven latenten Steuern über die sonstigen passiven latenten Steuern. In diesem Zusammenhang ist die Gesetzesformulierung ungenau. Insofern muss bei der Berechnung darauf geachtet werden, dass die passiven latenten Steuern nicht doppelt erfasst werden, da die Ausschüttungssperre dann falsch berechnet wird.

Den auf das Eigenkapital positiv wirkenden Effekten stehen im Einzelfall deutliche Eigenkapitalminderungen durch die Abgrenzung passiver latenter Steuern sowie die Zuführung zu den Pensionsrückstellungen bei einer vorliegenden Unterdotierung gegenüber. Insbesondere mit Blick auf den letztgenannten Sachverhalt erlaubt der Gesetzgeber (Art. 67 Abs. 1 EGHGB) eine bis zu 15-jährige Zuführung des Unterschiedsbetrags. In Abhängigkeit der Höhe des zuzuführenden Unterschiedsbetrags ist der Bilanzierende (eingeschränkt durch die Mindestzuführung von 1/15 p.a.) frei, welche Beträge er im jeweiligen Jahr zuführt. Nicht zuletzt diese Möglichkeit erlaubt es dem Bilanzierenden, maßgeblich das zur Ausschüttung zur Verfügung stehende Eigenkapital zu beeinflussen.

Künftig entfällt die Möglichkeit zur Bildung bestimmter Aufwandsrückstellungen nach § 249 Abs. 2 HGB a. F. Damit weisen Unternehmen, bei denen in regelmäßigen Abständen höhere Aufwendungen für größere Instandhaltungs- oder Wartungsarbeiten anfallen, zunächst höhere Ergebnisse, dann im Jahr der Maßnahme deutlich geringere Ergebnisse aus als zuvor. Auch diese Tatsache muss bei der Bemessung der zur Ausschüttung zur Verfügung stehenden Beträge beachtet werden.

Weitere Besonderheiten sind im Hinblick auf die Ausschüttungssperre bei **Organschaften** zu berücksichtigen. Mit der Regelung des § 268 Abs. 8 HGB wird eine eigenständige Vorschrift zur Bemessung des ausschüttungsfähigen Gewinns geschaffen. Künftig unterliegen aktivierte latente Steuern, soweit sie die passiven latenten Steuern übersteigen, ebenso einer Ausschüttungssperre wie die auf die selbst geschaffenen immateriellen Werte des Anlagevermögens (§ 248 Abs. 2 HGB) und die Zeitwertbewertung

(§ 246 Abs. 2 HGB) entfallende Beträge, wobei bei den letztgenannten Größen die korrespondierenden passiven latenten Steuern zu beachten sind.

Die in § 268 Abs. 8 HGB genannten Beträge sind allerdings nicht nur der Gewinnausschüttung, sondern auch der Gewinnabführung entzogen. Korrespondierend regelt deshalb § 301 AktG, dass dieser Sperrbetrag im Rahmen eines Organschaftsverhältnisses nicht an den Organträger abgeführt werden darf. Für die ertragsteuerliche Organschaft bestimmt nun § 17 Satz 2 Nr. 1 KStG, dass eine Abführung den Höchstbetrag nach § 301 AktG nicht übersteigen darf. Gleichzeitig darf die Abführung – um die steuerliche Anerkennung zu gewährleisten – diesen Betrag auch nicht unterschreiten, da der ganze Gewinn an den Organträger abzuführen ist. Die steuerliche Anerkennung bestehender Organschaften respektive Ergebnisabführungsverträge setzt deren tatsächliche Durchführung voraus.

Auswirkungen infolge der Änderung des § 301 AktG können sich in Fällen ergeben, in denen ein Ergebnisabführungsvertrag nicht eine allgemeine (dynamische) Verweisung auf § 301 AktG enthält, sondern dessen Wortlaut in der bisher geltenden Fassung wiederholt. Insoweit ist in der Praxis wie folgt zu differenzieren:

► Mit Inkrafttreten des BilMoG wird eine im Widerspruch zur geltenden Fassung des § 301 AktG stehende vertragliche Regelung in Ergebnisabführungsverträgen unwirksam. Enthält der Ergebnisabführungsvertrag nicht die übliche salvatorische Klausel, dass bei Ungültigkeit einzelner Bestimmungen der Vertrag im Übrigen wirksam sein soll, ergreift die zivilrechtliche Unwirksamkeit grundsätzlich den gesamten Vertrag. In diesen Fällen besteht Handlungsbedarf: Der Vertrag muss notariell richtig gestellt werden und die Änderung muss nach Fassung der entsprechenden Zustimmungsbeschlüsse beim Handelsregister angemeldet werden. Allerdings hat das BMF im Januar 2010 klargestellt, dass die steuerliche Anerkennung einer Organschaft grundsätzlich von den Neuregelungen unberührt bleibt (vgl. BMF-Schreiben vom 14.01.2010, IV C 2 – S 2770/09/10002). Dies gibt dem Steuerpflichtigen die Möglichkeit, bestehende Ergebnisabführungsverträge (zunächst) beizubehalten.

► Ist der Ergebnisabführungsvertrag im Übrigen formell wirksam, ist davon auszugehen, dass die fehlerhafte Bestimmung allein unschädlich ist. Solange der Ergebnisabführungsvertrag tatsächlich ordnungsgemäß durchgeführt wird, also insbesondere der Abführungsbetrag unter Beachtung des neuen Rechts zutreffend bemessen wird, sollte der Vertrag auch steuerlich weiterhin anerkannt werden, so dass ein unmittelbares Erfordernis zur Anpassung oder Richtigstellung für Altverträge derzeit nicht gegeben ist. Allerdings bietet es sich an, bestehende Ergebnisabführungsverträge an die neuen Regelungen anzupassen.

Seitens des BMF ist im Januar 2010 eine Klarstellung zur Anpassungsnotwendigkeit bestehender Ergebnisabführungsverträge erfolgt. Demnach berühren die Neuregelungen nach § 301 AktG und § 268 Abs. 8 HGB nicht die steuerliche Anerkennung der Organschaft. Allerdings ist bei der Durchführung der Gewinnabführung darauf zu achten, dass die Regelungen nach § 301 AktG beachtet werden, auch wenn diese im Widerspruch zu den vertraglichen Vereinbarungen stehen. Für Neuverträge ist darauf zu achten, dass eine dynamische Verweisung auf § 301 AktG vorgenommen wird. Eine solche Verweisung, die auf den jeweils gültigen Rechtsstand Bezug nimmt, stellt sicher, dass ein geschlossener Ergebnisabführungsvertrag stets auf Grundlage der aktuellen Rechtslage anzuwenden ist. Eine steuerliche Anerkennung ist – bei zutreffender Ermittlung des Abführungsbetrags – damit gegeben.

Beispiel 123: Wirkung der Ausschüttungssperre bei Ergebnisabführungsverträgen

Die Neptun AG ist die Muttergesellschaft der Merkur GmbH. Die Merkur GmbH ist im Neptun-Konzern für die konzernweiten Forschungsaktivitäten zuständig. Aufgrund umfangreicher Patente erwirtschaftet die Merkur GmbH seit Jahren positive Ergebnisse. Um diese mit den Verlusten auf Ebene der Neptun AG verrechnen zu können, wurde zwischen der Neptun AG und der Merkur GmbH eine steuerliche Organschaft geschlossen, bei der die Neptun AG die Organträgerin ist und die Merkur GmbH als Organgesellschaft fungiert. Im Jahr 2010 aktiviert die Merkur GmbH Entwicklungskosten i. H. v. 500.000 €. Die passiven latenten Steuern i. H. v. 150.000 € (bei einem angenommenen Steuersatz von 30 %) sind auf Ebene des Organträgers abzugrenzen. Die Merkur GmbH erwirtschaftet ein EBT von 1.000.000 € für das Jahr 2010. Ausschüttungsgesperrt ist nach § 268 Abs. 8 HGB der auf die selbst erstellten immateriellen Vermögensgegenstände des Anlagevermögens entfallende Betrag abzüglich der hierauf gebildeten latenten Steuern. In diesem Zusammenhang kann nur die gemeinsame Betrachtung des bei der Organgesellschaft aktivierten Betrags sowie die bei der Organträgerin passivierten latenten Steuern zu einer richtigen Ermittlung der Ausschüttungs- und damit Abführungssperre führen. Auf Ebene der Merkur GmbH sind damit 350.000 € ausschüttungs- bzw. abführungsgesperrt, weswegen nur ein Betrag von 650.000 € an die Neptun AG ausgeschüttet werden darf.

In der Praxis bereitet nicht zuletzt die Ermittlung des richtigen Ausschüttungs- bzw. Abführungsbetrags im Zusammenhang mit Organschaften im Einzelfall Schwierigkeiten. Neben die Komplexität der steuerlichen Organschaft und die Abgrenzungsnotwendigkeit latenter Steuern treten nunmehr noch rechtliche Fragestellungen, die die Grundlagen der Ergebnisabführung betreffen.

Zusätzlich zu den neuen Regelungen zur Ermittlung des ausschüttungs- bzw. abführungsgesperrten Betrags müssen die vertraglichen Grundlagen der in der Vergangenheit geschlossenen Ergebnisabführungsverträge beachtet und ggf. angepasst werden.

Merke:

Die einzelnen Möglichkeiten des Bilanzierenden, bestimmte Aufwendungen zeitnah zum Umstellungszeitpunkt oder zeitlich gestreckt über einen längeren Zeitraum zu erfassen, ermöglicht es ihm, die Ausschüttung zu beeinflussen. Künftig erfordern die Normen des BilMoG eine mehrperiodige Ausschüttungsplanung und eine entsprechend bewusste Ausschüttungspolitik. Im Kontext mit Ergebnisabführungsverträgen sind neben einer notwendigen Anpassung der Ergebnisabführungsverträge auch die Auswirkungen der Ausschüttungssperre auf das abzuführende Ergebnis zu berücksichtigen.

10.7 Anpassungsnotwendigkeit einzelner Verträge

Nicht nur gesellschaftsrechtliche Verträge nehmen regelmäßig Bezug auf bilanzielle Kennzahlen. Es gibt eine Reihe von **Vertragsgestaltungen** in der Praxis, in denen bestimmte Bilanz- oder GuV-Größen zur Bestimmung monetärer Rechtsfolgen verwendet werden. Mit Blick auf die Kennzahlen ist grundsätzlich zwischen bilanziellen Kennzahlen und Kennzahlen, die auf die Erfolgsrechnung Bezug nehmen, zu differenzieren.

Beispiele für bilanzielle Kennzahlen im Zusammenhang mit Vertragsgestaltungen sind die Eigenkapitalquote, der Verschuldungsgrad oder der Liquiditätsgrad. Mit Blick auf die Ergebnisrechnung kommen vielfach Kennzahlen wie das EBIT, EBITDA oder EBT in Betracht.

Verträge, in denen Bezug auf Größen der externen Rechnungslegung genommen wird, kommen im Unternehmensalltag in vielen Unternehmensbereichen vor. Betroffen sind regelmäßig sowohl der Personalbereich (z. B. bei Tantieme- oder Abfindungsvereinbarungen), steuerliche Aspekte (Ergebnisabführungsverträge), Kreditverträge (z. B. im Zusammenhang mit Financial Covenants) oder gesellschaftsrechtliche Vereinbarungen (Unternehmenskauf- und -verkaufsverträge; Unternehmensbewertungen auf Multiple-Basis).

Gesellschaftsrechtliche Vereinbarungen von Unternehmen sehen vielfach sog. "Einheitsbilanzklauseln" vor. Die Aufnahme solcher Klauseln schränkt die bilanzpolitischen Möglichkeiten ein und erfordert eine in weiten Teilen gleichlautende Bilanzierung und Bewertung in Handels- und Steuerbilanz. Mit der Abschaffung der umgekehrten Maßgeblichkeit und der weiten Durchbrechung der Maßgeblichkeit der Handelsbilanz für die Steuerbilanz durch das BilMoG verliert der Zweck solcher Verträge vielfach an Bedeutung. Mehr noch: sie schränken die unternehmerischen Freiheiten im Einzelfall stark ein. Es muss in diesem Zusammenhang vermieden werden, dass bestimmte steuerliche Regelungen, die insbesondere auf subventionelle Überlegungen zurückgehen, mit Blick auf Einheitsbilanzklauseln nicht mehr in Anspruch genommen werden kön-

nen. Dies würde dem Bilanzierenden die Möglichkeit nehmen, eine steuerlich optimie-
rende Bilanzierung zu betreiben, da steuerliche Sonderregelungen (bspw. die Inanspruchnahme der §§ 6b, 7g EStG) handelsrechtlich nicht mehr abgebildet werden dürfen.

Die mit dem BilMoG verbundene **Neuordnung des Verhältnisses zwischen Handels-
und Steuerbilanz** erzwingt in vielen Fällen eine abweichende Rechnungslegung in den
beiden Rechenwerken. In diesem Zusammenhang darf die bilanzpolitische Disposition
des Bilanzierenden nicht derart umfassend begrenzt werden, dass unternehmerisch
sinnvolle und notwendige Entscheidungen aufgrund in der Vergangenheit – unter
anderen regulatorischen Rahmenbedingungen – getroffener vertraglicher Vereinbarungen verhindert werden. Vielmehr müssen an die Stelle der früheren Einheitsbilanzklauseln neue Regelungen treten, die die Zielsetzungen einer im Einzelfall nur eingeschränkt möglichen Bilanzpolitik erreichen können. Die Verfolgung eigenständiger
steuerlicher Optimierungsstrategien sollte hiervon unberührt bleiben.

Hinsichtlich der Auswirkungen des BilMoG auf Financial Covenants kann an dieser
Stelle auf die Ausführungen zu den Auswirkungen auf die Finanzierung verwiesen
werden (→ vgl. Kapitel 10.5).

Mit Blick auf Auswirkungen des BilMoG auf die Notwendigkeit zur Anpassung bestehender Ergebnisabführungsverträge wird auf die Ausführungen an früherer Stelle
verwiesen (→ vgl. Kapitel 10.6).

Neben den beiden vorgenannten Vertragstypen unterliegen bspw. Vergütungsvereinbarungen sowie gesellschaftsrechtliche Verträge der Anpassungsnotwendigkeit aufgrund der geänderten Regelungen durch das BilMoG.

In der Praxis werden vielfach in Verträgen mit leitenden Angestellten erfolgsabhängige
Vergütungsvereinbarungen aufgenommen. Mit den Neuregelungen zur Vorstandsver-
gütung sowie vor dem Hintergrund der vom Deutschen Corporate Governance Kodex
geforderten fixen und variablen Vergütungsbestandteile   rücken erfolgsabhängige
Vergütungsbestandteile immer mehr in den Fokus. Vielfach erfolgt die Vergütung auf
Grundlage von EBIT-Kennziffern. Bisweilen wird auch das Ergebnis je Aktie als Grundlage der Vergütungsbemessung festgelegt.

Neue Ansatz- und Bewertungsregelungen werden ab dem Jahr 2010 dazu führen, dass
die Erfolgskennziffern der letzten Jahre im Einzelfall nicht mehr mit den Kenngrößen
der Jahre 2010 ff. vergleichbar sein werden. Bspw. führt die verpflichtende Abzinsung
langfristiger Rückstellungen (§ 253 Abs. 2 HGB) ebenso zu einem veränderten Ergebnisausweis wie der Ansatz selbst erstellter immaterieller Werte des Anlagevermögens
(§ 248 Abs. 2 HGB).

Beispiel 124: Vertragsanpassungen (Ergebnis je Aktie)

Die Zeus AG wendet pro Jahr rund 200.000 € an Forschungs- und Entwicklungsaufwendungen auf. Dieser Betrag entfällt hälftig auf den Forschungsbereich und zur anderen Hälfte auf den Bereich der Entwicklung. Die Gesellschaft hat in der Vergangenheit ein konstantes Ergebnis von 500.000 € p. a. ausgewiesen. Das Nennkapital der Gesellschaft ist in 1 Mio. Aktien à 1 € eingeteilt. Die Vergütung des Vorstands sah in der Vergangenheit eine erfolgsabhängige Tantieme in Abhängigkeit des erwirtschafteten Ergebnisses je Aktie vor. Dieses lag konstant in den letzten Jahren bei 0,50 € je Aktie.

Ab dem Jahr 2010 (Art. 66 Abs. 7 EGHGB) wendet die Zeus AG das Aktivierungswahlrecht nach § 248 Abs. 2 HGB an. Sie aktiviert damit die auf die Entwicklung anfallenden Aufwendungen i. H. v. 100.000 € und schreibt diese über eine Nutzungsdauer von fünf Jahren, beginnend ab 2011, ab. Da der Aktivierungsmöglichkeit im handelsrechtlichen Einzelabschluss das steuerliche Ansatzverbot entgegensteht (§ 5 Abs. 2 EStG), sind in Höhe des Steuersatzes der Gesellschaft, der annahmegemäß bei 30 % liegt, passive latente Steuern (§ 274 HGB) anzusetzen. Die ergebniserhöhende Wirkung der Aktivierung beträgt damit 70.000 €, womit das Ergebnis je Aktie im Jahr 2011 auf 0,57 € je Aktie steigt.

Mit dem Übergang auf das BilMoG wird auch die Erfolgsgröße EBIT tangiert. Stellvertretend sei wiederum auf die Aktivierungsmöglichkeit nach § 248 Abs. 2 HGB hingewiesen. Die Aktivierung selbst erstellter immaterieller Werte des Anlagevermögens führt unmittelbar zu einem höheren EBIT und EBT. Der korrespondierende Steueraufwand wird erst unterhalb des EBT berücksichtigt. Aber auch unabhängig von der Ausübung neuer Wahlrechte und damit verbundener geänderter bilanzpolitischer Möglichkeiten führen die Neuregelungen zu einer veränderten Abgrenzung einzelner Erfolgsgrößen. Bspw. sieht das BilMoG künftig vor, dass der Zinsanteil aus den Zuführungsbeträgen zu den Pensionsrückstellungen gesondert im Zinsergebnis zu erfassen ist (§ 277 Abs. 5 HGB). In der Praxis wurde der Zuführungsbetrag in der Vergangenheit regelmäßig im Personalaufwand erfasst.

Beispiel 125: Vertragsanpassungen (EBIT)

Die Neptun GmbH hat umfassende Pensionszusagen an ihre Mitarbeiter gemacht. In der Vergangenheit belief sich der jährliche Zuführungsbetrag auf rund 300.000 € p. a. In diesem Betrag war ein Zinsanteil von rund 200.000 € enthalten. Die Neptun GmbH hat – der üblichen Bilanzierungspraxis folgend – den gesamten Zuführungsbetrag im Personalaufwand gezeigt und in den letzten Jahren ein konstantes EBIT von 800.000 € p. a. erzielt. Mit dem Geschäftsführer der Gesellschaft besteht eine erfolgsabhängige Vergütungsvereinbarung, die auf das EBIT Bezug nimmt. Allein aufgrund der geänderten Berücksichtigung des Zinsanteils ab dem Jahr 2010 weist die Gesellschaft ein um rund 200.000 € höheres EBIT, also 1.000.000 € aus.

Die hier genannten Beispiele verdeutlichen, dass neben die neuen bilanzpolitischen Möglichkeiten zum Teil obligatorische Effekte treten, die das BilMoG mit Blick auf die Darstellung der Erfolgslage mit sich bringt.

Ganz unabhängig von den hier dargestellten "laufenden" Auswirkungen ab dem Jahr 2010 ist auf die einmaligen Effekte aus der Umstellung der Rechnungslegung hinzuweisen. Grundsätzlich hat der Übergang auf das BilMoG zum 01.01.2010 erfolgswirksam zu erfolgen, wobei diese Effekte gesondert im außerordentlichen Ergebnis auszuweisen sind (Art. 67 Abs. 7 EGHGB). Im Einzelnen ist unternehmensindividuell abzustimmen, in welchem Umfang das außerordentliche Ergebnis Einfluss auf die Vergütung haben soll. Im Sinne einer konstanten leistungsabhängigen Vergütung sollte anzunehmen sein, dass für derartige Sondereffekte gesonderte Vereinbarungen getroffen wurden oder nunmehr zeitnah getroffen werden. Allerdings muss auch mit Blick auf die neuen Bilanzierungsvorschriften eine tragfähige und am Erfolg des Unternehmens orientierte Vergütungsvereinbarung erzielt werden.

Für den Fall, dass bestimmte Effekte gerade keinen Einfluss auf die Vergütung haben sollen, kommt einer konzeptionell sauberen Korrekturvorschrift respektive Überleitung von einer aus dem externen Rechnungswesen abgeleiteten Kenngröße auf eine bereinigte Bemessungsgrundlage der erfolgsabhängigen Vergütung Bedeutung zu. Einzelne Verträge sollten zudem mit Blick auf das Vorhandensein von sog. Einheitsbilanzklauseln angepasst werden, da diese nach der neuen Rechtslage die notwendigen bilanzpolitischen und steueroptimierenden Möglichkeiten zu sehr einschränken.

Merke:

Zivilrechtliche Vertragsgestaltungen sollten detailliert hinsichtlich etwaiger Anpassungsnotwendigkeiten mit Blick auf die Änderungen durch das BilMoG analysiert werden. Bei getroffenen Vergütungsvereinbarungen sind ggf. Hinweise auf neue bilanzpolitische Möglichkeiten und deren Berücksichtigung für die Vergütung aufzunehmen. Gesondert sind künftige Ergebniseffekte und die außerordentlichen Effekte im Zusammenhang mit der Umstellung zu beachten. Bestehende Unternehmensverträge sind auf ihre bilanziellen Schnittstellen hin zu untersuchen. Auf Grundlage der Analyse des früheren Vereinbarungswillens der Vertragsparteien sollte durch rechtlich bindende Nachträge der zuvor gewollte Rechtsstand mit seinen entsprechenden materiellen Auswirkungen wieder hergestellt werden.

10.8 Mehrdimensionales Entscheidungsfeld

Das BilMoG und die sich aus ihm ergebenden Konsequenzen berühren nicht nur die Rechnungslegung. Vielmehr tangiert die größte Bilanzrechtsreform der letzten rund 25 Jahre zahlreiche Schnittstellen.

Neben der reinen Bilanzpolitik sind ebenso rechtliche Fragestellungen im Zusammenhang mit der Ausschüttung, Finanzierungsentscheidungen sowie Schnittstellenfragen zu klären.

ABB. 130: Mehrdimensionales Entscheidungsfeld

Die vorliegenden Ausführungen haben die einzelgesellschaftliche und konsolidierte Rechnungslegung thematisiert. Die Auswirkungen des BilMoG gehen allerdings deutlich weiter. Wie dargestellt werden rechtliche und vertragliche Aspekte ebenso tangiert wie steuerliche Schnittstellen. Das BilMoG ist damit weitaus mehr als "nur" eine Rechnungslegungsreform. Vielmehr erfordert die Umstellung auf die neuen Regelungen eine mehrdimensionale Betrachtung und damit einhergehend ein abteilungsübergreifendes, vernetztes Denken und Handeln.

Die Umstellung der Rechnungslegung auf die neuen Normen erfordert ein zeitnahes Handeln und ein umfassendes Projektmanagement. Im Mittelpunkt des Umstellungsprozesses wird hierbei stets die unternehmensseitig verfolgte bilanzpolitische Strategie stehen.

Merke:

Im Ergebnis stellt sich der Umgang mit dem BilMoG als mehrdimensionales und abteilungsübergreifendes Problem dar. Die Auswirkungen der Neuregelungen des HGB dürfen nicht alleine als eine Reform der Rechnungslegung betrachtet werden. Vielmehr muss die gesamte unternehmenspolitische Zielsetzung mit der Reform in Einklang gebracht werden. Hierbei muss ein sehr genaues Abwägen der einzelnen Zielfunktionen erfolgen, um einen optimalen Nutzen aus der Anwendung der Neuregelungen ziehen zu können.

10.9 Bilanzpolitische Empfehlungen

Im Mittelpunkt der bilanzpolitischen Entscheidungen im Zusammenhang mit dem neuen Bilanzrecht – sowohl zum Zeitpunkt des Übergangs als auch in der Folge – stehen zwei grundsätzlich isoliert voneinander zu betrachtende Zielfunktionen:

(1) Zum ersten ist eine an der Ergebnis- bzw. Eigenkapitalgröße orientierte Bilanzpolitik zu nennen. Bei dieser Entscheidung geht es um einen möglichst hohen bzw. möglichst geringen Ergebnis- bzw. Eigenkapitalausweis (quantitative Sichtweise).

(2) Zum zweiten ist eine an der Aussagekraft bzw. an einem Vergleichsmaßstab (z. B. altes Recht, Steuerrecht, IFRS) orientierte Bilanzpolitik zu nennen. Entscheidend für die bilanzpolitischen Maßnahmen sind damit die entsprechenden Vergleichsnormen (qualitative Sichtweise).

In Abhängigkeit der verfolgten bilanzpolitischen Zielsetzung wird der Bilanzierende die ihm zur Verfügung stehenden **gesetzlichen Wahlrechte** und **faktischen Ermessensspielräume** ausüben. Dabei haben die bisherigen Ausführungen gezeigt, welche bilanzpolitischen Möglichkeiten je nach Sachverhalt und Ziel bestehen.

In vielen Fällen bietet sich eine Kombination aus quantitativen Zielsetzungen und qualitativen Zielen an. Hierbei werden sich im Einzelfall häufig keine Kombinationsmöglichkeiten ergeben. Grundsätzlich dürften sich allerdings zwei kombinierten Strategien verfolgen lassen:

(1) Der Ausweis eines möglichst geringen Eigenkapitals bzw. Ergebnisses lässt sich tendenziell mit einer Annäherung am alten Recht bzw. an der steuerlichen Rechnungslegung verbinden.

(2) Der Ausweis eines möglichst hohen Eigenkapitals bzw. Ergebnisses wird vielfach mit der Zielsetzung einer Annäherung an die IFRS einhergehen.

Die einzelgesellschaftlichen Zielfunktionen werden um zwei weitere Aspekte ergänzt. Neben den handelsrechtlichen Einzelabschluss treten eigenständige konzernbilanzpolitische Überlegungen. Nicht zuletzt die Annäherung der HGB-Rechnungslegung an die IFRS kann hier eine bilanzpolitische Zielsetzung sein.

Zum zweiten ist auf die zunehmende Eigenständigkeit der Steuerbilanzpolitik hinzuweisen. Das BilMoG entzerrt in zuvor nie dagewesener Form den handelsrechtlichen Einzelabschluss und die steuerliche Gewinnermittlung. Dies stellt die Rechnungslegungspraxis vor neue Herausforderungen und wertet die eigenständige steuerliche Bilanzierung mit eigenen, vom Handelsrecht abweichenden, im Einzelfall sogar konträren Zielsetzungen auf.

Merke:

Das Unternehmen sollte frühzeitig seine bilanzpolitischen Ziele definieren und diese als Teilmenge der gesamten unternehmerischen Ziele sowie der Summe einzelner dispositiver Entscheidungen begreifen. Erst die Definition klarer bilanzpolitischer Ziele ermöglicht ein Abwägen der entsprechenden Bilanzierungs- und Bewertungsentscheidungen. Hierbei sind neben der einzelgesellschaftlichen Rechnungslegung auch die Konzernbilanzpolitik sowie eine eigenständige Steuerbilanzpolitik zu betrachten.

10.10 Bilanzanalytische Empfehlungen

Als Reflex auf die bilanzpolitischen Möglichkeiten und Neuerungen, die das BilMoG mit sich bringt, müssen auch die bilanzanalytischen Instrumente eine Überarbeitung erfahren. Im Mittelpunkt der Bilanzanalyse müssen künftig zwei zentrale Aspekte stehen:

(1) Wie erfolgte die Umstellung auf das neue Recht und welche Effekte haben sich hieraus zum 01.01.2010 ergeben; zudem ist auf die Auswirkungen der BilMoG-Umstellung in den Folgejahren, also den Nachlaufeffekten aus der Umstellung, die sich über einen langen Zeitraum hinziehen können, Bezug zu nehmen.

(2) Welche Strategie (qualitativ oder quantitativ) verfolgt der Bilanzierende und welche Auswirkungen auf die Vermögens-, Finanz- und Ertragslage ergeben sich hieraus.

Anhand der einzelnen bilanzpolitischen Möglichkeiten kann der Bilanzanalyst eine Einschätzung der bilanzpolitischen Zielsetzung des Bilanzierenden vornehmen. Im Wesentlichen werden sich die einzelnen Bilanzierungsentscheidungen hierbei in eine progressive und in eine eher konservative Bilanzpolitik einordnen lassen. Um diese Unterteilung und Einschätzung vornehmen zu können, muss der Bilanzanalyst über ein umfassendes Wissen der neuen Regelungen und der entsprechenden Einmaleffekte sowie der laufenden Effekte verfügen.

Hinsichtlich der Analyse der vom Bilanzierenden verfolgten Strategie liefern die Angaben zur latenten Steuerabgrenzung wertvolle Informationen. Umso mehr sich der Bilanzierende von den steuerlichen Wertansätzen in seiner handelsrechtlichen Rechnungslegung entfernt, umso größer wird der Betrag der abzugrenzenden latenten Steuern. Da die Anhangangaben eine Darstellung der auf die einzelnen Differenzen entfallenden Steuerabgrenzungsbeträge fordert, kann die angewandte Bilanzpolitik in Teilen nachvollzogen werden. Weitere Hinweise lassen sich den umfassenden Anhangangaben entnehmen, bspw. zu vorliegenden stillen Reserven im Rahmen nicht angesetzter Zeitwerte oder im Zusammenhang mit eventuellen Chancen und Risiken.

In den Blickpunkt des Analysten rückt neben dem Einzelabschluss zusätzlich der Konzernabschluss. Es steht dem Bilanzierenden offen, eine abweichende, duale, zweigleisige Bilanzpolitik in Einzel- und Konzernabschluss zu verfolgen. Hierbei kann bspw. das Interesse darin liegen, im handelsrechtlichen Einzelabschluss die Ausschüttungsbemessungsgrundlage und damit das Ergebnis zu minimieren und gleichzeitig im Konzernabschluss ein möglichst hohes Vermögen und Ergebnis zu zeigen.

Die **Eigenständigkeit der Steuerbilanzpolitik** lässt sich durch eine Analyse der Abgrenzung latenter Steuern sowie der weiterführenden Anhangangaben, bspw. auch zu den steuerlichen Verlustvorträgen, erahnen. Da die Steuerbilanz indes regelmäßig nicht öffentlich zugänglich ist, lassen sich eigenständige steuerbilanzpolitische Zielsetzungen allenfalls aus dem handelsrechtlichen Einzelabschluss ableiten.

Merke:

Die Bilanzanalyse wird künftig deutlich komplexer und schwieriger. Nicht zuletzt die zahlreichen Möglichkeiten zum Zeitpunkt des Übergangs auf die neuen Regelungen erschweren eine vergleichende Analyse deutlich. In das Zentrum bilanzanalytischer Instrumente rückt hierbei zunehmend eine Auseinandersetzung mit der Anhangberichterstattung. Neben den einzelgesellschaftlichen Fokus in Handels- und Steuerbilanz tritt der handelsrechtliche Konzernabschluss, dem eine eigenständige bilanzpolitische Zielsetzung zugrunde liegen kann.

10.11 Abschließende Bemerkungen

Die Umstellung der Rechnungslegung auf die Regelungen nach dem BilMoG stellt ein Umdenken im gesamten Rechnungslegungsprozess dar. Im Zentrum der Neuerungen stehen **zwei zentrale Aspekte**: einerseits die umfassenden Übergangsregelungen, die einen einheitlichen, problemlosen Übergang auf das neue deutsche Bilanzrecht sicherstellen sollen, andererseits die weitgehende Konzeption der Abgrenzung latenter Steuern, die den gesamten Rechnungslegungsprozess verändern wird.

Während in der Vergangenheit die Erstellung der Steuerbilanz vielfach zeitlich der testierten Handelsbilanz nachgelagert erfolgt ist, müssen künftig zum Zeitpunkt der Erstellung des handelsrechtlichen Jahresabschlusses die entsprechenden Steuerbilanzwerte bereits vorliegen. So erfordert es die Anwendung des Temporary-Konzepts nach § 274 HGB.

Damit wird ein **Umdenken** stattfinden müssen hinsichtlich der einzelnen Prozessschritte im externen Rechnungswesen. Gleichzeitig erfolgt eine stärkere Verzahnung zwischen dem internen und dem externen Rechnungswesen. Aus dem Controlling müssen die entsprechenden Daten bereitgestellt werden, die die Herstellungskosten betreffen. Gleichzeitig muss im Einzelfall der Übergang von der Forschungs- auf die Entwicklungsphase genau bestimmt werden.

Neben die Aufbereitung der relevanten Daten, die Vornahme der einzelnen Buchungen und deren handels- und steuerrechtliche Behandlung muss ein Umdenken im Rechnungswesen und in der Rechnungslegung treten. Künftig wird eine stärkere Verzahnung zwischen den handels- und steuerrechtlichen Werten notwendig sein, um die Steuerlatenzen richtig berechnen zu können. Gleichzeitig werden die steuerliche und die handelsrechtliche Rechnungslegung zunehmend parallel laufen (müssen), um die entsprechenden Berichtpflichten erfüllen zu können. Neben die handelsrechtlichen Kenntnisse treten spezifische Fachkenntnisse (bspw. mit Blick auf die Steuerabgrenzung, die Bildung und Bewertung von Bewertungseinheiten oder die Zeitwertbewertung) sowie ausreichende IFRS-Kenntnisse, um die nationalen Normen sukzessive mit einer eigenständigen Bedeutung füllen zu können.

Bilanzpolitik und damit Bilanzanalyse werden nicht allein auf Ebene des handelsrechtlichen Einzelabschlusses betrieben, wenngleich dieser im Mittelpunkt der Übergangsregelungen und Fortführungs- sowie Beibehaltungswahlrechte steht. Neben die einzelgesellschaftliche Sichtweise tritt die Konzernbilanz. Auf Ebene des Konzernabschlusses kann eine vom Einzelabschluss abweichende Bilanzpolitik betrieben werden. Die Vermischung zahlreicher Einzelabschlüsse sowie einzelabschlussspezifischer Sachverhalte und konzernbilanzieller Problemstellungen erschwert die Konzernbilanzanalyse sehr. Nicht zuletzt aus diesem Grund nimmt die Bedeutung einer eigenständigen Konzernbetrachtung immer weiter zu.

Mit dem BilMoG und den Auswirkungen auf die umgekehrte bzw. einfache Maßgeblichkeit sorgt der Gesetzgeber für eine zuvor nie dagewesene Entkopplung von Steuer- und Handelsbilanz. Damit rückt die Eigenständigkeit der Steuerbilanz und eine damit zusammenhängende eigenständige Steuerbilanzpolitik zusätzlich in den Fokus des Bilanzierenden und bietet ihm zahlreiche neue Chancen.

Der Übergang auf das neue deutsche Bilanzrecht wird sich in den Bilanzen der Unternehmen beginnend ab dem Jahr 2010 über viele Jahre hinziehen. Die Vergleichbarkeit der Jahresabschlussdaten wird zunächst kaum oder nur eingeschränkt gegeben sein. Bilanzpolitisch und bilanzanalytisch müssen die einzelnen neuen oder veränderten Instrumentarien definiert und aufeinander abgestimmt werden. Neben dem hier beleuchteten Bereich der einzelgesellschaftlichen Rechnungslegung treten weitere zahlreiche Veränderungen im Bereich der konsolidierten Rechnungslegung, des Risikomanagements sowie als Folgewirkungen im Aktien- oder Steuerrecht auf.

Die **Auswirkungen des BilMoG auf Bilanzanalyse und Bilanzpolitik** lassen sich wie folgt zusammenfassen:

(1) Die Umstellung auf das neue Bilanzrecht erfordert ein grundlegendes **Umdenken** hinsichtlich der einzelnen Prozessschritte im Rechnungswesen. Hierbei sind die entsprechenden Schnittstellen zeitnah zu definieren.

(2) Eine **Einheitsbilanz** wird künftig regelmäßig nicht mehr möglich sein. Dies stellt an die Praxis der Rechnungslegung ebenso hohe Anforderungen wie an die Abwägung bilanzpolitischer Entscheidungen.

(3) Eine **eigenständige Steuerbilanzpolitik** rückt in den Fokus des Bilanzierenden und eröffnet ihm zahlreiche Möglichkeiten, eine bewusste, vom Handelsrecht abweichende Strategie zu verfolgen. Künftig können zunehmend handelsrechtliche Wahlrechte in Anspruch genommen werden, ohne fiskalische Konsequenzen tragen zu müssen.

(4) Im Vorfeld zur Umstellung sind die unternehmensspezifischen Sachverhalte zeitnah zu analysieren, damit die **Umstellungseffekte** abgeschätzt werden können. Das sich in diesem Zusammenhang ergebende bilanzpolitische Instrumentarium sollte mit Blick auf die weitergehenden unternehmenspolitischen Zielsetzungen untersucht werden.

(5) Insbesondere bei Vorliegen umfassender **Pensionsverpflichtungen** und etwaiger für deren Bedienung vorgesehener Vermögensgegenstände sind die Auswirkungen auf die künftige Bewertung und Saldierung auf die Vermögens- und Ertragslage genau zu untersuchen.

(6) Aufgrund der einzelnen Umstellungseffekte nimmt künftig **die erfolgsneutrale Buchung** einzelner Sachverhalte bzw. Geschäftsvorfälle im Eigenkapital zu. Mit dem BilMoG kommen erstmals regelmäßige erfolgsneutrale Buchungen in die einzelgesellschaftliche Rechnungslegung. Für Zwecke der Bilanzanalyse gewinnt der Eigenkapitalspiegel damit deutlich an Bedeutung.

(7) Im Rahmen der neuen Möglichkeiten kann der Bilanzierende bewusst eine deutliche **Annäherung an die IFRS** erreichen. Diese zeigt sich neben veränderten Ansatz-

und Bewertungsnormen auch in einer deutlich ausgeweiteten Anhangberichterstattung.

(8) Die einzelnen bilanzpolitischen Entscheidungen müssen in die gesamte **Unternehmenspolitik** eingeordnet werden, da die Auswirkungen eines veränderten Bilanzbilds vielschichtig sein können. Hierbei sind bspw. die Finanzierungs- und Ausschüttungspolitik ebenso zu berücksichtigen wie steuerliche Gestaltungen oder Internationalisierungsbestrebungen. Ebenso ist auf die Notwendigkeit der Anpassung bestehender zivilrechtlicher Verträge zu achten, um Risiken aus der Neuordnung der handelsrechtlichen Rechnungslegung und etwaige negative Rückkopplungen zu vermeiden.

(9) Das BilMoG erlaubt eine Vielzahl bilanzpolitischer Möglichkeiten. Der Bilanzierende kann verschiedene **Umstellungsstrategien** verfolgen, die unmittelbar Einfluss auf das Bilanzbild nehmen. Bilanzpolitik und Bilanzanalyse erfahren damit eine wesentliche Aufwertung im Kontext des Übergangs auf das neue deutsche Bilanzrecht. Neben den Effekten zum Umstellungszeitpunkt müssen auch die Folgewirkungen für die Bilanzierung und Bewertung Berücksichtigung finden.

(10) Für den **Konzernabschluss** müssen eigene bilanzpolitische Zielsetzungen definiert werden. Neben die einzelgesellschaftliche Rechnungslegung treten eigenständige, teilweise abweichende Zielsetzungen auf Konzernabschlussebene. Auch hier müssen die Auswirkungen der Umstellung auf die neuen Regelungen und die Anwendung der veränderten Vorschriften für das Konzernbilanzbild zeitnah analysiert werden.

(11) Im Zentrum der künftigen Bilanzanalyse muss eine intensive Auseinandersetzung mit der **Anhangberichterstattung** stehen.

(12) Die **Neukonzeption der Steuerabgrenzung** steht im Zentrum der Bilanzrechtsreform durch das BilMoG. Sowohl zum Umstellungszeitpunkt als auch in den Folgeperioden nimmt die Bedeutung der Steuerabgrenzung zu. Hierfür zeichnen zum einen der neue konzeptionelle Rahmen, zum anderen das immer stärkere Auseinanderfallen handels- und steuerrechtlicher Wertansätze verantwortlich. Dies gilt im Einzelabschluss ebenso wie auf Ebene des Konzernabschlusses.

Merke:

In weiten Teilen gewinnt die handelsrechtliche Rechnungslegung durch das BilMoG an Zukunftsbezug, was einerseits aus Informationsgesichtspunkten begrüßenswert sein mag, aus Gläubigergesichtspunkten aber kritisch zu sehen ist. Zugleich erfolgt eine Entobjektivierung bilanzieller Wertansätze und eine zunehmende Verschiebung bilanzpolitischer Möglichkeiten zugunsten extern kaum nachvollziehbarer Ermessensentscheidungen. Alleine eine transparente Anhangberichterstattung und eine offene

Informations- und Kommunikationspolitik können der zwischen Bilanzierendem und Adressaten bestehenden Informationsasymmetrie entgegenwirken. Im Ergebnis mag der Bilanzierende für Zwecke seiner Rechnungslegung künftig verstärkt die Glaskugel bemühen müssen; der klare Blick in eben diese bleibt dem externen Bilanzanalysten allerdings regelmäßig verwehrt. Vielmehr kann er häufig nur durch einen Schleier auf die (wahre) Vermögens-, Finanz- und Ertragslage des Unternehmens blicken.

Literaturverzeichnis

Barth, Konsequenzen aus dem BilMoG für den Berufsstand der Wirtschaftsprüfer sowie der Einfluss auf die Corporate Governance, StuB 2009 S. 726, NWB DokID: FAAAD-29438.

Bieg/Kußmaul/Petersen/Waschbusch/Zwirner, Bilanzrechtsmodernisierungsgesetz – Bilanzierung, Berichterstattung und Prüfung nach dem BilMoG, München 2009.

Brösel/Mindermann/Zwirner, Die Bewertung der Vermögensgegenstände gemäß Bil-MoG, Veränderte Konzeption bei weiterhin möglicher Bilanzpolitik, StuB 2009 S. 608, NWB DokID: EAAAD-27104.

Brösel/Mindermann/Zwirner, Zur Bewertung der Schulden gemäß BilMoG, StuB 2009 S. 647, NWB DokID: NAAAD-27837.

Grützner, Die Änderungen der steuerlichen Gewinnermittlungsvorschriften durch das BilMoG, StuB 2009 S. 481, NWB DokID: MAAAD-24210.

Henckel/Krenzer, Zurechnung von Vermögensgegenständen anhand des wirtschaftlichen Eigentums gem. § 246 Abs. 1 HGB n.F., StuB 2009 S. 492, NWB DokID: WAAAD-24211.

Hoffmann, Wahlrechtskumulierung im BilMoG-Übergang, StuB 2009 S. 635, NWB DokID: YAAAD-27829.

Hoffmann/Lüdenbach, NWB Kommentar Bilanzierung – Handels- und Steuerrecht, Herne 2009.

Hüttche, Neue bilanzpolitische Wahlrechte und Spielräume im modernisierten Bilanzrecht, StuB 2009 S. 409, NWB DokID: QAAAD-22431.

Kessler/Leinen/Strickmann, Handbuch BilMoG – Der praktische Leitfaden zum Bilanzrechtsmodernisierungsgesetz, Freiburg i. Br. 2009.

Kirsch, Positionierung der Bilanzierungsvorschriften des BilMoG im Verhältnis zu IFRS, PiR 2009 S. 185, NWB DokID: HAAAD-24122.

Krain, Der Konzernbegriff der Zinsschranke nach dem BilMoG, StuB 2009 S. 486, NWB DokID: AAAAD-24214.

Künkele/Zwirner, BilMoG: Auswirkungen auf die steuerliche Bilanzierung, BRZ 2010 S. 31.

Künkele/Zwirner, Währungsumrechnung im handelsrechtlichen Einzelabschluss: Erstmalige Regelung durch das BilMoG, BRZ 2009 S. 557.

Küting/Pfitzer/Weber, Das neue deutsche Bilanzrecht – Handbuch zur Anwendung des Bilanzrechtsmodernisierungsgesetzes, 2. Aufl., Stuttgart 2009.

Lorson/Toebe, Konsequenzen des BilMoG für die Einheitsbilanz, BBK 2009 S. 453, NWB DokID: HAAAD-19418.

Lüdenbach/Hoffmann, Die wichtigsten Änderungen der HGB-Rechnungslegung durch das BilMoG, StuB 2009 S. 287, NWB DokID: VAAAD-19072.

Lühn, Bilanzierung von Finanzinstrumenten nach HGB i. d. F. des BilMoG, BBK 2009 S. 993, NWB DokID: VAAAD-29732.

Mujkanovic, Die Bewertung von Finanzinstrumenten zum fair value nach BilMoG, StuB 2009 S. 329, NWB DokID: BAAAD-20200.

Mujkanovic, Zweckgesellschaften nach BilMoG, StuB 2009 S. 374, NWB DokID: TAAAD-21137.

Oser, Der Konzernabschluss nach dem BilMoG mit internationalem Antlitz, PiR 2009 S. 121, NWB DokID: FA-AAD-20242.

Ott, Bilanzrechtsmodernisierungsgesetz – Ausgewählte Problembereiche der Berücksichtigung latenter Steuern, StuB 2009 S. 623, NWB DokID: YAAAD-27106.

Petersen/Zwirner, Die Konzernrechnungslegung im Lichte des BilMoG, StuB 2009 S. 335, NWB DokID: OA-AAD-20197.

Petersen/Zwirner, Latente Steuern nach dem BilMoG – Darstellung und Würdigung der Neukonzeption, StuB 2009 S. 416, NWB DokID: AAAAD-22432.

Petersen/Zwirner, BilMoG – Gesetze, Materialien, Erläuterungen, München 2009.

Petersen/Zwirner, Konzernrechnungslegung nach HGB, Weinheim 2009.

Petersen/Zwirner/Froschhammer, Die Bilanzierung von Bewertungseinheiten nach § 254 HGB, StuB 2009 S. 449, NWB DokID: VAAAD-23436.

Petersen/Zwirner/Künkele, BilMoG in Beispielen: Anwendung und Übergang – Praktische Empfehlungen für den Mittelstand, Herne 2010.

Petersen/Zwirner/Künkele, Bilanzpolitik und Bilanzanalyse nach neuem Recht – Auswirkungen des BilMoG auf die Aktivseite, StuB 2009 S. 669, NWB DokID: VAAAD-28721.

Petersen/Zwirner/Künkele, Bilanzpolitik und Bilanzanalyse nach neuem Recht – Auswirkungen des BilMoG auf die Passivseite, StuB 2009 S. 794, NWB DokID: GAAAD-31447.

Rhiel/Veit, Auswirkungen des BilMoG bei der Bilanzierung von Pensionsrückstellungen, PiR 2009 S. 167, NWB DokID: PAAAD-22346.

Scheffler, Maßgeblichkeit der Handelsbilanz für die Steuerbilanz, StuB 2009 S. 836, NWB DokID: NAAAD-32207.

Schmidt, Befreiung von der Buchführungspflicht nach BilMoG, BBK 2009 S. 535, NWB DokID: SAAAD-22131.

Schoor, Befreiung von der Buchführungspflicht für Einzelkaufleute nach dem BilMoG, SteuerStud 2009 S. 452, NWB DokID: DAAAD-29294.

Schult/Brösel, Bilanzanalyse – Unternehmensbeurteilung auf der Basis von HGB- und IFRS-Abschlüssen, 12. Aufl., Berlin 2008.

Theile, Bilanzrechtsmodernisierungsgesetz, 2. Aufl., Herne 2009.

Theile, Übergang auf BilMoG im Jahresabschluss – Insbesondere Rückstellungen und Sonderposten mit Rücklageanteil, StuB 2009 S. 789, NWB DokID: WAAAD-31446.

Theile, Übergang auf BilMoG im Jahresabschluss – Niedrigere Wertansätze von Vermögensgegenständen, StuB 2009 S. 749, NWB DokID: BAAAD-30066.

Theile/Stahnke, Währungsumrechnung, BBK 2009 S. 711, NWB DokID: CAAAD-24556.

Velte, Zur Reform des Prüfungsausschusses post BilMoG, StuB 2009 S. 342, NWB DokID: YAAAD-20198.

Velte/Köster, Gläubigerschutz nach BilMoG, BBK 2009 S. 959, NWB DokID: BAAAD-29059.

Wolz/Oldewurtel, Pensionsrückstellungen nach BilMoG, StuB 2009 S. 424, NWB DokID: KAAAD-22433.

Wulf/Bosse, Auswirkungen des BilMoG auf das Bilanzrating, StuB 2009 S. 568, NWB DokID: UAAAD-26397.

Zülch/Hoffmann, Die Bilanzierung sonstiger Rückstellungen nach BilMoG, StuB 2009 S. 369, NWB DokID: FAAAD-21133.

Zülch/Hoffmann, Die Bilanzreform im Überblick, BBK 2009 S. 425, NWB DokID: YAAAD-19421.

Zwirner, BilMoG – Handlungsbedarf zum Jahreswechsel, SteuK 2009 S. 95.

Zwirner, E-DRS 24, Latente Steuern – Neue Regelungen, neuer Standard, neue Probleme, StuB 2010 S. 3, NWB DokID: AAAAD-34670.

Zwirner, Notwendigkeit von Vertragsanpassungen durch das BilMoG, BB 2010 S. 492.

Zwirner/Künkele, Währungsumrechnung nach HGB – Erstmalige Kodifikation durch das BilMoG, StuB 2009 S. 517, NWB DokID: ZAAAD-24946.

Zwirner/Künkele, Währungsumrechnung nach HGB: Abgrenzung latenter Steuern? – Anmerkungen zwischen sachlicher Logik und gesetzlicher Unklarheit, StuB 2009 S. 722, NWB DokID: WAAAD-29441.

Stichwortverzeichnis

Dipl.-Kfm. WP StB Karl Petersen

ist Geschäftsführer der Dr. Kleeberg & Partner GmbH, München. Zu seinen Tätigkeitsschwerpunkten zählen Jahresabschluss- und Sonderprüfungen sowie die Konzernrechnungslegung nach HGB und IFRS inklusive der Umstellung auf IFRS. Petersen begleitet Börsengänge (IPO) und führt Due Diligences und Unternehmensbewertungen durch. Er berät bei Konzernfusionen ebenso wie beim Erwerb, beim Verkauf und der Restrukturierung von Unternehmen. Darüber hinaus ist er seit 2007 Vorsitzer der IDW-Landesgruppe Bayern und seit 2008 Mitglied des Beirats der Wirtschaftsprüferkammer.

Dipl.-Kfm. StB Dr. Christian Zwirner

ist Prokurist der Dr. Kleeberg & Partner GmbH, München. Er beschäftigt sich schwerpunktmäßig mit Grundsatzfragen der nationalen sowie internationalen Rechnungslegung, der Konzernrechnungslegung nach HGB und IFRS sowie Umstellungen auf IFRS. Er hat mehr als 250 Fachveröffentlichungen zur nationalen und internationalen Rechnungslegung publiziert. Zudem hat er bereits zahlreiche Seminare und Vorträge zu verschiedenen Themen aus dem Bereich der Rechnungslegung gehalten. Zwirner vertritt Kleeberg in verschiedenen Gremien, z. B. DIHK, BDI, DRSC, Schmalenbach-Gesellschaft. Hierdurch pflegt die Kanzlei den Transfer zwischen Wissenschaft und Praxis.

Dipl.-Kfm. WP StB Kai Peter Künkele

ist Prokurist der Dr. Kleeberg & Partner GmbH, München. Er unterstützt Unternehmen bei der Erstellung von Jahresabschlüssen und führt gesetzliche und freiwillige Jahresabschluss- und Konzernabschlussprüfungen von Personen- und Kapitalgesellschaften durch. Künkele berät Unternehmen bei Projekten im Zusammenhang mit der Rechnungslegung. Als Autor veröffentlicht er neben Beiträgen in Fachzeitschriften Kommentierungen zum BilMoG sowie zum deutschen Bilanzrecht.

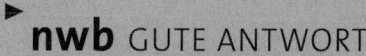